Heinz Unbehauen

Regelungstechnik III

Heinz Unbehauen

Regelungstechnik III

Identifikation, Adaption, Optimierung

7., korrigierte Auflage

Mit 153 Abbildungen und 15 Tabellen

STUDIUM

VIEWEG+
TEUBNER

Bibliografische Information der Deutschen Nationalbibliothek
Die Deutsche Nationalbibliothek verzeichnet diese Publikation in der Deutschen Nationalbibliografie; detaillierte bibliografische Daten sind im Internet über <http://dnb.d-nb.de> abrufbar.

1. Auflage 1985
2., durchgesehene Auflage 1986
3., verbesserte Auflage 1988
4., durchgesehene Auflage 1993
5., korrigierte Auflage 1995
6., verbesserte Auflage 2000
7., korrigierte Auflage 2011

Lektorat: Reinhard Dapper | Walburga Himmel

Vieweg+Teubner Verlag ist eine Marke von Springer Fachmedien.
Springer Fachmedien ist Teil der Fachverlagsgruppe Springer Science+Business Media.
www.viewegteubner.de

Umschlaggestaltung: KünkelLopka Medienentwicklung, Heidelberg
Druck und buchbinderische Verarbeitung: STRAUSS GMBH, Mörlenbach
Gedruckt auf säurefreiem und chlorfrei gebleichtem Papier
Printed in Germany

ISBN 978-3-8348-1419-7

Vorwort zur 7.Auflage

Seit der 1.Auflage vor 25 Jahren erschien die „Regelungstechnik III“ in fünf weiteren durchgesehenen und verbesserten Auflagen und wurde nur aus wirtschaftlichen Gründen mit der 6.Auflage im Jahre 2000 vom Verlag eingestellt. Aufgrund der ständigen Nachfrage interessierter Leser nach diesem auch heute noch relevanten Werk hat nun der Verlag eine Reaktivierung der „Regelungstechnik III“ vorgeschlagen, vor allem da heute auch neue technische Möglichkeiten wie PTO (Print To Order) und POD (Print On Demand) dafür zur Verfügung stehen. Diesem Vorschlag bin ich gerne nachgekommen. In der vorliegenden 7.Auflage wurden eine Reihe kleinerer Korrekturen vorgenommen. Neu aufgenommen wurde als erweiterter Anhang eine Sammlung von 40 Übungsaufgaben einschließlich deren Lösungen zu den im Textteil behandelten vier wichtigsten Sachgebieten: **W**ahrscheinlichkeitsrechnung (Kennziffer W), **I**dentifikation (Kennziffer I), **A**daptive Regelung (Kennziffer A) und **O**ptimale Regelung (Kennziffer O). Der interessierte Leser soll durch diesen Aufgabenteil beim Selbststudium wesentlich unterstützt werden. Für die gute Zusammenarbeit bei der Vorbereitung dieser Neuauflage danke ich dem Verlag ganz herzlich. Dem Leser dieses unverändert aktuellen Buches wünsche ich viel Freude und Erfolg bei dem vertieften Einstieg in die hier dargestellten Teilgebiete der modernen Regelungstechnik.

Bochum, August 2010 H. Unbehauen

Vorwort

In der Industriellen Praxis existieren bis heute nur wenige Anwendungen für adaptive Regelsysteme und optimale lineare Zustandsregler, obwohl auf diesen Gebieten ausgereifte und leistungsfähige Regelverfahren und neuerdings auch umfangreiche Programmsysteme für die rechnergestützte Analyse und Synthese zur Verfügung stehen. Für diese Situation gibt es sehr unterschiedliche Gründe, die hier nicht im einzelnen analysiert werden sollen. Es sei allerdings erwähnt, daß es einerseits für viele in der Industrie tätige Regelungsingenieure schwer ist, aus den in der Literatur weitverstreuten Fachaufsätzen herauszufinden, welches Verfahren für eine spezielle Problemstellung das wohl geeignetste ist. Andererseits haben aber auch die Regelungstheoretiker bisher noch zu wenig dazu beigetragen, um diese Verfahren gezielt der Praxis näher zu bringen. Das vorliegende Buch versucht nun, einen kleinen Beitrag zur Überbrückung dieser Situation zu leisten. Dabei wird das Ziel verfolgt, den interessierten Leser in systematischer Weise in drei wichtige und teilweise eng miteinander zusammenhängende Teilgebiete der modernen Regelungstechnik, nämlich der Identifikation, der Adaption und der Optimierung tiefer einzuführen.

Der vorliegende Band "Regelungstechnik III" baut direkt auf den regelungstechnischen Grundlagen der beiden ersten Bände auf und kann als konsequente Fortsetzung derselben angesehen werden. Bei der Stoffauswahl wurden nach didaktischen Gesichtspunkten solche Analyse- und Syntheseverfahren ausgewählt, die sich auch für praktische, insbesondere rechnergestützte Anwendungen bewährt haben.

Da der Entwurf optimaler und adaptiver Regelsysteme stets eine möglichst genaue Kenntnis der Dynamik der Regelstrecke erfordert, erschien es gerechtfertigt, der Ermittlung des dynamischen Verhaltens der Regelstrecke aus gemessenen Ein- und Ausgangssignalen, also der Systemidentifikation, den gebührenden Platz einzuräumen. Reale Regelsysteme weisen häufig stochastische Signalverläufe auf. Deshalb befaßt sich der erste Teil des vorliegenden Bandes mit den wichtigsten statistischen Verfahren zur Systemidentifikation.

Die statistische Behandlung dynamischer Systeme erfordert Grundkenntnisse aus der Wahrscheinlichkeitsrechnung, die zunächst im einführenden Kapitel 1 kurz dargestellt werden. Im Kapitel 2 wird dann für lineare Übertragungssysteme die statistische Bestimmung dynamischer Eigenschaften sowohl im Zeit- als auch Frequenzbereich beschrieben. Dadurch sind bereits die wesentlichen Voraussetzungen für die Systemidentifikation durch eine Korrelationsanalyse geschaffen, die ausführlich im Kapitel 3 besprochen wird. Hierbei wird gezeigt, daß der Korrelationsanalyse unter Verwendung spezieller binärer und ternärer Pseudo-Rauschsignale als Testsignale eine ganz besondere Bedeutung zukommt. Dieses Verfahren läßt sich sowohl im offenen als auch im geschlossenen Regelkreis zur Identifikation der Regelstrecke einsetzen. Als Ergebnis erhält man dabei ein nichtparametrisches Modell der Regelstrecke in Form des graphischen Verlaufs der Gewichtsfunktion $g(t)$ oder des Frequenzganges $G(j\omega)$. Wünscht man dagegen ein parametrisches Regelstreckenmodell, so könnte man dies durch direkte Approximation der zuvor ermittelten Verläufe von $g(t)$ oder $G(j\omega)$ (vgl. Band "Regelungstechnik I", Kap. 9) erhalten.

Einen direkten Weg zur Ermittlung parametrischer Regelstreckenmodelle stellen jedoch die Parameterschätzverfahren dar. Sie ermöglichen, aus gemessenen Ein- und Ausgangssignalen direkt eine diskrete Übertragungsfunktion $G(z)$ zu bestimmen. Die Lösung dieser Aufgabe wird im Kapitel 4 gezeigt. Die Systemidentifikation mittels Parameterschätzverfahren umfaßt die Ermittlung der Struktur und der Parameter der diskreten Übertragungsfunktion. Der mathematische Aufwand zur Lösung dieses Schätzproblems ist nicht ganz unerheblich. Die Lösung kann dabei entweder direkt oder rekursiv erfolgen. Rekursive Parameterschätzverfahren haben den großen Vorteil, daß ständig neu anfallende Meßwerte verarbeitet werden können, so daß die Systemidentifikation fortlaufend im "on-line"-Betrieb durchgeführt und damit das identifizierte mathematische Modell der Regelstrecke nach einer gewissen Anlaufphase stets auf den "neuesten Stand" gebracht werden kann.

Eine "on-line"-Identifizierung der Regelstrecke ist gewöhnlich Voraussetzung für den Einsatz adaptiver Regelverfahren, mit denen sich das Kapitel 5 befaßt. Dabei werden die wichtigsten Grundstrukturen sowie die beiden wesentlichen systematischen Entwurfsverfahren, das "Self-tuning"-Prinzip und das Prinzip des Modellvergleichs eingehend dargestellt. Derartige selbsteinstellende Regler kommen zum Einsatz, wenn sich entweder das dynamische Verhalten der Regelstrecke während des Betriebs ändert oder "a priori" unbekannt ist. Die Anwendung dieser relativ aufwendigen Regelalgorithmen im industriellen Bereich wurde erst durch die Verfügbarkeit preiswerter Mikrorechner ermöglicht.

Kapitel 6 behandelt den Entwurf optimaler Zustandsregelungen. Hierbei wird insbesondere auf den Entwurf optimaler linearer Regler durch Mini-

Inhalt

Inhaltsübersicht zu
H. Unbehauen, Regelungstechnik I

H. Unbehauen, Regelungstechnik II

1. Grundlagen der statistischen Behandlung von Regelsystemen

Dynamische Systeme können - wie bereits im Band "Regelungstechnik I" gezeigt wurde - durch zwei Arten von Eingangsgrößen erregt werden:

- durch *deterministische* Signale, bei denen jedem Zeitpunkt ein eindeutiger Signalwert zugewiesen ist, und
- durch *stochastische* Signale, bei denen jedem Zeitpunkt aus einer gewissen Menge von möglichen Signalwerten ein weitgehend dem Zufall überlassener Wert zugeordnet wird.

Derartige stochastische Signale besitzen meist keine direkt erkennbaren Gesetzmäßigkeiten, so daß die Kenntnis der gesamten Vergangenheit nicht zu einer genauen Vorhersage für die Zukunft ausreicht. Stochastische Signale - oder etwas allgemeiner - *stochastische Prozesse* werden daher gewöhnlich mit den Methoden der Wahrscheinlichkeitsrechnung (Statistik) beschrieben.

Statistische Methoden wurden zur Beschreibung von Regelsystemen bereits in den vierziger Jahren vorgeschlagen [1.1; 1.2]. Allerdings sind diese Verfahren in vielen Anwendungsbereichen der Regelungstechnik bisher nur wenig bekannt. Nachfolgend soll daher eine kurze Einführung in die statistische Betrachtung von Regelsystemen gegeben werden. Voraussetzung dazu sind einige Grundbegriffe aus der Wahrscheinlichkeitsrechnung, auf die zunächst eingegangen wird.

1.1. Einige Grundbegriffe der Wahrscheinlichkeitsrechnung [1.3 bis 1.7]

1.1.1. Relative Häufigkeit und Wahrscheinlichkeit

Es wird ein Experiment betrachtet, bei dem das jeweilige Versuchsergebnis (oder der Ausgang) rein zufällig ist. Jedes *Experiment* besitzt eine Anzahl verschiedener möglicher, nicht vorhersehbarer Ausgänge e, auch *Ereignisse* genannt, deren Gesamtheit das *Ensemble* bildet. Beispiele hierfür sind:

a) Das Experiment mit dem Würfel: Die *Gesamtheit* der möglichen Ausgänge ist die Menge der sechs Zahlenwerte $\{1,2,...,6\}$ (*Ensemble*). Jeder einzelne Zahlenwert ist ein möglicher *Ausgang* e (*Ereignis*).

b) Das Experiment mit der Münze: Die Gesamtheit der möglichen Ausgänge (Wappen oder Zahl) ist das Ensemble.

Wird das gleiche Experiment *N-mal* unter gleichen Bedingungen durchgeführt und tritt das Ereignis e n_e*-mal* auf, dann kann die *relative Häufigkeit* hierfür durch

$$\rho_e = \frac{n_e}{N} \tag{1.1.1}$$

definiert werden. Dabei gilt $0 \leqq \rho_e \leqq 1$ für alle möglichen Ereignisse e.

Beispiel 1.1.1:

Das Werfen einer Münze: Für die Häufigkeit des Versuchsergebnisses "Zahl" kann man z.B. die in Tabelle 1.1.1 dargestellten Werte erhalten.

N	n_e	ρ_e
1	1	1
2	1	0,5
3	2	0,66
4	3	0,75
5	3	0,6
6	3	0,5
7	4	0,571
.	.	.
.	.	.
100	51	0,51
.	.	.
.	.	.
1000	505	0,505

Tabelle 1.1.1. Mögliche Versuchsergebnisse des Experiments "Werfen einer Münze" und die zugehörige relative Häufigkeit ■

Aufgrund der Erfahrung weiß man, daß die relative Häufigkeit ρ_e einem Grenzwert zustrebt, der als die *Wahrscheinlichkeit*

$$P(e) = \lim_{N\to\infty} \frac{n_e}{N} \tag{1.1.2}$$

des Versuchsergebnisses definiert werden kann. Da aufgrund von Gl. (1.1.2) für P der Wertebereich

$$0 \leqq P \leqq 1$$

gilt, folgt für

P = 0 die Definition des unmöglichen Ereignisses und
P = 1 die Definition des sicheren Ereignisses.

Gl. (1.1.2) ist jedoch für eine strenge mathematische Definition des Wahrscheinlichkeitsbegriffs nicht voll befriedigend, daher wird heute die Wahrscheinlichkeit eines Ereignisses üblicherweise axiomatisch definiert. Jedes Ereignis A eines vom Zufall abhängigen Experiments mit der Menge E aller möglichen Ausgänge wird durch eine Zahl P(A) beschrieben, die folgende 3 Bedingungen (Axiome) erfüllt:

$$\left.\begin{array}{l} 1)\ P(A) \geqq 0 \\ 2)\ P(E) = 1 \\ 3)\ P(A \cup B) = P(A) + P(B) \text{ für } A \cap B = \emptyset . \end{array}\right\} \qquad (1.1.3)$$

P(A) wird dann als die *Wahrscheinlichkeit des Ereignisses* A definiert. Hieraus ist ersichtlich, daß die Wahrscheinlichkeit durch einen nicht negativen, im Bereich $0 \leqq P \leqq 1$ normierten Zahlenwert definiert ist, der für $P = 0$ und $P = 1$ die oben bereits erwähnten Eigenschaften des unmöglichen und sicheren Ereignisses beschreibt. Außerdem besorgt das dritte Axiom, daß die Wahrscheinlichkeit additiv ist, d. h. die Wahrscheinlichkeit, daß A *oder* B stattfindet, ist gleich der Summe der Wahrscheinlichkeiten beider einander sich ausschließenden Ereignisse.

Mit den Axiomen 1) bis 3) lassen sich weitere wahrscheinlichkeitstheoretische Begriffe definieren, so die *bedingte Wahrscheinlichkeit* P(A/B) für das Eintreten des Ereignisses A unter der Bedingung, daß das Ereignis B stattgefunden hat. Hierfür gilt

$$P(A/B) = \frac{P(A \cap B)}{P(B)} , \qquad (1.1.4)$$

wobei $P(B) > 0$ vorausgesetzt wird.

Wichtig ist auch der Begriff der Unabhängigkeit zweier Ereignisse. Die Ereignisse A und B werden als *unabhängig* definiert, wenn

$$P(A \cap B) = P(A)\ P(B) \qquad (1.1.5)$$

gilt. Damit folgt aus Gl. (1.1.4) $P(A/B) = P(A)$ und in entsprechender

Weise ergibt sich $P(B/A) = P(B)$, d. h. die Wahrscheinlichkeit des einen Ereignisses ist vom Eintreten des anderen nicht abhängig.

1.1.2. Verteilungsfunktion und Dichtefunktion

Ordnet man jedem Versuchsausgang (Ereignis) e eine reelle Zahl $\xi(e)$ zu, dann erhält man eine Funktion, die im Bereich aller möglichen Versuchsausgänge definiert ist. Diese Funktion wird als statistische Variable oder *Zufallsvariable* bezeichnet. Mit $\{\xi(e) \leq x\}$ beschreibt man alle Ereignisse, deren Zufallsvariable $\xi(e)$ kleiner oder gleich x ist. Die Gesamtheit aller Werte, welche die Zufallsvariable annimmt, heißt das *Ensemble*. Sind nur diskrete Zahlenwerte möglich, dann liegt eine *diskrete Zufallsvariable* vor. Hingegen kann eine *kontinuierliche Zufallsvariable* beliebige Werte in einem kontinuierlichen Intervall annehmen. Beispiele hierfür sind:

a) Würfel: $\xi(e)$ = Augenzahl. $\xi(e)$ nimmt die diskreten Werte 1,2,...,6 an.

b) Spannungsmessung mit einem Zeigerinstrument: $\xi(e)$ = Zeigerstellung des Voltmeters in Winkelgraden. $\xi(e)$ kann alle positiven Werte des Meßbereichs annehmen und stellt hier eine kontinuierliche Zufallsvariable dar.

Dem Ereignis $\{\xi \leq x\}$, also der Menge aller Versuchsergebnisse e, für die $\xi(e) \leq x$ ist, wird die *Wahrscheinlichkeit*

$$P(\xi \leq x) = F_\xi(x) \tag{1.1.6}$$

zugeordnet, d. h. die Wahrscheinlichkeit, daß die Variable ξ den Wert x nicht überschreitet. Die so entstehende Funktion $F_\xi(x)$ wird als *Verteilungsfunktion* der Zufallsvariablen ξ (oft auch als Wahrscheinlichkeitsverteilungsfunktion) bezeichnet. Sie hat die Eigenschaften:

1) $0 \leq F_\xi(x) \leq 1$,

2) $F_\xi(-\infty) = 0;\ F_\xi(\infty) = 1$,

3) monoton steigende Funktion, da für $x_2 > x_1$ (1.1.7)
$F_\xi(x_2) - F_\xi(x_1) = P(x_1 < \xi \leq x_2) \geq 0$,

4) $F_\xi(x)$ kann kontinuierlich oder treppenförmig verlaufen (Bild 1.1.1).

Ist $x_1 = x_2$, so gilt im kontinuierlichen Fall für alle x_1-Werte

$$P(\xi = x_1) = 0 \quad , \tag{1.1.8}$$

d. h. die Wahrscheinlichkeit, daß ξ einen bestimmten Wert annimmt, ist stets gleich Null. Im diskreten Fall ist an einer Sprungstelle x_ν

$$P(\xi = x_\nu) = p_\nu \quad , \tag{1.1.9}$$

d. h. die Verteilungsfunktion weist an der Stelle x_ν einen Sprung mit der Höhe p_ν auf.

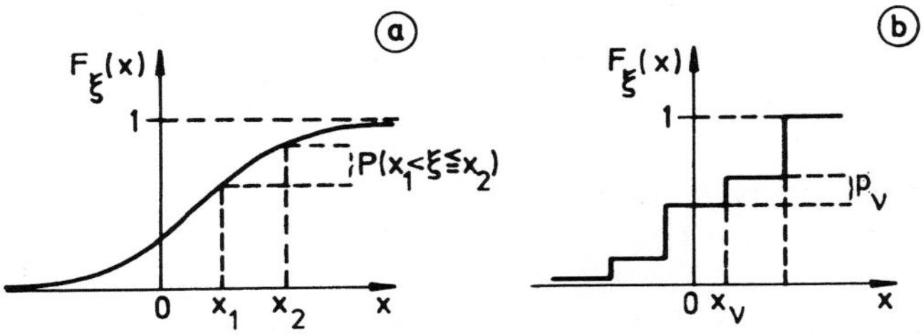

Bild 1.1.1. Der prinzipielle Verlauf von Verteilungsfunktionen für (a) kontinuierliche und (b) diskrete Zufallsvariable (Anmerkung: $P(x_1 < \xi \leqq x_2)$ gibt an, mit welcher Wahrscheinlichkeit die Variable ξ zwischen x_1 und x_2 auftritt)

Zur lokalen Beschreibung der Wahrscheinlichkeit wird auch die *Wahrscheinlichkeitsdichtefunktion* verwendet, kurz auch als *Dichtefunktion* bezeichnet. Sie ist definiert als

$$f_\xi(x) = \frac{d\, F_\xi(x)}{dx} \quad . \tag{1.1.10}$$

Im Falle kontinuierlicher Verteilungsfunktionen wird vorausgesetzt, daß $f_\xi(x)$ als gewöhnliche (stetige) Funktion existiert. Somit hat $f_\xi(x)$ z. B. den im Bild 1.1.2a dargestellten Verlauf.

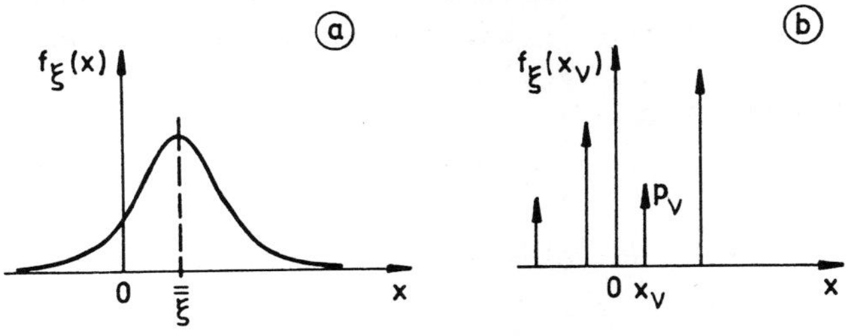

Bild 1.1.2. Die Wahrscheinlichkeitsdichtefunktion im kontinuierlichen (a) und im diskreten (b) Fall

Aus Gl.(1.1.10) folgt mit der Integrationsvariablen v

$$F_\xi(x) = \int_{-\infty}^{x} f_\xi(v)\, dv = P(\xi \leqq x) \tag{1.1.11}$$

und außerdem gilt wegen $F_\xi(\infty) = 1$ die Beziehung

$$\int_{-\infty}^{\infty} f_\xi(x)\, dx = 1 \quad .$$

Im kontinuierlichen Fall ist die Wahrscheinlichkeit, daß die Größe ξ einen Wert annimmt, der im Intervall $x \leqq \xi \leqq x + \Delta x$ liegt, für kleine Δx-Werte ungefähr gegeben durch

$$P(x \leqq \xi \leqq x + \Delta x) \approx f_\xi(x)\, \Delta x \quad . \tag{1.1.12}$$

Im diskreten Fall stellt f_ξ eine Folge von δ-Impulsen dar (Bild 1.1.2b), deren Impulsstärken mit p_ν $(\nu = 1,2,\ldots,N)$ definiert werden. Dabei gilt

$$P(\xi = x_\nu) = p_\nu \quad \text{und} \quad \sum_{\nu=1}^{N} p_\nu = 1 \quad .$$

Falls sich bei einem Experiment mehrere Zufallsvariablen $\xi(e)$, $\eta(e)$, $\zeta(e)$, ... definieren lassen, können die entsprechenden Ereignisse $\{\xi \leqq x\}$, $\{\eta \leqq y\}$, $\{\zeta \leqq z\}$, ... durch die Verteilungsfunktionen $F_\xi(x)$, $F_\eta(y)$, $F_\zeta(z)$, ... und die Dichtefunktionen $f_\xi(x)$, $f_\eta(y)$, $f_\zeta(z)$, ... beschrieben werden. Für die beiden Zufallsvariablen $\xi(e)$ und $\eta(e)$ kann das Ereignis

$$\{\xi(e) \leqq x,\ \eta(e) \leqq y\}$$

betrachtet werden, und die zugehörige Wahrscheinlichkeit

$$P(\xi \leqq x,\ \eta \leqq y) = F_{\xi\eta}(x,y) \tag{1.1.13}$$

führt zur *Verbundverteilungsfunktion* $F_{\xi\eta}(x,y)$ oder häufig kürzer geschrieben $F(x,y)$, während die zweimalige Ableitung, sofern diese möglich ist, als *Verbundverteilungsdichtefunktion*

$$f_{\xi\eta}(x,y) = \frac{\partial^2 F_{\xi\eta}(x,y)}{\partial x \partial y} \tag{1.1.14}$$

definiert wird. Man nennt ξ und η *statistisch unabhängig*, wenn die Ereignisse $\{\xi \leqq x\}$ und $\{\eta \leqq y\}$ unabhängig voneinander sind und die Bedingung

$$F_{\xi\eta}(x,y) = F_\xi(x)\, F_\eta(y) \tag{1.1.15}$$

gilt. Die partielle Differentiation der Gl.(1.1.15) entsprechend der Gl.(1.1.14) liefert die Beziehung

$$f_{\xi\eta}(x,y) = f_\xi(x)\, f_\eta(y) \quad . \tag{1.1.16}$$

1.1.3. Mittelwerte und Momente

Der *Erwartungswert* oder *Mittelwert* einer Zufallsvariablen ξ ist im kontinuierlichen Fall definiert als

$$\overline{\overline{\xi}} = E[\xi] = \int_{-\infty}^{\infty} x\, f_\xi(x)\,dx \tag{1.1.17}$$

und im diskreten Fall als

$$\overline{\overline{\xi}} = E[\xi] = \sum_{\nu=1}^{N} x_\nu P(\xi = x_\nu) = \sum_{\nu=1}^{N} x_\nu p_\nu \quad . \tag{1.1.18}$$

Dabei kann $\overline{\overline{\xi}}$ als die Abszisse des geometrischen Schwerpunkts der unter der Kurve $f_\xi(x)$ eingeschlossenen Fläche interpretiert werden (siehe Bild 1.1.2).

In entsprechender Weise gilt für den Erwartungswert $\overline{\overline{g}}$ einer *Funktion $g(\xi)$ der Zufallsvariablen* ξ:

$$\overline{\overline{g}} = E[g(\xi)] = \int_{-\infty}^{\infty} g(x)\, f_\xi(x)\,dx \tag{1.1.19}$$

bzw. im diskreten Fall

$$\overline{\overline{g}} = E[g(\xi)] = \sum_{\nu=1}^{N} g(\xi_\nu) p_\nu \quad . \tag{1.1.20}$$

Für den Fall $g(\xi) = \xi^n$ wird der zugehörige Erwartungswert auch als das *n-te Moment* von ξ bezeichnet. Dementsprechend stellt der Mittelwert $\overline{\overline{\xi}}$ das 1. Moment oder das Moment der Ordnung 1 der Zufallsvariablen ξ dar.

Als *Varianz* wird das *2. Zentralmoment der Zufallsvariablen* ξ (d. h. bezogen auf $\overline{\overline{\xi}}$) definiert, also

$$\sigma_\xi^2 = E[(\xi - \overline{\overline{\xi}})^2] = \int_{-\infty}^{\infty} (x - \overline{\overline{\xi}})^2\, f_\xi(x)\,dx \tag{1.1.21a}$$

oder

$$\sigma_\xi^2 = \overline{\overline{\xi^2}} - (\overline{\overline{\xi}})^2 \quad . \tag{1.1.21b}$$

Im diskreten Fall folgt entsprechend

$$\sigma_\xi^2 = \sum_{\nu=1}^{N} (x_\nu - \overline{\overline{\xi}})^2 \; p_\nu \quad . \tag{1.1.22}$$

Die Varianz läßt sich interpretieren als das Trägheitsmoment der Fläche unter $f_\xi(x)$ bezüglich der Achse $x = \overline{\overline{\xi}}$. Sie kann als Maß der Konzentration der Wahrscheinlichkeitsdichte $f_\xi(x)$ um den Wert $x = \overline{\overline{\xi}}$ gedeutet werden. Als *Streuung* oder *Standardabweichung* wird die Größe σ_ξ definiert. Es sei darauf hingewiesen, daß in der Literatur die Bezeichnung für σ_ξ und σ_ξ^2 sehr unterschiedlich ist. Gelegentlich wird auch σ_ξ^2 als Streuung bezeichnet.

Der Erwartungswert, den die beiden Zufallsvariablen ξ und η bilden, wird als *Kovarianz*

$$C_{\xi\eta} = E[(\xi - \overline{\overline{\xi}})(\eta - \overline{\overline{\eta}})] = \int_{-\infty}^{\infty} \int_{-\infty}^{\infty} (x - \overline{\overline{\xi}})(y - \overline{\overline{\eta}}) \; f_{\xi\eta}(x,y)dx\,dy \tag{1.1.23}$$

bezeichnet, wobei $f_{\xi\eta}$ die Verbundverteilungsdichte der beiden Zufallsvariablen ist.

Sind die beiden Zufallsvariablen statistisch unabhängig, dann gilt nach Gl.(1.1.16)

$$f_{\xi\eta}(x,y) = f_\xi(x) \; f_\eta(y) \quad ,$$

und es folgt

$$\begin{aligned} E[\xi \cdot \eta] &= \int_{-\infty}^{\infty} \int_{-\infty}^{\infty} x \; y \; f_{\xi\eta}(x,y)dx\,dy \\ &= \int_{-\infty}^{\infty} x \; f_\xi(x)dx \int_{-\infty}^{\infty} y \; f_\eta(y)dy \\ &= E[\xi] \; E[\eta] \quad . \end{aligned} \tag{1.1.24}$$

Für die Kovarianz zweier statistisch abhängiger Zufallsvariablen ξ und η gilt, wie sich leicht nachweisen läßt:

$$E[(\xi - \overline{\overline{\xi}})(\eta - \overline{\overline{\eta}})] = E[\xi \cdot \eta] - E[\xi] \; E[\eta] \quad . \tag{1.1.25}$$

Ist $E[\xi \cdot \eta] = E[\xi] \; E[\eta]$, dann wird die Kovarianz in Gl.(1.1.25) gleich Null. Zufallsvariablen, deren Kovarianz gleich Null ist, heißen *unkorreliert*. Wie aus Gl.(1.1.24) hervorgeht, sind statistisch unabhängige Zufallsvariablen stets unkorreliert. Die Umkehrung dieser letzten Aussage ist i. a. falsch.

1.1.4. Die Gaußverteilung

Eine Zufallsvariable mit der Wahrscheinlichkeitsdichtefunktion (oder kurz der Dichtefunktion)

$$f_\xi(x) = \frac{1}{c\sqrt{2\pi}} e^{-\frac{(x-m)^2}{2c^2}}, \tag{1.1.26}$$

und dem Mittelwert

$$\overline{\overline{\xi}} = \int_{-\infty}^{\infty} x\, f_\xi(x)dx = m \tag{1.1.27}$$

sowie der Varianz

$$\sigma_\xi^2 = \int_{-\infty}^{\infty} (x - \overline{\overline{\xi}})^2\, f_\xi(x)dx = c^2 \tag{1.1.28}$$

wird als *Gaußsche* oder *normalverteilte Zufallsvariable* bezeichnet. Eine Änderung von m ruft nur eine Verschiebung der Kurve $f_\xi(x)$ hervor. Im Falle $m = 0$ erhält man die Darstellung der Gaußverteilung für verschiedene Werte der Streuung $\sigma_\xi = c$ gemäß Bild 1.1.3. Derartige gaußverteilte Dichtefunktionen oder kurz Gaußverteilungen sind für die praktische Anwendung von großer Bedeutung.

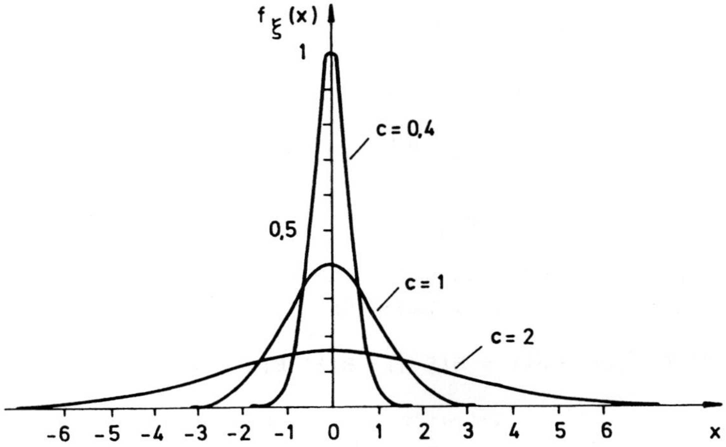

Bild 1.1.3. Die Wahrscheinlichkeitsdichtefunktion der Gaußverteilung für verschiedene Werte der Streuung $\sigma_\xi = c$ und dem Mittelwert $\overline{\overline{\xi}} = m = 0$

Es läßt sich zeigen, daß die Summe $\zeta = \xi + \eta$ zweier unabhängiger Gaußscher Zufallsvariablen wiederum eine Gaußsche Zufallsvariable darstellt. Andererseits wird die Summe einer Anzahl unabhängiger Zufallsvariablen

$$\xi = \sum_{i=1}^{n} \xi_i \tag{1.1.29}$$

mit nahezu beliebiger Dichtefunktionen $f_{\xi i}(x)$ für $n \to \infty$ (unter wenig einschränkenden Bedingungen) einer Gaußschen Zufallsvariablen zustreben. Deshalb kommt dieser Normalverteilung eine sehr große Bedeutung bei der praktischen Anwendung zu.

1.2. Stochastische Prozesse

1.2.1. Beschreibung stochastischer Prozesse

Eine Funktion $x_i(t)$ wird als statistische oder *stochastische Funktion* bezeichnet, wenn die x_i-Werte zur Zeit t nur in statistischem Sinne bestimmt sind. Somit ist $x_i(t)$ auch eine Zufallsvariable. Beispiele hierfür sind die Schwankungen der Spannungen in elektrischen Netzen, die Störungen, die bei Flugregelungen durch die Luftparameter auftreten, Wärmerauschen in elektronischen Bauteilen, usw. Wird beispielsweise eine Messung unter gleichen Bedingungen mehrmalig nacheinander jeweils für die Zeitdauer T durchgeführt und registriert, so bilden diese Aufzeichnungen $x_i(t)$ gemäß Bild 1.2.1 ein Ensemble von stochastischen Zeitfunktionen. Ein derartiges Ensemble von stochastischen Zeitfunktionen wird auch als *stochastischer Prozeß* definiert. Für die weiteren Überlegungen soll ein solcher stochastischer Prozeß durch das Symbol $\mathbf{x}(t)$ gekennzeichnet werden.

Zur Beschreibung eines stochastischen Prozesses verwendet man die Verteilungsfunktion

$$F(x,t) = P(\mathbf{x}(t) \leqq x) \tag{1.2.1}$$

oder die Dichtefunktion

$$f(x,t) = \frac{\partial F(x,t)}{\partial x} , \tag{1.2.2}$$

wobei beide Gln. (1.2.1) und (1.2.2) Zeitfunktionen kennzeichnen. Wie bereits durch Gl. (1.1.12) angedeutet, beschreibt für ein festes t die Größe $f(x,t)\Delta x$ bei kleinem $\Delta x > 0$ näherungsweise die Wahrscheinlichkeit, daß der Wert der Zufallsvariablen zwischen x und $x + \Delta x$ liegt.

Zur Beschreibung eines stochastischen Prozesses $\mathbf{x}(t)$ werden auch noch die Verteilungs- und Dichtefunktionen höherer Ordnung

$$F(x_1,\ldots,x_m;\ t_1,\ldots,t_m) = P(\mathbf{x}(t_1) \leqq x_1,\ldots,\mathbf{x}(t_m) \leqq x_m) \quad (1.2.3)$$

$$f(x_1,\ldots,x_m;\ t_1,\ldots,t_m) = \frac{\partial^m F(x_1,\ldots,x_m;t_1,\ldots,t_m)}{\partial x_1\ldots\partial x_m} \quad (1.2.4)$$

für jede Ordnung m und alle Zeiten $t_1,\ldots,t_m$ verwendet. Hierbei beschreibt Gl. (1.2.3) die Wahrscheinlichkeit dafür, daß zu den Zeitpunkten t_j ($j = 1,\ldots,m$) alle Zeitfunktionen des stochastischen Prozesses $\mathbf{x}(t)$ für $i = 1,\ldots,n$ die Werte $x_i(t_j) \leqq x_j$ besitzen. Bei Kenntnis der Gln. (1.2.3) und (1.2.4) für alle m ist der stochastische Prozess voll-

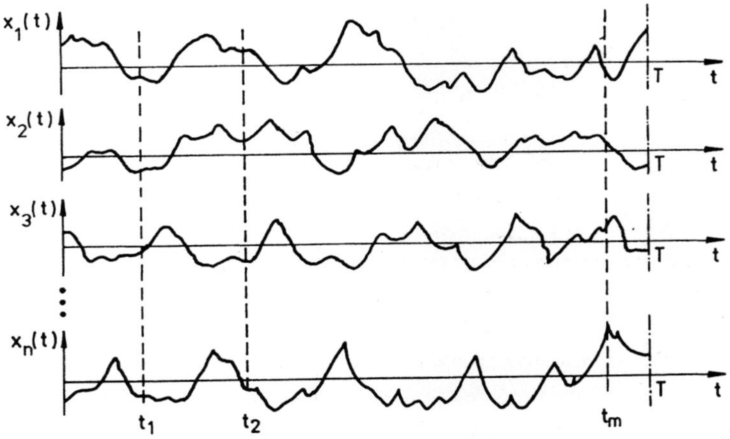

Bild 1.2.1. Wiederholte Aufzeichnungen $x_i(t)$ des gleichen Experiments

ständig beschrieben. Oft sind zur Beschreibung eines stochastischen Prozesses bereits folgende Erwartungswerte ausreichend:

a) *linearer Mittelwert oder Erwartungswert*:

$$\bar{\bar{x}}(t) = E[\mathbf{x}(t)] = \int_{-\infty}^{\infty} x\ f(x,t)dx \quad . \quad (1.2.5)$$

b) *Autokovarianzfunktion*:

$$C_{xx}(t_1,t_2) = E[\{\mathbf{x}(t_1) - \bar{\bar{x}}(t_1)\}\{\mathbf{x}(t_2) - \bar{\bar{x}}(t_2)\}]$$

$$= \int_{-\infty}^{\infty}\int_{-\infty}^{\infty} [x_1 - \bar{\bar{x}}(t_1)][x_2 - \bar{\bar{x}}(t_2)] \quad (1.2.6)$$

$$f(x_1,x_2;\ t_1,t_2)dx_1\ dx_2 \quad ,$$

woraus für $t_1 = t_2 = t$ die Streuung $\sigma_x(t)$ aus der Beziehung

$$\sigma_x^2(t) = C_{xx}(t,t) \tag{1.2.7}$$

berechnet werden kann. Die Autokovarianzfunktion $C_{xx}(t_1,t_2)$ hängt eng zusammen mit der

c) *Autokorrelationsfunktion* (AKF):

$$R_{xx}(t_1,t_2) = E[\mathbf{x}(t_1)\mathbf{x}(t_2)] = C_{xx}(t_1,t_2) + \bar{\bar{x}}(t_1)\bar{\bar{x}}(t_2) \ . \tag{1.2.8}$$

Die *Abhängigkeit zweier stochastischer Prozesse* $\mathbf{x}(t)$ und $\mathbf{y}(t)$ kann durch die *Kreuzkovarianzfunktion*

$$C_{xy}(t_1,t_2) = E[(\mathbf{x}(t_1) - \bar{\bar{x}}(t_1))(\mathbf{y}(t_2) - \bar{\bar{y}}(t_2))] \tag{1.2.9}$$

d) und die *Kreuzkorrelationsfunktion* (KKF)

$$R_{xy}(t_1,t_2) = E[\mathbf{x}(t_1)\ \mathbf{y}(t_2)] = C_{xy}(t_1,t_2) + \bar{\bar{x}}(t_1)\bar{\bar{y}}(t_2) \tag{1.2.10}$$

beschrieben werden. Die AKF und KKF werden bei den späteren Überlegungen von großer Bedeutung sein.

1.2.2. Der stationäre stochastische Prozeß

Die im Abschnitt 1.2.1 behandelte allgemeine Theorie stochastischer Prozesse ist nicht besonders geeignet zur Anwendung auf praktische Probleme. Entsprechend dem realen Prozeßverhalten wird deshalb für die folgenden Überlegungen angenommen, daß der Prozeß stationär und ergodisch ist. Diese Begriffe werden folgendermaßen definiert:

a) *Stationarität*:

Ein stochastischer Prozeß $\mathbf{x}(t)$ wird als stationär bezeichnet, wenn seine statistischen Eigenschaften von jeder Zeitverschiebung τ unabhängig sind. Dies hat zur Folge, daß die Prozesse $\mathbf{x}(t)$ und $\mathbf{x}(t+\tau)$ für beliebiges τ dieselben Verteilungs- und Dichtefunktionen besitzen. Es gilt also

$$f(x,t) = f(x,t+\tau) \quad . \tag{1.2.11}$$

Gl. (1.2.11) besagt, daß f unabhängig von t ist, so daß die Beziehung

$$f(x,t) = f(x) \tag{1.2.12}$$

gilt. Weiterhin erhält man unter dieser Voraussetzung:

$$f(x_1,x_2;\ t_1,t_2) = f(x_1,x_2;\ \tau) \tag{1.2.13}$$

mit $\tau = t_2 - t_1$. Daraus folgt weiterhin

$$\overline{\overline{x}}(t) = E[\mathbf{x}(t)] = \overline{\overline{x}} = \text{const} \tag{1.2.14}$$

und

$$R_{xx}(t_1,t_2) = E[\mathbf{x}(t_1)\mathbf{x}(t_2)] = R_{xx}(\tau) = C_{xx}(t_1,t_2) + \overline{\overline{x}}^2\ . \tag{1.2.15}$$

Bei einem stationären stochastischen Prozeß ist also der Mittelwert unabhängig von der Zeit und die Autokorrelationsfunktion nur eine Funktion der Zeitdifferenz τ.

b) *Ergodizität*:

Aufgrund der *Ergodenhypothese* bezeichnet man einen stationären stochastischen Prozeß $\mathbf{x}(t)$ als ergodisch im strengen Sinne, wenn mit der Wahrscheinlichkeit 1 alle über das Ensemble gebildeten Erwartungswerte mit den zeitlichen Mittelwerten jeder einzelnen Musterfunktion übereinstimmen. Sofern diese Übereinstimmung nur für den Erwartungswert $E[\mathbf{x}(t)]$ und die Autokorrelationsfunktion $R_{xx}(\tau) = E[\mathbf{x}(t)\mathbf{x}(t+\tau)]$ gilt, wird $\mathbf{x}(t)$ als ergodisch im weiteren Sinne bezeichnet. Da die weiteren Betrachtungen sich nur auf derartige Prozesse beziehen, werden diese der Kürze wegen ergodisch genannt. Die Ergodenhypothese besagt also, daß der Erwartungswert oder Mittelwert über das Ensemble

$$\overline{\overline{x}} = E[\mathbf{x}(t)] = \int_{-\infty}^{\infty} x\ f(x,t)dx = \int_{-\infty}^{\infty} x\ f(x)dx \tag{1.2.16}$$

mit dem zeitlichen Mittelwert einer beliebig ausgewählten Funktion $x_i(t)$ des Ensembles

$$\overline{x_i(t)} = \lim_{T\to\infty} \frac{1}{2T} \int_{-T}^{T} x_i(t)dt = \overline{x}_i \tag{1.2.17}$$

übereinstimmt. Es gilt also:

$$\overline{x}_i = \overline{\overline{x}}\ . \tag{1.2.18}$$

Entsprechend kann nach der Ergodenhypothese die Korrelationsfunktion

$$R_{xx}(\tau) = E[\mathbf{x}(t)\mathbf{x}(t+\tau)] = \int_{-\infty}^{\infty}\int_{-\infty}^{\infty} x_1x_2f(x_1,x_2,\tau)dx_1dx_2 \tag{1.2.19}$$

durch den zeitlichen Mittelwert

$$R_{xx}(\tau) = \lim_{T\to\infty} \frac{1}{2T} \int_{-T}^{T} x_i(t)x_i(t+\tau)\,dt = \overline{x_i(t)x_i(t+\tau)} \qquad (1.2.20)$$

gewonnen werden, wobei gemäß Bild 1.2.1 für $i = 1,\ldots,n$ gilt.

Zu beachten ist, daß ein ergodischer Prozeß stets stationär ist. Andererseits ist aber nicht jeder stationäre Prozeß ergodisch. Für die weiteren Überlegungen werden nur ergodische Prozesse betrachtet.

1.3. Korrelationsfunktionen und ihre Eigenschaften

Zur praktischen Untersuchung stochastischer Prozesse eignen sich die Wahrscheinlichkeitsdichtefunktionen unmittelbar nicht. Vielmehr spielen die Korrelationsfunktionen eine viel wichtigere Rolle.

1.3.1. Der Korrelationsfaktor

Der Korrelationsfaktor stellt ein quantitatives Maß für den Verwandtschaftsgrad (Korrelation) zweier Meßreihen dar, die vom gleichen Parameter abhängen. Als Beispiel hierfür sei die Darstellung von Bild 1.3.1

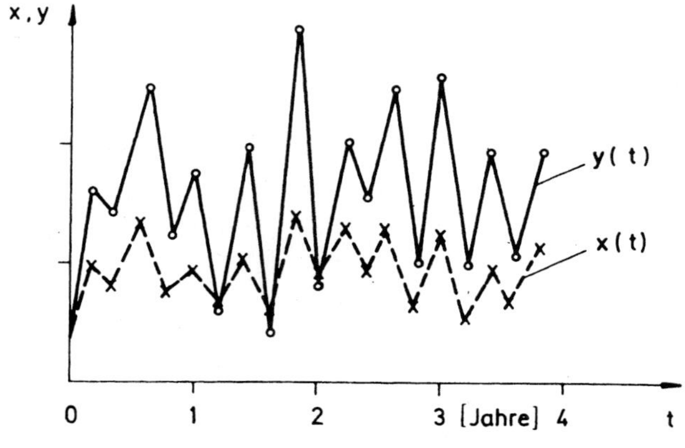

Bild 1.3.1. Aufzeichnung zweier korrelierter Meßreihen

betrachtet, wobei

$x(t)$ die Intensität der Werbung für ein Produkt und

$y(t)$ die Menge der verkauften Produkte

beschreibt. Nach Elimination der Zeit kann derselbe Sachverhalt auch gemäß Bild 1.3.2 dargestellt werden.

Zur Bildung eines quantitativen Abhängigkeitsmaßes werden bei Beachtung der Ergodenhypothese näherungsweise folgende Mittelwerte eingeführt:

$$\bar{\bar{x}} = \frac{1}{n} \sum_{i=1}^{n} x_i \quad \text{und} \quad \bar{\bar{y}} = \frac{1}{n} \sum_{i=1}^{n} y_i \quad , \tag{1.3.1}$$

wobei die x_i- und y_i-Werte die entsprechenden diskreten Werte von x und y repräsentieren und n die Zahl der Meßwerte darstellt. Durch Einführen der Größen

$$v_i = x_i - \bar{\bar{x}} \quad \text{und} \quad w_i = y_i - \bar{\bar{y}}$$

erhält man näherungsweise die Kovarianz der Meßreihen $\{x_i\}$ und $\{y_i\}$ bzw. $\{v_i\}$ und $\{w_i\}$:

$$C_n = \frac{1}{n} \sum_{i=1}^{n} v_i \, w_i \quad . \tag{1.3.2}$$

Beide Meßreihen sind *kovariant* für $C_n > 0$; sie sind *kontravariant* für $C_n < 0$. Geht C_n mit wachsenden n-Werten gegen Null, so sind beide Meß-

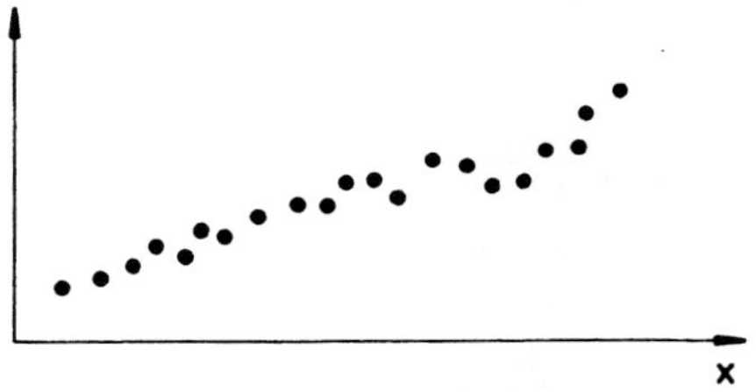

Bild 1.3.2. Die Abhängigkeit der Meßreihen nach Bild 1.3.1

reihen nicht korreliert. Die normierte Größe

$$r_n = \frac{C_n}{\sqrt{\overline{\overline{v^2}}\,\overline{\overline{w^2}}}} \tag{1.3.3}$$

mit $\overline{\overline{v^2}} = \frac{1}{n} \sum_{i=1}^{n} v_i^2$ und $\overline{\overline{w^2}} = \frac{1}{n} \sum_{i=1}^{n} w_i^2$ bezeichnet man als *Korrelationsfaktor*. Somit gilt stets $|r_n| \leqq 1$.

1.3.2. Autokorrelations- und Kreuzkorrelationsfunktion

Der für die beiden Meßreihen eingeführte Begriff des Korrelationsfaktors kann auch auf Funktionen und somit auch auf stochastische Prozesse erweitert werden. Bei einem ergodischen stochastischen Prozeß $\mathbf{x}(t)$ wird aus dem Ensemble eine Funktion $x(t)$ herausgegriffen. Betrachtet man nun noch die um τ verschobene Funktion $x(t+\tau)$, dann kann für die Beschreibung des inneren Verwandtschaftsgrades der Funktion $x(t)$ und damit des stochastischen Prozesses $\mathbf{x}(t)$ die *Autokorrelationsfunktion*

$$R_{xx}(\tau) = \lim_{T\to\infty} \frac{1}{2T} \int_{-T}^{T} x(t)\ x(t+\tau)dt \tag{1.3.4}$$

eingeführt werden. Analog zum Korrelationsfaktor beschreibt die Autokorrelationsfunktion (AKF) $R_{xx}(\tau)$ die gegenseitige Abhängigkeit zwischen $x(t)$ und $x(t+\tau)$. Die Funktionswerte von $x(t)$ und $x(t+\tau)$ unterscheiden sich gewöhnlich. Dieser Unterschied wird aber immer geringer, je kleiner τ ist. Ist $\tau = 0$, so wird die gegenseitige Verknüpfung von $x(t)$ und $x(t+\tau)$ am größten. Es gilt stets

$$R_{xx}(0) \geqq |R_{xx}(\tau)| \quad . \tag{1.3.5}$$

Beweis:

Aus

$$[x(t) \pm x(t+\tau)]^2 \geqq 0$$

folgt

$$x^2(t) + x^2(t+\tau) \geqq \pm 2x(t)\ x(t+\tau)$$

bzw. durch Integration und Multiplikation mit 1/2T

$$\frac{1}{2T} \int_{-T}^{T} x^2(t)dt + \frac{1}{2T} \int_{-T}^{T} x^2(t+\tau)dt \geqq \frac{1}{2T} \int_{-T}^{T} 2x(t)\ x(t+\tau)dt \quad .$$

Für $T \to \infty$ erhält man daraus für eine stationäre Zeitfunktion $x(t)$

$$R_{xx}(0) + R_{xx}(0) \geqq \pm 2R_{xx}(\tau)$$

oder

$$R_{xx}(0) \geqq \pm R_{xx}(\tau) \quad ,$$

was zu beweisen war.

Für die Existenz der AKF wird gefordert, daß $R_{xx}(\tau)$ für $\tau = 0$ einen endlichen Wert besitzt. Dieser Wert entspricht aber gerade der *mittleren Signalleistung* von $x(t)$, und man erhält hierfür

$$R_{xx}(0) = \lim_{T\to\infty} \frac{1}{2T} \int_{-T}^{T} x^2(t)dt < \infty \quad . \tag{1.3.6}$$

Bei Vergrößerung von τ nimmt die gegenseitige Abhängigkeit von $x(t)$

und $x(t+\tau)$ immer mehr ab. Somit sind die stochastischen Signale $x(t)$ und $x(t+\tau)$ für $\tau \to \infty$ statistisch unabhängig, d. h. unkorreliert, und mit Gl. (1.1.24) und der Ergodenhypothese folgt

$$\lim_{\tau\to\infty} R_{xx}(\tau) = \lim_{\tau\to\infty} \left[\lim_{T\to\infty} \frac{1}{2T} \int_{-T}^{T} x(t)\,dt \lim_{T\to\infty} \frac{1}{2T} \int_{-T}^{T} x(t+\tau)\,dt\right] = \bar{x}^2 . \tag{1.3.7}$$

Ist der Prozeß mittelwertfrei ($\bar{x} = \bar{\bar{x}} = 0$), so ergibt sich hieraus

$$\lim_{\tau\to\infty} R_{xx}(\tau) = 0 \quad . \tag{1.3.8}$$

Liegen zwei miteinander verknüpfte, ergodische stochastische Prozesse $\mathbf{x}(t)$ und $\mathbf{y}(t)$ vor, dann kann unter Verwendung jeweils einer Funktion $x(t)$ und $y(t)$ aus dem betreffenden Ensemble ihre statistische Abhängigkeit mittels der *Kreuzkorrelationsfunktion* (KKF)

$$R_{xy}(\tau) = \lim_{T\to\infty} \frac{1}{2T} \int_{-T}^{T} x(t)\; y(t+\tau)\,dt \tag{1.3.9}$$

oder

$$R_{xy}(\tau) = \lim_{T\to\infty} \frac{1}{2T} \int_{-T}^{T} x(t-\tau)\; y(t)\,dt = R_{yx}(-\tau) \tag{1.3.10}$$

ausgedrückt werden.

1.3.3. Zusammenstellung der wichtigsten Eigenschaften von Korrelationsfunktionen

a) Die AKF ist eine gerade Funktion, d. h. es gilt

$$R_{xx}(\tau) = R_{xx}(-\tau) \quad . \tag{1.3.11}$$

Zum Beweis wird in der Beziehung

$$R_{xx}(-\tau) = \lim_{T\to\infty} \frac{1}{2T} \int_{-T}^{T} x(t)\; x(t-\tau)\,dt$$

die Substitution $\sigma = t-\tau$ und somit $t = \sigma+\tau$ eingeführt. Damit folgt

$$R_{xx}(-\tau) = \lim_{T\to\infty} \frac{1}{2T} \int_{-T-\tau}^{T-\tau} x(\sigma+\tau)\; x(\sigma)\,d\sigma \quad .$$

Wegen der Stationarität hat die Zeitverschiebung τ der Integralgrenzen keinen Einfluß auf das Ergebnis, und man erhält

$$R_{xx}(-\tau) = R_{xx}(\tau) \quad .$$

b) Der Anfangswert der AKF $R_{xx}(0)$ ist - wie in Gl. (1.3.6) bereits gezeigt wurde - gleich dem quadratischen Mittelwert bzw. der mittleren Signalleistung des stochastischen Signals

$$R_{xx}(0) = \lim_{T\to\infty} \frac{1}{2T} \int_{-T}^{T} x^2(t)dt \geqq |R_{xx}(\tau)| \quad . \qquad (1.3.12)$$

c) Die AKF eines stochastischen Signals mit verschwindendem Mittelwert

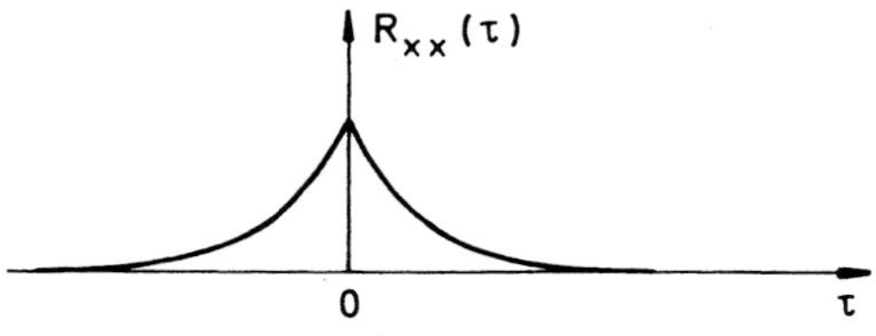

Bild 1.3.3. Die Autokorrelationsfunktion eines mittelwertfreien stochastischen Signals

strebt für $\tau \to \infty$ gemäß Gl.(1.3.8) gegen Null (vgl. Bild 1.3.3):

$$\lim_{\tau\to\infty} R_{xx}(\tau) = 0 \quad . \qquad (1.3.13)$$

d) Ein stochastisches Signal

$$v(t) = x(t) + A\cos(\omega t + \Theta) \quad ; \quad \omega \neq 0 \quad , \qquad (1.3.14)$$

das einen mittelwertfreien rein stochastischen Signalanteil $x(t)$ sowie eine periodische Komponente enthält, besitzt die AKF

$$R_{vv}(\tau) = \lim_{T\to\infty} \frac{1}{2T} \int_{-T}^{T} v(t)\, v(t+\tau)dt$$

$$= \lim_{T\to\infty} \frac{1}{2T}\Big[\int_{-T}^{T} x(t)\, x(t+\tau)dt + A\int_{-T}^{T} x(t)\cos(\omega t+\omega\tau+\Theta)dt +$$

$$+ A\int_{-T}^{T} x(t+\tau)\cos(\omega t+\Theta)dt +$$

$$+ A^2\int_{-T}^{T} \cos(\omega t+\Theta)\cos(\omega t+\omega\tau+\Theta)dt\Big] \quad . \qquad (1.3.15)$$

Sind $x(t)$ und $\cos(\omega t+\Theta)$ unkorreliert, dann gilt

$$\lim_{T\to\infty} \frac{A}{2T} \int_{-T}^{T} x(t)\cos(\omega t+\omega\tau+\Theta)dt = 0$$

und

$$\lim_{T\to\infty} \frac{A}{2T} \int_{-T}^{T} x(t+\tau)\cos(\omega t+\Theta)\,dt = 0 \quad .$$

Somit folgt aus Gl.(1.3.15) sofort für die AKF

$$R_{vv}(\tau) = R_{xx}(\tau) + \frac{A^2}{2} \cos \omega\tau \quad . \tag{1.3.16}$$

Die Phasenverschiebung des periodischen Signalanteils erscheint also in der AKF nicht mehr, jedoch enthält die AKF eine harmonische Komponente gleicher Frequenz.

e) Ein stochastisches Signal

$$v(t) = x(t) + A_o \quad , \tag{1.3.17}$$

das ein mittelwertfreies stochastisches Signal $x(t)$ und einen Gleichanteil $A_o = \text{const}$ enthält, führt auf die AKF

$$R_{vv}(\tau) = R_{xx}(\tau) + A_o^2 \quad . \tag{1.3.18}$$

Unter Beachtung von $R_{xx}(\tau) \to 0$ für $\tau \to \infty$ ergeben sich für die Fälle d) und e) die Darstellungen von Bild 1.3.4.

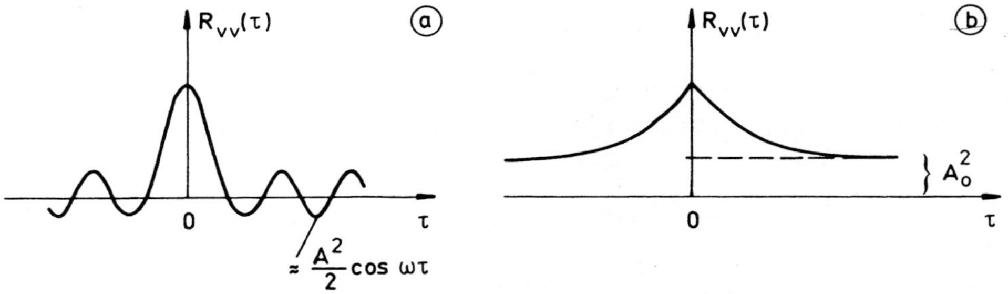

Bild 1.3.4. Die Autokorrelationsfunktionen einer stochastischen Funktion mit periodischem Anteil (a) und einer stochastischen Funktion mit Gleichanteil (b)

f) Allgemeiner Fall: Gegeben sei ein mittelwertfreies stochastisches Signal $x(t)$, dem eine Summe periodischer Anteile und ein Gleichanteil A_o überlagert ist:

$$v(t) = x(t) + A_o + \sum_{\nu=1}^{n} A_\nu \cos(\omega_\nu t+\Theta_\nu) \quad . \tag{1.3.19}$$

Hierfür erhält man unter Beachtung der Gln.(1.3.16) und (1.3.18) die AKF

$$R_{vv}(\tau) = R_{xx}(\tau) + A_o^2 + \sum_{\nu=1}^{n} \frac{A_\nu^2}{2} \cos \omega_\nu \tau \quad . \qquad (1.3.20)$$

g) Die Kreuzkorrelationsfunktion zweier Signale x(t) und y(t) $R_{xy}(\tau)$ ist i. a. keine gerade Funktion in τ. Für sie gelten - wie sich leicht nachweisen läßt - die Beziehungen

$$R_{xy}(\tau) = R_{yx}(-\tau) \qquad (1.3.21)$$

und

$$|R_{xy}(\tau)| \leqq \sqrt{R_{xx}(0) R_{yy}(0)} \leqq \frac{1}{2} [R_{xx}(0) + R_{yy}(0)] \qquad (1.3.22)$$

sowie

$$\lim_{\tau \to \pm\infty} R_{xy}(\tau) = 0 \quad . \qquad (1.3.23)$$

Gl. (1.3.23) gilt, sofern eines der beiden Signale mittelwertfrei ist und keine periodischen Signalanteile enthalten sind.

Die KKF ist ein Maß für den Zusammenhang zweier stochastischer Signale. Wenn x(t) und y(t) von völlig unabhängigen Quellen herstammen und keine konstanten oder periodischen Signalkomponenten besitzen, dann ist die KKF identisch Null, und die beiden Zeitfunktionen werden als unkorreliert bezeichnet.

1.3.4. Bestimmung der Autokorrelationsfunktion

A. Analoge Methode

Wird das zur Korrelation verwendete Zeitintervall T groß genug gewählt, so gilt näherungsweise für die Autokorrelationsfunktion des im Bereich $0 \leqq t \leqq T$ gegebenen stochastischen Signals x(t) gemäß Gl. (1.2.20)

$$R_{xx}(\tau) = \overline{x(t)\ x(t+\tau)} \approx \frac{1}{T} \int_0^T x(t)\ x(t+\tau) dt \quad . \qquad (1.3.24)$$

Für verschiedene τ-Werte kann mittels der Schaltung von Bild 1.3.5 die

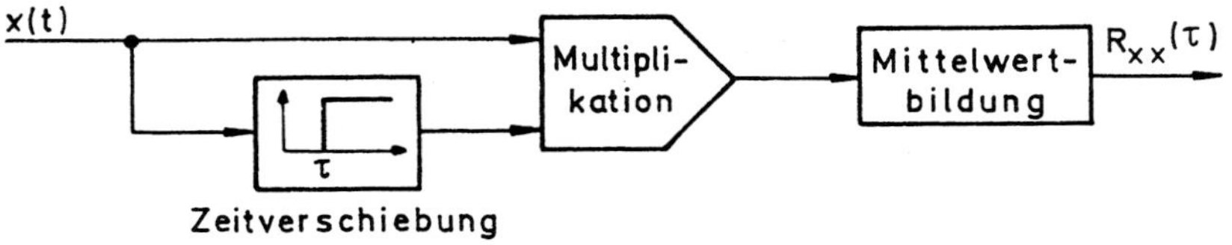

Bild 1.3.5. Analoge Methode zur Messung der Autokorrelationsfunktion R(τ) einer stochastischen Funktion x(t)

Autokorrelationsfunktion $R_{xx}(\tau)$ bestimmt werden. Geräte, die auf diesem Blockschaltbild basieren, bezeichnet man als *Korrelatoren*.

B. Numerische Methode

Zur Berechnung der Korrelationsfunktion gemäß Gl.(1.3.24) wird der Zeitabschnitt T in N sehr kleine Intervalle Δt zerlegt:

$$T = N\,\Delta t \quad . \tag{1.3.25}$$

Die Größen t und τ werden zweckmäßigerweise als Vielfache von Δt gewählt:

$$t = t_\nu = \nu\Delta t \; ; \quad \nu = 0,1,2,\ldots \tag{1.3.26a}$$

$$\tau = \tau_\mu = \mu\Delta t \; ; \quad \mu = 0,1,2,\ldots \tag{1.3.26b}$$

Dann kann Gl.(1.3.24) in der Summenform

$$R_{xx}(\mu\Delta t) \approx \frac{1}{N\Delta t} \sum_{\nu=0}^{N-1} x[\nu\Delta t]\; x[(\nu+\mu)\Delta t]\,\Delta t \tag{1.3.27}$$

dargestellt werden. Unter der Berücksichtigung, daß

$$x[(\nu+\mu)\Delta t] = 0 \text{ für } \nu > N-\mu \tag{1.3.28}$$

gilt, ergibt sich schließlich

$$R_{xx}(\mu\Delta t) \approx \frac{1}{(N-\mu)} \sum_{\nu=0}^{N-\mu-1} x[\nu\Delta t]\; x[(\nu+\mu)\Delta t] \quad . \tag{1.3.29}$$

Dabei werden aus einer kontinuierlichen Messung von x(t) nur die diskreten Werte $x(\nu\Delta t)$ verwendet. Zur Auswertung wird dabei zweckmäßig ein Digitalrechner eingesetzt. Digitale Korrelatoren arbeiten auf der Basis der Gl.(1.3.29).

1.4. Die spektrale Leistungsdichte

1.4.1. Definition der spektralen Leistungsdichte

Deterministische Vorgänge in linearen dynamischen Systemen können entweder im Zeitbereich, z. B. mittels Differentialgleichungen, oder im Frequenzbereich mit Hilfe von Frequenzgängen bzw. Frequenzspektren oder durch Übertragungsfunktionen beschrieben werden (siehe Band "Regelungstechnik I"). Es liegt nahe, dieses auf der Anwendung der Laplace- oder

Fourier-Transformation beruhende Vorgehen auch auf stochastische Vorgänge zu übertragen.

Wenn man die Autokorrelationsfunktion zur Beschreibung eines stochastischen Signals x(t) kennt, dann ergibt sich formal durch eine Fourier-Transformation (siehe Anhang A 1.1) die zu x(t) gehörende *spektrale Leistungsdichte* (auch als *Leistungsdichtespektrum* oder *Leistungsspektrum* bezeichnet)

$$S_{xx}(\omega) = \mathcal{F}\{R_{xx}(\tau)\} = \int_{-\infty}^{\infty} R_{xx}(\tau)e^{-j\omega\tau}d\tau \quad , \tag{1.4.1}$$

die offensichtlich eine reelle Funktion darstellt. Die inverse Fourier-Transformation der spektralen Leistungsdichte liefert wiederum die Autokorrelationsfunktion

$$R_{xx}(\tau) = \mathcal{F}^{-1}\{S_{xx}(\omega)\} = \frac{1}{2\pi}\int_{-\infty}^{\infty} S_{xx}(\omega)e^{j\omega\tau}d\omega \quad . \tag{1.4.2}$$

Damit liegt aufgrund der Fourier-Transformation eine eindeutige Zuordnung von $R_{xx}(\tau)$ und $S_{xx}(\omega)$ vor. Beide Größen enthalten dieselbe Information über x(t), ausgedrückt im Zeit- und Frequenzbereich.

Da $R_{xx}(\tau)$ eine gerade Funktion ist, gilt auch

$$S_{xx}(\omega) = 2\int_{0}^{\infty} R_{xx}(\tau)\cos\omega\tau d\tau \tag{1.4.3}$$

sowie

$$R_{xx}(\tau) = \frac{1}{\pi}\int_{0}^{\infty} S_{xx}(\omega)\cos\omega\tau d\omega \quad , \tag{1.4.4}$$

und somit erhält man für die mittlere Signalleistung gemäß Gl.(1.3.12)

$$R_{xx}(0) = \frac{1}{\pi}\int_{0}^{\infty} S_{xx}(\omega)d\omega \quad . \tag{1.4.5}$$

In ganz entsprechender Weise kann für die Kreuzkorrelationsfunktion zwischen zwei stochastischen Signalen x(t) und y(t) das *Kreuzleistungsspektrum*

$$S_{xy}(j\omega) = \mathcal{F}\{R_{xy}(\tau)\} = \int_{-\infty}^{\infty} R_{xy}(\tau)e^{-j\omega\tau}d\tau \tag{1.4.6}$$

mit

$$R_{xy}(\tau) = \mathcal{F}^{-1}\{S_{xy}(j\omega)\} = \frac{1}{2\pi}\int_{-\infty}^{\infty} S_{xy}(j\omega)e^{j\omega\tau}d\omega \tag{1.4.7}$$

eingeführt werden. Da gewöhnlich $R_{xy}(\tau)$ keine gerade Funktion ist, stellt das Kreuzleistungsspektrum eine komplexe Funktion dar.

1.4.2. Einige Beispiele für spektrale Leistungsdichten

a) *Stochastisches Signal mit überlagertem periodischem Anteil*: Dieses bereits früher eingeführte Signal wird durch

$$v(t) = x(t) + A\cos(\omega_o t+\Theta)$$

beschrieben. Die dafür hergeleitete AKF lautet:

$$R_{vv}(\tau) = R_{xx}(\tau) + \frac{A^2}{2}\cos\omega_o\tau \quad .$$

Die Anwendung der Gl.(1.4.1) auf diese Beziehung liefert

$$S_{vv}(\omega) = \int_{-\infty}^{\infty} R_{xx}(\tau)e^{-j\omega\tau}d\tau + \frac{A^2}{2}\int_{-\infty}^{\infty}\cos\omega_o\tau e^{-j\omega\tau}d\tau \quad . \qquad (1.4.8)$$

Durch Umformung des zweiten Integrals auf der rechten Gleichungsseite erhält man:

$$\int_{-\infty}^{\infty}\cos\omega_o\tau e^{-j\omega\tau}d\tau = \int_{-\infty}^{\infty}\cos\omega_o\tau\cos\omega\tau d\tau - j\int_{-\infty}^{\infty}\cos\omega_o\tau\sin\omega\tau d\tau$$

$$= \frac{1}{2}\int_{-\infty}^{\infty}\cos(\omega-\omega_o)\tau d\tau + \frac{1}{2}\int_{-\infty}^{\infty}\cos(\omega+\omega_o)\tau d\tau \quad .$$

Führt man für diese hierbei erhaltenen uneigentlichen Integrale die der Beziehung

$$\int_{-\infty}^{\infty}\cos(\omega\pm\omega_o)\tau d\tau = 2\pi\delta(\omega\pm\omega_o) \qquad (1.4.9)$$

entsprechende δ-Funktion [1.3] ein, so folgt schließlich als spektrale Leistungsdichte gemäß Gl.(1.4.8)

$$S_{vv}(\omega) = S_{xx}(\omega) + \frac{A^2}{2}\pi\,[\delta(\omega-\omega_o) + \delta(\omega+\omega_o)] \quad . \qquad (1.4.10)$$

Betrachtet man nur den Teil der spektralen Leistungsdichte, der vom periodischen Signalteil herrührt, dann ergibt sich ein (diskretes) *Linienspektrum* entsprechend Bild 1.4.1.

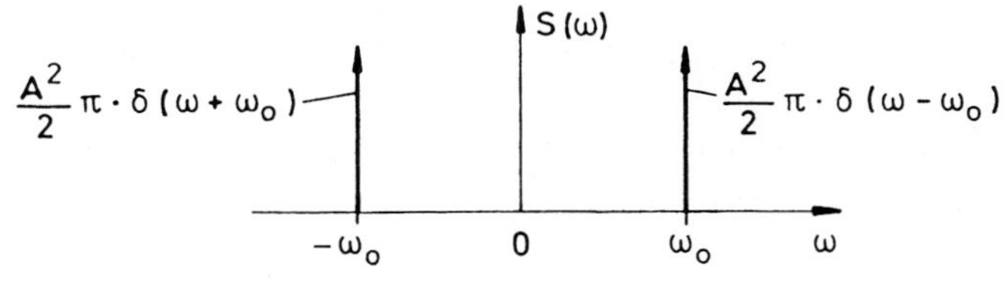

Bild 1.4.1. Das Linienspektrum des periodischen Signalteils

b) *Weißes Rauschen*: Ein stochastisches Signal mit konstanter spektraler Leistungsdichte

$$S_{xx}(\omega) = C \tag{1.4.11}$$

wird als weißes Rauschen bezeichnet. Die zugehörige AKF lautet

$$R_{xx}(\tau) = \frac{1}{2\pi} C \int_{-\infty}^{\infty} \cos\omega\tau d\omega$$

und liefert, ähnlich der Auswertung von Gl.(1.4.8) schließlich

$$R_{xx}(\tau) = C\delta(\tau) \text{ mit } C = c^2 = \sigma_\xi^2 \ . \tag{1.4.12}$$

Der Prozeß ist also völlig unkorreliert (vgl. Bild 1.4.2). Es muß darauf hingewiesen werden, daß weißes Rauschen physikalisch nicht realisiert werden kann, denn die mittlere Signalleistung wird un-

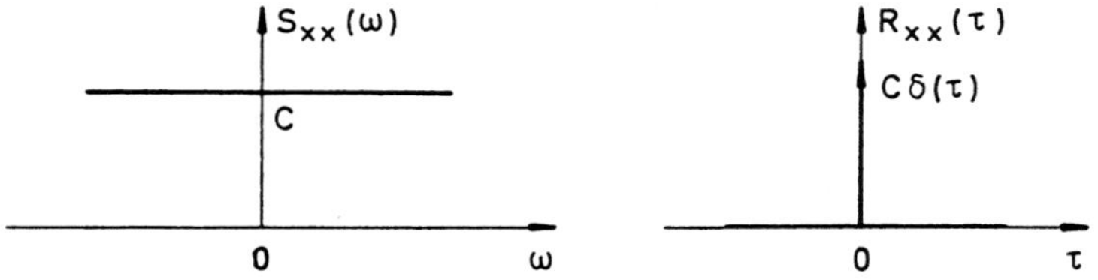

Bild 1.4.2. Leistungsdichte und Autokorrelationsfunktion des weißen Rauschens

endlich, und damit strebt $R_{xx}(0) \to \infty$. Weißes Rauschen kann jedoch zur näherungsweisen Beschreibung eines Signals verwendet werden, wenn die spektrale Leistungsdichte über einen gewissen Frequenzbereich, der besonders interessiert, angenähert konstant ist.

c) *Bandbegrenztes weißes Rauschen oder farbiges Rauschen*: Dieses stochastische Signal ist durch die spektrale Leistungsdichte

$$S_{xx}(\omega) = \begin{cases} C \text{ für } \omega_1 < |\omega| < \omega_2 \\ 0 \text{ sonst} \end{cases} \tag{1.4.13}$$

mit C = const definiert. Hierbei ist die mittlere Signalleistung endlich. Für die AKF gilt:

$$R_{xx}(\tau) = \frac{C}{\pi} \left[\frac{\sin\omega_2\tau}{\tau} - \frac{\sin\omega_1\tau}{\tau}\right] \ . \tag{1.4.14}$$

d) *Markovscher Prozeß*: Signale, die durch diesen Prozeß beschrieben werden, besitzen die spektrale Leistungsdichte

$$S_{xx}(\omega) = \frac{2a}{\omega^2 + a^2} R_o \tag{1.4.15}$$

und die AKF

$$R_{xx}(\tau) = R_o \, e^{-a|\tau|} \quad . \tag{1.4.16}$$

Der Vorteil dieses Prozesses ist die mathematische Einfachheit im Zeit- und Frequenzbereich (vgl. Bild 1.4.3). Eine Reihe von stocha-

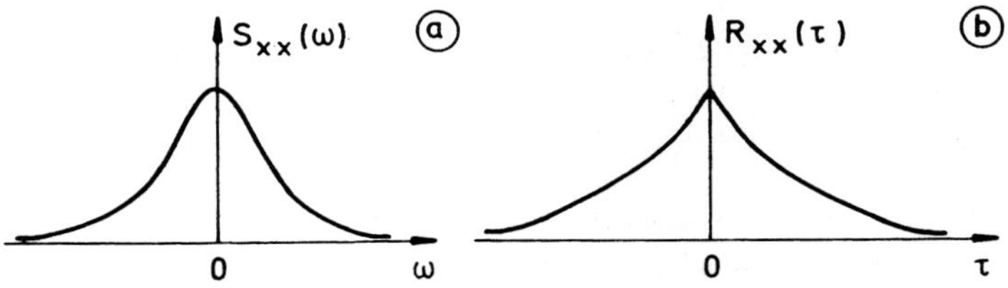

Bild 1.4.3. Leistungsdichte (a) und Autokorrelationsfunktion (b) des Markovschen Prozesses

stischen Signalen kann durch diese Beziehung hinreichend genau beschrieben werden. Beispielsweise lassen sich mit Werten von $a \gg 1$ Signale beschreiben, die dem (idealen) weißen Rauschen schon sehr nahe kommen.

2. Statistische Bestimmung dynamischer Eigenschaften linearer Systeme

2.1. Grundlegende Zusammenhänge

Gegeben sei ein kausales, lineares, zeitinvariantes und asymptotisch stabiles System, das durch die Gewichtsfunktion g(t) oder die Übertragungsfunktion G(s) gemäß Bild 2.1.1 beschrieben wird. Wirkt am Eingang dieses Systems das stationäre stochastische Signal u(t), so läßt sich

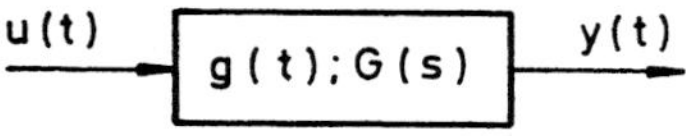

Bild 2.1.1. Lineares, zeitinvariantes Übertragungssystem mit der Gewichtsfunktion g(t) und der Übertragungsfunktion G(s)

auch in diesem Fall das Ausgangssignal durch das Duhamelsche Faltungsintegral

$$y(t) = \int_0^{\infty} g(\sigma)u(t-\sigma)d\sigma \tag{2.1.1}$$

beschreiben [2.1], wobei $g(t) = 0$ für $t < 0$ gilt (siehe Band "Regelungstechnik I"). Bildet man nun die Kreuzkorrelationsfunktion zwischen dem Ein- und Ausgangssignal dieses Systems, also

$$R_{yu}(\tau) = \lim_{T\to\infty} \frac{1}{2T} \int_{-T}^{T} y(t)u(t+\tau)dt \quad , \tag{2.1.2}$$

dann folgt mit Gl.(2.1.1)

$$R_{yu}(\tau) = \lim_{T\to\infty} \frac{1}{2T} \int_{-T}^{T} \int_0^{\infty} g(\sigma)u(t-\sigma)u(t+\tau)d\sigma dt \quad .$$

Nach dem hier erlaubten Vertauschen der Integration und Grenzwertbildung erhält man weiter

$$R_{yu}(\tau) = \int_0^{\infty} \{\lim_{T\to\infty} \frac{1}{2T} \int_{-T}^{T} u(t-\sigma)u(t+\tau)dt\}g(\sigma)d\sigma \quad , \tag{2.1.3}$$

wobei

$$\lim_{T\to\infty} \frac{1}{2T} \int_{-T}^{T} u(t-\sigma)u(t+\tau)dt = R_{uu}(\tau+\sigma)$$

gilt. Somit ergibt sich aus Gl.(2.1.3) direkt für die KKF

$$R_{yu}(\tau) = \int_0^\infty R_{uu}(\tau+\sigma)g(\sigma)d\sigma = R_{uy}(-\tau) \quad , \tag{2.1.4a}$$

bzw. mit Gl.(1.3.21)

$$R_{uy}(\tau) = \int_0^\infty R_{uu}(\tau-\sigma)g(\sigma)d\sigma \quad . \tag{2.1.4b}$$

Diese sehr wichtige Beziehung bietet die Möglichkeit, bei bekannter Gewichtsfunktion $g(t)$ und AKF $R_{uu}(\tau)$ die KKF $R_{yu}(\tau)$ oder $R_{uy}(\tau)$ zu berechnen. Der wichtigere Fall für die Regelungstechnik ist jedoch der, diese *Integralgleichung* zur Berechnung der Gewichtsfunktion $g(t)$ bei Vorgabe der AKF und KKF $R_{uu}(\tau)$ und $R_{uy}(\tau)$ heranzuziehen. Abgesehen von Sonderfällen, kann diese Lösung durch *Entfaltung* sehr aufwendig werden.

Sonderfall: Das Eingangssignal $u(t)$ sei weißes Rauschen mit $C = 1$. Dann gilt für die AKF des Eingangssignals $R_{uu}(\tau) = \delta(\tau)$. Somit folgt aus Gl.(2.1.4b) aufgrund der Ausblendeigenschaft der δ-Funktion

$$R_{uy}(\tau) = \int_0^\infty \delta(\tau-\sigma)g(\sigma)d\sigma = g(\tau) \quad . \tag{2.1.5}$$

Dies bedeutet, daß hier die Messung der KKF identisch ist mit der Messung der Gewichtsfunktion, d. h. man kann $g(t)$ durch Erregen der Systemeingangsgröße mit weißem Rauschen mittels eines Korrelators entsprechend Bild 2.1.2 direkt messen.

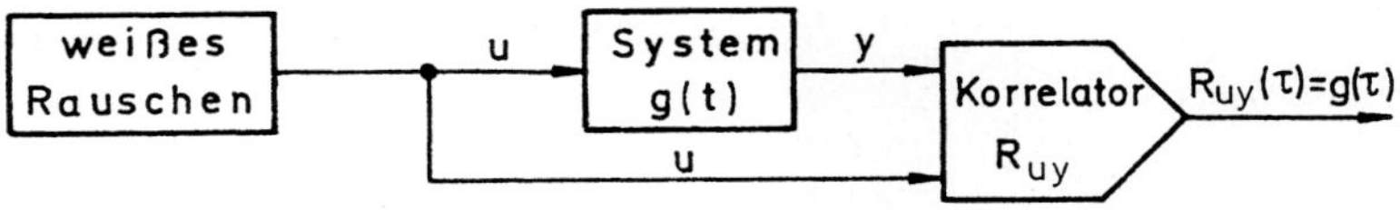

Bild 2.1.2. Bestimmung der Gewichtsfunktion mit einem Korrelator

Gl.(2.1.4b) kann allgemein zur Bestimmung von $g(t)$ herangezogen werden. Dies erfolgt zweckmäßig in drei Schritten:

a) Messung von $u(t)$ und $y(t)$ und falls möglich gleichzeitige Korrelationsbildung, sonst

b) Berechnung von $R_{uu}(\tau)$ und $R_{uy}(\tau)$.

c) Auflösung der Grundgleichung (2.1.4b) nach $g(t)$.

2.2. Auflösung der Grundgleichung

2.2.1. Auflösung im Frequenzbereich

Aus Gl. (2.1.4b) folgt mit dem Faltungssatz der Fourier-Transformation

$$\mathcal{F}\{R_{uy}(\tau)\} = \mathcal{F}\{R_{uu}(\sigma)\}\ \mathcal{F}\{g(\sigma)\} \quad . \tag{2.2.1}$$

Unter Berücksichtigung der Gln. (1.4.1) und (1.4.6) sowie des Zusammenhanges zwischen Zeit- und Frequenzbereich, bei dem die Fourier-Transformierte der Gewichtsfunktion $g(t)$ den Frequenzgang $G(j\omega)$ des Systems liefert, erhält man aus Gl. (2.2.1)

$$S_{uy}(j\omega) = S_{uu}(\omega)\ G(j\omega) \quad . \tag{2.2.2}$$

Somit ergibt sich als Lösung im Frequenzbereich der Frequenzgang

$$G(j\omega) = \frac{S_{uy}(j\omega)}{S_{uu}(\omega)} \quad . \tag{2.2.3}$$

Durch Rücktransformation in den Zeitbereich erhält man schließlich formal die Gewichtsfunktion

$$g(t) = \frac{1}{2\pi} \int_{-\infty}^{\infty} G(j\omega) e^{j\omega t} d\omega \quad . \tag{2.2.4}$$

Diese Beziehung kann jedoch direkt zur Berechnung von $g(t)$ nur dann verwendet werden, wenn $G(j\omega)$ analytisch gegeben ist. Liegen die Korrelationsfunktionen $R_{uu}(\tau)$ und $R_{uy}(\tau)$ in gemessener Form vor, dann müssen zur Bestimmung von $G(j\omega)$ zunächst die entsprechenden spektralen Leistungsdichten $S_{uu}(\omega)$ und $S_{uy}(j\omega)$ numerisch anhand von $R_{uu}(\tau)$ und $R_{uy}(\tau)$ ermittelt werden.

Dies kann durch eine Geradenapproximation [2.2] der entsprechenden Korrelationsfunktion $R(\tau)$ gemäß Bild 2.2.1 durchgeführt werden. Dabei wird der graphische Verlauf einer beliebigen Korrelationsfunktion $R(\tau)$ in M äquidistanten Zeitintervallen $\Delta\tau$ durch Geradenstücke approximiert (M geradzahlig), wobei $R(\tau) \neq 0$ für $-\Delta\tau(M/2) \leqq \tau \leqq \Delta\tau(M/2)$ gilt. Nun wird der Koordinatenursprung um $M/2$ Intervalle nach links verschoben. Diesem Punkt wird die Ordinate R_o, den nachfolgenden die Ordinatenwerte R_n (allgemein: $n = 0, 1, 2, \ldots, M$) zugeordnet. Da hier nur solche Korrelationsfunktionen betrachtet werden, für die bei $|\tau| \to \infty$ der Wert von $R(\tau)$ asymptotisch gegen Null geht, wird für die gewählten Anfangs- und Endpunkte von $R(\tau)$ im vorliegenden Fall

$$R_o = R_1 = R_{M-1} = R_M = 0 \tag{2.2.5}$$

festgelegt. Auch wenn diese Bedingung bei der praktischen Anwendung z. B. für große τ-Werte nicht genau erfüllt ist, muß sie für die Berechnung so angesetzt werden, um die Konvergenz von $S(j\omega)$ zu sichern.

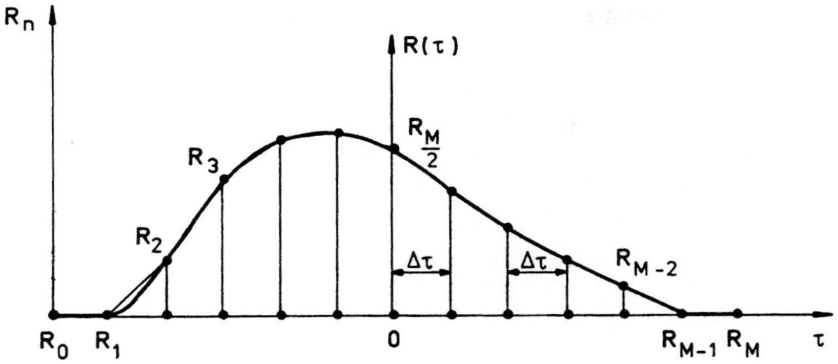

Bild 2.2.1. Geradenapproximation der Korrelationsfunktion $R(\tau)$

Ist $S(j\omega)$ die spektrale Leistungsdichte der Korrelationsfunktion $R(\tau)$ und $\tilde{S}(j\omega)$ die durch die Geradenapproximation von $R(\tau)$ näherungsweise ermittelte spektrale Leistungsdichte, so gilt - wie nachfolgend noch ausführlich hergeleitet wird -

$$S(j\omega) \approx \tilde{S}(j\omega) = -\frac{e^{j\omega\frac{M}{2}\Delta\tau}}{\omega^2\Delta\tau}\sum_{n=1}^{M-1} p_n\, e^{-j\omega n\Delta\tau} \qquad (2.2.6)$$

mit

$$p_n = R_{n-1} - 2R_n + R_{n+1} \qquad \text{für } n = 1,2,\ldots,M-1 \quad . \qquad (2.2.7)$$

Teilt man Gl.(2.2.6) nach Real- und Imaginärteil auf, dann erhält man

$$\mathrm{Re}\{\tilde{S}(j\omega)\} = -\frac{1}{\omega^2\Delta\tau}\sum_{n=1}^{M-1} p_n \cos[(n-\tfrac{M}{2})\omega\Delta\tau] \qquad (2.2.8)$$

$$\mathrm{Im}\{\tilde{S}(j\omega)\} = +\frac{1}{\omega^2\Delta\tau}\sum_{n=1}^{M-1} p_n \sin[(n-\tfrac{M}{2})\omega\Delta\tau] \quad . \qquad (2.2.9)$$

Diese Beziehungen stellen eine sehr einfache Methode zur numerischen Fourier-Transformation sowohl der Auto- als auch der Kreuzkorrelationsfunktion dar [2.2].

Für die Herleitung der Gl.(2.2.6) ist folgende *Hilfsbetrachtung* zweckmäßig: Ähnlich wie $R(\tau)$ und $S(j\omega)$ gegenseitig durch Fourier-Transformation auseinander hervorgehen, gilt über die Laplace-Transformation die Zuordnung zwischen $g(t)$ und $G(s)$. Betrachtet man also den Verlauf von $R(\tau)$ im Bild 2.2.1 als eine um die Zeit $(M/2)\Delta\tau$ nach links verschobene Gewichtsfunktion, dann gilt für die Betrachtung jeder der diese Gewichtsfunktion approximierenden "Knickgeraden" gemäß Bild 2.2.2, daß diese im Sinne der Regelungstheorie als Antwort jeweils eines Teil-

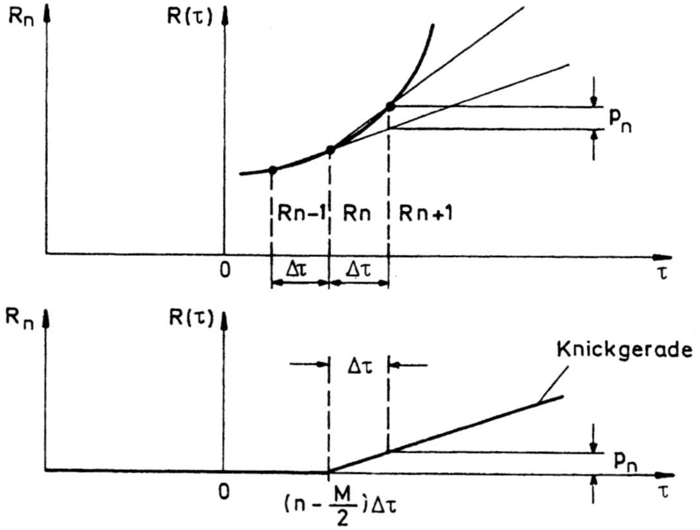

Bild 2.2.2. Zur Definition der "Knickgeraden"

übertragungsgliedes auf eine δ-impulsförmige Erregung aufgefaßt werden kann. Das Verhalten eines solchen Teilübertragungsgliedes wird - wie sich unmittelbar leicht nachvollziehen läßt - durch die Übertragungsfunktion

$$G_n(s) = \frac{p_n}{\Delta\tau} \frac{1}{s^2} e^{-sn\Delta\tau} e^{+s\Delta\tau M/2} \tag{2.2.10}$$

beschrieben. Die Überlagerung aller dieser Knickgeraden liefert schließlich

$$G(s) = \sum_{n=1}^{M-1} G_n(s) \quad . \tag{2.2.11}$$

Mit $s = j\omega$ und unter Berücksichtigung, daß im vorliegenden Fall $G(j\omega)$ identisch mit $S(j\omega)$ ist, erhält man mit den Gln.(2.2.10) und (2.2.11) die Gl.(2.2.6).

2.2.2. Numerische Lösung im Zeitbereich

In Gl.(2.1.4b)

$$R_{uy}(\tau) = \int_0^\infty R_{uu}(\tau-\sigma)\,g(\sigma)\,d\sigma$$

kann das Integral näherungsweise in die Summenform

$$R_{uy}(\tau) \approx \sum_{n=o}^{N} R_{uu}(\tau-n\Delta t)\,g(n\Delta t)\,\Delta t \tag{2.2.12}$$

überführt werden. Wird τ ebenfalls in Schritten von Δt (also $\tau = 0, \Delta t, 2\Delta t, \ldots, N\Delta t$) gewählt, so liefert Gl. (2.2.12) folgendes lineares algebraisches Gleichungssystem mit den N+1 Unbekannten $g(0)$, $g(\Delta t)$, ..., ..., $g(N\Delta t)$:

$$\left.\begin{aligned}
R_{uy}(0) &= R_{uu}(0-0)g(0)\Delta t + R_{uu}(0-\Delta t)g(\Delta t)\Delta t + \ldots + R_{uu}(0-N\Delta t)g(N\Delta t)\Delta t \\
R_{uy}(\Delta t) &= R_{uu}(\Delta t-0)g(0)\Delta t + R_{uu}(\Delta t-\Delta t)g(\Delta t)\Delta t + \ldots + R_{uu}(\Delta t-N\Delta t)g(N\Delta t)\Delta t \\
&\ \ \vdots \\
R_{uy}(N\Delta t) &= R_{uu}(N\Delta t-0)g(0)\Delta t + R_{uu}(N\Delta t-\Delta t)g(\Delta t)\Delta t + \ldots + R_{uu}(N\Delta t-N\Delta t)g(N\Delta t)\Delta t
\end{aligned}\right\} \tag{2.2.13}$$

Unter Berücksichtigung der Symmetrieeigenschaft $R_{uu}(\tau-\sigma) = R_{uu}(\sigma-\tau)$ und nach Einführung der Kurzschreibweise $g_n = g(n\Delta t)$ für $n = 0,1,\ldots,N$ kann Gl. (2.2.13) in die Form

$$\underbrace{\begin{bmatrix} \frac{R_{uy}(0)}{\Delta t} \\ \frac{R_{uy}(\Delta t)}{\Delta t} \\ \vdots \\ \frac{R_{uy}(N\Delta t)}{\Delta t} \end{bmatrix}}_{\underline{r}} = \underbrace{\begin{bmatrix} R_{uu}(0) & R_{uu}(\Delta t) & R_{uu}(2\Delta t) & \ldots & R_{uu}(N\Delta t) \\ R_{uu}(\Delta t) & R_{uu}(0) & R_{uu}(\Delta t) & \ldots & R_{uu}[(N-1)\Delta t] \\ \vdots & & & \ddots & \\ R_{uu}(N\Delta t) & R_{uu}[(N-1)\Delta t] & & \ldots & R_{uu}(0) \end{bmatrix}}_{\underline{R}} \cdot \underbrace{\begin{bmatrix} g_0 \\ g_1 \\ \vdots \\ g_N \end{bmatrix}}_{\underline{g}} \tag{2.2.14}$$

bzw. in die Form

$$\underline{r} = \underline{R}\ \underline{g}$$

gebracht werden. Die Lösung von Gl. (2.2.14) erhält man rein formal durch Inversion von $\underline{R}$, also:

$$\underline{g} = \underline{R}^{-1}\ \underline{r} \ . \tag{2.2.15}$$

Es sei darauf hingewiesen, daß je nach der Kondition von $\underline{R}$ die Inversion Schwierigkeiten bereiten kann. Für diesen Fall müssen dann andere numerische Verfahren gewählt werden, z. B. Iterationsverfahren.

2.3. Zusammenhang zwischen den spektralen Leistungsdichten am Ein- und Ausgang linearer Systeme

Ein lineares zeitinvariantes, stabiles und kausales Übertragungssystem mit der Gewichtsfunktion g(t) wird bekanntlich allgemein beschrieben durch das Duhamelsche Faltungsintegral gemäß Gl.(2.1.1)

$$y(t) = \int_{-\infty}^{\infty} g(\sigma)u(t-\sigma)d\sigma \quad ,$$

wobei wegen $g(\sigma) = 0$ für $\sigma < 0$ die untere Integrationsgrenze auch gleich Null gewählt werden könnte. Dabei seien u(t) und y(t) zwei stochastische Signale. Für die AKF des Ausgangssignals y(t)

$$R_{yy}(\tau) = \lim_{T\to\infty} \frac{1}{2T} \int_{-T}^{T} y(t)y(t+\tau)dt$$

erhält man mit obiger Beziehung

$$R_{yy}(\tau) = \lim_{T\to\infty} \frac{1}{2T} \int_{-T}^{T} \{ \int_{-\infty}^{\infty} g(\sigma)u(t-\sigma)d\sigma\}\cdot\{ \int_{-\infty}^{\infty} g(\eta)u(t+\tau-\eta)d\eta\}dt$$

$$= \int_{-\infty}^{\infty} \int_{-\infty}^{\infty} g(\sigma)g(\eta)\{\lim_{T\to\infty} \frac{1}{2T} \int_{-T}^{T} u(t-\sigma)u(t+\tau-\eta)dt\}d\sigma d\eta \ . \qquad (2.3.1)$$

Die Substitution $v = t-\sigma$ im letzten Teilintegral der Gl.(2.3.1) liefert

$$\lim_{T\to\infty} \frac{1}{2T} \int_{-T-\sigma}^{T-\sigma} u(v)u(v+\sigma+\tau-\eta)dv = R_{uu}(\tau+\sigma-\eta) \quad ,$$

und damit lautet Gl.(2.3.1):

$$R_{yy}(\tau) = \int_{-\infty}^{\infty} \int_{-\infty}^{\infty} g(\sigma)g(\eta)\ R_{uu}(\tau+\sigma-\eta)d\sigma d\eta \quad . \qquad (2.3.2)$$

Durch Anwendung der Fourier-Transformation auf diese Beziehung erhält man als spektrale Leistungsdichte des stochastischen Ausgangssignals

$$S_{yy}(\omega) = \int_{-\infty}^{\infty} \int_{-\infty}^{\infty} \int_{-\infty}^{\infty} g(\sigma)g(\eta)\ R_{uu}(\tau+\sigma-\eta)e^{-j\omega\tau}d\sigma d\eta d\tau \quad . \qquad (2.3.3)$$

Durch die Substitution $\nu = \tau+\sigma-\eta$ folgt hieraus:

$$S_{yy}(\omega) = \int_{-\infty}^{\infty}\int_{-\infty}^{\infty}\int_{-\infty}^{\infty} g(\sigma)e^{j\omega\sigma}g(\eta)e^{-j\omega\eta}\ R_{uu}(\nu)e^{-j\omega\nu}d\nu d\sigma d\eta$$

$$= G(-j\omega)\cdot G(j\omega)\cdot S_{uu}(\omega)$$

oder schließlich

$$S_{yy}(\omega) = |G(j\omega)|^2\ S_{uu}(\omega)\quad . \tag{2.3.4}$$

Die Gln.(2.2.2) und (2.3.4) sind von außerordentlicher Bedeutung für den Zusammenhang der spektralen Leistungsdichten der Ein- und Ausgangssignale eines linearen, zeitinvarianten Systems. Sie stellen wesentliche Grundgleichungen zur Identifikation von Regelsystemen dar. Sind beispielsweise die Kreuzleistungsdichte $S_{uy}(j\omega)$ zwischen Ein- und Ausgangssignal eines Regelsystems sowie die spektrale Leistungsdichte $S_{uu}(\omega)$ des Eingangssignals bekannt, so kann mit Gl.(2.2.2) direkt der Frequenzgang $G(j\omega)$ nach Betrag und Phase berechnet werden. Sind nur die beiden spektralen Leistungsdichten $S_{uu}(\omega)$ und $S_{yy}(\omega)$ des Ein- bzw. Ausgangssignals bekannt, so liefert Gl.(2.3.4) den Betrag des Frequenzganges, aus dem sich bei Systemen mit minimalem Phasenverhalten ebenfalls der Phasengang berechnen läßt. Durch Approximation des Frequenzganges $G(j\omega)$ läßt sich dann gemäß Abschnitt 9.4.2 Band "Regelungstechnik I" ein analytischer Ausdruck für die Übertragungsfunktion $G(s)$ des betreffenden Regelsystems angeben. Damit erhält man anhand dieser Systemidentifikation ein mathematisches Modell für das untersuchte Regelsystem.

Beispiel 2.3.1:

Es wird der im Bild 2.3.1 dargestellte Regelkreis betrachtet. Die Füh-

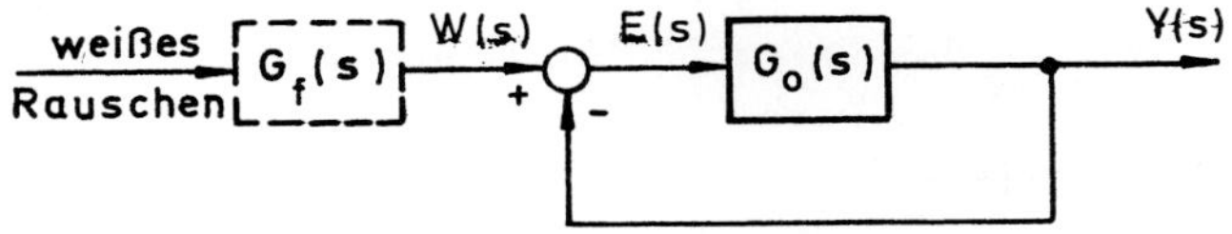

Bild 2.3.1. Blockschaltbild des untersuchten Regelkreises

rungsgröße $w(t)$ sei ein stochastisches Signal, das man sich über ein Formfilter mit der Übertragungsfunktion

$$G_f(s) = \frac{1}{c+s} \tag{2.3.5}$$

aus weißem Rauschen mit der spektralen Leistungsdichte C entstanden denken kann. Zu berechnen ist die mittlere Signalleistung der Regelabweichung e(t), wobei für die Übertragungsfunktion des offenen Regelkreises

$$G_o(s) = \frac{K}{s(1+Ts)} \tag{2.3.6}$$

gilt. Damit erhält man für die Übertragungsfunktion zwischen Regelabweichung und Führungsgröße

$$G_e(s) = \frac{\mathcal{L}\{e(t)\}}{\mathcal{L}\{w(t)\}} = \frac{1}{1+G_o(s)} = \frac{s+Ts^2}{K+s+Ts^2} \quad . \tag{2.3.7}$$

Als spektrale Leistungsdichte der Regelabweichung e(t) folgt nach Gl. (2.3.4)

$$S_{ee}(\omega) = |G_e(j\omega)|^2 \, S_{ww}(\omega) \quad . \tag{2.3.8}$$

Mit

$$S_{ww}(\omega) = |G_f(j\omega)|^2 \cdot C = \frac{1}{c+j\omega}\,\frac{1}{c-j\omega}\,C = \frac{C}{c^2+\omega^2}$$

ergibt sich aus Gl.(2.3.8)

$$\begin{aligned} S_{ee}(\omega) &= |G_e(j\omega)|^2 \cdot \frac{C}{c^2+\omega^2} \\ &= \frac{j\omega+T(j\omega)^2}{K+j\omega+T(j\omega)^2} \cdot \frac{-j\omega+T(j\omega)^2}{K-j\omega+T(j\omega)^2} \cdot \frac{C}{c^2+\omega^2} \quad . \end{aligned} \tag{2.3.9}$$

Als mittlere Signalleistung der Regelabweichung (quadratischer Mittelwert von e(t)) folgt mit den Gln.(1.3.12) und (1.4.2)

$$\overline{e^2} = e^2_{eff} = R_{ee}(0) = \frac{1}{2\pi} \int_{-\infty}^{\infty} S_{ee}(\omega)\,d\omega \quad . \tag{2.3.10}$$

Für die Auswertung dieses Integrals setzt man den Integranden ins Komplexe fort und wertet das Integral längs des im Bild 2.3.2 dargestellten Weges B für $\rho \to \infty$ aus. Dabei verschwindet der Integralbeitrag auf dem Halbkreisbogen für $\rho \to \infty$. Deshalb läßt sich der Integrationsweg über die imaginäre Achse in Gl.(2.3.9) durch das Ringintegral über die geschlossene Kurve B ersetzen, ohne den Wert des Integrals zu verändern. Die Berechnung der mittleren Signalleistung nach Gl.(2.3.10) erfolgt dann in zwei Schritten:

Schritt 1: Man substituiert die Integrationsvariable $j\omega$ durch

$$s = \sigma + j\omega \Rightarrow d\omega = \frac{ds}{j}$$

(Fortsetzung des Integranden ins Komplexe) und erhält

$$\overline{e^2} = \frac{1}{2\pi j} \oint_B S_{ee}(s)\,ds \quad .$$

Schritt 2: Auswertung des Integrals nach Schritt 1 über den Cauchyschen Residuensatz (siehe Band "Regelungstechnik I")

$$\overline{e^2} = \frac{1}{2\pi j} \oint_B S_{ee}(s)\,ds = \sum_{\substack{\text{Pole}\\ \text{links}}} \text{Res}\{S_{ee}(s)\} \quad .$$

Zunächst erhält man für Gl.(2.3.10) nach Schritt 1:

$$\overline{e^2} = \frac{1}{2\pi j} \oint_B \frac{s+Ts^2}{(K+s+Ts^2)} \cdot \frac{-s+Ts^2}{(K-s+Ts^2)} \cdot \frac{1}{(c+s)} \cdot \frac{1}{(c-s)}\, C\, ds$$

$$= \frac{1}{2\pi j} \oint_B \frac{G(s)}{F(s)F(-s)}\, ds \qquad (2.3.11)$$

mit

$$G(s) = Cs(1+Ts)(-s)(1-Ts)$$

$$F(s) = (K+s+Ts^2)(c+s) \quad .$$

Die Auswertung der Gl.(2.3.11) erfolgt gemäß Schritt 2 über den Cauchy-

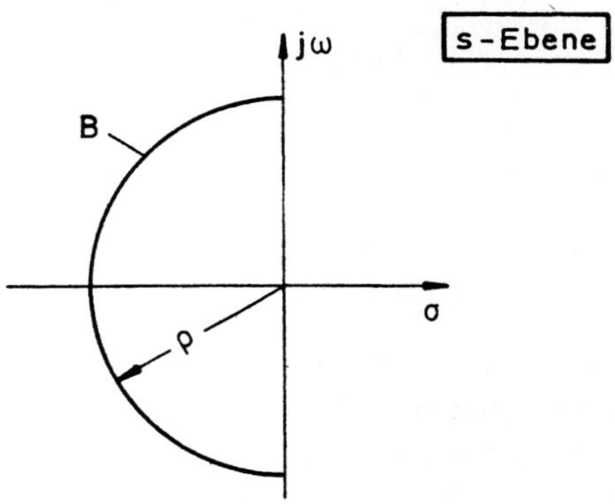

Bild 2.3.2. Der Integrationsweg zur Berechnung des Integrals Gl. (2.3.10)

schen Residuensatz:

$$\overline{e^2} = \frac{1}{2\pi j} \oint_B \frac{G(s)}{F(s)F(-s)}\, ds = \sum_{\substack{\text{Pole}\\ \text{links}}} \text{Res}\left\{\frac{G(s)}{F(s)F(-s)}\right\} \quad , \qquad (2.3.12)$$

wobei die Ausrechnung schließlich die Beziehung

$$\overline{e^2} = \frac{C[1+T(c+K)]}{2[c+K+c^2T]} \qquad (2.3.13)$$

liefert. ∎

3. Systemidentifikation mittels Korrelationsanalyse

3.1. Ermittlung der Gewichtsfunktion

Die meisten technischen Regelsysteme enthalten neben den eigentlichen Nutzsignalen (z. B. Führungssignal, Stellsignal usw.) auch zusätzliche Störungen z(t). Wirkt beispielsweise eine innere (nicht meßbare) Störung gemäß Bild 3.1.1 auf das gemessene Ausgangssignal y(t), so liefert

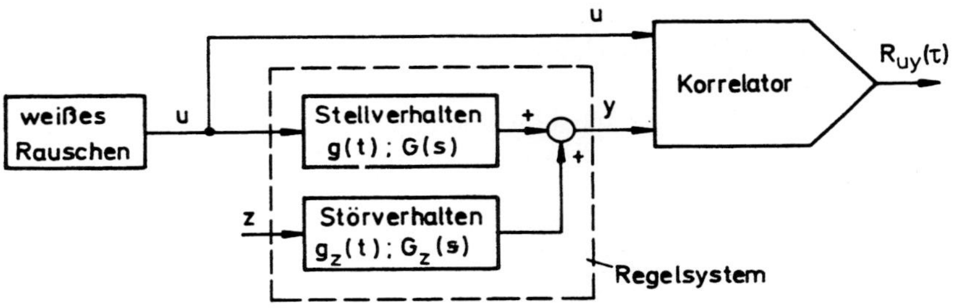

Bild 3.1.1. Meßanordnung zur Bestimmung der Gewichtsfunktion

das Duhamelsche Faltungsintegral für die Ausgangsgröße

$$y(t) = \int_0^\infty g(\sigma)u(t-\sigma)d\sigma + \int_0^\infty g_z(\sigma)z(t-\sigma)d\sigma \quad , \qquad (3.1.1)$$

wobei $g_z(t)$ die Gewichtsfunktion bezüglich des Störverhaltens beschreibt. Für die Kreuzkorrelationsfunktion

$$R_{yu}(\tau) = \lim_{T\to\infty} \frac{1}{2T} \int_{-T}^{T} y(t)u(t+\tau)dt$$

erhält man

$$R_{yu}(\tau) = \lim_{T\to\infty} \frac{1}{2T} \int_{-T}^{T} \int_0^\infty g(\sigma)u(t-\sigma)u(t+\tau)d\sigma dt +$$

$$+ \lim_{T\to\infty} \frac{1}{2T} \int_{-T}^{T} \int_0^\infty g_z(\sigma)z(t-\sigma)u(t+\tau)d\sigma dt \quad .$$

Die Auswertung dieser Integrale entsprechend dem gleichen Vorgehen wie im Abschnitt 2.1 liefert

$$R_{yu}(\tau) = \int_0^\infty R_{uu}(\tau+\sigma) g(\sigma) d\sigma + \int_0^\infty R_{zu}(\tau+\sigma) g_z(\sigma) d\sigma \quad . \qquad (3.1.2)$$

Unter der Voraussetzung, daß das Störsignal z(t) mit u(t) nicht korreliert ist und mindestens eines der Signale z(t) und u(t) mittelwertfrei ist, gilt

$$R_{zu}(\tau) = 0 \quad \text{für alle } \tau \quad . \qquad (3.1.3)$$

Damit vereinfacht sich Gl.(3.1.2) zu

$$R_{uy}(\tau) = R_{yu}(-\tau) = \int_0^\infty R_{uu}(\tau-\sigma) g(\sigma) d\sigma \quad . \qquad (3.1.4)$$

Diese Beziehung entspricht wieder der Gl.(2.1.4) im Abschnitt 2.1. Dort wurde bereits für den Spezialfall, daß das Eingangssignal u(t) durch weißes Rauschen mit der spektralen Leistungsdichte $S_{uu}(\omega) = 1$ beschrieben wird, gezeigt, daß die Meßanordnung gemäß Bild 3.1.1 als Kreuzkorrelationsfunktion gerade die Gewichtsfunktion des zu untersuchenden Systems

$$g(\tau) = R_{uy}(\tau) \qquad (3.1.5)$$

liefert.

Für die praktische Anwendung von Gl.(3.1.5) ist hinsichtlich der spektralen Leistungsdichte $S_{uu}(\omega)$ ausreichend, daß sie näherungsweise in dem Frequenzbereich konstant ist, in dem der Frequenzgang $G(j\omega)$ des zu untersuchenden Systems nicht verschwindet. Um diesen sehr einfachen Zusammenhang von Gl.(3.1.5) bei einer Systemidentifikation auch praktisch voll auszunutzen, wird daher in vielen Fällen die Systemeingangsgröße u(t) künstlich durch ein annähernd weißes Rauschen erregt. Dafür haben sich wegen der einfachen Auswertung insbesondere binäre und ternäre Rauschsignale gut bewährt.

3.2. Korrelationsanalyse mittels binärer und ternärer Rauschsignale

3.2.1. Gewöhnliches binäres Rauschen als Testsignal

Zur Erregung eines dynamischen Systems kann als Eingangsgröße u(t) ein stochastisches *Telegrafensignal* entsprechend Bild 3.2.1 verwendet werden. Dieses Signal nimmt nur die beiden Werte +c und -c an und besitzt folgende Eigenschaften:

- die mittlere Anzahl der Vorzeichenwechsel von u(t) pro Zeiteinheit ist ν.
- Die Wahrscheinlichkeit dafür, daß im Zeitabschnitt τ n Vorzeichenwechsel auftreten, wird durch die Poisson-Verteilung [3.1]

$$P(n) = \frac{(\nu\tau)^n}{n!} e^{-\nu\tau} \tag{3.2.1}$$

  bestimmt.

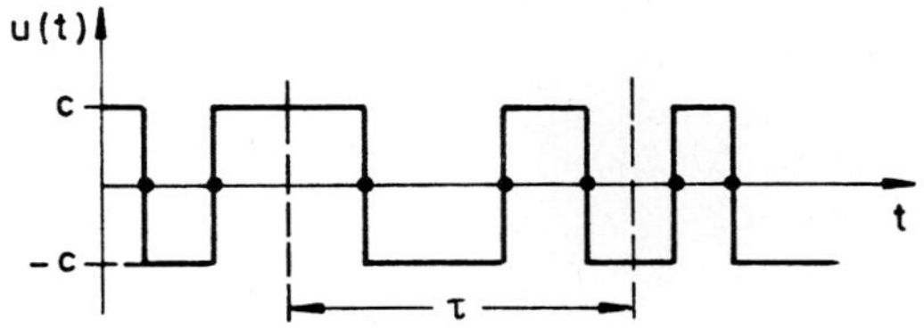

Bild 3.2.1. Telegrafensignal

Für die Berechnung der zugehörigen Autokorrelationsfunktion

$$R_{uu}(\tau) = \overline{u(t)u(t+\tau)} \tag{3.2.2}$$

erhält man nach [3.2]

$$R_{uu}(\tau) = c^2 e^{-2\nu|\tau|} \quad . \tag{3.2.3}$$

Den graphischen Verlauf von $R_{uu}(\tau)$ zeigt Bild 3.2.2.

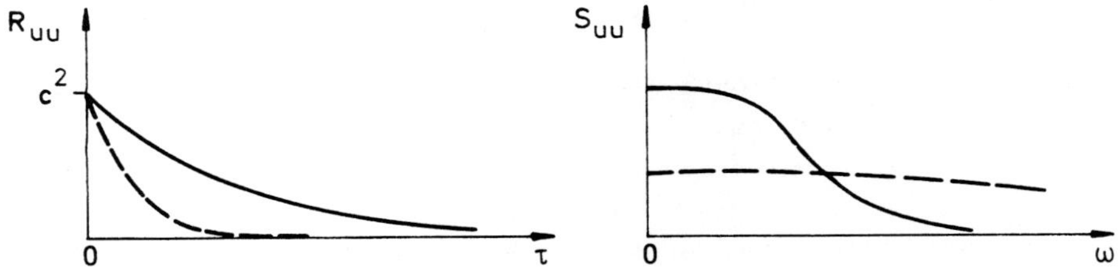

Bild 3.2.2. Autokorrelationsfunktion $R_{uu}(\tau)$ und spektrale Leistungsdichte $S_{uu}(\omega)$ des Telegrafensignals (- - - ν groß, ——— ν klein)

Als spektrale Leistungsdichte des Signals u(t) ergibt sich mit Gl. (1.4.3)

$$S_{uu}(\omega) = 2 \int_0^\infty R_{uu}(\tau) \cos\omega\tau d\tau \qquad (3.2.4)$$

und durch Einsetzen von Gl.(3.2.3) folgt schließlich

$$S_{uu}(\omega) = \frac{4c^2\nu}{\omega^2 + 4\nu^2} \quad . \qquad (3.2.5)$$

Der Vergleich mit Gl.(1.4.15) zeigt, daß diese spektrale Leistungsdichte einem Markovschen Prozeß entspricht. Gemäß Bild 3.2.2 erhält man bei großen Werten von ν über einen weiten Frequenzbereich einen nahezu konstanten Wert der spektralen Leistungsdichte. Dieses Verhalten kommt also dem weißen Rauschen bereits sehr nahe. Die zugehörige Autokorrelationsfunktion kann dann ebenfalls näherungsweise durch eine δ-Funktion beschrieben werden, deren Gewichtung man erhält, indem über $R_{uu}(\tau)$ im Bereich $-\infty \leqq \tau \leqq \infty$ integriert wird. Da außerdem definitionsgemäß das Integral über der δ-Funktion im Bereich $-\infty \leqq \tau \leqq \infty$ Eins wird, erhält man schließlich

$$R_{uu}(\tau) \approx \frac{c^2}{\nu} \delta(\tau) \quad . \qquad (3.2.6)$$

Gl.(3.2.6) in Gl.(2.1.4b) eingesetzt, liefert unter der Berücksichtigung der Ausblendeigenschaft der δ-Funktion die KKF

$$R_{uy}(\tau) \approx \frac{c^2}{\nu} g(\tau) \quad . \qquad (3.2.7)$$

Die gesuchte Gewichtsfunktion

$$g(\tau) \approx \frac{\nu}{c^2} R_{uy}(\tau) \quad , \qquad (3.2.8)$$

die sich aus Gl.(3.2.7) angenähert ergibt, ist also der Kreuzkorrelationsfunktion direkt proportional.

Für die Berechnung der Kreuzkorrelationsfunktion wird zweckmäßigerweise Gl.(1.3.10) gewählt, da hier das Eingangssignal $u(t)$ um die diskreten Werte $\tau = \tau_k$ verschoben werden kann. Da $u(t)$ nur die beiden Werte $+c$ und $-c$ annimmt, kann für $\tau = \tau_k$ anstelle von $u(t-\tau_k)$ die Beziehung $c \operatorname{sgn} u(t-\tau_k)$ gesetzt werden. Somit erhält man für eine genügend große Integrationszeit T in Analogie zu Gl.(1.3.24) näherungsweise

$$R_{uy}(\tau_k) \approx \frac{c}{T} \int_0^T y(t) \operatorname{sgn} u(t-\tau_k) dt \quad . \qquad (3.2.9)$$

Die Multiplikation unter dem Integral wird also hier auf eine einfache Vorzeichenumkehr von $y(t)$ entsprechend dem Eingangssignal zurückgeführt. Dies kann in einfacher Weise durch ein gesteuertes Relais verwirklicht werden. Die gesuchte Gewichtsfunktion erhält man dann aus den Gln.(3.2.8) und (3.2.9) als

$$g(\tau_k) \approx \frac{\nu}{Tc} \int_0^T y(t)\ \mathrm{sgn}\ u(t-\tau_k)dt \quad . \qquad (3.2.10)$$

Die Erzeugung des binären Rauschsignals und seine Zeitverschiebung ist auch gerätetechnisch einfach. So könnte im einfachsten Falle dieses Signal beispielsweise auf Lochstreifen gestanzt, photoelektrisch abgetastet und zeitlich auch verschoben werden. Eine einfache Anordnung zur Messung der Gewichtsfunktion entsprechend Gl.(3.2.10) ist im Bild 3.2.3

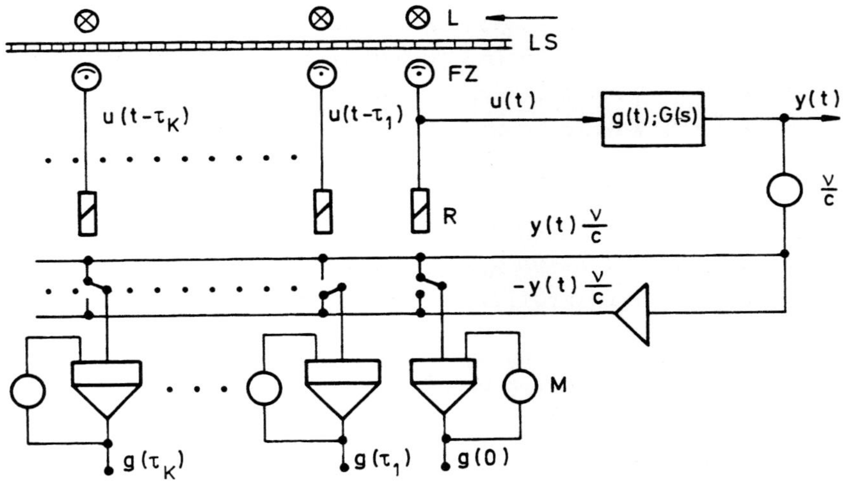

Bild 3.2.3. Messung der Gewichtsfunktion mit binärem Rauschsignal. L = Lampen, FZ = Fotozellen, LS = Lochstreifen, R = Relais, M = Mittelwertbildung (Tiefpaßfilter)

dargestellt. Diese analoge Anordnung läßt sich heute leicht programmtechnisch in digitaler Form auf einem Mikrorechner realisieren.

3.2.2. Quantisiertes binäres Rauschsignal als Testsignal

Für die praktische Anwendung binärer Rauschsignale erweist sich eine Quantisierung desselben als sehr vorteilhaft. Dieses Signal besitzt während der *äquidistanten Intervalle* Δt den festen Wert +c oder -c. Änderungen von einem Wert zum anderen treten rein zufällig, aber stets am Ende derartiger Intervalle auf. Die Autokorrelationsfunktion dieses

Signals lautet [3.3]:

$$R_{uu}(\tau) = \begin{cases} c^2(1-|\frac{\tau}{\Delta t}|) & \text{für } |\tau| \leqq \Delta t \quad , \\ 0 & |\tau| > \Delta t \quad . \end{cases} \tag{3.2.11}$$

Bei einer Verschiebung von u(t) um $\tau = \Delta t$ können somit u(t) und $u(t-\tau)$ als unkorreliert angesehen werden. Die graphische Darstellung des quantisierten Rauschsignals u(t) und seiner Autokorrelationsfunktion $R_{uu}(\tau)$ zeigt Bild 3.2.4.

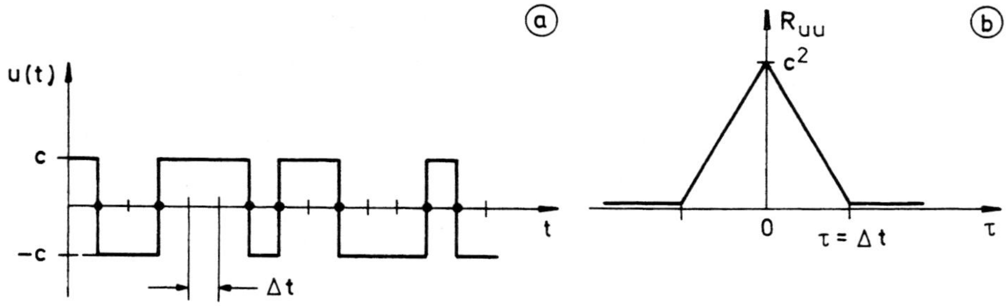

Bild 3.2.4. (a) Quantisiertes binäres Rauschsignal u(t) und (b) zugehörige Autokorrelationsfunktion $R_{uu}(\tau)$

Diese Autokorrelationsfunktion kann bei genügend kleinem Δt ebenfalls näherungsweise durch eine δ-Funktion ersetzt werden. Somit geht Gl. (3.2.11) über in

$$R_{uu}(\tau) \approx c^2 \Delta t \ \delta(\tau) \quad . \tag{3.2.12}$$

Die weitere Auswertung hätte jetzt entsprechend dem im letzten Abschnitt beschriebenen Weg zu erfolgen.

3.2.3. Quantisierte binäre und ternäre Pseudo-Rauschsignale als Testsignal

Rein stochastische Testsignale - wie in den beiden vorangegangenen Abschnitten beschrieben - haben in der praktischen Anwendung einige schwerwiegende Nachteile. So kann z. B. die angestrebte ideale AKF des Testsignals nur bei nicht realisierbarer unendlich breiter spektraler Leistungsdichte erreicht werden. Ferner ist zum Erzielen einer gewissen statistischen Sicherheit bei der Bestimmung der KKF eine große Korrelationszeit, also Meßzeit, erforderlich. Daher werden bei der praktischen Durchführung von Korrelationsanalysen bevorzugt einfach erzeugbare, spezielle periodische binäre und ternäre Testsignale verwendet, bei denen die KKF mit voller Genauigkeit - jedoch nur für den Fall, daß keine zusätzlichen Störungen z(t) vorhanden sind - bereits nach Integration über eine volle Periodendauer exakt vorliegt. Diese Testsignale ermöglichen aber auch bei zusätzlich vorhandenen Störsignalen am Systemausgang (vgl. Bild 3.1.1) z. B. bei Meßrauschen, wesentlich kürzere Meßzeiten zur Bestimmung der KKF als bei Verwendung rein stochastischer Testsignale.

Die heute bei der Identifikation dynamischer Systeme verwendeten binären und ternären Impulsfolgen haben aufgrund ihrer statistischen Eigenschaften unterschiedliche Anwendungsbereiche. In Tabelle 3.2.1 werden die Hauptmerkmale dieser Impulsfolgen systematisch zusammengefaßt und gegenübergestellt [3.4]. Dabei wird zwischen folgenden, für die praktische Anwendung wichtigen Impulsfolgen unterschieden:

a) *binäre* Impulsfolgen bzw. *PRBS-Signale* (pseudo random binary sequences)
   - m-Impulsfolge
   - modifizierte m-Impulsfolge
   - maximal orthogonale Impulsfolge,

b) *ternäre* Impulsfolgen.

Alle diese Pseudo-Rauschsignale haben eine ähnliche AKF wie das weiße Rauschen. Wegen der Periodizität des Testsignals

$$u(t) = u(t+T) \tag{3.2.13}$$

mit

$$u(t) = 0 \qquad \text{für } t < 0$$

kann die obere Integrationsgrenze der Korrelationsfunktion durch die Periodendauer T ersetzt werden, und es folgt in Analogie zu Gl.(1.3.24) für die AKF

$$R_{uu}(\tau) = \frac{1}{T}\int_0^T u(t)u(t+\tau)dt \tag{3.2.14}$$

und für die KKF

$$R_{uy}(\tau) = \frac{1}{T}\int_0^T u(t)y(t+\tau)dt \tag{3.2.15a}$$

bzw.

$$R_{uy}(\tau) = \frac{1}{T}\int_0^T u(t-\tau)y(t)dt \quad . \tag{3.2.15b}$$

Somit genügt bei Verwendung von Pseudo-Rauschsignalen als Eingangssignal u(t) - unter der Voraussetzung, daß y(t) keine zusätzlichen Stö-

	m- Impulsfolge	modifizierte m-Impulsfolge	max. orthogonale Impulsfolge	ternäre Impulsfolge
Anzahl der Einzelimpulse pro Periode Amplitudenwerte linearer Mittelwert $\overline{u} = \frac{1}{T}\int_0^T u(t)dt$ Periodizität	$N = 2^n - 1$ (z.B. 15, 31, 63, 127) $+c$; $-c$ $\lvert\overline{u}\rvert = \frac{c}{N}$ $u(t) = u(T+t)$, $T = N\Delta t$	$N = 2(2^n - 1)$ (z.B. 30, 62, 126) $+c$; $-c$ $\overline{u} = 0$ $u(t) = u(T+t), u(t) = -u(\frac{T}{2}+t)$, $T = N\Delta t$	$N = 8n - 4$ (z.B. 12, 20, 28) $+c$; $-c$ $\lvert\overline{u}\rvert = \frac{2c}{N}$ $u(t) = u(T+t)$, $T = N\Delta t$	$N = 3^n - 1$ (z.B. 26, 80, 242) $+c$; 0 ; $-c$ $\overline{u} = 0$ $u(t) = u(T+t), u(t) = -u(\frac{T}{2}+t)$, $T = N\Delta t$
Beispiel einer Impulsfolge	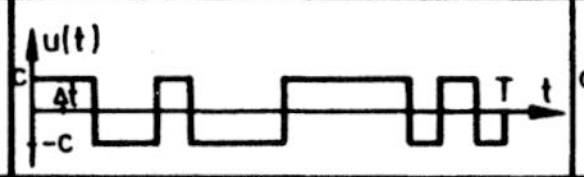	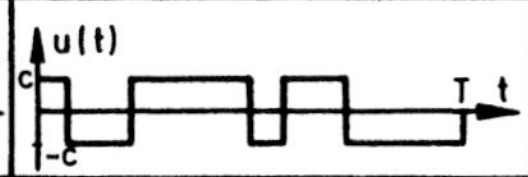	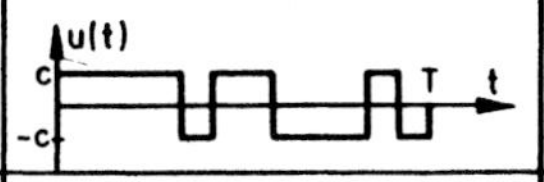	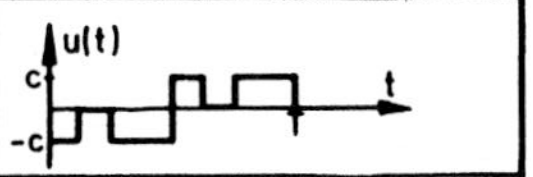
Autokorrelationsfunktion (AKF)	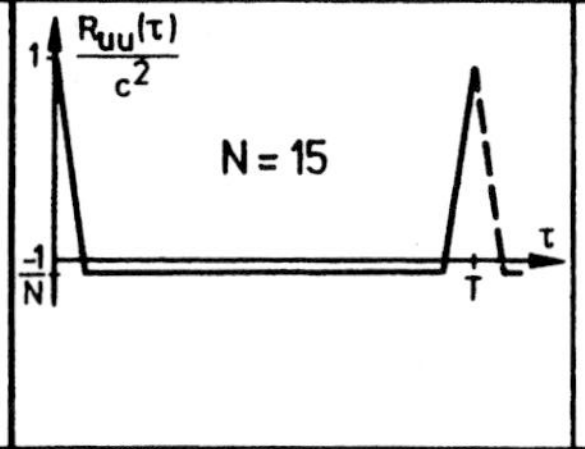	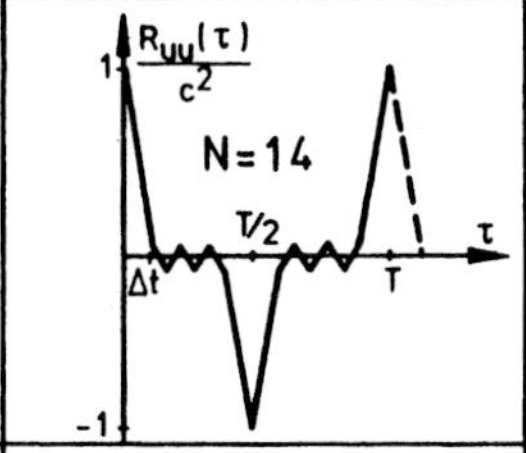	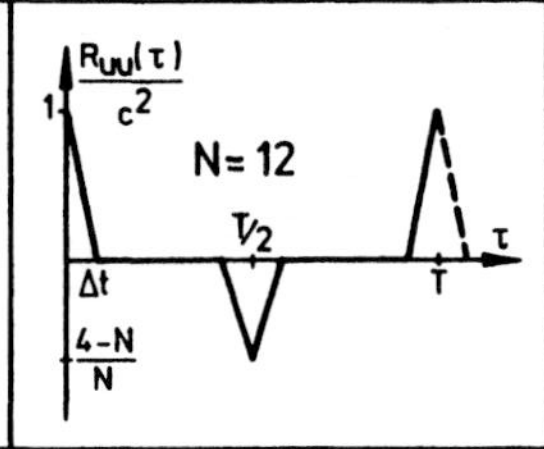	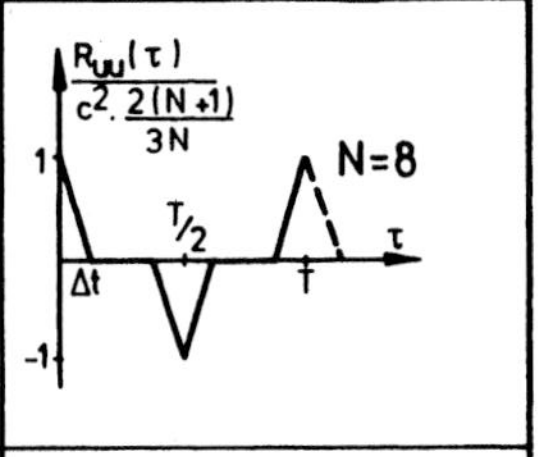
math. Beschreibung der AKF $\frac{R_{uu}(\tau)}{c^2} =$	$\begin{cases} 1 - \frac{N+1}{N}\frac{\tau}{\Delta t} & ; 0 \leqq \tau \leqq \Delta t \\ -\frac{1}{N} & ; \Delta t \leqq \tau \leqq (N-1)\Delta t \\ \frac{\tau}{\Delta t}\frac{N+1}{N} - N & ; (N-1)\Delta t \leqq \tau \leqq N\Delta t \end{cases}$	$\begin{cases} 1 - \frac{N-2}{N}\frac{\tau}{\Delta t} & 0 \leqq \tau \leqq \Delta t \\ \frac{N-4}{2} - \frac{N-2}{N}\frac{\tau}{\Delta t} & \frac{N-2}{2}\Delta t \leqq \tau \leqq \frac{N}{2}\Delta t \\ \frac{N-2}{N}\frac{\tau}{\Delta t} - \frac{N}{2} & \frac{N}{2}\Delta t \leqq \tau \leqq \frac{N+2}{2}\Delta t \\ \frac{N-2}{N}\frac{\tau}{\Delta t} - N + 3 & (N-1)\Delta t \leqq \tau \leqq N\Delta t \\ \frac{4\tau}{N\Delta t} - \frac{4i+2}{N} & i\Delta t \leqq \tau \leqq (i+1)\Delta t \\ & i = 2, 4, \ldots \frac{N}{2}+1, \ldots N-2 \\ \frac{-4\tau}{N\Delta t} + \frac{4i+2}{N} & i\Delta t \leqq \tau \leqq (i+1)\Delta t \\ & i = 1, 3, \ldots, \frac{N}{2}-1, \frac{N}{2}+2, \ldots, N-3 \end{cases}$	$\begin{cases} 1 - \frac{\tau}{\Delta t} & 0 \leqq \tau \leqq \Delta t \\ \frac{N-4}{N}(\frac{N-2}{2} - \frac{\tau}{\Delta t}) & \frac{N-2}{2}\Delta t \leqq \tau \leqq \frac{N}{2}\Delta t \\ \frac{N-4}{N}(\frac{\tau}{\Delta t} - \frac{N+2}{2}) & \frac{N}{2}\Delta t \leqq \tau \leqq \frac{N+2}{2}\Delta t \\ \frac{\tau}{\Delta t} - N + 1 & (N-1)\Delta t \leqq \tau \leqq N\Delta t \end{cases}$	$(\frac{2}{3}\frac{N+1}{N}) \cdot \begin{cases} 1 - \frac{\tau}{\Delta t} & 0 \leqq \tau \leqq \Delta t \\ \frac{N-2}{2} - \frac{\tau}{\Delta t} ; & \frac{N-2}{2}\Delta t \leqq \tau \leqq \frac{N}{2}\Delta t \\ \frac{\tau}{\Delta t} - \frac{N+2}{2} ; & \frac{N}{2}\Delta t \leqq \tau \leqq \frac{N+2}{2}\Delta t \\ \frac{\tau}{\Delta t} - N + 1 ; & (N-1)\Delta t \leqq \tau \leqq N\Delta t \end{cases}$
Kreuzkorrelationsfkt. (KKF) zur Berechnung von $g(\tau)$ für $\tau \geqq \Delta t$ Bedingung für das Zeitverhalten von $g(\tau)$	$R_{uy}(\tau) = c^2\frac{N+1}{N}\Delta t\, g(\tau) - \frac{c^2}{N}\int_0^T g(\vartheta)d\vartheta$ $g(\tau)$ muß für $\tau = (N-1)\Delta t$ abgeklungen sein	$R_{uy}(\tau) = c^2\frac{N+2}{N}\Delta t\, g(\tau)$ $g(\tau)$ muß für $\tau = \frac{N-2}{2}\Delta t$ abgeklungen sein	$R_{uy}(\tau) = c^2\Delta t\, g(\tau)$ $g(\tau)$ muß für $\tau = \frac{N-2}{2}\Delta t$ abgeklungen sein	$R_{uy} = \frac{2}{3}c^2\frac{N+1}{N}\Delta t\, g(\tau)$ $g(\tau)$ muß für $\tau = \frac{N-2}{2}\Delta t$ abgeklungen sein

Tabelle 3.2.1. Hauptmerkmale einiger wichtiger binärer und ternärer Impulsfolgen [3.4]

rungen enthält - zur genauen Ermittlung der Korrelationsfunktionen die Integration über nur eine Periode dieses Testsignals u(t). Dies läßt sich, wie nachfolgend gezeigt, beweisen. Gl.(2.1.4b) liefert in modifizierter Schreibweise

$$R_{uy}(\tau) = \int_0^T g(\vartheta) R_{uu}(\tau-\vartheta) d\vartheta + \int_T^{2T} g(\vartheta) R_{uu}(\tau-\vartheta) d\vartheta + \dots \qquad (3.2.16)$$

Unter Berücksichtigung der Ausblendeigenschaft der δ-Funktion, die angenähert in der AKF des Pseudo-Rauschsignals periodisch auftritt (vgl. Tabelle 3.2.1), erhält man schließlich

$$R_{uy}(\tau) = A[g(\tau) + g(\tau+T) + \dots] \qquad \text{für } \tau > 0 \quad , \qquad (3.2.17)$$

wobei A einen Bewertungsfaktor darstellt, der die nicht ideale Form der AKF berücksichtigt und der die Fläche unter dem bei $\tau = 0$ auftretenden Dreieckimpuls darstellt. Wählt man jetzt z. B. für eine m-Impulsfolge die Periodendauer T (bzw. für die übrigen Impulsfolgen T/2) geringfügig größer als die Abklingzeit T_{ak} der Gewichtsfunktion, und zwar so, daß

$$g(\tau) \approx 0 \qquad \text{für } \tau > T \qquad (3.2.18)$$

gilt, dann erhält man anstelle von Gl.(3.2.17)

$$R_{uy}(\tau) \approx \begin{cases} A g(\tau) & \text{für } 0 < \tau < T \\ (A/2) g(0) & \text{für } \tau = 0 \end{cases} \qquad (3.2.19)$$

oder die gesuchte Gewichtsfunktion

$$g(\tau) \approx \begin{cases} \frac{1}{A} R_{uy}(\tau) & \text{für } 0 < \tau < T \\ \frac{2}{A} R_{uy}(0) & \text{für } \tau = 0 \; . \end{cases} \qquad (3.2.20)$$

Die gemessene KKF ist also angenähert proportional der gesuchten Gewichtungsfunktion, aus der dann unter Verwendung bekannter Verfahren, z. B. [3.5], die Struktur und die Parameter der zugehörigen Übertragungsfunktion bestimmt werden können.

Aufgrund ihrer einfachen Erzeugung ist die m-Impulsfolge bisher am häufigsten zur Korrelationsanalyse verwendet worden. Daneben wird aber auch die ternäre Impulsfolge öfter eingesetzt [3.3, 3.6, 3.7].

Wie oben bereits erwähnt wurde, stellen die Autokorrelationsfunktionen periodischer Impulsfolgen nur näherungsweise mit T bzw. T/2 sich wiederholende positive bzw. negative δ-Funktionen dar (vgl. Tabelle 3.2.1). Deshalb wird jeweils aus der dreieckimpulsförmigen Fläche der AKF bei $\tau = 0$ der Bewertungsfaktor A abgeleitet, so daß dann für die AKF der m-Impulsfolge und für die der modifizierten m-Impulsfolge in dem für die Identifikation interessierenden Bereich angenähert gilt

$$R_{uu}(\tau) \approx c^2 \frac{N+1}{N} \Delta t \delta(\tau) \tag{3.2.21}$$

und entsprechend für die AKF der ternären Impulsfolge

$$R_{uu}(\tau) \approx \frac{2}{3} c^2 \frac{N+1}{N} \Delta t \delta(\tau) \quad . \tag{3.2.22}$$

Damit erhält man gemäß Gl.(3.2.20) als Bestimmungsgleichung für die gesuchte Gewichtsfunktion:

a) bei Verwendung von m- und modifizierten m-Impulsfolgen

$$g(\tau) \approx \begin{cases} \dfrac{1}{c^2 \frac{N+1}{N} \Delta t} R_{uy}(\tau) \text{ für } 0 < \tau \leqq \begin{cases} (N-1)\Delta t \text{(m-Impulsfolge)} \\ \frac{N-2}{2} \Delta t \text{(modif. m-Impulsf.)} \end{cases} \\ \dfrac{2}{c^2 \frac{N+1}{N} \Delta t} R_{uy}(0) \text{ für } \tau = 0 \quad , \end{cases} \tag{3.2.23}$$

b) bei Verwendung der ternären Impulsfolge

$$g(\tau) \approx \begin{cases} \dfrac{1}{\frac{2}{3} c^2 \frac{N+1}{N} \Delta t} R_{uy}(\tau) \text{ für } 0 < \tau \leqq \frac{N-2}{2} \Delta t \\ \dfrac{1}{\frac{1}{3} c^2 \frac{N+1}{N} \Delta t} R_{uy}(0) \text{ für } \tau = 0 \quad . \end{cases} \tag{3.2.24}$$

Zusätzlich muß u. U. bei den Autokorrelationsfunktionen, die zwischen den dreieckförmigen Impulsen nicht den Wert Null aufweisen (z. B. m-Impulsfolge und modifizierte m-Impulsfolge), dieser Anteil bei der Ermittlung der Gewichtsfunktion aus der KKF noch berücksichtigt werden, sofern nicht dieser Einfluß durch günstig eingestellte Versuchsparameter, z. B. große Werte von N, vernachlässigt werden kann.

Die praktische Ausführung der Korrelationsanalyse zum Bestimmen der Gewichtsfunktion $g(\tau)$ geschieht zu diskreten Zeitpunkten $\tau_i = i\Delta t$. Die kontinuierliche Gewichtsfunktion wird damit durch die diskrete Gewichtsfolge

$$g_i = g(i\Delta t) \qquad (i = 0, 1, \ldots, W) \tag{3.2.25}$$

ersetzt. Gleichung (3.2.25) kann nun in der Form

$$G_i = g_i \left[\frac{1}{W+1} \sum_{i=o}^{W} g_i^2 \right]^{-1/2} \tag{3.2.26}$$

normiert werden. Für die anhand einer Korrelationsanalyse bestimmten Werte von G_i erhält man bei Verwendung einer m-Impulsfolge als Varianz [3.8]

$$\sigma_{G_i}^2 = \sigma_{R_{uu}}^2 - \frac{1}{\lambda R} \quad . \tag{3.2.27}$$

In dieser Beziehung bedeuten die Größen:

- R Anzahl der für eine Messung verwendeten Einzelimpulse der Länge Δt,
- $\lambda = \frac{\overline{y^2(t)}}{\overline{z^2(t)}}$ Signal/Rausch-Verhältnis,
- $\sigma_{R_{uu}}^2 = \left(\frac{R^*}{R}\right)^2 \left[\frac{1}{R^*} - \frac{1}{N}\right] \left[1 + \frac{1}{N}\right]$

  Varianz der nicht idealen Form der AKF der m-Impulsfolge, wenn R nicht ein ganzzahliges Vielfaches von N ist und für $R^* = R$ modulo N gilt, d. h. R^* stellt den ganzzahligen Rest dar, der bei der Division von R:N übrigbleibt, wobei $0 \leq R^* \leq N - 1$ ist, z. B. $R^* = 35$ modulo 15 = = 5.

Die Standardabweichung von G_i, also die Wurzel von Gl.(3.2.27) ist im Bild 3.2.5 für $N = 127$ über R dargestellt, wobei für λ verschiedene Werte als Parameter gewählt wurden. Hieraus ist ersichtlich, daß für kleine Werte λ der Fehler beim Bestimmen der Gewichtsfunktion am größten ist. Bei großen Werten von λ, also im weniger gestörten Fall, werden diese Fehler weitgehend durch die nichtideale Form der AKF des Testsignals bestimmt. Der Fehler verschwindet ganz für den ungestörten Fall ($\lambda \to \infty$) bei $R = N$, 2N,... Daher erweist es sich hier als zweckmäßig, als Meßdauer gerade die Periodendauer $T = N\Delta t$ oder ein ganzes Vielfaches derselben zu wählen.

Bild 3.2.6 enthält für verschiedene m-Impulsfolgen die Standardabweichung der normierten Gewichtsfunktion für den ungestörten Fall. Bei Auftreten von Störungen ($\lambda < \infty$) verschieben sich alle Kurven gemäß Bild 3.2.5 nach oben. Aus dieser Darstellung ist ersichtlich, daß z. B. bei gleicher Zeitdauer Δt eines Einzelimpulses die Standardabweichung der ermittelten Punkte der Gewichtsfunktion für zunehmendes N größer wird.

Legt man allerdings für verschiedene m-Impulsfolgen, also für unterschiedliche N-Werte, eine gleiche Periodendauer $T = N\Delta t$ zugrunde, dann würden sich die Verhältnisse gerade umkehren. Dabei müßte dann für zunehmende N-Werte die Impulsdauer verkleinert werden. Andererseits darf aber Δt nicht zu klein gewählt werden, da sonst das Signal/Rausch-Verhältnis des Ausgangssignals zu ungünstig wird, d. h. das Störsignal z(t) würde dann überwiegen, vorausgesetzt, daß nicht die Amplitude c des Testsignals vergrößert wird.

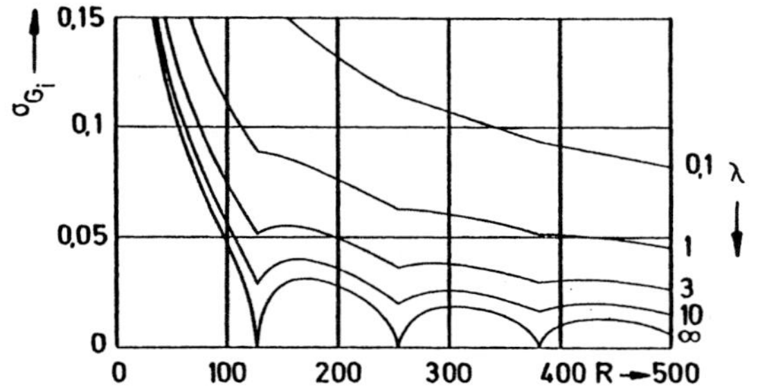

Bild 3.2.5. Einfluß der Meßdauer und des Signal/Rausch-Verhältnisses λ auf die Standardabweichung der gemessenen Gewichtsfunktion für eine m-Impulsfolge mit N = 127 ($\lambda \to \infty$ ungestörter Fall)

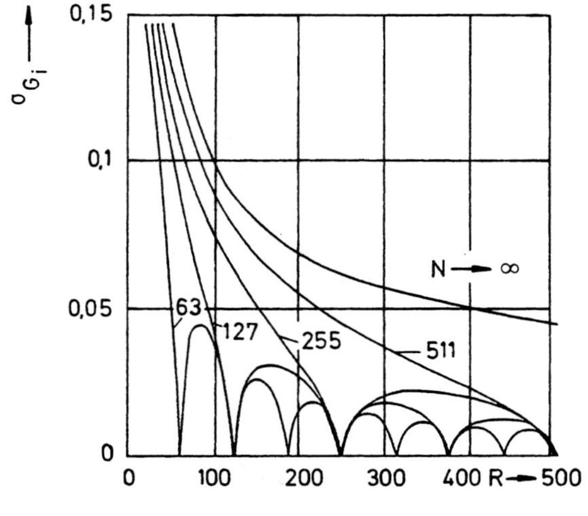

Bild 3.2.6. Standardabweichung der gemessenen Gewichtsfunktion bei Verwendung verschiedener m-Impulsfolgen für z(t) = 0 ($\lambda \to \infty$) und Δt = const

Es erscheint in jedem Fall zweckmäßig, in Abhängigkeit von dem Störsignal bei der Wahl von N und Δt einen Kompromiß zwischen Genauigkeit und Auflösung des Ausgangssignals zu schließen. Die nur von Δt abhängige spektrale Leistungsdichte des Testsignals (bezogen auf die Bandbreite ω_b; siehe Band "Regelungstechnik I"), muß etwa das 10- bis 30-fache der Bandbreite des untersuchten Systems betragen, damit die gleichmäßige Erregung aller Frequenzen gewährleistet ist. Dazu haben sich bei der praktischen Ausführung der Korrelationsanalyse mit binären m-Impulsfolgen und ternären Impulsfolgen für die Auswahl von N und Δt bzw. T folgende Regeln gut bewährt:

- Man wähle T etwas größer als die Abklingzeit T_{ak} des Systems (meist kann T_{ak} grob aus Vorversuchen bestimmt werden).

- Für m-Impulsfolgen wähle man $N = 15$, 31 oder 63, wobei $N = 15$ bei stark gestörtem, $N = 63$ bei schwach gestörtem Ausgangssignal zu verwenden ist. Für ternäre Impulsfolgen wähle man entsprechend $N = 26$ oder 80.

Zur praktischen Ermittlung der KKF $R_{uy}(\tau)$ können ähnliche Meßanordnungen - wie im Abschnitt 3.2.1 beschrieben - verwendet werden, nur daß jetzt als Eingangssignal das periodische Signal u(t) vorgesehen werden muß, wobei für die Korrelationszeit zweckmäßigerweise ein ganzzahliges Vielfaches der Impulsfolge-Periode, also $qN\Delta t$ $(q = 1,2,...)$ gewählt werden sollte.

Sehr einfach läßt sich das binäre Pseudo-Rauschsignal einer m-Impulsfolge mit Hilfe eines Impulsgenerators auf der Basis eines m-stufigen Schieberegisters erzeugen. Für den Fall $m = 4$ ist ein derartiger Impulsgenerator im Bild 3.2.7 dargestellt. Die binären Inhalte des Registers werden jeweils nach Ablauf eines Zeitintervalls Δt um eine Binär-Stelle nach rechts verschoben. Gleichzeitig wird ein neuer Eingangsimpuls (1 oder 0) mittels einer Modulo-Zwei-Addition zweier speziell ausgesuchter Registerausgänge erzeugt. Bei dem dargestellten Generator wird somit eine 1 in die erste Registerstufe gebracht; wenn die Inhalte der beiden letzten Registerstufen zuvor ungleich waren, dann wird eine 1 in die erste Registerstufe geschrieben. Wenn zur Zeit $t = 0$ dieser Impulsgenerator mit einem von Null verschiedenen Registerinhalt gestartet wird, dann werden in den Registerstufen binäre m-Impulsfolgen mit einer Periode von $N = 15$ Bits erzeugt. Bei einer Anordnung für $m = 4$ ist dies die maximale Länge der Impulsfolge. Innerhalb dieser Periode treten die überhaupt möglichen Kombinationen des Registerinhaltes jeweils nur einmal auf. Das eigentliche Testsignal erhält man, indem $1 \mathrel{\hat{=}} c$ und $0 \mathrel{\hat{=}} -c$ gesetzt wird (Bild 3.2.8).

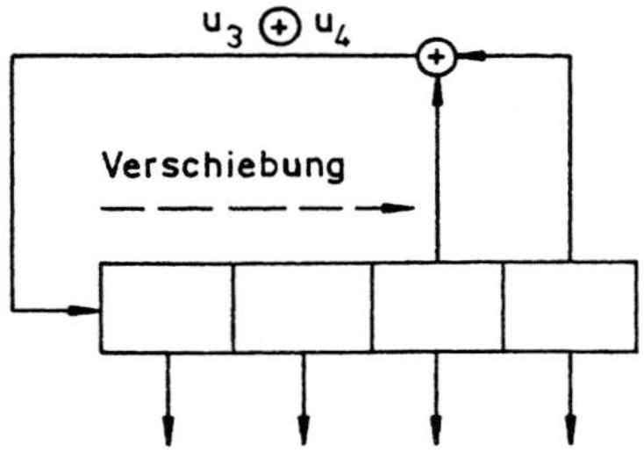

$t/\Delta t$	u_1	u_2	u_3	u_4
0	1	0	0	0
1	0	1	0	0
2	0	0	1	0
3	1	0	0	1
4	1	1	0	0
5	0	1	1	0
6	1	0	1	1
7	0	1	0	1
8	1	0	1	0
9	1	1	0	1
10	1	1	1	0
11	1	1	1	1
12	0	1	1	1
13	0	0	1	1
14	0	0	0	1

Bild 3.2.7. Tabellierte Schieberegisterinhalte des Impulsgenerators für eine Impulsfolge (m = 4)

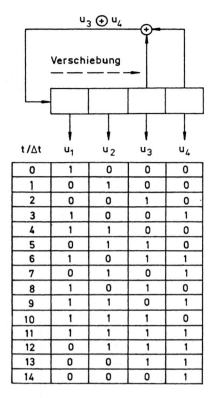

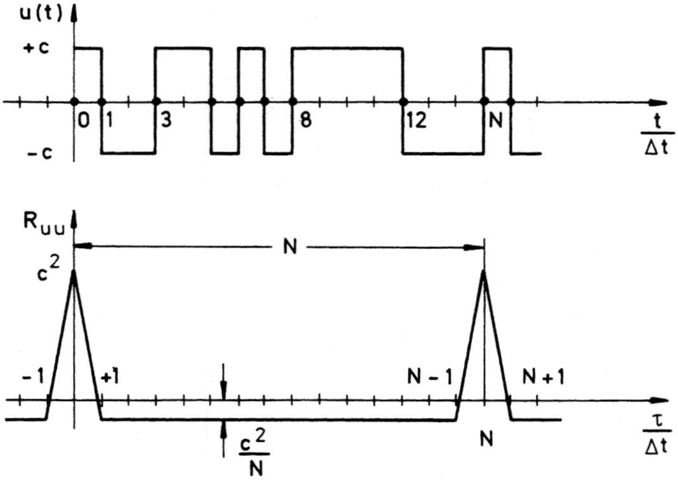

Bild 3.2.8. Binäres Pseudo-Rauschsignal u und zugehörige Autokorrelationsfunktion R_{uu} für eine m-Impulsfolge (m = 4)

Beispiel 3.2.1:

Für eine an einem Analogrechner simulierte Regelstrecke, gebildet aus der Hintereinanderschaltung von drei Verzögerungsgliedern 1. Ordnung mit gleichen Zeitkonstanten $T_1 = T_2 = T_3 = 25$ s und der Verstärkung $K_S = 1$, erhält man bei Verwendung einer m-Impulsfolge mit $N = 63$ als Eingangssignal u(t) die im Bild 3.2.9 dargestelite KKF. Dabei wirkt sich aller-

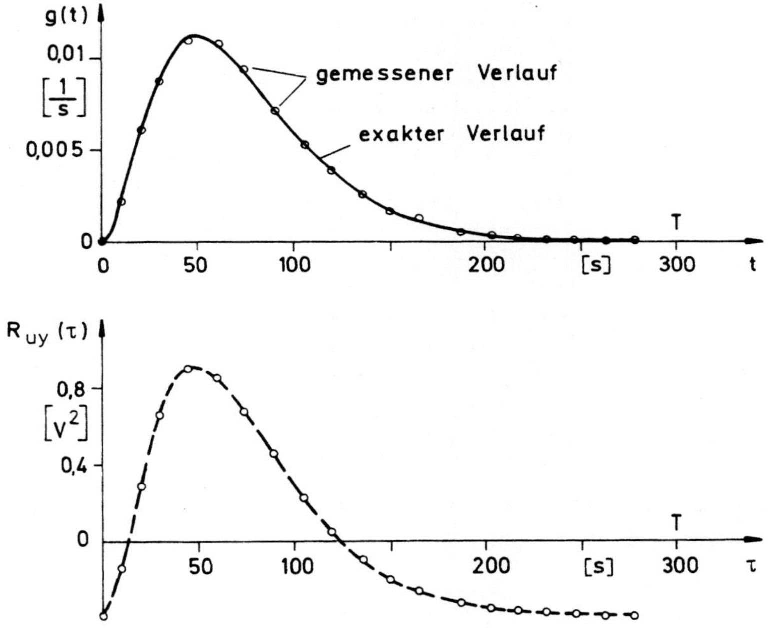

Bild 3.2.9. Gewichtsfunktion der simulierten PT_3-Regelstrecke und die mit Hilfe einer m-Impulsfolge ermittelte KKF ($T_1 = T_2 = T_3 = 25$ s, $c = \pm 5$V, $N = 63$, $T = 300$ s)

dings der negative Gleichspannungsanteil der AKF noch stark auf die KKF aus. Deshalb muß in diesem Fall anstelle der Gl.(3.2.21) die genauere Beziehung

$$R_{uu}(\tau) = c^2 \frac{N+1}{N} \Delta t \delta(\tau) - \frac{c^2}{N} , \quad |\tau| \leqq (N-1)\Delta t \quad , \tag{3.2.28}$$

für die Berechnung der KKF

$$R_{uy}(\tau) = c^2 \frac{N+1}{N} \Delta t \int_0^T g(\vartheta)\delta(\tau-\vartheta)d\vartheta - \frac{c^2}{N} \int_0^T g(\vartheta)d\vartheta \tag{3.2.29}$$

zugrunde gelegt werden. Bei der Regelstrecke mit P-Verhalten nimmt unter der Voraussetzung $T > T_{ak}$ das Integral im zweiten Term der Gl. (3.2.29) gerade den Wert Eins an. Als gesuchte Gewichtsfunktion erhält man schließlich

$$g(\tau) = \frac{1}{c^2 \frac{N+1}{N} \Delta t} \left[R_{uy}(\tau) + \frac{c^2}{N} \right] . \qquad (3.2.30)$$

Mit Hilfe dieser Beziehung wurde die im Bild 3.2.9 dargestellte Gewichtsfunktion aus der punktweise gemessenen KKF bestimmt. Der Vergleich mit dem exakten Verlauf der Gewichtsfunktion zeigt, daß die Abweichungen noch innerhalb der Zeichenungenauigkeit liegen. ■

3.3. Korrelationsanalyse im geschlossenen Regelkreis

Bei der Bestimmung des dynamischen Verhaltens einer Regelstrecke mit der Übertragungsfunktion $G_S(s)$ im geschlossenen Regelkreis nach Bild 3.3.1 muß berücksichtigt werden, daß das Stellsignal u(t) stets mit dem

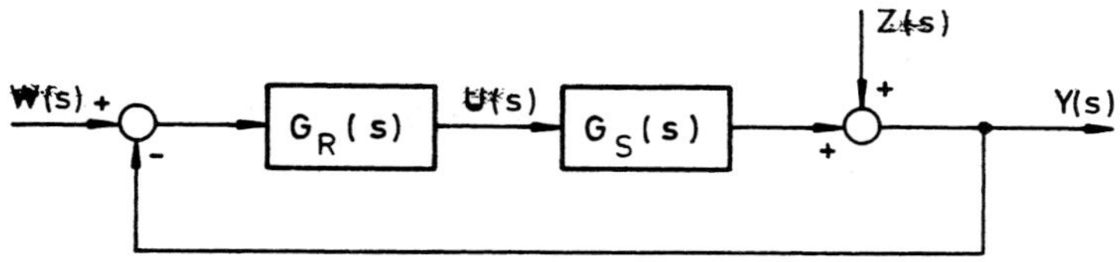

Bild 3.3.1. Zur Korrelationsmessung im geschlossenen Regelkreis

Störsignal z(t) über die Rückführung korreliert ist. Damit wird die Bestimmung von $G_S(s)$ mit Hilfe *einer* Korrelationsmessung $R_{uy}(\tau)$ ausgeschlossen, da $R_{uz}(\tau)$ - wie im Abschnitt 3.1 hergeleitet - nicht verschwindet. Sofern das über die Führungsgröße w(t) aufgegebene Testsignal mit der Störung z(t) unkorreliert ist, läßt sich der Frequenzgang der Regelstrecke $G_S(j\omega)$ mit Hilfe *zweier* Korrelationsmessungen bestimmen.

Bezeichnet man mit $y_w(t)$ und $u_w(t)$ die Ausgangsgröße und die Stellgröße, die sich ergeben würden für $z(t) \equiv 0$, sowie mit $y_z(t)$ und $u_z(t)$ die Ausgangsgröße und die Stellgröße für den Fall, daß $w(t) \equiv 0$ ist, so gilt nach dem Superpositionsprinzip für die Regelgröße

$$y(t) = y_w(t) + y_z(t) \qquad (3.3.1)$$

und für die Stellgröße

$$u(t) = u_w(t) + u_z(t) \quad . \tag{3.3.2}$$

Dabei sind offensichtlich die Signale $w(t)$ und $y_z(t)$ sowie $w(t)$ und $u_z(t)$ unkorreliert, und somit folgt für die Kreuzkorrelationsfunktion zwischen $w(t)$ und $y(t)$

$$\begin{aligned} R_{wy}(\tau) &= \lim_{T\to\infty} \frac{1}{2T} \int_{-T}^{T} w(t)y(t+\tau)dt \\ &= \lim_{T\to\infty} \frac{1}{2T} \int_{-T}^{T} w(t)y_w(t+\tau)dt + \lim_{T\to\infty} \frac{1}{2T} \int_{-T}^{T} w(t)y_z(t+\tau)dt \\ &= R_{wy_w}(\tau) \end{aligned} \tag{3.3.3}$$

und für die Kreuzkorrelationsfunktion zwischen $w(t)$ und $u(t)$

$$\begin{aligned} R_{wu}(\tau) &= \lim_{T\to\infty} \frac{1}{2T} \int_{-T}^{T} w(t)u(t+\tau)dt \\ &= \lim_{T\to\infty} \frac{1}{2T} \int_{-T}^{T} w(t)u_w(t+\tau)dt + \lim_{T\to\infty} \frac{1}{2T} \int_{-T}^{T} w(t)u_z(t+\tau)dt \\ &= R_{wu_w}(\tau) \quad . \end{aligned} \tag{3.3.4}$$

Nach Gl.(2.1.4b) ergibt sich andererseits für die KKF von Gl.(3.3.3)

$$R_{wy_w}(\tau) = \int_0^\infty g_{wy}(\sigma) R_{ww}(\tau-\sigma) d\sigma \tag{3.3.5}$$

und für die KKF von Gl.(3.3.4)

$$R_{wu_w}(\tau) = \int_0^\infty g_{wu}(\sigma) R_{ww}(\tau-\sigma) d\sigma \quad . \tag{3.3.6}$$

Die Fourier-Transformation der beiden Gln.(3.3.5) und (3.3.6) liefert die Kreuzleistungsspektren

$$S_{wy_w}(j\omega) = G_{wy}(j\omega) S_{ww}(\omega) \tag{3.3.7}$$

und

$$S_{wu_w}(j\omega) = G_{wu}(j\omega) S_{ww}(\omega) \quad . \tag{3.3.8}$$

Aus Bild 3.3.1 folgt unmittelbar für die in diesen beiden Beziehungen enthaltenen Frequenzgänge

$$G_{wy}(j\omega) = \frac{Y(j\omega)}{W(j\omega)} = \frac{G_R(j\omega)G_S(j\omega)}{1+G_R(j\omega)G_S(j\omega)} \tag{3.3.9}$$

und

$$G_{wu}(j\omega) = \frac{U(j\omega)}{W(j\omega)} = \frac{G_R(j\omega)}{1+G_R(j\omega)G_S(j\omega)} \quad . \tag{3.3.10}$$

Die Division der Gln.(3.3.7) und (3.3.8) sowie der Gln.(3.3.9) und (3.3.10) liefert unter Berücksichtigung der Fouriertransformierten der Gln.(3.3.3) und (3.3.4) direkt als gesuchten Frequenzgang der Regelstrecke

$$G_S(j\omega) = \frac{G_{wy}(j\omega)}{G_{wu}(j\omega)} = \frac{S_{wy_w}(j\omega)}{S_{wu_w}(j\omega)} = \frac{S_{wy}(j\omega)}{S_{wu}(j\omega)} \quad . \tag{3.3.11}$$

Somit kann durch die Ermittlung der beiden Kreuzleistungsspektren, z. B. anhand der beiden zugehörigen, gemessenen Kreuzkorrelationsfunktionen $R_{wy}(\tau)$ und $R_{wu}(\tau)$ der gesuchte Frequenzgang $G_S(j\omega)$ der Regelstrecke im geschlossenen Regelkreis bestimmt werden.

3.4. Korrelationsanalyse zur direkten Bestimmung des Frequenzganges

Da der Frequenzgang $G(j\omega)$ die Fourier-Transformierte der Gewichtsfunktion $g(t)$ darstellt, folgt für die Real- bzw. Imaginärteil-Darstellung von $G(j\omega)$

$$R(\omega) = \int_0^\infty g(t) \cos\omega t \, dt \tag{3.4.1}$$

bzw.

$$I(\omega) = - \int_0^\infty g(t) \sin\omega t \, dt \quad , \tag{3.4.2}$$

wobei $g(t) = 0$ für $t < 0$ vorausgesetzt wird. Diese beiden Beziehungen lassen sich auch in einfacher Weise durch eine Kreuzkorrelationsmessung - wie im Bild 3.4.1 dargestellt - bestimmen. Auf diesem Meßprinzip beruhen verschiedene handelsübliche Frequenzgangmeßplätze.

Bildet man für das Eingangssignal $u(t) = A \sin\omega t$ mit $A = \sqrt{2}$ die Autokorrelationsfunktion, so ergibt sich

$$R_{uu}(\tau) = (A^2/2) \cos\omega\tau = \cos\omega\tau \quad . \tag{3.4.3}$$

Um Gl.(2.1.4b) anwenden zu können, muß anstelle von Gl.(3.4.3) die Beziehung

$$R_{uu}(\tau-\nu) = \cos\omega(\tau-\nu)$$
$$= \cos\omega\tau\ \cos\omega\nu + \sin\omega\tau\ \sin\omega\nu \qquad (3.4.4)$$

gebildet werden. Wird nun Gl.(3.4.4) in Gl.(2.1.4b) eingesetzt, so erhält man mit den beiden speziellen Werten von $\tau = 0$ und $\tau = -\pi/2\omega$ für die Kreuzkorrelationsfunktion

$$R_{uy}(0) = \int_0^\infty g(\nu)\ \cos\omega\nu\ d\nu \qquad (3.4.5)$$

bzw.

$$R_{uy}\left(-\frac{\pi}{2\omega}\right) = -\int_0^\infty g(\nu)\ \sin\omega\nu\ d\nu \quad . \qquad (3.4.6)$$

Diese beiden Beziehungen sind aber gerade identisch mit denen der Gln. (3.4.1) und (3.4.2). Durch diese Korrelationsmessung können somit di-

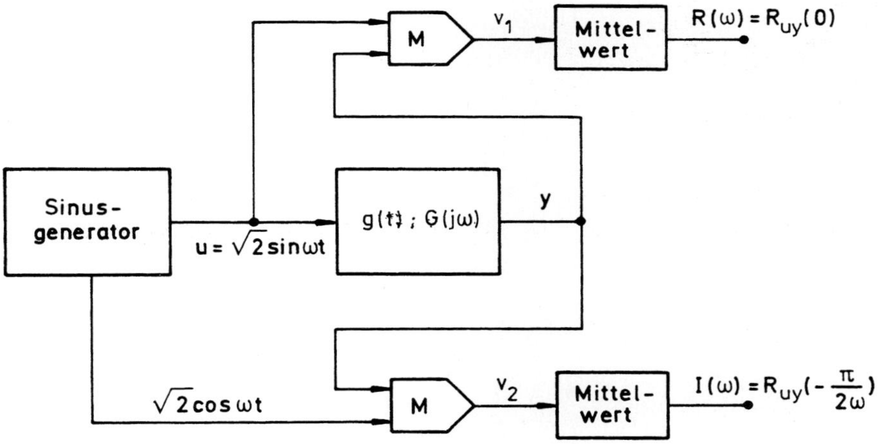

Bild 3.4.1. Messung des Frequenzganges über eine Kreuzkorrelation

rekt der Real- und Imaginärteil von $G(j\omega)$ ermittelt werden, wobei die Zeitverschiebung $\tau = -\pi/2\omega$ einfach durch eine Phasenverschiebung am Sinusgenerator erzeugt wird.

Die Signale $v_1(t)$ und $v_2(t)$ hinter den Multiplikatoren setzen sich je aus einem Gleichwert $\overline{v_1}$ bzw. $\overline{v_2}$ und einer mit der Frequenz 2ω überlagerten Wechselgröße zusammen. Diese Gleichwerte entsprechen den gesuchten Werten des Real- und Imaginärteils. Es ist also erforderlich, die überlagerte Wechselgröße durch eine anschließende Filterung bzw. Mittelwertbildung möglichst weitgehend zu unterdrücken.

Das hier geschilderte Verfahren hat den Vorteil, daß kleinere stochastische Störsignale, die sich dem Ausgangssignal eventuell noch überlagern, durch die anschließende Mittelwertbildung weitgehend unterdrückt werden können.

4. Systemidentifikation mittels Parameterschätzverfahren

4.1. Problemstellung

In vielen technischen sowie auch nichttechnischen Bereichen (z. B. in ökonomischen, biologischen oder ökologischen Prozessen) werden heute Modelle dynamischer Systeme benötigt, um z. B.

- spezielle Situationen zu untersuchen und vorherzusagen,
- moderne Steuerungs- und Regelverfahren anzuwenden,
- das innere Verhalten komplizierter Systeme besser zu verstehen,
- Bedienungspersonal für komplizierte Systeme an Simulatoren (z. B. Flugsimulatoren, Kraftwerkssimulatoren) auszubilden, usw.

Die Systemidentifikation hat - wie bereits im Band "Regelungstechnik I" dargestellt wurde - die Aufgabe, das statische und dynamische Verhalten eines Systems zu analysieren und ein geeignetes *mathematisches Modell* zu entwickeln, das alle wesentlichen Eigenschaften des Systems hinreichend genau beschreibt. Häufig läßt sich ein mathematisches Modell anhand der physikalisch-technischen Gesetzmäßigkeiten, die dem betreffenden System zugrunde liegen, ermitteln. Derartige Modelle, die auf einer *theoretischen* Systemidentifikation basieren, sind aber oft entweder mit ungenauen Voraussetzungen verknüpft oder sie sind nur beschränkt anwendbar wegen ihrer speziellen Form. Daher hat sich für viele praktische Anwendungen die *experimentelle* Systemidentifikation als wesentlich geeigneter erwiesen. Dabei wird anhand der gemessenen Ein- und Ausgangssignale eines Systems das zugehörige mathematische Modell entwikkelt.

Als Beschreibungsformen der mathematischen Modelle kommen verschiedene Möglichkeiten in Betracht, z. B. Differential- oder Differenzengleichungen, die Darstellung im Zustandsraum, Übertragungsfunktionen oder Übertragungsmatrizen oder auch nichtparametrische Modellbeschreibungen wie Frequenzgänge oder Korrelationsfunktionen. Die Wahl der jeweils zweckmäßigen Beschreibungsform hängt stets von dem betreffenden Anwendungsfall sowie von den für die Systemidentifikation zur Verfügung stehenden Hilfsmitteln, wie beispielsweise speziellen Rechenprogrammen oder Simulationsmöglichkeiten ab.

Können als Eingangsgrößen wohldefinierte Testsignale, wie sprung- oder sinusförmige Signale benutzt werden, dann läßt sich die Systemidentifikation mittels *deterministischer Verfahren* durchführen. Häufig besitzen dynamische Systeme jedoch Ein- und Ausgangssignale, die entweder selbst stochastische Signale darstellen oder denen merkliche stochastische Störsignale überlagert sind. Deterministische Identifikationsverfahren können in diesen Fällen nicht mehr angewandt werden. Oftmals darf auch ein Prozeß durch keine zusätzlichen Testsignale erregt werden. Stehen nur die natürlichen, also meist stochastischen Prozeßsignale für die Identifikation zur Verfügung oder dürfen dem Nutzsignal nur Testsignale geringer Amplitude überlagert werden, so kommen für die Systemidentifikation *stochastische Verfahren* infrage. Zu diesen Verfahren zählen neben den im Kapitel 3 bereits behandelten nichtparametrischen Kreuzkorrelationsverfahren die statistischen Verfahren zur *Parameterschätzung*, die im vorliegenden Kapitel näher besprochen werden.

Die Aufgabe der Systemidentifikation mittels Parameterschätzverfahren kann folgendermaßen formuliert werden [4.1]:

> Gegeben sind zusammengehörige Datensätze oder Messungen des zeitlichen Verlaufs der Ein- und Ausgangssignale eines dynamischen Systems. Gesucht sind Struktur und Parameter eines geeigneten mathematischen Modells.

Zur Lösung dieser Aufgabe geht man von der Vorstellung aus, daß entsprechend Bild 4.1.1 dem tatsächlichen (zu identifizierenden) System ein Modell möglichst gleicher Struktur und mit zunächst noch frei ein-

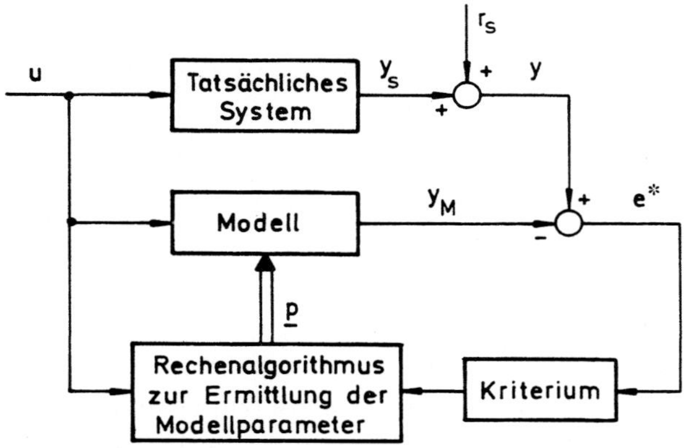

Bild 4.1.1. Prinzipielles Vorgehen bei der Parameterschätzung

stellbaren Parametern, die in dem Parametervektor $\underline{p}$ zusammengefaßt werden, parallel geschaltet sei. Die Parameter sollen nun so ermittelt werden, daß das (mathematische) Modell das statische und dynamische Systemverhalten möglichst genau beschreibt. Eine kritische Prüfung der Qualität dieses Modells kann durch den Vergleich der Ausgangsgrößen von System und Modell erfolgen, z. B. im Falle eines Eingrößensystems durch y und y_M, wobei System und Modell durch dasselbe Eingangssignal u erregt werden. Das meßbare Ausgangssignal y des Systems besteht aus dem nichtmeßbaren Signal y_S und der Störgröße r_S. Ist die Differenz der Ausgangssignale

$$e^* = y - y_M \tag{4.1.1}$$

genügend klein, dann darf angenommen werden, daß ein hinreichend genaues Modell ermittelt wurde. Ist dies jedoch nicht der Fall, dann müssen die frei einstellbaren Modellparameter durch einen geeigneten Rechenalgorithmus auf der Basis eines Fehler- oder Gütekriteriums so lange angepaßt werden, bis dieses Gütekriterium erfüllt bzw. e^* oder eine Funktion davon minimal wird.

Steht über das zu identifizierende System keine "a priori"-Information zur Verfügung, dann erfolgt nach der Aufbereitung der Meßdaten von Ein- und Ausgangssignal die Identifikation in folgenden 4 Stufen:

1. Bestimmung der *Modellform* (z. B. Wahl der Struktur der Differential- oder Differenzengleichung des Modells);

2. Festlegung eines Fehler- oder *Gütekriteriums* mit dessen Hilfe die Güte des Modellausgangssignals gegenüber dem tatsächlichen Modellausgangssignal verglichen werden kann, sofern System und Modell mit demselben Eingangssignal erregt werden (z. B. minimaler Wert eines Fehlerfunktionals);

3. Wahl einer *Rechenvorschrift* zur Ermittlung der Modellparameter im Sinne des festgelegten Gütekriteriums (Schätzverfahren) und Berechnung der Modellparameter;

4. *Test der Modellstruktur* unter Verwendung von Strukturprüfverfahren, wobei die Parameterschätzung i. a. erneut durchzuführen ist.

Die Wahl der Modellform hängt meist von dem späteren Verwendungszweck des Modells ab. Die nachfolgenden Überlegungen beschränken sich auf die Identifikation kontinuierlicher Systeme, die angenähert durch lineare *diskrete* Modellstrukturen beschrieben werden sollen. Die Struktur derartiger Modelle ist i. w. gekennzeichnet durch die Modellordnung n und durch eine eventuell vorhandene Totzeit d. Diese Strukturkoeffizienten werden gewöhnlich während des Identifikationsablaufs konstant gehalten. Sie werden in der 4. Identifikationsstufe nur dazu verändert, um zu prüfen, ob die Wahl anderer Zahlenwerte eine weitere Minimierung des Gütekriteriums liefert.

Bei regelungstechnischen Anwendungen werden heute für lineare Systeme weitgehend zwei parametrische Modellformen verwendet, die Beschreibungsform im Zustandsraum und die Eingangs-/Ausgangs-Beschreibung durch Übertragungsfunktionen oder Übertragungsmatrizen. Während im Bereich der Reglersynthese bevorzugt die Zustandsraumbeschreibung benutzt wird, dominiert bei der Systemidentifikation weitgehend die Eingangs-/Ausgangsbeschreibung in Form von Übertragungsfunktionen oder Übertragungsmatrizen als Modellstruktur.

Der Einsatz von Parameterschätzverfahren zur Systemidentifikation unter Verwendung von Eingangs-/Ausgangsmodellstrukturen begann etwa um das Jahr 1964. Die weitere Entwicklung kann in drei Abschnitte eingeteilt werden:

- *Grundsätzliche theoretische Studien* (1964-1972): Theoretische Untersuchungen erbrachten eine Vielzahl von Schätzalgorithmen, von denen sich jedoch nur ein Teil praktisch bewährt hat. Die wichtigsten Verfahren [4.2 bis 4.10] sind in Tabelle 4.1.1 zusammengestellt. Zwar wurden auch in den letzten Jahren noch Modifikationen sowie auch neue Verfahren vorgeschlagen, jedoch haben sie nicht die Bedeutung dieser bewährten Methoden erlangt.

- *Praktische Anwendungen und vergleichende Studien* (seit 1970): Umfangreiche Anwendungen von Parameterschätzverfahren zur Systemidentifikation sind in den Berichten über die IFAC-Fachtagungen [4.11 bis 4.14] enthalten. In diese Zeit fallen auch verschiedene umfangreiche vergleichende Untersuchungen über die Leistungsfähigkeit unterschiedlicher Parameterschätzverfahren [4.15 bis 4.18].

- *Anspruchsvollere Identifikationsaufgaben* (seit 1975): Die weitere Entwicklung führte zur Identifikation von Systemen im geschlossenen Regelkreis, Identifikation von Mehrgrößensystemen sowie nichtlinearen und zeitvarianten Systemen, usw. [4.19].

Methode	Abkürzung	Literatur
Methode der kleinsten Quadrate ("Least Squares"-Verfahren)	LS	Eyckhoff 1967 [4.2] Aström 1968 [4.3, 4.4]
Verallgemeinertes LS-Verfahren	GLS	Clarke 1967 [4.5] Hastings-James 1969 [4.6] Talmon 1971 [4.7]
Methode der Hilfsvariablen ("Instrumental Variable"-Verfahren)	IV	Wong/Polak 1967 [4.8] Young 1970 [4.9]
"Maximum-Likelihood"-Verfahren	ML	Bohlin 1968 [4.10] Aström 1970 [4.4]

Tabelle 4.1.1. Zusammenstellung der wichtigsten Parameterschätzverfahren

Bevor nachfolgend die wichtigsten Grundlagen der Parameterschätzverfahren hergeleitet werden, sei noch auf ein generelles Problem bei der Systemidentifikation hingewiesen. Dazu sei das im Bild 4.1.2 dargestellte elektrische Netzwerk betrachtet, das durch die Übertragungsfunktion

$$G(s) = \frac{X_a(s)}{X_e(s)} = \frac{RCs}{1+RCs+LCs^2} \tag{4.1.2}$$

beschrieben wird.

Durch Aufbringen einer Eingangsspannung $x_e(t)$ und gleichzeitiger Messung der Ausgangsspannung $x_a(t)$ sowie Anwendung der nachfolgend behan-

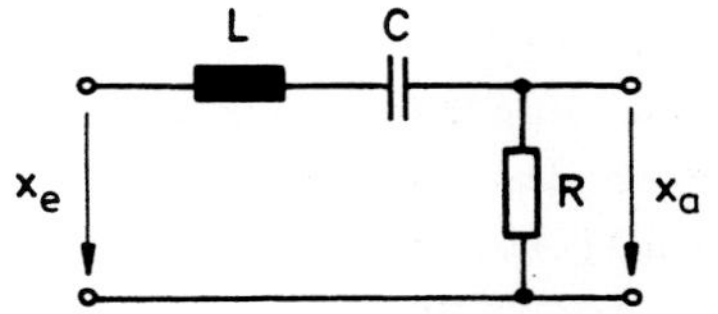

Bild 4.1.2. RLC-Netzwerk als Beispiel eines dynamischen Systems

delten Parameterschätzverfahren können die Parameter eines diskreten mathematischen Modells mit der Übertragungsfunktion

$$G_{M_Z}(z) = \frac{b_1 z^{-1} + b_2 z^{-2}}{1 + a_1 z^{-1} + a_2 z^{-2}} \tag{4.1.3}$$

geschätzt werden, wobei vorausgesetzt wurde, daß als Ordnung des Systems $n = 2$ angenommen werden kann. Aus diesem diskreten Modell läßt sich weiterhin ein zugehöriges kontinuierliches mathematisches Modell mit der Übertragungsfunktion

$$G_M(s) = \frac{\beta_1 s}{1+\alpha_1 s+\alpha_2 s^2} \qquad (4.1.4)$$

ermitteln. Zur Identifikation der tatsächlichen physikalischen Parameter R, L und C ergeben sich durch Koeffizientenvergleich der Gln. (4.1.2) und (4.1.4) $q = 3$ algebraische Gleichungen

$$\alpha_1 = RC \ , \quad \alpha_2 = LC \quad \text{und} \quad \beta_1 = RC \quad .$$

Nur zwei dieser Gleichungen ($q' = 2$) sind aber linear unabhängig. Da $q' < q$ ist, stehen also nicht genügend unabhängige Gleichungen für die Berechnung der unbekannten physikalischen Parameter zur Verfügung, obwohl die mathematischen Parameter bekannt sind. Das physikalische System ist somit nicht vollständig identifizierbar. Wäre $q = q'$, so könnten alle unbekannten physikalischen Parameter berechnet werden. Es liegt dann der Fall der vollständigen *Identifizierbarkeit der physikalischen Parameter* vor. An dieser Stelle sollte allerdings darauf hingewiesen werden, daß in den meisten praktischen regelungstechnischen Anwendungsfällen die Identifikation der Parameter des mathematischen Modells bereits als Ziel der Systemidentifikation angesehen werden darf.

4.2. Parameterschätzung bei linearen Eingrößensystemen

4.2.1. Modellstruktur

Obwohl die meisten technischen Prozesse kontinuierliche Systeme darstellen, sollen im weiteren für ihre mathematischen Modelle diskrete Systembeschreibungen gewählt werden. Dies erscheint gerechtfertigt, da einerseits für die Simulation oder auch die Reglersynthese die Prozeßmodelle meist in diskreter Form weiter verwendet werden und andererseits die Parameterschätzung selbst wegen der einfacheren mathematischen Handhabung zweckmäßig in diskreter Form durchgeführt wird. Daher werden im weiteren sämtliche Signale als Abtastsignale betrachtet.

Gemäß Gl.(4.1.1) bzw. Bild 4.1.1 gilt für den Fehler des Ausgangssignals in diskreter Form zum Zeitpunkt k

$$e^*(k) = y(k) - y_M(k) \quad . \qquad (4.2.1)$$

Das meßbare Ausgangssignal des Systems setzt sich aus dem ungestörten Ausgangssignal $y_S(k)$ und dem stochastischen Störsignal $r_S(k)$ zusammen:

$$y(k) = y_S(k) + r_S(k) \quad . \tag{4.2.2}$$

Wird im Bild 4.1.1 für das Modell eine lineare diskrete Beschreibungsform gewählt, dann kann das Ausgangssignal des Modells gemäß den Ausführungen im Band "Regelungstechnik II" durch die allgemeine Differenzengleichung

$$y_M(k) = -\sum_{\nu=1}^{n} a_\nu y_M(k-\nu) + \sum_{\nu=o}^{n} b_\nu u(k-\nu) \tag{4.2.3}$$

beschrieben werden, wobei die Koeffizienten a_ν und b_ν die Parameter des mathematischen Modells darstellen, die identifiziert (geschätzt) werden müssen. Wendet man auf Gl.(4.2.3) die z-Transformation (siehe Band "Regelungstechnik II") an, so folgt

$$Y_M(z) = -Y_M(z)(a_1z^{-1}+\ldots+a_nz^{-n}) + U(z)(b_o+b_1z^{-1}+\ldots+b_nz^{-n}) \quad . \tag{4.2.4}$$

Werden in Gl.(4.2.4) für die Polynome die Abkürzung

$$A(z^{-1}) = 1 + a_1z^{-1} + \ldots + a_nz^{-n} \tag{4.2.5}$$

$$B(z^{-1}) = b_o + b_1z^{-1} + \ldots + b_nz^{-n} \tag{4.2.6}$$

eingeführt, dann läßt sich für das Modell die diskrete Übertragungsfunktion

$$G_M(z) = \frac{Y_M(z)}{U(z)} = \frac{B(z^{-1})}{A(z^{-1})} = \frac{b_o + b_1z^{-1} + \ldots + b_nz^{-n}}{1 + a_1z^{-1} + \ldots + a_nz^{-n}} \tag{4.2.7}$$

definieren.

Der Fehler des Ausgangssignals $e^*(k)$ von Bild 4.1.1 wird gewöhnlich für das angepaßte Modell nur dann verschwinden oder minimal werden, wenn das Modell einen zusätzlichen Teil für die Nachbildung des stochastischen Störsignals $r_S(k)$ enthält. Dies liefert für das *vollständige Modell* die Blockstruktur gemäß Bild 4.2.1, wobei durch das Signal $r_M(k)$ das Störsignal $r_S(k)$ nachgebildet wird. Hierbei stellt das Teilmodell mit der Übertragungsfunktion

$$G_r(z) = \frac{R_M(z)}{\varepsilon(z)} \tag{4.2.8}$$

ein *Störfilter* oder *Störmodell* dar, mit dessen Hilfe das stochastische Störsignal $r_M(k)$ auf ein diskretes weißes Rauschsignal $\varepsilon(k)$ zurückgeführt wird, das den Mittelwert Null und die Streuung σ_ε besitzt.

Im Falle eines genau angepaßten Modells stimmt das Ausgangssignal der vollständigen Modellstruktur gemäß Bild 4.2.1 gerade mit dem meßbaren

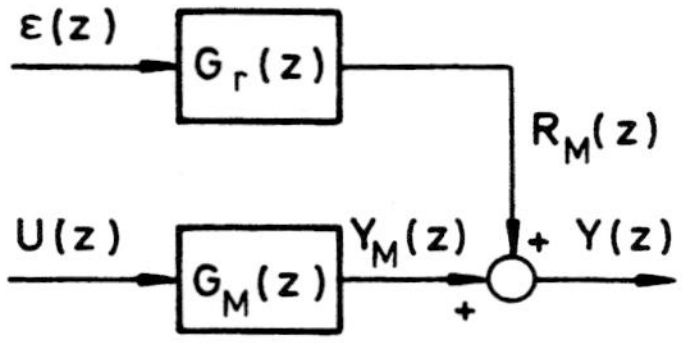

Bild 4.2.1. Vollständige Modellstruktur für das System und das stochastische Störsignal

Ausgangssignal des tatsächlichen Systems überein, und somit gilt

$$y(k) = y_M(k) + r_M(k) \quad . \tag{4.2.9}$$

Hieraus erhält man unter Beachtung von Gl.(4.2.8) im z-Bereich

$$Y(z) = Y_M(z) + G_r(z)\ \varepsilon(z) \quad . \tag{4.2.10}$$

Aus dieser Beziehung folgt, daß das unkorrelierte (weiße) Rauschsignal $\varepsilon(k)$ auch als *Modellausgangsfehler*

$$\varepsilon(z) = G_r^{-1}(z)\ [Y(z) - Y_M(z)] \tag{4.2.11}$$

entsprechend Bild 4.2.2 durch Einführung der inversen Störübertragungsfunktion $G_r^{-1}(z)$ interpretiert werden kann.

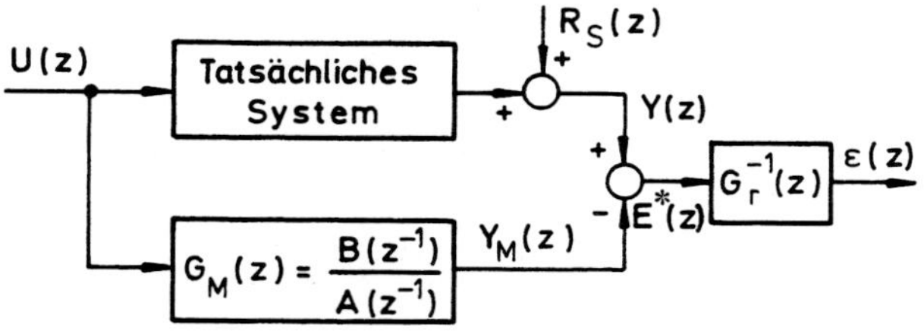

Bild 4.2.2. Zur Definition des Modellausgangsfehlers

Während das *"deterministische" Teilmodell* durch die Übertragungsfunktion $G_M(z)$ gemäß Gl.(4.2.7) gekennzeichnet wird, gibt es verschiedene Möglichkeiten, um das *"stochastische" Teilmodell* mit der Störübertragungsfunktion $G_r(z)$ zu beschreiben. Ein üblicher Ansatz hierfür ist

$$G_r(z) = \frac{1}{A(z^{-1})} G_r^*(z) \quad . \tag{4.2.12}$$

Aus Gl.(4.2.10) folgt nun mit $Y_M(z)$ aus Gl.(4.2.7) und $G_r(z)$ aus Gl. (4.2.12) die Gleichung des *vollständigen Modells*

$$Y(z) = \frac{B(z^{-1})}{A(z^{-1})} U(z) + \frac{1}{A(z^{-1})} G_r^*(z)\varepsilon(z) \tag{4.2.13}$$

oder in der meist gebräuchlicheren Form

$$A(z^{-1})Y(z) - B(z^{-1})U(z) = G_r^*(z)\varepsilon(z) = V(z) \quad , \tag{4.2.14}$$

wobei $v(k) = \mathfrak{Z}^{-1}\{V(z)\}$ ein autokorreliertes (farbiges) Rauschsignal darstellt. Gl.(4.2.14) kann anschaulich durch die Blockstruktur von Bild 4.2.3 beschrieben werden. In dieser Struktur wird $\varepsilon(z)$ häufig auch

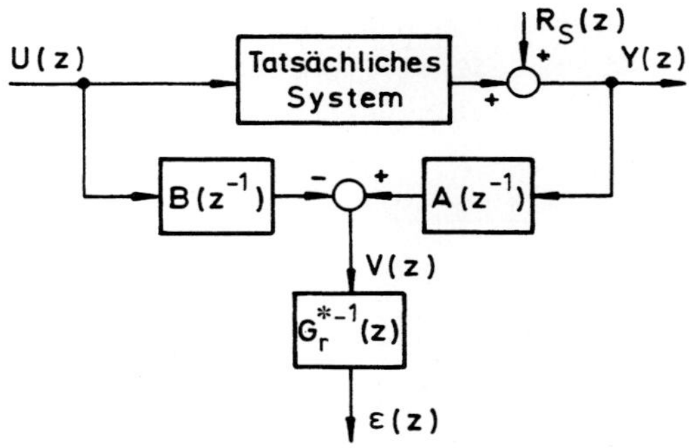

Bild 4.2.3. Zur Definition des verallgemeinerten Gleichungsfehlers

als *Gleichungsfehler* interpretiert. Selbstverständlich ist der zuvor definierte Modellausgangsfehler identisch mit diesem hier eingeführten Gleichungsfehler $\varepsilon(k)$. Wesentlich ist jedoch die Struktur der rechten Seite von Gl.(4.2.14). Wäre diese rechte Gleichungsseite gleich Null, dann läge der Fall eines nicht durch ein zusätzliches stochastisches Signal $r_S(k)$ gestörten Systems vor, das durch das deterministische Teilmodell vollständig beschrieben wird. Die rechte Gleichungsseite beschreibt also die Abweichung vom "ungestörten" Systemverhalten. Daher wird $v(k)$ auch als verallgemeinerter Gleichungsfehler oder kurz als *Modellfehler* definiert. Diesen Modellfehler $v(k)$ kann man sich aus weißem Rauschen $\varepsilon(k)$ entstanden denken, das über das "Störfilter" mit der Übertragungsfunktion $G_r^*(z)$ geleitet wird.

Die verschiedenen, nachfolgend beschriebenen Modellstrukturen, die für die Systemidentifikation mittels Parameterschätzverfahren verwendet werden, beruhen alle auf Gl.(4.2.14). Dabei ist die Übertragungsfunktion $G_r^*(z)$ im allgemeinen Fall gegeben durch

$$G_r^*(z) = \frac{V(z)}{\varepsilon(z)} = \frac{C(z^{-1})}{D(z^{-1})} \tag{4.2.15}$$

mit den Polynomen

$$C(z^{-1}) = 1 + c_1 z^{-1} + \ldots + c_n z^{-n} \tag{4.2.16}$$

$$D(z^{-1}) = 1 + d_1 z^{-1} + \ldots + d_n z^{-n} \quad . \tag{4.2.17}$$

Dieses durch Gl.(4.2.14) beschriebene vollständige Modell wird auch als ARMAX-*Modell* bezeichnet (auto-regressive moving average with exogenous variable). Es stellt für die praktische Anwendung der Parameterschätzverfahren zur Systemidentifikation die wichtigste Modellform dar. In Abhängigkeit von der speziellen Wahl der Übertragungsfunktion $G_r^*(z)$ können aus diesem ARMAX-Modell die gebräuchlichsten Modellstrukturen, wie sie in Tabelle 4.2.1 gezeigt werden, als Sonderfälle abgeleitet werden.

Modell-struktur	Name	$G_r^*(z) =$
I	"Least-Squares"-Modell (LS) Hilfsvariablen-Modell (IV)	1
II	1. Erweitertes Matrizen-Modell (1. EM) (Clarke-Hastings-Modell)	$\frac{1}{D(z^{-1})}$
III	2. Erweitertes Matrizen-Modell (2. EM) (Aström-Modell)	$C(z^{-1})$
IV	3. Erweitertes Matrizen-Modell (allgemeiner Fall)	$\frac{C(z^{-1})}{D(z^{-1})}$

Tabelle 4.2.1. Modellstrukturen des ARMAX-Modells

Nach Rücktransformation der Gl.(4.2.14) in die diskrete Zeitbereichsdarstellung erhält man direkt folgende für einen beliebigen Zeitpunkt $k \geq n$ gültige *Differenzengleichung*:

$$y(k) + \sum_{\nu=1}^{n} a_\nu y(k-\nu) - \sum_{\nu=0}^{n} b_\nu u(k-\nu) = v(k) \tag{4.2.18}$$

mit

$$v(k) = -\sum_{\nu=1}^{n} d_\nu v(k-\nu) + \sum_{\nu=1}^{n} c_\nu \varepsilon(k-\nu) + \varepsilon(k) \quad , \tag{4.2.19}$$

wobei in Gl.(4.2.19) die Polynome entsprechend den Gln.(4.2.16) und (4.2.17) berücksichtigt wurden. Nach kurzer Umformung läßt sich Gl. (4.2.18) unter Verwendung von Gl.(4.2.19) in die Form

$$y(k) = \underline{m}^T(k)\ \underline{p} + \varepsilon(k) \tag{4.2.20}$$

bringen, wobei der *Datenvektor*

$$\underline{m}(k) = [-y(k-1) \ldots -y(k-n) \,\vdots\, u(k-1) \ldots u(k-n) \,\vdots\, \varepsilon(k-1) \ldots \varepsilon(k-n) \,\vdots\, -v(k-1) \ldots -v(k-n)]^T \tag{4.2.21}$$

und der *Parametervektor*

$$\underline{p} = [a_1 \ldots a_n \,\vdots\, b_1 \ldots b_n \,\vdots\, c_1 \ldots c_n \,\vdots\, d_1 \ldots d_n]^T \tag{4.2.22}$$

eingeführt wurden. Dabei wurde $b_o = 0$ gesetzt, d. h. es werden nur "nichtsprungfähige" Systeme betrachtet, deren Übergangsfunktion für $t = 0$ keinen Sprung aufweist, was für die meisten realen Systeme zutrifft.

Ordnet man die Modellgleichung gemäß Gl.(4.2.20) für N verschiedene diskrete Zeitpunkte, zweckmäßigerweise für $k = n+1,\ n+2, \ldots,\ n+N$, untereinander an, dann erhält man ein lineares algebraisches Gleichungssystem, das sich nach Einführung

- des *Ausgangssignalvektors*

$$\underline{y}(N) = [y(n+1)\ \ y(n+2)\ \ldots\ y(n+N)]^T \quad , \tag{4.2.23}$$

- des *Fehlervektors*

$$\underline{\varepsilon}(N) = [\varepsilon(n+1)\ \ \varepsilon(n+2)\ \ldots\ \varepsilon(n+N)]^T \quad , \tag{4.2.24}$$

- der *Datenmatrix*

$$\underline{M}(N) = \begin{bmatrix} \underline{m}^T(n+1) \\ \vdots \\ \underline{m}^T(n+N) \end{bmatrix} = [\underline{M}_y \,\vdots\, \underline{M}_u \,\vdots\, \underline{M}_\varepsilon \,\vdots\, \underline{M}_v] \tag{4.2.25}$$

in die vektorielle Form

$$\underline{y}(N) = \underline{M}(N)\ \underline{p} + \underline{\varepsilon}(N) \tag{4.2.26}$$

bringen läßt. Es ist leicht einzusehen, daß in dieser Beziehung der Parametervektor $\underline{p}$ und die Datenmatrix $\underline{M}(N)$ für die verschiedenen Modellstrukturen des ARMAX-Modells entsprechend Tabelle 4.2.1 auch verschiedene Formen annehmen.

4.2.2. Numerische Lösung des Schätzproblems

4.2.2.1. Direkte Lösung (LS-Methode)

Für die nachfolgenden Überlegungen wird zunächst die Modellstruktur I aus Tabelle 4.2.1, also das *LS-Modell* zugrunde gelegt. In diesem Fall erhält man als Parametervektor

$$\underline{p} = \underline{p}_{ab} = [a_1 \dots a_n \mid b_1 \dots b_n]^T \tag{4.2.27}$$

und als Datenvektor

$$\underline{m}(k) = \underline{m}_{yu}(k) = [-y(k-1) \dots -y(k-n) \mid u(k-1) \dots u(k-n)]^T. \tag{4.2.28}$$

Beide Vektoren besitzen also die Dimension 2nx1. In der Modellgleichung entsprechend Gl.(4.2.26) enthält somit die (Nx2n)-dimensionale Datenmatrix $\underline{M}(N)$ als Elemente ausschließlich meßbare Größen. Wäre der (Nx1)-dimensionale Vektor der Modellfehler $\underline{\varepsilon}(N) = \underline{0}$ - dies stellt den trivialen Fall der Identifikation des deterministischen Teilsystems dar -, dann könnte Gl.(4.2.26) direkt nach dem Parametervektor $\underline{p}$ aufgelöst werden. Nun liegt es in dem hier interessierenden Fall des stochastisch gestörten Systems nahe, Gl.(4.2.26) unter der Bedingung zu lösen, daß z. B. die Summe der Quadrate des Modellfehlers $\varepsilon(k)$ minimal wird. Für die Ermittlung eines Schätzvektors $\hat{\underline{p}}$ des Parametervektors $\underline{p}$ wird daher das Gütekriterium

$$I_1 = I_1(\underline{p}) = \frac{1}{2} \sum_{k=n+1}^{n+N} \varepsilon^2(k) = \frac{1}{2} \underline{\varepsilon}^T(N)\underline{\varepsilon}(N) \overset{!}{=} \text{Min} \tag{4.2.29}$$

zugrunde gelegt.

Zur direkten Bestimmung des Minimums der Gl.(4.2.29) wird der Vektor des Modellfehlers aus Gl.(4.2.26)

$$\underline{\varepsilon}(N) = \underline{y}(N) - \underline{M}(N)\underline{p} \tag{4.2.30}$$

in Gl.(4.2.29) eingesetzt

$$I_1(\underline{p}) = \frac{1}{2} [\underline{y}(N) - \underline{M}(N)\underline{p}]^T [\underline{y}(N) - \underline{M}(N)\underline{p}] \quad . \tag{4.2.31}$$

Das Minimum von $I_1(\underline{p})$ wird durch Nullsetzen der ersten partiellen Ableitung

$$\left.\frac{\partial I_1(\underline{p})}{\partial \underline{p}}\right|_{\underline{p}=\hat{\underline{p}}} = -\underline{M}^T(N)\underline{y}(N) + \underline{M}^T(N)\underline{M}(N)\hat{\underline{p}} = \underline{0} \tag{4.2.32}$$

analytisch bestimmt. Als *direkte analytische Lösung* erhält man hieraus den Schätzvektor für den gesuchten Parametervektor

$$\hat{\underline{p}} \equiv \hat{\underline{p}}(N) = [\underline{M}^T(N)\underline{M}(N)]^{-1}\underline{M}^T(N)\underline{y}(N) \tag{4.2.33}$$

aufgrund der endlichen Anzahl N der Meßdaten. Führt man in dieser Beziehung noch die Abkürzungen

$$\underline{M}^*(N) = \underline{M}^T(N)\underline{M}(N) \tag{4.2.34a}$$

als quadratische (2nx2n)-Matrix und

$$\underline{y}^*(N) = \underline{M}^T(N)\underline{y}(N) \tag{4.2.34b}$$

ein, dann läßt sich Gl.(4.2.33) auch in der Form

$$\hat{\underline{p}}(N) = \underline{M}^{*-1}(N)\underline{y}^*(N) \tag{4.2.35}$$

angeben.

Für den speziellen (aber seltenen) Fall, daß mit $N = 2n$ die ursprüngliche Matrix $\underline{M}(N)$ selbst quadratisch ist, erhält man anstelle von Gl. (4.2.33) die vereinfachte Beziehung

$$\hat{\underline{p}}(N) = \underline{M}^{-1}(N)\underline{y}(N) \quad . \tag{4.2.36}$$

Die Berechnung des Schätzwertes des Parametervektors nach Gl.(4.2.33) besteht im wesentlichen in der Inversion der (2nx2n)-Matrix

$$\underline{M}^T(N)\underline{M}(N) = \begin{bmatrix} -y(n) & -y(n+1)\ldots -y(n+N-1) \\ -y(n-1) & \\ \vdots & \\ -y(1) & -y(N) \\ \hline u(n) & u(n+N-1) \\ \vdots & \vdots \\ u(1) & u(N) \end{bmatrix} \left[\begin{array}{ccc|ccc} -y(n) & \ldots & -y(1) & u(n) & \ldots & u(1) \\ -y(n+1) & & & & & \\ \vdots & & & & & \\ -y(n+N-1) & \ldots & -y(N) & u(n+N-1) & \ldots & u(N) \end{array}\right] . \tag{4.2.37}$$

Diese Matrix wird nichtsingulär und damit invertierbar, wenn die Eingangsfolge u(k) das System fortwährend erregt. Bei der Auswertung der Gl.(4.2.37) erkennt man unmittelbar, daß für genügend große Werte von N, die Elemente dieser Matrix durch die entsprechenden Auto- und Kreuzkorrelationsfunktionen angenähert in der Form

$$\underline{M}^T(N)\underline{M}(N) \equiv \underline{M}^*(N) \approx N \left[\begin{array}{ccc|ccc} R_{yy}(0) & \dots & R_{yy}(n-1) & -R_{uy}(0) & \dots & -R_{uy}(n-1) \\ \vdots & & & \vdots & & \\ R_{yy}(n-1) & \dots & R_{yy}(0) & -R_{uy}(n-1) & \dots & -R_{uy}(0) \\ \hline -R_{uy}(0) & \dots & -R_{uy}(n-1) & R_{uu}(0) & \dots & R_{uu}(n-1) \\ \vdots & & & \vdots & & \\ -R_{uy}(n-1) & \dots & -R_{uy}(0) & R_{uu}(n-1) & \dots & R_{uu}(0) \end{array}\right] \quad (4.2.38)$$

ersetzt werden dürfen. $\underline{M}^*(N)$ stellt also eine symmetrische Matrix dar mit $R_{uy}(0) = R_{yu}(0)$. In entsprechender Weise ergibt sich nach Ausmultiplikation der Vektor

$$\underline{M}^T(N)\underline{y}(N) \equiv \underline{y}^*(N) \approx N\,[-R_{yy}(1) \dots -R_{yy}(n) \mid R_{uy}(1) \dots R_{uy}(n)]^T . \quad (4.2.39)$$

Aufgrund der einfachen Beschaffenheit der Datenmatrix $\underline{M}(N)$ bei dem hier behandelten Modellansatz I (LS-Modell) ergeben sich für die Matrix $\underline{M}^*(N)$ und den Vektor $\underline{y}^*(N)$ besonders einfache Ausdrücke, die sehr schnell mit einem Digitalrechner ermittelt werden können.

Zur eigentlichen Inversion der Matrizen $\underline{M}^*(N)$ bzw. $\underline{M}(N)$ in den Gln. (4.2.35) bzw. (4.2.36) und damit zur Berechnung von $\hat{\underline{p}}$ eignen sich verschiedene *numerische Verfahren* [4.20]. Ist die zu invertierende Matrix nicht singulär und symmetrisch, dann wird zweckmäßigerweise das Cholesky-Verfahren angewandt. Ist jedoch die zu invertierende Matrix singulär oder schlecht konditioniert, dann wird die Matrizeninversion durch direkte Auswertung der Gl. (4.2.32) in der Form

$$\underline{M}^T(N)\underline{M}(N)\hat{\underline{p}}(N) = \underline{M}^T(N)\underline{y}(N) \quad (4.2.40)$$

umgangen. Für die Lösung dieses linearen algebraischen Gleichungssystems kommen dann als numerische Lösungsverfahren die Gauß-Elimination, die Zerlegung in Dreiecksmatrizen nach Gauß-Banachiewicz und die Spalten-Pivotsuche nach Gauß-Jordan infrage. Diese exakten numerischen Eliminationsverfahren liefern die Lösung nach endlich vielen elementaren arithmetischen Operationen. Die Anzahl der Rechenoperationen ist dabei nur von der Form des Rechenschemas und der Ordnung der Matrizen abhängig.

Ergänzend sei darauf hingewiesen, daß bei nichtquadratischer Matrix $\underline{M}(N)$ für $N > 2n$ in Gl. (4.2.33) auch die rechtsseitige *Pseudoinverse*

$$\underline{M}^+(N) = [\underline{M}^T(N)\underline{M}(N)]^{-1}\underline{M}^T(N) \quad (4.2.41)$$

eingeführt werden kann. Somit läßt sich Gl.(4.2.33) auch in der Form

$$\hat{\underline{p}}(N) = \underline{M}^{+}(N)\underline{y}(N)$$

angeben.

Bei dem hier behandelten Ansatz des LS-Modells gilt die bereits früher getroffene Voraussetzung, daß der Modellfehler $v(k) = \varepsilon(k)$ unkorreliert ist mit den Ein- und Ausgangssignalen $u(k)$ und $y(k)$ des zu identifizierenden Systems und ein weißes Rauschsignal darstellt. Weiterhin besitzt - wie früher bereits erwähnt - $\varepsilon(k)$ den Mittelwert Null sowie die Streuung oder Standardabweichung σ_ε. Unter diesen Voraussetzungen gilt für den Grenzwert des *Erwartungswertes* des geschätzten Parametervektors $\hat{\underline{p}}(N)$ bei einer hinreichend großen Anzahl N von Meßdatenpaaren $u(k)$ und $y(k)$ $(k = n+1,...,n+N)$:

$$\lim_{N\to\infty} E[\hat{\underline{p}}(N)] = \lim_{N\to\infty} E\{[\underline{M}^T(N)\underline{M}(N)]^{-1}\underline{M}^T(N)\underline{y}(N)\}$$

und unter Verwendung von Gl.(4.2.26)

$$\lim_{N\to\infty} E[\hat{\underline{p}}(N)] = \lim_{N\to\infty} E\{[\underline{M}^T(N)\underline{M}(N)]^{-1}\underline{M}^T(N)[\underline{M}(N)\underline{p} + \underline{\varepsilon}(N)]\}$$

oder umgeformt

$$\lim_{N\to\infty} E[\hat{\underline{p}}(N)] = \lim_{N\to\infty} E\{[\underline{M}^T(N)\underline{M}(N)]^{-1}\underline{M}^T(N)\underline{\varepsilon}(N)\} + E[\underline{p}] \quad . \tag{4.2.43}$$

Unter Beachtung obiger Voraussetzungen erhält man für den Erwartungswert des Modellfehlers

$$E[\varepsilon(k)] = 0 \quad \text{für alle } k \tag{4.2.44a}$$

und für seine Autokorrelationsfunktion

$$E[\varepsilon(k)\varepsilon(k+m)] = E[\varepsilon(k)]E[\varepsilon(k+m)] = 0 \quad \text{für } m \neq 0 \quad . \tag{4.2.44b}$$

Damit wird aber in Gl.(4.2.43) der erste Term der rechten Gleichungsseite

$$\lim_{N\to\infty} E\{[\underline{M}^T(N)\underline{M}(N)]^{-1}\underline{M}^T(N)\underline{\varepsilon}(N)\} = \underline{0} \tag{4.2.45}$$

und daraus folgt

$$\lim_{N\to\infty} E[\hat{\underline{p}}(N)] = E[\underline{p}] \equiv \underline{p} \quad , \tag{4.2.46}$$

d. h. der Schätzwert $\hat{\underline{p}}$ von $\underline{p}$ ist konsistent und stimmt somit mit dem Parametervektor exakt überein.

Wird in Gl.(4.2.33) der Vektor $\underline{y}(N)$ durch Gl.(4.2.26) ersetzt, so ergibt sich nach einfacher Umformung

$$\hat{\underline{p}}(N) - \underline{p} = [\underline{M}^T(N)\underline{M}(N)]^{-1}\underline{M}^T(N)\underline{\varepsilon}(N) \quad . \qquad (4.2.47)$$

In Analogie zur skalaren Beziehung der Gl.(1.1.21a) bildet man aus Gl. (4.2.47) die Varianz

$$\lim_{N\to\infty} E\{[\hat{\underline{p}}(N) - \underline{p}][\hat{\underline{p}}(N) - \underline{p}]^T\} = \lim_{N\to\infty} E\{[\underline{M}^T(N)\underline{M}(N)]^{-1}\underline{M}^T(N)\underline{\varepsilon}(N)\cdot$$

$$\cdot\underline{\varepsilon}^T(N)\underline{M}(N)[\underline{M}^T(N)\underline{M}(N)]^{-1}\} \ ,$$

wobei die oben erwähnte Symmetrieeigenschaft der Matrix

$$\underline{M}^*(N) = \underline{M}^T(N)\underline{M}(N)$$

gemäß Gl.(4.2.34a) berücksichtigt wird. Enthält die Matrix $\underline{M}(N)$ nur ungestörte Signale, d.h. $[\underline{M}^T(N)\underline{M}(N)]^{-1}\underline{M}^T(N)$ ist unkorreliert mit $\underline{\varepsilon}(N)$, so folgt

$$\lim_{N\to\infty} E\{[\hat{\underline{p}}(N)-\underline{p}][\hat{\underline{p}}(N)-\underline{p}]^T\} = \underline{M}^{*-1}(N)\underline{M}^T(N) \lim_{N\to\infty} E\{\underline{\varepsilon}(N)\underline{\varepsilon}^T(N)\}\underline{M}(N)\underline{M}^{*-1}(N).$$

Durch Einsetzen der Fehlervarianz

$$\lim_{N\to\infty} E\{\underline{\varepsilon}(N)\underline{\varepsilon}^T(N)\} = \sigma_\varepsilon^2 \, \underline{I}$$

erhält man schließlich die Varianz des Parametervektors

$$\lim_{N\to\infty} E\{[\hat{\underline{p}}(N) - \underline{p}][\hat{\underline{p}}(N) - \underline{p}]^T\} = \sigma_\varepsilon^2 \, \underline{M}^{*-1}(N) \ . \qquad (4.2.48)$$

Die hierbei entstandene Matrix

$$\underline{P}^*(N) = \sigma_\varepsilon^2[\underline{M}^T(N)\underline{M}(N)]^{-1} = \sigma_\varepsilon^2\underline{M}^{*-1}(N) = \sigma_\varepsilon^2\underline{P}(N) \qquad (4.2.49)$$

wird in der Literatur gewöhnlich (wenn auch nicht völlig korrekt) als *Kovarianzmatrix* der Parameterschätzung bezeichnet. Es läßt sich zeigen [4.21], daß die Schätzung mit dem LS-Modell gegenüber allen anderen erwartungstreuen linearen Schätzungen minimale Varianz besitzt.

Die hier besprochene Parameterschätzung mit Hilfe des LS-Modells ermöglicht aufgrund der Gln.(4.2.33) oder (4.2.35) die direkte Berechnung von $\hat{\underline{p}}(N)$ in *einem* Schritt. Für die anderen in Tabelle 4.2.1 aufgeführten Modellstrukturen muß jedoch die direkte Lösung in mehreren Schritten erfolgen [4.22], da hierbei der Modellfehler $v(k)$ nicht mehr durch weißes Rauschen beschrieben werden kann. Der numerische und programmtechnische Aufwand bei diesen als *Mehrschritt-Methoden* bezeichneten Schätzverfahren, zu denen als wichtigste die auf Modellstruktur II beruhende verallgemeinerte LS-Methode (siehe Tabelle 4.1.1) zählt, ist gewöhnlich sehr hoch. Um diesen Aufwand zu reduzieren ist es zweckmäßiger, rekursive Verfahren einzusetzen. Darauf wird im nachfolgenden Kapitel noch näher eingegangen.

4.2.2.2. Rekursive Lösung (RLS-Methode)

Die zuvor besprochene direkte LS-Schätzung hat den Nachteil, daß für die Berechnung des Schätzwertes $\hat{\underline{p}}(N)$ gemäß Gl.(4.2.33) bzw. Gl.(4.2.35) stets N gemessene Wertepaare von u(k) und y(k) verwendet werden müssen. Sofern nun ständig neue Meßdaten anfallen und diese fortlaufend zur Parameterschätzung verwendet werden, ist für jedes weitere gemessene Datenpaar von u(k) und y(k) dann jedesmal die erneute Berechnung der Matrix $\underline{M}^*(N)$ und des Vektors $\underline{y}^*(N)$ gemäß Gl.(4.2.34a, b) sowie die Inversion von $\underline{M}^*(N)$ erforderlich. Dieser Nachteil kann durch die rekursive Lösung der LS-Schätzung umgangen werden. Beim Übergang von der direkten zur rekursiven Lösung wird zunächst von Gl.(4.2.33) ausgegangen. Dabei werden aber mit den in den runden Klammern stehenden Argumenten nicht wie bisher die Anzahl N der zur Schätzung verwendeten Meßdatenpaare {u(k), y(k)}, sondern der jeweilige Zeitpunkt k der Abtastung beschrieben.

Der Grundgedanke der rekursiven Lösung besteht nun darin, den Spaltenvektor $\underline{y}(k)$ und die Datenmatrix $\underline{M}(k)$ durch Hinzunahme eines neuen (k+1)-ten Elementes bzw. Hinzufügen einer (k+1)-ten Zeile zunächst zu erweitern.

Die Herleitung des rekursiven LS-Schätzalgorithmus beruht also auf Gl. (4.2.33) in der Schreibweise für den k-ten Abtastschritt

$$\hat{\underline{p}}(k) = [\underline{M}^T(k)\underline{M}(k)]^{-1}\underline{M}^T(k)\underline{y}(k) \quad . \tag{4.2.50}$$

Durch Hinzunahme eines weiteren Meßdatenpaares {u(k+1), y(k+1)} werden zunächst die Datenmatrix

$$\underline{M}(k) = \begin{bmatrix} \underline{m}^T(n+1) \\ \vdots \\ \underline{m}^T(k) \end{bmatrix} \tag{4.2.51}$$

und der Spaltenvektor

$$\underline{y}(k) = [y(n+1) \ldots y(k)]^T \tag{4.2.52}$$

in folgender Form erweitert:

$$\underline{M}(k+1) = \begin{bmatrix} \underline{m}^T(n+1) \\ \vdots \\ \underline{m}^T(k) \\ \text{-------} \\ \underline{m}^T(k+1) \end{bmatrix} = \begin{bmatrix} \underline{M}(k) \\ \text{-------} \\ \underline{m}^T(k+1) \end{bmatrix} \tag{4.2.53}$$

mit dem (2nx1)-dimensionalen Datenvektor

$$\underline{m}^T(k+1) = [-y(k) \ldots -y(k-n+1) \,\vdots\, u(k) \ldots u(k-n+1)] \quad , \tag{4.2.54}$$

sowie

$$\underline{y}(k+1) = [y(n+1) \ldots y(k) \,\vdots\, y(k+1)]^T \quad . \tag{4.2.55}$$

Für den neuen Parametervektor zum (k+1)-ten Abtastschritt gilt somit

$$\hat{\underline{p}}(k+1) = [\underline{M}^T(k+1)\underline{M}(k+1)]^{-1}\underline{M}^T(k+1)\underline{y}(k+1) \quad . \tag{4.2.56}$$

Mit der Abkürzung gemäß Gl.(4.2.34a) und den Gln.(4.2.53) und (4.2.55) kann nun Gl.(4.2.56) wie folgt umgeschrieben werden:

$$\hat{\underline{p}}(k+1) = \underline{M}^{*-1}(k+1) \begin{bmatrix} \underline{M}(k) \\ \text{-------} \\ \underline{m}^T(k+1) \end{bmatrix}^T \begin{bmatrix} \underline{y}(k) \\ \text{------} \\ y(k+1) \end{bmatrix} \quad . \tag{4.2.57}$$

Durch Ausmultiplikation erhält man hieraus

$$\hat{\underline{p}}(k+1) = \underline{M}^{*-1}(k+1)[\underline{M}^T(k)\underline{y}(k) + \underline{m}(k+1)y(k+1)] \quad . \tag{4.2.58}$$

Wird entsprechend Gl.(4.2.40) der erste Term in der eckigen Klammer ersetzt durch

$$\underline{M}^T(k)\underline{y}(k) = \underline{M}^T(k)\underline{M}(k)\hat{\underline{p}}(k) = \underline{M}^*(k)\hat{\underline{p}}(k) \quad ,$$

dann ergibt sich für Gl.(4.2.58)

$$\hat{\underline{p}}(k+1) = \underline{M}^{*-1}(k+1)[\underline{M}^*(k)\hat{\underline{p}}(k) + \underline{m}(k+1)y(k+1)] \quad . \tag{4.2.59}$$

Nun läßt sich die Matrix $\underline{M}^*(k+1)$ unter Verwendung der Gl.(4.2.53) auch in die Form

$$\underline{M}^*(k+1) = \begin{bmatrix} \underline{M}(k) \\ \text{-------} \\ \underline{m}^T(k+1) \end{bmatrix}^T \begin{bmatrix} \underline{M}(k) \\ \text{-------} \\ \underline{m}^T(k+1) \end{bmatrix} = \underline{M}^T(k)\underline{M}(k) + \underline{m}(k+1)\underline{m}^T(k+1)$$

bzw.

$$\underline{M}^*(k+1) = \underline{M}^*(k) + \underline{m}(k+1)\underline{m}^T(k+1) \tag{4.2.60}$$

bringen. Wird diese Beziehung nach $\underline{M}^*(k)$ aufgelöst und dieses Resultat in Gl. (4.2.59) eingesetzt, dann folgt

$$\hat{\underline{p}}(k+1) = \underline{M}^{*-1}(k+1)[\underline{M}^*(k+1)\hat{\underline{p}}(k) - \underline{m}(k+1)\underline{m}^T(k+1)\hat{\underline{p}}(k) + \\ + \underline{m}(k+1)y(k+1)]$$

bzw. durch Ausmultiplikation

$$\hat{\underline{p}}(k+1) = \hat{\underline{p}}(k) + \underline{M}^{*-1}(k+1)\underline{m}(k+1)[y(k+1) - \underline{m}^T(k+1)\hat{\underline{p}}(k)] \; . \quad (4.2.61)$$

Führt man in dieser Beziehung zur Abkürzung noch den Vektor

$$\underline{q}(k+1) = \underline{M}^{*-1}(k+1)\underline{m}(k+1) \quad (4.2.62a)$$

oder unter Berücksichtigung von Gl. (4.2.49)

$$\underline{q}(k+1) = \underline{P}(k+1)\underline{m}(k+1) \quad , \quad (4.2.62b)$$

der gelegentlich auch als Kalmanscher Verstärkungsvektor bezeichnet wird, ein und berücksichtigt man, daß gemäß Gl. (4.2.20) der Ausdruck in der eckigen Klammer gerade den Schätzwert des Modellfehlers

$$\hat{\varepsilon}(k+1) = y(k+1) - \underline{m}^T(k+1)\hat{\underline{p}}(k) \quad (4.2.63)$$

aufgrund des einen Schritt zuvor geschätzten Parametervektors $\hat{\underline{p}}(k)$ und damit den sogenannten *Prädiktionsfehler* darstellt, so erhält man aus Gl. (4.2.61) schließlich als rekursive Beziehung zur Berechnung des neuen Schätzwertes des Parametervektors

$$\hat{\underline{p}}(k+1) = \hat{\underline{p}}(k) + \underline{q}(k+1)\hat{\varepsilon}(k+1) \quad . \quad (4.2.64)$$

Der neue Parameterschätzvektor $\hat{\underline{p}}(k+1)$ setzt sich somit aus dem alten Schätzwert $\hat{\underline{p}}(k)$ plus dem mit dem Bewertungs- oder Verstärkungsvektor $\underline{q}(k+1)$ multiplizierten Prädiktionsfehler $\hat{\varepsilon}(k+1)$ zusammen. Gemäß Gl. (4.2.63) stellt dabei der Prädiktionsfehler die Differenz zwischen dem neuen Meßwert $y(k+1)$ und dessen Prädiktion (Vorausberechnung) zum Zeitpunkt k, also

$$y(k+1|k) = \underline{m}^T(k+1)\hat{\underline{p}}(k) \quad (4.2.65)$$

aufgrund des alten Parametervektors $\hat{\underline{p}}(k)$ dar.

Die Berechnung des Bewertungsvektors $\underline{q}(k+1)$ nach Gl. (4.2.62) ist aufwendig. Daher wird i. a. in folgender Weise vorgegangen [4.22]. Aus den Gln. (4.2.49) und (4.2.60) folgt

$$\underline{P}(k+1) = \underline{M}^{*-1}(k+1) = [\underline{M}^*(k) + \underline{m}(k+1)\underline{m}^T(k+1)]^{-1} \quad . \qquad (4.2.66)$$

Die Anwendung des Matrizeninversionslemmas [4.23]

$$[\underline{A} + \underline{B}\underline{C}]^{-1} = \underline{A}^{-1} - \underline{A}^{-1}\underline{B}[\underline{I} + \underline{C}\underline{A}^{-1}\underline{B}]^{-1}\underline{C}\underline{A}^{-1}$$

auf diese Beziehung (Anmerkung: Die Matrix $\underline{M}^*$ in der eckigen Klammer von Gl.(4.2.66) ist quadratisch und nichtsingulär) liefert

$$\underline{P}(k+1) = \underline{P}(k) - \underline{P}(k)\underline{m}(k+1)[1 + \underline{m}^T(k+1)\underline{P}(k)\underline{m}(k+1)]^{-1}\underline{m}^T(k+1)\underline{P}(k), \qquad (4.2.67)$$

wobei in der eckigen Klammer eine skalare Größe steht, so daß tatsächlich hier keine Matrizeninversion sondern nur eine Division durchzuführen ist. Wie nachfolgend noch gezeigt wird, darf in diesem Ausdruck

$$\underline{q}(k+1) = \underline{P}(k)\underline{m}(k+1)[1 + \underline{m}^T(k+1)\underline{P}(k)\underline{m}(k+1)]^{-1} \qquad (4.2.68)$$

gesetzt werden, so daß schließlich für Gl.(4.2.67) auch

$$\underline{P}(k+1) = \underline{P}(k) - \underline{q}(k+1)\underline{m}^T(k+1)\underline{P}(k) \qquad (4.2.69)$$

geschrieben werden kann. Zum Beweis der Gültigkeit von Gl.(4.2.68) wird Gl.(4.2.67) in Gl.(4.2.62b) eingesetzt:

$$\underline{q}(k+1) = \{\underline{P}(k) - \underline{P}(k)\underline{m}(k+1)[1 + \underline{m}^T(k+1)\underline{P}(k)\underline{m}(k+1)]^{-1}\underline{m}^T(k+1)\underline{P}(k)\}\ \underline{m}(k+1) \ .$$

Da der zu invertierende Ausdruck in eckiger Klammer eine skalare Größe ist, die als gemeinsamer Hauptnenner benutzt wird, erhält man

$$\underline{q}(k+1) = \frac{\underline{P}(k)\underline{m}(k+1)[1+\underline{m}^T(k+1)\underline{P}(k)\underline{m}(k+1)] - \underline{P}(k)\underline{m}(k+1)\underline{m}^T(k+1)\underline{P}(k)\underline{m}(k+1)}{1+\underline{m}^T(k+1)\underline{P}(k)\underline{m}(k+1)}$$

und zusammengefaßt

$$\underline{q}(k+1) = \frac{\underline{P}(k)\underline{m}(k+1)}{1+\underline{m}^T(k+1)\underline{P}(k)\underline{m}(k+1)} \quad ,$$

was zu beweisen war.

Die Gln.(4.2.63), (4.2.64), (4.2.68) und (4.2.69) stellen somit die gesuchte rekursive Lösung der LS-Schätzung dar. Diese hat gegenüber der direkten Lösung den Vorteil, daß ständig neu anfallende Meßwertepaare über den Datenvektor $\underline{m}(k+1)$ direkt zur Parameterschätzung verwendet werden können. Daher eignet sich diese Methode insbesondere für den "on-line"-Betrieb der Systemidentifikation mittels eines Prozeßrechners, wobei wegen der sofortigen Weiterverarbeitung der Meßdaten die Abspeicherung einer Datenmatrix nicht erforderlich ist. Unter denselben Voraussetzungen wie bei der direkten Lösung liefert auch die rekursive Lösung erwartungstreue Schätzwerte. Dem Vorteil, daß die Inversion der Matrix $\underline{M}^*$ bei der rekursiven Lösung entfällt, steht als Nachteil die freie Wahl der Startwerte für $\hat{\underline{p}}(0)$ und $\underline{P}(0)$ gegenüber. Darauf soll später noch näher eingegangen werden.

Die hier beschriebene rekursive Lösung ist unmittelbar nur für das LS-Verfahren (Modellstruktur I) anwendbar. Für die anderen Modellstrukturen, d. h. also auch für das verallgemeinerte LS-Verfahren, auch GLS-Verfahren genannt, enthalten jedoch die Datenmatrix $\underline{M}(k)$ bzw. der Datenvektor $\underline{m}(k)$ gemäß Gl.(4.2.21) als Elemente auch die Fehler $\varepsilon(k)$ und $v(k)$. Da diese Fehler zum Zeitpunkt k nicht meßbar sind, müssen geeignete Näherungswerte hierfür gefunden werden. Am zweckmäßigsten verwendet man anstelle von $\varepsilon(k)$ und $v(k)$ ihre zugehörigen Schätzwerte $\hat{\varepsilon}(k)$ und $\hat{v}(k)$. Aus Gl.(4.2.63) folgt

$$\hat{\varepsilon}(k) = y(k) - \underline{m}^T(k)\hat{\underline{p}}(k-1) \tag{4.2.70}$$

und aus Gl.(4.2.18)

$$\hat{v}(k) = y(k) - \underline{m}_{yu}^T(k)\hat{\underline{p}}_{ab}(k-1) \quad , \tag{4.2.71}$$

wobei der Datenvektor $\underline{m}_{yu}(k)$ nach Gl.(4.2.28) und der modifizierte Datenvektor gemäß

$$\begin{aligned}\underline{m}^T(k) = [-y(k-1)\ldots-y(k-n)\,\vdots\,u(k-1)\ldots u(k-n)\,\vdots\,\hat{\varepsilon}(k-1)\ldots\hat{\varepsilon}(k-n)\,\vdots \\ -\hat{v}(k-1)\ldots-\hat{v}(k-n)]\end{aligned} \tag{4.2.72}$$

definiert werden, sowie die Parametervektoren

$$\hat{\underline{p}}_{ab}(k) = [\hat{a}_1\ldots\hat{a}_n\,\vdots\,\hat{b}_1\ldots\hat{b}_n]^T \tag{4.2.73}$$

$$\hat{\underline{p}}\;(k) = [\hat{a}_1\ldots\hat{a}_n\,\vdots\,\hat{b}_1\ldots\hat{b}_n\,\vdots\,\hat{c}_1\ldots\hat{c}_n\,\vdots\,\hat{d}_1\ldots\hat{d}_n]^T \tag{4.2.74}$$

mit den im jeweiligen Abtastschritt berechneten aktuellen Schätzwerten der Modellparameter gebildet werden. Damit kann der oben beschriebene rekursive Lösungsalgorithmus auch für die erweiterten Modellstrukturen II bis IV unmittelbar angewandt werden. Dies stellt natürlich einen großen Vorteil dar gegenüber den für die direkte Lösung erforderlichen, wesentlich aufwendigeren Mehrschritt-Methoden. Allerdings müssen dann auch für $\hat{\varepsilon}$ und $\hat{v}$ Startwerte vorgegeben werden.

4.2.2.3. Die Hilfsvariablen-Methode oder Methode der "Instrumentellen Variablen" (IV-Methode)

Bei den Modellstrukturen II bis IV (vgl. Tabelle 4.2.1), den sogenannten erweiterten Matrizen-Modellen, wurde das Problem des *korrelierten Modellfehlers* v(k) durch Rückführung auf weißes Rauschen ε(k) über ein Filter mit der Übertragungsfunktion $G_r^*(z)$ gelöst. Die im folgenden behandelte IV-Methode beruht zwar auf der Modellstruktur I, die mit $G_r^*(z) = 1$ aus Gl.(4.2.14) die Beziehung

$$A(z^{-1})Y(z) - B(z^{-1})U(z) = \varepsilon(z) = V(z) \qquad (4.2.75)$$

liefert, jedoch werden hierbei keine speziellen Annahmen über den Gleichungsfehler ε(k) = v(k) gemacht. Entsprechend Gl.(4.2.26) läßt sich Gl.(4.2.75) auch in der vektoriellen Form

$$\underline{y}(N) = \underline{M}(N)\underline{p} + \underline{v}(N) \qquad (4.2.76)$$

anschreiben. Damit nun dieses IV-Modell ebenso erwartungstreue Schätzwerte liefert wie das LS-Modell für einen unkorrelierten Modellfehler, wird in der Gl.(4.2.33) die transponierte Datenmatrix $\underline{M}^T(N)$ formal durch die transponierte *Hilfsvariablenmatrix* (auch als instrumentelle Datenmatrix bezeichnet) $\underline{W}^T(N)$ ersetzt. Dabei ist jede Datenmatrix

$$\underline{W}(N) = \begin{bmatrix} \underline{w}^T(n+1) \\ \vdots \\ \underline{w}^T(n+N) \end{bmatrix} \qquad (4.2.77)$$

eine Hilfsvariablenmatrix, wenn sie die beiden Bedingungen

$$\lim_{N\to\infty} E[\underline{W}^T(N)\underline{v}(N)] = \underline{O} \qquad (4.2.78a)$$

und

$$\lim_{N\to\infty} E[\underline{W}^T(N)\underline{M}(N)] \text{ positiv definit} \qquad (4.2.78b)$$

erfüllt. Hiermit läßt sich nun anhand des Fehlervektors $\underline{v}(N) = \underline{\varepsilon}(N)$ das Gütekriterium

$$I_2 = I_2(\underline{p}) = \frac{1}{2}\,\underline{\varepsilon}^T(N)\underline{W}(N)\underline{W}^T(N)\underline{\varepsilon}(N) \overset{!}{=} \text{Min} \qquad (4.2.79)$$

definieren. Durch Einsetzen von $\underline{\varepsilon}(N) = \underline{v}(N)$ aus Gl.(4.2.76) in Gl.(4.2.79) folgt

$$\begin{aligned} I_2(\underline{p}) &= \frac{1}{2}\,[\underline{y}(N) - \underline{M}(N)\underline{p}]^T[\underline{W}(N)\underline{W}^T(N)\underline{y}(N) - \underline{W}(N)\underline{W}^T(N)\underline{M}(N)\underline{p}] \\ &= \frac{1}{2}\,[\underline{y}^T(N)\underline{W}(N)\underline{W}^T(N)\underline{y}(N) - 2\underline{p}^T\underline{M}^T(N)\underline{W}(N)\underline{W}^T(N)\underline{y}(N) \\ &\qquad + \underline{p}^T\underline{M}^T(N)\underline{W}(N)\underline{W}^T(N)\underline{M}(N)\underline{p}] \;. \end{aligned}$$

Für das Minimum von $I_2(\underline{p})$ gilt die Beziehung

$$\left.\frac{\partial I_2}{\partial \underline{p}}\right|_{\underline{p}=\hat{\underline{p}}(N)} = -\underline{M}^T(N)\underline{W}(N)\underline{W}^T(N)\underline{y}(N) + \underline{M}^T(N)\underline{W}(N)\underline{W}^T(N)\underline{M}(N)\hat{\underline{p}}(N) = \underline{0} \ .$$

Daraus erhält man als *direkte* Lösung des Schätzproblems

$$\hat{\underline{p}}(N) = [\underline{M}^T(N)\underline{W}(N)\underline{W}^T(N)\underline{M}(N)]^{-1} \underline{M}^T(N)\underline{W}(N)\underline{W}^T(N)\underline{y}(N) \ ,$$

und unter Berücksichtigung von Gl.(4.2.78b) ergibt sich schließlich

$$\hat{\underline{p}}(N) = [\underline{W}^T(N)\underline{M}(N)]^{-1}\underline{W}^T(N)\underline{y}(N) \ . \qquad (4.2.80)$$

Ersetzt man weiterhin in Gl.(4.2.43) formal die transponierte Datenmatrix $\underline{M}^T(N)$ durch die transponierte Hilfsvariablenmatrix $\underline{W}^T(N)$, so folgt als Erwartungswert des geschätzten Parametervektors

$$\lim_{N\to\infty} E[\hat{\underline{p}}(N)] = \lim_{N\to\infty} E\{[\underline{W}^T(N)\underline{M}(N)]^{-1}\underline{W}^T(N)\underline{v}(N)\} + E[\underline{p}] \ . \qquad (4.2.81)$$

Mit Gl.(4.2.78a) verschwindet der erste Summenterm der rechten Gleichungsseite, so daß sich wegen

$$\lim_{N\to\infty} E[\hat{\underline{p}}(N)] = E[\underline{p}] = \underline{p} \qquad (4.2.82)$$

bei diesem IV-Modell auch für einen korrelierten Modellfehler eine konsistente Schätzung ergibt.

Rein formal lassen sich auch die *rekursiven* Lösungsgleichungen des IV-Modells anhand der Gln.(4.2.63), (4.2.64), (4.2.68) und (4.2.69) angeben:

$$\hat{\underline{p}}(k+1) = \hat{\underline{p}}(k) + \underline{q}(k+1)\hat{v}(k+1) \ , \qquad (4.2.83a)$$

$$\underline{q}(k+1) = \underline{P}(k)\underline{w}(k+1)[1 + \underline{m}^T(k+1)\underline{P}(k)\underline{w}(k+1)]^{-1} \ , \qquad (4.2.83b)$$

$$\underline{P}(k+1) = \underline{P}(k) - \underline{q}(k+1)\underline{m}^T(k+1)\underline{P}(k) \ , \qquad (4.2.83c)$$

$$\hat{v}(k+1) = y(k+1) - \underline{m}^T(k+1)\hat{\underline{p}}(k) \ . \qquad (4.2.83d)$$

Die Konvergenzgeschwindigkeit dieser rekursiven IV-Schätzung hängt entscheidend von der Wahl der Hilfsvariablenmatrix $\underline{W}$ ab. Um die Bedingungen (4.2.78a) und (4.2.78b) zu erfüllen, müssen die Elemente von $\underline{W}$ so gewählt werden, daß sie stark mit den Nutzsignalen in der Matrix $\underline{M}$, aber nicht mit den Anteilen des Störsignals korreliert sind. Der günstigste Fall läge vor, wenn $\underline{W}$ die ungestörten Signale von $\underline{M}$ direkt enthält. Nun ist zwar das Eingangssignal $u(k)$ bekannt, das ungestörte Ausgangssignal $y_S(k)$ ist jedoch nicht meßbar. Daher versucht man, Schätzwerte dieses Signals als Hilfsvariable y_H zu verwenden. Diese Hilfsvariablen, die als Elemente in den Zeilenvektoren

$$\underline{w}^T(k) = [-y_H(k-1)\ldots-y_H(k-n) \mid u(k-1)\ldots u(k-n)] \qquad (4.2.84)$$

der Matrix $\underline{W}$ auftreten, erhält man bei der rekursiven Lösung anhand des Ausgangssignals

$$y_H(k) = \underline{w}^T(k)\underline{p}_H(k) \qquad (4.2.85a)$$

eines Hilfsmodells mit der Übertragungsfunktion

$$G_H(z) = \frac{Y_H(z)}{U(z)} = \frac{B_H(z^{-1})}{A_H(z^{-1})} , \qquad (4.2.85b)$$

das gemäß Bild 4.2.4 durch das Eingangssignal u(k) angeregt wird. Dabei enthält der Vektor $\underline{p}_H$ die Parameter des Hilfsmodells, die aus dem geschätzten Parametervektor $\hat{\underline{p}}$ berechnet werden, wie anschließend noch gezeigt wird.

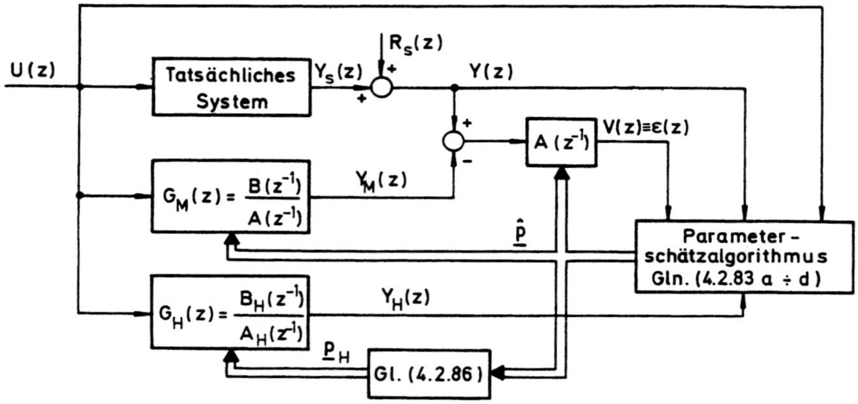

Bild 4.2.4. Modell für die rekursive Version der IV-Methode

Da das Störsignal $r_s(k)$ die Ermittlung von $\hat{\underline{p}}(k)$ beeinflußt, sind die Hilfsvariablen $y_H(k)$ mit dem Störsignal und damit auch mit dem Modellfehler v(k) korreliert. Da in diesem Fall Gl.(4.2.78a) nicht mehr erfüllt ist, und somit $\hat{\underline{p}}$ keine konsistente Schätzung darstellt, sondern mit einem systematischen Schätzfehler behaftet ist, wurde vorgeschlagen [4.8], eine Totzeit d zwischen dem geschätzten Parametervektor $\hat{\underline{p}}$ und dem Parametervektor $\underline{p}_H$ des Hilfsmodells einzuführen, wobei man d so wählt, daß v(k-d) unabhängig von v(k) wird. Verwendet man zusätzlich noch ein diskretes Verzögerungsglied [4.24] für die Berechnung des Parametervektors des Hilfsmodells

$$\underline{p}_H(k) = (1-\gamma)\underline{p}_H(k-1) + \gamma\hat{\underline{p}}(k-d) , \qquad (4.2.86)$$

dann spielt die möglichst optimale Wahl von d keine so entscheidende Rolle, da ja schnelle Änderungen von $\underline{p}_H(k)$ durch die Tiefpaßeigenschaften vermieden werden, sofern γ angenähert im Bereich $0 \leq \gamma \leq 1$ gewählt wird.

Die IV-Methode stellt in ihrer rekursiven Version wegen der Verwendung der sehr einfachen Modellstruktur I ein schnelles und effizientes Verfahren dar, das sich insbesondere für den "on-line"-Betrieb mit Prozeßrechnern bewährt hat. Der Mehraufwand gegenüber der rekursiven LS-Methode, also die zusätzliche Berechnung der Elemente der Hilfsvariablenmatrix mittels Gl. (4.2.85a), ist gering. Dieselbe Anzahl von "a priori"-Kenntnissen und Anfangswerten wie beim rekursiven LS-Verfahren sowie der geringe Programmieraufwand haben die rekursive IV-Methode zum schnellsten, einfachsten und übersichtlichsten Verfahren gemacht, das auch bei korrelierten Modellfehlern noch brauchbare Ergebnisse liefern kann. Es sollte allerdings erwähnt werden, daß bezüglich der Wahl der Anfangswerte des rekursiven Algorithmus gewisse Bedingungen erfüllt sein müssen, auf die später im Abschnitt 4.4 noch näher eingegangen werden soll.

4.2.2.4. Die "Maximum-Likelihood"-Methode (ML-Methode)

Vor der Anwendung der ML-Methode zur Parameterschätzung bei der Systemidentifikation, soll zunächst das *Prinzip* dieses Verfahrens kurz erläutert werden: Von einer stetigen Zufallsvariablen ξ seien N Werte $x_1, x_2, \ldots, x_N$ als Stichprobe (Meßwerte) gegeben. Diese Meßwerte sind statistisch voneinander unabhängig. Die Wahrscheinlichkeitsdichtefunktion sei von einem oder mehreren unbekannten Parametern $p_1, p_2, \ldots, p_{n'}$ abhängig und wird an der Stelle $\xi = x_i$ beschrieben durch

$$f_\xi(x_i) = f_\xi(x_i;\, p_1, \ldots, p_{n'}) \quad \text{für } i = 1, \ldots, N \quad . \tag{4.2.87}$$

Zur Schätzung der Parameter $p_1, \ldots, p_{n'}$ auf der Basis der Stichproben wird nun die *Likelihood-Funktion*

$$L = L(x_1, \ldots, x_N;\, p_1, \ldots, p_{n'}) = f_\xi(x_1, \ldots, x_N;\, p_1, \ldots, p_{n'}) = \prod_{i=1}^{N} f_\xi(x_i;\, p_1, \ldots, p_{n'}) \tag{4.2.88}$$

definiert. Ist die Art der Wahrscheinlichkeitsdichtefunktion (z. B. Gauß-Verteilung, Poisson-Verteilung) bekannt, dann kann die Likelihood-Funktion als Funktion der unbekannten Parameter p_i angesehen werden.

Der Grundgedanke der Maximum-Likelihood-Methode besteht nun darin, aus den möglichen Schätzwerten $\hat{p}_i$ der unbekannten Parameter p_i diejenigen zu bestimmen, für die die gemessene Stichprobe $x_1,\ldots,x_N$ die größte Wahrscheinlichkeit besitzt, d. h. die Likelihood-Funktion L muß hierfür ihren Maximalwert annehmen. Um diese *Maximum-Likelihood-Schätzung* zu bestimmen, muß somit die Gleichung

$$\frac{\partial L}{\partial p_i} = 0 \quad \text{für} \quad i = 1,2,\ldots,n' \qquad (4.2.89)$$

nach den Parametern $p_i \equiv \hat{p}_i$ aufgelöst werden, für die L ein Maximum erreicht. Da ln L eine monotone Funktion ist, die an derselben Stelle wie L ihr Maximum besitzt, wird die Schätzung einfacher über die Beziehung

$$\frac{\partial}{\partial p_i} \ln L = 0 \quad \text{für} \quad i = 1,2,\ldots,n' \qquad (4.2.90)$$

durchgeführt. Aus diesen, auch als *Maximum-Likelihood-Gleichungen* bezeichneten Beziehungen erhält man die gesuchten Schätzwerte $\hat{p}_i$ für die unbekannten Parameter p_i als Funktion der Meßwerte $x_1,\ldots,x_N$ der Stichprobe. Es läßt sich zeigen, daß diese Schätzung bei einer genügend großen Zahl N von Meßwerten konvergiert und im statistischen Sinne konsistent, wirksam und erschöpfend ist [4.25]. Die Anwendung dieser Methode soll nachfolgend anhand eines Beispiels demonstriert werden.

Beispiel 4.2.1:

Gegeben seien als Stichprobe die Meßwerte $x_1, x_2,\ldots,x_N$ einer Zufallsvariablen ξ, die eine Gaußverteilung gemäß Gl. (1.1.26) besitze

$$f_\xi(x) = (1/\sqrt{2\pi\sigma_\xi^2})\, e^{-(x-m)^2/2\sigma_\xi^2} , \qquad (4.2.91)$$

wobei die beiden Parameter m (Mittelwert) und σ_ξ^2 (Varianz) unbekannt seien. Die Likelihood-Funktion ist somit gegeben durch

$$L = f_\xi(x_1;\, m,\sigma_\xi^2)\, f_\xi(x_2;\, m,\sigma_\xi^2) \ldots f_\xi(x_N;\, m,\sigma_\xi^2) , \qquad (4.2.92)$$

wobei $f_\xi(x_i;\, m,\sigma_\xi^2)$ die Wahrscheinlichkeitsdichtefunktion der Gaußverteilung an der Stelle $\xi = x_i$ darstellt. Damit wird

$$L(m,\sigma_\xi^2) = \prod_{i=1}^{N} f_\xi(x_i;\, m,\sigma_\xi^2) = \frac{1}{\left[\sqrt{2\pi\sigma_\xi^2}\right]^N} \prod_{i=1}^{N} e^{-\frac{(x_i-m)^2}{2\sigma_\xi^2}}$$

oder

$$L(m,\sigma_\xi^2) = \frac{1}{\left[\sqrt{2\pi\sigma_\xi^2}\right]^N} e^{-\frac{1}{2\sigma_\xi^2}\sum\limits_{i=1}^{N}(x_i-m)^2} \quad . \tag{4.2.93}$$

Hieraus ist ersichtlich, daß die Likelihood-Funktion für die Meßwerte $x_1,\ldots,x_N$ eine Funktion der beiden unbekannten Parameter m und σ_ξ^2 ist, deren Schätzwerte $\hat{m}$ und $\hat{\sigma}_\xi^2$ gesucht sind. Anhand von Gl.(4.2.90) ergeben sich die Maximum-Likelihood-Gleichungen

$$\frac{\partial}{\partial m}\ln L = 0 \qquad \text{und} \qquad \frac{\partial}{\partial\sigma_\xi^2}\ln L = 0 \quad . \tag{4.2.94a,b}$$

Bildet man aus obiger Likelihood-Funktion die Beziehung

$$\ln L = -\frac{N}{2}\ln 2\pi - \frac{N}{2}\ln\sigma_\xi^2 - \frac{1}{2\sigma_\xi^2}\sum_{i=1}^{N}(x_i-m)^2 \tag{4.2.95}$$

und stellt damit nun die beiden Maximum-Likelihood-Gleichungen

$$\frac{\partial}{\partial m}\ln L = \frac{1}{\sigma_\xi^2}\sum_{i=1}^{N}(x_i-m) = 0 \tag{4.2.96a}$$

und

$$\frac{\partial}{\partial\sigma_\xi^2}\ln L = -\frac{N}{2\sigma_\xi^2} + \frac{1}{2\sigma_\xi^4}\sum_{i=1}^{N}(x_i-m)^2 = 0 \tag{4.2.96b}$$

auf, dann erhält man durch Auflösung die beiden Maximum-Likelihood-Schätzwerte

$$\hat{m} = \frac{1}{N}\sum_{i=1}^{N}x_i \tag{4.2.97a}$$

und

$$\hat{\sigma}_\xi^2 = \frac{1}{N}\sum_{i=1}^{N}(x_i-\hat{m})^2 \tag{4.2.97b}$$

für die beiden Parameter m und σ_ξ^2 der Gaußverteilung. Aus diesen beiden Beziehungen ist zu ersehen, daß zwar $\hat{m}$ einen erwartungstreuen Schätzwert darstellt, jedoch nicht $\hat{\sigma}_\xi^2$, da dieser lauten müßte [4.26]

$$\hat{\sigma}_\xi^2 = \frac{1}{N-1}\sum_{i=1}^{N}(x_i-\hat{m})^2 \quad . \tag{4.2.97c}$$

Die ML-Schätzung liefert also gewöhnlich einen systematischen Schätzfehler (Engl. bias), obwohl mit zunehmender Anzahl von Meßdaten die Schätzung zum wahren Parameterwert konvergiert. ■

Nach dieser allgemeinen Darstellung der ML-Schätzung soll dieses Verfahren nun zur Parameterschätzung bei der Systemidentifikation angewandt werden. Dabei wird für das zu identifizierende System die Modellstruktur III nach Tabelle 4.2.1, also die Beziehung

$$A(z^{-1})Y(z) - B(z^{-1})U(z) = C(z^{-1})\varepsilon(z) = V(z) \tag{4.2.98}$$

zugrunde gelegt. Es müssen hierbei die Koeffizienten der Polynome $A(z^{-1})$, $B(z^{-1})$ und $C(z^{-1})$ geschätzt werden. Als Meßwerte stehen das Eingangs- und Ausgangssignal $u(k)$ und $y(k)$ des zu identifizierenden Systems zur Verfügung. Für den Modellfehler $\varepsilon(k)$ wird $(0,\sigma_\varepsilon)$-gaußverteiltes weißes Rauschen, also $E[\varepsilon(k)] = 0$ (Mittelwert Null), mit der Standardabweichung σ_ε vorausgesetzt. Die zu schätzenden Systemparameter werden im Parametervektor

$$\underline{p} = [a_1 \ldots a_n \,|\, b_1 \ldots b_n \,|\, c_1 \ldots c_n]^T \tag{4.2.99}$$

zusammengefaßt. Als weiterer Parameter muß σ_ε geschätzt werden. Damit gilt für die Wahrscheinlichkeitsdichtefunktion des Modellfehlers $\varepsilon(k)$ zum Zeitpunkt k entsprechend Gl. (4.2.91)

$$f[\varepsilon(k);\, \underline{p}, \sigma_\varepsilon^2] = \frac{1}{\sqrt{2\pi\sigma_\varepsilon^2}} e^{-\frac{\varepsilon^2(k)}{2\sigma_\varepsilon^2}} \quad . \tag{4.2.100}$$

Da $\varepsilon(k)$ nicht korreliert ist, erhält man für N Signalwerte $\varepsilon(n+1) \ldots \varepsilon(n+N)$ ähnlich wie zu Gl. (4.2.93) die Likelihood-Funktion

$$L = L[\varepsilon(k);\, \underline{p}, \sigma_\varepsilon^2] = \frac{1}{\left[\sqrt{2\pi\sigma_\varepsilon^2}\right]^N} e^{-\frac{1}{2\sigma_\varepsilon^2}\sum\limits_{k=n+1}^{n+N} \varepsilon^2(k)} \quad . \tag{4.2.101}$$

In dieser Beziehung ist gemäß Gl. (4.2.29) das Gütefunktional

$$I(\underline{p}) = \frac{1}{2} \sum_{k=n+1}^{n+N} \varepsilon^2(k) \tag{4.2.102}$$

enthalten. Damit folgt für die der Gl. (4.2.95) entsprechenden Beziehung

$$\ln L = -\frac{N}{2} \ln 2\pi - \frac{N}{2} \ln \sigma_\varepsilon^2 - \frac{1}{\sigma_\varepsilon^2} I(\underline{p}) \quad . \tag{4.2.103}$$

Die Maximum-Likelihood-Gleichungen erhält man nun aus

$$\frac{\partial}{\partial a_i} \ln L = 0 = \frac{\partial I(\underline{p})}{\partial a_i} \tag{4.2.104a}$$

$$\frac{\partial}{\partial b_i} \ln L = 0 = \frac{\partial I(\underline{p})}{\partial b_i} \tag{4.2.104b}$$

$$\frac{\partial}{\partial c_i} \ln L = 0 = \frac{\partial I(\underline{p})}{\partial c_i} \tag{4.2.104c}$$

für $i = 1,2,...,n$ und

$$\frac{\partial}{\partial \sigma_\varepsilon^2} \ln L = -\frac{N}{2\sigma_\varepsilon^2} + \frac{1}{\sigma_\varepsilon^4} I(\underline{p}) = 0 \quad , \tag{4.2.104d}$$

wobei sich aus der letzten Gleichung sofort als Schätzwert der Varianz des Modellfehlers die Beziehung

$$\hat{\sigma}_\varepsilon^2 = \frac{2}{N} I(\hat{\underline{p}}) \tag{4.2.105}$$

ergibt.

Zur Berechnung der gesuchten Schätzwerte von a_i, b_i und c_i stehen die Gln.(4.2.104a bis c) zur Verfügung. Dementsprechend müssen aus Gl. (4.2.102) die zugehörigen Ableitungen des Fehlerfunktionals gebildet werden. Nun kann aber der Modellfehler $\varepsilon(k)$ der hier zugrunde gelegten Modellstruktur gemäß Gl.(4.2.98) über die Gln.(4.2.18) und (4.2.19) für $k \geqq n$ als Differenzengleichung (für $b_0 = 0$)

$$\varepsilon(k) = y(k) + \sum_{i=1}^{n} a_i y(k-i) - \sum_{i=1}^{n} b_i u(k-i) - \sum_{i=1}^{n} c_i \varepsilon(k-i) \tag{4.2.106}$$

angeschrieben werden. Hieraus ist ersichtlich, daß $\varepsilon(k)$ linear bezüglich der Parameter a_i und b_i ist, jedoch nichtlinear bezüglich der Parameter c_i. Daher kann das auf diesem Modellfehler beruhende minimale Gütefunktional $I(\underline{p})$, Gl.(4.2.102), nicht mehr direkt analytisch, sondern nur noch durch Verwendung *numerischer Optimierungsverfahren* ermittelt werden. Je nach dem gewählten numerischen Optimierungsverfahren wird entweder nur der Gradient $\underline{I}_p$ (1. Ableitung von $I(\underline{p})$ nach $\underline{p}$) oder dieser zusammen mit der Hesse-Matrix $\underline{\underline{I}}_{pp}$ (2. Ableitung von $I(\underline{p})$ nach $\underline{p}$) benötigt. Definitionsgemäß gilt für $n' = 3n$ Schätzparameter

$$\underline{I}_{\underline{p}} = \begin{bmatrix} \frac{\partial I}{\partial p_1} \\ \vdots \\ \frac{\partial I}{\partial p_{n'}} \end{bmatrix} \text{ und } \underline{I}_{\underline{pp}} = \begin{bmatrix} \frac{\partial^2 I}{\partial p_1 \partial p_1} & \cdots & \frac{\partial^2 I}{\partial p_1 \partial p_{n'}} \\ \vdots & & \vdots \\ \frac{\partial^2 I}{\partial p_{n'} \partial p_1} & \cdots & \frac{\partial^2 I}{\partial p_{n'} \partial p_{n'}} \end{bmatrix} . \quad (4.2.107a,b)$$

Es müssen also folgende partiellen Ableitungen des Fehlerfunktionals $I(\underline{p})$ berechnet werden:

$$\frac{\partial I}{\partial p_i} = \sum_{k=n+1}^{n+N} \varepsilon(k) \frac{\partial \varepsilon(k)}{\partial p_i} \quad (4.2.108a)$$

und

$$\frac{\partial^2 I}{\partial p_i \partial p_j} = \sum_{k=n+1}^{n+N} \frac{\partial \varepsilon(k)}{\partial p_i} \frac{\partial \varepsilon(k)}{\partial p_j} + \sum_{k=n+1}^{n+N} \varepsilon(k) \frac{\partial^2 \varepsilon(k)}{\partial p_i \partial p_j} , \quad (4.2.108b)$$

wobei jeweils $\varepsilon(k)$ nach Gl. (4.2.106) und $i = 1,\ldots,n'$ $j = 1,\ldots,n'$ einzusetzen ist.

Wird zur Optimierung ein *Gradientenverfahren* gewählt, dann ergibt - ausgehend von einem Schätzwert $\hat{\underline{p}}(\nu)$ - die iterative Berechnung für den unbekannten Parametervektor den neuen Schätzwert

$$\hat{\underline{p}}(\nu+1) = \hat{\underline{p}}(\nu) + \delta\underline{p}(\nu) . \quad (4.2.109)$$

Die Gradientenverfahren unterscheiden sich i. w. durch den Ansatz zur Berechnung des Zuwachsterms $\delta\underline{p}(\nu)$. Dieser verschwindet bekanntlich, wenn das Minimum des Fehlerfunktionals $I(\underline{p})$ nach Gl. (4.2.102) erreicht ist. Entscheidet man sich speziell für den *Newton-Raphson-Algorithmus* [4.27], so erhält man für Gl. (4.2.109)

$$\hat{\underline{p}}(\nu+1) = \hat{\underline{p}}(\nu) - \beta\{\underline{I}_{\underline{pp}}[\hat{\underline{p}}(\nu)]\}^{-1} \underline{I}_{\underline{p}}[\hat{\underline{p}}(\nu)] , \quad (4.2.110)$$

wobei $\underline{I}_{\underline{p}}$ und $\underline{I}_{\underline{pp}}$ nach den Gln. (4.2.107a, b) zu berechnen sind und β einen skalaren Bewertungsfaktor darstellt. Die iterative Lösung der Gl. (4.2.110) erfolgt dann in folgenden Schritten:

1) Wahl möglichst günstiger Werte für $\hat{\underline{p}}(0)$ (also $\nu = 0$) und β;
2) Berechnung von $\underline{I}_{\underline{p}}$ und $\underline{I}_{\underline{pp}}$ für $\nu = 0$ mit allen Signalwerten für $k = n+1,\ldots,n+N$ nach Gl. (4.2.107a, b);
3) Berechnung des neuen Schätzwertes $\hat{\underline{p}}(\nu+1)$ nach Gl. (4.2.110);
4) Für $\nu = 1,2,\ldots$ Wiederholung ab Schritt 2;
5) Bei Erreichen eines zweckmäßig vorgegebenen Abbruchkriteriums ist der optimale Schätzwert erreicht.

Der mit diesem Verfahren verbundene große Rechenaufwand ist dadurch gerechtfertigt, daß die Inverse der Matrix $\underline{I}_{pp}$ gleichzeitig die Berechnung der Standardabweichungen σ_{p_i} der geschätzten Parameter $\hat{p}_i$ ermöglicht. Hierzu gilt [4.28]

$$\sigma^2_{p_i} = \sigma^2_{\varepsilon} \left[\underline{I}_{pp}\right]^{-1}_{ii} \qquad i = 1,...,n' , \qquad (4.2.111)$$

wobei für σ^2_{ε} die Beziehung nach Gl.(4.2.105) eingesetzt werden darf.

Abschließend sei noch darauf hingewiesen, daß die ML-Methode als "off-line"-Verfahren das wohl leistungsfähigste Parameterschätzverfahren zur Systemidentifikation darstellt [4.16]. Sofern die zur Verfügung stehende Rechenanlage im Multiprogramming-Betrieb arbeitet, sollte während der eigentlichen Schätzphase, die im Hintergrundbetrieb abläuft, eine "on-line"-Datenerfassung im Vordergrundbetrieb durchgeführt werden. Nach Beendigung der Parameterschätzung kann dann mit der in der Zwischenzeit neu hinzugekommenen Zahl von Meßwerten unmittelbar die nächste Schätzphase eingeleitet werden, wobei am zweckmäßigsten der zuvor geschätzte Parametervektor als neuer Startwert verwendet wird. Auf diese Weise ist es sogar möglich, die ML-Methode zur "quasi-on-line"-Identifikation von Systemen mit einem dynamisch trägen Verhalten zu verwenden. In diesem Zusammenhang sei noch erwähnt, daß die in [4.22] beschriebene rekursive Version der ML-Methode aufgrund der in ihr enthaltenen vielen Näherungen und Vereinfachungen und den damit verbundenen schlechten Schätzergebnissen keine große Bedeutung erlangt hat.

4.2.3. Gewichtete Parameterschätzung

Zur Identifikation von Regelstrecken, deren Parameter sich im Vergleich zur Eigendynamik nur langsam ändern, können ebenfalls rekursive Parameterschätzverfahren mit einer geringfügigen Modifikation der zugrunde liegenden Rekursionsalgorithmen eingesetzt werden. Diese Modifikation erfolgt zweckmäßigerweise durch eine Gewichtung der Meßdaten, wodurch der Einfluß weiter zurückliegender Meßdaten verringert werden kann. Der Rekursionsalgorithmus erhält damit ein "nachlassendes Gedächtnis", so daß beim Anfallen neuer Meßwerte der Einfluß der vorhergehenden Messungen reduziert wird. Diese "Strategie des Vergessens" läßt sich z. B. mit einer exponentiellen Gewichtung der Meßdaten erreichen, wobei die momentanen Daten mit großem Gewicht, die vergangenen Meßwerte jedoch mit um so kleinerem Gewicht versehen werden, je weiter sie zurückliegen.

Für die Herleitung der gewichteten rekursiven Parameterschätzung geht man von der vektoriellen Gl.(4.2.30)

$$\underline{\varepsilon}(N) = \underline{y}(N) - \underline{M}(N)\underline{p} \qquad (4.2.112)$$

aus, deren einzelne Gleichungen mit dem jeweils aktuellen Wert eines *Gewichtsfaktors* $\rho(k) < 1$ $(k = n+1,\ldots,n+N)$ folgendermaßen multipliziert werden:

$$\left.\begin{aligned}
\rho(n+N)\ldots\rho(n+1)\,\varepsilon(n+1) &= \rho(n+N)\ldots\rho(n+1)\,[y(n+1) - \underline{m}^T(n+1)\underline{p}]\\
\rho(n+N)\ldots\rho(n+2)\,\varepsilon(n+2) &= \rho(n+N)\ldots\rho(n+2)\,[y(n+2) - \underline{m}^T(n+2)\underline{p}]\\
&\vdots\\
\rho(n+N)\,\varepsilon(n+N) &= \rho(n+N)\,[y(n+N) - \underline{m}^T(n+N)\underline{p}]
\end{aligned}\right\} \qquad (4.2.113)$$

Durch Einführen der Gewichtsmatrix

$$\underline{Z} = \begin{bmatrix} \prod\limits_{j=n+1}^{n+N}\rho(j) & 0 & \ldots\ldots & 0 \\ 0 & \prod\limits_{j=n+2}^{n+N}\rho(j) & & \vdots \\ \vdots & & \ddots & 0 \\ 0 & \ldots\ldots & 0 & \rho(n+N) \end{bmatrix} \qquad (4.2.114)$$

kann das Gleichungssystem (4.2.113) in der Form

$$\underline{Z}\;\underline{\varepsilon} = \underline{Z}[\underline{y} - \underline{M}\;\underline{p}] \qquad (4.2.115)$$

geschrieben werden.

Wendet man nun die gewichtete Parameterschätzung auf die im Kapitel 4.2.2.3 behandelte IV-Methode an, dann wird das dieser Methode unter Verwendung von n+N Messungen zugrundeliegende Gütekriterium

$$I_2(\underline{p}) = \frac{1}{2}\,\underline{\varepsilon}^T\,\underline{W}\,\underline{W}^T\,\underline{\varepsilon} \stackrel{!}{=} \text{Min} \qquad (4.2.116)$$

durch die zuvor eingeführte Gewichtsmatrix zu einem gewichteten Kriterium der Form

$$I_3(\underline{p}) = \frac{1}{2}\,\underline{\varepsilon}^T\,\underline{Z}^T\,\underline{W}\,\underline{W}^T\,\underline{Z}\,\underline{\varepsilon} \stackrel{!}{=} \text{Min} \qquad (4.2.117)$$

erweitert. Das Minimum von $I_3(\underline{p})$ erhält man durch Nullsetzen der partiellen Ableitung

$$\left.\frac{\partial I_3(\underline{p})}{\partial \underline{p}}\right|_{\underline{p}=\hat{\underline{p}}} = -\underline{M}^T\underline{Z}^T\underline{W}\,\underline{W}^T\underline{Z}\,\underline{y} + \underline{M}^T\underline{Z}^T\underline{W}\,\underline{W}^T\underline{Z}\,\underline{M}\,\hat{\underline{p}} = \underline{0} \quad . \qquad (4.2.118)$$

Die Auflösung liefert den gesuchten Parameterschätzvektor

$$\hat{\underline{p}} = [\underline{M}^T \underline{Z}^T \underline{W}\,\underline{W}^T \underline{Z}\,\underline{M}]^{-1} \underline{M}^T \underline{Z}^T \underline{W}\,\underline{W}^T \underline{Z}\,\underline{y} \quad ,$$

woraus sich unter Berücksichtigung der Matrizeninversionsregel $(\underline{A}\ \underline{B})^{-1} = \underline{B}^{-1} \underline{A}^{-1}$ sowie der Eigenschaft der Gl. (4.2.78b) für große N-Werte die *direkte* Lösungsgleichung der gewichteten IV-Methode ergibt [4.29]:

$$\hat{\underline{p}} = [\underline{W}^T \underline{Z}\,\underline{M}]^{-1} \underline{W}^T \underline{Z}\,\underline{y} \quad . \qquad (4.2.119)$$

Analog zu Kapitel 4.2.2.3, Gl. (4.2.83), erhält man als *rekursive* Version dieser Schätzgleichung den folgenden Rekursionsalgorithmus der gewichteten IV-Methode:

$$\hat{\underline{p}}(k+1) = \hat{\underline{p}}(k) + \underline{q}(k+1)\hat{\varepsilon}(k+1) \quad , \qquad (4.2.120a)$$

$$\underline{q}(k+1) = \underline{P}(k)\underline{w}(k+1)[1 + \underline{m}^T(k+1)\underline{P}(k)\underline{w}(k+1)]^{-1} \quad , \qquad (4.2.120b)$$

$$\underline{P}(k+1) = \frac{1}{\rho(k+1)}[\underline{P}(k) - \underline{q}(k+1)\underline{m}^T(k+1)\underline{P}(k)] \quad , \qquad (4.2.120c)$$

$$\hat{\varepsilon}(k+1) = y(k+1) - \underline{m}^T(k+1)\hat{\underline{p}}(k) \quad . \qquad (4.2.120d)$$

Eine derartige Gewichtung verhindert eine zu starke Verkleinerung der Elemente der Matrix $\underline{P}$. Weiterhin können in stärkerem Maße als ohne Gewichtung die Schätzergebnisse durch neu anfallende Meßwerte beeinflußt werden. Diese Eigenschaft ist bei Parameteränderungen zwar sehr vorteilhaft, sie wirkt sich aber nachteilig bei zusätzlich auftretenden Störungen aus, da sie deren Einfluß auf die Parameterschätzwerte verstärkt. Eine optimale Gewichtung läßt sich somit nur als Kompromiß zwischen einer guten Parameternachführung und einer möglichst großen Störbeseitigung erreichen. Für diese Gewichtung wurden verschiedene Verfahren vorgeschlagen, deren einfachstes die konstante Gewichtung mit ρ im Bereich

$$0{,}95 \leqq \rho \leqq 0{,}99$$

ist. Meist reicht diese konstante Gewichtung aus. Eine andere, inzwischen erprobte Möglichkeit besteht darin, auf der Basis eines Algorithmus, welcher die Spur der Matrix $\underline{P}$ konstant hält, einen zum jeweiligen Abtastzeitpunkt aktuellen Gewichtungsfaktor ρ zu bestimmen. Bezüglich der anderen Gewichtungsverfahren soll auf [4.30] verwiesen werden.

4.3. Strukturprüfverfahren

4.3.1. Formulierung des Problems

Für die Identifizierung des deterministischen Teilmodells wurde in Gl. (4.2.7) die diskrete Übertragungsfunktion

$$G_M(z) = \frac{Y_M(z)}{U(z)} = \frac{b_o + b_1 z^{-1} + \ldots + b_n z^{-n}}{1 + a_1 z^{-1} + \ldots + a_n z^{-n}} \qquad (4.3.1)$$

festgelegt, die die *Modellordnung* n besitzt. Gewöhnlich bestimmen die physikalischen Eigenschaften des zu identifizierenden Systems den Wert von n. Daher ist es oftmals möglich, die Modellordnung durch eine theoretische Systemidentifikation zumindest angenähert zu ermitteln, und zwar auch dann, wenn eine theoretische Systemidentifikation zur Berechnung der Modellparameter scheitert. Mit der Modellordnung n ist - abgesehen von einer eventuell vorhandenen Totzeit - die *Struktur* des mathematischen Modells festgelegt.

Ist die Ermittlung der Modellordnung n durch Auswertung der physikalischen Systemeigenschaften nicht möglich, dann muß n mit Hilfe sogenannter *Strukturprüfverfahren* geschätzt werden. Mit diesen Verfahren soll eine minimale Modellordnung so bestimmt werden, daß die wesentlichen Systemeigenschaften mit dem entsprechenden mathematischen Modell gemäß Gl.(4.3.1) noch hinreichend genau beschrieben werden können. Die durch Strukturprüfverfahren geschätzte Ordnung muß nicht der Ordnung des physikalischen Systems entsprechen, da sie ja nur angibt, mit welcher minimalen Ordnung das System innerhalb einer gewissen Fehlerschranke durch ein Modell hinreichend genau beschrieben wird. Dadurch übernehmen Strukturprüfverfahren in Verbindung mit einer Parameterschätzung auch die Aufgabe der Modellreduktion bei Systemen höherer Ordnung.

Die für eine Systemidentifikation infrage kommenden Strukturprüfverfahren [4.31] lassen sich in drei Gruppen einteilen:

- Verfahren zur "a priori"-Ermittlung der Ordnung,
- Verfahren zur Bewertung der Ausgangssignalschätzung,
- Verfahren zur Beurteilung der geschätzten Übertragungsfunktion.

Diese Verfahren werden nachfolgend vorgestellt und anschließend anhand eines Beispiels verglichen.

4.3.2. Verfahren zur "a priori"-Ermittlung der Ordnung

Bei den Verfahren dieser Gruppe wird mit den gemessenen Daten der Ein- und Ausgangssignale des zu identifizierenden Systems jeweils für verschiedene Modellordnungen eine spezielle Datenmatrix gebildet, die in Abhängigkeit von n auf Singularität überprüft wird. Diese Verfahren besitzen den Vorteil, vor der eigentlichen Parameterschätzung durchgeführt werden zu können. Die Ergebnisse dürfen jedoch nur als eine grobe Vorabschätzung der Ordnung angesehen werden; eine Überprüfung mit einem Verfahren der anderen Gruppen sollte in jedem Falle durchgeführt werden.

4.3.2.1. Der Determinantenverhältnis-Test (DR-Test)

Der Determinantenverhältnis-Test (engl.: determinant ratio, DR) [4.32] basiert auf der Idee, anhand einer Datenmatrix die statistische Abhängigkeit der Ein- und Ausgangssignale festzustellen. Dabei wird vorausgesetzt, daß das Rauschsignal r_s gemäß Bild 4.1.1 gleich Null ist. Ausgangspunkt ist der aus den Abtastwerten des Ein- und Ausgangssignals für eine geschätzte Modellordnung $\hat{n}$ gebildete $2\hat{n}$-dimensionale Spaltenvektor

$$\underline{h}(k,\hat{n}) = [u(k-1)\,y(k-1)\ldots u(k-\hat{n})\,y(k-\hat{n})]^T \quad , \tag{4.3.2}$$

mit dessen Hilfe die $(2\hat{n}\mathrm{x}2\hat{n})$-dimensionale Datenmatrix

$$\underline{H}(\hat{n}) = \frac{1}{N} \sum_{k=\hat{n}+1}^{\hat{n}+N} \underline{h}(k,\hat{n})\,\underline{h}^T(k,\hat{n}) \tag{4.3.3}$$

aufgestellt wird. Wie man leicht nachvollziehen kann, bestehen die Elemente dieser Matrix ähnlich wie in Gl. (4.2.38) aus den Werten der Auto- und Kreuzkorrelationsfunktionen von Ein- und Ausgangssignal, also $R_{uu}(i)$, $R_{yy}(i)$ und $R_{uy}(i)$ für $i = 0,1,\ldots,\hat{n}-1$. Nun wird die Matrix $\underline{H}$ nacheinander für verschiedene Ordnungen $\hat{n} = 1,2,\ldots,\hat{n}_{max}$ aufgestellt. Wird die geschätzte Ordnung $\hat{n}$ größer als die tatsächliche Ordnung n des Systems, so werden $\hat{n}$-n Spalten von $\underline{H}(\hat{n})$ Linearkombinationen der übrigen Spalten, d. h. die Matrix wird angenähert singulär. Dadurch erhält die Determinante der Matrix $\underline{H}(\hat{n})$ die Eigenschaft

$$\det \underline{H}(\hat{n}) = \begin{cases} \gamma > 0 & \text{für} \quad \hat{n} \leq n \\ \delta << \gamma & \text{für} \quad \hat{n} > n \quad , \end{cases} \tag{4.3.4}$$

wobei die Größen γ und δ in Abhängigkeit von $\hat{n}$ beliebige Werte annehmen können; δ wird gewöhnlich sehr klein.

Berechnet man nun nacheinander das Verhältnis

$$DR(\hat{n}) = \frac{\det \underline{H}(\hat{n})}{\det \underline{H}(\hat{n}+1)} \tag{4.3.5}$$

der Determinanten der Matrix $\underline{H}$ für direkt aufeinanderfolgende Modellordnungen $\hat{n}$ und $\hat{n}+1$ (für $\hat{n} = 1,2,\ldots,\hat{n}_{max}$), dann entspricht diejenige Modellordnung $\hat{n}$ am genauesten der tatsächlichen Ordnung n des untersuchten Systems, für die das Determinantenverhältnis $DR(\hat{n})$ eine deutliche Vergrößerung des zuvor berechneten Wertes $DR(\hat{n}-1)$ aufweist.

4.3.2.2. Der erweiterte Determinantenverhältnis-Test (EDR-Test)

Bei dem DR-Test wurde für das Störsignal r_s die Annahme $r_s = 0$ getroffen. Im Falle, daß jedoch derartige überlagerte Rauschstörungen auftreten, versucht man, dieselben bei der Bildung der Datenmatrix zu berücksichtigen. Unter der Voraussetzung, daß die $(2\hat{n}x2\hat{n})$-dimensionale Kovarianzmatrix des aus N Signalwerten gebildeten Störvektors $\underline{r}_s(N)$, also

$$E[\underline{r}_s(N)\underline{r}_s^T(N)] = \underline{R}^*(N,\hat{n}) = \underline{R}(\hat{n}) \tag{4.3.6}$$

für die Modellordnung $\hat{n}$ bekannt ist oder ermittelt werden kann, ist es möglich, den EDR-Test anzuwenden. Stellt im speziellen Fall $r_s(k)$ ein unkorreliertes Signal, also weißes Rauschen $r_s(k) = \varepsilon(k)$ dar, dann ist nur die Hauptdiagonale von $\underline{R}$ mit den Werten der Varianz σ_ε^2 besetzt.

Nun definiert man für den EDR-Test als Datenmatrix

$$\underline{H}^*(\hat{n}) = \underline{H}(\hat{n}) - \underline{R}(\hat{n}) \quad . \tag{4.3.7}$$

Ähnlich wie beim DR-Test wird dann für direkt aufeinanderfolgende Ordnungen $\hat{n} = 1,2,\ldots,\hat{n}_{max}$ das Determinantenverhältnis

$$EDR(\hat{n}) = \frac{\det \underline{H}^*(\hat{n})}{\det \underline{H}^*(\hat{n}+1)} \tag{4.3.8}$$

gebildet. Die Beurteilung der wahrscheinlichsten Ordnung erfolgt dann nach demselben Kriterium wie beim DR-Test.

4.3.2.3. Der "instrumentelle" Determinantenverhältnis-Test (IDR-Test)

Im Zusammenhang mit der IV-Parameterschätzmethode (siehe Kap. 4.2.2.3) wurde der IDR-Test vorgeschlagen [4.33]. Hierbei wird wie beim zuvor besprochenen EDR-Test die Störung r_s in der Datenmatrix berücksichtigt. Da die Bildung der Datenmatrix mit den gestörten Ausgangssignalen zu einem Fehler führen würde, werden die bei der IV-Methode mittels eines Hilfsmodells geschätzten ungestörten Ausgangssignale zur Bildung dieser Datenmatrix verwendet [4.34]. Anstelle des in Gl.(4.3.2) eingeführten Meßvektors $\underline{h}$ werden nun der Hilfsvariablenvektor $\underline{w}$ aus Gl.(4.2.84) und anstelle von $\underline{h}^T$ der aus denselben Elementen nur durch Umstellen gebildete Meßvektor $\underline{m}^T$ gemäß Gl.(4.2.54) zur Aufstellung der Datenmatrix

$$\underline{H}^{**}(\hat{n}) = \frac{1}{N} \sum_{k=\hat{n}+1}^{\hat{n}+N} \underline{w}(k,\hat{n})\underline{m}^T(k,\hat{n}) \tag{4.3.9}$$

benutzt. Ähnlich wie bei den zuvor besprochenen Tests läßt sich dann das Determinantenverhältnis für direkt aufeinanderfolgende Ordnungen $\hat{n} = 1,2,...,\hat{n}_{max}$

$$IDR(\hat{n}) = \frac{\det \underline{H}^{**}(\hat{n})}{\det \underline{H}^{**}(\hat{n}+1)} \tag{4.3.10}$$

bilden. Die wahrscheinlichste Ordnung ergibt sich wiederum nach demselben Kriterium wie beim DR-Test.

Durch die Einführung eines IV-Schätzers für den Vektor $\underline{w}$, der ja selbst zuvor ermittelt werden muß, ermöglicht der hier beschriebene Test streng genommen nicht a priori die Ermittlung der Modellordnung. Die Schätzung der Ordnung läuft vielmehr parallel zur Parameterschätzung ab.

4.3.3. Verfahren zur Bewertung der Ausgangssignalschätzung

4.3.3.1. Der Signalfehler-Test

Ein einfaches, jedoch sehr wirksames Verfahren zur Bestimmung der genauesten Modellordnung besteht darin, den zeitlichen Verlauf verschiedener für Regelsysteme charakteristischer Signale für alle infrage kommenden, geschätzten Modellordnungen $\hat{n}_i$ zu berechnen und dann diese mit den tatsächlich gemessenen Signalverläufen zu vergleichen. Hierzu eignen sich das mit den geschätzten Parametern für die jeweilige Modellordnung $\hat{n}$ digital berechnete Modellausgangssignal $\hat{y}(k,\hat{n})$ bzw. für den Fall, daß die Übergangs- oder Gewichtsfunktion des tatsächlichen Systems, d. h. genauer die entsprechenden Signalfolgen h(k) und g(k), bekannt sind, die zugehörige geschätzte Übergangs- oder Gewichtsfolge

$\hat{h}(k,\hat{n})$ und $\hat{g}(k,\hat{n})$. Dann können die Signalfehler zwischen den exakten und geschätzten Signalwerten für verschiedene Modellordnungen $\hat{n}$ zu

$$\varepsilon_y(k,\hat{n}) = y(k) - \hat{y}(k,\hat{n}) \tag{4.3.11a}$$

$$\varepsilon_h(k,\hat{n}) = h(k) - \hat{h}(k,\hat{n}) \tag{4.3.11b}$$

$$\varepsilon_g(k,\hat{n}) = g(k) - \hat{g}(k,\hat{n}) \tag{4.3.11c}$$

berechnet und verglichen werden, sofern die exakten Signalverläufe bekannt sind, was jedoch meist nur für $y(k)$ zutrifft. Je kleiner diese Fehler sind, desto besser ist das Modell, durch das der tatsächliche Prozeß beschrieben wird. Die Ermittlung der genauesten Modellordnung läßt sich bei einem nicht zu stark verrauschten Ausgangssignal $y(k)$ einfach durch eine "optische" Beurteilung des Fehlersignals $\varepsilon_y(k,\hat{n})$ durchführen. Die wahrscheinlichste Modellordnung $\hat{n}$ ergibt sich für denjenigen Wert von $\hat{n}$, bei dem die kleinsten Fehler $\varepsilon_y(k,\hat{n})$ auftreten.

4.3.3.2. Der Fehlerfunktionstest

Der Fehlerfunktionstest beruht auf dem Signalfehler nach Gl.(4.3.11a), mit dessen Hilfe die Güte- oder Fehlerfunktion (manchmal auch als Verlustfunktion bezeichnet)

$$I_V(\hat{n}) = \frac{1}{N} \sum_{k=\hat{n}+1}^{\hat{n}+N} \varepsilon_y^2(k,\hat{n}) \tag{4.3.12}$$

ähnlich wie in Gl.(4.2.29) für verschiedene Modellordnungen $\hat{n}$ berechnet wird. Da $I_V(\hat{n})$ ein quantifizierbares Maß darstellt, ergibt sich die wahrscheinlichste Modellordnung für den minimalen Wert von $\underline{I}_V(\hat{n})$. Wird die Fehlerfunktion innerhalb einer rekursiven Parameterschätzung unter Verwendung der Modellstruktur I bestimmt, so wird der Signalfehler $\varepsilon_y(k,\hat{n})$ über Gl.(4.2.63) berechnet.

4.3.3.3. Der statistische F-Test

Der F-Test ist ein statistisches Verfahren, das anhand der im Abschnitt 4.3.3.2 eingeführten Fehlerfunktion die Prüfung ermöglicht, mit welchem Modell minimaler Ordnung das identifizierte System darstellbar ist. Mit Hilfe der nachfolgend definierten Testgröße F wird geprüft, ob für die Modellordnung

$$\hat{n}_2 = \hat{n}_1 + \Delta n \qquad (\Delta n = 1,2,\ldots) \tag{4.3.13}$$

die zugehörigen Werte der Fehlerfunktion $I_{v2} = I_v(\hat{n}_2)$ in statistischem Sinne unwesentlich kleiner sind als der Fehlerfunktionswert $I_{v1} = I_v(\hat{n}_1)$ für die zunächst als richtig angenommene Modellordnung $n = \hat{n}_1$. Um diese Überprüfung numerisch durchführen zu können, definiert man zunächst für den F-Test die Testgröße

$$F(\hat{n}) = \frac{I_{v1} - I_{v2}}{I_{v2}} \cdot \frac{N-2\hat{n}_2}{2\Delta n} , \tag{4.3.14}$$

wobei N die Anzahl der verwendeten Meßwerte angibt. Diese Testgröße besitzt gerade dann eine sogenannte F-Verteilung [4.35], wenn die Signalfehler $\varepsilon_y(k,\hat{n})$ normalverteilt und somit die Fehlerfunktionen I_{v1} und I_{v2} χ^2 (Chi-Quadrat)-verteilte Zufallsvariablen sind.

Nach der Berechnung der Testgröße für verschiedene $\hat{n}$-Werte werden diese $F(\hat{n})$-Werte mit den Werten F_t aus den Tabellen der F-Verteilung [4.35] verglichen. Dabei läßt man eine gewisse Irrtumswahrscheinlichkeit von z. B. $P_t \leqq 0{,}1$ %, 1 % oder 5 % zu. Ist die Testgröße kleiner als der Tabellenwert

$$F(\hat{n}) < F_t \quad , \tag{4.3.15}$$

dann ist die Wahrscheinlichkeit P_1 dafür, daß I_{v2} unwesentlich kleiner als I_{v1} ist, größer als die zugelassene Irrtumswahrscheinlichkeit P_t, also

$$P_1 > P_t \quad . \tag{4.3.16}$$

Eine Ordnung gilt dann als die wahrscheinlichste, wenn der Fehlerfunktionswert $I_v(\hat{n}_i)$ sich vom Fehlerfunktionswert $I_v(\hat{n}_i+1)$ nur unwesentlich unterscheidet und die Testgröße $F(\hat{n})$ erstmals kleiner als der Vergleichswert F_t der Tabelle wird. Um die mühsame Auswertung mittels ver-

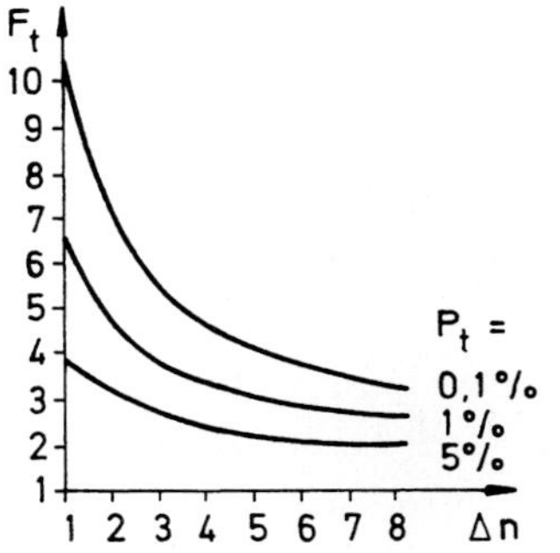

Bild 4.3.1. Einfluß von Δn und der Irrtumswahrscheinlichkeit P_t auf den Vergleichswert F_t

schiedener Tabellen zu vereinfachen, wurde in Bild 4.3.1 der Vergleichswert F_t für $N > 200$ graphisch dargestellt [4.16].

4.3.4. Verfahren zur Beurteilung der geschätzten Übertragungsfunktion

Während bei den zuvor besprochenen Verfahren zur Bestimmung der Modellordnung entweder die meßbaren Ein- und Ausgangssignale oder die Signalfehler benutzt wurden, werden in dieser letzten Gruppe von Strukturprüfverfahren die geschätzten Übertragungsfunktionen $G_M(z)$ und $G_r(z)$ und damit direkt die geschätzten Modellparameter verwendet.

4.3.4.1. Der Polynom-Test

Der Grundgedanke dieses Strukturprüfverfahrens besteht darin, die Polynome $A(z^{-1})$, $B(z^{-1})$, $D(z^{-1})$ und $C(z^{-1})$ der geschätzten Übertragungsfunktion gemäß den Gln. (4.2.5), (4.2.6), (4.2.16) und (4.2.17) daraufhin zu untersuchen, ob sie gemeinsame Wurzeln besitzen. Zunächst werden Modelle mit den Ordnungen $\hat{n} = 1,2,\ldots,\hat{n}_{max}$ für das System identifiziert. Danach werden jeweils für die geschätzten Übertragungsfunktionen die Pole und Nullstellen bestimmt und ihre Lage im Einheitskreis der z-Ebene dargestellt. Bei einer zu groß gewählten Modellordnung $\hat{n} > n$ werden die zusätzlichen Pole $z_{p,i}$ für $i > n$ annähernd durch Nullstellen kompensiert. Die wahrscheinlichste Modellordnung $\hat{n} = n$ liegt dann vor, wenn bei schrittweiser Verkleinerung der Modellordnung erstmals keine Pol-Nullstellenkompensation auftritt. Andererseits kann aber auch geprüft werden, ob einzelne Wurzeln für zunehmende Modellordnung n nahezu unverändert bleiben und somit als systemeigene oder charakteristische Wurzeln angesehen werden können.

4.3.4.2. Der kombinierte Polynom- und Dominanz-Test

Obwohl der Polynom-Test ein sehr zuverlässiges Strukturprüfverfahren darstellt, ermöglicht die graphische Darstellung keine exakte Beurteilung, da der Benutzer stets subjektiv, d. h. aufgrund einer gewissen Erfahrung, selbst entscheiden muß, welche Pol- und Nullstellenverteilung er für das Modell zuläßt. Diese graphische Auswertung läßt sich aber objektiver durchführen und damit vereinfachen, wenn - ähnlich wie bei den Ordnungsreduktionsverfahren [4.36] - jedem Pol ein Dominanzwert zugeordnet wird. Diese Vorgehensweise soll als kombinierter Polynom- und Dominanz-Test bezeichnet werden, der dann in folgenden Schritten durchgeführt wird:

1. Schritt: Vorbereitung

Es wird die maximal mögliche Ordnung des Systems mit $\hat{n} = n_1$ abgeschätzt. Mit Hilfe eines beliebigen Parameterschätzverfahrens wird ein diskretes Modell gemäß Gl.(4.3.1) bestimmt, wobei i. a. $b_o = 0$ (nichtsprungfähige Systeme) gewählt werden darf. Die Pole und Nullstellen dieser Übertragungsfunktion werden graphisch in der z-Ebene dargestellt.

2. Schritt: Polynom-Test

Setzt man voraus, daß die Prozeßeigenschaften durch ein Modell der Ordnung n_o hinreichend genau beschrieben werden können, so besitzt das im 1. Schritt geschätzte Modell gerade $(n_1 - n_o)$ Pole, die keinen Einfluß auf die Prozeßdynamik haben. Diese Pole werden entweder durch Nullstellen kompensiert oder sie weisen einen vernachlässigbaren dominanten Einfluß auf.

Zur Bestimmung der Ordnung mittels des Polynom-Tests wird auf graphischem Wege die Anzahl der Pole festgestellt, deren Kompensation durch Nullstellen eindeutig erkennbar ist. Die Entscheidung, ob eine Kompensation vorliegt, oder ob die Pol- und Nullstellen nur nahe beieinander liegen, muß der Anwender in Abhängigkeit von den Systemeigenschaften und den auftretenden Störungen selbst treffen. Diese Entscheidung ist aber oft nur mit einiger Erfahrung möglich, kann jedoch durch Verwendung bekannter Dominanzmaße - wie im nächsten Schritt gezeigt wird - einfach durchgeführt werden.

3. Schritt: Dominanzprüfung

Bezeichnet man mit $\hat{n} = n_2$ die aus dem Polynom-Test sich ergebende Modellordnung, so kann z. B. für einfache Pole das Modell gemäß Gl. (4.3.1) auch in der Form

$$G(z) = \sum_{\nu=1}^{n_2} \frac{c_\nu}{z - z_\nu} = \sum_{\nu=1}^{n_2} \frac{\alpha_\nu (1 - z_\nu)}{z - z_\nu} \qquad (4.3.17)$$

angegeben werden, wobei die Konstante α_ν den Quotienten aus dem zum Pol z_ν gehörenden Residuum c_ν und $(1 - z_\nu)$ beschreibt, der bei komplexen Polen ebenfalls komplex werden kann. In [4.36] wird gezeigt, daß für den Endwert der Übergangsfolge des Modells gemäß Gl.(4.3.17) gerade die Beziehung

$$\lim_{k\to\infty} h(k) = \sum_{\nu=1}^{n_2} \operatorname{Re}\{\alpha_\nu\} \tag{4.3.18}$$

gilt, die unmittelbar den Verstärkungsfaktor beschreibt. Somit lassen sich die einzelnen Faktoren $\operatorname{Re}\{\alpha_\nu\}$ auch als Verstärkungsfaktoren der Pole interpretieren. Bildet man nun das dimensionslose *Dominanzmaß*

$$D_\nu = \frac{\operatorname{Re}\{\alpha_\nu\}}{\sum_{i=1}^{n_2} \operatorname{Re}\{\alpha_i\}} \tag{4.3.19}$$

für $\nu = 1,2,\ldots,n_2$, so erhält man ein Maß dafür, welchen Einfluß jeder Pol auf die Übergangsfolge des Modells ausübt. So bedeutet z. B. $D_\nu = 0{,}01$, daß der ν-te Pol einen Anteil von 1 % am Endwert gemäß Gl. (4.3.18) besitzt. In Abhängigkeit von der gewünschten Genauigkeit der Übergangsfolge, kann nun anhand der D_ν-Werte eine weitere Reduktion der Modellordnung auf den endgültigen Wert $\hat{n}$ erfolgen.

Andererseits kann aber auch der Dominanzwert des am wenigsten dominanten Poles

$$D_{min} = \operatorname{Min}[D_\nu] \tag{4.3.20}$$

betrachtet werden. Wird D_{min} für verschiedene Modellordnungen $\hat{n} = 1,2,\ldots,n$ berechnet, so ist $\hat{n} = n_o$ die wahrscheinlichste Modellordnung, wenn

$$D_{min}(\hat{n}+1) \ll D_{min}(\hat{n}) \tag{4.3.21}$$

gilt.

Das hier beschriebene Strukturprüfverfahren hat sich an zahlreichen gestörten und ungestörten Systemen als sehr leistungsfähig erwiesen.

4.3.5. Vergleich der Verfahren

Die Leistungsfähigkeit der Strukturprüfverfahren soll nachfolgend anhand eines einfachen Beispiels verglichen werden. Dazu wurde ein System 2. Ordnung mit der kontinuierlichen Übertragungsfunktion

$$G(s) = \frac{1}{(1+2s)(1+11s)} \tag{4.3.22}$$

gewählt. In Bild 4.3.2 ist die Übergangsfunktion h(t) dieses Systems dargestellt, aus der - wie im Abschnitt 4.4 noch gezeigt wird - die Abtastzeit $T = 1{,}6s$ angenähert bestimmt werden kann. Als diskrete Übertragungsfunktion bei Verwendung eines Haltegliedes nullter Ordnung erhält man

$$G(z) = \frac{0{,}04308z^{-1} + 0{,}0315z^{-2}}{1-1{,}314z^{-1} + 0{,}3886z^{-2}} \quad . \tag{4.3.23}$$

Das durch Gl. (4.3.23) beschriebene System wurde digital simuliert, wobei als Eingangssignal ein PRBS-Signal mit der Amplitude $u(k) = \pm 1$ gewählt wurde. Dem Ausgangssignal wurden keine zusätzlichen Störungen

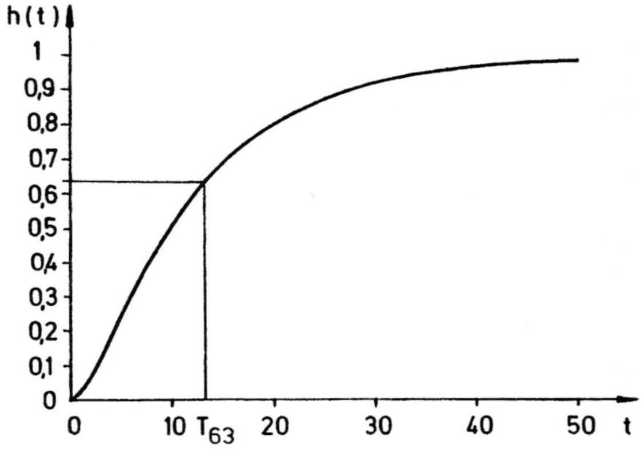

Bild 4.3.2. Übergangsfunktion des untersuchten Systems

überlagert. Die Meßreihe umfaßte 380 Meßpunkte. Der Verlauf des Ein- und Ausgangssignals ist in Bild 4.3.3 dargestellt. Anhand dieser Simulation, bei der das Systemverhalten wieder als unbekannt angenommen

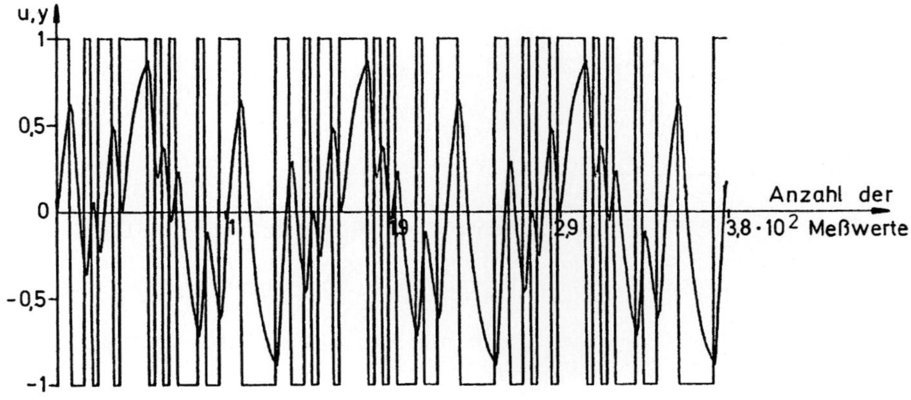

Bild 4.3.3. Ein- und Ausgangssignal des simulierten Systems

wurde, konnten sowohl die Parameterschätzung durchgeführt, als auch die nachfolgenden Strukturprüfverfahren angewandt werden. Auf diese Art lassen sich die Identifikationsergebnisse für die Parameter und Struktur mit den tatsächlichen Werten direkt vergleichen.

Determinantenverhältnis-Test. Da den Ein- und Ausgangssignalen keine Störungen überlagert wurden, ist es möglich, den einfachen Determinantenverhältnis-Test anzuwenden. Entsprechend der Gl.(4.3.5) wurde das Verhältnis

$$DR(\hat{n}) = \frac{\det \underline{H}(\hat{n})}{\det \underline{H}(\hat{n}+1)}$$

für $\hat{n} = 1,2,3,4,5$ berechnet. Diese Werte sind in Tabelle 4.3.1 dargestellt. Der erste deutliche Anstieg ist zwischen den Werten von $DR(\hat{n}=1)$

$\hat{n}$	1	2	3	4	5
$DR(\hat{n})$	522	5431	8920	19913	61584

Tabelle 4.3.1. Tabelle der Determinantenverhältniszahlen

und $DR(\hat{n}=2)$ feststellbar. Verdeutlicht wird dies auch anhand der graphischen Darstellung in Bild 4.3.4. Daraus ist erkennbar, daß die De-

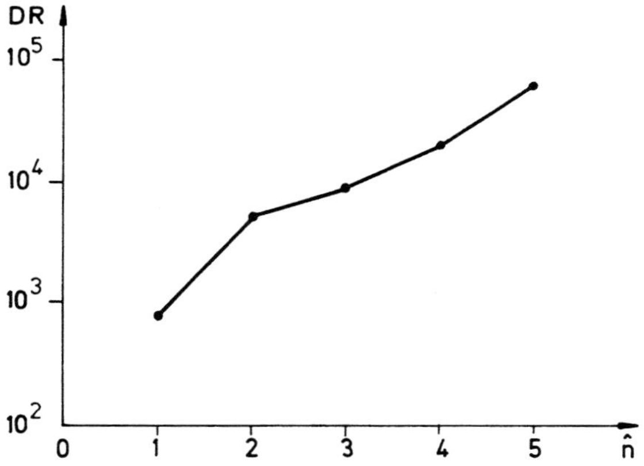

Bild 4.3.4. Graphische Darstellung der Determinantenverhältniszahlen

terminante $\det \underline{H}(\hat{n}=3)$ sehr viel kleiner ist als $\det \underline{H}(\hat{n}=2)$ und somit die Modellordnung $\hat{n} = 2$ am genauesten der Ordnung n des untersuchten Systems entspricht.

Es muß erwähnt werden, daß eine eindeutige Feststellung der Ordnung mit Hilfe des DR-Tests nicht bei jedem System möglich ist, jedoch kann zumindest eine grobe Schätzung der wahrscheinlichen Ordnung erfolgen.

Die Anwendung des EDR- und IDR-Tests ist nicht notwendig, da es sich bei diesem Beispiel um ein ungestörtes System handelt.

Signalfehler-Test. In diesem Test wird das gemessene Ausgangssignal mit den für verschiedene Ordnungen geschätzten Ausgangssignalen verglichen, wobei als Eingangssignal deterministische Signale verwendet werden können. Für das vorliegende Beispiel wurde der Systemeingang sprungförmig erregt, so daß entsprechend Gl. (4.3.11b) der Fehler

$$\varepsilon_h(k,\hat{n}) = h(k) - \hat{h}(k,\hat{n})$$

untersucht werden mußte. In 4 Identifikationsläufen wurden die Übertragungsfunktionen mit den Modellordnungen $\hat{n} = 1,2,3,4$ geschätzt. In einer anschließenden Simulation wurde dann das Übergangsverhalten der vier Übergangsfolgen $\hat{h}(k,1)$, $\hat{h}(k,2)$, $\hat{h}(k,3)$ und $\hat{h}(k,4)$ ermittelt und im Bild 4.3.5 die Signalfehler

$$\varepsilon_1(k) = h(k) - \hat{h}(k,1) \quad ,$$

$$\varepsilon_2(k) = h(k) - \hat{h}(k,2) \quad ,$$

$$\varepsilon_3(k) = h(k) - \hat{h}(k,3) \quad \text{und}$$

$$\varepsilon_4(k) = h(k) - \hat{h}(k,4)$$

dargestellt. Um diese Signalfehler zu verdeutlichen, wurden für die Ordinatenachse verschiedene Maßstäbe gewählt. Während $\varepsilon_1(k)$ noch relativ groß ist, sind die Signalfehler $\varepsilon_2(k)$, $\varepsilon_3(k)$ und $\varepsilon_4(k)$ sehr klein.

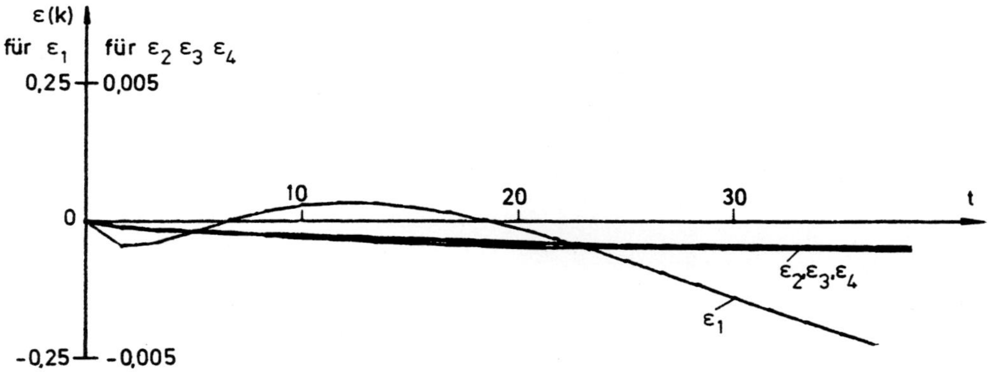

Bild 4.3.5. Signalfehler des Übergangsverhaltens

Als wahrscheinlichste Ordnung des Systems kann $\hat{n} = 2$ bestimmt werden. Weitere Versuche ergaben, daß der Signalfehler-Test ein recht zuverlässiges Verfahren für deterministisch erregbare Systeme ist.

Der Fehlerfunktionstest. Der diesem Strukturprüfverfahren zugrunde gelegte Signalfehler ε wurde nach Gl.(4.2.63) während der Identifikationsläufe für die Modelle mit den Ordnungen $n = 1,2,3$ und 4 berechnet. Sodann erfolgte die Berechnung der Fehlerfunktionswerte nach Gl. (4.3.12). Für 380 Meßwerte ergaben sich die Fehlerfunktionswerte gemäß Tabelle 4.3.2. Diese Werte wurden in Bild 4.3.6 mit logarithmischer Ordinate aufgetragen. Zwar ergibt sich ein erster eindeutiger Abfall der Fehlerfunktionswerte für $\hat{n} = 2$, so daß daraus u. U. auf die wahrscheinlichste Ordnung des Systems geschlossen werden könnte, jedoch tritt ein eindeutiges Minimum der Fehlerfunktion nicht auf.

$\hat{n}$	1	2	3	4
$I_V(\hat{n})$	$2{,}46 \cdot 10^{-3}$	$0{,}137 \cdot 10^{-3}$	$0{,}17 \cdot 10^{-3}$	$0{,}028 \cdot 10^{-3}$

Tabelle 4.3.2. Fehlerfunktionswerte für die Ordnungen $\hat{n} = 1,2,3,4$

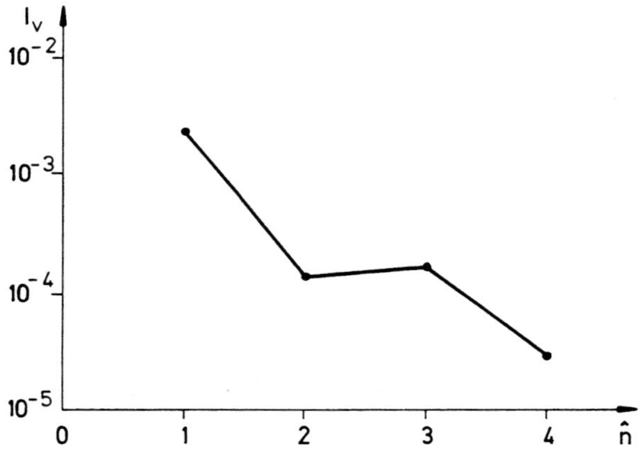

Bild 4.3.6. Logarithmische Darstellung der Fehlerfunktion

Der statistische F-Test. Mit Hilfe des F-Tests wird eine Prüfung ermöglicht, mit welchem Modell minimaler Ordnung das identifizierte System darstellbar ist. Dazu wird geprüft, welcher Fehlerfunktionswert $I_V(\hat{n})$ innerhalb einer vorgegebenen Irrtumswahrscheinlichkeit in statistischem Sinne unwesentlich kleiner ist als der Wert $I_V(\hat{n}-1)$. Für die

Berechnung der Testgröße

$$F(\hat{n}) = \frac{I_{v1} - I_{v2}}{I_{v2}} \cdot \frac{N-2\hat{n}_2}{2\Delta n}$$

wurden die Fehlerfunktionswerte der Tabelle 4.3.2 verwendet. Da der Funktionswert $I_v(\hat{n}=3)$ größer als der Funktionswert $I_v(\hat{n}=2)$ ist, braucht die Testgröße $F(\hat{n}=2)$ nicht berechnet zu werden. In diesem Fall steht bereits eindeutig fest, daß das System durch das Modell mit der Ordnung $\hat{n} = 2$ besser dargestellt werden kann als durch das Modell mit der Ordnung $\hat{n} = 3$. In diesem Beispiel muß daher nur noch geprüft werden, ob das System auch durch ein Modell mit der Ordnung $\hat{n} = 1$ ausreichend gut beschrieben werden kann. Bei 380 Meßwerten erhält man als Testgröße

$$F(\hat{n}=1) = 3188 \quad .$$

Läßt man eine Irrtumswahrscheinlichkeit von $P_t = 0{,}1$ % zu, so folgt aus Bild 4.3.1, daß $F(\hat{n}=1) > F_t$ ist, d. h. das System kann nicht mit einem Modell der Ordnung $\hat{n} = 1$ beschrieben werden. Als Ergebnis des F-Testes ergibt sich daher die wahrscheinlichste Modellordnung $\hat{n} = 2$.

Der Polynom-Test. Für den Polynom-Test werden zunächst die Übertragungsfunktionen der Modelle mit den Ordnungen $\hat{n} = 1,2,3$ und 4 geschätzt. Daraus werden dann die diskreten Pol- und Nullstellen berechnet und in den Einheitskreis der z-Ebene gemäß Bild 4.3.7 eingezeichnet. Man beginnt nun bei der höchsten Ordnung $\hat{n} = 4$ und prüft, welche Pole durch Nullstellen kompensiert werden. Man stellt dabei fest, daß

die Pole $z_{P3,4} = -0{,}3326 \pm j0{,}4455$

durch die Nullstellen $z_{N3,4} = -0{,}3323 \pm j0{,}4466$

recht genau kompensiert werden. Als vorläufiges Ergebnis erhält man die wahrscheinlichste Ordnung $\hat{n} = 2$.

Man überprüft dieses Ergebnis nun, indem man die Pole und Nullstellen des Modells mit der Ordnung $\hat{n} = 3$ vergleicht. Hier wird eindeutig

der Pol $z_{P3} = -0{,}3486$

durch die Nullstelle $z_{N3} = -0{,}3421$

gekürzt, so daß das vorläufige Ergebnis - auch ohne weiteres Heranziehen des kombinierten Polynom- und Dominanz-Tests - bestätigt wird. Da bei den Modellen mit den Ordnungen $\hat{n} = 1$ und $\hat{n} = 2$ keine Pol-/Nullstellenkompensation auftritt, sind mindestens zwei Pole und eine Nullstelle für die Darstellung notwendig. Die minimale Modellordnung für eine hinreichend genaue Darstellung ist also $\hat{n} = 2$.

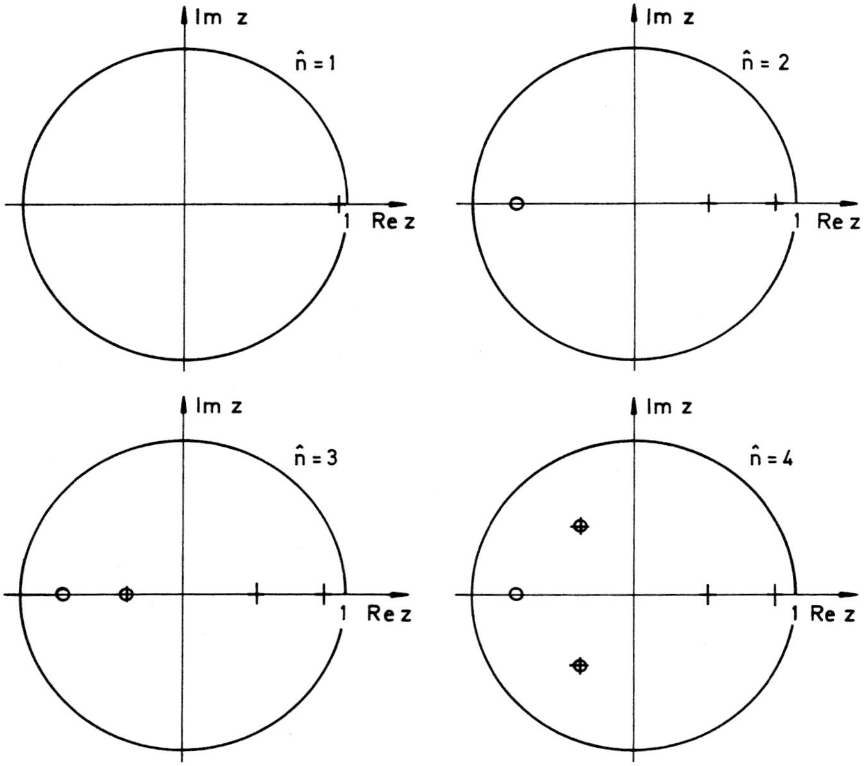

Bild 4.3.7. Polynom-Test für die Modellordnungen $\hat{n} = 1,2,3$ und 4

Abschließend sei noch darauf hingewiesen, daß man sich für die Ermittlung der wahrscheinlichsten Modellordnung nicht auf ein einziges Strukturprüfverfahren beschränken sollte, sondern eine bessere Entscheidung zweckmäßigerweise anhand der Ergebnisse verschiedener Strukturprüfverfahren trifft. Weitere Strukturprüfverfahren werden in [4.37] vorgestellt.

4.4. Einige praktische Aspekte zur Systemidentifikation

Die Systemidentifikation mittels Parameterschätzverfahren beruht auf der Auswertung der gemessenen Ein- und Ausgangssignale des betrachteten Prozesses. Die Güte der Systemidentifikation hängt somit voll von der in den Meßsignalen enthaltenen Information ab. Daher ist die Wahl bzw. die Erzeugung geeigneter Meßsignale für eine möglichst genaue Systemidentifikation außerordentlich wichtig. Für diese Meßsignale sollten folgende Auswahlkriterien erfüllt sein:

- Das System muß sich während der Messung in dem Betriebszustand befinden, für den das mathematische Modell ermittelt werden soll.
- Alle für diesen Betriebszustand wesentlichen Eigenschaften des Systems müssen während der Messung angeregt werden.
- Die Messung muß so durchgeführt werden, daß die Eigenschaften des Systems einwandfrei erfaßt werden können.
- Beginn und Ende der Meßreihe müssen so festgelegt werden, daß aufgrund der mathematischen Vorgehensweise der Schätzverfahren eine schnelle und sichere Bestimmung der Parameter erfolgen kann.

Eine im Sinne dieser Auswahlkriterien optimale Meßreihe läßt sich meist nur für Laboranlagen realisieren. Bei industriellen Anlagen sollten daher stets die einschränkenden Bedingungen für den Gültigkeitsbereich eines mathematischen Modells mit angegeben werden. In diesem Kapitel soll nun beschrieben werden, wie man in fünf Stufen eine "optimale" Durchführung der Systemidentifikation erzielen kann. Zwar kann von diesem Vorgehen jederzeit abgewichen werden, jedoch sollte dann auch festgehalten werden, welche Einschränkungen man in Bezug auf das Modell in Kauf nehmen muß.

4.4.1. Theoretische Betrachtungen des untersuchten Systems (Stufe I)

Die Erstellung eines mathematischen Modells einer industriellen Anlage (*Prozeß*) wird gewöhnlich vom Betreiber derselben gewünscht. Da der Betreiber seine Anlage genau kennt, sollte er eine möglichst detaillierte Beschreibung des Prozesses liefern, mit deren Hilfe festgelegt werden kann, für welchen Teil des Prozesses, in welchem Betriebszustand und unter welchen Betriebsbedingungen das mathematische Modell erstellt werden soll. Bereits hierbei ist es wichtig, den Anwendungszweck des Modells zu kennen, z. B. die Verwendung zur Simulation oder für eine Reglersynthese usw. Anhand dieser Prozeßbeschreibung muß versucht werden, genügend "a priori"-Information über den Prozeß zu gewinnen. Je mehr Information über den Prozeß vorliegt, desto einfacher wird die Aufgabe der Identifikation und umso besser kann die Richtigkeit des erzielten Identifikationsergebnisses überprüft werden.

Folgende Fragen sollten anhand einer theoretischen Betrachtung des untersuchten Prozesses vor der Identifikation geklärt werden:

- Welche physikalischen Zusammenhänge sollen durch das Modell beschrieben werden?
- Mit welcher mathematischen Beschreibungsform sind die physikalischen Eigenschaften annähernd darstellbar?
- Ist die Struktur des Modells bereits so festlegbar, daß nur noch die freien Parameter bestimmt werden müssen? Ist speziell die Ordnung oder die Totzeit des Systems bekannt?
- Kann das Übergangsverhalten grob angegeben werden?
- Welche Arten von Störungen treten auf und sind diese statistisch beschreibbar?

Diese theoretische Betrachtung sollte bereits so durchgeführt werden, daß sie auch für die Verifikation des Modells verwendet werden kann.

4.4.2. Voridentifikation zur Bestimmung der Abtastzeit und der Eingangstestsignale (Stufe II)

Wie im Kapitel 4.2 gezeigt wurde, müssen Ein- und Ausgangssignale eines zu identifizierenden Systems zur Anwendung der Parameterschätzverfahren in diskreter Form als Abtastsignale weiterverarbeitet werden. Da die Signale der meisten technischen Prozesse kontinuierlichen Charakter haben, müssen diese Signale zu äquidistanten Zeitpunkten abgetastet werden. Dies kann beim "on-line"-Betrieb durch einen im Prozeß eventuell bereits installierten Prozeßrechner erfolgen. Jedoch auch beim "off-line"-Betrieb müssen Meßwerte kontinuierlicher Signale, die z. B. auf einem analogen Band oder mit einem Schreiber registriert wurden, zu bestimmten Zeitpunkten "abgelesen" und in diskrete Zahlenfolgen (also auch in Abtastsignale) umgesetzt werden. Bei dieser Analog/Digital-Umsetzung (A/D-Umsetzung), die in beiden hier erwähnten

Fällen prinzipiell identisch ist, muß die *Abtastzeit* T so gewählt werden, daß die A/D-Umsetzung keinen Informationsverlust der Signale bewirkt. Dies wäre dadurch zu erreichen, daß T mindestens entsprechend dem Shannonschen Abtasttheorem gewählt wird. Meist läßt sich jedoch dieses Theorem nicht anwenden.

Keinen Informationsverlust der Abtastsignale erhält man sicher dann, wenn eine möglichst kleine Abtastzeit gewählt wird. Die Abtastwerte unterscheiden sich dann in der Nähe eines Meßzeitpunktes nur unmerklich trotz der Dynamik des zugehörigen kontinuierlichen Signals. Dies ist jedoch wiederum ein großer Nachteil für die Parameterschätzverfahren, wie direkt aus den Ausführungen zu Abschnitt 4.2.2.1 zu erkennen ist. In der Parameterschätzgleichung, Gl.(4.2.35), muß die Matrix $\underline{M}^*(N)$ invertiert werden. Diese Matrix wird nur dann nichtsingulär und damit invertierbar, wenn die in $\underline{M}^*(N)$ enthaltenen Abtastsignale fortwährend und genügend erregt werden. Bei zu kleiner Abtastzeit ist diese Bedingung nicht mehr erfüllt. Diese Überlegungen gelten auch für die rekursiven Schätzalgorithmen, wie aus Gl.(4.2.63) direkt ersichtlich ist. Der Schätzwert des Modellfehlers wird dabei für kleine Abtastzeiten sehr klein, wodurch in der rekursiven Parameterschätzgleichung, Gl.(4.2.64), keine weitere Verbesserung der geschätzten Parameter möglich ist.

Aus diesen Überlegungen folgt, daß für die Aufgabe der Parameterschätzung die Abtastzeit so bestimmt werden muß, daß die Dynamik des Systems durch genügende und fortwährende Bewegungen in den Signalen erfaßt wird. Zur Bestimmung einer geeigneten Abtastzeit hat sich in der praktischen Anwendung folgende Vorgehensweise bewährt: Man versucht das Übergangsverhalten des Systems annähernd zu bestimmen, z. B. mit Hilfe einer Voridentifikation oder eines deterministischen Testsignals oder durch Auswertung der theoretischen Vorbetrachtungen. Aus der so erhaltenen Übergangsfunktion bestimmt man die Zeit t_{63} bei der die Ausgangsgröße 63 % ihres Endwertes erreicht hat, Bild 4.4.1. Eine für die Parameter-

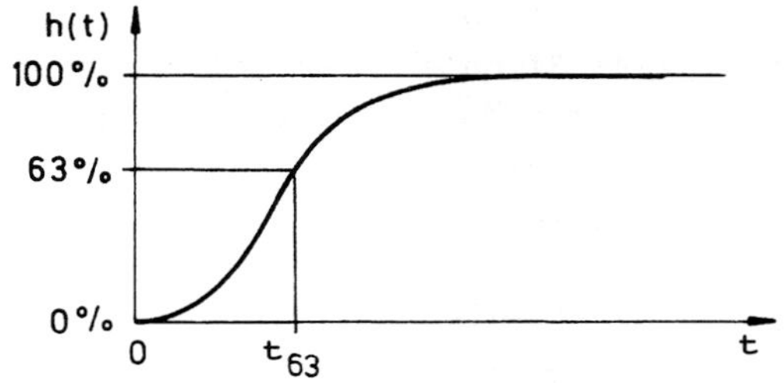

Bild 4.4.1. Zur Ermittlung der Zeit t_{63}

schätzverfahren geeignete Abtastzeit erhält man dann aus der Beziehung

$$T = (\frac{1}{6} \dots \frac{1}{10})\, t_{63} \qquad (4.4.1a)$$

bzw. der Abtastfrequenz

$$\omega_a \approx (6 \div 10)\, \omega_b \qquad (4.4.1b)$$

mit der Bandbreite ω_b. Ebenfalls unter dem Gesichtspunkt der genügenden Erregung ist die Auswahl der Eingangssignalfolge durchzuführen. Dabei ist zwischen zwei Fällen zu unterscheiden:

1) Die Meßreihe wird während eines normalen Betriebslaufes des Prozesses aufgenommen, wobei kein zusätzliches Testsignal verwendet werden kann, und das Eingangssignal auch nicht aus Gründen einer besseren Identifizierbarkeit des Systems beeinflußt werden darf.
2) Die Aufschaltung eines zusätzlichen Testsignales zur gezielten Beeinflussung der Prozeßdynamik wird zugelassen.

Der erste Fall tritt häufig bei der Identifikation technischer Produktionsanlagen auf, die aus Kostengründen optimale Qualität und maximalen Durchsatz des Fertigproduktes gewährleisten müssen. Es muß dann eine Auswahl einer geeigneten Meßreihe aus mehreren zur Verfügung stehenden Messungen vorgenommen werden, wobei jedoch beachtet werden sollte, daß die fortwährende Änderung des Eingangssignales nicht aufgrund einer starken Störung des normalen Prozeßablaufes erfolgte.

Wesentlich bessere Ergebnisse bei der Identifikation erzielt man, wenn die Eingangssignalfolge speziell für die Parameterschätzung ausgewählt werden kann. Hier wird man zweckmäßigerweise ein binäres Pseudo-Rauschsignal (PRBS-Signal) als Eingangstestsignal verwenden, da dieses Signal zur Systemidentifikation entsprechend den Ausführungen im Kapitel 3 günstige statistische Eigenschaften besitzt. Wählt man z. B. eine m-Impulsfolge, dann müssen die Schieberegisterlänge m und die Impulsdauer Δt so festgelegt werden, daß eine genügende Erregung der charakteristischen Frequenzen des Systems erfolgt.

Die Länge einer Meßreihe ist so zu wählen, daß die Konvergenz der Parameterschätzung gewährleistet ist. Dies wiederum ist abhängig von der zugrunde gelegten Modellstruktur und einem eventuell eingesetzten Konvergenzverbesserungsverfahren. Bei nicht rekursiven Parameterschätzverfahren kann die Länge der Meßreihe auch durch den zur Verfügung stehenden Speicherplatz für die Meßwerte und deren Verarbeitungsalgorithmen begrenzt sein. Bei den rekursiven Schätzverfahren ist zu beachten, daß die Elemente der Matrix $\underline{P}$ in Gl.(4.2.69) und somit auch die Elemente des Korrekturvektors $\underline{q}$ in Gl.(4.2.64) nach jedem Rekursionsschritt verkleinert werden. Dadurch tritt nach einer gewissen Anzahl von Rekursionsschritten keine weitere Veränderung der Parameterwerte mehr auf, obwohl die richtigen Parameterschätzwerte noch nicht vorliegen. Möglichkeiten, um dies zu vermeiden, werden unter anderem im nachfolgenden Abschnitt behandelt.

4.4.3. Festlegung der Modellstruktur und der Startwerte des Rekursionsalgorithmus (Stufe III)

In dieser dritten Stufe der Systemidentifikation müssen nun die im Kapitel 4.3 vorgestellten Verfahren zur Ermittlung der Modellordnung eingesetzt werden. Für eine *"off-line"-Identifikation* unter Verwendung der direkten Lösungsverfahren können die vorbereiteten Meßreihen zur Bildung des jeweiligen Determinantenverhältnisses benutzt werden. Wesentlich größeren numerischen Aufwand bereiten die Verfahren, die die Ausgangssignale und die Übertragungsfunktion als Kriterium verwenden. Bezüglich der Durchführung und Auswertung der Strukturprüfverfahren sei auf Kapitel 4.3 verwiesen.

Bei einer *"on-line"-Identifikation* unter Verwendung der rekursiven Lösungsverfahren treten zwei Größen auf, für die *Startwerte* zum Zeitpunkt $k = 0$ bestimmt werden müssen. Dies ist einerseits der Parametervektor nach Gl.(4.2.64)

$$\underline{\hat{p}}(k+1) = \underline{\hat{p}}(k) + \underline{q}(k+1)\hat{\varepsilon}(k+1)$$

und andererseits die Matrix nach Gl.(4.2.69)

$$\underline{P}(k+1) = \underline{P}(k) - \underline{q}(k+1)\underline{m}^T(k)\underline{P}(k) \quad .$$

Durch die Wahl der Anfangswerte für $\underline{\hat{p}}(0)$ und $\underline{P}(0)$ wird die Konvergenz der Parameter wesentlich beeinflußt. Es bieten sich dabei zwei Möglichkeiten zur Bestimmung dieser Anfangswerte an:

1) Direkt vor dem eigentlichen rekursiven Lösungsverfahren findet mit relativ wenigen Meßwerten eine grobe Bestimmung des Vektors $\underline{\hat{p}}$ und der Matrix $\underline{P}$ mit Hilfe eines direkten Lösungsverfahrens statt.

2) Als Startwerte des rekursiven Lösungsverfahrens werden Erfahrungswerte aus vorhergehenden Identifikationsläufen verwendet.

Von der Vorgehensweise her kann das erste Verfahren als das zweckmäßigere angesehen werden. Es ist dabei jedoch zu beachten, daß die direkte Berechnung erst nach Abschluß der Messung einer gewissen Anzahl von Signalwerten und somit noch während der sich direkt anschließenden Meßwerterfassung für das gewählte rekursive Lösungsverfahren durchgeführt werden kann. Dies bedeutet, daß die rekursive Berechnung trotz der bereits erfaßten Meßwerte erst dann beginnen kann, wenn das Ergebnis der direkten Berechnung vorliegt. Da die rekursive Parameterschätzung mit dem ersten Meßwert nach der Meßreihe für die direkte Berechnung beginnen muß, wird eine Nachberechnung der ersten rekursiven Parameterschätzwerte erforderlich. Dies ist jedoch bei sehr kleinen Abtastzeiten nicht möglich. Hinzu kommt, daß die eventuell erzielbaren Vorteile gegenüber dem Verfahren der Bestimmung der Startwerte mit Erfahrungswerten den erheblichen numerischen Mehraufwand nicht rechtfertigen.

Für die praktische Anwendung kommt daher meist nur das unter 2) genannte Vorgehen infrage. Für die zuvor behandelten Rekursionsalgorithmen der LS- und IV-Methode eignen sich i. a. folgende Startwerte sehr gut [4.38]:

$$\underline{\hat{p}}(0) = \underline{0} \tag{4.4.2}$$

und

$$\underline{P}(0) = \alpha\underline{I} \quad \text{mit} \quad \alpha = 10^4 \ . \tag{4.4.3}$$

Gute Ergebnisse lassen sich mit der rekursiven IV-Methode dann erzielen, wenn als Startverfahren zunächst die rekursive LS-Methode eingesetzt wird, um einen Startwert $\underline{\hat{p}}(0) \neq \underline{0}$ im Umschaltzeitpunkt auf die rekursive IV-Methode zu erhalten. Weiterhin sei erwähnt, daß die Matrix $\underline{P}$ einen ganz wesentlichen Einfluß auf die Konvergenz der Schätzwerte $\underline{\hat{p}}$ hat. Ihre Hauptdiagonal-Elemente p_{ii} werden im Verlauf einer Schätzung von ihren Anfangswerten ausgehend sehr schnell abgebaut, wie Bild 4.4.2 zeigt.

In vielen Fällen verläuft der Abbau der Diagonalelemente p_{ii} zu schnell, so daß der Algorithmus divergiert oder zu langsam konvergiert. Die Wahl größerer Anfangswerte für diese Matrix kann zur Folge haben, daß während der ersten Rekursionsschritte eine Instabilität in der Parameterschätzung auftreten kann. Eine wirksame Möglichkeit zur Konvergenzverbesserung besteht nun darin, nach einer bestimmten Zahl von Schätzungen, $30 \leq k \leq 100$, die Matrix $\underline{P}$ auf ihren Anfangswert zurückzusetzen, ohne die anderen Größen im Rekursionsalgorithmus zu verändern. Diese Rücksetztechnik [4.30] erlaubt mit der rekursiven LS-Methode als Startverfahren für die rekursive IV-Methode eine genaue, schnelle und sichere Ermittlung der Parameterschätzwerte. Die Ergebnisse sind dann sogar weitgehend unabhängig von der Wahl des Startwertes $\underline{\hat{p}}(0)$. Die Rücksetztechnik sollte jedoch nicht angewandt werden, wenn dem Ausgangssignal starke stochastische Störungen überlagert sind. In diesem Fall genügt es, nur die rekursive LS-Methode zur Startschätzung heranzuziehen.

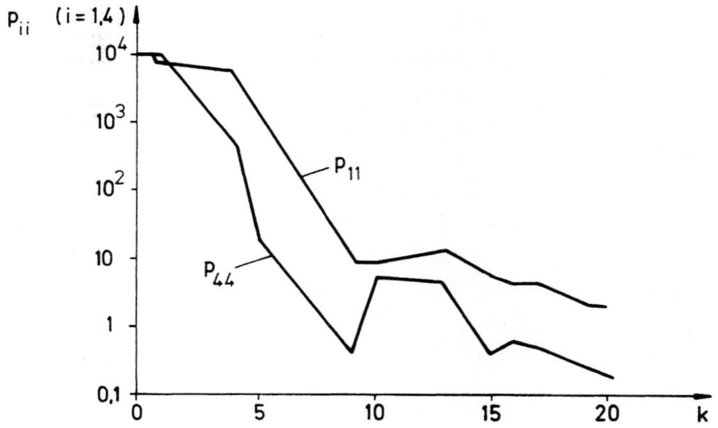

Bild 4.4.2. Beispiel für den zeitlichen Verlauf der Matrizenelemente p_{ii} (i = 1,4)

4.4.4. Beobachtung und Beeinflussung der Parameterschätzwerte (Stufe IV)

Während in den zuvor behandelten ersten drei Stufen die Voraussetzungen für eine zufriedenstellende Identifikation geschaffen wurden, soll nachfolgend auf die Durchführung der eigentlichen Schätzphase eingegangen werden. Bei den direkten Lösungsverfahren erfolgt die Berechnung in *einem* umfangreichen Arbeitsgang. Es können dabei keine Zwischenergebnisse betrachtet werden und ein Eingriff in die laufende Berechnung erscheint nicht sinnvoll. Bei den rekursiven Lösungsverfahren erhält man jedoch sofort nach jedem Rechenschritt ein Schätzergebnis, dessen Beurteilung es u. U. erfordert, in die nachfolgenden Rechenschritte einzugreifen und somit eine eventuelle Beeinflussung oder gar Lenkung des Identifikationsablaufes durchzuführen. Dies setzt jedoch die Struktur eines interaktiven Rechenprogramms voraus, das solche Eingriffsmöglichkeiten erlaubt. Als Beispiel eines solchen Programms soll nachfolgend kurz der allgemeine Aufbau der *Identifikationsprogramme* in dem vom Autor und seinen Mitarbeitern entwickelten KEDDC-Programmsystem [4.39] beschrieben werden.

Alle Identifikationsprogramme bestehen aus zwei voneinander abhängigen parallel arbeitenden Einzelprogrammen:

- einem *Dialogprogramm*, welches die Kommunikation mit dem Benutzer, die notwendigen Vorberechnungen zur Identifikation und die Ergebnisauswertung vornimmt, und
- einem *Rechenprogramm*, welches die Parameterschätzung durchführt. (Siehe Bild 4.4.3).

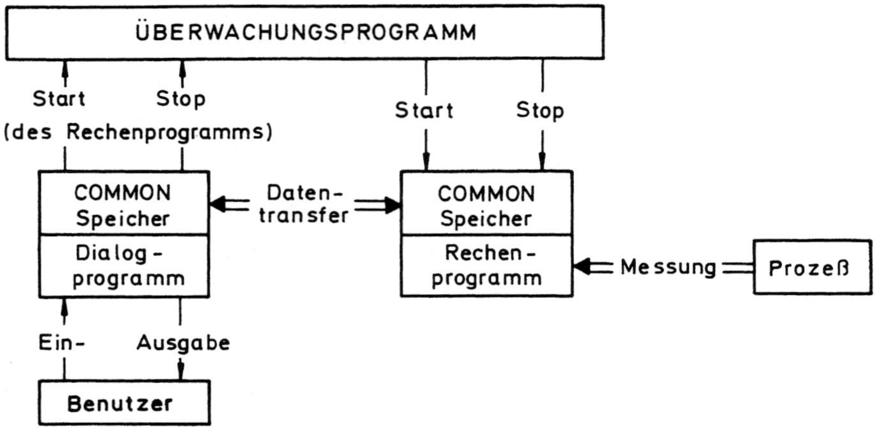

Bild 4.4.3. Programmaufbau für die rekursive Parameterschätzung

Man beginnt mit dem Dialogprogramm, wo alle für die Parameterschätzung notwendigen Kenndaten wie Modellordnung, Anzahl der Meßpunkte und Gewichtungsfaktoren nach einer entsprechenden Abfrage eingegeben werden. Die Eingabewerte werden dann in einen COMMON-Speicher eingelesen. Auf diesen einheitlichen COMMON-Speicher können alle Echtzeitprogramme zugreifen. Durch einen Steuerbefehl im Dialogprogramm kann man dann das übergeordnete Überwachungsprogramm veranlassen, das Rechenprogramm zu starten. Dabei wird das Dialogprogramm nicht unterbrochen, sondern man kann weiterhin Eingaben vornehmen und Ausgaben veranlassen. Das Überwachungsprogramm startet dann parallel zum Dialogprogramm das Rechenprogramm. In diesem Rechenprogramm erfolgt keine Kommunikation mit dem Benutzer, sondern es werden nur die Meßwerterfassung und die Parameterschätzung durchgeführt. Die für die Messung und Berechnung erforderlichen Kenndaten liest das Rechenprogramm aus dem COMMON-Speicher. Dann wird in einer zeitgesteuerten Schleife die Meßwerterfassung für einen Abtastschritt und direkt daran anschließend die Berechnung der Parameterschätzwerte für diesen Rekursionsschritt durchgeführt, bis aufgrund der vorgegebenen Anzahl von Meßpunkten das Schleifenende erreicht ist. Das Rechenprogramm wird damit beendet, ohne während der Berechnung eine Meldung oder ein Ergebnis auf dem Terminal ausgegeben zu haben.

Nach jeder Meßwerterfassung und Parameterschätzung zu einem gewissen Zeitpunkt k werden die Signale, die Parameterschätzergebnisse und weitere wichtige Rechengrößen in den COMMON-Speicher geschrieben. Da parallel zu dem Rechengrogramm auch das Dialogprogramm weiterläuft, können die gespeicherten Ergebnisse mit Hilfe des Dialogprogramms aus dem COMMON-Speicher gelesen und an den Benutzer ausgegeben werden. Dieser kann also zu jedem Zeitpunkt die Berechnung verfolgen, ohne dabei direkt in das Rechenprogramm eingreifen zu müssen. Stellt der Benutzer dabei fest, daß die Parameterschätzung zu völlig falschen Ergebnissen führt - dies ist meist eine Frage der Erfahrung -, so kann er das Überwachungsprogramm veranlassen, das Rechenprogramm abzubrechen. Weitaus wichtiger ist jedoch die Tatsache, daß vom Dialogprogramm aus auch während der Berechnung der Schätzwerte die ursprüngliche Eingabe der Startwerte für die Matrix $\underline{P}$ und den Gewichtungskoeffizienten ρ zu jedem beliebigen Zeitpunkt im COMMON-Speicher verändert werden kann. Das Rechenprogramm wird dann im zeitlich nachfolgenden Rechenschritt die geänderten Werte übernehmen und seine Berechnung dementsprechend ändern. Dieser direkte Eingriff in die aktuelle Rechnung soll als *Identifikationslenkung* bezeichnet werden, da dadurch eine Verbesserung der Identifikationsergebnisse erzielt werden kann. Verändert werden dürfen

- der Gewichtungsfaktor ρ (nicht das Gewichtungsverfahren),
- die Elemente der Matrix $\underline{P}$,
- die Schätzwerte des Parametervektors $\hat{\underline{p}}$ und
- die Anzahl der Meßwerte.

Auf keinen Fall dürfen

- die Modelltotzeit und
- die Modellordnung

verändert werden, da dadurch die Dimension der Vektoren und der Matrizen beeinflußt wird.

Bei der IV-Methode erlaubt die Identifikationslenkung, die Dauer der Vorausberechnung der Parameter des Hilfsmodells durch die rekursive LS-Methode zu verändern. Abgesehen von diesem Ausnahmefall ist es jedoch nicht möglich, von einem Schätzverfahren zu einem anderen überzugehen.

4.4.5. Modellverifikation (Stufe V)

In der letzten Stufe der Systemidentifikation muß nun geprüft werden, ob innerhalb der vorausgesetzten Betriebsbedingungen mit dem aufgrund der Parameterschätzung ermittelten mathematischen Modell eine hinreichend genaue Beschreibung des statischen und dynamischen Verhaltens des tatsächlichen Systems erzielt werden kann. Zur Überprüfung des Modells eignet sich die nachfolgend beschriebene Vorgehensweise.

Wie bei der Identifikation schaltet man parallel zum tatsächlichen System das geschätzte Modell und erregt beide entsprechend Bild 4.4.4 mit

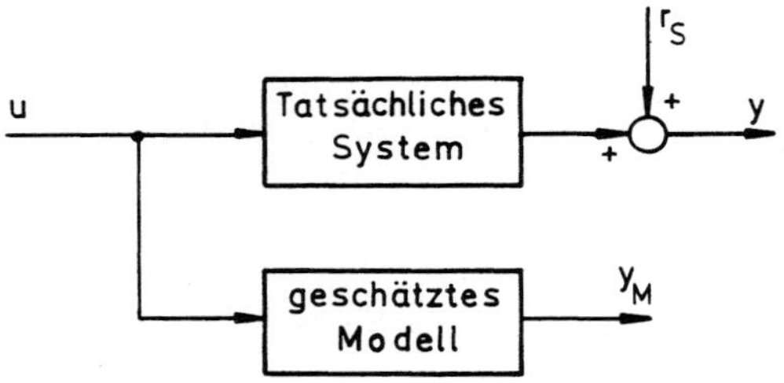

Bild 4.4.4. Überprüfung des Modells durch Parallelschaltung

demselben Eingangssignal. Eine Änderung der Modellparameter findet dabei nicht statt. Anhand des Vergleichs der beiden meßbaren Signale y und y_M läßt sich eine Aussage über die Güte des Modells treffen.

Bei der "on-line"-Identifikation mittels rekursiver Parameterschätzverfahren kann unter Verwendung der Gl.(4.2.65) das Modellausgangssignal für jeden Zeitpunkt k jeweils um einen Abtastschritt (k+1) vorausberechnet werden. Dieses Vorgehen stellt also eine *Einschritt-Vorhersage* dar. Bei dieser Vorgehensweise ist natürlich eine bessere Simulation des gemessenen Ausgangssignals möglich, da ja fortlaufend die geschätzten Parameter angepaßt werden können. Allerdings ist dieses so entstehende Modell streng genommen nur für das entsprechende Abtastintervall gültig.

Abschließend soll nicht unerwähnt bleiben, daß es zweckmäßig ist, bei jeder (in diesen hier besprochenen fünf Stufen durchgeführten) Systemidentifikation eine ausführliche Dokumentation anzufertigen, um dem späteren Anwender des mathematischen Modells einen Einblick in dessen Leistungsfähigkeit und Gültigkeitsbereich zu ermöglichen.

4.5. Parameterschätzung von Eingrößensystemen im geschlossenen Regelkreis

Die in den vorangegangenen Kapiteln behandelten Identifikationsverfahren zur Ermittlung des dynamischen Verhaltens unbekannter Regelstrekken gingen von offenen Systemen aus, d. h. es wurde angenommen, daß keine Rückführung zwischen Ausgang und Eingang der zu identifizierenden Regelstrecke besteht. Die meisten realen Prozesse werden jedoch im geschlossenen Regelkreis betrieben, der in vielen Fällen aus Gründen der Sicherheit und Wirtschaftlichkeit nicht "geöffnet" werden darf. Es ist deshalb wichtig, über Methoden zu verfügen, die eine Parameterschätzung zum Zwecke der Systemidentifikation auch im geschlossenen Regelkreis erlauben. In den letzten Jahren haben sich vor allem zwei Möglichkeiten zur Parameterschätzung im geschlossenen Regelkreis bewährt [4.30]:

(a) die *indirekte* Identifikation und
(b) die *direkte* Identifikation.

Beide Verfahren werden nachfolgend behandelt.

4.5.1. Indirekte Identifikation [4.40]

Wird vorausgesetzt, daß bei der Struktur des Regelkreises nach Bild 4.5.1a das am Reglerausgang zusätzlich aufgeschaltete, meßbare Testsignal $r_2(k)$ stationär und nicht mit dem Störsignal $r_1(k)$ korreliert ist, so kann $r_2(k)$ als unabhängige Eingangsgröße des Regelkreises aufgefaßt werden. Das im geschlossenen Regelkreis mit $r_1(k)$ bzw. dem Fehlersignal $\varepsilon(k)$ korrelierte Eingangssignal $u(k)$ läßt sich eliminieren, und man erhält nach Bild 4.5.1a die Beziehung

$$Y(z) = \frac{G_M(z)}{1 + G_R(z)G_M(z)} R_2(z) + \frac{1}{1 + G_R(z)G_M(z)} R_1(z) \quad , \qquad (4.5.1)$$

die durch die äquivalent umgeformte offene Struktur nach Bild 4.5.1b beschrieben wird. Durch diese Umformung wird die Schätzung einer Modellübertragungsfunktion für das Verhalten des geschlossenen Regelkreises, also

$$G(z) = \frac{Y(z)}{R_2(z)} = \frac{G_M(z)}{1 + G_R(z)G_M(z)} \quad , \qquad (4.5.2)$$

möglich. Mit der geschätzten Übertragungsfunktion $\hat{G}(z)$ erhält man bei bekannter Reglerübertragungsfunktion $G_R(z)$ die Koeffizienten der ge-

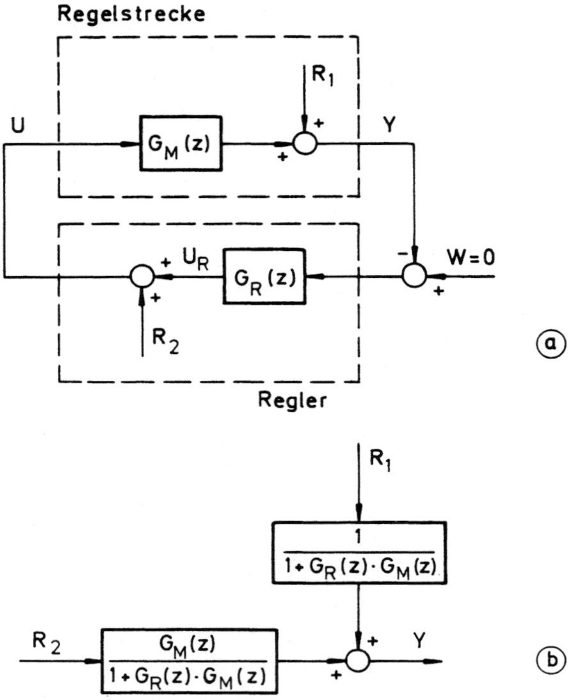

Bild 4.5.1. Geschlossener Regelkreis (a) und äquivalent umgeformte offene Struktur (b) desselben

suchten Übertragungsfunktion der Regelstrecke $\hat{G}_M(z)$ *indirekt* aus Gl. (4.5.2) durch Rückrechnung zu

$$\hat{G}_M(z) = \frac{\hat{G}(z)}{1 - G_R(z)\hat{G}(z)} \quad . \tag{4.5.3}$$

Verwendet man dabei als Schätzverfahren z. B. die rekursive Version der Hilfsvariablen-Methode, so wird zur Ermittlung der Parameter von $\hat{G}_M(z)$ in folgenden Schritten vorgegangen:

- Bestimmung von $\hat{G}(z)$ durch Schätzung im offenen Regelkreis nach Bild 4.5.1b bzw. Gl. (4.5.1) mit dem IV-Algorithmus gemäß Gl. (4.2.83).
- Indirekte Berechnung der gesuchten Parameter nach Gl. (4.5.3), wobei die Kenntnis von $G_R(z)$ vorausgesetzt wird.

Während bei dieser indirekten Identifikation einerseits alle Schwierigkeiten einer Parameterschätzung im geschlossenen Regelkreis durch deren Rückführung auf eine Parameterschätzung im offenen Regelkreis umgangen werden, ergibt sich andererseits ein erheblicher numerischer Aufwand, der eine schlechtere Konvergenz des Verfahrens zur Folge haben kann. So müssen die gesuchten Parameter der Regelstrecke über ein Modell ermittelt werden, das von höherer Ordnung ist als dasjenige der zu identifizierenden Regelstrecke. Die dabei erforderliche Umrechnung der Parameter kann z. T. numerische Schwierigkeiten verursachen; sie hat darüberhinaus in jedem Fall eine erhebliche Zunahme der Rechenzeit zur Folge.

4.5.2. Direkte Identifikation [4.41; 4.42]

Um die Modellparameter im geschlossenen Regelkreis mit Hilfe der IV-Methode *direkt* bestimmen zu können, werden nicht nur - entsprechend dem Vorgehen im Abschnitt 4.2.2.3 - Hilfsvariablen $y_H(k)$ für das Ausgangssignal $y(k)$ benötigt, sondern ebenfalls Hilfsvariablen für das wegen der Rückführung mit $r_1(k)$ bzw. $\varepsilon(k)$ korrelierte Eingangssignal $u(k)$. Wird wie bei der indirekten Methode zusätzlich ein von $r_1(k)$ bzw. $\varepsilon(k)$ statistisch unabhängiges Testsignal $r_2(k)$ am Reglerausgang aufgeschaltet, dann kann $r_2(k)$ als Hilfsvariable für $u(k)$ verwendet werden, da es zwar mit dem Nutzanteil, jedoch nicht mit dem Störanteil von $u(k)$ korreliert ist. Ermittelt man die entsprechenden Hilfsvariablen $y_H(k)$ für das Ausgangssignal $y(k)$ nach Bild 4.5.2, so können anstelle von Gl. (4.2.84) mit

$$\underline{w}^T(k) = [-y_H(k-1)\ldots -y_H(k-n) \,\vdots\, r_2(k-1)\ldots r_2(k-n)] \qquad (4.5.4)$$

für $k = n+1,\ldots,n+N$ als Zeilen der Hilfsvariablenmatrix $\underline{W}$ nach Gl. (4.2.77) die Bedingungen (4.2.78a) und (4.2.78b) erfüllt werden. Zur Identifikation wird wie bei der indirekten Methode der rekursive IV-

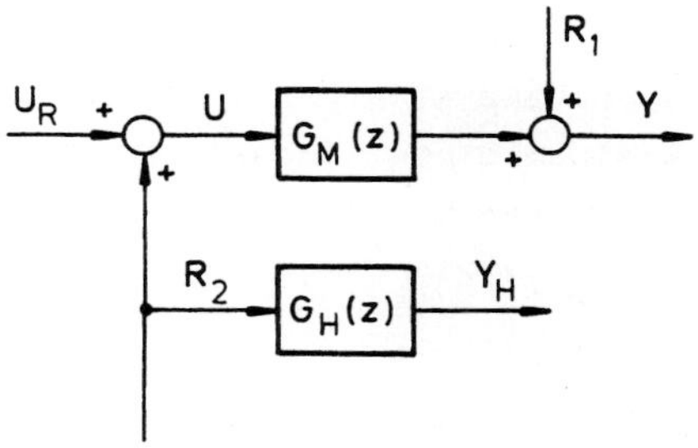

Bild 4.5.2. Spezielle Wahl des Hilfsmodells im geschlossenen Regelkreis

Algorithmus gemäß Gl. (4.2.83) benutzt. Die Vorgehensweise entspricht dabei völlig der im offenen Regelkreis, nur sind in $\underline{w}^T(k)$ die Eingangssignalwerte $u(k-i)$ durch die entsprechenden Werte $r_2(k-i)$ $(i=1,2,...,n)$ zu ersetzen.

Im Vergleich zur indirekten Methode hat die direkte Identifikation nicht nur numerische Vorteile - bedingt durch die nicht erforderliche Umrechnung der Parameter -, sondern vor allem einen wesentlich geringeren Bedarf an Rechenzeit, der sich auch gegenüber der Schätzung im offenen Regelkreis nicht erhöht. Andererseits verschlechtert sich aber gelegentlich die numerische Stabilität des Verfahrens durch die Verwendung von nunmehr zwei Hilfsvariablen.

Umfangreiche Untersuchungen [4.30] haben gezeigt, daß beide hier beschriebenen Möglichkeiten zur Parameterschätzung im geschlossenen Regelkreis im Zusammenhang mit der rekursiven Version der IV-Methode nur geringfügig schlechtere Ergebnisse liefern als eine Parameterschätzung im offenen Regelkreis. Allerdings ist zur Ermittlung dieser Schätzwerte in Abhängigkeit vom Störpegel der Regelgröße ca. das $1\frac{1}{2}$- bis 3-fache der Meßzeit erforderlich, die bei der Parameterschätzung im offenen Regelkreis benötigt wird. Sieht man von geringfügigen Schwankungen im zeitlichen Verlauf der Schätzwerte bei der direkten Identifikation ab, so ergeben sich für beide Methoden gleichwertige Identifikationsergebnisse.

4.6. Parameterschätzung bei linearen Mehrgrößensystemen

Das Ziel bei der Parameterschätzung von linearen Mehrgrößensystemen besteht in der Entwicklung eines mathematischen Modells, welches das zu identifizierende Regelsystem mit r Eingangsgrößen $u_j(k)$ und m Ausgangsgrößen $y_i(k)$ bezüglich seines statischen und dynamischen Verhaltens hinreichend genau beschreibt. Obwohl das prinzipielle Vorgehen ähnlich ist wie bei der Parameterschätzung von linearen Eingrößensystemen, stellt dennoch die Parameterschätzung bei linearen Mehrgrößensystemen keine einfache, formale Erweiterung des Eingrößenfalles dar, da folgende zusätzliche Probleme auftreten:

- Es muß ein kanonischer Modellansatz gefunden werden, der es erlaubt, alle Zusammenhänge zwischen den Ein- und Ausgangssignalen sowie alle Kopplungen der Ausgangssignale untereinander beschreiben zu können.

- Die Schätzalgorithmen müssen so geändert werden, daß sie trotz der großen Anzahl von Meßdaten und Parametern hinsichtlich der Rechenzeit schnell sind und bezüglich des Speicherplatzbedarfs mit vertretbarem Aufwand realisiert werden können.
- Für jeden Teil des Mehrgrößensystems müssen die Voraussetzungen für die Identifizierbarkeit, wie beispielsweise die richtige Wahl der Abtastzeit, der Ordnung, der Testsignale usw., erfüllt sein.

Nachfolgend wird auf diese zusätzlichen Probleme eingegangen.

4.6.1. Modellansätze für Mehrgrößensysteme

Zur Identifikation von Mehrgrößensystemen wurden Modellansätze sowohl für die Zustandsraumdarstellung als auch für die Darstellung mit Übertragungsfunktionen vorgeschlagen. Die weitaus meist benutzte ist die letztere Beschreibungsform, auf die im weiteren näher eingegangen werden soll.

4.6.1.1. Gesamtmodellansatz

Entsprechend Bild 4.6.1 beschreibt das Gesamtmodell ein lineares, zeitinvariantes diskretes Mehrgrößensystem mit r Eingangssignalen $u_j(k)$ und

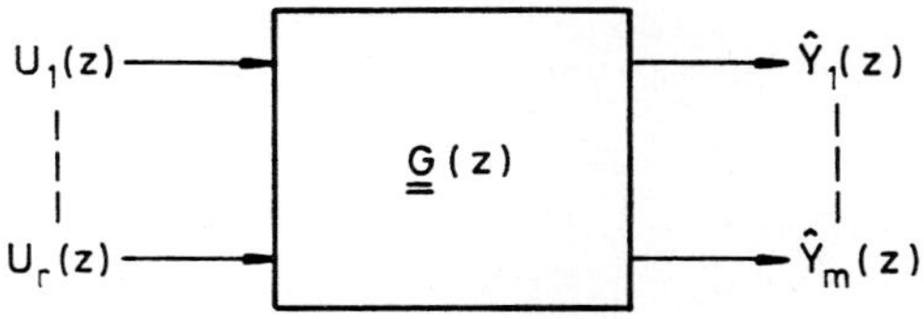

Bild 4.6.1. Gesamtmodellansatz eines linearen Mehrgrößensystems

m Ausgangssignalen $\hat{y}_i(k)$ durch die vektorielle Beziehung

$$\begin{bmatrix} \hat{Y}_1(z) \\ \vdots \\ \hat{Y}_m(z) \end{bmatrix} = \begin{bmatrix} G_{11}(z) & \dots & G_{1r}(z) \\ \vdots & & \vdots \\ G_{m1}(z) & \dots & G_{mr}(z) \end{bmatrix} \begin{bmatrix} U_1(z) \\ \vdots \\ U_r(z) \end{bmatrix} , \tag{4.6.1}$$

bzw. in zusammengefaßter Form

$$\underline{\hat{Y}}(z) = \underline{\underline{G}}(z)\ \underline{U}(z) \quad . \tag{4.6.2}$$

Im Gegensatz zur Parameterschätzung bei Eingrößensystemen wird bei diesem Modellansatz und den nachfolgenden zur Kennzeichnung der Ausgangssignale und Teilübertragungsfunktionen nicht mehr der Index M verwendet, da sonst die ohnehin erforderliche Indizierung unübersichtlich werden würde. In Gl.(4.6.1) beschreiben die diskreten Übertragungsfunktionen

$$G_{ij}(z) = \frac{B_{ij}(z^{-1})}{A_{ij}(z^{-1})} = \frac{b_{1,ij}z^{-1} + \ldots + b_{n_{ij},ij}z^{-n_{ij}}}{1 + a_{1,ij}z^{-1} + \ldots + a_{n_{ij},ij}z^{-n_{ij}}} \tag{4.6.3}$$

die Signalübertragung vom Eingang j zum Ausgang i, wobei eine Normierung auf den Wert $a_{0,ij} = 1$ vorgenommen und nichtsprungfähiges Systemverhalten vorausgesetzt wird. Die Berücksichtigung einer Totzeit $z^{-d_{ij}}$ ist ohne weitere Voraussetzung möglich und ist hier nur aus Gründen der Vereinfachung weggelassen worden.

Als Differenz zwischen den Ausgangsvektoren des tatsächlichen Systems $\underline{y}(k)$ und des Modells $\hat{\underline{y}}(k)$ ergibt sich im Bildbereich der z-Transformation mit Gl.(4.6.1)

$$\underline{Y}(z) - \hat{\underline{Y}}(z) = \begin{bmatrix} Y_1(z) \\ \vdots \\ Y_m(z) \end{bmatrix} - \begin{bmatrix} G_{11}(z) & \ldots & G_{1r}(z) \\ \vdots & & \vdots \\ G_{m1}(z) & \ldots & G_{mr}(z) \end{bmatrix} \begin{bmatrix} U_1(z) \\ \vdots \\ U_r(z) \end{bmatrix} . \tag{4.6.4}$$

In dieser Beziehung kann nun der gemeinsame Hauptnenner aller Matrizenelemente $G_{ij}(z)$ gebildet werden. Dieser lautet

$$A^*(z^{-1}) = \prod_{\substack{j=1 \\ i=1}}^{\substack{m \\ r}} A_{ij}(z^{-1}) = 1 + a_1^* z^{-1} + \ldots + a_n^* z^{-n} , \tag{4.6.5}$$

wobei sich die Ordnung n aus der Summe der Ordnungen n_{ij} der Übertragungsfunktionen $G_{ij}(z)$, also aus

$$n = \sum_{i=1}^{m} \sum_{j=1}^{r} n_{ij} \tag{4.6.6}$$

berechnet. Da vor der Identifikation die Pole nicht bekannt sind, kann eine Zusammenfassung zu gemeinsamen Polen nicht erfolgen. Die Einführung des gemeinsamen Hauptnenners gemäß Gl.(4.6.5) bewirkt eine Erweiterung der Zählerpolynome $B_{ij}(z^{-1})$ der Übertragungsfunktionen $G_{ij}(z)$ in der Form

$$B^*_{ij}(z^{-1}) = \frac{B_{ij}(z^{-1})}{A_{ij}(z^{-1})} A^*(z^{-1}) = b^*_{1,ij} z^{-1} + \ldots + b^*_{n,ij} z^{-n} \ . \quad (4.6.7)$$

Diese Polynome besitzen ebenfalls die Ordnung n.

Ähnlich wie für Eingrößensysteme bei angepaßtem Modell die Gl.(4.2.10) galt, kann für Mehrgrößensysteme der Ausgangsvektor durch

$$\underline{Y}(z) = \hat{\underline{Y}}(z) + \underline{\underline{G}}_r(z)\underline{\varepsilon}(z) \quad (4.6.8)$$

mit der (mxm)-dimensionalen Übertragungsmatrix eines Störmodells

$$\underline{\underline{G}}_r(z) = \frac{1}{A^*(z^{-1})} \underline{\underline{G}}^*_r(z) \quad (4.6.9)$$

beschrieben werden. Wählt man speziell für $\underline{\underline{G}}^*_r(z)$ die Einheitsmatrix, also

$$\underline{\underline{G}}^*_r(z) = \underline{I} \ , \quad (4.6.10)$$

so entspricht dies für Mehrgrößensysteme gemäß Tabelle 4.2.1 der Modellstruktur I, die bei der LS- und IV-Schätzung zugrunde gelegt wird. Somit folgt aus Gl.(4.6.8) unter Verwendung der Gln.(4.6.9) und (4.6.10)

$$\underline{Y}(z) - \hat{\underline{Y}}(z) = \frac{1}{A^*(z^{-1})} \underline{\varepsilon}(z) \ . \quad (4.6.11)$$

Wird in Gl.(4.6.4) die linke Seite durch Gl.(4.6.11) ersetzt, und berücksichtigt man auf der rechten Gleichungsseite den zuvor definierten Hauptnenner nach Gl.(4.6.5), so erhält man unter Beachtung der Gl. (4.6.7)

$$\frac{1}{A^*(z^{-1})} \underline{\varepsilon}(z) = \begin{bmatrix} Y_1(z) \\ \vdots \\ Y_m(z) \end{bmatrix} - \frac{1}{A^*(z^{-1})} \begin{bmatrix} B^*_{11}(z^{-1}) \ldots B^*_{1r}(z^{-1}) \\ \vdots \qquad\qquad \vdots \\ B^*_{m1}(z^{-1}) \ldots B^*_{mr}(z^{-1}) \end{bmatrix} \begin{bmatrix} U_1(z) \\ \vdots \\ U_r(z) \end{bmatrix} \ . \quad (4.6.12)$$

Hieraus folgt durch Multiplikation mit $A^*(z^{-1})$ unter den oben getroffenen Voraussetzungen als *Modellfehler* des *Gesamtmodells*

$$\begin{bmatrix} \varepsilon_1(z) \\ \vdots \\ \varepsilon_m(z) \end{bmatrix} = \begin{bmatrix} A^*(z^{-1}) & & 0 \\ & \ddots & \\ 0 & & A^*(z^{-1}) \end{bmatrix} \begin{bmatrix} Y_1(z) \\ \vdots \\ Y_m(z) \end{bmatrix} - \begin{bmatrix} B^*_{11}(z^{-1}) \ldots B^*_{1r}(z^{-1}) \\ \vdots \qquad\qquad \vdots \\ B^*_{m1}(z^{-1}) \ldots B^*_{mr}(z^{-1}) \end{bmatrix} \begin{bmatrix} U_1(z) \\ \vdots \\ U_r(z) \end{bmatrix} \ . \quad (4.6.13)$$

Diese Beziehung kann nun zur eigentlichen Herleitung der Schätzgleichungen verwendet werden. Die Anzahl der zu schätzenden Parameter ist aufgrund der in allen Polynomen $A^*(z^{-1})$ und $B^*_{ij}(z^{-1})$ enthaltenen Ordnung n sehr groß und berechnet sich offensichtlich zu

$$S_I = (m \cdot r + 1)\, n \quad , \tag{4.6.14}$$

wobei n durch Gl. (4.6.6) gegeben ist.

Aufgrund der großen Anzahl der zu schätzenden Parameter eignet sich dieses Gesamtmodell nur für Systeme mit einer kleineren Anzahl von Ein- und Ausgangsgrößen sowie einer niedrigen Ordnung n. Diesen Nachteilen stehen keine Vorteile gegenüber, so daß dieser Modellansatz für eine praktische Parameterschätzung keine große Bedeutung erlangt hat.

4.6.1.2. Teilmodellansatz

Das zuvor besprochene Gesamtmodell läßt sich entsprechend seiner Anzahl von m Ausgangssignalen in ebenfalls m unabhängige Teilmodelle mit jeweils einem Ausgangssignal aufspalten (Bild 4.6.2). Das Teilmodell i

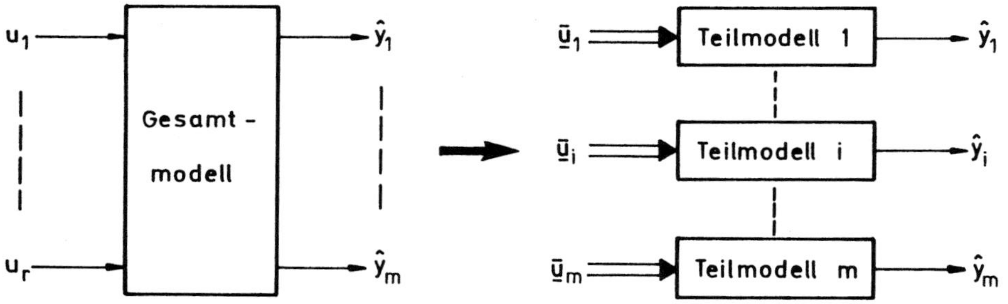

Bild 4.6.2. Aufteilung des Gesamtmodells in m Teilmodelle

besitzt den Eingangsvektor

$$\bar{\underline{u}}_i = [\bar{u}_{i1} \ldots \bar{u}_{ir_i}]^T \quad , \tag{4.6.15}$$

wobei als Eingangssignale $\bar{u}_{ij}$ der Teilmodelle sowohl

- die Eingangssignale des Gesamtmodells u_ν $(\nu = 1,\ldots,r)$ als auch
- die den anderen Teilmodellen entsprechenden meßbaren Ausgangssignale y_μ $(\mu = 1,\ldots i-1, i+1 \ldots, m)$

auftreten können. Die maximal mögliche Anzahl der Eingangssignale wird somit

$$r_i = r + m - 1 \qquad (4.6.16)$$

sein. Mit diesem Modellansatz lassen sich eine Vielzahl von Teilmodellen kanonischer und nicht-kanonischer Strukturen realisieren.

Der Aufbau eines Teilmodells ist im Bild 4.6.3 dargestellt. Dabei beschreiben die Übertragungsfunktionen $\overline{G}_{ij}(z)$ das Verhalten zwischen Teilmodelleingang $\overline{U}_{ij}(z)$ und Ausgang $\hat{Y}_i(z)$.

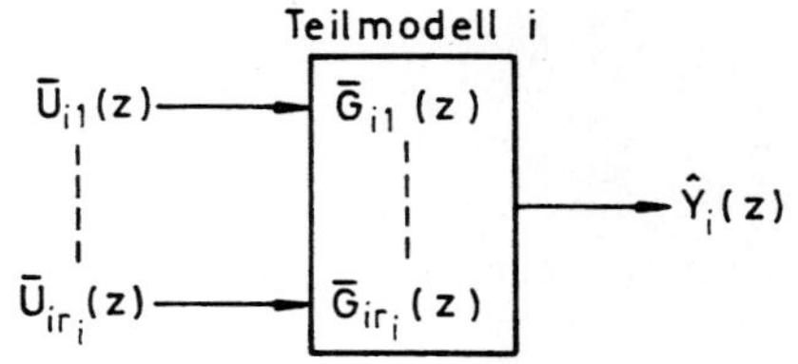

Bild 4.6.3. Aufbau eines Teilmodells

Die Ausgangsgröße des i-ten Teilmodells ergibt sich unmittelbar aus Bild 4.6.3 zu

$$\hat{Y}_i(z) = [\overline{G}_{i1}(z) \ldots \overline{G}_{ir_i}(z)] \begin{bmatrix} \overline{U}_{i1}(z) \\ \vdots \\ \overline{U}_{ir_i}(z) \end{bmatrix}, \qquad (4.6.17)$$

wobei die Übertragungsfunktionen

$$\overline{G}_{ij}(z) = \frac{\overline{B}_{ij}(z^{-1})}{\overline{A}_{ij}(z^{-1})} \qquad j = 1, \ldots, r_i \qquad (4.6.18)$$

die Ordnungen n_{ij} besitzen. Analog zu Gl.(4.6.4) ergibt sich als Differenz zwischen den Ausgangssignalen des tatsächlichen Systems $y_i(k)$ und des Teilmodells $\hat{y}_i(k)$ im Bildbereich der z-Transformation

$$Y_i(z) - \hat{Y}_i(z) = Y_i(z) - \left[\frac{\overline{B}_{i1}(z^{-1})}{\overline{A}_{i1}(z^{-1})} \ldots \frac{\overline{B}_{ir_i}(z^{-1})}{\overline{A}_{ir_i}(z^{-1})}\right] \begin{bmatrix} \overline{U}_{i1}(z) \\ \vdots \\ \overline{U}_{ir_i}(z) \end{bmatrix}. \qquad (4.6.19)$$

Zweckmäßigerweise wird auch hier wieder der gemeinsame Hauptnenner aller Übertragungsfunktionen $\overline{G}_{ij}$ des betreffenden Teilmodells

$$A_i^*(z^{-1}) = \prod_{j=1}^{r_i} A_{ij}(z^{-1}) = 1 + a_{1,i}^* z^{-1} + \ldots + a_{n_i,i}^* z^{-n_i} \qquad (4.6.20)$$

gebildet, wobei die Ordnung n_i die Summe der Ordnungen n_{ij} ist, also

$$n_i = \sum_{j=1}^{r_i} n_{ij} \quad . \tag{4.6.21}$$

Die erweiterten Zählerpolynome

$$B^*_{ij}(z^{-1}) = \frac{\bar{B}_{ij}(z^{-1})}{\bar{A}_{ij}(z^{-1})} A^*_i(z^{-1}) = b^*_{1,ij} z^{-1} + \ldots + b^*_{n_i,ij} z^{-n_i} \tag{4.6.22}$$

besitzen dieselbe Ordnung n_i. Legt man beim Teilmodellansatz ähnlich wie beim Gesamtmodellansatz die Modellstruktur I, also den Fall der LS- und IV-Schätzung zugrunde, so folgt aus Gl.(4.6.19) unter Verwendung der Gln.(4.6.20) und (4.6.22)

$$\frac{1}{A^*_i(z^{-1})} \varepsilon_i(z) = Y_i(z) - \hat{Y}_i(z) = Y_i(z) - \frac{1}{A^*_i(z^{-1})} \left[B^*_{i1}(z^{-1}) \ldots B^*_{ir_i}(z^{-1}) \right] \underline{U}_i(z) , \tag{4.6.23}$$

woraus nach Multiplikation mit $A^*_i(z^{-1})$ die Gleichung für den *Modellfehler des Teilmodells* i folgt:

$$\varepsilon_i(z) = A^*_i(z^{-1}) Y_i(z) - [B^*_{i1}(z^{-1}) \ldots B^*_{ir_i}(z^{-1})] \, \underline{U}_i(z) \, . \tag{4.6.24}$$

Anhand dieser Beziehung ist direkt ersichtlich, daß für ein Teilmodell $(r_i+1)n_i$ Parameter zu schätzen sind, so daß für das in m Teilmodelle aufgeteilte Gesamtmodell insgesamt

$$S_{II} = \sum_{i=1}^{m} (r_i+1) n_i = \sum_{i=1}^{m} (r_i+1) \sum_{j=1}^{r_i} n_{ij} \tag{4.6.25}$$

Parameter bestimmt werden müssen. Da die maximale Anzahl von Eingangssignalen nach Gl.(4.6.16) praktisch nur selten auftritt, führt die Verwendung des Teilmodellansatzes gegenüber dem Gesamtmodellansatz zu einer Reduzierung der Anzahl der zu schätzenden Parameter.

Bei dem Teilmodellansatz muß beachtet werden, daß die dynamischen und statischen Eigenschaften der einzelnen Übertragungsfunktionen bei der Bildung des gemeinsamen Nenners zusammengefaßt und nur die Koeffizienten des gemeinsamen Nennerpolynoms und der erweiterten Zählerpolynome geschätzt werden. Dadurch ist es möglich, daß eine falsche Parameterschätzung auftreten kann, wenn zwei oder mehrere Übertragungsfunktionen annähernd gleiche Anteile im dynamischen Eigenverhalten besitzen. Trotz dieser fehlerhaften Parameterschätzung ist, wie in [4.43] gezeigt wird, eine gute Schätzung der Ausgangssignale (*Signalschätzung*) der Teilsysteme gewährleistet.

4.6.1.3. Der Einzelmodellansatz

Ordnet man beim Teilmodellansatz jeder Übertragungsfunktion $\bar{G}_{ij}(z)$ einen eigenen Ausgang $\bar{Y}_{ij}(z)$ zu, so erhält man gemäß Bild 4.6.4 eine Aufteilung des Teilmodells in r_i Einzelmodelle, die jeweils nur einen Ein- und Ausgang besitzen. Damit kann das Modell des zu identifizierenden Mehrgrößensystems als eine Parallelschaltung von Eingrößensystemen betrachtet werden. Offensichtlich vereinfacht sich damit die Identifikationsaufgabe wesentlich, da diese nun auf die Parameterschätzung von Eingrößensystemen zurückgeführt werden kann. Allerdings ist eine derar-

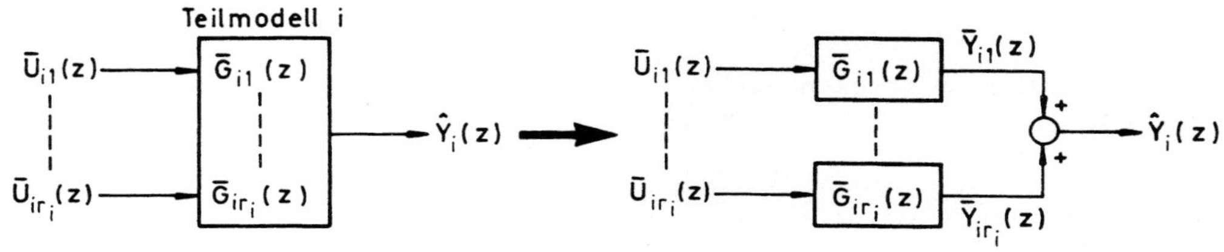

Bild 4.6.4. Aufteilung des Teilmodells i in r_i Einzelmodelle

tige Systemidentifikation nur möglich, wenn die Ausgangssignale $\bar{y}_{ij}(k)$ der Einzelmodelle zur Verfügung stehen. Sind die Einzelsystemausgänge meßbar, dann handelt es sich um einen trivialen Fall der Identifikation eines Mehrgrößensystems. Die weiteren Überlegungen gehen daher davon aus, daß die Signale $\bar{y}_{ij}(k)$ nicht direkt meßbar sind.

Um dennoch eine Aufteilung in Einzelmodelle durchführen zu können, müssen die unbekannten Signale geschätzt werden. Diese Schätzung wird mit Hilfe eines *Signalmodells* durchgeführt, welches z. B. mit dem zuvor behandelten Teilmodellansatz realisiert werden kann. Der Algorithmus besteht also aus 2 Stufen:

- der Ausgangssignalschätzung mittels eines Signalmodells und
- der Schätzung der Parameter der Einzelmodelle.

Zunächst werden also die Ausgangssignale mit dem Signalmodell geschätzt. Von der Genauigkeit dieser Signalschätzung ist die Güte der anschließenden Parameterschätzung der Einzelmodelle in der zweiten Stufe abhängig.

Die Differenz zwischen dem mit dem Signalmodell geschätzten Ausgangssignal $\tilde{y}_{ij}(k)$ und dem Ausgangssignal des Einzelmodells $\bar{y}_{ij}(k)$ kann wie bei der Herleitung der beiden anderen Modellansätze für Mehrgrößensysteme zur Aufstellung der Gleichung des Modellfehlers des Einzelmodells ij benutzt werden. Wird auch hier wieder die Modellstruktur I (vgl. Tabelle 4.2.1) verwendet, so folgt für das Einzelmodell mit der Übertragungsfunktion

$$\bar{G}_{ij}(z) = \frac{\bar{B}_{ij}(z^{-1})}{\bar{A}_{ij}(z^{-1})} \tag{4.6.26}$$

die Modellgleichung

$$\frac{1}{\bar{A}_{ij}(z^{-1})} \varepsilon_{ij}(z) = \tilde{Y}_{ij}(z) - \bar{Y}_{ij}(z) = \tilde{Y}_{ij}(z) - \frac{\bar{B}_{ij}(z^{-1})}{\bar{A}_{ij}(z^{-1})} \bar{U}_{ij}(z) \tag{4.6.27}$$

und durch Multiplikation mit $\bar{A}_{ij}(z^{-1})$ die Gleichung für den *Modellfehler des Einzelmodells* ij

$$\varepsilon_{ij}(z) = \bar{A}_{ij}(z^{-1})\tilde{Y}_{ij}(z) - \bar{B}_{ij}(z^{-1}) \bar{U}_{ij}(z) \quad . \tag{4.6.28}$$

Die Anzahl der beim Einzelmodellansatz zu schätzenden Parameter

$$S_{III} = 2 \sum_{i=1}^{m} \sum_{j=1}^{r_i} n_{ij} \tag{4.6.29}$$

ist zwar wesentlich geringer als beim Gesamt- und Teilmodellansatz, jedoch müssen bei einem Vergleich auch die Parameter des Signalmodells hinzugerechnet werden, die allerdings bei der Realisierung des Modells keine Rolle spielen. Um einen übersichtlichen Vergleich der drei hier behandelten Modellansätze zu erhalten, sind die Modellstrukturen in Tabelle 4.6.1 nochmals zusammengestellt.

Beispiel 4.6.1:

Gegeben sei ein System mit $r = 2$ Eingängen und $m = 2$ Ausgängen. Alle Einzelmodelle haben dieselbe Ordnung $n_{ij} = 2$. Außerdem haben auch beide Teilmodelle jeweils nur 2 Eingänge, d. h. $r_i = 2$ $(i = 1,2)$. Nun sollen für alle drei zuvor behandelten Modellansätze die Anzahl der Modellparameter bestimmt werden.

Es gilt für den

- Gesamtmodellansatz mit Gl. (4.6.14)

$$S_I = (mr+1) \sum_{i=1}^{m} \sum_{j=1}^{r} n_{ij} = (2 \cdot 2+1)(2+2+2+2) = 40 \quad ,$$

	Schematische Darstellung	Anzahl der Modelle	Anzahl der Parameter
Gesamtmodell	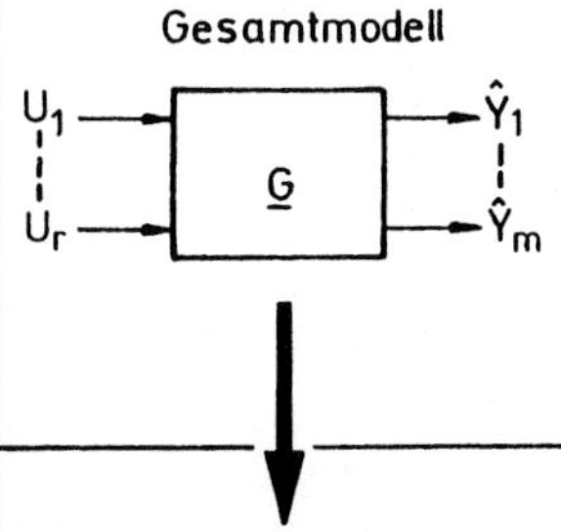	1	$S_I = (mr+1) \sum_{i=1}^{m} \sum_{j=1}^{r} n_{ij}$
Teilmodell	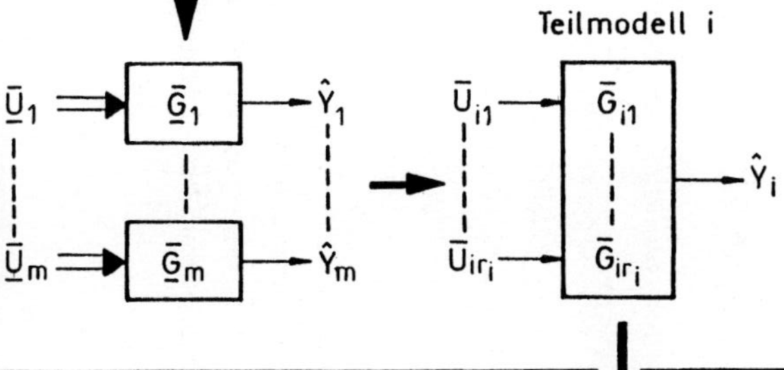	m	$S_{II} = \sum_{i=1}^{m} (r_i+1) \sum_{j=1}^{r_i} n_{ij}$
Einzelmodell	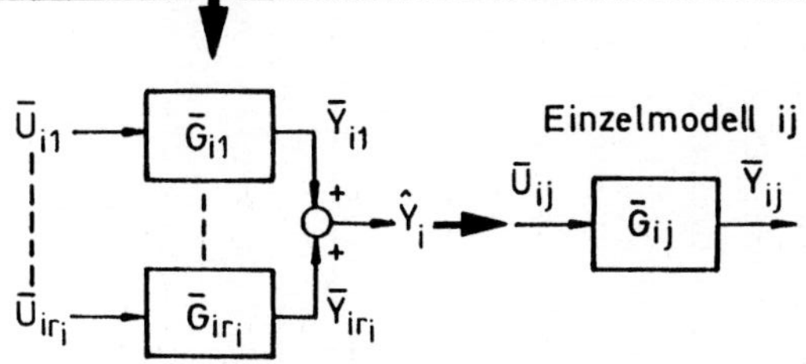	mr_i	$S_{III} = 2 \sum_{i=1}^{m} \sum_{j=1}^{r_i} n_{ij}$

Tabelle 4.6.1. Der Aufbau des Gesamtmodells, der Teilmodelle und der Einzelmodelle

- Teilmodellansatz mit Gl.(4.6.25)

$$S_{II} = \sum_{i=1}^{m} (r_i+1) \sum_{j=1}^{r_i} n_{ij} = (3+3)(2+2) = 24 \quad ,$$

- Einzelmodellansatz mit Gl.(4.6.29)

$$S_{III} = 2 \sum_{i=1}^{m} \sum_{j=1}^{r} n_{ij} = 2(2+2+2+2) = 16 \quad .$$ ■

4.6.2. Algorithmen zur Parameterschätzung von Mehrgrößensystemen

Auf der Basis der im Abschnitt 4.6.1 hergeleiteten Modellansätze für Mehrgrößensysteme ist leicht einzusehen, daß sich die Schätzgleichungen für die Identifikation von Mehrgrößensystemen tatsächlich nur durch die geänderten Dimensionen der Daten- und Parametervektoren von denen unterscheiden, die in den früheren Kapiteln für die Identifikation von Eingrößensystemen ermittelt wurden. Nachfolgend sollen nur die rekursiven Schätzalgorithmen für den Teilmodell- und Einzelmodellansatz bei Verwendung der LS- und IV-Methode dargestellt werden.

4.6.2.1. Parameterschätzung bei Verwendung des Teilmodellansatzes

Für das Teilmodell i können anhand der Beziehung für den Modellfehler, Gl.(4.6.24), der *Datenvektor*

$$\underline{m}_i^T(k) = [-y_i(k-1)\ldots -y_i(k-n_i) \mid \bar{u}_{i1}(k-1)\ldots\bar{u}_{i1}(k-n_i) \mid \ldots$$
$$\ldots \mid \bar{u}_{ir_i}(k-1)\ldots\bar{u}_{ir_i}(k-n_i)] \tag{4.6.30a}$$

oder zusammengefaßt

$$\underline{m}_i^T(k) = [\underline{m}_{y_i}^T \mid \underline{m}_{\bar{u}_{i1}}^T \mid \ldots \mid \underline{m}_{\bar{u}_{ir_i}}^T] \tag{4.6.30b}$$

und der *Parametervektor*

$$\underline{p}_i^T = [a_{1,i}^* \ldots a_{n_i,i}^* \mid b_{1,i1}^* \ldots b_{n_i,i1}^* \mid \ldots \mid b_{1,ir_i}^* \ldots b_{n_i,ir_i}^*] \tag{4.6.31}$$

definiert werden. Speziell für die IV-Methode wird wiederum ein *Hilfsvariablenvektor*

$$\underline{w}_i^T(k) = [-y_{H,i}(k-1)\ldots -y_{H,i}(k-n_i) \mid \bar{u}_{i1}(k-1)\ldots \mid \ldots \mid \ldots\bar{u}_{ir_i}(k-n_i)] \tag{4.6.32}$$

gebildet, wobei hierfür ein entsprechendes Hilfsmodell eingeführt werden muß.

Für die LS- und IV-Methode gelten nun ähnlich wie bei Eingrößensystemen die rekursiven Schätzgleichungen

$$\hat{\underline{p}}_i(k+1) = \hat{\underline{p}}_i(k) + \underline{q}_i(k+1)\varepsilon_i(k+1) \quad , \quad (4.6.33a)$$

$$\underline{q}_i(k+1) = \underline{P}_i(k)\underline{w}_i(k+1)[1 + \underline{m}_i^T(k+1)\underline{P}_i(k)\underline{w}_i(k+1)]^{-1} \quad , \quad (4.6.33b)$$

$$\underline{P}_i(k+1) = \underline{P}_i(k) - \underline{q}_i(k+1)\underline{m}_i^T(k+1)\underline{P}_i(k) \quad , \quad (4.6.33c)$$

$$\varepsilon_i(k+1) = y_i(k+1) - \underline{m}_i^T(k+1)\hat{\underline{p}}_i(k) \quad , \quad (4.6.33d)$$

wobei speziell im Falle der LS-Methode

$$\underline{w}_i(k+1) = \underline{m}_i(k+1) \quad (4.6.34)$$

gesetzt werden muß.

Anhand der Gln.(4.6.30) bis (4.6.34) ist ersichtlich, daß wegen der großen Anzahl von Meßwerten und zu schätzenden Parametern bei der Realisierung auf einem Prozeßrechner Probleme bezüglich Rechenzeit und Speicherplatzbedarf auftreten können, insbesondere bei zunehmender Anzahl von Eingangsgrößen r_i und Modellordnungen n_{ij}. So nimmt bei einem Teilmodellansatz mit $r_i = 5$ Eingängen und der Gesamtordnung $n_i = 16$ die Matrix $\underline{P}$ bereits die Dimension (96x96) an. Dieser Nachteil der großen Datenabspeicherung kann durch einen speicherplatzarmen und schnellen Algorithmus umgangen werden [4.44]. Dieser Algorithmus geht von Gl. (4.6.33a) aus, sofern dort $\underline{q}_i(k+1)$ gemäß Gl.(4.2.62b) durch

$$\underline{q}_i(k+1) = \underline{P}_i(k+1)\underline{m}_i(k+1) \quad (4.6.35)$$

ersetzt wird. In der so entstandenen Gleichung

$$\hat{\underline{p}}_i(k+1) = \hat{\underline{p}}_i(k) + \underline{P}_i(k+1)\underline{m}_i(k+1)\varepsilon_i(k+1) \quad (4.6.36)$$

wird die Matrix $\underline{P}_i$ nicht explizit, sondern nur in Verbindung mit dem Datenvektor $\underline{m}_i$ verwendet. Um den großen Speicherplatz für die Matrix $\underline{P}_i$ zu sparen, ist es zweckmäßiger, den Vektor des Produktes

$$\underline{k}_i(k+1) = \underline{P}_i(k+1)\underline{m}_i(k+1) \quad (4.6.37)$$

rekursiv zu entwickeln. Die rekursive Berechnung von $\underline{k}_i$ wird auch in [4.43] angegeben. Da dieses Verfahren mathematisch sehr aufwendig ist, eignet es sich nicht für Eingrößensysteme und zeigt seine Vorteile erst bei Mehrgrößensystemen mit mehreren Eingängen und einer größeren Ordnung n_i bei Verwendung des Teilmodellansatzes.

4.6.2.2. Parameterschätzung bei Verwendung des Einzelmodellansatzes

Da die Einzelmodelle Eingrößensysteme beschreiben, muß gegenüber den Schätzgleichungen für Eingrößensysteme - wie sie im Abschnitt 4.2 abgeleitet wurden - nur eine zusätzliche Indizierung eingeführt werden, um das jeweilige Einzelmodell zu kennzeichnen. Ausgehend von der Kenntnis des Ausgangssignals $\tilde{y}_{ij}(k)$ läßt sich aus Gl.(4.6.28) für das Einzelmodell ij der *Datenvektor*

$$\underline{m}_{ij}^T(k) = [-\tilde{y}_{ij}(k-1)\ldots-\tilde{y}_{ij}(k-n_{ij}) \mid \bar{u}_{ij}(k-1)\ldots\bar{u}_{ij}(k-n_{ij})] \tag{4.6.38a}$$

oder zusammengefaßt

$$\underline{m}_{ij}^T = [\underline{m}_{\tilde{y}_{ij}}^T \mid \underline{m}_{\bar{u}_{ij}}^T] \tag{4.6.38b}$$

und der *Parametervektor*

$$\underline{p}_{ij} = [a_{1,ij}\ \ldots\ a_{n_{ij},ij} \mid b_{1,ij}\ \ldots\ b_{n_{ij},ij}]^T \tag{4.6.39}$$

definieren. Führt man für die IV-Methode noch den *Hilfsvariablen-Vektor*

$$\underline{w}_{ij}^T(k) = [-y_{H,ij}(k-1)\ldots-y_{H,ij}(k-n_{ij}) \mid \bar{u}_{ij}(k-1)\ldots\bar{u}_{ij}(k-n_{ij})] \tag{4.6.40}$$

ein, so lassen sich für die LS- und die IV-Methode die Schätzgleichungen

$$\hat{\underline{p}}_{ij}(k+1) = \hat{\underline{p}}_{ij}(k) + \underline{q}_{ij}(k+1)\varepsilon_{ij}(k+1) \tag{4.6.41a}$$

$$\underline{q}_{ij}(k+1) = \underline{P}_{ij}(k)\underline{w}_{ij}(k+1)[1+\underline{m}_{ij}^T(k+1)\underline{P}_{ij}(k)\underline{w}_{ij}(k+1)]^{-1} \tag{4.6.41b}$$

$$\underline{P}_{ij}(k+1) = \underline{P}_{ij}(k) - \underline{q}_{ij}(k+1)\underline{m}_{ij}^T(k+1)\underline{P}_{ij}(k) \tag{4.6.41c}$$

$$\varepsilon_{ij}(k+1) = \tilde{y}_{ij}(k+1) - \underline{m}_{ij}^T(k+1)\hat{\underline{p}}_{ij}(k) \tag{4.6.41d}$$

angeben, wobei für die LS-Methode

$$\underline{w}_{ij}(k+1) = \underline{m}_{ij}(k+1)$$

gesetzt werden muß.

4.6.3. Einige praktische Gesichtspunkte

Die eigentlichen Probleme treten gewöhnlich bei der Identifikation realer Mehrgrößensysteme auf. Hierbei spielt zunächst die richtige *Wahl der Abtastzeit* der Signale eine wichtige Rolle. In einem Mehrgrößensystem besitzen die einzelnen Übertragungsglieder häufig ein sehr unterschiedliches dynamisches Verhalten, so daß die Wahl *einer* Abtastzeit z. B. nach Gl.(4.4.1) für alle Übertragungsglieder oft nicht geeignet ist. Nur bei Verwendung des Einzelmodellansatzes können verschiedene Abtastzeiten gewählt werden.

Bei einem großen System komplexer Struktur werden meist nur diejenigen Stellgrößen als *Eingangsgrößen* des Modells verwendet, die eine schnelle Prozeßbeeinflussung ermöglichen. Dadurch erreicht man zwar einerseits eine Modellreduktion und andererseits die Erfüllung der Identifizierbarkeitsbedingung der ständigen Erregung der Eingangssignale. Beachtet werden muß jedoch, daß dadurch eventuell wesentliche Einflußgrößen nicht erfaßt werden und somit im Modell als Störgrößen angenommen werden müssen.

Bei realen Prozessen, wie z. B. einem Hochofen oder einer chemischen Anlage, wird das Betriebspersonal eine ständige Erregung des Prozesses zum Zwecke einer Systemidentifikation kaum zulassen. Oftmals ist man dann auf *Messungen* angewiesen, die während eines sehr unruhigen Prozeßverlaufes entstanden sind, bei dem das Betriebspersonal u. U. viele Stellgrößenänderungen aufgrund irgendwelcher Störungen vornehmen mußte. Eventuell ist es dann auch notwendig, die gesamte Modellbildung auf der Grundlage mehrerer Meßreihen durchzuführen, wobei die Zeitinvarianz des Prozesses vorausgesetzt werden muß. Geht man davon aus, daß die Identifikation innerhalb eines normalen Prozeßablaufes stattfindet, dann ist der *Startzeitpunkt* so zu wählen, daß die Ausgangsgrößen bezogen auf die Signalmittelwerte möglichst zu Null werden und nach Beginn der Messung die dynamischen Anteile aller Einzelmodelle möglichst stark und mindestens über einen Zeitraum von $50 \cdot n$ Abtastungen (n = Gesamtmodell-Ordnung) erregt werden. Da dies bei realen Prozessen nur selten möglich ist, sollte man bei den zu Beginn nicht erregten Einzelmodellen stets eine grobe Fehlerabschätzung vornehmen.

Weitere Probleme treten bei der Bestimmung der Ordnung der Einzelmodelle eines Mehrgrößensystems auf. Hierbei hat sich als Strukturprüfverfahren besonders der Polynomtest [4.43] sowie der kombinierte Polynom- und Dominanztest als sehr zuverlässig erwiesen.

Können die Eingangssignale eines Mehrgrößensystems künstlich erregt werden, so eignen sich als Testsignale binäre Pseudorauschsignale (PRBS-Signale), die allerdings eine gewisse zeitliche Verschiebung gegeneinander aufweisen müssen, um eine Korrelation zu vermeiden [4.45].

Abschließend sollte darauf hingewiesen werden, daß das Problem der Identifikation in geschlossener Regelkreisstruktur und von zeitvarianten Mehrgrößensystemen mit Hilfe von Parameterschätzverfahren bisher noch nicht befriedigend gelöst ist.

5. Adaptive Regelsysteme

5.1. Strukturen adaptiver Regelsysteme

5.1.1. Problemstellung

Die meisten Verfahren zum Entwurf von Regelsystemen setzen eine zeitinvariante Regelstrecke voraus. Häufig aber ändert sich entweder das dynamische Verhalten von Regelstrecken während des Betriebs oder es ist a priori unbekannt. Um trotz zeitlich veränderlichem oder unbekanntem Verhalten der Regelstrecke im Sinne eines Gütekriteriums ein optimales Gesamtverhalten des Regelkreises zu erzielen, muß entweder ein *unempfindlicher* (oder *robuster*) Reglerentwurf gewählt werden, oder es müssen Regler eingesetzt werden, die ihre Eigenschaften (z. B. Struktur und Parameter) dem zeitvarianten oder unbekannten Regelstreckenverhalten anpassen können. Im Falle von relativ großen und unvorhersehbaren Parameteränderungen oder bei großen Parameterunsicherheiten eignen sich vor allem *selbstanpassende* oder *adaptive* Regelsysteme. Adaptive Regelsysteme stellen eine natürliche Erweiterung des klassischen Regelungsprinzips dar. Gemäß Bild 5.1.1 wird dem Grundregelkreis ein adaptives System (Anpassungssystem) überlagert. Aufgrund einer direkten oder indirekten *Identifikation* werden über einen *Entscheidungsprozeß* in einer *Modifikationsstufe* die einstellbaren Parameter während des Prozeßablaufs ständig selbsttätig angepaßt. Diese drei Stufen, welche die Identifikation, den Entscheidungsprozeß und die Modifikation umfassen, sind typisch für den Ablauf des Adaptionsvorganges. Je nach der Art der Realisierung dieser 3 Stufen ergeben sich unterschiedliche Strukturen adaptiver Regelsysteme.

Um die Funktionsweise eines adaptiven Regelsystems zu veranschaulichen, soll nachfolgend ein einfaches Beispiel behandelt werden.

Beispiel 5.1.1 [5.1]:

Es wird zunächst ein nicht adaptiver Regelkreis mit den Übertragungsfunktionen der Regelstrecke $K_S G_S'(s)$ und des Reglers $K_R G_R'(s)$ betrachtet, wobei K_S und K_R entsprechende Verstärkungsfaktoren darstellen. Der Verstärkungsfaktor K_S der Regelstrecke möge sich langsam, aber in nicht bekannter Weise ändern. Nun soll ein adaptives Regelsystem so

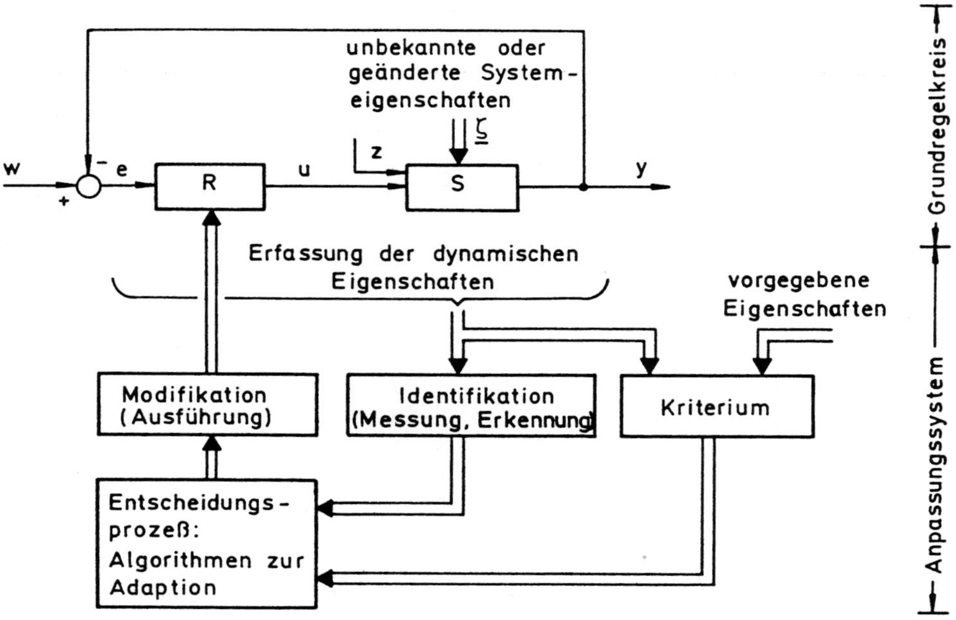

Bild 5.1.1. Adaptives Regelsystem (R Regeleinrichtung; S Regelstrecke)

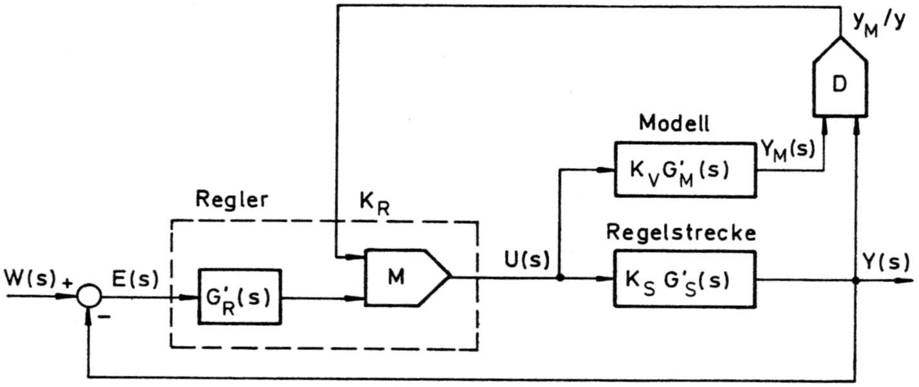

Bild 5.1.2. Adaptives Regelsystem mit variabler Regelstreckenverstärkung

entworfen werden, daß über die Anpassung des Verstärkungsfaktors $K_R(t)$ die Kreisverstärkung des offenen Systems

$$K_o = K_R(t)\ K_S(t) = K_V \tag{5.1.1}$$

konstant gehalten werden kann, wobei K_V ein fest vorgegebener Wert sein soll. Die Realisierung eines adaptiven Regelsystems zur Lösung dieser Aufgabe zeigt Bild 5.1.2. Die Stellgröße u wird nicht nur der Regelstrecke, sondern auch einem Modell der Regelstrecke mit der Übertragungsfunktion $K_V G_M'(s)$ zugeführt, wobei bereits vorausgesetzt sei, daß für den dynamischen Anteil

$$G_M'(s) = G_S'(s) \tag{5.1.2}$$

gilt. Die Ausgangssignale y und y_M von Regelstrecke und Modell werden einer Division unterzogen. Als Quotient erhält man daraus gerade

$$\frac{y_M}{y} = \frac{K_V}{K_S} = K_R \quad . \tag{5.1.3}$$

Da aber im offenen Regelkreis zum Erreichen der gewünschten Kreisverstärkung K_o gerade der Faktor K_V/K_S fehlt, kann der Ausgang des Dividierers D direkt zur Modifikation des Reglers über einen Multiplizierer M benutzt werden. Die Kreisverstärkung K_o ist durch die Adaption des Reglers trotz zeitlichen Änderungen der Regelstreckenverstärkung

$$K_S = K_S(t) \tag{5.1.4}$$

zeitlich konstant. Die *Identifikation* der zeitvarianten Größe $K_S(t)$ erfolgt hierbei durch den Vergleich der Ausgangssignale von Regelstrecke y(t) und Modell $y_M(t)$ über den Dividierer. Zum *Entscheidungsprozeß* zählt die Kenntnis, daß sich aus der Division der gesuchte variable Reglerverstärkungsfaktor gewinnen läßt. Außerdem gehört hierzu auch die Forderung

$$K_o = \text{const} \tag{5.1.5}$$

für die Kreisverstärkung. Die *Modifikation* wird durch den Multiplizierer realisiert. ■

Bei diesem sehr einfachen einführenden Beispiel wurde bereits vorausgesetzt, daß das dynamische Verhalten der Regelstrecke außer der variablen Verstärkung K_S bekannt sei, wodurch erst der Aufbau des Modells gemäß Gl.(5.1.2) möglich wird. Dadurch werden der Entscheidungsprozeß und die Modifikation des Reglers sehr einfach. Es ist aber leicht einzusehen, daß der Aufwand für ein adaptives Regelsystem erheblich anwächst, wenn derart einfache Voraussetzungen nicht mehr gegeben sind, z. B. bei zeitlich veränderlichen Zeitkonstanten der Regelstrecke.

Betrachtet man die Entwicklung adaptiver Regelsysteme seit etwa 1950, dann war die erste Periode bis ca. 1966 gekennzeichnet durch einen stürmischen Start auf theoretischem Gebiet, der teilweise zu übersteigerten Erwartungen bezüglich der Einsatzmöglichkeiten adaptiver Regelsysteme führte. Das spürbare Nachlassen der Forschungsaktivitäten zu Ende der sechziger Jahre war vor allem auch dadurch bedingt, daß mit der damals verfügbaren analogen Gerätetechnik adaptive Regelsysteme für einen industriellen Einsatz wirtschaftlich kaum realisierbar waren [5.2]. Dies hat sich seit dem Vordringen digitaler Prozeßrechner insbesondere von Klein- und Mikrorechnern in das Gebiet der Regelungstechnik geändert. Die digitale Rechentechnik bietet für die Realsisierung adaptiver Regelsysteme wesentlich günstigere und preiswertere Möglichkeiten als die analoge Technik. Das Interesse an der Weiterentwicklung von Entwurfsverfahren und praktischen Realisierungen nimmt daher heute wieder stark zu, jedoch mit Zielsetzungen, die realistischer sind als früher. Obwohl man in der theoretischen Entwicklung von systematischen Entwurfsverfahren [5.2] beachtliche Fortschritte erzielt hat, wurden allerdings bisher moderne adaptive Verfahren in der industriellen Praxis noch relativ wenig eingesetzt [5.3 bis 5.7].

5.1.2. Drei wichtige Grundstrukturen

Adaptive Regelsysteme lassen sich entsprechend ihrer Wirkungsweise und ihrem Ausführungsprinzip in drei Grundstrukturen unterteilen, die nachfolgend angegeben werden.

5.1.2.1. Verfahren der geregelten Adaption mit parallelem Vergleichsmodell

Je nach der Art und Anordnung des Vergleichsmodells [5.8] gibt es verschiedene Möglichkeiten zur Realisierung adaptiver Regelsysteme. Die im Bild 5.1.3 dargestellte Struktur mit parallelem Vergleichsmodell spielt eine besonders wichtige Rolle. Bei dieser Struktur besteht die Aufgabe der Adaption darin, das Verhalten des Grundregelkreises durch Veränderung der Reglerparameter bei sich ändernden oder unbekannten Parametern der Regelstrecke stets an ein *fest vorgegebenes Modellverhal-*

ten anzupassen. Der Grundregelkreis und das Modell erhalten dasselbe Eingangssignal w(t). Die beiden Ausgangssignale von Modell $y_M(t)$ und Grundregelkreis y(t) werden miteinander verglichen und daraus das Feh-

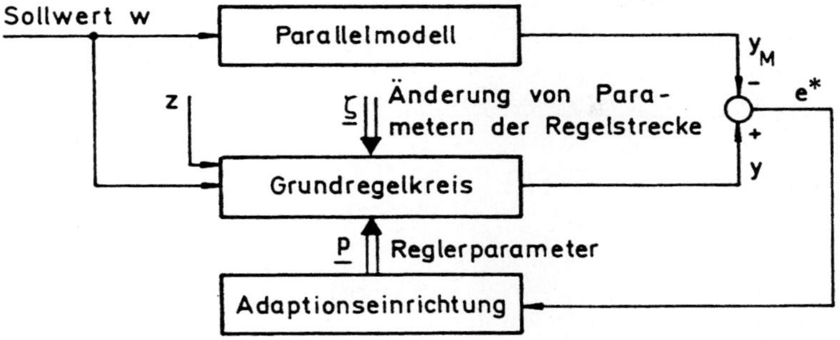

Bild 5.1.3. Adaptives Regelsystem mit parallelem Vergleichsmodell

lersignal $e^*(t)$ gebildet. Dieses Fehlersignal $e^*(t)$ wird der Adaptionseinrichtung zugeführt, über die die Reglerparameter so lange verändert werden bis $e^*(t)$ hinreichend klein wird oder ein vorgegebenes Gütekriterium erfüllt wird.

5.1.2.2. Verfahren der geregelten Adaption ohne Vergleichsmodell

Die Struktur dieser Verfahren beruht auf dem in Bild 5.1.4 dargestellten Blockschema. Änderungen der Parameter der Regelstrecke werden in einer Identifikationsstufe erkannt. In einer Adaptionseinrichtung (Ent-

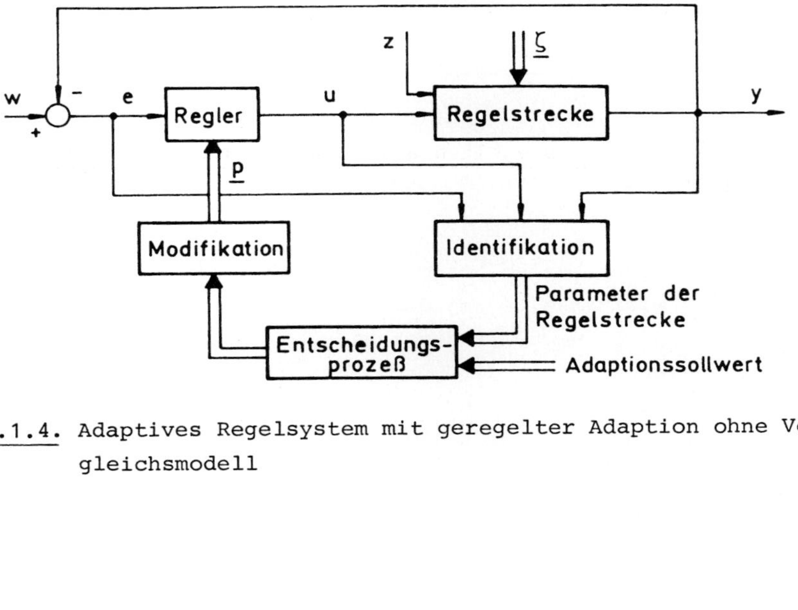

Bild 5.1.4. Adaptives Regelsystem mit geregelter Adaption ohne Vergleichsmodell

scheidungsprozeß und Modifikation) werden in Abhängigkeit von dem gewählten Gütekriterium die Reglerparameter ermittelt und im Regler angepaßt. Hierbei wird die Auswirkung des Adaptionsvorganges in einem geschlossenen Kreis auf den Entscheidungsprozeß zurückgemeldet.

5.1.2.3. Verfahren der gesteuerten Adaption

Ist das Verhalten eines Regelsystems für unterschiedliche Parameteränderungen $\underline{\zeta}$ der Regelstrecke und Störungen z bekannt, dann ist es oft möglich, die erforderliche Anpassung der Reglerparameter $\underline{p}$ über eine zuvor berechnete *feste Zuordnung* vorzunehmen. Diese feste Zuordnung oder Vorprogrammierung wird in der englischsprachigen Fachliteratur auch als "parameter scheduling" bezeichnet. Da bei derartigen Systemen die Reglereinstellwerte den Eigenschaften der Prozeßeingangsgrößen (z. B. Arbeitspunktverschiebungen) ständig angepaßt werden, müssen sie ebenfalls zu den adaptiven Systemen gezählt werden. Man erkennt aber aus Bild 5.1.5, daß die überlagerte Adaptionseinrichtung keine Regelung sondern eine Steuerung darstellt. Die Auswirkung der Adaption der Reglerparameter $\underline{p}$ wird hier nicht wieder zurückgeführt und kann somit auch

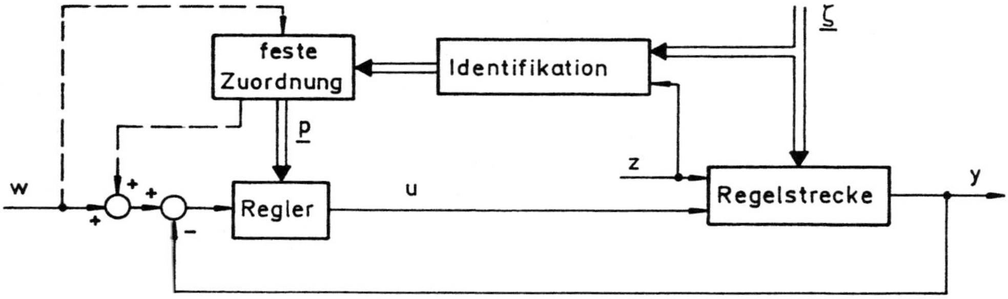

Bild 5.1.5. Prinzip der gesteuerten Adaption

nicht mehr korrigiert werden. Anstelle der Parameter $\underline{p}$ kann auch der Sollwert w angepaßt werden.

Die Bildung des funktionalen Zusammenhangs zwischen den Größen $\underline{\zeta}$, z und unter Umständen w einerseits und dem Parametervektor $\underline{p}$ oder eventuell dem anzupassenden Sollwert w andererseits kann meist nur auf der Grundlage einer genauen Kenntnis des Verhaltens der Regelstrecke erfolgen. Aufgrund dieser Kenntnis kann nun für jede Situation von $\underline{\zeta}$, z und w eine feste Zuordnungsvorschrift bezüglich $\underline{p}$ (oder w) aufgestellt werden, die in der überlagerten adaptiven Steuerung gespeichert wird. Aufgrund dieser festen Zuordnung kann eine schnelle Anpassung des Grundregelkreises durchgeführt werden.

Der gerätetechnische Aufwand zur Realisierung solcher gesteuerter adaptiver Systeme ist meist gering. Ist das Verhalten der Regelstrecke bekannt und können die äußeren Einflußgrößen gemessen werden, dann reicht eine gesteuerte Adaption voll aus. Dies trifft in vielen Fällen in der Energie-, Verfahrens-, Antriebs- und Luftfahrttechnik zu.

5.1.3. Extremwertregelsysteme

Extremwertregelsysteme stellen wohl die früheste Form selbstanpassender Regelsysteme dar [5.9]. Die bisherigen Anwendungsfälle haben gezeigt, daß praktische Anwendungen von Extremwertregelsystemen immer dann entstehen, wenn ein Prozeß so geführt werden soll, daß irgend ein Gütekriterium in optimaler Weise erfüllt wird. Das Gütekriterium wird dabei meist durch *statische Größen* bestimmt. Da der optimale statische Arbeitspunkt gewöhnlich ein Maximum oder Minimum der betreffenden Optimierungsgröße (z. B. Gewinn, Wirkungsgrad, Qualität usw.) ist, wird eine Anordnung zur selbsttätigen Einstellung des Extremwertes als Extremwertregelsystem bezeichnet.

Die Aufgabe einer Extremwerteinstellung besteht darin, durch Veränderung der beeinflußbaren Prozeßeingangsgrößen, z. B. der Sollwerte, die Optimierungsgröße I_o auf ihr Maximum oder Minimum zu bringen. Da äußere Störungen und Parameteränderungen des Prozesses den Extremwert der Optimierungsgröße beeinflussen, muß eine ständige Anpassung der Eingangsgrößen erfolgen.

Die typische Eigenschaft eines Extremwertregelsystems besteht in dem nichtlinearen Zusammenhang zwischen der Optimierungsgröße I_o und den diese beeinflussenden Prozeßeingangsgrößen. Für den einfachen Fall einer einzigen I_o beeinflussenden Prozeßeingangsgröße, z. B. einem Sollwert w_o, ist eine derartige nichtlineare Charakteristik im Bild 5.1.6 dargestellt. Bei solchen stationären Zusammenhängen kann meist das dynamische Prozeßverhalten vernachlässigt werden. Die Ausgangsgröße wird dann nur von dem augenblicklichen Wert der Eingangsgröße abhängen. Gewöhnlich wird ein Extremwertregelsystem durch eine Suchstrategie, z. B. mittels diskreter Testschritte, stetiger Testsignale oder selbsterregten Schwingungen, realisiert.

Bei der Verwendung einer *Suchstrategie* mit diskreten Testschritten verstellt der Extremwertregler in einzelnen *Such-* oder *Probeschritten* aufgrund der dauernden Beobachtung der Optimierungsgröße die beeinflußba-

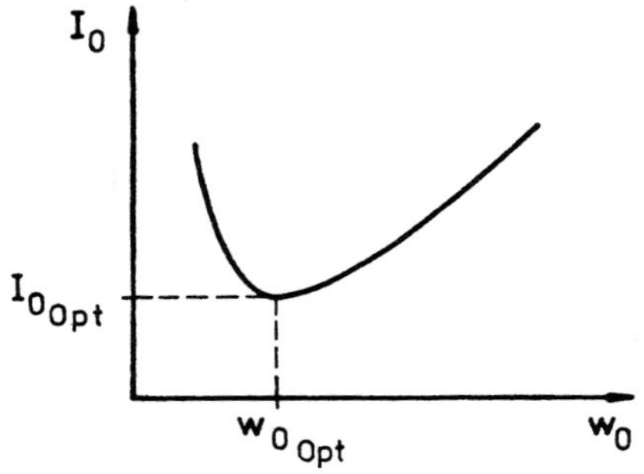

Bild 5.1.6. Nichtlineare Charakteristik eines Extremwertregelsystems mit I_{opt} als Extremwert

ren Prozeßeingangsgrößen so, daß die Optimierungsgröße auf ihrem Extremwert gehalten wird. Anhand eines Beispiels soll nachfolgend die Arbeitsweise eines derartigen Systems näher erläutert werden.

Beispiel 5.1.2 [5.10]:

Die Temperatur eines Verbrennungsprozesses hängt stark vom Brennstoff-Luft-Verhältnis ab. Für einen konstanten Brennstoffstrom wird die wirtschaftliche Verbrennung bzw. die maximale Flammentemperatur nur bei einer bestimmten Luftmenge erreicht. Im Bild 5.1.7 ist dieser nichtlineare Zusammenhang zwischen der Temperatur als Optimierungsgröße I_o und der Luftmenge als beeinflußbare Prozeßeingangsgröße w_o in Abhängigkeit vom Heizwert des Gases dargestellt. Die Arbeitsweise dieses Verbrennungsprozesses erfolgt nur dann optimal, wenn eventuelle Schwankungen des Heizwertes durch eine automatische Änderung des Zuluftstromes ausgeglichen werden.

Den Aufbau des Extremwertregelsystems, das in diskreten Testschritten den optimalen Verbrennungsprozeß einer Feuerung einstellt, zeigt Bild 5.1.8a. In dem Speicherglied wird jeweils der Wert $I_{o,n-1}$ der Optimierungsgröße (Flammentemperatur) des vorhergehenden Schrittes gespeichert und zu Beginn eines neuen Schrittes mit dem folgenden Wert $I_{o,n}$ verglichen. Das Vorzeichen dieses Vergleichswertes betätigt nun den Zweipunktschalter eines Stellmotors, der über das Stellventil den Luftstrom beeinflußt. Durch diesen systematischen Suchvorgang führt der Extrem-

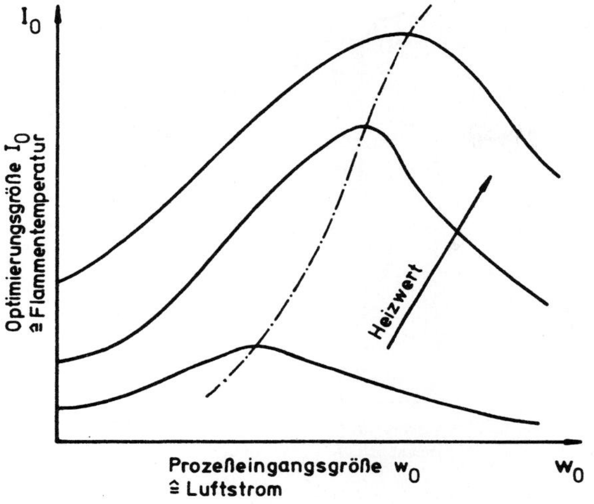

Bild 5.1.7. Abhängigkeit der Flammentemperatur vom Luftstrom und Heizwert bei konstantem Gasstrom

wertregler die Optimierungsgröße schrittweise auf ihren Maximalwert. Der zeitliche Verlauf dieses Einstellvorganges ist im Bild 5.1.8b dargestellt. ■

5.1.4. Die wichtigsten Entwurfsprinzipien

Die wichtigsten Entwurfsprinzipien für adaptive Regelsysteme beruhen auf der Theorie des sogenannten *"Self-tuning"-Reglers* und dem Verfahren des *Modellvergleichs*. Auf beide Prinzipien soll nachfolgend kurz eingegangen werden.

5.1.4.1. Der "Self-tuning"-Regler (ST-Regler)

Das Prinzip dieses Reglers geht unmittelbar aus Bild 5.1.4 hervor. Der ST-Regler besteht aus zwei Regelkreisen, dem inneren Grundregelkreis und dem äußeren, übergeordneten adaptiven Regelsystem. Die Identifikationsstufe des adaptiven Regelsystems besteht gewöhnlich aus einem rekursiven Parameterschätzverfahren. Der Entscheidungsprozeß und die Modifikationsstufe enthalten das eigentliche Entwurfsprinzip, das hier in einer "on-line"-Reglersynthese für eine Regelstrecke besteht, deren Parameter aufgrund des Ergebnisses der Identifikationsstufe bekannt

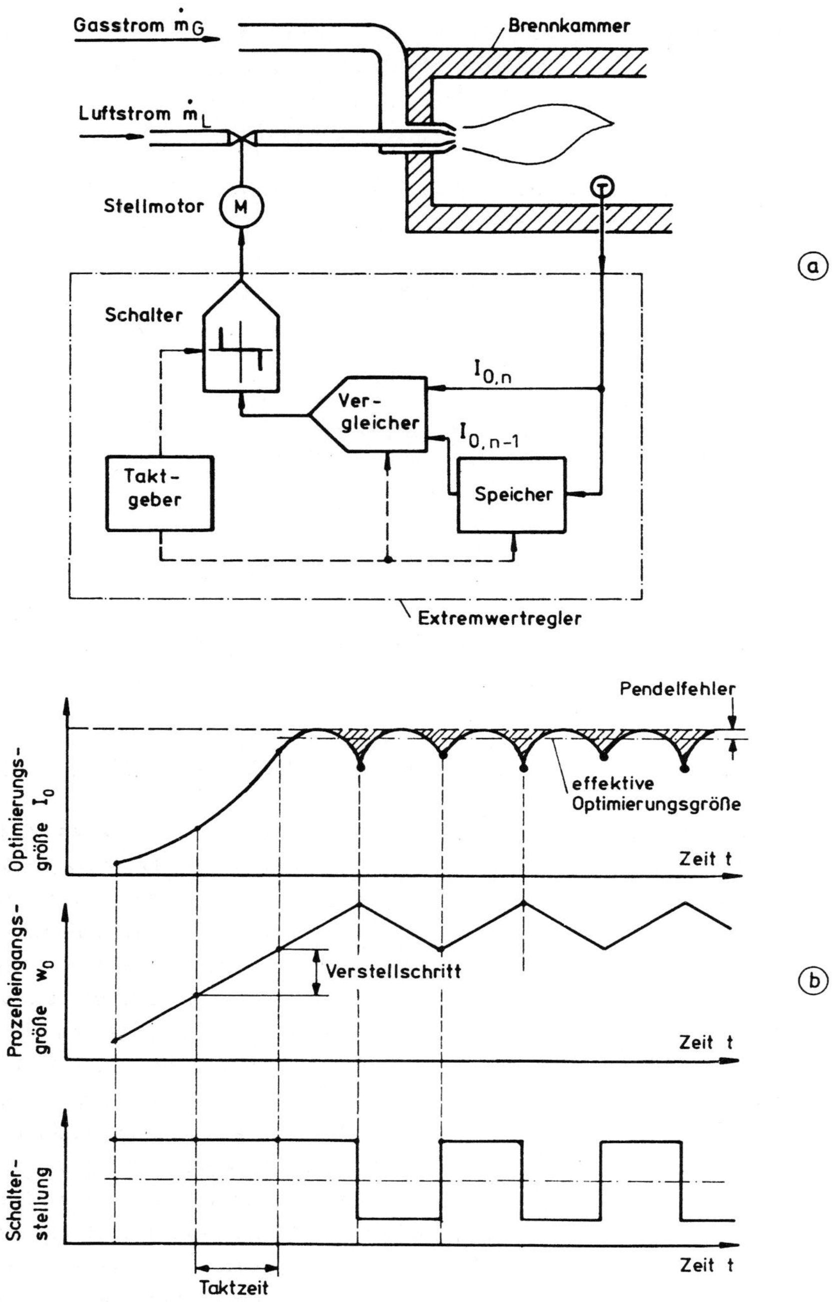

Bild 5.1.8. Prinzipieller Aufbau (a) und zeitlicher Verlauf (b) einer einfachen Extremwertregelung

sind. Dieses Entwurfsprinzip kann auf sehr verschiedene Arten realisiert werden, so z. B. durch Vorgabe der Phasen- und Amplitudenreserve, durch Polfestlegung, durch Verwendung einer "Minimum-Varianz"-Regelstrategie oder einer optimalen Zustandsregelung.

Die Blockstruktur von Bild 5.1.4 stellt einen *indirekten* bzw. *expliziten ST-Regler* dar, da er auf der Basis eines expliziten Modells der Regelstrecke entworfen wird. Hierbei sind die Identifikation und die Regleranpassung getrennte Vorgänge. Häufig ist es möglich, die Reglerparameter direkt zu identifizieren, ohne die Parameter der Regelstrecke zu bestimmen. Der so entworfene ST-Regler beruht dann auf einem impliziten Modell der Regelstrecke und wird deshalb auch als *direkter* bzw. *impliziter ST-Regler* bezeichnet. Derartige implizite ST-Regler erlauben eine beträchtliche Vereinfachung des Algorithmus für die Adaption.

Obwohl das Prinzip des ST-Reglers bereits 1958 von Kalman [5.11] vorgeschlagen wurde, wurde es erst 1973 von Aström und Wittenmark [5.12] zusammen mit rekursiven Parameterschätzverfahren als stochastischer Reglerentwurf eingeführt und 1975 durch Clarke und Gawthrop [5.13] erweitert. Der ST-Regler hat sich wegen seiner Flexibilität und einfachen Funktionsweise auch in der industriellen Praxis bereits bewährt [5.7].

5.1.4.2. Regleradaption durch Modellvergleich

Modelladaptive Verfahren lassen sich nicht in eine so allgemeine Struktur wie ST-Regler einordnen, da verschiedene Möglichkeiten für den erforderlichen Modellvergleich existieren, z. B. Modellvergleich des Regelstreckenverhaltens oder des Führungsverhaltens für den gesamten Regelkreis [5.14]. Für die weiteren Betrachtungen sei ein festes, paralleles Vergleichsmodell für das Führungsverhalten angenommen. Diese Struktur entspricht der Darstellung von Bild 5.1.3. Der Entwurf dieser Art von adaptiven Regelsystemen beruht gewöhnlich auf einer deterministischen Betrachtungsweise.

Das Hauptproblem bei diesen modelladaptiven Regelverfahren besteht im Entwurf eines stabilen Anpassungssystems für die Reglerparameter in der Art, daß das Fehlersignal $e^*(t)$ verschwindet oder zumindest minimal wird. Diese Aufgabe ist nicht einfach zu lösen, zumal es sich bei adaptiven Regelsystemen - insbesondere aufgrund der multiplikativen Signalverknüpfungen in der Modifikationsstufe zum Anpassen der Reglerparameter - stets um hochgradig nichtlineare Systeme handelt. Wie später gezeigt wird, kann der Entwurf derartiger adaptiver Regelsysteme anhand vergleichsweise aufwendiger Stabilitätsbetrachtungen durchgeführt werden.

Modelladaptive Regelsysteme wurden erstmals von Whitaker 1958 [5.15] vorgeschlagen. Erst wesentlich später wurde das Problem des Entwurfs stabiler modelladaptiver Systeme gelöst [5.14; 5.16 bis 5.19]. Obwohl ST-Regler und modelladaptive Regler von sehr unterschiedlichen Entwurfsprinzipien ausgehen, ist gerade in jüngster Zeit der Nachweis gelungen, daß beide Reglertypen große Ähnlichkeiten aufweisen und in Sonderfällen sogar identisch sind [5.3; 5.20 bis 5.22]. Beide Entwurfsverfahren liefern stark nichtlineare Regelsysteme, bei deren Entwurf folgende wichtige Probleme jeweils geklärt werden müssen:

- die Stabilität des Gesamtsystems,
- die Konvergenz der Reglerparameter sowie
- der Einfluß von Störgrößen.

Für beide hier erwähnten adaptiven Regelverfahren sollen in den nachfolgenden Kapiteln die wichtigsten Entwurfsprinzipien behandelt werden, die die Lösung obiger Problemstellungen enthalten.

5.2. Das Prinzip des "Self-tuning"-Reglers

Das Prinzip des "Self-tuning"-Reglers für minimale Varianz beruht auf dem von Aström [5.23] 1970 eingeführten Minimum-Varianz-Regler, der nachfolgend zunächst hergeleitet werden soll.

5.2.1. Der Minimum-Varianz-Regler (MV-Regler)

5.2.1.1. Herleitung des MV-Reglers

Für die weiteren Betrachtungen wird der im Bild 5.2.1 dargestellte Regelkreis mit den zugehörigen diskreten Übertragungsfunktionen zugrunde gelegt. Dabei beschreibt das Eingangssignal des Störmodells der Regelstrecke ε ein diskretes weißes Rauschsignal mit dem Mittelwert Null und der Streuung σ_ε. Der Regler hat nun die Aufgabe, die Varianz der Regelgröße gemäß Gl. (1.1.21)

$$\sigma_y^2 = E\{[y - \bar{\bar{y}}]^2\} \qquad (5.2.1)$$

zu minimieren. Da $\bar{\bar{y}}$ dem Sollwert w entspricht, kann Gl. (5.2.1) auch durch die Regelabweichung $e = w - y$ in der Form

$$E\{[e]^2\} \overset{!}{=} \text{Min} \tag{5.2.2}$$

ausgedrückt werden. Zunächst soll nur das Störverhalten des Regelkrei-

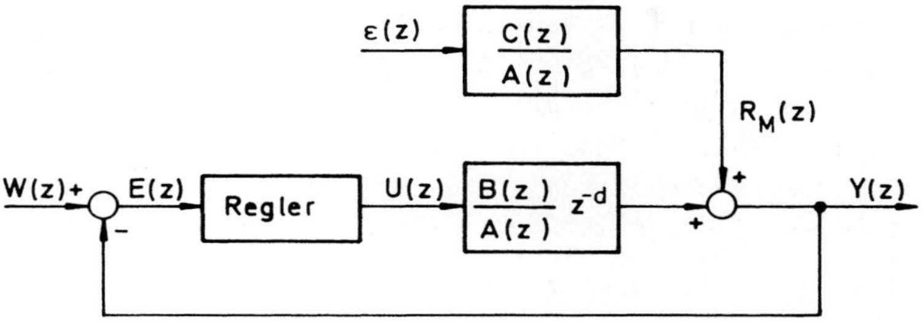

Bild 5.2.1. Regelkreis mit Störmodell

ses betrachtet werden, so daß der Einfachheit halber der Sollwert

$$w = 0 \quad , \tag{5.2.3}$$

gesetzt werden kann.

Damit lautet das der Regelung zugrunde liegende Gütekriterium

$$E\{[e]^2\} = E\{[y]^2\} \overset{!}{=} \text{Min} \quad . \tag{5.2.4}$$

Die Regelgröße ergibt sich anhand von Bild 5.2.1 zu

$$Y(z) = \frac{B(z)}{A(z)} z^{-d} U(z) + \frac{C(z)}{A(z)} \varepsilon(z) \quad , \tag{5.2.5}$$

wobei ähnlich wie im Kapitel 4 die Polynome A(z), B(z) und C(z) durch

$$A(z) = 1 + a_1 z^{-1} + \ldots + a_n z^{-n} \tag{5.2.6a}$$

$$B(z) = b_o + b_1 z^{-1} + \ldots + b_m z^{-m} \quad , \quad b_o \neq 0 \tag{5.2.6b}$$

$$C(z) = 1 + c_1 z^{-1} + \ldots + c_n z^{-n} \tag{5.2.6c}$$

mit $m < n$ definiert sind *) und $d \geq 1$ die Totzeit der nichtsprungfähigen Regelstrecke beschreibt. Bei sprungfähigen Regelstrecken, die in der

*) Wegen der kürzeren Schreibweise der Polynomausdrücke wird deren Argument im weiteren nicht durch z^{-1}, sondern nur durch z gekennzeichnet.

Praxis seltener auftreten und daher im weiteren auch nicht betrachtet werden, müßte $d = 0$ gesetzt werden, wovon man sich leicht überzeugen kann. Nun läßt sich Gl. (5.2.5) unmittelbar in die prädiktive Form

$$z^d\, Y(z) = \frac{B(z)}{A(z)}\, U(z) + \frac{C(z)}{A(z)}\, z^d\, \varepsilon(z) \qquad (5.2.7)$$

bringen. Entwickelt man $1/A(z)$ in eine unendliche Reihe mit Potenzen von z^{-1}, dann erkennt man, daß der zweite Term auf der rechten Seite dieser Gleichung, der die stochastische Störung enthält, sich in zwei Teile zerlegen läßt, nämlich einen Term $\varepsilon(k+i)$ $i = 1, 2, \ldots, d$ mit den in der Zukunft liegenden Komponenten der Störung (bezogen auf den aktuellen Zeitpunkt k), sowie einen weiteren Term $\varepsilon(k-j)$ $j = 0, 1, \ldots$, der die bereits zum Zeitpunkt k wirksamen Komponenten der Störung aus der Vergangenheit enthält. Während die augenblicklichen und die zurückliegenden Störungskomponenten einfach anhand von Gl. (5.2.5) und den gemessenen Ein- und Ausgangsgrößen $u(k)$ und $y(k)$ durch

$$\varepsilon(z) = \frac{A(z)}{C(z)}\, Y(z) - \frac{B(z)}{C(z)}\, z^{-d}\, U(z) \qquad (5.2.8)$$

ermittelt werden können, sind die künftigen Störungskomponenten nicht vorhersagbar, da $\varepsilon(k)$ weißes Rauschen darstellt. Zweckmäßigerweise wird daher in Gl. (5.2.7) die Störungsübertragungsfunktion durch den Ansatz

$$\frac{C(z)}{A(z)} = F(z) + z^{-d}\, \frac{K(z)}{A(z)} \qquad (5.2.9)$$

ersetzt, wobei die Polynome

$$F(z) = 1 + f_1 z^{-1} + \ldots + f_{d-1} z^{-d+1} \qquad (5.2.10)$$

$$K(z) = k_0 + k_1 z^{-1} + \ldots + k_{n-1} z^{-n+1} \qquad (5.2.11)$$

immer eindeutig sind. Umgeschrieben erhält man aus Gl. (5.2.9) als Polynomgleichung die von Aström [5.23] eingeführte "Identität"

$$C(z) = A(z)\, F(z) + z^{-d}\, K(z) \quad . \qquad (5.2.12)$$

Wird Gl. (5.2.7) mit $A(z)\, F(z)$ multipliziert

$$A(z)\, F(z)\, z^d\, Y(z) = F(z)\, B(z)\, U(z) + F(z)\, C(z)\, z^d\, \varepsilon(z)$$

und dann auf der linken Gleichungsseite $A(z)\, F(z)$ anhand der Gl. (5.2.12) ersetzt, so folgt

$$C(z)\, z^d\, Y(z) - K(z)\, Y(z) = F(z)\, B(z)\, U(z) + F(z)\, C(z)\, z^d\, \varepsilon(z)$$

oder umgeschrieben

$$z^d\, Y(z) = \frac{K(z)}{C(z)}\, Y(z) + \frac{F(z)B(z)}{C(z)}\, U(z) + F(z)\, z^d\, \varepsilon(z) \quad . \tag{5.2.13}$$

Die Rücktransformation von Gl.(5.2.13) in den Zeitbereich liefert unter Beachtung der Gl.(5.2.10)

$$y(k+d) = \mathcal{Z}^{-1}\left\{\frac{K(z)}{C(z)}\, Y(z) + \frac{F(z)B(z)}{C(z)}\, U(z)\right\} + \varepsilon(k+d) + \sum_{i=1}^{d-1} f_i\, \varepsilon(k+d-i) . \tag{5.2.14}$$

Anhand dieser Beziehung ist ersichtlich, daß durch die Stellgröße zum Zeitpunkt k, also u(k), die Regelgröße erst zum Zeitpunkt k+d, also y(k+d), beeinflußt werden kann. Inzwischen wirken aber Störungen auf die Regelgröße. Wäre zum Zeitpunkt k eine genaue Prädiktion der künftigen Störungen möglich, dann ließe sich u(k) so wählen, daß diese Störungen unterdrückt werden. Damit könnte zum Zeitpunkt k anhand der Meßwerte eine genaue Vorhersage der Regelgröße y(k+d), die mit $y(k+d|k)$ bezeichnet werden soll, gemacht werden. Da eine genaue Vorhersage jedoch nicht möglich ist, begnügt man sich mit einer optimalen. Bezeichnet man die optimale Vorhersage von y(k+d) mit $y^*(k+d|k)$, so gilt

$$y(k+d) = y^*(k+d|k) + \tilde{y}(k+d|k) \quad , \tag{5.2.15}$$

wobei $\tilde{y}$ den Vorhersagefehler darstellt, der nur von dem stochastischen Störterm abhängig ist. Führt man diese Beziehung in Gl.(5.2.14) ein, so erhält man unmittelbar

$$y^*(k+d|k) = \mathcal{Z}^{-1}\left\{\frac{K(z)}{C(z)}\, Y(z) + \frac{F(z)B(z)}{C(z)}\, U(z)\right\} \tag{5.2.16}$$

und

$$\tilde{y}(k+d|k) = \varepsilon(k+d) + \sum_{i=1}^{d-1} f_i\, \varepsilon(k+d-i) \quad . \tag{5.2.17}$$

Gemäß dem oben formulierten Optimierungsproblem muß die Stellgröße zur Zeit k, also u(k), so gewählt werden, daß die Varianz der Regelgröße zum Zeitpunkt k+d minimal wird. Es gilt somit

$$\sigma_y^2 = E\{[y(k+d) - \bar{\bar{y}}(k+d)]^2\} \overset{!}{=} \text{Min} \tag{5.2.18}$$

bzw. unter der zuvor schon getroffenen vereinfachten Voraussetzung $w(k) = 0$

$$\sigma_y^2 = E\{[y(k+d)]^2\} \overset{!}{=} \text{Min} \quad . \tag{5.2.19}$$

Unter Berücksichtigung der Gl.(5.2.15) folgt dann

$$E\{[y(k+d)]^2\} = E\{[y^*(k+d|k) + \tilde{y}(k+d|k)]^2\} \overset{!}{=} \text{Min} \quad . \tag{5.2.20}$$

Da $\tilde{y}(k+d|k)$ von u(k) nicht beeinflußbar ist, erhält man offensichtlich das Minimum der Gl.(5.2.20) für

$$y^*(k+d|k) = 0 \quad . \tag{5.2.21}$$

Mit dieser Bedingung ergibt sich aber aus Gl.(5.2.16) direkt das gesuchte Stellgesetz des Minimum-Varianz-Reglers

$$U(z) = -\frac{K(z)}{F(z)B(z)}\,Y(z) \quad . \tag{5.2.22}$$

Unter Berücksichtigung der Gl.(5.2.3), d. h. mit $Y(z) = -E(z)$, folgt dann aus Gl.(5.2.22) als *Übertragungsfunktion des MV-Reglers*

$$\frac{U(z)}{E(z)} = \frac{K(z)}{F(z)B(z)} \quad . \tag{5.2.23}$$

Dieser Regler ist optimal im Sinne des "Gütekriteriums" gemäß Gl. (5.2.20).

Anschaulich bedeutet die minimale Varianz der stochastisch gestörten Regelgröße y eine Häufung der zugehörigen Wahrscheinlichkeitsdichtefunktion f(y) um den Mittelwert $\bar{\bar{y}}$, der im vorliegenden Falle durch den Sollwert w gegeben ist entsprechend Bild 5.2.2. Besitzt die Regelgröße

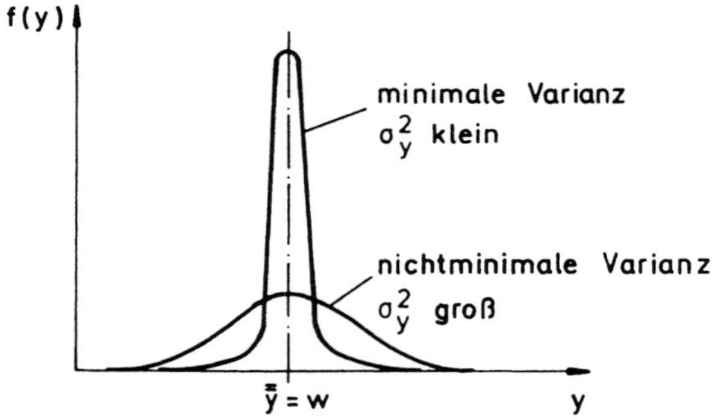

Bild 5.2.2. Zur anschaulichen Deutung minimaler Varianz der Regelgröße y

y minimale Varianz, so sind im statistischen Mittel die Abweichungen vom Sollwert am kleinsten.

Die Berechnung der Koeffizienten der Reglerübertragungsfunktion, Gl. (5.2.23), erfolgt bei bekanntem Verhalten der Regelstrecke, also bei bekannten Polynomen A(z), B(z) und C(z) anhand der Gl.(5.2.12). Das Vorgehen zur Berechnung der Koeffizienten der Polynome F(z) und K(z) soll nachfolgend anhand eines einfachen Beispiels gezeigt werden.

Beispiel 5.2.1:

Gegeben seien die Polynome A(z), B(z) und C(z) einer Regelstrecke mit $m = n = 2$ und $d = 2$. Gesucht sind die Koeffizienten der entsprechenden Regler-Polynome

$$F(z) = 1 + f_1 z^{-1}$$

und

$$K(z) = k_o + k_1 z^{-1} \quad .$$

Die Gl. (5.2.12) lautet somit

$$\begin{aligned} 1 + c_1 z^{-1} + c_2 z^{-2} &= (1 + a_1 z^{-1} + a_2 z^{-2})(1 + f_1 z^{-1}) + z^{-2}(k_o + k_1 z^{-1}) \\ &= 1 + (a_1 + f_1) z^{-1} + (a_2 + a_1 f_1 + k_o) z^{-2} + (a_2 f_1 + k_1) z^{-3} \quad . \end{aligned}$$

Der Koeffizientenvergleich gleicher Potenzen von z^{-1} beider Gleichungsseiten liefert dann 3 Gleichungen für die 3 unbekannten Koeffizienten:

$$\begin{aligned} c_1 &= a_1 + f_1 \quad , \\ c_2 &= a_2 + a_1 f_1 + k_o \quad , \\ 0 &= a_2 f_1 + k_1 \quad . \end{aligned}$$

Hieraus folgen unmittelbar die gesuchten Koeffizienten:

$$\begin{aligned} f_1 &= c_1 - a_1 \quad , \\ k_o &= c_2 - a_2 - a_1(c_1 - a_1) \quad , \\ k_1 &= -a_2(c_1 - a_1) \quad . \blacksquare \end{aligned}$$

5.2.1.2. Stabilitätsbetrachtung

Mit der in Gl. (5.2.23) hergeleiteten Übertragungsfunktion des MV-Reglers ergibt sich der im Bild 5.2.3 dargestellte Regelkreis. Hieraus erhält man für $w = 0$ unmittelbar als Stellgröße

$$U(z) = -\frac{K(z)}{B(z)F(z)} \left[\frac{C(z)}{A(z)} \, \varepsilon(z) + \frac{B(z)}{A(z)} \, z^{-d} \, U(z)\right]$$

bzw. aufgelöst

$$U(z) = \frac{-K(z)C(z)}{B(z)[A(z)F(z) + z^{-d} K(z)]} \, \varepsilon(z) \tag{5.2.24}$$

und unter Beachtung der Gl.(5.2.12) schließlich

$$U(z) = -\frac{K(z)C(z)}{B(z)C(z)}\,\varepsilon(z) \quad . \tag{5.2.25}$$

Aus dieser Beziehung ist ersichtlich, daß das Stellsignal nur dann beschränkt ist, wenn sämtliche Wurzeln der charakteristischen Gleichung

$$B(z)\;C(z) = 0 \tag{5.2.26}$$

innerhalb des Einheitskreises der z-Ebene liegen. Somit folgt als Forderung für die asymptotische Stabilität des Regelkreises, daß die beiden Polynome B(z) und C(z) nur Wurzeln innerhalb des Einheitskreises

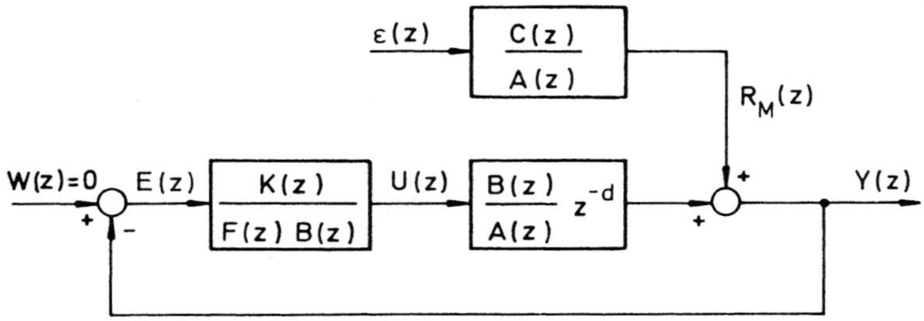

Bild 5.2.3. Blockschaltbild des geschlossenen Regelkreises

der z-Ebene besitzen dürfen, d. h. B(z) und C(z) müssen Hurwitzpolynome sein. Ist C(z) ein Hurwitzpolynom, dann darf auch in Gl.(5.2.25) die Kürzung dieses Polynoms durchgeführt werden, und zwar ohne Gefahr zu laufen, daß dies auf Stabilitätsprobleme führt. Weiterhin folgt für beschränkte stationäre Rauschsignale $r_M(k) = \mathfrak{Z}^{-1}\{R_M(z)\}$ unmittelbar aus dem Störmodell C(z)/A(z) der Regelstrecke, daß auch das Polynom A(z) nur Wurzeln innerhalb des Einheitskreises der z-Ebene besitzen darf. Unter diesen Bedingungen ergibt sich für den geschlossenen Regelkreis direkt als Störungsübertragungsfunktion

$$\frac{Y(z)}{\varepsilon(z)} = F(z) \quad . \tag{5.2.27}$$

5.2.1.3. Erweiterung des MV-Reglers durch Bewertung der Stellgröße

Der MV-Regler, wie er von Aström vorgeschlagen wurde, benötigt zur Erreichung minimaler Varianz ein sehr großes Stellsignal. Da gerade bei technischen Regelstrecken das Stellsignal sehr oft Beschränkungen unterliegt, erscheint es sinnvoll, die Stellgröße ebenfalls zu bewerten. Es läge daher nahe, in Anlehnung an Gl.(5.2.19) als kombiniertes Gütekriterium

$$I^* = E\{[y(k+d)]^2 + r[u(k)]^2\} \overset{!}{=} \text{Min} \qquad (5.2.28)$$

mit dem Bewertungsfaktor r zu wählen. Da aber y(k+d) und u(k) voneinander abhängig sind, kann die Lösung des Optimierungsproblems nicht durch Differentiation von Gl.(5.2.28) nach u(k) gewonnen werden. Vielmehr muß zur Berechnung des Regelgesetzes entweder die diskrete Wiener-Hopf-Gleichung oder nach Transformation in den Zustandsraum die diskrete Matrix-Riccati-Gleichung gelöst werden [5.24]. Clarke und Hastings-James [5.25] schlagen deshalb das verwandte Gütekriterium

$$I = [y^*(k+d|k)]^2 + r[u(k)]^2 = \text{Min} \qquad (5.2.29)$$

vor. Berücksichtigt man für diese Beziehung die optimale Vorhersage $y^*(k+d|k)$ der Regelgröße gemäß Gl.(5.2.16), so erhält man

$$I = [\mathfrak{Z}^{-1}\{\frac{K(z)}{C(z)} Y(z) + \frac{F(z)B(z)}{C(z)} U(z)\}]^2 + r[u(k)]^2 \overset{!}{=} \text{Min}. \qquad (5.2.30)$$

Die Differentiation nach u(k) und das anschließende Nullsetzen ergeben

$$\frac{\partial I}{\partial u(k)} = 2[\mathfrak{Z}^{-1}\{\frac{K(z)}{C(z)} Y(z) + \frac{F(z)B(z)}{C(z)} U(z)\}] b_o + 2ru(k) = 0 , \qquad (5.2.31)$$

wobei die innere Ableitung des ersten Terms von Gl.(5.2.30) gerade den Faktor b_o liefert. Nach Rücktransformation der Gl.(5.2.31) in den z-Bereich folgt als Bestimmungsgleichung für das Stellgesetz

$$b_o \frac{K(z)}{C(z)} Y(z) + \frac{F(z)B(z)b_o + r\, C(z)}{C(z)} U(z) = 0$$

und damit als Übertragungsfunktion des erweiterten MV-Reglers für $W(z) = 0$

$$\frac{U(z)}{Y(z)} = - \frac{K(z)}{F(z)B(z) + \frac{r}{b_o} C(z)} \qquad (5.2.32a)$$

bzw.

$$\frac{U(z)}{E(z)} = \frac{K(z)}{F(z)B(z) + \frac{r}{b_o} C(z)} . \qquad (5.2.32b)$$

Für den geschlossenen Regelkreis ergibt sich die Störungsübertragungsfunktion bezüglich des weißen Rauschsignals zu

$$\frac{Y(z)}{\varepsilon(z)} = \frac{[F(z)B(z) + \frac{r}{b_o} C(z)]C(z)}{[B(z) + \frac{r}{b_o} A(z)]C(z)} . \qquad (5.2.33)$$

Die Übertragungsfunktion zwischen dem weißen Rauschsignal und der Stellgröße erhält man direkt aus den Gln.(5.2.32) und (5.2.33) zu

$$\frac{U(z)}{\varepsilon(z)} = -\frac{K(z)C(z)}{[B(z)+\frac{r}{b_o}A(z)]C(z)} \quad . \tag{5.2.34}$$

Der Regelkreis ist somit asymptotisch stabil, wenn alle Wurzeln der charakteristischen Gleichung

$$[B(z)+\frac{r}{b_o}A(z)]C(z) = 0 \tag{5.2.35}$$

innerhalb des Einheitskreises der z-Ebene liegen. Hieraus folgt, daß alle Wurzeln der Polynome $C(z)$ und $[B(z)+A(z)\ r/b_o]$ im Einheitskreis der z-Ebene liegen müssen. Letztere Bedingung kann meist durch einen großen Betrag der Stellgrößenbewertung r eingehalten werden. Die Bestimmung der Lage der Wurzeln der Gl.(5.2.35) kann, in Abhängigkeit von r, einfach mit Hilfe des Wurzelortskurven-Verfahrens erfolgen. Wie beim ursprünglichen Entwurf gemäß Abschnitt 5.2.1.2 müssen auch die Wurzeln von $A(z)$ innerhalb des Einheitskreises der z-Ebene liegen.

5.2.2. Der "Self-tuning"-Regler

5.2.2.1. Herleitung des einfachen "Self-tuning"-Reglers

Der Minimum-Varianz-Regler, wie er in Kapitel 5.2.1 hergeleitet wurde, ist sehr empfindlich gegenüber Parameterschwankungen der Regelstrecke [5.23]; er kann deshalb nur bei Regelstrecken mit bekannten und konstanten Parametern angewendet werden. Da aber in der Praxis diese Bedingung häufig nicht erfüllt ist, liegt es nahe, den MV-Regler zu einem adaptiven Regler zu erweitern. Dazu könnte man z. B. die Parameter der Regelstrecke im "on-line"-Betrieb zu jedem Abtastschritt mit den in Kapitel 4 eingeführten Methoden schätzen und mit diesen Schätzwerten aus den Gln.(5.2.12) und (5.2.23) die Koeffizienten des Reglers bestimmen. Hierbei würde es sich dann um ein *explizites adaptives Verfahren* handeln. Andererseits ist es aber auch möglich, direkt die Reglerparameter im "on-line"-Betrieb zu schätzen. Dieser *implizite Entwurf* hat den Vorteil, daß die Auswertung der Gl.(5.2.12) und des Stellgesetzes gemäß Gl.(5.2.22) entfällt.

Das dynamische Verhalten der Regelstrecke einschließlich des Störmodells soll weiterhin durch die Gln.(5.2.6a bis c) beschrieben werden, wobei jedoch zusätzlich $b_o > 0$ gelten soll. Es wird zunächst eine reine

Störgrößenregelung betrachtet, d. h. der Sollwert wird zu $w = 0$ angenommen.

Mit der Definition

$$B(z)F(z) = H(z) = \sum_{i=0}^{m+d-1} h_i z^{-i} \; ; \quad h_0 = b_0 \tag{5.2.36}$$

läßt sich das Stellgesetz entsprechend Gl.(5.2.22) im Zeitbereich in der Form

$$b_0 \, u(k) = -\sum_{i=0}^{n-1} k_i y(k-i) - \sum_{i=1}^{m+d-1} h_i u(k-i) \tag{5.2.37}$$

schreiben. Definiert man nun den Parametervektor

$$\underline{p}'^T_{MV} = [k_0 \quad k_1 \, \ldots \, k_{n-1} \mid h_1 \quad h_2 \, \ldots \, h_{m+d-1}] \tag{5.2.38a}$$

und den Signalvektor

$$\underline{x}_{MV}(k) = [y(k) \;\; y(k-1) \; \ldots \; y(k-n+1) \mid u(k-1) \;\; u(k-2) \; \ldots \; u(k-m-d+1)]^T \; , \tag{5.2.38b}$$

so folgt für Gl.(5.2.37)

$$u(k) = -\frac{1}{b_0} \underline{p}'^T_{MV} \underline{x}_{MV}(k) \quad . \tag{5.2.39}$$

Sind die Parameter der Regelstrecke unbekannt, so kann der Parametervektor $\underline{p}'_{MV}$ nicht gebildet werden. In Gl.(5.2.39) wird daher ein Schätzwert $\hat{\underline{p}}'_{MV}$ für diesen Parametervektor eingeführt, und man erhält

$$u(k) = -\frac{1}{b_0} \hat{\underline{p}}'^T_{MV}(k) \, \underline{x}_{MV}(k) \quad . \tag{5.2.40}$$

Der Koeffizient b_0 ist zwar ebenfalls unbekannt, wodurch der Ansatz nach Gl.(5.2.40) ein nichtlineares Schätzproblem darstellt. Es ist aber im allgemeinen möglich, a priori eine obere Schranke $\bar{b}_0$ für den Parameter b_0 der Regelstrecke anzugeben. Dann kann Gl.(5.2.39) in der Form

$$u(k) = -\frac{1}{\bar{b}_0} \underline{p}^T_{MV} \underline{x}_{MV}(k) \tag{5.2.41a}$$

mit

$$\bar{b}_0 > b_0 > 0 \quad , \tag{5.2.41b}$$

und

$$\underline{p}_{MV} = \frac{\bar{b}_0}{b_0} \underline{p}'_{MV} \tag{5.2.41c}$$

dargestellt werden. Ersetzt man nun den Parametervektor $\underline{p}_{MV}$ durch den Schätzvektor $\hat{\underline{p}}_{MV}$, so erhält man das endgültige Stellgesetz

$$u(k) = -\frac{1}{\bar{b}_o} \hat{\underline{p}}_{MV}^T(k)\ \underline{x}_{MV}(k) \quad . \tag{5.2.42}$$

Dieses Stellgesetz verwendet die augenblicklichen Schätzwerte und ignoriert deren Unsicherheiten. Ein derartiges Verfahren wird auch als *Gewißheitsprinzip* (certainty - equivalent principle) bezeichnet [5.23]. Zwar wird in der Adaptionsphase aufgrund der verzögerten Schätzung des Parametervektors und der dabei auftretenden Fehlervarianzen nicht die optimale Funktionsweise des MV-Reglers erreicht, jedoch wird der gesamte Algorithmus außerordentlich vereinfacht. Dieses Vorgehen ist jedoch nur dann möglich, wenn der adaptive Regler nicht als *dualer Regler* wirkt, also nur auf die augenblickliche Regelgröße einwirkt und das Stellgesetz nicht so ausgelegt wird, daß auch künftige, geschätzte Werte der Regelgröße bereits beeinflußt werden [5.26]. Die weitere Aufgabe besteht nun in der Ermittlung des Schätzvektors $\hat{\underline{p}}_{MV}$.

Für die Regelgröße y des MV-Reglers gilt entsprechend Gl.(5.2.13) unter Berücksichtigung der in den Gln.(5.2.38a, b) eingeführten Vektoren

$$C(z)\ Y(z) = \mathcal{Z}\{\underline{p}_{MV}'^T\ \underline{x}_{MV}(k-d) + b_o\ u(k-d)\} + C(z)\ V(z), \tag{5.2.43a}$$

wobei

$$V(z) = F(z)\ \varepsilon(z) \tag{5.2.43b}$$

den nicht vorhersehbaren stochastischen Störterm bezeichnet. Wendet man die Eigenschaft des MV-Reglers nach Gl.(5.2.21) auf Gl.(5.2.43) an, so folgt

$$\mathcal{Z}\{\underline{p}_{MV}'^T\ \underline{x}_{MV}(k-d) + b_o\ u(k-d)\} = 0 \tag{5.2.44a}$$

und damit

$$Y(z) = F(z)\ \varepsilon(z) = V(z) \quad . \tag{5.2.44b}$$

Somit läßt sich Gl.(5.2.43) auch in der Form

$$Y(z) = \mathcal{Z}\{\underline{p}_{MV}'^T\ \underline{x}_{MV}(k-d) + b_o\ u(k-d)\} + V(z)$$

schreiben, und hieraus erhält man im Zeitbereich

$$y(k) = \underline{p}_{MV}'^T\ \underline{x}_{MV}(k-d) + b_o\ u(k-d) + v(k) \quad . \tag{5.2.45}$$

Wird Gl.(5.2.44a) mit $\bar{b}_o/b_o$ multipliziert und dann der Schätzvektor $\hat{\underline{p}}_{MV}(k)$ eingeführt, so läßt sich für Gl.(5.2.45) in Analogie zu Gl. (5.2.16) die Prädiktion

$$y(k+1|k) = \hat{\underline{p}}_{MV}^T(k)\ \underline{x}_{MV}(k-d+1) + \bar{b}_o\ u(k-d+1) \tag{5.2.46}$$

angeben. Hat sich nach einer genügend großen Zahl von Abtastschritten der MV-Regler eingestellt, wird also $\hat{\underline{p}}_{MV}^T(k) \equiv \underline{p}_{MV}^T$, dann folgt aus Gl. (5.2.46) entsprechend der früher schon eingeführten Gl. (5.2.21) $y(k+1|k) \equiv 0$ und aus Gl. (5.2.45) $y(k) = v(k)$. Der Vorhersagefehler $\nu(k+1) = y(k+1) - y(k+1|k)$ wird nun dazu benutzt, um die Reglerparameter $\hat{\underline{p}}_{MV}(k)$ mittels des im Abschnitt 4.2.2.2 eingeführten RLS-Algorithmus zu schätzen. Als rekursive Schätzgleichungen erhält man dabei:

$$\hat{\underline{p}}_{MV}(k+1) = \hat{\underline{p}}_{MV}(k) + \underline{q}(k+1)\,\nu(k+1) \quad , \qquad (5.2.47a)$$

mit

$$\nu(k+1) = y(k+1) - \hat{\underline{p}}_{MV}^T(k)\,\underline{x}_{MV}(k-d+1) - \bar{b}_o\,u(k-d+1) , \qquad (5.2.47b)$$

$$\underline{q}(k+1) = \underline{P}(k)\,\underline{x}_{MV}(k-d+1)\,[1 + \underline{x}_{MV}^T(k-d+1)\,\underline{P}(k)\,\underline{x}_{MV}(k-d+1)]^{-1} , \qquad (5.2.47c)$$

$$\underline{P}(k+1) = \underline{P}(k) - \underline{q}(k+1)\,\underline{x}_{MV}^T(k-d+1)\,\underline{P}(k) \quad . \qquad (5.2.47d)$$

Die Gln. (5.2.47a bis d) sind formal identisch mit den Gln. (4.2.63), (4.2.64), (4.2.68) und (4.2.69), sofern man berücksichtigt, daß

$$\hat{\varepsilon}(k) \mathrel{\hat{=}} \nu(k) \quad \text{und} \quad \underline{m}(k) \mathrel{\hat{=}} \underline{x}_{MV}(k-d)$$

ist.

Das hier vorgestellte auf den Gln. (5.2.42) und (5.2.47) beruhende Prinzip eines selbsteinstellenden Reglers wurde 1973 von Aström und Wittenmark [5.12] vorgeschlagen und ist seitdem ständig weiterentwickelt worden. Von Aström und Wittenmark stammt auch die Bezeichnung "Self-tuning"-Regler. Dieser Begriff hat sich inzwischen auch in der deutschsprachigen Fachliteratur eingebürgert. Ursprünglich wurde der Begriff des "Self-tuning" für die Regleranpassung bei Regelstrecken mit zeitinvariantem, aber unbekanntem Verhalten angewandt. Selbstverständlich können aber "Self-tuning"-Regler auch bei zeitvarianten Regelstrecken eingesetzt werden, falls die zeitliche Veränderung der Streckenparameter langsamer als ihre Identifizierung verläuft. Bei dem hier beschriebenen, auf einer Minimum-Varianz-Strategie aufbauenden "Self-tuning"-Regler werden entsprechend den Gln. (5.2.47a bis d) die Reglerparameter direkt identifiziert, d.h. es handelt sich um einen impliziten oder direkten adaptiven Regler. Jedoch auch für explizite adaptive Verfahren, bei denen die Regelstrecke mit einem RLS- oder einem erweiterten RLS-Algorithmus direkt identifiziert wird, wird die Bezeichnung "Self-tuning"-Regler verwendet. Eine besondere Bedeutung haben hierbei Verfahren erlangt, bei denen die Pol- und Nullstellen für das Führungsverhalten des geschlossenen Regelkreises fest vorgegeben werden [5.27; 5.28].

5.2.2.2. Stabilität und Konvergenz des einfachen "Self-tuning"-Reglers

Die Stabilität des geschlossenen Regelkreises ist beim "Self-tuning"-Regler äußerst schwierig nachzuweisen. Beim "Self-tuning"-Regler für minimale Varianz gelten zunächst dieselben Voraussetzungen wie beim MV-Regler selbst (vgl. Abschnitt 5.2.1.2), d. h. die Wurzeln der Polynome $A(z)$, $B(z)$ und $C(z)$, die das dynamische Verhalten der Regelstrekke beschreiben, müssen alle stets innerhalb des Einheitskreises der z-Ebene liegen. Darüber hinaus können mit sehr aufwendigen statistischen Methoden [5.29; 5.30] *hinreichende Bedingungen* für die Stabilität des geschlossenen Regelkreises abgeleitet werden. Auch die Hyperstabilitätstheorie (vgl. Abschnitt 5.3) liefert hinreichende Stabilitätsbedingungen, wie später noch ausführlich gezeigt wird. Notwendige *und* hinreichende Bedingungen für die Stabilität des adaptiven Gesamtsystems sind bis heute nicht bekannt. Um den "Self-tuning"-Regler einsetzen zu können, müssen als "a priori" - Kenntnisse die Grade n und m der Polynome $A(z)$ und $B(z)$ sowie die Totzeit d bekannt sein. Simulationsstudien und praktische Erprobungen haben gezeigt, daß die Festlegung von n und m unkritisch ist, jedoch die Totzeit d sehr genau bestimmt werden muß.

Da notwendige Bedingungen für die Stabilität von "Self-tuning"-Reglern theoretisch noch nicht bekannt und hinreichende Bedingungen theoretisch aufwendig abzuleiten sind, wird das Stabilitätsverhalten solcher Systeme häufig durch ausführliche Simulationsstudien experimentell untersucht.

Während Stabilität nur besagt, daß im Regelkreis keine unbeschränkten Signale auftauchen, spricht man von *Konvergenz* dann, wenn die Parameter des "Self-tuning"-Reglers tatsächlich gegen den gewählten Reglertyp - im vorliegenden Fall gegen den MV-Regler - konvergieren. Der MV-Regler hat die besondere Eigenschaft, daß auch bei Einwirkung von autokorrelierten Störungen auf den geschlossenen Regelkreis, also für $C(z) \neq 1$ sich die Regelgröße gemäß Gl. (5.2.27)

$$Y(z) = F(z)\ \varepsilon(z)$$

oder - im Zeitbereich ausgedrückt unter Berücksichtigung der Gl. (5.2.10) -

$$y(k) = \varepsilon(k) + f_1\varepsilon(k-1) + \ldots + f_{d-1}\varepsilon(k-d+1) \qquad (5.2.48)$$

aus der Überlagerung verschiedener zeitverschobener weißer Rauschsignale zusammensetzt. Aufgrund dieser Eigenschaft verschwinden - wie man leicht nachprüfen kann - im geschlossenen Regelkreis die Autokorrelationsfunktion

$$R_{yy}(k) = \lim_{N\to\infty} \frac{1}{N} \sum_{i=o}^{N} y(i)y(k+i)$$

und die Kreuzkorrelationsfunktion

$$R_{uy}(k) = \lim_{N\to\infty} \frac{1}{N} \sum_{i=o}^{N} u(i)y(k+i)$$

für $k \geqq d$. Da der hier behandelte "Self-tuning"-Regler auf dem MV-Regler unter Verwendung des RLS-Algorithmus basiert, wird er im vollständig angepaßten Zustand die Konvergenzbedingungen

$$R_{yy}(k) = 0 \qquad (5.2.49a)$$

$$R_{uy}(k) = 0 \qquad (5.2.49b)$$

für $k \geqq d$ erfüllen.

Die Konvergenz des "Self-tuning"-Reglers kann auch mit Hilfe der Trajektorien einer zugeordneten Differentialgleichung untersucht werden. Dies soll an einem einfachen Beispiel erläutert werden.

Beispiel 5.2.2:

Die Stellgröße eines einfachen "Self-tuning"-Reglers sei durch die Gleichung

$$u(k) = \hat{p}(k)\; y(k) \qquad (5.2.50)$$

gegeben, wobei $\hat{p}(k)$ den einzigen Reglerparameter beschreibt. Damit folgt für den Erwartungswert

$$E[y(k)\; y(k+1)] = f[\hat{p}(k)] \quad . \qquad (5.2.51)$$

Wenn das adaptive System stabil ist und konvergiert, wird der Unterschied zwischen $\hat{p}(k+1)$ und $\hat{p}(k)$ immer kleiner für wachsendes k. Dieser Unterschied ist von $f[\hat{p}(k)]$ abhängig, und man kann allgemein schreiben [5.25]

$$\hat{p}(k+\Delta\tau) \approx \hat{p}(k) + \Delta\tau f[\hat{p}(k)]$$

bzw. mit der Substitution $k = \tau$

$$\hat{p}(\tau+\Delta\tau) \approx \hat{p}(\tau) + \Delta\tau f[\hat{p}(\tau)] \quad . \tag{5.2.52}$$

Diese Näherung ist umso genauer, je kleiner $\Delta\tau$ ist.

Für kleine $\Delta\tau$ läßt sich aus Gl.(5.2.52) direkt die Differentialgleichung

$$\frac{d\hat{p}}{d\tau} = f[\hat{p}(\tau)] \tag{5.2.53}$$

angeben. Durch Berechnung der Trajektorien dieser Differentialgleichung ist es möglich, für verschiedene Anfangswerte $\hat{p}(0)$ die Konvergenz des Parameters $\hat{p}(k)$ dieses "Self-tuning"-Reglers zu überprüfen. Konvergieren die Trajektorien von Gl.(5.2.53) gegen eine Ruhelage, so ist auch das mit Gl.(5.2.53) verbundene "Self-tuning"-Regelsystem stabil. ■

Ohne Beweis sei noch angegeben, daß man den Rekursionsgleichungen, Gln.(5.2.47a bis d), das nichtlineare Differentialgleichungssystem

$$\dot{\hat{\underline{p}}}_{MV}(\tau) = [\underline{S}(\tau)]^{-1}\ \underline{\bar{f}}\{\hat{\underline{p}}_{MV}(\tau)\} \tag{5.2.54a}$$

$$\dot{\underline{\bar{S}}}(\tau) = \underline{\bar{P}}(\tau) - \underline{\bar{S}}(\tau) \tag{5.2.54b}$$

mit

$$\underline{\bar{f}} = E\{\underline{x}_{MV}(k-1)\ \nu(k+d-1)\} \tag{5.2.54c}$$

$$\nu(k) = y(k) - \bar{b}_o u(k-d) - \hat{\underline{p}}_{MV}^T(k-1)\ \underline{x}_{MV}(k-d) \tag{5.2.54d}$$

$$\underline{\bar{P}} = E\{\underline{x}_{MV}(k)\ \underline{x}_{MV}^T(k)\} \tag{5.2.54e}$$

$$\underline{\bar{S}}(0)\ \text{positiv definit} \tag{5.2.54f}$$

zuordnen kann [5.30]. Die Trajektorien $\hat{\underline{p}}_{MV}(\tau)$ dieses Gleichungssystems konvergieren für verschiedene Anfangswerte $\hat{\underline{p}}_{MV}(0)$ gegen dieselbe Ruhelage wie der Parametervektor $\hat{\underline{p}}_{MV}(k)$ des "Self-tuning"-Reglers. Beim einfachen RLS-Algorithmus nach Gl.(5.2.47a bis d) konvergiert die Matrix $\underline{P}(k)$ gegen die Nullmatrix. Daraus folgt

$$\lim_{k\to\infty} \underline{q}(k) = \underline{0}$$

und es ergibt sich

$$\lim_{k\to\infty} (\hat{\underline{p}}_{MV}(k+1) - \hat{\underline{p}}_{MV}(k)) = \underline{0}$$

bzw.

$$\lim_{k\to\infty} \hat{\underline{p}}_{MV}(k) = \text{const} \quad .$$

Daraus ist ersichtlich, daß für große Zeiten der Parametervektor des Reglers unabhängig von dem Vorhersagefehler ν konstant bleibt; der Schätzalgorithmus "schläft ein". Der vorgestellte Regler ist deshalb zunächst nur dazu geeignet, sich bei Inbetriebnahme einmalig an eine Regelstrecke mit unbekannten, aber konstanten Parametern anzupassen. Ändert sich das dynamische Verhalten der Regelstrecke und soll sich der Regler zu jeder Zeit selbsttätig anpassen, so muß die Konvergenz der Matrix $\underline{P}(k)$ (künstlich) verhindert werden. Die hierfür am häufigsten verwendete Methode besteht in einer Gewichtung der Matrix $\underline{P}$. Hierbei wird Gl.(5.2.47d) - ähnlich wie im Kapitel 4.2.3 für die Parameterschätzung bereits behandelt - durch die Beziehung entsprechend Gl. (4.2.120c)

$$\underline{P}(k+1) = \frac{1}{\rho} [\underline{P}(k) - \underline{q}(k+1)\ \underline{x}_{MV}^T(k-d+1)\ \underline{P}(k)]$$

ersetzt. Durch den Gewichtsfaktor $\rho < 1$ werden die aktuellen Werte des Signalvektors $\underline{x}_{MV}(k)$ stärker gewichtet als die vergangenen. Daher wird dieser Faktor auch als Vergessensfaktor (engl. "forgetting factor") bezeichnet [5.31].

Die Gewichtung der Matrix $\underline{P}$ hat allerdings auch einen Nachteil. Ist die Erregung innerhalb des Regelsystems gering, so gilt

$$E\{\underline{x}_{MV}(k)\ \underline{x}_{MV}^T(k)\} \approx \underline{0} \quad .$$

Aufgrund von Gl.(5.2.47c) verschwindet dann die Matrix $\underline{q}(k+1)\ \underline{x}_{MV}^T(k-d+1)$ in obiger Gleichung, so daß die Matrix $\underline{P}$ entsprechend der Beziehung

$$\underline{P}(k+1) \approx \frac{1}{\rho}\ \underline{P}(k)$$

exponentiell über alle Grenzen wächst *). Bei einer Rechnerrealisierung des "Self-tuning"-Reglers führt aber eine sehr große Matrix $\underline{P}$ auch zu großen Rundungsfehlern, so daß aufgrund der begrenzten numerischen Genauigkeit sich das Gesamtsystem instabil verhält. Die Gewichtung sollte daher zweckmäßigerweise mit Werten im Bereich $0{,}95 \leq \rho \leq 0{,}99$ durchgeführt werden, und außerdem sollte dafür gesorgt werden, daß das System ständig erregt wird.

---

*) Dies kann dazu führen, daß die Schätzung instabil wird. Dadurch können im Regelsystem Schwingungen oder gar momentane Instabilitäten auftreten. Allerdings wird dadurch das Regelsystem erregt, so daß sich wieder eine verbesserte Schätzung und damit auch eine stabile Regelung ergibt. Dieses Phänomen wird auch als *"estimator windup"* bezeichnet.

5.2.2.3. Erweiterung des "Self-tuning"-Reglers für Führungsverhalten

Für nicht verschwindende Sollwerte $w(k) \neq 0$ soll die Regelgröße y der Führungsgröße w mit minimaler Varianz folgen. Da mit dem aktuellen Stellsignal u(k) erst die zukünftige Regelgröße y(k+d) beeinflußt werden kann, läßt sich mit einem kausalen Stellgesetz, das nur die aktuelle Führungsgröße w(k) benutzt, für die Varianz die Bedingung

$$E\{[y(k+d) - w(k)]^2\} \overset{!}{=} \text{Min} \quad . \tag{5.2.55}$$

erfüllen. Subtrahiert man auf beiden Seiten von Gl.(5.2.14) den Term $w(k) = \mathfrak{Z}^{-1}\{W(z)\}$, so erhält man

$$y(k+d) - w(k) = \mathfrak{Z}^{-1}\{\frac{K(z)}{C(z)} Y(z) + \frac{F(z)B(z)}{C(z)} U(z) - W(z)\} + \varepsilon(k+d) + \sum_{i=1}^{d-1} f_i \varepsilon(k+d-i), \tag{5.2.56a}$$

oder ähnlich der prädiktiven Schreibweise in Gl.(5.2.15)

$$y(k+d) - w(k) = y^*(k+d|k) - w(k) + \tilde{y}(k+d|k) \quad . \tag{5.2.56b}$$

Offensichtlich wird Gl.(5.2.55) gerade dann erfüllt, wenn in Gl.(5.2.56b)

$$y^*(k+d|k) - w(k) = 0$$

gesetzt wird. Damit folgt aus Gl.(5.2.56a) für minimale Varianz der Regelgröße als lineares Stellgesetz

$$U(z) = \frac{1}{B(z)F(z)} [C(z)W(z) - K(z)Y(z)] \quad . \tag{5.2.57}$$

Mit der Definition des Polynoms H(z) nach Gl.(5.2.36) ergibt sich aus Gl.(5.2.57) im Zeitbereich

$$b_0 u(k) = \sum_{i=0}^{n} c_i w(k-i) - \sum_{i=0}^{n-1} k_i y(k-i) - \sum_{i=1}^{m+d-1} h_i u(k-i) \quad , \tag{5.2.58}$$

wobei entsprechend Gl.(5.2.6c) $c_0 = 1$ zu setzen ist. Nun läßt sich mit dem Parametervektor

$$\underline{p}_w^T = \frac{\overline{b}_0}{b_0} [-c_0 \quad -c_1 \ldots -c_n \mid k_0 \ldots k_{n-1} \mid h_1 \ldots h_{m+d-1}] \tag{5.2.59a}$$

und dem Signalvektor

$$\underline{x}_w(k) = [w(k) \ldots w(k-n) \mid y(k) \ldots y(k-n+1) \mid u(k-1) \ldots u(k-m-d+1)]^T \tag{5.2.59b}$$

Gl.(5.2.58) umschreiben in die Form

$$u(k) = -\frac{1}{\bar{b}_0}\,\underline{p}_w^T\,\underline{x}_w(k) \quad . \tag{5.2.60}$$

Ersetzt man in dieser Beziehung den unbekannten Parametervektor $\underline{p}_w$ durch den jeweils zum Zeitpunkt k geschätzten Parametervektor $\hat{\underline{p}}_w(k)$, so ergibt sich schließlich das gesuchte *adaptive Stellgesetz*

$$u(k) = -\frac{1}{\bar{b}_0}\,\hat{\underline{p}}_w^T(k)\;\underline{x}_w(k) \quad . \tag{5.2.61}$$

Gl.(5.2.61) ist formal mit Gl.(5.2.42) identisch, wenn in Gl.(5.2.42) $\hat{\underline{p}}_{MV}(k)$ durch $\hat{\underline{p}}_w(k)$ und $\underline{x}_{MV}$ durch $\underline{x}_w(k)$ ersetzt wird. Wird diese Substitution auch in den Gln.(5.2.47a bis d) durchgeführt, so erhält man direkt das Adaptionsgesetz für den Parametervektor $\hat{\underline{p}}_w(k)$ des Reglers.

5.2.2.4. Erweiterung des "Self-tunig"-Reglers durch Bewertung der Stell- und Führungsgröße

Ähnlich wie der MV-Regler besitzt der zuvor behandelte "Self-tuning"-Regler häufig ein sehr ungünstiges Stellverhalten. Auch beim "Self-tuning"-Regler ist es möglich, durch Bewertung der Stellgröße das Stellverhalten günstig zu beeinflussen. Im Abschnitt 5.2.1.3 wurde bereits eine skalare Stellbewertung r für den MV-Regler eingeführt. Es ist jedoch auch eine allgemeinere Form der Bewertung durch Filterung der Größen U(z) und Y(z) möglich [5.13; 5.32]. Hierzu wird die "erweiterte" Regelgröße

$$Y_h(z) = P(z)\;Y(z) + Q(z)\,z^{-d}U(z) \tag{5.2.62}$$

mit den Filterübertragungsfunktionen

$$P(z) = \frac{P_Z(z)}{P_N(z)} \tag{5.2.63}$$

und

$$Q(z) = \frac{Q_Z(z)}{Q_N(z)} \tag{5.2.64}$$

sowie den Polynomen

$$P_Z(z) = p_{Z0} + p_{Z1}z^{-1} + \ldots + p_{Zm_P}z^{-m_P} \tag{5.2.65}$$

$$P_N(z) = 1 + p_{N1}z^{-1} + \ldots + p_{Nn_P}z^{-n_P} \tag{5.2.66}$$

$$Q_Z(z) = q_{Z0} + q_{Z1}z^{-1} + \ldots + q_{Zm_Q}z^{-m_Q} \tag{5.2.67}$$

$$Q_N(z) = 1 + q_{N1} z^{-1} + \ldots + q_{Nn_Q} z^{-n_Q} \tag{5.2.68}$$

eingeführt. Das Blockschema ist in Bild 5.2.4 dargestellt. Der "Self-

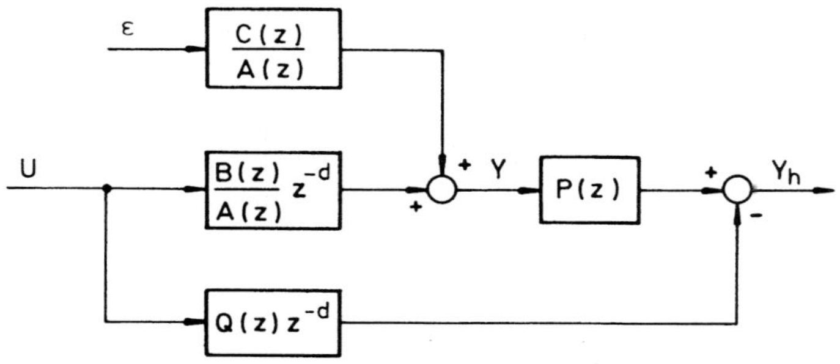

Bild 5.2.4. Blockschaltbild zur Erzeugung der "erweiterten" Regelgröße

tuning"-Regler wird nun für die "erweiterte" Regelstrecke mit der Übertragungsfunktion

$$G_h(z) = \frac{Y_h(z)}{U(z)} \tag{5.2.69}$$

entworfen. Die Übertragungsfunktion der "erweiterten" Regelstrecke läßt sich auch in der Form

$$G_h(z) = \frac{B_h(z)}{A_h(z)} z^{-d} \tag{5.2.70}$$

mit den Polynomen

$$B_h(z) = B(z)P_Z(z)Q_N(z) + A(z)Q_Z(z)P_N(z) \tag{5.2.71}$$

und

$$A_h(z) = A(z)P_N(z)Q_N(z) \tag{5.2.72}$$

beschreiben. Durch Zusammenfassen der einzelnen Übertragungsglieder ergibt sich direkt die umgeformte Blockstruktur nach Bild 5.2.5, wobei im "erweiterten" Störmodell der Zählerausdruck noch zum Störpolynom

$$C_h(z) = C(z)P_Z(z)Q_N(z) \tag{5.2.73}$$

zusammengefaßt werden kann.

Das Stellgesetz wird nun so entworfen, daß nicht wie bei Gl. (5.2.21) die Prädiktion $y^*(k+d|k)$ der Regelgröße zu Null gesetzt wird, sondern die Prädiktion der "erweiterten" Regelgröße $y_h^*(k+d|k)$. Es wird also die Bedingung

$$y_h^*(k+d|k) \stackrel{!}{=} 0 \qquad (5.2.74)$$

dem Reglerentwurf zugrunde gelegt. Die Herleitung des Reglers erfolgt dabei ganz analog zur Herleitung des MV-Reglers. Der dort eingeführte mathematische Formalismus wird jetzt allerdings auf die "erweiterte"

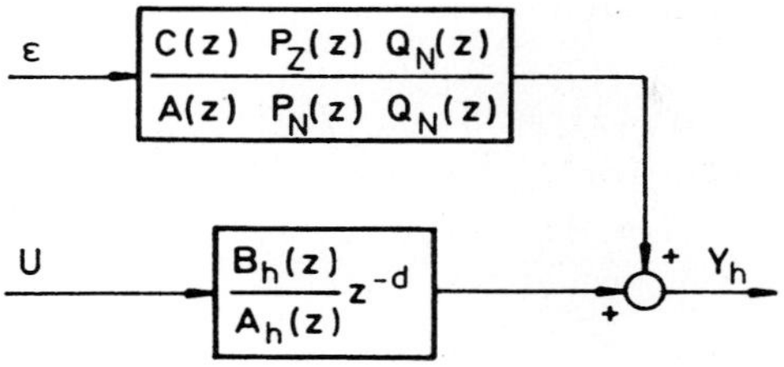

Bild 5.2.5. Blockschaltbild der "erweiterten" Regelstrecke mit dem "erweiterten" Störmodell

Regelstrecke $G_h(z)$ gemäß den Gln. (5.2.70) bis (5.2.73) angewandt. Die Gl. (5.2.12) geht dann in die Beziehung

$$C_h(z) = A_h(z)F_h(z) + z^{-d} K_h(z) \qquad (5.2.75a)$$

über, und in ausführlicher Schreibweise unter Verwendung der Gln. (5.2.72) und (5.2.73) erhält man

$$C(z)P_Z(z)Q_N(z) = A(z)P_N(z)Q_N(z)F_h(z) + z^{-d} K_h(z) \quad . \qquad (5.2.75b)$$

Da das Polynom $Q_N(z)$ in Gl. (5.2.75b) auf der linken Seite und im ersten Term der rechten Seite als Faktor auftaucht, muß das Polynom $K_h(z)$ auch $Q_N(z)$ als Faktor enthalten. Damit kann man $K_h(z)$ in die Faktoren

$$K_h(z) = K_h'(z)Q_N(z) \qquad (5.2.76)$$

zerlegen. Nun läßt sich Gl. (5.2.75b) zu der Bedingung

$$C(z)P_Z(z) = A(z)P_N(z)F_h(z) + z^{-d} K_h'(z) \qquad (5.2.77)$$

vereinfachen. Diese diophantische Gleichung ist eindeutig lösbar, wenn die Polynome $F_h(z)$ und $K_h'(z)$ mit den Graden d-1 bzw. $\max(m_P-d, n_P-1)+n$ angesetzt werden, d. h. es gilt

$$F_h(z) = p_{Z0} + f_{h1}z^{-1} + \ldots + f_{h,d-1}z^{-d+1} \qquad (5.2.78)$$

$$K_h'(z) = k_{h0} + k_{h1}z^{-1} + \ldots + k_{h,n_K}z^{-n_K'} \qquad (5.2.79)$$

mit $n_K' = \max(m_P-d, n_P-1)+n$.

Setzt man zunächst wieder den Sollwert $w \equiv 0$ voraus, so geht Gl.(5.2.22) aufgrund der Bedingung von Gl.(5.2.74) in das Stellgesetz

$$U(z) = -\frac{K_h(z)}{B_h(z)F_h(z)} Y_h(z) \tag{5.2.80}$$

über. Werden nun die Polynome

$$H_h(z) = B_h(z)F_h(z) = \sum_{i=0}^{n_H} h_{h,i} z^{-i} \tag{5.2.81}$$

$$\text{mit } n_H = \max(m+m_P+n_Q, n+m_Q+n_P) + d-1 \tag{5.2.82}$$

und

$$K_h(z) = \sum_{i=0}^{n_K} k_{h,i} z^{-i} \tag{5.2.83}$$

$$\text{mit } n_K = n_K'+n_Q \quad , \tag{5.2.84}$$

sowie der modifizierte Parameter- und Datenvektor

$$\underline{p}_h'^T = [k_{h0} \ldots k_{h,n_K} \mid h_{h1} \ldots h_{h,n_H}] \tag{5.2.85}$$

und

$$\underline{x}_h^T(k) = [y_h(k) \ldots y_h(k-n_K) \mid u(k-1) \ldots u(k-n_H)] \tag{5.2.86}$$

definiert, so läßt sich Gl.(5.2.80) im Zeitbereich in der Form

$$u(k) = -\frac{1}{h_{h0}} \underline{p}_h'^T \underline{x}_h(k) \tag{5.2.87}$$

darstellen. Gl.(5.2.87) ist mathematisch formal völlig identisch mit Gl.(5.2.39). Modifiziert man Gl.(5.2.87) zu

$$u(k) = -\frac{1}{\bar{h}_{h0}} \underline{p}_h^T \underline{x}_h(k) \tag{5.2.88}$$

$$\text{mit } \bar{h}_{h0} > h_{h0} > 0 \quad \text{und} \quad \underline{p}_h = \frac{\bar{h}_{h0}}{h_{h0}} \underline{p}_h' \tag{5.2.89a,b}$$

und führt man anstelle des unbekannten Reglerparametervektors $\underline{p}_h$ jetzt den Schätzvektor $\hat{\underline{p}}_h(k)$ ein, so folgt als Stellgesetz

$$u(k) = -\frac{1}{\bar{h}_{h0}} \hat{\underline{p}}_h^T(k) \underline{x}_h(k) \quad . \tag{5.2.90}$$

Nun lassen sich entsprechend den Gln.(5.2.47a bis d) die Schätzwerte $\hat{p}_h(k)$ mit dem RLS-Algorithmus zu

$$\hat{\underline{p}}_h(k+1) = \hat{\underline{p}}_h(k) + \underline{q}(k+1)\nu(k+1) \tag{5.2.91a}$$

mit

$$\nu(k+1) = y_h(k+1) - \bar{h}_{hO}u(k-d+1) - \hat{\underline{p}}_h^T(k)\underline{x}_h(k-d+1) \;, \qquad (5.2.91b)$$

$$\underline{q}(k+1) = \underline{P}(k)\underline{x}_h(k-d+1)[1 + \underline{x}_h^T(k-d+1)\underline{P}(k)\underline{x}_h(k-d+1)]^{-1} \;, \qquad (5.2.91c)$$

$$\underline{P}(k+1) = \underline{P}(k) - \underline{q}(k+1)\underline{x}_h^T(k-d+1)\underline{P}(k) \qquad (5.2.91d)$$

gewinnen.

Für die *Stabilität* des Regelkreises mit dem (linearen) Regler nach Gl. (5.2.80) muß entsprechend Abschnitt 5.2.1.2 gefordert werden, daß die Wurzeln der Polynome $A_h(z)$, $B_h(z)$ und $C_h(z)$ alle innerhalb des Einheitskreises der z-Ebene liegen. Dies bedeutet nach Gl.(5.2.72), daß die ursprüngliche Regelstrecke und die Übertragungsfunktionen Q(z) und P(z) (asymptotisch) stabil sein müssen. Nach Gl.(5.2.73) müssen auch die Wurzeln der Polynome $P_Z(z)$ und C(z) alle im Inneren des Einheitskreises der z-Ebene liegen. Allerdings kann die Regelstrecke jetzt durchaus nichtminimalphasiges Verhalten aufweisen, falls die Polynome $P_Z(z)$, $P_N(z)$, $Q_Z(z)$, $Q_N(z)$ immer so gewählt werden können, daß $B_h(z)$ nach Gl.(5.2.71) stets alle Wurzeln im Einheitskreis behält. Hinsichtlich der Stabilität des Regelkreises mit dem (nichtlinearen) "Self-tuning"-Regler gemäß Gl.(5.2.90) gelten i. w. die im Abschnitt 5.2.2.2 gemachten Aussagen.

Der hier vorgestellte, erweiterte "Self-tuning"-Regler kann auch für *Führungsverhalten* angewandt werden. Dazu wird eine neue "erweiterte" Regelgröße

$$Y_h(z) = P(z)Y(z) + Q(z)z^{-d}\,U(z) - R(z)z^{-d}\,W(z) \qquad (5.2.92)$$

eingeführt, wobei

$$R(z) = \frac{R_Z(z)}{R_N(z)} = \frac{\sum\limits_{i=o}^{m_R} r_{Zi}z^{-i}}{\sum\limits_{i=o}^{n_R} r_{Ni}z^{-i}} \qquad (5.2.93)$$

eine stabile Filterübertragungsfunktion ist. Man erhält dann die Regelkreisstruktur nach Bild 5.2.6. Setzt man für Y(z) in Gl.(5.2.92) die rechte Seite von Gl.(5.2.5), die das dynamische Verhalten der Regelstrecke beschreibt, ein und multipliziert die so entstandene Gleichung mit dem Polynomprodukt $A(z)P_N(z)Q_N(z)R_N(z)$ auf beiden Seiten, so ergibt sich unter Berücksichtigung der Gln.(5.2.63), (5.2.64) und (5.2.93)

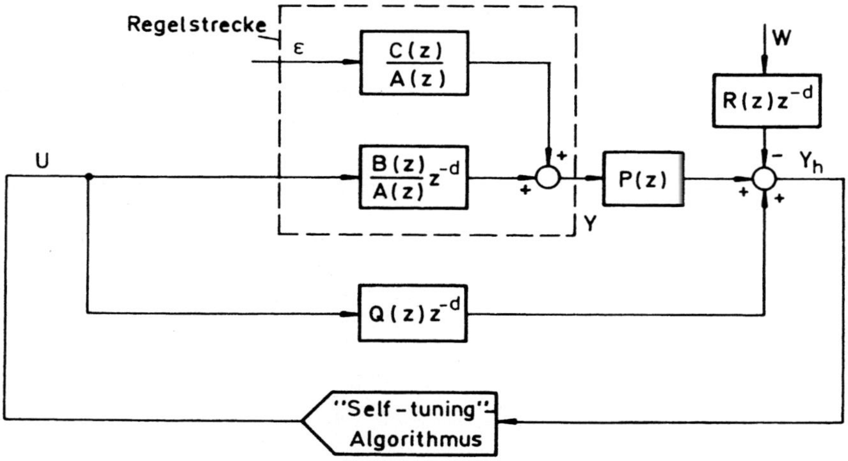

Bild 5.2.6. Regelkreis mit "Self-tuning"-Regelalgorithmus bei Gewichtung von Stell-, Führungs- und Regelgröße

$$A(z)P_N(z)Q_N(z)R_N(z)Y_h(z) =$$

$$= [B(z)P_Z(z)Q_N(z) + A(z)P_N(z)Q_Z(z)]R_N(z)z^{-d}\ U(z) -$$

$$- A(z)P_N(z)Q_N(z)R_Z(z)z^{-d}\ W(z) + C(z)P_Z(z)Q_N(z)R_N(z)\varepsilon(z)$$

bzw.

$$\tilde{A}_h(z)Y_h(z) = \tilde{B}_h(z)z^{-d}\ U(z) - \tilde{R}_h(z)z^{-d}\ W(z) + \tilde{C}_h(z)\varepsilon(z) \qquad (5.2.94)$$

mit den Polynomen

$$\tilde{A}_h(z) = A(z)P_N(z)Q_N(z)R_N(z) \quad , \qquad (5.2.95a)$$

$$\tilde{B}_h(z) = [B(z)P_Z(z)Q_N(z) + A(z)P_N(z)Q_Z(z)]R_N(z) \quad , \qquad (5.2.95b)$$

$$\tilde{R}_h(z) = A(z)P_N(z)Q_N(z)R_Z(z) \quad , \qquad (5.2.95c)$$

$$\tilde{C}_h(z) = C(z)P_Z(z)Q_N(z)R_N(z) \quad . \qquad (5.2.95d)$$

Nun wird in Analogie zu Gl.(5.2.12) die modifizierte "Identität"

$$\tilde{C}_h(z) = \tilde{A}_h(z)\tilde{F}_h(z) + \tilde{K}_h(z)z^{-d} \qquad (5.2.96)$$

für die Polynome $\tilde{F}_h(z)$ und $\tilde{K}_h(z)$ gelöst. Da die Polynome $\tilde{C}_h(z)$ und $\tilde{A}_h(z)$ den gemeinsamen Faktor $Q_N(z)R_N(z)$ besitzen, muß dieser Faktor entsprechend Gl.(5.2.96) auch in dem Polynom $\tilde{K}_h(z)$ enthalten sein. Somit kann das Polynom $\tilde{K}_h(z)$ in die Faktoren

$$\tilde{K}_h(z) = \tilde{K}_h'(z)Q_N(z)R_N(z) \tag{5.2.97}$$

aufgespalten werden. Aus Gl.(5.2.96) ergibt sich mit den Gln. (5.2.95a,d) und (5.2.97) als Bestimmungsgleichung für die Polynome $\tilde{K}_h'(z)$ und $\tilde{F}_h(z)$ die Beziehung

$$C(z)P_Z(z) = A(z)P_N(z)\tilde{F}_h(z) + \tilde{K}_h'(z)z^{-d} \quad . \tag{5.2.98}$$

Auch diese diophantische Gleichung ist wiederum eindeutig lösbar, falls das Polynom $\tilde{F}_h(z)$ mit dem Grad d-1 und das Polynom $\tilde{K}_h'(z)$ mit dem Grad $\max(m_P-d,n_P-1)+n$ angesetzt werden.

Multipliziert man Gl.(5.2.94) mit dem Polynom $\tilde{F}_h(z)z^d$ und setzt für das sich ergebende Polynomprodukt $\tilde{A}_h(z)\,\tilde{F}_h(z)z^d$ den nach Gl.(5.2.96) identischen Term $\tilde{C}_h(z)z^d - \tilde{K}_h(z)$ ein, so folgt

$$z^dY_h(z) = \mathfrak{Z}\{y_h^*(k+d|k)\} + \tilde{F}_h(z)z^d\;\varepsilon(z) \tag{5.2.99}$$

mit

$$y_h^*(k+d|k) = \mathfrak{Z}^{-1}\{\frac{\tilde{K}_h(z)}{\tilde{C}_h(z)}\,Y_h(z) + \frac{\tilde{B}_h(z)\tilde{F}_h(z)}{\tilde{C}_h(z)}\,U(z) - \frac{\tilde{R}_h(z)\tilde{F}_h(z)}{\tilde{C}_h(z)}\,W(z)\}. \tag{5.2.100}$$

Gl.(5.2.99) entspricht mathematisch formal der Gl.(5.2.13), die dem einfachen MV-Regler zugrunde liegt. Analog zu den dort durchgeführten Überlegungen gemäß Gl.(5.2.21) ergibt sich, daß durch die Bedingung

$$y_h^*(k+d|k) = 0 \tag{5.2.101}$$

die Varianz der erweiterten Regelgröße y_h minimiert wird. Gl.(5.2.101) führt - falls alle Wurzeln von $\tilde{C}_h(z)$ innerhalb des Einheitskreises der z-Ebene liegen - mit Gl.(5.2.100) auf das Stellgesetz

$$U(z) = -\frac{1}{\tilde{B}_h(z)}\left[\frac{\tilde{K}_h(z)}{\tilde{F}_h(z)}\,Y_h(z) - \tilde{R}_h(z)W(z)\right] \quad . \tag{5.2.102}$$

Überträgt man unter Berücksichtigung von Gl.(5.2.94) die Aussagen von Abschnitt 5.2.1.2 sinngemäß auf den hier erweiterten Regler, so folgt für die Stabilität des linearen Regelkreises, daß alle Wurzeln der Polynome $\tilde{A}_h(z)$, $\tilde{B}_h(z)$ und $\tilde{C}_h(z)$ innerhalb des Einheitskreises der z-Ebene liegen müssen. Dies bedeutet entsprechend den Gln.(5.2.95a,b,d), daß die Regelstrecke und die Filterübertragungsfunktionen Q(z), P(z) und R(z) asymptotisch stabil sein und zusätzlich sämtliche Wurzeln der Polynome $B(z)P_Z(z)Q_N(z) + A(z)P_N(z)Q_Z(z)$, $P_Z(z)$ und $C(z)$ im Innern des Einheitskreises der z-Ebene liegen müssen.

Anhand der Definitionen

$$\tilde{B}_h(z)\tilde{F}_h(z) = \tilde{H}_h(z) = \sum_{i=o}^{n_{\tilde{H}}} \tilde{h}_{hi} \, z^{-i} \tag{5.2.103}$$

mit
$$n_{\tilde{H}} = \max(m+m_P+n_Q, n+n_P+m_Q) + n_R+d-1 \quad , \tag{5.2.104}$$

$$\tilde{K}_h(z) = \sum_{i=o}^{n_{\tilde{K}}} \tilde{k}_{hi} z^{-i} \tag{5.2.105}$$

mit
$$n_{\tilde{K}} = \max(m_P-d, n_P-1)+n+n_Q+n_R \tag{5.2.106}$$

und

$$\tilde{J}_h(z) = \tilde{F}_h(z)\, \tilde{R}_h(z) = \sum_{i=o}^{n_{\tilde{J}}} \tilde{j}_{hi} z^{-i} \tag{5.2.107}$$

mit
$$n_{\tilde{J}} = n + n_P + n_Q + m_R + d - 1 \tag{5.2.108}$$

sowie dem Parametervektor

$$\tilde{\underline{p}}_h' = \left[k_{hO} \ldots k_{h,n_{\tilde{K}}} \;\middle|\; -\tilde{j}_{hO} \ldots -\tilde{j}_{h,n_{\tilde{J}}} \;\middle|\; h_{h1} \ldots h_{h,n_{\tilde{H}}} \right]^T \tag{5.2.109}$$

und dem Signalvektor

$$\tilde{\underline{x}}_h^T(k) = \left[y_h(k) \ldots y_h(k-n_{\tilde{K}}) \;\middle|\; w(k) \ldots w(k-n_{\tilde{J}}) \;\middle|\; u(k-1) \ldots u(k-n_{\tilde{H}}) \right] \tag{5.2.110}$$

folgt aus Gl. (5.2.102) im Zeitbereich als Stellgesetz schließlich

$$u(k) = -\frac{1}{\tilde{h}_{hO}} \tilde{\underline{p}}_h'^T \tilde{\underline{x}}_h(k) \quad . \tag{5.2.111}$$

Die Grade $n_{\tilde{H}}$, $n_{\tilde{K}}$ und $n_{\tilde{J}}$ ergeben sich aus der Definition der einzelnen Polynome gemäß den Gln. (5.2.95b), (5.2.95c) und (5.2.97) sowie der Tatsache, daß die Polynome $\tilde{F}_h(z)$ und $\tilde{K}_h'(z)$ als Lösung von Gl. (5.2.98) mit den Graden d-1 bzw. $\max(m_P-d, n_P-1)+n$ angesetzt werden.

Führt man wieder den Vektor

$$\tilde{\underline{p}}_h = \frac{\bar{\tilde{h}}_{hO}}{\tilde{h}_{hO}} \underline{p}_h' \tag{5.2.112}$$

mit

$$\bar{\tilde{h}}_{hO} > \tilde{h}_{hO} > 0 \tag{5.2.113}$$

ein und ersetzt den unbekannten Parametervektor $\tilde{\underline{p}}_h$ durch seinen Schätzwert $\hat{\tilde{\underline{p}}}_h(k)$, so erhält man aus Gl. (5.2.111) als *Stellgesetz des "Selftuning"-Reglers*

$$u(k) = -\frac{1}{\tilde{\bar{h}}_{h0}} \,\hat{\tilde{\underline{p}}}_h^T(k)\, \tilde{\underline{x}}_h(k) \quad . \qquad (5.2.114)$$

Gl.(5.2.114) entspricht formal der Gl.(5.2.90), wobei lediglich $\bar{h}_{h0}$, $\hat{\underline{p}}_h(k)$ und $\underline{x}_h(k)$ durch $\tilde{\bar{h}}_{h0}$, $\hat{\tilde{\underline{p}}}_h(k)$ und $\tilde{\underline{x}}_h(k)$ ersetzt sind. Demnach läßt sich wiederum der RLS-Algorithmus nach Gl.(5.2.91a bis d) für die Schätzung der Parameter $\hat{\tilde{\underline{p}}}(k)$ anwenden, wenn dort $\bar{h}_{h0}$, $\hat{\underline{p}}_h(k)$ und $\underline{x}_h(k)$ durch $\tilde{\bar{h}}_{h0}$, $\hat{\tilde{\underline{p}}}(k)$ und $\tilde{\underline{x}}_h(k)$ ausgetauscht werden.

Es soll jetzt noch die Frage untersucht werden, unter welchen Bedingungen für den praktisch wichtigen Fall sprungförmiger Führungsgrößenänderungen die Regelgröße im störungsfreien Fall der Führungsgröße für $k \to \infty$ exakt folgt. Für den störungsfreien Fall, also $\varepsilon(z) = 0$, folgt aus Gl.(5.2.99)

$$Y_h(z) = \mathfrak{Z}\{y_h^*(k|k-d)\} \quad . \qquad (5.2.115)$$

Da das Stellgesetz nach Gl.(5.2.102) für den exakt eingestellten Regler stets Gl.(5.2.101) erfüllt, gilt dann für das ungestörte System

$$Y_h(z) = 0 \quad . \qquad (5.2.116)$$

Damit erhält man aus Gl.(5.2.92) die Beziehung

$$Y(z) = -\frac{Q(z)}{P(z)} z^{-d}\, U(z) + \frac{R(z)}{P(z)}\, z^{-d}\, W(z) \quad . \qquad (5.2.117)$$

Ferner folgt mit Gl.(5.2.116) aus Gl.(5.2.102)

$$U(z) = \frac{\tilde{R}_h(z)}{\tilde{B}_h(z)}\, W(z) \quad . \qquad (5.2.118)$$

Wird nun vorausgesetzt, daß die Filterübertragungsfunktionen P(z), Q(z) und R(z) entsprechend den vorangegangenen Überlegungen so gewählt wurden, daß der geschlossene Regelkreis asymptotisch stabil ist, dann kann auf Gl.(5.2.117) wieder der Grenzwertsatz der z-Transformation angewendet werden, und durch Einsetzen der Gl.(5.2.118) erhält man

$$\lim_{k\to\infty} y(k) = \lim_{z\to 1}\, (1-z^{-1})\, \frac{z^{-d}}{P(z)} \left[-Q(z)\frac{\tilde{R}_h(z)}{\tilde{B}_h(z)} + R(z) \right] W(z) \quad . \qquad (5.2.119)$$

Zu beachten ist hierbei, daß für einen asymptotisch stabilen Regelkreis auch alle Wurzeln des Polynoms $\tilde{B}_h(z)$ im Innern des Einheitskreises der z-Ebene liegen, so daß der Grenzwert auf der rechten Seite von Gl.(5.2.119) für beschränkte Sollwerte existiert. Für eine sprungförmige Sollwertänderung

$$W(z) = \frac{w_o}{1-z^{-1}} \quad , \tag{5.2.120}$$

ergibt sich aus Gl.(5.2.119)

$$\lim_{k\to\infty} y(k) = \frac{1}{P(1)}\left[-Q(1)\,\frac{\tilde{R}_h(1)}{\tilde{B}_h(1)} + R(1)\right] w_o \quad . \tag{5.2.121}$$

Offensichtlich folgt die Regelgröße dann für $k\to\infty$ exakt dem Sollwert, falls gerade

$$Q(1) = 0 \text{ und damit } Q(z) = (1-z^{-1})Q'(z) \tag{5.2.122}$$

sowie

$$\frac{R(1)}{P(1)} = 1 \tag{5.2.123}$$

gewählt werden, da dann

$$\lim_{k\to\infty} y(k) = w_o$$

gilt. Die Gln.(5.2.122) und (5.2.123) wurden zwar nur für den störungsfreien Fall hergeleitet, doch läßt sich leicht zeigen, daß sie auch für das stochastisch gestörte System gelten, wobei dann allerdings die Signale y und u durch ihre Erwartungswerte ersetzt werden müssen. Unter der Voraussetzung der Gln.(5.2.122) und (5.2.123) folgt somit bei sprungförmigen Sollwertänderungen und reinen stochastischen Störungen der Erwartungswert der Regelgröße y für $k\to\infty$ exakt dem Sollwert, sofern die Filterübertragungsfunktionen P(z), Q(z) und R(z) so gewählt wurden, daß der geschlossene Regelkreis stabil ist.

5.3. Adaptive Regelsysteme mit parallelem Bezugsmodell

Bei allen nachfolgend behandelten adaptiven Regelsystemen besteht die Aufgabe der Adaption darin, durch Anpassen der Reglerparameter im Grundregelkreis ein *fest vorgegebenes Modellverhalten* zu erzielen. Das fest eingestellte Modell z. B. für die Regelstrecke oder auch den gesamten Regelkreis ist also ein für die Arbeitsweise dieser Regelsysteme typisches Kennzeichen. Der Grundgedanke dieses Adaptionsverfahrens besteht in der *Parallelschaltung* eines festen Modells zur Regelstrecke oder zum gesamten Grundregelkreis, also der zu regelnden Anlage, wie im Bild 5.3.1 dargestellt. Der Grundregelkreis und das Modell erhalten dieselbe Eingangsgröße w(t). Die beiden Ausgangsgrößen y(t) und $y_M(t)$ des Grundregelkreises bzw. des Modells werden verglichen. Der dabei entstehende Fehler $e^*(t)$, auch Modellfehler genannt, ist ein Maß für die Abweichung des Verhaltens des Grundregelkreises vom vorgegebenen festen Modellverhalten. Dieser Fehler, dessen Wert sich gerade auch bei Parameteränderungen in der Regelstrecke des Grundregelkreises verändert, kann nun für die Adaption der Reglerparameter p_i $(i=1,2,\ldots,N)$

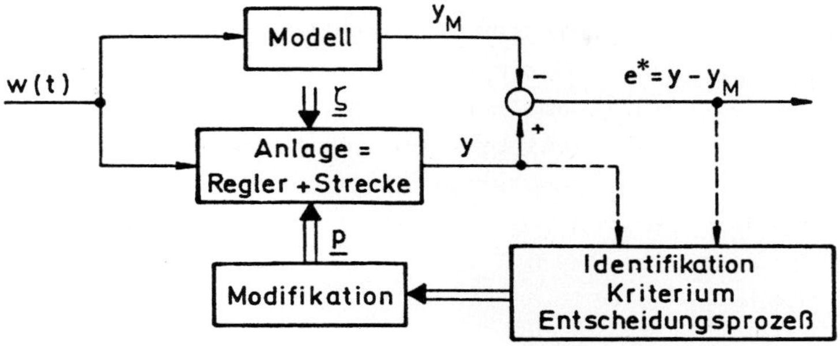

Bild 5.3.1. Prinzip der Parameteradaption mit parallelem Bezugsmodell

bzw. des Reglerparametervektors $\underline{p}$ verwendet werden. Der Grundregelkreis soll also bei Änderung der Parameter $\underline{\xi}$ der Regelstrecke durch die Anpassung des Reglerparametervektors $\underline{p}$ genau das Modellverhalten oder ein dem Vergleichsmodell möglichst ähnliches Verhalten aufweisen. Diese Regleradaption kann durch verschiedene Verfahren realisiert werden.

5.3.1. Regleradaption nach dem Gradientenverfahren

Zur Adaption der Reglerparameter p_i bzw. des Vektors $\underline{p} = [p_1 \; p_2 \ldots p_i \ldots]^T$ kann das Gradientenverfahren benutzt werden. Der zuvor eingeführte Modellfehler $e^*(t)$ stellt ein Maß für die Abweichung des realen Systems vom gewünschten Modellverhalten dar, der durch den Parametervektor $\underline{p}$ des Reglers beeinflußbar ist. Es gilt also

$$e^* = e^*(t,\underline{p}) \quad . \tag{5.3.1}$$

Zur Minimierung dieses Modellfehlers wird ein Gütefunktional der Form

$$I(\underline{p}) = f[e^*(t,\underline{p})] \tag{5.3.2}$$

eingeführt. Hierfür eignen sich die bei regelungstechnischen Problemstellungen bereits früher definierten integralen Gütefunktionale (s. Band "Regelungstechnik I"). Die skalare Größe $I(\underline{p})$ hängt gewöhnlich nur noch von dem Vektor $\underline{p}$ ab und ist somit eine Funktion mehrerer Veränderlicher. Die weitere Aufgabe besteht nun darin, den optimalen Parametervektor $\underline{p}_{opt}$ zu bestimmen, bei dem $I(\underline{p})$ seinen minimalen Wert

$$I(\underline{p}_{opt}) \stackrel{!}{=} \text{Min} \tag{5.3.3}$$

annimmt.

Zur Lösung dieses Optimierungsproblems kann das Gradientenverfahren verwendet werden, das das Minimum von $I(\underline{p})$ und damit den optimalen Parametervektor $\underline{p}_{opt}$ von einem Anfangszustand $\underline{p}(0)$ ausgehend in Gegenrichtung des Gradienten bestimmt. Dabei muß der Vektor $\underline{p}(t)$ während der Ausführung dieser Optimierungsstrategie verändert werden. Die Bewegung von $\underline{p}(t)$ kann durch seinen Geschwindigkeitsvektor

$$\underline{\tilde{v}}(\underline{p}) = \frac{d\underline{p}}{dt} \tag{5.3.4}$$

gekennzeichnet werden. Dieser Geschwindigkeits- oder Nachstellvektor soll so gesteuert werden, daß er folgende zwei Bedingungen erfüllt:

- $\underline{\tilde{v}}(\underline{p})$ muß stets so gewählt werden, daß $I(\underline{p})$ kleiner wird,
- $\underline{\tilde{v}}(\underline{p}_{opt}) = \underline{0}$, falls $\underline{p}_{opt}$ das Minimum von $I(\underline{p})$ liefert.

Diese Bedingungen werden erfüllt, wenn für den Nachstellvektor gerade das Steuergesetz

$$\underline{\tilde{v}}(\underline{p}) = \frac{d\underline{p}}{dt} = -\alpha \nabla I(\underline{p}) \tag{5.3.5}$$

gewählt wird, wobei α eine positive, in weiten Grenzen frei wählbare skalare Größe ist, im einfachsten Fall ein konstanter Gewichtungsfaktor. Damit wird sich der Vektor $\underline{p}$ entgegen der Richtung des Gradienten von $I(\underline{p})$ bewegen und in einer Lage enden, die die Bedingung $\nabla I(\underline{p}) = \underline{0}$ befriedigt.

Der Optimierungsalgorithmus nach Gl. (5.3.5) stellt die kontinuierliche Form des Gradientenverfahrens dar. Durch Integration dieser Gleichung erhält man unter Berücksichtigung des Anfangsvektors $\underline{p}(0)$ die Beziehung

$$\underline{p}(t) = \underline{p}(0) - \alpha \int_0^t \nabla I(\underline{p})\, d\tau \tag{5.3.6a}$$

oder in Komponentenschreibweise

$$p_i(t) = p_i(0) - \alpha \int_0^t \frac{\partial I}{\partial p_i}\, d\tau \qquad \text{für} \quad i = 1,2,\ldots,N \ . \tag{5.3.6b}$$

Diese Gleichung kann als ein rückgekoppeltes System interpretiert werden, wie es im Bild 5.3.2 dargestellt ist. Es handelt sich hierbei

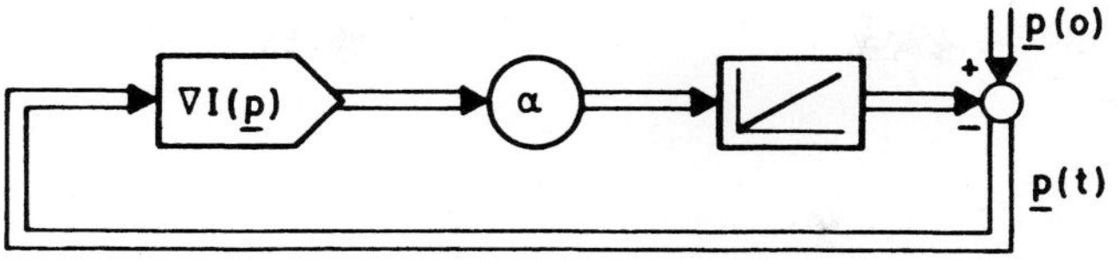

Bild 5.3.2. Vektorielles Blockschaltbild für Gl.(5.3.6)

um ein nichtlineares homogenes System, dessen "a priori"-Information im nichtlinearen Funktionsblock für $\nabla I(\underline{p})$ enthalten ist.

Wird mit dem Modellfehler

$$e^*(t,\underline{p}) = y(t,\underline{p}) - y_M(t) \tag{5.3.7}$$

als Gütekriterium das Minimum des mittleren Quadrats gemäß

$$I(\underline{p}) = f[e^*(t,\underline{p})] = \overline{e^{*2}(t,\underline{p})} \stackrel{!}{=} \text{Min} \tag{5.3.8}$$

gewählt, dann liefert das Gradientenverfahren entsprechend Gl.(5.3.6) als Adaptionsgesetz für den gesuchten Parametervektor

$$\underline{p}(t) = \underline{p}(0) - \alpha \int_0^t \nabla[\overline{e^{*2}(\tau,\underline{p})}]d\tau \quad . \tag{5.3.9}$$

Beachtet man, daß in Gl.(5.3.7) nur y vom Parametervektor $\underline{p}$ des Reglers abhängt und daß in Gl.(5.3.9) die Reihenfolge der Operationen Zeitmittelung, Ableiten nach $\underline{p}$ und Integration vertauscht werden dürfen, dann folgt

$$\underline{p}(t) = \underline{p}(0) - 2\alpha \overline{\int_0^t e^*(\tau)\nabla y(\tau,\underline{p})d\tau} \quad . \tag{5.3.10}$$

Dabei stellen die partiellen Ableitungen von ∇y, also $\partial y/\partial p_i$, die sogenannten *Empfindlichkeitsfunktionen* $v_i(t,\underline{p})$ der Regelgröße y bezüglich Änderungen der Reglerparameter p_i dar. Diese Empfindlichkeitsfunktionen können im Empfindlichkeitsvektor

$$\underline{v}(t,\underline{p}) = \nabla y(t,\underline{p}) = [v_1 \; v_2 \ldots v_i \ldots]^T \tag{5.3.11}$$

zusammengefaßt werden.

Zur weiteren Lösung der Gl.(5.3.10) muß also der Empfindlichkeitsvektor $\underline{v}(t,\underline{p})$ bestimmt werden. Bei der Behandlung dieser Teilaufgabe geht man zweckmäßigerweise in den Bildbereich über. Unter der Voraussetzung, daß sich die Reglerparameter gegenüber der Eigendynamik des Grundregelkreises nur langsam ändern, kann der Grundregelkreis durch seine Übertragungsfunktion beschrieben werden, so daß für die Regelgröße gilt

$$Y(s,\underline{p}) = \frac{G_S(s)G_R(s,\underline{p})}{1+G_S(s)G_R(s,\underline{p})} W(s) \quad . \qquad (5.3.12)$$

Für die partiellen Ableitungen folgt damit

$$\frac{\partial Y(s,\underline{p})}{\partial p_i} = \frac{1}{1+G_RG_S} \frac{G_S}{1+G_RG_S} \frac{\partial}{\partial p_i} G_R(s,\underline{p}) \; W(s) \quad . \qquad (5.3.13)$$

Hieraus ist unmittelbar zu ersehen, daß die Empfindlichkeitsfunktionen

$$v_i(t,\underline{p}) = \frac{\partial}{\partial p_i} y(t,\underline{p}) \qquad (5.3.14)$$

über Filter mit den Übertragungsfunktionen

$$\frac{1}{1+G_RG_S} \frac{G_S}{1+G_RG_S} \frac{\partial}{\partial p_i} G_R(s,\underline{p})$$

aus w(t) gewonnen werden können. Die Filterschaltungen zur Bildung der Empfindlichkeitsfunktionen $v_i(t,\underline{p})$ sind bis auf die Teilschaltungen $\partial G_R/\partial p_i$ gleich. Damit kann der Gesamtaufwand für das Empfindlichkeitsmodell wesentlich eingeschränkt werden. Man erkennt, daß die Filterschaltung zur Bildung des gesamten Empfindlichkeitsvektors $\underline{v}(t,\underline{p})$ unter anderem auch ein Abbild des Regelkreises enthält. Man bezeichnet diese Filterschaltung daher auch als *Empfindlichkeitsmodell* des betreffenden Grundregelkreises. Damit läßt sich das Adaptionsgesetz gemäß Gl. (5.3.10) nun endgültig durch

$$\underline{p}(t) = \underline{p}(0) - 2\alpha \overline{\int_0^t e^*(\tau)\underline{v}(\tau,\underline{p})d\tau} \qquad (5.3.15)$$

realisieren. Bild 5.3.3 zeigt die zugehörige Gesamtschaltung der Parameteradaption mit parallelem Bezugsmodell. Hierbei ist zu beachten, daß die Mittelwertbildung von Gl.(5.3.15) durch das dem Integrator nachgeschaltete PT_1-Mehrgrößenglied realisiert wird.

Da das Empfindlichkeitsmodell - wie zuvor bereits erwähnt - ein Modell des Grundregelkreises enthält, muß einerseits über eine getrennte zweite Adaptionsschaltung die Regelstrecke zunächst identifiziert und die im Empfindlichkeitsmodell enthaltenen Modellübertragungsfunktion der Regelstrecke $G_{SM}(s)$ ständig angepaßt werden. Andererseits besitzt das Empfindlichkeitsmodell auch wieder Teilschaltungen, in denen die

Reglerparameter enthalten sind. Daher müssen entsprechend Gl.(5.3.15) auch diese Teilfilter im Empfindlichkeitsmodell durch die überlagerte Adaptivregelung angepaßt werden.

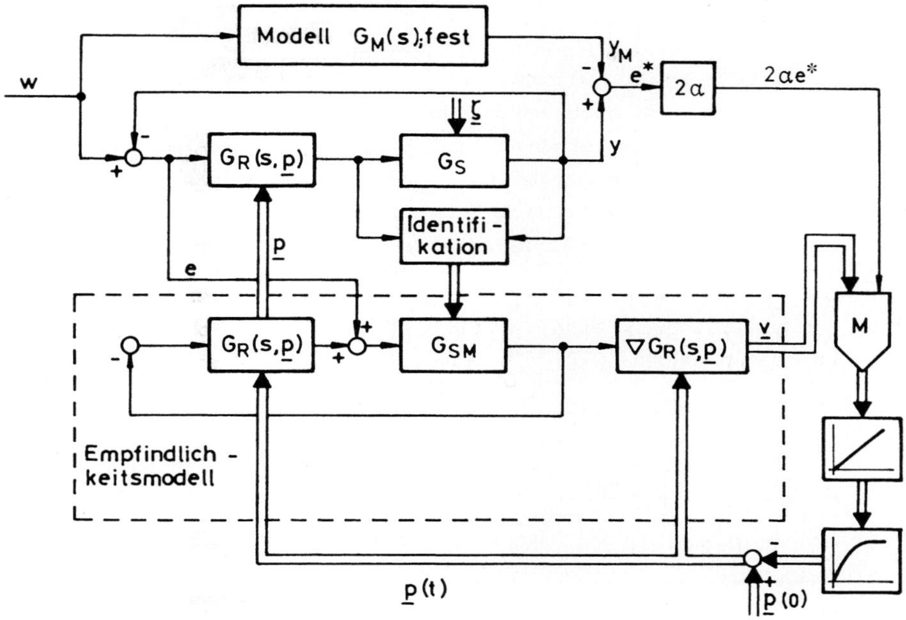

Bild 5.3.3. Gesamtschaltung der Parameteradaption mit parallelem Vergleichsmodell nach dem Gradientenverfahren *)

Beispiel 5.3.1:

Wählt man für $G_R(s,\underline{p})$ die Übertragungsfunktion eines PI-Reglers

$$G_R(s,\underline{p}) = a_1\left(1+\frac{a_2}{s}\right) \quad \text{mit} \quad a_1 = K_R \quad \text{und} \quad a_2 = \frac{1}{T_I} \quad ,$$

so erhält man für die partiellen Ableitungen in Gl.(5.3.14)

$$\frac{\partial G_R}{\partial a_1} = 1 + \frac{a_2}{s} \quad \text{und} \quad \frac{\partial G_R}{\partial a_2} = \frac{a_1}{s} \quad .$$

Man erkennt, daß in dieser Teilschaltung also wiederum die Reglerparameter a_1 und a_2 enthalten sind. ■

---

*) In diesem und den nachfolgenden Blockschaltbildern werden die Signale häufig mit kleinen Buchstaben beschrieben, obwohl die Blöcke auch durch Übertragungsfunktionen gekennzeichnet sind. Bei gleichzeitigem Auftreten linearer und nichtlinearer Teilsysteme erscheint diese Darstellung gerechtfertigt.

Beispiel 5.3.2:

Betrachtet wird eine Regelstrecke mit der Übertragungsfunktion

$$G_S(s) = \frac{K_S}{1 + Ts} \quad ,$$

wobei die Verstärkung $K_S > 0$ unbekannt, aber die Zeitkonstante $T > 0$ bekannt sei. K_S kann sich auch zeitabhängig verändern, wobei diese Veränderung aber langsam im Vergleich zur Eigendynamik des Regelkreises sein soll. Man spricht in diesem Fall auch von quasistationären Parameterschwankungen der Regelstrecke. Diese Regelstrecke ist - wie im Bild 5.3.4 dargestellt - im Grundregelkreis mit einem Regler zusammen-

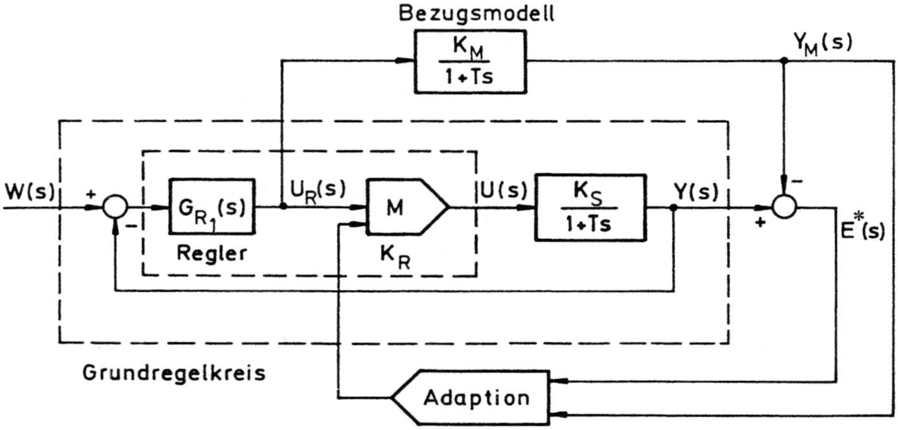

Bild 5.3.4. Grundstruktur des adaptiven Regelkreises

geschaltet, der im Blockschaltbild aus zwei Teilen besteht, einem festen Teilsystem, das durch die Übertragungsfunktion $G_{R1}(s)$ beschrieben wird, und einem variablen Teilsystem, das nur den einstellbaren Verstärkungsfaktor K_R enthält. Das Ziel der adaptiven Regelung besteht nun darin, für den unbekannten Streckenparameter K_S oder bei Änderung desselben den Reglerparameter K_R (ähnlich der Aufgabenstellung in Beispiel 5.1.1) so anzupassen, daß die Übertragungsfunktion

$$K_R G_S(s) = \frac{K_R K_S}{1 + Ts}$$

sich wie das parallelgeschaltete feste Bezugsmodell mit der Übertragungsfunktion

$$G_M(s) = \frac{K_M}{1 + Ts}$$

verhält. Dazu wird für $e^* = y - y_M$ das Gütekriterium $I(e^*)$ gemäß Gl. (5.3.8) gewählt. Die Minimierung kann nur mit dem frei einstellbaren Reglerparameter K_R erfolgen, d. h. es gilt

$$I = I(K_R) \quad .$$

Wie man leicht erkennt, ist für

$$K_R = K_{Ropt} = \frac{K_M}{K_S}$$

das absolute Minimum $I = I_{opt}$ erreicht, da dann $e^*(t) = 0$ wird.

Für $I \gg I_{opt}$ erfolgt die Nachstellung von $K_R(t)$ stets in Richtung auf das Minimum, und zwar um so schneller, je größer der Gewichtungsfaktor α ist. In der Nähe des Minimums, also für $I \approx I_{opt}$ ist es jedoch günstig, α relativ klein zu wählen. Wie aus Bild 5.3.5 ersichtlich ist,

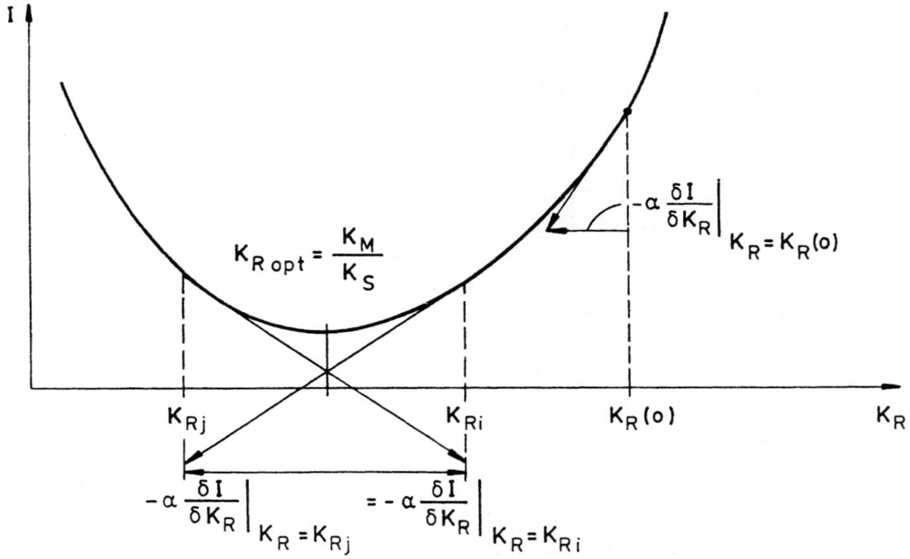

Bild 5.3.5. Zur Interpretation des Gradientenverfahrens

kann nämlich der Fall eintreten, daß $K_R(t)$ das Minimum selbst gar nicht erreicht, sondern zwischen zwei "suboptimalen" Werten K_{Ri} und K_{Rj} "pendelt". Die Differenz $K_{Ri} - K_{Rj}$ ist umso größer, je größer α ist. Eine für alle Fälle gleich gute Wahl von α ergibt sich häufig für

$$\alpha = \beta \left| \frac{\partial I}{\partial K_R(t)} \right| \quad \text{mit} \quad \beta > 0 \quad . \qquad (5.3.16)$$

Existieren nun für das Gütefunktional I außer dem *absoluten Minimum* auch noch weitere *relative Minima*, so liefert das Gradientenverfahren im allgemeinen nur irgendein Minimum und nicht unbedingt das absolute. Dies muß im Einzelfall stets noch überprüft werden.

Die Realisierung des Adaptionsgesetzes gemäß Gl.(5.3.15) liefert für den frei einstellbaren Reglerparameter

$$K_R(t) = K_R(0) - 2\alpha \overline{\int_0^t e^*(\tau) v(\tau, K_R) d\tau} \quad . \tag{5.3.17}$$

Für das Fehlersignal folgt aus Bild 5.3.4

$$e^*(t) = K_R(t) \mathcal{L}^{-1}\{\frac{K_S}{1+Ts} U_R(s)\} - y_M(t) \quad .$$

Im speziellen Fall, daß sich das Stellsignal $U_R(t)$ nicht oder nur vernachlässigbar gering unter dem Einfluß von $K_R(t)$ ändert, z. B. bei geöffneter Rückführung ergibt sich für die in Gl.(5.3.17) benötigte Empfindlichkeitsfunktion

$$v(t, K_R) = \frac{\partial e^*(t)}{\partial K_R(t)} = \mathcal{L}^{-1}\{\frac{K_S}{1+Ts} U_R(s)\} \quad .$$

Im Frequenzbereich gilt

$$Y_M(s) = U_R(s) \frac{K_M}{1+Ts} \frac{K_S}{K_S} = V(s) \frac{K_M}{K_S} \quad ,$$

und hieraus folgt schließlich für die Empfindlichkeitsfunktion

$$v(t) = \frac{K_S}{K_M} y_M(t) \quad , \tag{5.3.18}$$

so daß eine einfache Realisierung der Adaption mit

$$K_R(t) = K_R(0) - 2\alpha \frac{K_S}{K_M} \overline{\int_0^t e^*(\tau) y_M(\tau) d\tau} \tag{5.3.19}$$

möglich ist. Allerdings müßte man dazu noch eine "on-line"-Identifikation des Verstärkungsfaktors K_S der Regelstrecke durchführen. Darauf kann aber meist verzichtet werden, da α und damit der gesamte Vorfaktor des Integrals, in dem auch K_S enthalten ist, in gewissen Grenzen frei wählbar ist. ■

Die bisher behandelte Version eines adaptiven Regelsystems mit parallel geschaltetem Vergleichsmodell kann in verschiedenen Punkten wesentlich vereinfacht werden, ohne daß die Parameteradaption unzulässig stark verfälscht wird [5.33]. Die Attraktivität des Verfahrens leidet für praktische Anwendungsfälle insbesondere unter der Verwendung von zwei Adaptivschaltungen. Daher wurde als erste Vereinfachung vorgeschlagen, auf die Identifikation der Regelstrecke zu verzichten und ein nominales Streckenmodell zu verwenden. Die zweite Vereinfachung besteht darin, das Empfindlichkeitsmodell selbst überhaupt nicht mehr anzupassen. Die einzige Parameteradaption erfolgt also nur noch im Regler des Grundregelkreises. Auf diese Art erhält man eine Parameteradaption im Sinne eines Pseudogradienten-Verfahrens. Dieser Pseudogradient stimmt in der Nähe des Minimums der Gütefunktion gut mit dem tatsächlichen Gradienten überein [5.34].

Das in diesem Kapitel vorgestellte adaptive Regelverfahren wurde von Whitaker [5.15] vorgeschlagen und ist unter dem Namen "M.I.T. (Massachussets Institute of Technology) rule" in der englischsprachigen Literatur geläufig. Obwohl es ein sehr einfaches Verfahren ist, ist im allgemeinen die Stabilitätsfrage der gesamten Regelung nur schwer zu klären. Einen gesicherten Stabilitätsbereich gibt es gewöhnlich nicht. Tatsächlich besteht bei ungünstiger Wahl von α leicht die Gefahr der Instabilität, die man in bestimmten Fällen sogar sehr einfach nachweisen kann. Dazu soll nachfolgend ein Beispiel betrachtet werden.

Beispiel 5.3.3:

Es sei die Grundstruktur nach Bild 5.3.4 angenommen, wobei die "erweiterte" Regelstrecke durch

$$G_S'(s) = \frac{K_S K_R}{1+Ts} = \frac{Y(s)}{U_R(s)}$$

und das Bezugsmodell durch

$$G_M(s) = \frac{K_M}{1+Ts} = \frac{Y_M(s)}{U_R(s)}$$

gegeben sind. Hierfür wurde das Adaptionsgesetz nach Gl.(5.3.19)

$$K_R(t) = K_R(0) - h \int_0^t e^*(\tau) y_M(\tau) d\tau \qquad (5.3.20)$$

mit $h = 2\alpha K_S/K_M$ hergeleitet. Das dynamische Verhalten des Fehlersignals $e^*(t) = y(t) - y_M(t)$ wird durch die Differentialgleichung

$$T\,\dot{e}^*(t) + e^*(t) = [K_R(t)K_S - K_M]u_R(t) \qquad (5.3.21)$$

beschrieben. Der einfacheren Behandlung wegen soll die Stabilität des Adaptionsgesetzes, Gl.(5.3.20), bzw. der Fehlerdifferentialgleichung,

Gl.(5.3.21), für den eingeschwungenen Zustand von Grundregelkreis und Bezugsmodell bei geöffneter Rückführung des Grundregelkreises und sprungförmiger Erregung des Stellsignals

$$u_R(t) = U_R s(t) \quad \text{mit} \quad U_R = \text{const}$$

untersucht werden. Damit gilt auch

$$\lim_{t\to\infty} y_M(t) = K_M U_R = \text{const} \quad .$$

Für die nachfolgenden Betrachtungen sei angenommen, daß die Adaption erst zu dem Zeitpunkt t_1, zu dem die Signale y und y_M bezogen auf die soeben eingeführte Erregung ihre stationären Werte nahezu erreicht haben, eingeschaltet wird. Damit erhält man für $t > t_1$ anstelle von Gl. (5.3.21) die lineare Fehlerdifferentialgleichung

$$T\,\dot{e}^*(t) + e^*(t) = [K_R(t)K_S - K_M]U_R \quad , \tag{5.3.22}$$

bei der das Fehlersignal nur noch von $K_R(t)$ beeinflußt wird.

Realisiert man die Mittelwertbildung im Adaptionsgesetz nach Gl. (5.3.20) durch ein Tiefpaßfilter mit der Übertragungsfunktion

$$G_m(s) = \frac{1}{1 + T_m s} \quad , \tag{5.3.23}$$

dann wird im Frequenzbereich für $K_R(0) = 0$ aufgrund von Gl.(5.3.20) die Dynamik des anzupassenden Reglerparameters durch

$$K_R(s) = -h\; K_M U_R \frac{1}{s(1 + sT_m)} E^*(s) \tag{5.3.24}$$

und im Zeitbereich für $t > t_1$ durch die Differentialgleichung

$$T_m \ddot{K}_R(t) + \dot{K}_R(t) = -h\; K_M U_R\; e^*(t) \tag{5.3.25}$$

beschrieben. Differenziert man Gl.(5.3.22) zweimal nach der Zeit

$$T\,\ddot{e}^*(t) + \dot{e}^*(t) = \dot{K}_R(t)\; K_S U_R$$

bzw.

$$T\,\dddot{e}^*(t) + \ddot{e}^*(t) = \ddot{K}_R(t)\; K_S U_R$$

und setzt daraus $\dot{K}_R(t)$ und $\ddot{K}_R(t)$ in Gl.(5.3.25) ein, dann erhält man die homogene Differentialgleichung 3. Ordnung

$$\dddot{e}^*(t) + \frac{T_m + T}{T_m T}\ddot{e}^*(t) + \frac{1}{T_m T}\dot{e}^*(t) + \frac{hK_S K_M U_R^2}{T_m T} e^*(t) = 0 \quad . \tag{5.3.26}$$

Die Stabilitätseigenschaften der Lösung dieser Differentialgleichung lassen sich in bekannter Weise z. B. nach dem Hurwitz-Kriterium zu

$$\frac{hK_SK_MU_R^2}{T_mT} - \frac{T_m + T}{(T_mT)^2} < 0$$

bzw. mit der Abkürzung

$$h^* = h\ K_SK_MU_R^2 < \frac{T_m + T}{T_mT} \tag{5.3.27}$$

berechnen. Der Stabilitätsbereich ist im Bild 5.3.6 dargestellt. Wählt man die Zeitkonstante T_m des Tiefpaßfilters für die Mittelwertbildung im Adaptionsgesetz groß, so ist man mit $h^* < 1$ stets innerhalb des stabilen Bereichs. Für kleiner werdende Filterkonstanten wird der Stabili-

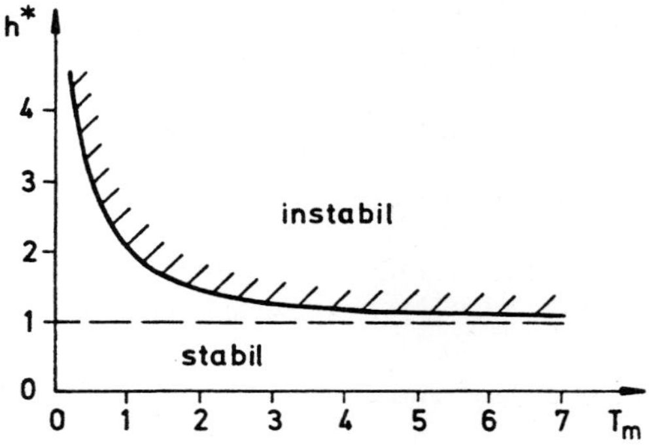

Bild 5.3.6. Stabilitätsbereich für System 1. Ordnung mit $T = 1$

tätsbereich größer und für $T_m = 0$ ist die Stabilität des Adaptionsgesetzes beim vorliegenden Beispiel im Bereich $0 \leq h^* < \infty$ gewährleistet. Häufig wird daher bei der praktischen Realisierung auf die nur formal erforderliche Mittelwertbildung auch verzichtet.■

Die im obigen Beispiel dargestellten Zusammenhänge gelten nur für eine Regelstrecke erster Ordnung unter den angegebenen sehr vereinfachten Bedingungen des offenen Grundregelkreises. Ändert sich das Eingangssignal während des Adaptionsvorganges, oder wird auch die Zeitkonstante der Regelstrecke identifiziert, dann ist der Nachweis der Stabilität mittels einer linearen Betrachtungsweise nicht mehr möglich. In diesem Fall muß man sich der Methoden zur Behandlung nichtlinearer Systeme (s. Band "Regelungstechnik II") bedienen. Ausgangspunkt zur Herleitung des Adaptionsgesetzes ist dann bei dieser Vorgehensweise nicht mehr ein bestimmtes Gütefunktional, sondern eine Fehlerdifferentialgleichung des Gesamtsystems. Das Adaptionsgesetz ist dann so zu entwerfen, daß diese Fehlergleichung des Gesamtsystems eine globale asymptotisch stabile Ruhelage besitzt. Bevor der Entwurf von Adaptionsgesetzen nach diesem Vorgehen behandelt werden kann, müssen in den nachfolgenden Abschnitten zunächst noch einige Grundlagen aus der Stabilitätstheorie erarbeitet werden.

5.3.2. Einige Grundlagen aus der Stabilitätstheorie

5.3.2.1. Vorbemerkungen

Die Stabilität modelladaptiver Regelsysteme, die mittels des im Abschnitt 5.3.1 behandelten Gradientenverfahrens realisiert werden, ist - wie im letzten Abschnitt bereits angedeutet wurde - nicht garantiert. Wie Beispiel 5.3.3 zeigte, kann schon bei sehr einfachen Strukturen Instabilität des gesamten Regelsystems auftreten. Das Risiko der Instabilität läßt sich aber vermeiden, wenn zum Entwurf adaptiver Regelsysteme gezielt Methoden der Stabilitätstheorie verwendet werden. Dadurch läßt sich ein garantiert stabiles adaptives Regelverhalten gewährleisten. Da adaptive Regelsysteme stark nichtlinear sind, kommen hier im wesentlichen die direkte Methode nach Ljapunow (s. Band "Regelungstechnik II") und die sogenannte "Hyperstabilitätsmethode" [5.35; 5.36] in Betracht. Beide Methoden liefern allerdings nur hinreichende Stabilitätsbedingungen.

Um die zuvor genannten Methoden anwenden zu können, wird das gesamte adaptive Regelsystem in die Standardstruktur nach Bild 5.3.7 transformiert. Der Vorwärtszweig besteht aus einem linearen zeitinvarianten

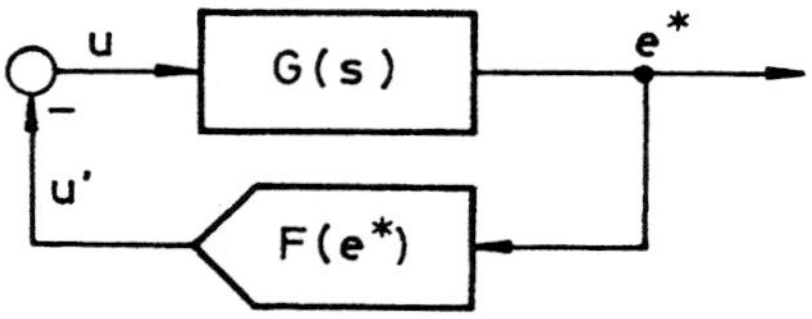

Bild 5.3.7. Nichtlineares System in Standardstruktur

Übertragungsglied mit dem Fehlersignal e^* als Ausgangsgröße, während der Rückwärtszweig alle nichtlinearen und zeitvarianten Teile, also insbesondere die Identifikations- und Modifikationsstufe der adaptiven Regelung enthält. Die Struktur nach Bild 5.3.7 bietet den Vorteil, daß die Stabilität des geschlossenen Regelkreises getrennt aus bestimmten Eigenschaften des linearen und nichtlinearen Teilsystems bestimmt werden kann.

Eine Stabilitätsuntersuchung des nichtlinearen Systems der Struktur gemäß Bild 5.3.7 läßt sich z. B. mit Hilfe des nachfolgend formulierten *Popov-Kriteriums* (s. Band "Regelungstechnik II" und [5.37]) durchführen. Ist das lineare Teilsystem G(s) stabil, und existiert eine Gerade in der G-Ebene, die vollständig links von der Popov-Ortskurve

$$G^*(j\omega) = \mathrm{Re}\{G(j\omega)\} + j\omega \mathrm{Im}\{G(j\omega)\} \tag{5.3.28}$$

von G(s) liegt und die negative reelle Achse im Punkt $-\frac{1}{K}$ schneidet, so ist das rückgekoppelte System nach Bild 5.3.7 dann stabil, falls die Nichtlinearität die Bedingung

$$0 \leq F(e^*)e^* < K\, e^{*2} \quad ; \quad K > 0 \tag{5.3.29}$$

erfüllt.

Die Aussage des Popov-Kriteriums ist im Bild 5.3.8 graphisch veranschaulicht. Die Steigung der Grenzgeraden im Bild 5.3.8a, der sogenannten Popov-Geraden, wird durch das Popov-Kriterium nicht festgelegt und kann beliebig gewählt werden.

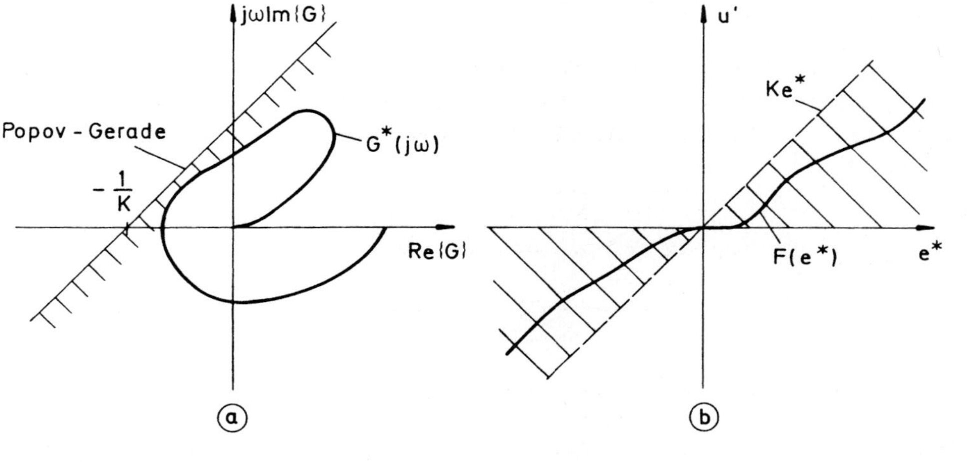

Bild 5.3.8. Graphische Darstellung der Stabilitätsbedingungen für das rückgekoppelte System nach Bild 5.3.7 nach dem Popov-Kriterium:
(a) Popov-Ortskurve des linearen Teilsystems
(b) Erlaubter Sektor für die Nichtlinearität F(e*)

Da sich beim Popov-Kriterium die Stabilitätsbedingung nach Gl.(5.3.29) für das nichtlineare Teilsystem auf eine ganze Klasse von möglichen Nichtlinearitäten bezieht, also nicht auf eine ganz bestimmte nichtlineare Funktion beschränkt ist, bezeichnet man dieses Verhalten als *absolute Stabilität*. Absolute Stabilität spielt bei adaptiven Regelsystemen eine besondere Rolle. Allerdings ist das Popov-Kriterium in der zuvor zitierten Form bei adaptiven Systemen ohne Bedeutung, obgleich es als Ausgangspunkt für die Entwicklung der später behandelten Hyperstabilitätstheorie angesehen werden kann. Ferner besteht ein enger Zusammenhang zu einem wichtigen Hilfssatz, dem sogenannten Meyer-Kalman-Yacubovich-Lemma, das in Kombination mit der direkten Methode von Ljapunow für den Entwurf garantiert stabiler adaptiver Regelsysteme benutzt wird, und daher im folgenden Abschnitt erläutert werden soll.

5.3.2.2. Der Satz von Meyer-Kalman-Yacubovich [5.38]

Für die weiteren Betrachtungen wird die Standardstruktur eines nichtlinearen Regelsystems gemäß Bild 5.3.7 zugrunde gelegt. Dabei wird für das lineare Teilsystem G(s) angenommen, daß es stabil ist und seine Frequenzgang-Ortskurve (Nyquist-Ortskurve) $G(j\omega)$ vollständig im ersten und vierten Quadranten der G-Ebene verläuft (Bild 5.3.9). Die letztere

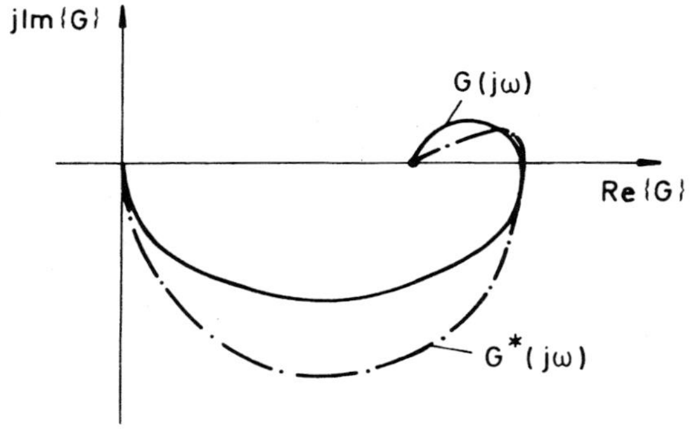

Bild 5.3.9. Frequenzgang-Ortskurve $G(j\omega)$ und Popov-Ortskurve $G^*(j\omega)$ eines positiv reellen Systems

Bedingung läßt sich formal durch

$$\mathrm{Re}\{G(j\omega)\} \geqq 0 \quad \text{für alle } \omega \tag{5.3.30}$$

ausdrücken. Stabile Systeme, die die Gl.(5.3.30) erfüllen, werden auch als *positiv reell* bezeichnet. Da sich die Popov-Ortskurve $G^*(j\omega)$ nach Gl.(5.3.28) nur im Imaginärteil von der Frequenzgang-Ortskurve unterscheidet, liegt für positiv reelle Systeme auch die Popov-Ortskurve vollständig in der rechten G-Halbebene. Wendet man das Popov-Kriterium auf ein rückgekoppeltes System nach Bild 5.3.7 mit positiv reellem linearen Teilsystem an, so kann man als Popov-Gerade stets die imaginäre Achse wählen. Diese schneidet die reelle Achse im Nullpunkt. Dies bedeutet aber, daß die Konstante K nach Gl.(5.3.29) beliebig groß werden kann, ohne daß das rückgekoppelte System instabil wird. Somit folgt aus dem *Popov-Kriterium:*

> Das rückgekoppelte System nach Bild 5.3.7 ist stabil, falls G(s) stabil ist, sowie
>
> $$\mathrm{Re}\{G(j\omega)\} \geqq 0 \quad \text{für alle } \omega \qquad (5.3.31)$$
>
> und
>
> $$0 \leqq F(e^*)e^* \qquad (5.3.32)$$
>
> gilt, d. h. falls das lineare Teilsystem positiv reell ist und $F(e^*)$ nur im ersten und dritten Quadranten verläuft.

Für das lineare Teilsystem läßt sich nun eine Zustandsraumdarstellung der Form

$$\dot{\underline{x}}(t) = \underline{A}\,\underline{x}(t) + \underline{b}\,u(t) \qquad (5.3.33)$$

$$e^*(t) = \underline{c}^T\underline{x}(t) + d\,u(t) \qquad (5.3.34)$$

finden. Zwischen dieser Darstellung und der Übertragungsfunktion G(s) besteht bekanntlich der Zusammenhang (s. Band "Regelungstechnik II")

$$G(s) = \frac{E^*(s)}{U(s)} = \underline{c}^T(s\underline{I} - \underline{A})^{-1}\,\underline{b} + d \quad . \qquad (5.3.35)$$

Aus dieser Gleichung folgt

$$\lim_{s\to\infty} G(s) = d \quad . \qquad (5.3.36)$$

Da für positiv reelle Übertragungsfunktionen entsprechend Gl.(5.3.30)

$$\lim_{\omega\to\infty} \mathrm{Re}\{G(j\omega)\} \geqq 0$$

ist, ergibt sich aus Gl.(5.3.36), daß für positiv reelle Systeme stets

$$d \geqq 0 \qquad (5.3.37)$$

gilt.

Nun wird die spezielle lineare Rückkopplung mit

$$F(e^*) = K\, e^*(t) \;;\quad K > 0 \tag{5.3.38}$$

eingeführt, womit sich als Stellgröße

$$u(t) = -K\, e^*(t) \tag{5.3.39}$$

ergibt. Gl.(5.3.38) erfüllt für beliebige $K > 0$ die Bedingung nach Gl. (5.3.32). Damit wird das rückgekoppelte System, dessen dynamisches Verhalten mit den Gln.(5.3.33), (5.3.34) und (5.3.39) durch die Zustandsgleichung

$$\dot{\underline{x}}(t) = \underline{A}\,\underline{x}(t) - K\,\underline{b}\,\underline{c}^T\underline{x}(t) - K\,\underline{b}\,d\,u(t) \tag{5.3.40}$$

beschrieben werden kann, für alle positiv reellen Übertragungsfunktionen $G(s)$ und $K > 0$ garantiert stabil. Da im weiteren nichtsprungfähige lineare Systeme betrachtet werden sollen, für die

$$d = 0 \tag{5.3.41}$$

gilt, geht Gl.(5.3.40) in die autonome Zustandsgleichung

$$\dot{\underline{x}}(t) = \underline{A}\,\underline{x}(t) - K\,\underline{b}\,\underline{c}^T\underline{x}(t) \tag{5.3.42}$$

über. Für die Stabilitätsuntersuchung des durch diese Gleichung beschriebenen Systems wird die Ljapunow-Funktion

$$V(\underline{x}) = \underline{x}^T(t)\underline{P}\,\underline{x}(t) \tag{5.3.43}$$

mit

$$\underline{P} = \underline{P}^T > \underline{0} \tag{5.3.44}$$

angesetzt. $\underline{P}$ ist eine symmetrische, positiv definite Matrix, gekennzeichnet durch das Symbol "$> \underline{0}$". Damit stellt Gl.(5.3.43) eine quadratische Form dar. Für ein stabiles System muß entsprechend der direkten Methode von Ljapunow die Ableitung der Funktion $V(\underline{x})$ nach der Zeit negativ semidefinit sein (s. Band "Regelungstechnik II"). Für diese Ableitung ergibt sich mit Gl.(5.3.42)

$$\dot{V}(\underline{x}) = \underline{x}^T(t)\,(\underline{A}^T\underline{P} + \underline{P}\,\underline{A})\underline{x}(t) - 2\,K\,\underline{x}^T(t)\underline{P}\,\underline{b}\,\underline{c}^T\underline{x}(t) \quad . \tag{5.3.45}$$

Ist die Übertragungsfunktion

$$G(s) = \underline{c}^T(s\underline{I} - \underline{A})^{-1}\underline{b} \tag{5.3.46}$$

positiv reell, so ist sie definitionsgemäß stabil und die Matrix

$\underline{A}^T\underline{P} + \underline{P}\,\underline{A}$ ist negativ semidefinit (s. Band "Regelungstechnik II"). Es gilt somit die Matrix-Ljapunow-Gleichung

$$\underline{A}^T\underline{P} + \underline{P}\,\underline{A} = -\underline{Q} \tag{5.3.47}$$

mit

$$\underline{Q} = \underline{Q}^T \geqq \underline{0} \quad . \tag{5.3.48}$$

Entsprechend den vorangegangenen Überlegungen ist für jede positiv reelle Übertragungsfunktion gemäß Gl.(5.3.46) das durch Gl.(5.3.42) beschriebene rückgekoppelte System für alle $K > 0$ stabil. Das Popov-Kriterium garantiert also für jede positiv reelle Übertragungsfunktion $G(s)$ die Stabilität der Ruhelage $\underline{x}_\infty = \underline{0}$. Dies bedeutet, daß gemäß der Theorie von Ljapunow die Funktion $\dot{V}(\underline{x})$ nach Gl.(5.3.45) für alle $K > 0$ negativ semidefinit sein muß. Für sehr große Werte von K wird das Vorzeichen von $\dot{V}(\underline{x})$ offensichtlich durch den zweiten Term der Gl.(5.3.45) bestimmt. Dieser Term muß also dann der Bedingung

$$2K\,\underline{x}^T(t)\underline{P}\,\underline{b}\,\underline{c}^T\underline{x}(t) \geqq 0 \tag{5.3.49}$$

genügen. Da K positiv ist, gilt auch

$$\underline{x}^T(t)\underline{P}\,\underline{b}\,\underline{c}^T\underline{x}(t) \geqq 0 \quad \text{für alle } \underline{x}(t) \quad . \tag{5.3.50}$$

Wird nun die Substitution

$$\underline{P}\,\underline{b} = \underline{\gamma}_p \tag{5.3.51}$$

eingeführt, so muß nach Gl.(5.3.50) der Vektor $\underline{\gamma}_p$ die Bedingung

$$\underline{x}^T(t)\underline{\gamma}_p\underline{c}^T\underline{x}(t) \geqq 0 \quad \text{für alle } \underline{x}(t) \tag{5.3.52}$$

erfüllen. Dies ist für beliebige $\underline{x}(t)$ nur möglich, falls für $\underline{\gamma}_p$ die Beziehung

$$\underline{\gamma}_p = \alpha\underline{c} \quad \text{mit} \quad \alpha > 0 \tag{5.3.53}$$

gilt. Die Gültigkeit dieser Beziehung läßt sich leicht anhand von Bild 5.3.10 nachweisen. Hätten nämlich die Vektoren $\underline{\gamma}_p$ und $\underline{c}$ nicht die gleiche Richtung, so ließe sich immer ein Vektor $\underline{x}$ angeben, der zu $\underline{\gamma}_p$ einen Winkel

$$\gamma < 90^\circ$$

und zu $\underline{c}$ einen Winkel

$$\beta > 90^\circ$$

aufweist. In diesem Falle würde

$$\underline{x}^T \underline{\gamma}_p \underline{c}^T \underline{x} = |\underline{x}|\,|\underline{\gamma}_p| \cos\gamma\, |\underline{c}|\, |\underline{x}| \cos\beta \leqq 0$$

gelten, was im Widerspruch zu Gl.(5.3.52) steht.

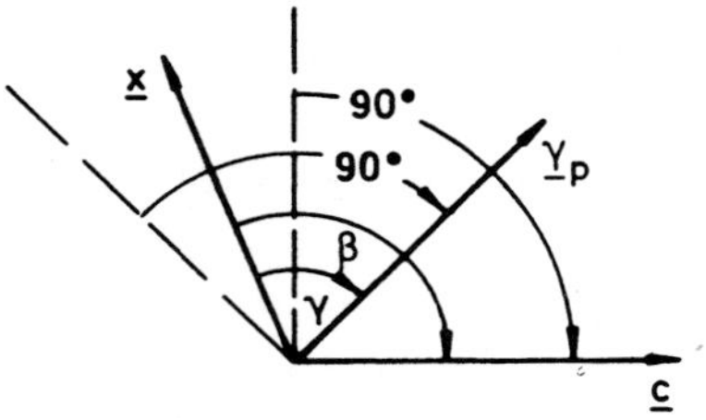

Bild 5.3.10. Zur Veranschaulichung von Gl.(5.3.52)

Mit Gl.(5.3.53) ergibt sich aus Gl.(5.3.51)

$$\underline{P}\,\underline{b} = \alpha \underline{c} \quad \text{mit} \quad \alpha > 0 \quad . \tag{5.3.54}$$

Aus diesen Überlegungen folgt:

Für jede nicht sprungfähige positiv reelle Übertragungsfunktion G(s) nach Gl.(5.3.46) gibt es eine symmetrische, positiv definite Matrix $\underline{P}$ und eine symmetrische positiv semidefinite Matrix $\underline{Q}$ derart, daß die Matrix-Ljapunow-Gleichung (5.3.47) und Gl.(5.3.54) erfüllt sind.

Es ist leicht einzusehen, daß man ohne Einschränkung der Allgemeingültigkeit in Gl.(5.3.54) den Parameter α auf Eins normieren darf. Denn angenommen, die Matrix $\underline{P}' = \underline{P}'^T > \underline{0}$ erfüllt Gl.(5.3.54) für $\alpha \neq 1$ und es gilt die Matrix-Ljapunow-Gleichung

$$\underline{A}^T \underline{P}' + \underline{P}' \underline{A} = -\underline{Q}' \quad \text{mit} \quad \underline{Q}' \geqq \underline{0} \quad ,$$

dann erhält man durch die Substitutionen

$$\underline{P} = \frac{1}{\alpha} \underline{P}' \quad ; \quad \underline{Q} = \frac{1}{\alpha} \underline{Q}'$$

die folgenden Beziehungen:

1) $\underline{P} = \underline{P}^T > \underline{0} \qquad \underline{Q} = \underline{Q}^T \geqq \underline{0}$,

2) $\underline{A}^T \underline{P} + \underline{P}\,\underline{A} = -\underline{Q}$ und

3) $\underline{P}\,\underline{b} = \underline{c}$.

Die hier gemachte Aussage stellt einen Spezialfall des Satzes von Meyer-Kalman-Yacubovich für nichtsprungfähige Systeme dar. Bevor jedoch dieser Satz (ohne Beweis) formuliert wird, soll noch folgende strengere Definition positiv reeller Systeme eingeführt werden:

Definition positiv reeller kontinuierlicher Systeme:
Ein kontinuierliches lineares zeitinvariantes System mit der Übertragungsfunktion G(s) heißt positiv reell, falls
1) die Pol- und Nullstellen von G(s) in der linken s-Halbebene ($\mathrm{Re}(s_i) \leqq 0$) liegen,
2) $\mathrm{Re}\{G(j\omega)\} \geqq 0$ für alle ω gilt,
3) die Pole von G(s) auf der Imaginärachse der s-Ebene einfach sind und
4) deren Residuen positiv reell sind.

Bedeutung hat auch die

Definition streng positiv reeller kontinuierlicher Systeme:
Ein kontinuierliches lineares zeitinvariantes System mit der Übertragungsfunktion G(s) heißt streng positiv reell, falls
1) die Pol- und Nullstellen von G(s) in der offenen linken s-Halbebene ($\mathrm{Re}(s_i) < 0$) liegen, und
2) $\mathrm{Re}\{G(j\omega)\} > 0$ für alle ω gilt.

Die Begriffe "positiv reell" und "streng positiv reell" werden auch direkt für die entsprechenden Übertragungsfunktionen verwandt.

Mit den zuvor eingeführten Definitionen läßt sich nun der *Satz von Meyer-Kalman-Yacubovich* [5.38] formulieren:

<u>Satz 5.3.1:</u>

Betrachtet wird das kontinuierliche stabile lineare zeitinvariante System mit der Zustandsraumdarstellung

$$\dot{\underline{x}}(t) = \underline{A}\, \underline{x}(t) + \underline{b}\, u(t)$$

$$e^*(t) = \underline{c}^T \underline{x}(t) + d\, u(t) \quad .$$

$(\underline{A},\underline{b})$ sei vollständig steuerbar. Ist die Übertragungsfunktion

$$G(s) = \underline{c}^T (s\underline{I} - \underline{A})^{-1}\, \underline{b} + d$$

positiv reell, so existieren zwei reelle symmetrische Matrizen $\underline{P}$ und $\underline{Q}$ der Dimension nxn und ein reeller Vektor $\underline{q}$ der Dimension nx1 derart, daß folgende Bedingungen erfüllt sind:

1) $\underline{A}^T\underline{P} + \underline{P}\,\underline{A} = -\underline{q}\,\underline{q}^T - \underline{Q}$;

2) $\underline{P}\,\underline{b} - \underline{c} = \sqrt{2d}\,\underline{q}$;

3) $(\underline{A}, \underline{q}^T)$ ist vollständig beobachtbar;

4) $\underline{P}$ ist positiv definit und $\underline{Q}$ ist positiv semidefinit;

5) Ist $s = j\omega_o$ (ω reell) eine Nullstelle von $-\underline{q}^T(s\underline{I} - \underline{A})^{-1}\underline{b} + \sqrt{2d}$, dann ist es auch eine Nullstelle von $\underline{b}^T(-s\underline{I} - \underline{A})^{-1}\,\underline{Q}(s\underline{I} - \underline{A})^{-1}\,\underline{b}$.

6) Alle Nullstellen von $-\underline{q}^T(s\underline{I} - \underline{A})^{-1}\,\underline{b} + \sqrt{2d}$ liegen in der linken abgeschlossenen s-Halbebene.

Für den Entwurf adaptiver Regelsysteme haben allerdings nur die Bedingungen 1), 2) und 4) dieses Satzes Bedeutung. Für nichtsprungfähige Systeme $(d = 0)$ sind die Bedingungen 1) und 2) mit Gl. (5.3.47) für $\underline{q} = \underline{0}$ und Gl. (5.3.54) für $\alpha = 1$ identisch.

Im Zusammenhang mit dem Entwurf adaptiver Regelsysteme ist häufig der *vereinfachte Satz nach Meyer-Yacubovich* ausreichend [5.38]:

Satz 5.3.2:

Betrachtet wird das kontinuierliche stabile lineare zeitinvariante System mit der Zustandsraumdarstellung

$$\dot{\underline{x}}(t) = \underline{A}\,\underline{x}(t) + \underline{b}\,u(t)$$

$$e^*(t) = \underline{c}^T\underline{x}(t) + d\,u(t) \quad .$$

Ist die Übertragungsfunktion

$$G(s) = \underline{c}^T(s\underline{I} - \underline{A})^{-1}\,\underline{b} + d$$

streng positiv reell, dann existieren zwei positiv definite symmetrische Matrizen $\underline{P}$ und $\underline{Q}$ der Dimension nxn und ein reeller Vektor $\underline{q}$ der Dimension nx1 derart, daß

1) $\underline{A}^T\underline{P} + \underline{P}\,\underline{A} = -\underline{q}\,\underline{q}^T - \underline{Q}$

2) $\underline{P}\,\underline{b} - \underline{c} = \sqrt{2d}\,\underline{q}$

ist.

Bei diesem vereinfachten Satz entfällt die Voraussetzung, daß $(\underline{A}, \underline{b})$ steuerbar sein muß. Ferner ist die Existenz einer positiv definiten (und nicht nur positiv semidefiniten) Matrix $\underline{Q}$ erfüllt. Hierzu muß allerdings die Funktion G(s) streng positiv reell sein.

Nach einem Theorem von Popov [5.35] gilt der Satz von Meyer-Kalman-Yacubovich auch in der umgekehrten Richtung. Demnach ist G(s) streng positiv reell, falls positiv definite Matrizen $\underline{P}$ und $\underline{Q}$ und ein Vektor $\underline{q}$ derart existieren, daß die Eigenschaften nach dem Satz von Meyer-Kalman-Yacubovich erfüllt sind. Dies soll wie folgt zusammengefaßt werden:

Satz 5.3.3:

Betrachtet wird das kontinuierliche stabile zeitinvariante System mit der Zustandsraumdarstellung

$$\dot{\underline{x}}(t) = \underline{A}\ \underline{x}(t) + \underline{b}\ u(t)$$

$$e^*(t) = \underline{c}^T \underline{x}(t) + d\ u(t) \quad .$$

Ist ($\underline{A}$, $\underline{b}$) vollständig steuerbar, dann sind folgende Aussagen äquivalent:

1) $G(s) = \underline{c}^T (s\underline{I} - \underline{A})^{-1}\ \underline{b} + d$ ist positiv reell.

2) Es existieren eine positiv definite Matrix

$$\underline{P} = \underline{P}^T > \underline{0} \quad ,$$

eine positiv semidefinite Matrix

$$\underline{Q} = \underline{Q}^T \geqq \underline{0}$$

und ein Vektor $\underline{q}$, so daß folgende Bedingungen gelten:

a) $\underline{A}^T\underline{P} + \underline{P}\ \underline{A} = -\underline{Q} - \underline{q}\ \underline{q}^T$;

b) $\underline{P}\ \underline{b} - \underline{c} = \sqrt{2d}\ \underline{q}$;

c) $$\begin{bmatrix} \underline{Q}+\underline{q}\ \underline{q}^T & \sqrt{2d}\ \underline{q} \\ \sqrt{2d}\ \underline{q}^T & 2d \end{bmatrix} \geqq \underline{0} \quad .$$

Die Eigenschaft 2c) läßt sich aus den Eigenschaften 1) und 2a,b) und der Tatsache, daß für positiv reelle Systeme $d \geqq 0$ ist, leicht ableiten.

Aufgrund der hohen Anzahl von Rechenoperationen, die bei adaptiven Regelsystemen erforderlich sind, können diese Systeme meist nur mit Hilfe eines Prozeßrechners realisiert werden. Dies erfordert eine diskrete

Systembeschreibung. Auch für diskrete Systeme sind die Begriffe "positiv reell" und "streng positiv reell" definiert:

Definition positiv reeller diskreter Systeme: Ein diskretes lineares zeitinvariantes System mit der Übertragungsfunktion $G(z)$ heißt positiv reell, falls

1) die Pol- und Nullstellen von $G(z)$ im Einheitskreis $|z| \leqq 1$ der z-Ebene liegen,

2) $\mathrm{Re}\{G(z)\} \geqq 0$ für alle $|z| = 1$, d. h. $\mathrm{Re}\{G(e^{j\omega T})\} \geqq 0$ für alle ω gilt,

3) die Pole von $G(z)$ auf dem Rand des Einheitskreises, d. h. für $|z| = 1$, einfach sind und

4) deren Residuen positiv sind.

Analog zum kontinuierlichen Fall erfolgt die *Definition streng positiv reeller diskreter Systeme:*
Ein diskretes lineares zeitinvariantes System mit der Übertragungsfunktion $G(z)$ heißt *streng* positiv reell, falls

1) die Pol- und Nullstellen von $G(z)$ im Innern des Einheitskreises $|z| < 1$ der z-Ebene liegen und

2) $\mathrm{Re}\{G(z)\} > 0$ für alle $|z| = 1$ gilt.

Mit der Substitution $z = e^{sT}$ wird die Analogie zwischen positiv reellen kontinuierlichen Systemen und positiv reellen diskreten Systemen offensichtlich. Entsprechend der Bedingung $\mathrm{Re}\{G(z)\} \geqq 0$ für $|z| = 1$ muß die Ortskurve $G(e^{j\omega T})$ eines positiv reellen diskreten Systems - wie bei kontinuierlichen Systemen - vollständig im ersten und vierten Quadranten der G-Ebene verlaufen.

Für diskrete Systeme existiert ein zum Meyer-Kalman-Yacubovich-Satz ähnlicher Satz, der wie folgt formuliert werden kann [5.3]:

<u>Satz 5.3.4:</u>

Betrachtet wird das diskrete stabile zeitinvariante System mit der Zustandsraumdarstellung

$$\underline{x}(k+1) = \underline{A}\,\underline{x}(k) + \underline{b}\,u(k)$$

$$e^*(k) = \underline{c}^T\underline{x}(k) + d\,u(k) \quad .$$

Folgende Aussagen sind äquivalent:

1) $G(z) = \underline{c}^T(z\underline{I} - \underline{A})^{-1}\,\underline{b} + d$ ist positiv reell.

2) Es existiert eine positiv definite Matrix

$$\underline{P} = \underline{P}^T > \underline{0}$$

und ein Vektor $\underline{q}$ derart, daß

a) $\underline{A}^T\underline{P}\,\underline{A} - \underline{P} = -\underline{q}\,\underline{q}^T$

b) $\underline{A}^T\underline{P}\,\underline{b} - \underline{c} = -w\,\underline{q}$

c) $\underline{b}^T\underline{P}\,\underline{b} - 2d = -w^2$

gilt.

Die Bedingung 2a) stellt die Matrix-Ljapunow-Gleichung für diskrete Systeme dar. Satz 5.3.4 läßt sich in entsprechender Weise für lineare zeitvariante Mehrgrößensysteme verallgemeinern.

5.3.2.3. Der Begriff der Hyperstabilität

Ähnlich dem Begriff der absoluten Stabilität umfaßt die "Hyperstabilität" die gleichzeitige Stabilität einer ganzen Klasse von Systemen. Die Theorie der Hyperstabilität kann anschaulich als eine verallgemeinerte Theorie passiver Eintor-Netzwerke interpretiert werden. Die Bedeutung der Hyperstabilität soll am Beispiel eines solchen Netzwerkes veranschaulicht werden.

Beispiel 5.3.4:

Betrachtet wird das passive RL-Netzwerk nach Bild 5.3.11. Nach dem Energieprinzip ergibt sich folgender Sachverhalt: Die im Zeitraum t_o bis t zugeführte Energie

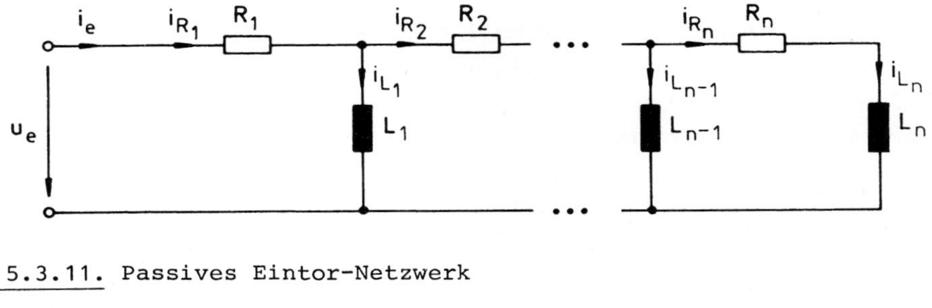

Bild 5.3.11. Passives Eintor-Netzwerk

$$\int_{t_o}^{t} u_e(\tau) i_e(\tau) d\tau$$

plus der im Anfangszeitpunkt in den Induktivitäten gespeicherten Energie

$$\frac{1}{2} \sum_{i=1}^{n} L_i \, i_{L_i}^2(t_o)$$

ist gleich der im Zeitraum t_o bis t in den Ohmschen Widerständen verbrauchten Energie

$$\int_{t_o}^{t} \sum_{i=1}^{n} R_i \, i_{R_i}^2(\tau) d\tau$$

plus der im Zeitpunkt t momentan gespeicherten Energie

$$\frac{1}{2} \sum_{i=1}^{n} L_i \, i_{L_i}^2(t) \quad ,$$

d. h. man erhält die Energiegleichung

$$\int_{t_o}^{t} u_e(\tau) i_e(\tau) d\tau + \frac{1}{2} \sum_{i=1}^{n} L_i \, i_{L_i}^2(t_o)$$
$$= \int_{t_o}^{t} \sum_{i=1}^{n} R_i \, i_{R_i}^2(\tau) d\tau + \frac{1}{2} \sum_{i=1}^{n} L_i \, i_{L_i}^2(t) \quad . \qquad (5.3.55)$$

Faßt man $u_e(t)$ als Eingangsgröße u(t) und $i_e(t)$ als Ausgangsgröße y(t) des Eintor-Netzwerkes auf, und werden die "normierten" Ströme $i_{L_i}\sqrt{L_i}$ zum Zustandsvektor

$$\underline{x}(t) = \left[\sqrt{L_1}\, i_{L_1}(t) \quad \sqrt{L_2}\, i_{L_2}(t) \ldots \sqrt{L_n}\, i_{L_n}(t)\right]^T$$

zusammengefaßt, so kann die Energiegleichung, Gl.(5.3.55), in die Energieungleichung

$$\int_{t_o}^{t} u(\tau) y(\tau) d\tau + \frac{1}{2} \underline{x}^T(t_o)\underline{x}(t_o) \geq \frac{1}{2} \underline{x}^T(t)\underline{x}(t) \quad . \qquad (5.3.56)$$

umgeformt werden. Der erste Term der linken Seite stellt die im Zeitintervall $t_o \leq \tau \leq t$ dem System zugeführte Energie, der zweite Term die in den Induktivitäten gespeicherte Energie im Anfangszustand und die rechte Seite die momentan in den Induktivitäten gespeicherte Energie des Systems dar [5.39]. Die Differenz zwischen der rechten und der linken Seite ist die Energie, die im Zeitraum t_o bis t in den Widerständen verbraucht wird. Da bei passiven Systemen, wie dem betrachteten RL-

Netzwerk, der Energieinhalt nie größer werden kann als die von außen zugeführte Energie plus der (endlichen) Energie im Anfangszeitpunkt, sind solche Systeme stets stabil. ■

Bei dem betrachteten Beispiel ist der Eingangsstrom y(t) eine (im allgemeinen nichtlineare und zeitvariante) Funktion der Eingangsspannung u(t), d. h. es gilt:

$$y(t) = f[u(t),t] \quad , \tag{5.3.57}$$

so daß Gl.(5.3.56) in der etwas allgemeineren Form

$$\int_{t_0}^{t} f[u(\tau),\tau]u(\tau)d\tau \geqq -\gamma_0^2 + \beta_1 \,||\underline{x}(t)||^2 \quad , \quad \beta_1 > 0 \tag{5.3.58}$$

geschrieben werden kann, wobei

$$\gamma_0 = \sqrt{\frac{1}{2}\,\underline{x}^T(t_0)\underline{x}(t_0)} \tag{5.3.59}$$

eine nur von den Anfangsbedingungen abhängige Konstante ist. Aufgrund des Energieprinzips gilt Gl.(5.3.56) natürlich nicht nur für passive lineare Netzwerke, sondern für alle realen passiven Netzwerke, d. h. auch für nichtlineare und/oder zeitvariante. Umgekehrt kann festgestellt werden, daß jedes dynamische System, das die Ungleichung (5.3.56) oder (5.3.58) erfüllt, dieselben Stabilitätseigenschaften aufweist, wie das passive Netzwerk aus dem oben genannten Beispiel.

Die allgemeine Hyperstabilitätstheorie wurde von V. Popov [5.35; 5.36] entwickelt und bewiesen. Da adaptive Systeme stets durch sehr starke Nichtlinearitäten charakterisiert sind, hat sich diese Theorie in den vergangenen Jahren als ein außerordentlich effektives Hilfsmittel zum Entwurf garantiert stabiler adaptiver Regelsysteme erwiesen. Ähnlich wie die direkte Methode von Ljapunow liefert die Hyperstabilitätstheorie jedoch nur hinreichende, nicht aber notwendige Stabilitätsbedingungen.

Wie bereits erwähnt, werden adaptive Regelverfahren aufgrund der sich bei ihnen abspielenden aufwendigen Rechenoperationen heute fast ausschließlich mit Hilfe digitaler Rechengeräte realisiert. Dies erfordert eine diskrete Systembeschreibung. Deshalb soll hier im wesentlichen eine Beschränkung auf die diskrete Version der Hyperstabilitätstheorie erfolgen. Ungleichung (5.3.56) lautet in diskreter Form

$$\sum_{k=k_0}^{k_1} u(k)y(k) + \frac{1}{2}\,\underline{x}^T(k_0)\underline{x}(k_0) \geqq \frac{1}{2}\,\underline{x}^T(k_1+1)\underline{x}(k_1+1) \tag{5.3.60}$$

für alle $k_1 > k_o$. In dieser Beziehung stellt der Term $\frac{1}{2}\,\underline{x}^T(k_1+1)\underline{x}(k_1+1)$ die im Zeitpunkt k_1+1 gespeicherte Energie dar, die von der Anfangsenergie $\frac{1}{2}\,\underline{x}^T(k_o)\underline{x}(k_o)$ und der bis zum Zeitpunkt k_1 zugeführte Energie

$$E = \sum_{k=k_o}^{k_1} u(k)y(k)$$

abhängt, da zwischen der Eingangsgröße u und den Zustandsgrößen x_i mindestens eine Zeitverzögerung von einem Abtastschritt besteht.

Entsprechend geht Gl.(5.3.58) in die diskrete Beziehung

$$\sum_{k=k_o}^{k_1} f[u(k),k]u(k) \geqq -\gamma_o^2 + \beta_1\,\|\underline{x}(k_1+1)\|^2 \qquad (5.3.61)$$

für alle $k_1 > k_o$ und $\beta_1 > 0$

über. Gl.(5.3.58) und Gl.(5.3.61) werden gelegentlich auch als *Popov-Ungleichung* bezeichnet (nicht zu verwechseln mit der im Band "Regelungstechnik II" bereits eingeführten gleichlautenden Bezeichnung).

5.3.2.4. Definition der Hyperstabilität

Im folgenden werden kontinuierliche und diskrete Systeme parallel betrachtet. Die Gleichungen, die sich auf kontinuierliche Systeme beziehen, werden mit (a), solche, die sich auf diskrete Systeme beziehen, mit (b) gekennzeichnet. Ohne Einschränkung der Allgemeingültigkeit wird der Anfangszeitpunkt

$$t_o = 0 \quad \text{bzw.} \quad k_o = 0$$

gesetzt. Es werden Systeme betrachet, die durch das Vektordifferential- bzw. Vektordifferenzengleichungssystem

$$\dot{\underline{x}}(t) = \underline{f}[\underline{x}(t),\ \underline{u}(t),\ t] \qquad (5.3.62a)$$

$$\underline{x}(k+1) = \underline{f}[\underline{x}(k),\ \underline{u}(k),\ k] \qquad (5.3.62b)$$

$$\underline{y}(t) = \underline{g}[\underline{x}(t),\ \underline{u}(t),\ t] \qquad (5.3.63a)$$

$$\underline{y}(k) = \underline{g}[\underline{x}(k),\ \underline{u}(k),\ k] \qquad (5.3.63b)$$

mit dem Zustandsvektor $\underline{x}$, dem Eingangsvektor $\underline{u}$ und dem Ausgangsvektor $\underline{y}$ beschrieben werden, wobei $\underline{x}$ die Dimension (nx1) und $\underline{u}$ sowie $\underline{y}$ je die Dimension (px1) besitzen sollen. Die Hyperstabilität eines Systems nach Popov [5.35] besagt nun, daß der Zustandsvektor $\underline{x}$ beschränkt bleibt, wenn der Eingangsvektor $\underline{u}$ jeweils der Ungleichung (5.3.58) bzw. (5.3.61) genügt. Der kürzeren Schreibweise halber werden in diesen Beziehungen für die weiteren Betrachtungen anstelle des Integral- bzw. Summenterms noch die Größen

$$\eta(0,t) = \int_0^t \underline{u}^T(\tau)\underline{y}(\tau)d\tau \qquad (5.3.64a)$$

$$\eta(0,k_1) = \sum_{k=0}^{k_1} \underline{u}^T(k)\underline{y}(k) \quad . \qquad (5.3.64b)$$

eingeführt. Obwohl die Stabilität eine Eigenschaft der Ruhelage des Systems ist, wird sie hier in Anlehnung an Popov [5.35] als Systemeigenschaft bezeichnet.

Im folgenden werden einige Definitionen der Hyperstabilität eingeführt:

Erste Definition der Hyperstabilität:

Das System beschrieben durch die Gln. (5.3.62a, b) und (5.3.63a, b) heißt *hyperstabil*, wenn es zwei Konstanten $\beta_1 > 0$ und $\beta_0 \geqq 0$ gibt, so daß die Ungleichung

$$\eta(0,t) + \beta_0 ||\underline{x}(0)||^2 \geqq \beta_1 ||\underline{x}(t)||^2 \text{ für alle } t \geqq 0 \qquad (5.3.65a)$$

$$\eta(0,k_1) + \beta_0 ||\underline{x}(0)||^2 \geqq \beta_1 ||\underline{x}(k_1+1)||^2 \text{ für alle } k_1 \geqq 0 \qquad (5.3.65b)$$

erfüllt ist.

Für $\beta_0 = \frac{1}{2}$, $\beta_1 = \frac{1}{2}$ und $||\underline{x}||^2 = \underline{x}^T\underline{x}$ ist Gl. (5.3.65a) identisch mit Gl. (5.3.56), und Gl. (5.3.65b) entspricht Gl. (5.3.60). Die Ungleichung (5.3.65) kann als eine verallgemeinerte energetische Beziehung interpretiert werden. Außer dieser Definition gibt es noch folgende völlig äquivalente Definition:

Zweite Definition der Hyperstabilität:

Das System, beschrieben durch die Gln. (5.3.62a, b) heißt *hyperstabil*, wenn Konstanten $\delta > 0$ und $\gamma > 0$ derart existieren, daß für alle Signalvektoren $\underline{u}(k)$, $\underline{y}(k)$ und $\underline{x}(k)$, welche die Gln. (5.3.62a, b) und (5.3.63a, b) und die Ungleichung

$$\eta(0,t) \leqq \gamma^2 + \gamma \max_{0 \leqq \tau \leqq t} ||\underline{x}(\tau)|| \qquad (5.3.66a)$$

$$\eta(0,k_1) \leqq \gamma^2 + \gamma \max_{0 \leqq k \leqq k_1} ||\underline{x}(k)|| \qquad (5.3.66b)$$

erfüllen, die folgende Ungleichung gilt:

$$||\underline{x}(t)|| \leq \delta(\gamma + ||\underline{x}(0)||) \quad \text{für alle } t > 0 \tag{5.3.67a}$$

$$||\underline{x}(k)|| \leq \delta(\gamma + ||\underline{x}(0)||) \quad \text{für alle } k > 0 \quad . \tag{5.3.67b}$$

Definition der asymptotischen Hyperstabilität:

Das System, beschrieben durch die Gln.(5.3.62a, b) und (5.3.63a, b) heißt *asymptotisch hyperstabil*, wenn es hyperstabil und für $\underline{u} = \underline{0}$ global asymptotisch stabil ist.

Die obigen Definitionen enthalten Terme mit Zustandsgrößen. Liegt jedoch eine Eingangs-/Ausgangsbeschreibung in der Form

$$\underline{y}(t) = \underline{f}[\underline{u}(\tau), t] \qquad \tau \leq t \text{ für alle } t \geq 0 \tag{5.3.68a}$$

$$\underline{y}(k) = \underline{f}[\underline{u}(\ell), k] \qquad \ell \leq k \text{ für alle } k \geq 0 \tag{5.3.68b}$$

vor, dann kann man anstelle von Gl.(5.3.65) folgende schwächere Bedingung für Hyperstabilität angeben.

Definition der schwachen Hyperstabilität:

Das System, beschrieben durch die Gl.(5.3.63a, b) heißt *schwach hyperstabil*, wenn es eine nur von den Anfangsbedingungen abhängige endliche Konstante $\gamma_0^2 \geq 0$ gibt, so daß die Ungleichung

$$\eta(0,t) \geq -\gamma_0^2 \qquad \text{für alle } t \geq 0 \tag{5.3.69a}$$

$$\eta(0,k_1) \geq -\gamma_0^2 \qquad \text{für alle } k_1 \geq 0 \tag{5.3.69b}$$

erfüllt ist.

Die Definition der schwachen Hyperstabilität und die Ungleichung (5.3.69) sind für den Entwurf adaptiver Regelsysteme besonders wichtig, da sehr viele Entwürfe auf dieser Definition basieren.

5.3.2.5. Eigenschaften hyperstabiler Systeme

Die Bedeutung der Hyperstabilitätstheorie bezieht sich im wesentlichen auf die besonderen Eigenschaften, die sich für dynamische Systeme aus den Definitionen von Abschnitt 5.3.2.4 ergeben. Die wichtigsten davon sind nachfolgend zusammengestellt. Für den Beweis sei auf [5.35] verwiesen.

Satz 5.3.5:

Eigenschaft 1: Die Hyperstabilität schließt für $\underline{u} = \underline{0}$ die globale asymptotische Stabilität nach Ljapunow ein.

Eigenschaft 2: Ein hyperstabiles System besitzt die Eigenschaft, daß bei beschränkter Eingangsgröße auch die Ausgangsgröße beschränkt bleibt (gelegentlich auch als BIBO-Stabilität*) bezeichnet).

Eigenschaft 3: Entsteht durch Parallelschaltung zweier (schwach) hyperstabiler Systeme ein neues System, so ist auch dieses (schwach) hyperstabil.

Eigenschaft 4: Wird ein (schwach) hyperstabiles System über ein zweites (schwach) hyperstabiles System rückgekoppelt, so ist das Gesamtsystem wiederum (schwach) hyperstabil.

Eigenschaft 5: Wird ein hyperstabiles System über ein zweites schwach hyperstabiles System rückgekoppelt, so ist das Gesamtsystem hyperstabil.

Diese Eigenschaften gelten sowohl für kontinuierliche als auch für diskrete Systeme.

Ausdrücklich soll noch auf den Fall einer Zeitvarianz der Rückführung gemäß Bild 5.3.12 hingewiesen werden. Auch modelladaptive Systeme las-

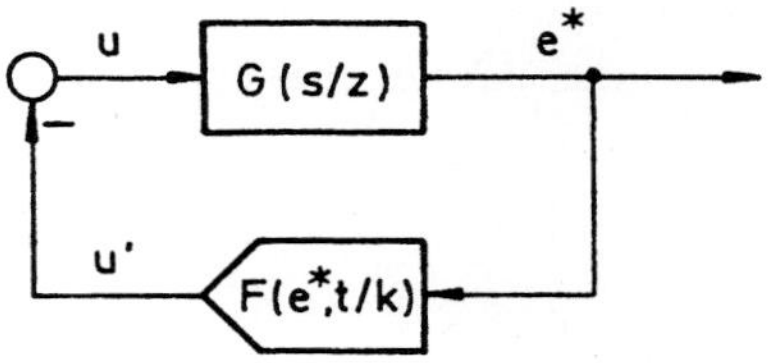

Bild 5.3.12. Nichtlineares zeitvariantes System in Standardstruktur

sen sich auf eine solche Standardstruktur transformieren. Gemäß der zuvor angegebenen Eigenschaft 5 von Satz 5.3.5 ist ein solches System hyperstabil, wenn die Übertragungsfunktion G hyperstabil ist und die Beziehung

---

*) BIBO vom Engl. "bounded input bounded output"

$$\int_{o}^{t} e^*(\tau)u'(\tau)d\tau \geqq -\gamma_o^2$$

bzw.

$$\sum_{k=o}^{k_1} e^*(k)u'(k) \geqq -\gamma_o^2$$

gilt, d. h. wenn der nichtlineare zeitvariante Teil schwach hyperstabil ist. Gerade auf dieser Eigenschaft basieren jene adaptiven Regelsysteme, die mit Hilfe der Hyperstabilitätstheorie entworfen werden.

5.3.2.6. Hyperstabilität linearer Systeme

Betrachtet man ein lineares passives und damit stabiles Eintor-Netzwerk, bestehend aus idealen Widerständen, Induktivitäten und Kapazitäten, so kann bei periodischer Anregung die Phasenverschiebung zwischen Eingangsspannung u(t) und Eingangsstrom y(t) nur zwischen -90° und $+90^o$ liegen. Zeichnet man demnach die Ortskurve des Frequenzganges

$$G(j\omega) = \frac{Y(j\omega)}{U(j\omega)} \quad ,$$

so verläuft diese vollständig im ersten und/oder vierten Quadranten der s-Ebene. Es gilt also

$$\mathrm{Re}\{G(j\omega)\} \geqq 0 \qquad \text{für alle } \omega \quad . \tag{5.3.70}$$

Im vorliegenden Fall handelt es sich um ein positiv reelles System. Ein lineares passives Eintor-Netzwerk ist also durch eine positiv reelle Übertragungsfunktion gekennzeichnet und erfüllt gleichzeitig immer eine Energieungleichung in Form von Gl.(5.3.56). Dies führt zu folgendem Satz, der hier ohne weiteren Beweis angegeben werden soll:

Satz 5.3.6:

Hyperstabilitätssatz für lineare Systeme:
Ein lineares zeitinvariantes System ist dann und nur dann hyperstabil, wenn es durch eine streng positiv reelle Übertragungsfunktion beschrieben wird. Es ist schwach hyperstabil, wenn es durch eine positiv reelle, nicht aber streng positiv reelle Übertragungsfunktion gekennzeichnet wird.

Satz 5.3.6 gilt für kontinuierliche und für diskrete Systeme. Für diskrete Übertragungsfunktionen G(z) niedriger Ordnung ist der Hyperstabilitätsbereich fast so groß wie der Stabilitätsbereich. Mit zunehmender

Ordnung nimmt allerdings das Verhältnis von Hyperstabilitätsbereich zu Stabilitätsbereich ab, wie aus nachfolgendem Beispiel zu ersehen ist.

Beispiel 5.3.5:

Für ein System mit der Übertragungsfunktion

$$G(z) = \frac{1}{1 + a_1 z^{-1} + a_2 z^{-2} + a_3 z^{-3}} = \frac{1}{A(z)} \tag{5.3.71}$$

soll das hyperstabile Verhalten untersucht werden.

In Bild 5.3.13 sind die Parameterbereiche in der a_1, a_2-Ebene eingetragen, in denen die Übertragungsfunktion nach Gl.(5.3.71) für verschiedene Werte von a_3 stabil bzw. positiv reell ist. Das lineare System ist

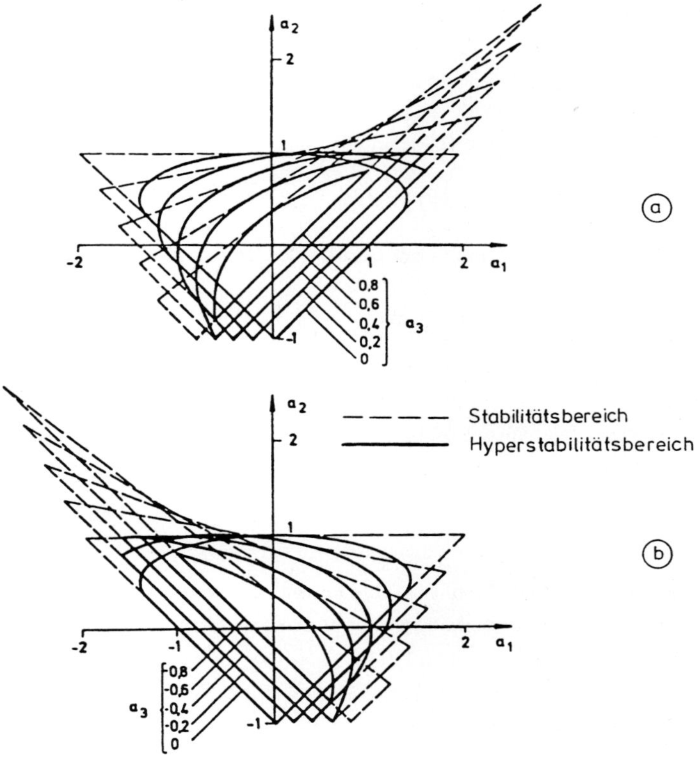

Bild 5.3.13. Stabilitäts- und Hyperstabilitätsbereiche für lineare Systeme bis 3. Ordnung. (a): $a_3 \geqq 0$, (b): $a_3 \leqq 0$

für Parameterwerte innerhalb des dreieckförmigen Gebietes stabil, das durch die gestrichelte Linien (Stabilitätsrand) umschlossen wird. Innerhalb dieses Gebietes liegt der mit den durchgezogenen Linien (Hyperstabilitätsrand) umgebene Bereich, in dem das System schwach hyperstabil bzw. die oben angegebene Übertragungsfunktion positiv reell ist. Für $a_3 = 0$ und $a_2 = 0$ können die entsprechenden Bereiche für Systeme zweiter und erster Ordnung entnommen werden.

Die in Bild 5.3.12 dargestellten "Hyperstabilitätsgebiete" sind die Schnittfläche $a_3 = \text{const}$ eines dreidimensionalen Körpers, der im (a_1, a_2, a_3)-Koordinatensystem durch die Bedingung

$$\text{Re}\{G(z)\} \geqq 0 \qquad \text{für alle } |z| = 1 \tag{5.3.72}$$

für positiv reelle Übertragungsfunktionen beschrieben wird. Die Oberfläche dieses Körpers gehorcht der Bedingung

$$\text{Re}\{G(z)\} = 0 \qquad \text{für alle } |z| = 1 \quad . \tag{5.3.73}$$

Da diese Bedingung bezüglich einer Spiegelung an der reellen Achse der komplexen G-Ebene invariant ist, gilt

$$\text{Re}\{1/G(z)\} = 0 \qquad \text{für alle } |z| = 1 \quad , \tag{5.3.74}$$

und für die Übertragungsfunktion gemäß Gl.(5.3.71)

$$\text{Re}\{A(z)\} = 0 \qquad \text{für alle } |z| = 1 \quad . \tag{5.3.75}$$

Setzt man $z = |z| e^{j\phi}$, so folgt für $|z| = 1$ aus Gl.(5.3.75)

$$\text{Re}\{A(e^{j\phi})\} = 0 \quad , \tag{5.3.76}$$

und nach Anwendung der Eulerschen Formel $e^{j\phi} = \cos\phi + j\sin\phi$ ergibt sich

$$1 + a_1 \cos\phi + a_2 \cos 2\phi + a_3 \cos 3\phi = 0 \quad . \tag{5.3.77}$$

Unter Berücksichtigung des Additionstheorems für cos-Funktionen gilt mit $\tau = \cos\phi$

$$(4\tau^3 - 3\tau)a_3 + (2\tau^2 - 1)a_2 + a_1\tau + 1 = 0 \quad . \tag{5.3.78}$$

Gl.(5.3.78) beschreibt eine Geradenschar im (a_1, a_2, a_3)-Koordinatensystem, deren Hüllfläche gerade die Oberfläche des gesuchten Körpers darstellt. Diese Parameterdarstellung der Geraden gilt nur für den Bereich

$$-1 \leqq \tau \leqq 1 \quad . \tag{5.3.79}$$

Die im Bild 5.3.13 eingezeichneten "Hyperstabilitätsrandkurven" erhält man dann als Hüllkurven oben genannter Geradenschar für $a_3 = \text{const.}$ ■

5.3.3. Regleradaption mit Parallelmodell nach der Stabilitätstheorie

5.3.3.1. Das allgemeine Adaptionsverfahren

In den vorausgegangenen Abschnitten wurde bereits mehrmals erwähnt, daß adaptive Regelsysteme einen stark *nichtlinearen* Charakter aufweisen. Deshalb ist für diese Systeme eine Stabilitätsanalyse nicht einfach durchzuführen. Butchart und Shackcloth [5.40], Parks [5.16] und Monopoli [5.41] waren die ersten, die in den Jahren 1965 bis 1967 für den Entwurf von adaptiven Regelsystemen die *Methode der Stabilitätstheorie* mit dem Ziel einsetzten, die Stabilität der gesamten adaptiven Regelung zu garantieren. Diese ersten Arbeiten sind dadurch gekennzeichnet, daß durch Vorgabe eines festen Parallelmodells nur die Verstärkung des Grundregelkreises gemäß Bild 5.3.14 angepaßt wurde. Durch Verstellen

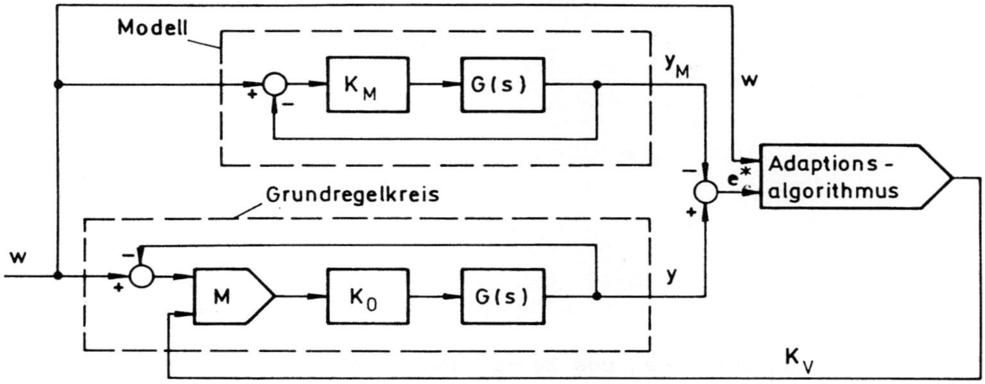

Bild 5.3.14. Struktur zur Adaption der Verstärkung im Grundregelkreis

der Verstärkung K_V wird erreicht, daß unabhängig vom aktuellen Wert der Verstärkung K_O jeweils die Bedingung $K_O K_V = K_M$ eingehalten wird.

Die erste Verallgemeinerung führten Winsor und Roy [5.42] durch, indem sie das Verfahren auf ein System mit beliebig vielen anzupassenden Parametern übertrugen. Betrachtet wird die Grundstruktur der adaptiven Regelung nach Bild 5.3.15. Dem Grundregelkreis wird wiederum ein festes Modell parallel geschaltet und aus den Zustandsgrößen von Modell und Grundregelkreis das Fehlersignal der Zustandsgrößen der sog. *Zustandsfehler*

$$\underline{\tilde{e}}^*(t) = \underline{x}(t) - \underline{x}_M(t) \qquad (5.3.80)$$

gebildet. Der Grundregelkreis besteht aus der Regelstrecke einschließlich einer Kompensationseinrichtung (Regler). Im allgemeinen setzen sich solche Kompensationseinrichtungen aus Vorfilter und einer Zu-

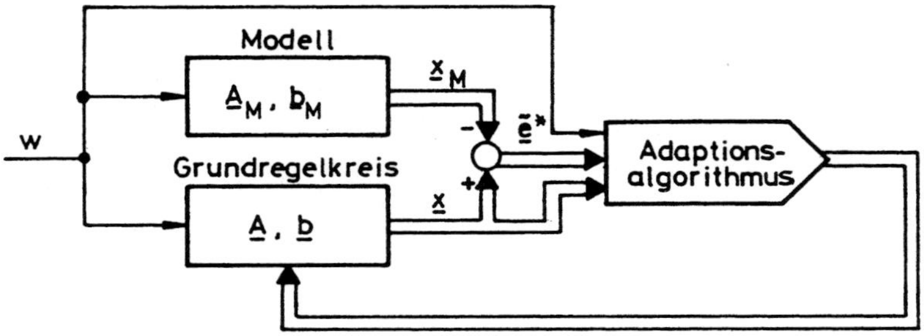

Bild 5.3.15. Grundstruktur der adaptiven Regelung nach Winsor und Roy

standsrückführung zusammen. Für die Anpassung des Verstärkungsfaktors reicht z. B. nach Bild 5.3.14 jedoch die multiplikative Aufschaltung der variablen Verstärkung K_V aus.

Es wird nun vorausgesetzt, daß sich die Systemmatrix $\underline{A}$ und der Eingangsvektor $\underline{b}$, die das dynamische Verhalten des Grundregelkreises beschreiben, durch die Beziehung

$$\underline{A} = \underline{A}_S + \underline{A}_R = [a_{ij}] = [a_{Sij}] + [a_{Rij}] \qquad (5.3.81a)$$

und

$$\underline{b} = \underline{b}_S + \underline{b}_R = [b_i] = [b_{Si}] + [b_{Ri}] \qquad (5.3.81b)$$

darstellen lassen, wobei in $\underline{A}_S$ und $\underline{b}_S$ alle unbekannten Regelstreckenparameter und in $\underline{A}_R$ und $\underline{b}_R$ die veränderbaren Parameter der Kompensationseinrichtung enthalten sind. Die Elemente von $\underline{A}_R$ und $\underline{b}_R$ müssen nicht die Reglerparameter selbst sein; sie können auch Linearkombinationen davon darstellen. Gefordert wird nur, daß sie von außen beeinflußbar sind. Das Ziel ist es nun, einen Algorithmus derart zu finden, daß das gesamte adaptive Regelsystem für die Ruhelage des Ausgangsfehlers $\underline{e}^*$ global asymptotisch stabil ist. D. h., Zustandsfehler $\underline{\tilde{e}}^*$ und Parameterfehler $\underline{\tilde{p}} = \underline{p} - \underline{p}_M$ ($\underline{p}$ enthält die Elemente von $\underline{A}$, $\underline{b}$ und $\underline{p}_M$ jene von $\underline{A}_M$ und $\underline{b}_M$) sollen bei beliebigen Anfangswerten für große Zeiten gegen Null konvergieren, um so zu gewährleisten, daß sich der Grundregelkreis unabhängig von etwaigen Parameteränderungen der Regelstrecke immer wie das Modell verhält.

Der Grundregelkreis der Ordnung n läßt sich im Zustandsraum durch

$$\dot{\underline{x}}(t) = \underline{A}(t)\underline{x}(t) + \underline{b}(t)w(t) \qquad (5.3.82)$$

beschreiben. Für das Parallelmodell n-ter Ordnung gilt entsprechend

$$\dot{\underline{x}}_M(t) = \underline{A}_M\underline{x}_M(t) + \underline{b}_M w(t) \quad . \qquad (5.3.83)$$

Für den Zustandsfehler $\underline{\tilde{e}}^*(t) = \underline{x}(t) - \underline{x}_M(t)$ ergibt sich damit die Fehlerdifferentialgleichung

$$\dot{\underline{\tilde{e}}}^*(t) = \underline{A}_M\underline{\tilde{e}}^*(t) + \underline{\tilde{A}}(t)\underline{x}(t) + \underline{\tilde{b}}(t)w(t) \qquad (5.3.84)$$

mit den Parameterfehlern

$$\underline{\tilde{A}}(t) = [\tilde{a}_{ij}(t)] = \underline{A}(t) - \underline{A}_M \qquad (5.3.85)$$

und

$$\underline{\tilde{b}}(t) = [\tilde{b}_i(t)] = \underline{b}(t) - \underline{b}_M \quad . \qquad (5.3.86)$$

Läßt sich nun ein Adaptionsgesetz derart finden, daß für die Ljapunow-Funktion

$$V(\underline{\tilde{e}}^*, \underline{\tilde{A}}, \underline{\tilde{b}}) = \underline{\tilde{e}}^{*T}\underline{P}\,\underline{\tilde{e}}^* + f_a(\tilde{a}_{ij}^2) + f_b(\tilde{b}_i^2) \qquad (5.3.87)$$

mit den positiv definiten Größen $\underline{P} = \underline{P}^T$, $f_a(\tilde{a}_{ij}^2)$ und $f_b(\tilde{b}_i^2)$ die zeitliche Ableitung negativ definit wird, d.h. $\dot{V} < 0$ gilt, dann nehmen sowohl der Zustandsfehler $\underline{\tilde{e}}^*$ als auch die Parameterfehler $\underline{\tilde{A}}(t)$ und $\underline{\tilde{b}}(t)$ mit fortschreitender Adaption ständig ab (siehe Band "Regelungstechnik II"). Für die zeitliche Ableitung von V gilt

$$\dot{V} = \dot{\underline{\tilde{e}}}^{*T}\underline{P}\,\underline{\tilde{e}}^* + \underline{\tilde{e}}^{*T}\underline{P}\,\dot{\underline{\tilde{e}}}^* + \frac{d}{dt}\,f_a(\tilde{a}_{ij}^2) + \frac{d}{dt}\,f_b(\tilde{b}_i^2) \quad .$$

Setzt man $\dot{\underline{\tilde{e}}}^*$ aus Gl. (5.3.84) ein, so erhält man

$$\dot{V} = \underline{\tilde{e}}^{*T}(\underline{A}_M^T\,\underline{P} + \underline{P}\,\underline{A}_M)\underline{\tilde{e}}^* + R \qquad (5.3.88)$$

mit

$$R = 2\underline{\tilde{e}}^{*T}\underline{P}(\underline{\tilde{A}}\,\underline{x} + \underline{\tilde{b}}w) + \frac{d}{dt}\,f_a(\tilde{a}_{ij}^2) + \frac{d}{dt}\,f_b(\tilde{b}_i^2) \quad . \qquad (5.3.89)$$

Der erste Ausdruck in Gl. (5.3.88) ist sicher negativ definit, wenn $\underline{P}$ die Matrix-Ljapunow-Gleichung

$$\underline{A}_M^T\underline{P} + \underline{P}\,\underline{A}_M = -\underline{Q} \qquad (5.3.90)$$

für eine symmetrische und positiv definite Matrix $\underline{Q}$ erfüllt. Über die

Größe und das Vorzeichen von R in Gl. (5.3.89) kann nichts ausgesagt werden. Die zeitlichen Ableitungen $\dot{\tilde{\underline{A}}}$ und $\dot{\tilde{\underline{b}}}$ hängen bei festem Modell nur von den Änderungen der Parameter $\underline{A}$ und $\underline{b}$ im Grundregelkreis ab, denn mit

$$\tilde{a}_{ij} = a_{ij} - a_{Mij} = a_{Sij} + a_{Rij} - a_{Mij}$$

folgt

$$\dot{\tilde{a}}_{ij} = \dot{a}_{ij} = \dot{a}_{Sij} + \dot{a}_{Rij} \qquad (5.3.91)$$

und entsprechend auch

$$\dot{\tilde{b}}_i = \dot{b}_i = \dot{b}_{Si} + \dot{b}_{Ri} \quad . \qquad (5.3.92)$$

Die Verstellung der Parameter im Grundregelkreis soll nun jeweils gerade so erfolgen, daß $R = 0$ wird; dann ist $\dot{V}$ im gesamten Zustandsraum aufgrund der Voraussetzungen in Gl. (5.3.90) kleiner Null. Wählt man

$$f_a(\tilde{a}_{ij}^2) = \sum_{i=1}^{n} \sum_{j=1}^{n} \frac{1}{\alpha_{ij}} \tilde{a}_{ij}^2 \qquad (5.3.93)$$

und

$$f_b(\tilde{b}_i^2) = \sum_{i=1}^{n} \frac{1}{\beta_i} \tilde{b}_i^2 \qquad (5.3.94)$$

mit $\alpha_{ij} > 0$ und $\beta_i > 0$, dann läßt sich mit $\underline{P} = [p_{ij}]$ die Gl. (5.3.89) auch in skalarer Form

$$R = 2\{ \sum_{i=1}^{n} \sum_{j=1}^{n} \tilde{a}_{ij} \left[x_j \sum_{\ell=1}^{n} \tilde{e}_\ell^* p_{\ell i} + \frac{1}{\alpha_{ij}} \dot{\tilde{a}}_{ij} \right] +$$

$$+ \sum_{i=1}^{n} \tilde{b}_i \left[w \sum_{\ell=1}^{n} \tilde{e}_\ell^* p_{\ell i} + \frac{1}{\beta_i} \dot{\tilde{b}}_i \right] \} \qquad (5.3.95)$$

angegeben. Aus Gl. (5.3.95) erkennt man unmittelbar, daß durch die Wahl von

$$\dot{\tilde{a}}_{ij} = -\alpha_{ij} x_j \sum_{\ell=1}^{n} \tilde{e}_\ell^* p_{\ell i} \qquad (5.3.96)$$

und

$$\dot{\tilde{b}}_i = -\beta_i w \sum_{\ell=1}^{n} \tilde{e}_\ell^* p_{\ell i} \qquad (5.3.97)$$

für $i = 1,2,\ldots,n$ und $j = 1,2,\ldots,n$ gerade $R = 0$ und damit die Ableitung $\dot{V}$ immer kleiner Null wird. Die Verstellung der Parameter a_{ij} und b_i soll allein durch die Veränderung der Kompensationsparameter a_{Rij} und b_{Ri} erfolgen. Bleiben die Streckenparameter a_{Sij} und b_{Si} während eines Adaptionsvorganges konstant, d. h. gilt gemäß Gln. (5.3.91) und (5.3.92)

$$\dot{\tilde{a}}_{ij} = \dot{a}_{ij} = \dot{a}_{Rij} \tag{5.3.98}$$

und

$$\dot{\tilde{b}}_{i} = \dot{b}_{i} = \dot{b}_{Ri} \ , \tag{5.3.99}$$

dann erhält man durch Integration der Gln. (5.3.96) und (5.3.97) folgende *Adaptionsgesetze* für die Parameter der Kompensationseinrichtung:

$$a_{Rij}(t) = a_{Rij}(0) - \alpha_{ij} \int_0^t \sum_{\ell=1}^n \tilde{e}_\ell^*(\tau) p_{\ell i} x_j(\tau) d\tau \tag{5.3.100}$$

für $i = 1,2,...,n$ und $j = 1,2,...,n$ und

$$b_{Ri}(t) = b_{Ri}(0) - \beta_i \int_0^t \sum_{\ell=1}^n \tilde{e}_\ell^*(\tau) p_{\ell i} w(\tau) d\tau \tag{5.3.101}$$

für $i = 1,2,...,n$.

5.3.3.2. Die Realisierung der Modifikationsstufe im Grundregelkreis

Die im Abschnitt 5.3.3.1 beschriebene Kompensationseinrichtung übernimmt auch die Aufgabe der Modifikation. Durch Veränderung der Kompensationsparameter wird das dynamische Verhalten des Grundregelkreises dem Parallelmodell angepaßt. Im folgenden soll gezeigt werden, wie solche Kompensationseinrichtungen im Zusammenhang mit dem zuvor behandelten allgemeinen Entwurf aussehen können.

Für die im Bild 5.3.16 dargestellte einfache Struktur mit Zustandsvek-

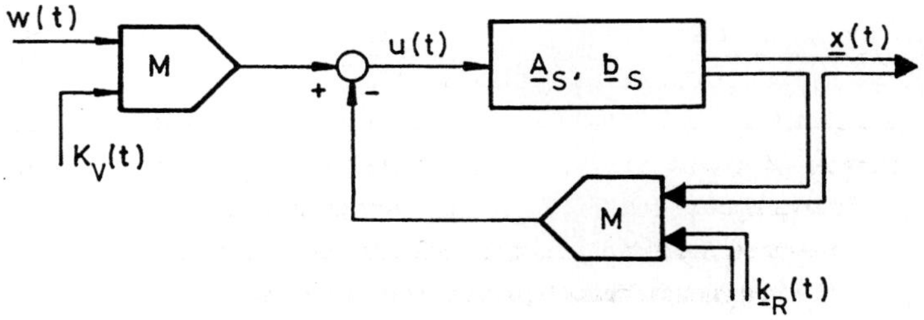

Bild 5.3.16. Kompensationseinrichtung für die adaptive Regelung mit Zustandsvektorrückführung

torrückführung erhält man die Systemmatrix

$$\underline{A}(t) = \underline{A}_S - \underline{b}_S \underline{k}_R^T(t) \tag{5.3.102}$$

und den Vektor

$$\underline{b}(t) = K_V(t)\underline{b}_S \quad . \tag{5.3.103}$$

Danach gelten für $\underline{A}(t)$ und $\underline{b}(t)$ bei sehr langsamen Streckenparameteränderungen, d. h. für $\dot{\underline{A}}_S(t) \approx \underline{O}$ und $\dot{\underline{b}}_S(t) \approx \underline{O}$, die Beziehungen

$$\dot{\underline{A}}(t) = -\underline{b}_S\dot{\underline{k}}_R^T(t) \tag{5.3.104}$$

und

$$\dot{\underline{b}}(t) = \dot{K}_V(t)\underline{b}_S \quad . \tag{5.3.105}$$

Die zeitliche Änderung der Parameter und damit der Parameterfehler ist im allgemeinen gleichzeitig von der Verstellung mehrerer Reglerparameter abhängig. Um die allgemeinen Adaptionsgesetze gemäß den Gln. (5.3.100) und (5.3.101) für die Einstellung von $\underline{k}_R$ und K_V anwenden zu können, ist es jedoch notwendig, daß die zeitliche Änderung jedes Parameters von nur einem beeinflußbaren Parameter der Kompensationseinrichtung abhängt. Für die Adaption der Matrix $\underline{A}(t)$ in Gl. (5.3.104) stehen n Parameter zur Verfügung, für die des Vektors $\underline{b}(t)$ ist jedoch nur ein Parameter verfügbar. Die Matrix $\underline{A}(t)$ enthält im allgemeinen n^2 Parameter und damit ist die Zahl der einstellbaren Parameter kleiner als die Zahl der insgesamt auftretenden Parameterfehler $\tilde{a}_{ij}$. Es ist also für den allgemeinen Fall unmöglich, eine eindeutige Beziehung zwischen jeweils einem Element von $\tilde{\underline{A}}(t)$ und $\underline{k}_R(t)$ herzuleiten. Wählt man für die Beschreibung von Grundregelkreis und Parallelmodell jedoch eine kanonische Form, dann gelingt es, $\underline{A}(t)$ und $\underline{A}_M$ mit einer minimalen Anzahl von Systemparametern darzustellen. Für ein System n-ter Ordnung sind nur n Parameter a_{ij} bzw. a_{Mij} von Null oder Eins verschieden. Man erhält dann z. B. mit der Regelungsnormalform (Frobenius-Form) die Matrizen

$$\underline{A}(t) = \left[\begin{array}{c|c} \underline{O} & \underline{I}_{n-1} \\ \hline -a_0(t) & -a_1(t) \; \dots \; -a_{n-1}(t) \end{array}\right] \tag{5.3.106}$$

$$\underline{A}_M = \left[\begin{array}{c|c} \underline{O} & \underline{I}_{n-1} \\ \hline -a_{M0} & -a_{M1} \; \dots \; -a_{Mn-1} \end{array}\right] \tag{5.3.107}$$

$$\tilde{\underline{A}}(t) = \left[\begin{array}{c|c} \underline{O} & \underline{O} \\ \hline -\tilde{a}_0(t) & -\tilde{a}_1(t) \dots \; -\tilde{a}_{n-1}(t) \end{array}\right] \quad . \tag{5.3.108}$$

In diesem Falle hat auch die Matrix $\tilde{\underline{A}}(t)$ aus Gl. (5.3.108) nur n von Null verschiedene Elemente $\tilde{a}_{ij}$. Der Algorithmus gemäß den Gln. (5.3.100) und (5.3.101) läßt sich somit anwenden, da der Vektor $\underline{k}_R(t)$ ebenfalls genau n Elemente k_{Rj} enthält. Das weitere Vorgehen soll nun an einem einfachen Beispiel erläutert werden.

Beispiel 5.3.6:

Für eine Regelstrecke, beschrieben durch die Übertragungsfunktion

$$G_S(s) = \frac{Y(s)}{U(s)} = \frac{K_S}{\sum\limits_{j=o}^{n-1} a_{Sj}s^j + s^n} \tag{5.3.109}$$

kann im Zustandsraum eine einfache Systembeschreibung durch die Regelungsnormalform in Analogie zu Gl.(5.3.106) mit

$$\underline{b}_S^T = [0 \quad 0 \quad \dots \quad 1] \quad \text{und} \quad \underline{c}_S^T = [K_S \quad 0 \quad \dots \quad 0] \tag{5.3.110a,b}$$

angegeben werden. Dabei gilt bekanntlich für den Zustandsvektor (siehe Band "Regelungstechnik II")

$$\underline{x}(t) = \begin{bmatrix} x_1(t) \\ \vdots \\ \vdots \\ x_n(t) \end{bmatrix} = \frac{1}{K_S} \begin{bmatrix} y(t) \\ \frac{d}{dt}\, y(t) \\ \vdots \\ \frac{d^{n-1}}{dt^{n-1}}\, y(t) \end{bmatrix} . \tag{5.3.111}$$

Nach Bild 5.3.16 erhält man für die Stellgröße

$$u(t) = K_V(t)w(t) - \underline{k}_R^T(t)\underline{x}(t) \quad . \tag{5.3.112}$$

Mit Gl.(5.3.111) folgt dann für den Regler

$$u(t) = K_V(t)w(t) - \sum_{j=o}^{n-1} \frac{k_{Rj}}{K_S} \frac{d^j y(t)}{dt^j} \quad . \tag{5.3.113}$$

Für das dynamische Verhalten des geschlossenen Regelkreises ergibt sich mit Gl.(5.3.113) durch Einsetzen von u(t) aus der inversen $\mathcal{L}$-Transformierten von Gl.(5.3.109)

$$\frac{d^n y}{dt^n} + \sum_{j=o}^{n-1} [a_{Sj} + k_{Rj}(t)] \frac{d^j y}{dt^j} = K_S K_V(t)w(t) \quad . \tag{5.3.114}$$

Soll der Grundregelkreis das Modellverhalten

$$G_M(s) = \frac{K_M}{\sum\limits_{j=o}^{n-1} a_{Mj}s^j + s^n} \tag{5.3.115}$$

aufweisen, dann gilt für die Parameterfehler:

$$\left.\begin{aligned} \tilde{a}_j(t) &= a_j(t) - a_{Mj} = a_{Sj} + k_{Rj}(t) - a_{Mj} \\ \text{bzw.} \quad & \qquad\qquad\qquad\qquad \text{für } j = 0,1,..,n-1 \\ \dot{\tilde{a}}_j(t) &= \dot{k}_{Rj}(t) \end{aligned}\right\} \qquad (5.3.116)$$

und

$$\left.\begin{aligned} \tilde{K}(t) &= K(t) - K_M = K_S K_V(t) - K_M \\ \text{bzw.} \quad & \\ \dot{\tilde{K}}(t) &= K_S \dot{K}_V(t) \quad . \end{aligned}\right\} \qquad (5.3.117)$$

Mit der kanonischen Zustandsraumdarstellung nach den Gln.(5.3.106) bis (5.3.108) sowie (5.3.110) und (5.3.111) folgen aus den Gln.(5.3.116) und (5.3.117) unmittelbar die Adaptionsgesetze gemäß den Gln.(5.3.100) und (5.3.101) für die Parameter

$$k_{Rj}(t) = k_{Rj}(0) - \alpha_j \int_0^t \sum_{\ell=1}^{n} \tilde{e}^*_\ell(\tau) p_{\ell n} \, x_{j+1}(\tau) d\tau \qquad (5.3.118)$$

für $j = 0,1,...,n-1$

$$K_V(t) = K_V(0) - \frac{\beta}{K_S} \int_0^t \sum_{\ell=1}^{n} \tilde{e}^*_\ell(\tau) p_{\ell n} \, w(\tau) d\tau \quad . \qquad (5.3.119)$$

In diesem Algorithmus ist K_S unbekannt. Wird vorausgesetzt, daß K_S während der Adaptionsphase konstant bleibt, dann kann der Ausdruck β/K_S ohne Einschränkung durch β^* ersetzt werden, da ja β ohnehin eine frei wählbare positive Größe ist. Bild 5.3.17 zeigt die Struktur der gesamten adaptiven Regelung. Dabei sind die Bewertungsfaktoren α_j und β frei wählbare positive Werte, deren Größe nur das Einschwingen der Parameter $k_{Rj}(t)$ und $K_V(t)$ während des Adaptionsvorganges beeinflußt.

Für die Anwendung des Algorithmus nach den Gln(5.3.118) und (5.3.119) müssen alle Systemzustände $x_\nu(t)$ $(\nu = 1,2,...,n)$ des Grundregelkreises bzw. der Regelstrecke zur Verfügung stehen. Dies ist aber bei der praktischen Realisierung häufig nicht der Fall. Durch mehrmaliges Differenzieren der Ausgangsgröße y ließe sich zwar der Zustandsvektor gewinnen. Da aber ideal differenzierende Netzwerke nicht realisierbar sind, werden näherungsweise differenzierende Filter eingesetzt. Die Einführung solcher Filter hat jedoch erheblichen Einfluß auf die Stabilität der adaptiven Regelung. Die globale asymptotische Stabilität kann somit für den Zustandsfehler $\underline{\tilde{e}}^*$ und den Parameterfehler $\underline{\tilde{p}}$ nicht mehr gewährleistet werden. Vielmehr sind diese Größen außerhalb eines bestimmten Gebietes um die Ruhelage nur stabil. Auf die Größe dieser Gebiete hat die Wahl der differenzierenden Filter erheblichen Einfluß. ■

Diese Nachteile erschweren die Anwendung des Verfahrens, obwohl die Struktur sehr einfach ist. Eine Weiterentwicklung des allgemeinen Adaptionsgesetzes entsprechend Gln.(5.3.100) und (5.3.101) sollte deshalb

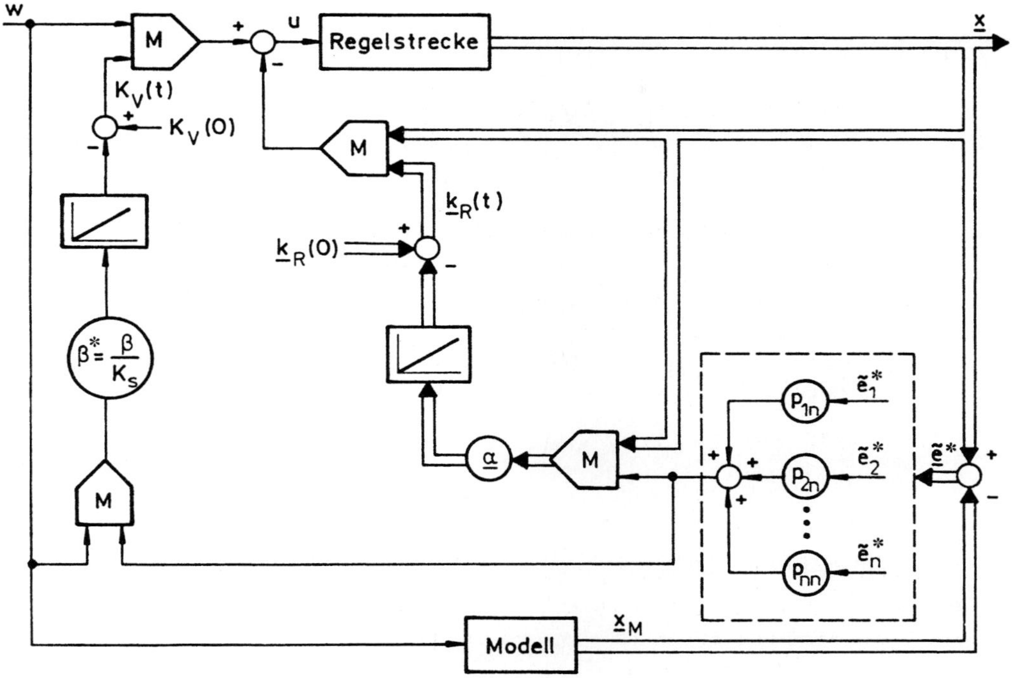

Bild 5.3.17. Stabile adaptive Regelung mit Zustandsvektorrückführung

darauf abzielen, die Fehlerdifferentialgleichung und die Ljapunow-Funktion so zu modifizieren, daß für die Adaption keine oder möglichst wenig Zustandsgrößen benötigt werden.

5.3.4. Regleradaption mit Parallelmodell unter Verwendung des Satzes von Meyer-Kalman-Yacubovich

Ausgangspunkt des nachfolgend beschriebenen Verfahrens ist die Fehlerdifferentialgleichung für den Zustandsfehler $\underline{\tilde{e}}^*(t)$, Gl.(5.3.84). Im inhomogenen Anteil ist der Zustandsvektor $\underline{x}(t)$ des Grundregelkreises enthalten, der für die Realisierung der Adaptionsgesetze entsprechend den Gln.(5.3.100) und (5.3.101) bekannt sein muß. Die Realisierbarkeit hängt im wesentlichen von der Wahl der Zustandsgrößen ab. Ein Ziel des

Entwurfs kann nun darin bestehen, eine Zustandsraumbeschreibung derart zu finden, daß für die Realisierung der Adaptionsgesetze keine oder möglichst wenig Zustandsgrößen bzw. Ableitungen des Ausgangsfehlers e^* benötigt werden.

Für den Zustandsfehlervektor $\underline{\tilde{e}}^*$ nach Gl.(5.3.84) läßt sich durch lineare Transformation immer die Beschreibung in der Form

$$\dot{\underline{\tilde{e}}}^*(t) = \underline{A}_M \underline{\tilde{e}}^*(t) + \underbrace{\underline{h} \sum_{i=1}^{N} \tilde{p}_i(t) \phi_i(t)}_{= u_1(t)} \qquad (5.3.120)$$

angeben [5.43]. Durch Vergleich mit Gl.(5.3.84) gilt hierbei gerade

$$\underline{h}\, u_1(t) = \underline{\tilde{A}}(t)\underline{x}(t) + \underline{\tilde{b}}(t) w(t) \quad ,$$

was sich leicht wie folgt nachweisen läßt. Aus Gl.(5.3.120) folgt nämlich

$$\underline{h}\, u_1(t) = \dot{\underline{\tilde{e}}}^*(t) - \underline{A}_M \underline{\tilde{e}}^*(t)$$

$$= \dot{\underline{x}}(t) - \underline{A}_M \underline{x}(t) - [\dot{\underline{x}}_M(t) - \underline{A}_M \underline{x}_M(t)] \quad .$$

Ergänzt man die rechte Seite dieser Beziehung durch $+\underline{A}\ \underline{x}(t)$ und $-\underline{A}\ \underline{x}(t)$, so erhält man

$$\underline{h}\, u_1(t) = \underbrace{[\dot{\underline{x}}(t) - \underline{A}\ \underline{x}(t)]}_{\underline{b}\ w(t)} - \underline{A}_M \underline{x}(t) + \underline{A}\ \underline{x}(t) - \underbrace{[\dot{\underline{x}}_M(t) - \underline{A}_M \underline{x}_M(t)]}_{\underline{b}_M w(t)}$$

$$= (\underline{A} - \underline{A}_M)\underline{x}(t) + (\underline{b} - \underline{b}_M) w(t)$$

$$= \underline{\tilde{A}}\ \underline{x}(t) + \underline{\tilde{b}}\ w(t) \quad ,$$

womit die Gültigkeit von Gl.(5.3.120) nachgewiesen ist.

In Gl.(5.3.120) kann das Signal $u_1(t)$ als "Eingangsgröße" des linearen Übertragungssystems für den Zustandsfehlervektor $\underline{\tilde{e}}^*$ interpretiert werden. In dieser Differentialgleichung des Zustandsfehlers sollen die Koeffizienten $\tilde{p}_i(t)$ die Parameterfehler von N zu adaptierenden Parametern sein und $\phi_i(t)$ Signalgrößen, die nur aus gemessenen Signalen gebildet werden. Der Eingangsvektor $\underline{h}$ enthält nur Elemente, die von den Parametern des Parallelmodells und von konstanten Systemparametern abhängig sind. Wird als Ljapunow-Funktion der Ansatz

$$V(\underline{\tilde{e}}^*,\underline{\tilde{p}},t) = \underline{\tilde{e}}^{*T}(t)\underline{P}\,\underline{\tilde{e}}^*(t) + \sum_{i=1}^{N} \frac{1}{\lambda_i}\,\tilde{p}_i^2(t) \qquad (5.3.121)$$

mit den Faktoren $\lambda_i>0$ und der positiv definiten Matrix $\underline{P}=\underline{P}^T$ gewählt, dann erhält man für die zugehörige zeitliche Ableitung in Analogie zur Gl.(5.3.88) sowie unter Beachtung der Gln.(5.3.89), (5.3.90) und (5.3.120)

$$\dot{V}(\underline{\tilde{e}}^*,\underline{\tilde{p}},t) = -\underline{\tilde{e}}^{*T}(t)\underline{Q}\,\underline{\tilde{e}}^*(t) + 2\underline{\tilde{e}}^{*T}(t)\underline{P}\,\underline{h}\,u_1(t) + 2\sum_{i=1}^{N}\frac{1}{\lambda_i}\,\dot{\tilde{p}}_i(t)\tilde{p}_i(t) \quad , \qquad (5.3.122)$$

wobei für den Vergleich mit Gl.(5.3.88) die Gültigkeit der Beziehung

$$\underline{h}\,u_1(t) = \underline{\tilde{A}}(t)\underline{x}(t) + \underline{\tilde{b}}(t)w(t)$$

berücksichtigt wird. Die Ableitung $\dot{V}$ wird sicherlich negativ definit für eine positiv definite und symmetrische Matrix $\underline{Q}$, sofern gerade

$$\underline{\tilde{e}}^{*T}(t)\underline{P}\,\underline{h}\sum_{i=1}^{N}\tilde{p}_i(t)\phi_i(t) = -\sum_{i=1}^{N}\frac{1}{\lambda_i}\,\tilde{p}_i(t)\dot{\tilde{p}}_i(t) \qquad (5.3.123)$$

gilt. Aus dieser Beziehung gewinnt man direkt als Differentialgleichung für das Adaptionsgesetz

$$\dot{\tilde{p}}_i(t) = -\lambda_i\underline{\tilde{e}}^{*T}(t)\underline{P}\,\underline{h}\,\phi_i(t) \qquad \text{für } i=1,2,\ldots,N \;. \qquad (5.3.124)$$

In diesem Adaptionsgesetz ist im allgemeinen über den Zustandsfehlervektor $\underline{\tilde{e}}^*$ auch der Zustandsvektor $\underline{x}(t)$ des Grundregelkreises enthalten. Läßt sich jedoch das Produkt $\underline{P}\,\underline{h}$ in der Form

$$\underline{P}\,\underline{h} = [1 \quad 0 \quad 0 \ldots 0]^T \qquad (5.3.125)$$

darstellen, dann wird in Gl.(5.3.124) nur noch die erste Komponente $\tilde{e}_1^* = x_1 - x_{M1}$ des Zustandsfehlervektors berücksichtigt. Dies bedeutet gemäß Gl.(5.3.111), daß $\tilde{e}_1^* = y - y_M$ wird und somit nur der Ausgangsfehler $e^* = y - y_M$ ($= \tilde{e}_1^*$) und nicht seine Ableitungen benötigt werden. Damit geht das Adaptionsgesetz von Gl.(5.3.124) über in die einfachere Beziehung

$$\dot{\tilde{p}}_i(t) = -\lambda_i e^*(t)\phi_i(t) \qquad \text{für } i=1,2,\ldots,N \;. \qquad (5.3.126)$$

Die Übertragungsfunktion zwischen dem Ausgangsfehler $e^*(t)$ und dem "Eingangssignal" $u_1(t)$ ergibt sich aus der $\mathcal{L}$-Transformation der Lösung der Gleichung des Zustandsfehlers, Gl.(5.3.120), also

$$\underline{\tilde{E}}^*(s) = (s\underline{I} - \underline{A}_M)^{-1}\underline{h}\,U_1(s) \quad ,$$

sowie der nun dazu gehörenden "Ausgangsgleichung"

$$e^*(t) = \underline{h}^T \underline{P}\, \underline{\tilde{e}}^*(t) = [1 \quad 0 \; \dots \; 0]\,[\tilde{e}_1^* \quad \tilde{e}_2^* \; \dots \; \tilde{e}_n^*]^T$$

bzw.

$$E^*(s) = \underline{h}^T \underline{P}\, \underline{\tilde{E}}^*(s) = [1 \quad 0 \; \dots \; 0]\,(s\underline{I} - \underline{A}_M)^{-1} \underline{h}\; U_1(s)$$

zu

$$G_{u_1 e^*}(s) = \frac{E^*(s)}{U_1(s)} = [1 \quad 0 \; \dots \; 0]\,(s\underline{I} - \underline{A}_M)^{-1} \underline{h} \quad . \qquad (5.3.127)$$

Damit beschreibt Gl.(5.3.120) bzw. Gl.(5.3.127) das lineare Teilsystem (Fehlersystem) der im Bild 5.3.7 dargestellten Standardstruktur eines nichtlinearen Systems, wobei dort u durch u_1 zu ersetzen wäre. $G_{u_1 e^*}(s)$ gemäß Gl.(5.3.127) erfüllt aufgrund der zuvor gemachten Voraussetzungen für die gewählte Ljapunow-Funktion mit $\underline{c} = \underline{P}\;\underline{h}$ und $\underline{b} = \underline{h}$ den Satz von Meyer-Kalman-Yacubovich, also Satz 5.3.1, d. h. $G_{u_1 e^*}(s)$ ist eine positiv reelle Übertragungsfunktion. Die Bedingungen dieses Satzes sind umkehrbar, so daß nun auch folgende Formulierung gilt:

<u>Satz 5.3.7:</u>

Ist die das dynamische Verhalten des Ausgangsfehlers e^* beschreibende Übertragungsfunktion

$$G_{u_1 e^*}(s) = [1 \quad 0 \; \dots \; 0]\,(s\underline{I} - \underline{A}_M)^{-1} \underline{h} \qquad (5.3.128)$$

positiv reell, dann wird zur Realisierung des Adaptionsgesetzes nur die Komponente $\tilde{e}_1^* = e^*$ des Fehlervektors $\underline{\tilde{e}}^*$ benötigt.

Zur Herleitung der Beziehungen für die Erzeugung der noch unbekannten Signale $\phi_i(t)$ und für die Definition der Parameter $p_i(t)$ bzw. deren Fehler $\tilde{p}_i(t)$ ist es zweckmäßig, nicht von der Vektordifferentialgleichung (5.3.120) auszugehen, sondern von einer skalaren Beziehung. Aus den Übertragungsfunktionen des Parallelmodells

$$\frac{Y_M(s)}{W(s)} = G_M(s) = \frac{\sum\limits_{i=0}^{r} b_{Mi} s^i}{\sum\limits_{i=0}^{n-1} a_{Mi} s^i + s^n} = \frac{B_M(s)}{A_M(s)} \qquad (5.3.129)$$

und der Regelstrecke

$$\frac{Y(s)}{U(s)} = G_S(s) = \frac{\sum\limits_{i=o}^{m} b_{Si} s^i}{\sum\limits_{i=o}^{n-1} a_{Si} s^i + s^n} = \frac{B_S(s)}{A_S(s)} , \qquad (5.3.130)$$

folgen unmittelbar durch Umformung die Beziehungen

$$Y_M(s) s^n + Y_M(s) \sum_{i=o}^{n-1} a_{Mi} s^i = W(s) \sum_{i=o}^{r} b_{Mi} s^i \qquad (5.3.131)$$

und

$$Y(s) s^n + Y(s) \sum_{i=o}^{n-1} a_{Si} s^i = U(s) \sum_{i=o}^{m} b_{Si} s^i . \qquad (5.3.132)$$

Wird nun die Differenz zwischen den Gln.(5.3.131) und (5.3.132) gebildet und dabei der Ausgangsfehler $\mathcal{L}\{e^*(t)\} = E^*(s) = Y(s) - Y_M(s)$ berücksichtigt, dann gilt für die $\mathcal{L}$-Transformierte der Differentialgleichung des Ausgangsfehlers

$$E^*(s) s^n + E^*(s) \sum_{i=o}^{n-1} a_{Mi} s^i = -W(s) \sum_{i=o}^{r} b_{Mi} s^i + U(s) \sum_{i=o}^{m} b_{Si} s^i - Y(s) \sum_{i=o}^{n-1} \tilde{a}_i s^i$$

$$\text{mit } \tilde{a}_i = a_{Si} - a_{Mi} . \qquad (5.3.133)$$

Würde die rechte Seite von Gl.(5.3.133) zur Bildung der "Eingangsgröße" $U_1(s)$ des Fehlersystems verwendet, d.h. mit ihr gleichgesetzt werden, dann würde sich für die zugehörige Übertragungsfunktion die Beziehung

$$G_{u_1 e^*}(s) = \frac{E^*(s)}{U_1(s)} = \frac{1}{A_M(s)}$$

ergeben. Diese Funktion ist aber für $n > 1$ nicht positiv reell. Daher wird im folgenden eine zusätzliche Filterung der Signale w(t), u(t) und y(t) jeweils durch Filter mit der Übertragungsfunktion

$$G_H(s) = \frac{1}{\sum\limits_{i=o}^{n-1} d_i s^i} = \frac{1}{D(s)} \quad \text{mit } d_{n-1} = 1 \qquad (5.3.134)$$

durchgeführt. Dann gelten die Beziehungen

$$W^*(s) \left[\sum_{i=o}^{n-2} d_i s^i + s^{n-1} \right] = W(s) , \qquad (5.3.135)$$

$$U^*(s) \left[\sum_{i=o}^{n-2} d_i s^i + s^{n-1} \right] = U(s) \qquad (5.3.136)$$

und

$$Y^*(s)\left[\sum_{i=o}^{n-2} d_i s^i + s^{n-1}\right] = Y(s) \quad . \tag{5.3.137}$$

Ersetzt man nun auf der rechten Seite von Gl. (5.3.133) die Signale durch die entsprechenden Filtersignale und faßt diesen Ausdruck zu dem Signal

$$U_1(s) = -W^*(s)\sum_{i=o}^{r} b_{Mi} s^i + U^*(s)\sum_{i=o}^{m} b_{Si} s^i - Y^*(s)\sum_{i=o}^{n-1} \tilde{a}_i s^i \tag{5.3.138}$$

zusammen, dann gilt mit den Gln. (5.3.133) bis (5.3.137)

$$E^*(s)s^n + E^*(s)\sum_{i=o}^{n-1} a_{Mi} s^i = U_1(s)\left[\sum_{i=o}^{n-2} d_i s^i + s^{n-1}\right] \quad . \tag{5.3.139}$$

Daraus ergibt sich als Übertragungsfunktion für den Ausgangsfehler

$$G_{u_1 e^*}(s) = \frac{E^*(s)}{U_1(s)} = \frac{\sum_{i=o}^{n-2} d_i s^i + s^{n-1}}{\sum_{i=o}^{n-1} a_{Mi} s^i + s^n} = \frac{D(s)}{A_M(s)} \quad . \tag{5.3.140}$$

Eine mögliche Zustandsraumbeschreibung dieses Fehlersystems ist gegeben durch die Regelungsnormalform

$$\dot{\underline{\tilde{e}}}^*(t) = \left[\begin{array}{c|c} \underline{0} & \underline{I}_{n-1} \\ \hline -a_{MO} & -a_{M1} \ldots -a_{Mn-1} \end{array}\right] \underline{\tilde{e}}^*(t) + \left[\begin{array}{c} 0 \\ 0 \\ \vdots \\ \hline 1 \end{array}\right] u_1(t) \quad . \tag{5.3.141}$$

Da diese Vektordifferentialgleichung der Gl. (5.3.120) entspricht, kann Satz 5.3.7 auf die Fehlerübertragungsfunktion nach Gl. (5.3.140) angewendet werden. Somit sind die Zählerkoeffizienten des Filterpolynoms D(s) so festzulegen, daß die Übertragungsfunktion gemäß Gl. (5.3.140) positiv reell wird.

Das Stellgesetz für das gefilterte Signal $U^*(s)$ soll so entworfen werden, daß im Falle einer *vollständigen* Adaption, d. h. wenn sich der Grundregelkreis wie das Modell verhält, gerade die Beziehung $U_1(s) = 0$ gilt. Unter dieser Voraussetzung wird Gl. (5.3.138) nach der höchsten Ableitung des gefilterten Stellsignals aufgelöst. Man erhält dann

$$U^*(s)s^m = W^*(s)\sum_{i=o}^{r} \frac{b_{Mi}}{b_{Sm}} s^i - U^*(s)\sum_{i=o}^{m-1} \frac{b_{Si}}{b_{Sm}} s^i + Y^*(s)\sum_{i=o}^{n-1} \frac{\tilde{a}_i}{b_{Sm}} s^i$$

und hieraus folgt, wenn alle unbekannten Koeffizienten in den Reglerparametern p_i zusammengefaßt werden,

$$U^*(s)s^m = -W^*(s)\sum_{i=o}^{r} p_{i+1}s^i + U^*(s)\sum_{i=o}^{m-1} p_{r+i+2}s^i - Y^*(s)\sum_{i=o}^{n-1} p_{r+m+i+2}s^i \quad . \tag{5.3.142}$$

Bei einer Rücktransformation von Gl.(5.3.142) in den Zeitbereich lassen sich die $N = n+m+r+1$ Summanden auf der rechten Seite wie folgt zusammenfassen:

$$\frac{d^m u^*(t)}{dt^m} = \sum_{i=1}^{N} p_i \phi_i(t) \quad . \tag{5.3.143}$$

Die Signale $\phi_i(t)$ sind nun die Filtersignale $u^*(t)$, $w^*(t)$, $y^*(t)$ und deren Ableitungen entsprechend Gl.(5.3.142).

Bei *unvollständiger* Adaption berechnet sich Gl.(5.3.138), indem für $U^*(s)s^m$ die Beziehung nach Gl.(5.3.142) eingesetzt wird:

$$\begin{aligned} U_1(s) &= -W^*(s)\sum_{i=o}^{r} b_{Mi}s^i + U^*(s)\sum_{i=o}^{m-1} b_{Si}s^i - Y^*(s)\sum_{i=o}^{n-1} \tilde{a}_i s^i - \\ &\quad -W^*(s)\sum_{i=o}^{r} p_{i+1}b_{Sm}s^i + U^*(s)\sum_{i=o}^{m-1} p_{r+i+2}b_{Sm}s^i - Y^*(s)\sum_{i=o}^{n-1} p_{r+m+i+2}b_{Sm}s^i \\ &= -W^*(s)\sum_{i=o}^{r} (p_{i+1}b_{Sm} + b_{Mi})s^i + U^*(s)\sum_{i=o}^{m-1} (p_{r+i+2}b_{Sm} + b_{Si})s^i - \\ &\quad -Y^*(s)\sum_{i=o}^{n-1} (p_{r+m+i+2}b_{Sm} + \tilde{a}_i)s^i \\ &= -W^*(s)\sum_{i=o}^{r} \tilde{p}_{i+1}s^i + U^*(s)\sum_{i=o}^{m-1} \tilde{p}_{r+i+2}s^i - Y^*(s)\sum_{i=o}^{n-1} \tilde{p}_{r+m+i+2}s^i \quad . \end{aligned} \tag{5.3.144}$$

Nach Rücktransformation in den Zeitbereich ergibt sich für die N Summanden die schon aus Gl.(5.3.120) bekannte Beziehung

$$u_1(t) = \sum_{i=1}^{N} \tilde{p}_i \phi_i(t) \tag{5.3.145}$$

mit $N = r+m+n+1$ und

$$\left.\begin{aligned}\tilde{p}_{i+1} &= p_{i+1}b_{Sm} + b_{Mi}\\ \phi_{i+1} &= -\frac{d^i w^*(t)}{dt^i}\end{aligned}\right\}\text{für } i = 0,1,\dots,r$$

$$\left.\begin{aligned}\tilde{p}_{r+i+2} &= p_{r+i+2}b_{Sm} + b_{Si}\\ \phi_{r+i+2} &= = \frac{d^i u^*(t)}{dt^i}\end{aligned}\right\}\text{für } i = 0,1,\dots,m-1 \qquad (5.3.146)$$

$$\left.\begin{aligned}\tilde{p}_{r+m+i+2} &= p_{r+m+i+2}b_{Sm} + \tilde{a}_i\\ \phi_{r+m+i+2} &= -\frac{d^i\, y^*(t)}{dt^i}\end{aligned}\right\}.\ \text{für } i = 0,1,\dots,n-1$$

Ändern sich die Parameter der Regelstrecke während des Adaptionsvorganges nicht, dann gilt weiterhin

$$\dot{\tilde{p}}_i(t) = b_{Sm}\dot{p}_i(t) \qquad \text{für } i = 1,2,\dots,N \quad . \qquad (5.3.147)$$

Ist das Vorzeichen des Streckenkoeffizienten b_{Sm} bekannt, dann gilt mit $\lambda_i^* = \lambda_i/b_{Sm}$ ohne Einschränkung die Gl.(5.3.126) in der Form

$$\dot{p}_i = -\lambda_i^* e^*(t)\phi_i(t) \qquad \text{für } i = 1,2,\dots,N \quad .$$

Durch Integration erhält man schließlich das *Adaptionsgesetz* für die Reglerparameter

$$p_i(t) = p_i(0) - \lambda_i^* \int_0^t e^*(\tau)\phi_i(\tau)d\tau \quad \text{für } i = 1,2,\dots,N\,. \qquad (5.3.148)$$

Die m-te Ableitung des gefilterten Stellsignals $u^*(t)$ wird nach Gl. (5.3.143) berechnet. Durch m-malige Integration ergibt sich dann $u^*(t)$, und aus Gl.(5.3.136) folgt schließlich das tatsächliche *Stellgesetz*

$$u(t) = \sum_{i=0}^{n-2} d_i \frac{d^i u^*(t)}{dt^i} + \frac{d^{n-1}u^*(t)}{dt^{n-1}} \quad . \qquad (5.3.149)$$

Die Synthesegleichung (5.3.149) für das Stellsignal setzt die Kenntnis der Ableitungen des Filtersignals $u^*(t)$ bis zur Ordnung (n-1) voraus. Für den Fall $m = n-1$ sind diese durch die Gln.(5.3.143) und (5.3.146) gegeben. Für den Fall $m < n-1$ stehen aber diese Ableitungen nicht alle zur Verfügung. Sie müssen vielmehr durch Differentiation der Filtersignale erzeugt werden. Für den allgemeinen Fall einer Regelstrecke mit m Nullstellen und n Polen werden damit noch n-m-1 Ableitungen des Filtersignals $u^*(t)$ zur Realisierung des Stellgesetzes gebraucht. Somit ist das Verfahren ohne zusätzlichen Aufwand nur bei $m = n-1$ Nullstellen der Übertragungsfunktion der Regelstrecke anwendbar.

Beispiel 5.3.7:

Für eine Regelstrecke 3. Ordnung mit der Übertragungsfunktion

$$G_S(s) = \frac{b_{S0} + b_{S1}s + b_{S2}s^2}{a_{S0} + a_{S1}s + a_{S2}s^2 + s^3} \tag{5.3.150}$$

soll eine Regelung so entworfen werden, daß der geschlossene Regelkreis das Übertragungsverhalten

$$G_M(s) = \frac{b_{M0}}{a_{M0} + a_{M1}s + a_{M2}s^2 + s^3} = \frac{b_{M0}}{A_M(s)} \tag{5.3.151}$$

aufweist. Offensichtlich gilt $r = 0$, $n = 3$, $m = 2$ und $N = r+m+n+1 = 6$. Die Koeffizienten der Filterübertragungsfunktion

$$G_H(s) = \frac{1}{d_0 + d_1 s + s^2} = \frac{U^*(s)}{U(s)} = \frac{Y^*(s)}{Y(s)} = \frac{W^*(s)}{W(s)} \tag{5.3.152}$$

werden so festgelegt, daß die Übertragungsfunktion $G_{u_1e^*} = \frac{D(s)}{A_M(s)}$ positiv reell ist. Für die Signale $\phi_i(t)$ gilt

$$\begin{aligned} \phi_1(t) &= -w^*(t) , & \phi_4(t) &= -y^*(t) , \\ \phi_2(t) &= u^*(t) , & \phi_5(t) &= -\dot{y}^*(t) , \\ \phi_3(t) &= \dot{u}^*(t) , & \phi_6(t) &= -\ddot{y}^*(t) . \end{aligned} \tag{5.3.153}$$

Die Reglerparameter werden nach Gl.(5.3.148) angepaßt und das gefilterte Stellsignal nach Gl.(5.3.143)

$$\ddot{u}^*(t) = \sum_{i=1}^{6} p_i(t)\phi_i(t) \tag{5.3.154}$$

synthetisiert. Daraus gewinnt man durch zweifache Integration die Filtersignale $\dot{u}^*(t)$ und $u^*(t)$, die dann zusammen mit $\ddot{u}^*(t)$ entsprechend Gl.(5.3.149) für das Stellsignal

$$u(t) = d_0 u^*(t) + d_1 \dot{u}^*(t) + \ddot{u}^*(t) \tag{5.3.155}$$

verwendet werden. In Bild 5.3.18 ist die Blockstruktur für das gesamte adaptive Regelsystem dargestellt. Daraus ist ersichtlich, daß zur Erzeugung des Stellsignals keine Ableitungen von Meßsignalen oder Zu-

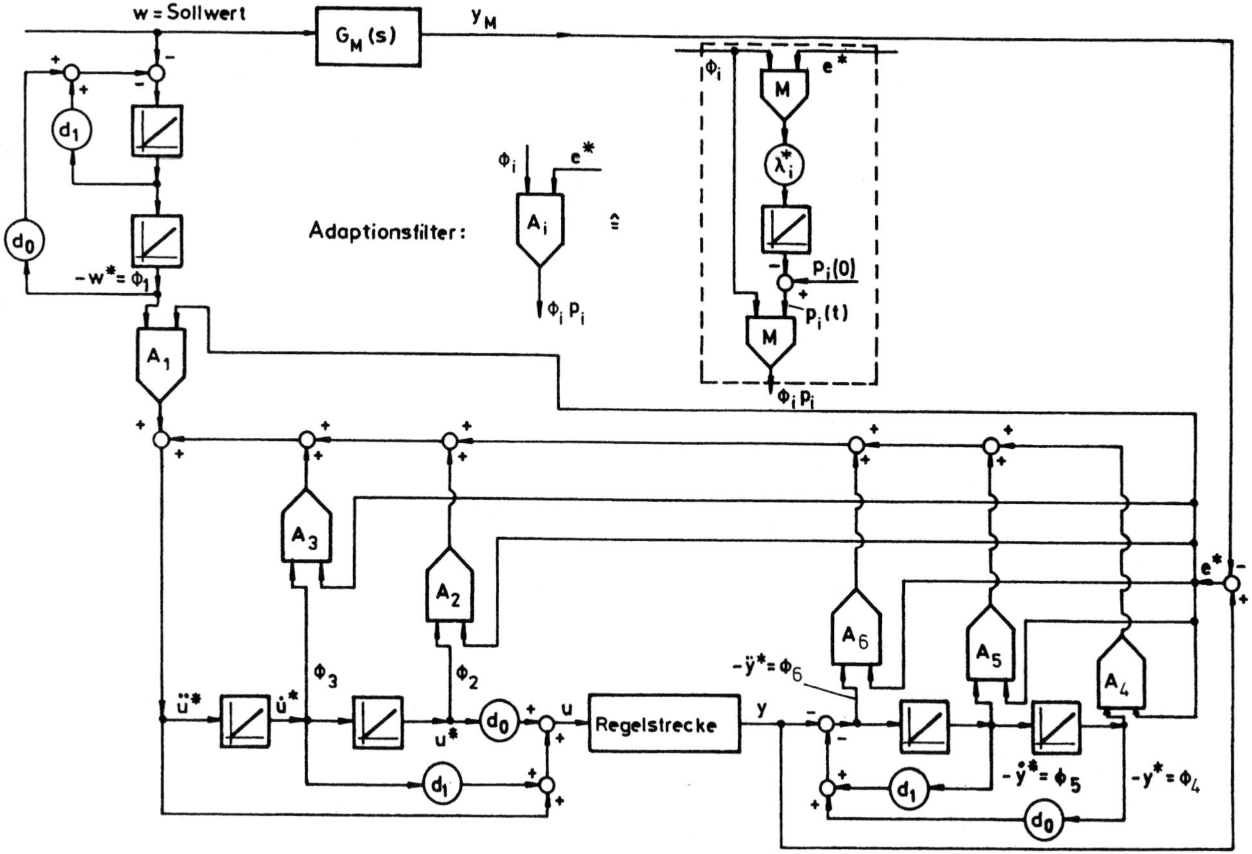

Bild 5.3.18. Beispiel zur Regleradaption mit Parallelmodell ohne Verwendung von Zustandsgrößen für eine Regelstrecke 3. Ordnung mit zwei Nullstellen

standsgrößen der Regelstrecke benötigt werden. Die Funktion der Adaption nach Gl.(5.3.148) kann durch 6 gleichartige Anpassungsfilterschaltungen A_i realisiert werden. ■

5.3.5. Die Methode des "vermehrten Fehlers" [5.17]

Zur Realisierung der Adaptionsgesetze gemäß Gl.(5.3.148) müssen noch n-m-1 Ableitungen des Filtersignals $u^*(t)$ bestimmt werden. Diesen offensichtlichen Nachteil des Verfahrens kann man vermeiden, wenn man ein sogenanntes *vermehrtes Fehlersignal*

$$v(t) = e^*(t) + h(t) \tag{5.3.156}$$

einführt [5.17]. Das zusätzliche Signal h(t) ist das Ausgangssignal eines Filters nach Gl.(5.3.140) mit dem Eingangssignal $u_H(t)$, das als Hilfsgröße definiert wird. Die Zählerkoeffizienten d_i der Filterübertragungsfunktion $D(s)/A_M(s)$ werden hierbei wieder so festgelegt, daß diese Übertragungsfunktion positiv reell wird. Damit gilt für diese Signalfilterung die Beziehung

$$H(s)s^n + H(s)\sum_{i=o}^{n-1} a_{Mi}s^i = U_H(s)s^{n-1} + U_H(s)\sum_{i=o}^{n-2} d_i s^i \ . \tag{5.3.157}$$

Werden die Gln.(5.3.157) und (5.3.133) addiert, dann ergibt sich unter Berücksichtigung von Gl.(5.3.156) die $\mathcal{L}$-Transformierte der Differentialgleichung des vermehrten Fehlers

$$\begin{aligned} V(s)s^n + V(s)\sum_{i=o}^{n-1} a_{Mi}s^i &= -W(s)\sum_{i=o}^{r} b_{Mi}s^i + U(s)\sum_{i=o}^{m} b_{Si}s^i \\ &\quad - Y(s)\sum_{i=o}^{n-1} \tilde{a}_i s^i + U_H(s)s^{n-1} + U_H(s)\sum_{i=o}^{n-2} d_i s^i \ . \end{aligned} \tag{5.3.158}$$

Die Signalterme auf der rechten Seite von Gl.(5.3.158) werden nun durch die entsprechenden Filterausgangssignale gemäß den Gln.(5.3.135) bis (5.3.137) ersetzt und zusammengefaßt zu dem Signal

$$U_v(s) = -W^*(s)\sum_{i=o}^{r} b_{Mi}s^i + U^*(s)\sum_{i=o}^{m} b_{Si}s^i - Y^*(s)\sum_{i=o}^{n-1} \tilde{a}_i s^i + U_H(s) . \tag{5.3.159}$$

Damit erhält man für Gl.(5.3.158) analog zu Gl.(5.3.139)

$$V(s)s^n + V(s)\sum_{i=o}^{n-1} a_{Mi}s^i = U_v(s)\left[\sum_{i=o}^{n-2} d_i s^i + s^{n-1}\right] \ . \tag{5.3.160}$$

Zur Anwendung des Satzes von Meyer-Kalman-Jacubovich ist es notwendig, die sich aus Gl. (5.3.158) durch inverse $\mathfrak{L}$-Transformation ergebene Differentialgleichung des vermehrten Fehlers analog zu Gl. (5.3.120) auf die gewünschte Standardform

$$\underline{\dot{v}}(t) = \underline{A}_M\underline{v}(t) + \underline{h} \underbrace{\sum_{i=1}^{N} \tilde{p}_i(t)\phi_i(t)}_{u_v(t)} \tag{5.3.161}$$

zu bringen, wobei der Vektor $\underline{v}(t)$ als Elemente das vermehrte Fehlersignal $v(t)$ und dessen Ableitungen enthält. Die Signale $\phi_i(t)$ werden wiederum nur aus gemessenen Signalen bestimmt. Die Signale $\tilde{p}_i(t)$ enthalten das Adaptionsgesetz für die Einstellparameter. Dieses Vorgehen ist für $m < n-1$ jedoch nur dann möglich, wenn das Eingangssignal der Regelstrecke $u(t)$ sowie die bereits gefilterten Signale $u^*(t)$ und $y^*(t)$ noch einer zusätzlichen Filterung durch die stabile Filterübertragungsfunktion

$$G_F(s) = \frac{1}{\sum\limits_{i=o}^{n-m-2} f_i s^i + s^{n-m-1}} = \frac{1}{F(s)} \tag{5.3.162}$$

unterzogen werden. Es gilt dann für die Ausgangssignale dieser Zusatzfilter

$$U_F(s) = \frac{1}{F(s)}\, U(s) \quad , \tag{5.3.163a}$$

$$U_F^*(s) = \frac{1}{F(s)}\, U^*(s) \quad , \tag{5.3.163b}$$

$$Y_F^*(s) = \frac{1}{F(s)}\, Y^*(s) \quad . \tag{5.3.163c}$$

Zur Einführung dieser zusätzlich gefilterten Signale in Gl. (5.3.158) wird zunächst der Stellsignalanteil umgeformt, indem zuerst formal Gl. (5.3.136) mit

$$\sum_{i=o}^{m} b_{Si} s^i$$

multipliziert wird. Man erhält dann unter Berücksichtigung der Gl. (5.3.163a)

$$U^*(s) \sum_{i=o}^{m} b_{Si} s^i = U(s) \frac{\sum\limits_{i=o}^{m} b_{Si} s^i}{s^{n-1} + \sum\limits_{i=o}^{n-2} d_i s^i} = \frac{\sum\limits_{i=o}^{m} b_{Si} s^i \left[s^{n-m-1} + \sum\limits_{i=o}^{n-m-2} f_i s^i \right]}{s^{n-1} + \sum\limits_{i=o}^{n-2} d_i s^i} U_F(s) \; .$$

Werden die Polynome im Zähler ausmultipliziert, dann ergibt sich ein Polynom der Form

$$b_{Sm}s^{n-1} + \sum_{i=o}^{n-2} A_i^* s^i \quad ,$$

das nun durch das Nennerpolynom desselben Grades dividiert wird. Dies liefert

$$U^*(s) \sum_{i=o}^{m} b_{Si}s^i = \left[b_{Sm} + \frac{\sum\limits_{i=o}^{n-2} A_i s^i}{D(s)} \right] U_F(s) \quad . \tag{5.3.164}$$

Durch Umformung unter Verwendung der Gln.(5.3.136) und (5.3.163a, b) folgt schließlich

$$U^*(s) \sum_{i=o}^{m} b_{Si}s^i = b_{Sm}\, U_F(s) + \sum_{i=o}^{n-2} A_i s^i\, U_F^*(s) \quad . \tag{5.3.165}$$

Eine entsprechende Umformung erhält man - ausgehend von Gl.(5.3.137) - mit Gl.(5.3.163c) auch für das Ausgangssignal gemäß

$$Y^*(s) \sum_{i=o}^{n-1} \tilde{a}_i s^i = \sum_{i=o}^{n-1} B_i s^i\, Y_F^*(s) + \sum_{i=o}^{n-2} C_i s^i\, U_F^*(s) \quad . \tag{5.3.166}$$

Mit den obigen Umformungen wird jeweils eine Linearkombination von Signalen mit unbekannten Koeffizienten durch eine andere, jedoch günstigere Kombination mit ebenfalls unbekannten Koeffizienten ersetzt, wobei man diese jedoch nicht explizit bestimmen muß. Setzt man nun die Ergebnisse der Aufspaltung, also die Gln.(5.3.165) und (5.3.166), in Gl. (5.3.159) ein, dann gilt nach Durchführung der inversen $\mathcal{L}$-Transformation

$$u_V(t) = b_{Sm}u_F(t) + u_H(t) + \sum_{i=1}^{N-1} \psi_i \phi_i(t) \tag{5.3.167}$$

mit

$$N = r + 2n + 1$$

und

$$\left. \begin{aligned} \psi_{i+1} &= b_{Mi} \\ \phi_{i+1}(t) &= -\frac{d^i w^*(t)}{dt^i} \end{aligned} \right\} \quad \text{für } i = 0, 1, \ldots, r$$

$$\left. \begin{aligned} \psi_{i+r+2} &= A_i - C_i \\ \phi_{i+r+2}(t) &= \frac{d^i u_F^*(t)}{dt^i} \end{aligned} \right\} \quad \text{für } i = 0, 1, \ldots, n-2$$

$$\left.\begin{aligned} \psi_{i+r+n+1} &= B_i \\ \phi_{i+r+n+1}(t) &= -\frac{d^i y_F^*(t)}{dt^i} \end{aligned}\right\} \quad \text{für } i = 0,1,\dots,n-1 \ .$$

Um Gl.(5.3.167) auf die Standardform nach Gl.(5.3.161) zu bringen, wird der Ansatz

$$u_H(t) = \phi_N(t) + p_N(t)\phi_N(t) \tag{5.3.168}$$

in Gl.(5.3.167) eingeführt, wobei $\phi_N(t)$ ein Hilfssignal darstellt. Damit erhält man

$$u_V(t) = b_{Sm}u_F(t) + \phi_N(t) + p_N(t)\phi_N(t) + \sum_{i=1}^{N-1} \psi_i\phi_i(t) \ . \tag{5.3.169}$$

Wird weiterhin der Ansatz

$$u_F(t) = -\phi_N(t) + \sum_{i=1}^{N-1} p_i(t)\phi_i(t) \tag{5.3.170}$$

in Gl.(5.3.169) benutzt, so liefert dies endgültig die gewünschte Form

$$u_V(t) = -b_{Sm}\phi_N(t) + \phi_N(t) + p_N(t)\phi_N(t) + \sum_{i=1}^{N-1} [b_{Sm}p_i(t) + \psi_i]\phi_i(t)$$

oder zusammengefaßt

$$u_V(t) = \sum_{i=1}^{N} \tilde{p}_i(t)\phi_i(t) \tag{5.3.171}$$

mit

$$\tilde{p}_i(t) = b_{Sm}p_i(t) + \psi_i \qquad \text{für } i = 1,2,\dots,N-1 \tag{5.3.172}$$

und

$$\tilde{p}_N(t) = p_N(t) - b_{Sm} + 1 \ . \tag{5.3.173}$$

Für die Differentialgleichung des vermehrten Fehlers, Gl.(5.3.161), kann nun völlig analog zu Gl.(5.3.120) das Adaptionsgesetz nach Gl. (5.3.126) verwendet werden, nur daß im vorliegenden Fall der Ausgangsfehler $e^*(t)$ durch den vermehrten Fehler formal zu ersetzen ist. Es gilt somit

$$\dot{\tilde{p}}_i = -\lambda_i v(t)\phi_i(t) \qquad \text{für } i = 1,\dots,N \ . \tag{5.3.174}$$

Die Ableitungen der Gln.(5.3.172) und (5.3.173)

$$\dot{\tilde{p}}_i(t) = b_{Sm}\dot{p}_i(t) \qquad \text{für } i = 1,2,\dots,N-1 \tag{5.3.175a}$$

und

$$\dot{\tilde{p}}_N(t) = \dot{p}_N(t) \tag{5.3.175b}$$

in Gl.(5.3.174) eingesetzt, liefern schließlich nach Ausführung der Integration das global asymptotisch stabile *Adaptionsgesetz* der Reglerparameter analog zu Gl.(5.3.148)

$$p_i(t) = p_i(0) - \lambda_i^* \int_0^t v(\tau)\phi_i(\tau)d\tau \quad \text{für } i = 1,2,\ldots,N\,, \tag{5.3.176}$$

wobei für $\lambda_i^* = \lambda_i/b_{Sm}$ $(i = 1,\ldots,N-1)$ und $\lambda_N^* = \lambda_N$ gilt.

Die Beziehungen für das Stellsignal u(t) und das Hilfssignal $\phi_N(t)$ gewinnt man über die Gl.(5.3.170), indem man diese Beziehung j-mal nach der Zeit differenziert

$$\frac{d^j u_F(t)}{dt^j} = -\frac{d^j \phi_N(t)}{dt^j} + \sum_{i=1}^{N-1} \sum_{k=o}^{j} \binom{j}{k} \frac{d^k p_i(t)}{dt^k} \frac{d^{j-k}\phi_i(t)}{dt^{j-k}} \tag{5.3.177}$$

und in die aus Gl.(5.3.163a) direkt ableitbare Differentialgleichung des Zusatzfilters für die Stellgröße

$$\frac{d^{n-m-1}u_F(t)}{dt^{n-m-1}} + \sum_{j=o}^{n-m-2} f_j \frac{d^j u_F(t)}{dt^j} = u(t) \tag{5.3.178}$$

einsetzt. Führt man dann noch in die umgeformte Gl.(5.3.178) die Signale $\phi_{Fi}(t) = \mathcal{L}^{-1}\{F(s)\phi_i(s)\}$ ein, die durch das Differentialgleichungssystem

$$\frac{d^{n-m-1}\phi_i(t)}{dt^{n-m-1}} + \sum_{j=o}^{n-m-2} f_j \frac{d^j \phi_i(t)}{dt^j} = \phi_{Fi}(t) \quad i = 1,2,\ldots,N \tag{5.3.179}$$

beschrieben werden, so folgt nach etwas längerer Zwischenrechnung (siehe Anhang A5.1)

$$u(t) + \phi_{FN}(t) = \sum_{i=1}^{N-1} p_i(t)\phi_{Fi}(t) +$$

$$+ \sum_{i=1}^{N-1} \sum_{k=o}^{n-m-2} \left[\left[\frac{d^k}{dt^k} + \sum_{j=1}^{k} f_{n-m-1-j} \frac{d^{k-j}}{dt^{k-j}}\right] \left[\dot{p}_i(t) \frac{d^{n-m-2-k}\phi_i(t)}{dt^{n-m-2-k}}\right] \right] . \tag{5.3.180}$$

Wählt man für das Stellsignal u(t) gerade den Ansatz

$$u(t) = \sum_{i=1}^{N-1} p_i(t)\phi_{Fi}(t) \quad , \tag{5.3.181}$$

dann erhält man aus Gl.(5.3.180) im Bildbereich das Signal

$$\phi_{FN}(s) = \sum_{i=1}^{N-1} \sum_{k=o}^{n-m-2} F_k(s) Z_{ik}(s) \tag{5.3.182}$$

mit

$$F_k(s) = \begin{cases} s^k + \sum_{j=1}^{k} f_{n-m-1-j} s^{k-j} & \text{für } k \geqq 1 \\ 1 & \text{für } k = 0 \end{cases} \tag{5.3.183}$$

und

$$Z_{ik}(s) = \mathcal{L}\{\dot{p}_i(t) \frac{d^{n-m-2-k} \phi_i(t)}{dt^{n-m-2-k}}\} \quad . \tag{5.3.184}$$

Das gesuchte Hilfssignal $\phi_N(t)$ gewinnt man schließlich durch Filterung des Signals $\phi_{FN}(t)$ entsprechend Gl. (5.3.179) zu

$$\phi_N(t) = \mathcal{L}^{-1}\{\frac{1}{F(s)} \quad \phi_{FN}(s)\} \quad . \tag{5.3.185}$$

Die Filterschaltungen zur Realisierung des Stellsignals u(t) und des Hilfssignals $\phi_N(t)$ sind in den Bildern 5.3.19 und 5.3.20 dargestellt.

Beispiel 5.3.8:

Für die Regelstrecke 3. Ordnung nach Gl. (5.3.150) mit $b_{S2} = 0$ und dem Parallelmodell nach Gl. (5.3.151) gilt $r = 0$, $n = 3$, $m = 1$ und $N = 7$. Zur Generierung aller Signale benötigt man neben dem Filter nach Gl. (5.3.152) noch das Zusatzfilter gemäß Gl. (5.3.162)

$$G_F(s) = \frac{1}{F(s)} = \frac{1}{f_0 + s} = \frac{U_F(s)}{U(s)} = \frac{U_F^*(s)}{U^*(s)} = \frac{\phi_i(s)}{\phi_{Fi}(s)} \tag{5.3.186}$$

mit $f_0 > 0$. Für die Signale $\phi_i(t)$ gilt dann

$$\begin{aligned} \phi_1(t) &= -w^*(t) \quad ; & \phi_4(t) &= -y_F^*(t) \\ \phi_2(t) &= u_F^*(t) \quad ; & \phi_5(t) &= -\dot{y}_F^*(t) \\ \phi_3(t) &= \dot{u}_F^*(t) \quad ; & \phi_6(t) &= -\ddot{y}_F^*(t) \end{aligned} \tag{5.3.187}$$

$$\phi_7(t) = \mathcal{L}^{-1}\left\{\frac{\mathcal{L}\left[\sum_{i=1}^{6} \dot{p}_i(t)\phi_i(t)\right]}{f_0 + s}\right\}$$

Um nach Gl. (5.3.156) den "vermehrten" Fehler

$$v(t) = y(t) - y_M(t) + h(t)$$

zu bestimmen, wird noch das Signal h(t) benötigt. Dieses ergibt sich

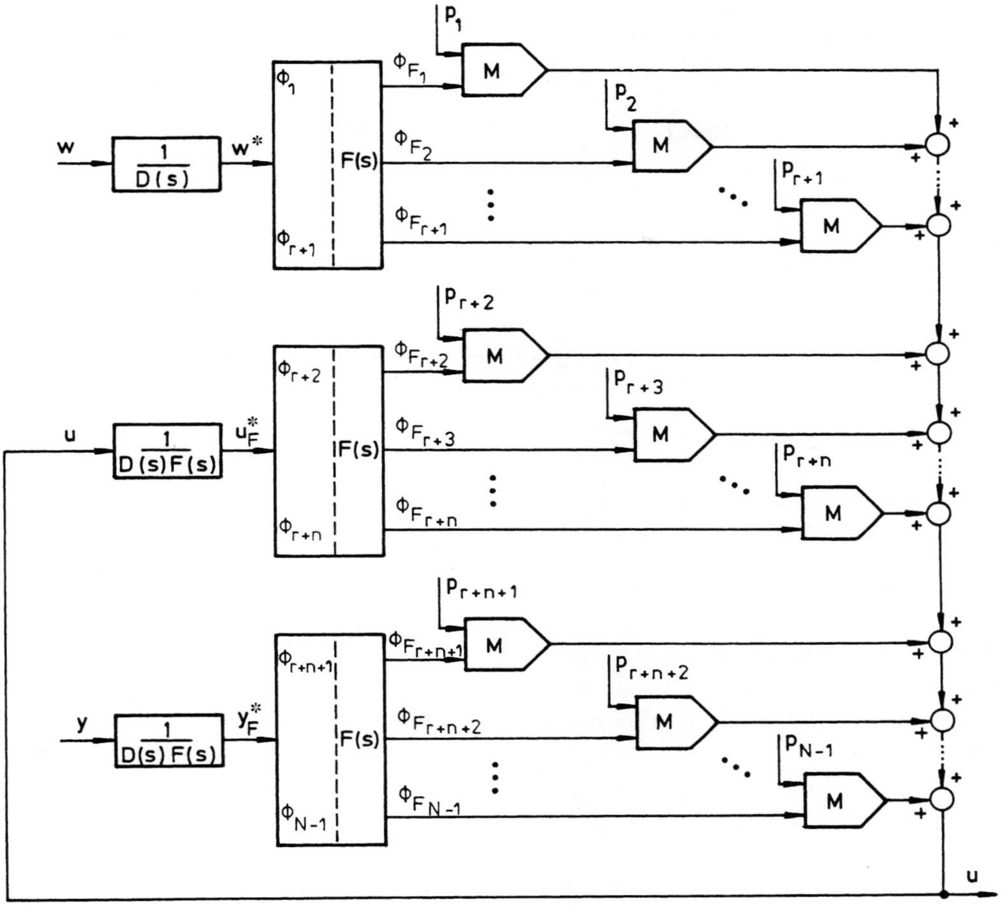

Bild 5.3.19. Blockschaltbild zur Synthese des Stellsignals u(t) bei der Methode des "vermehrten Fehlers" (Anmerkung: Tatsächlich werden die für die Signale $\phi_i(t)$ benötigten Ableitungen der Signale w*, u_F^* und y_F^* bereits in den Blöcken gebildet, die das Polynom D(s) enthalten)

aus der Filterung des Hilfssignals $u_H(t)$ gemäß Gl.(5.3.157) im Frequenzbereich zu

$$H(s) = \frac{D(s)}{A_M(s)} U_H(s) \quad .$$

Aus Gl.(5.3.168) folgt für das hierfür erforderliche Hilfssignal

$$u_H(t) = \phi_7(t) + p_7(t)\phi_7(t) \quad . \qquad (5.3.188)$$

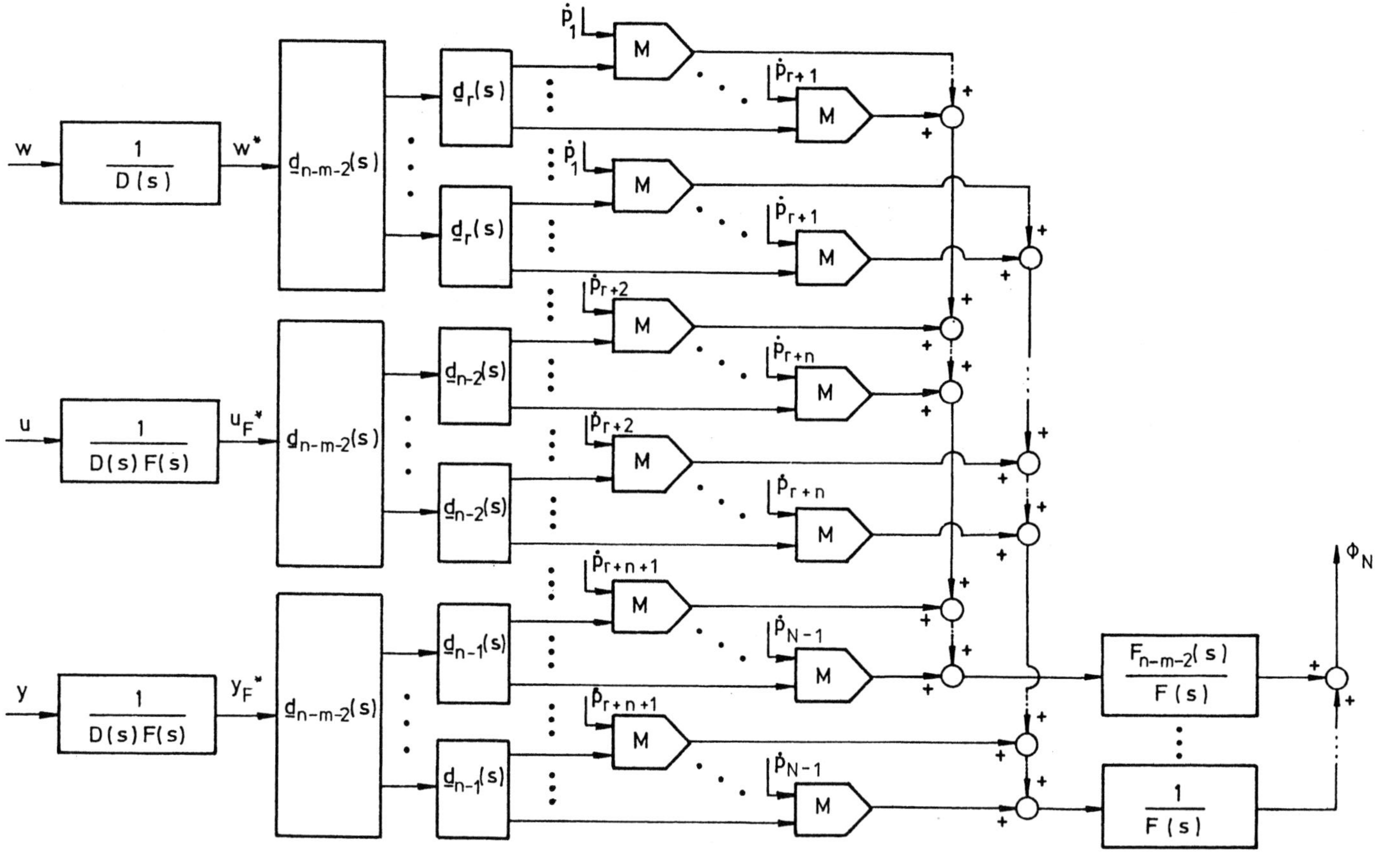

Bild 5.3.20. Blockschaltbild zur Synthese des Hilfssignals $\phi_N(t)$ bei der Methode des "vermehrten Fehlers"

Für den vermehrten Fehler erhält man schließlich im Bildbereich

$$V(s) = Y(s) - Y_M(s) + \frac{D(s)}{A_M(s)} U_H(s) \quad . \qquad (5.3.189)$$

Bild 5.3.21 zeigt eine Adaptionsschaltung für die Parameter p_2 bis p_6; Bild 5.3.22 beschreibt den Aufbau dieses adaptiven Regelsystems. ■

Die in den Abschnitten 5.3.3 bis 5.3.5 vorgestellten adaptiven Regelverfahren wurden zunächst für eine kontinuierliche Systembeschreibung

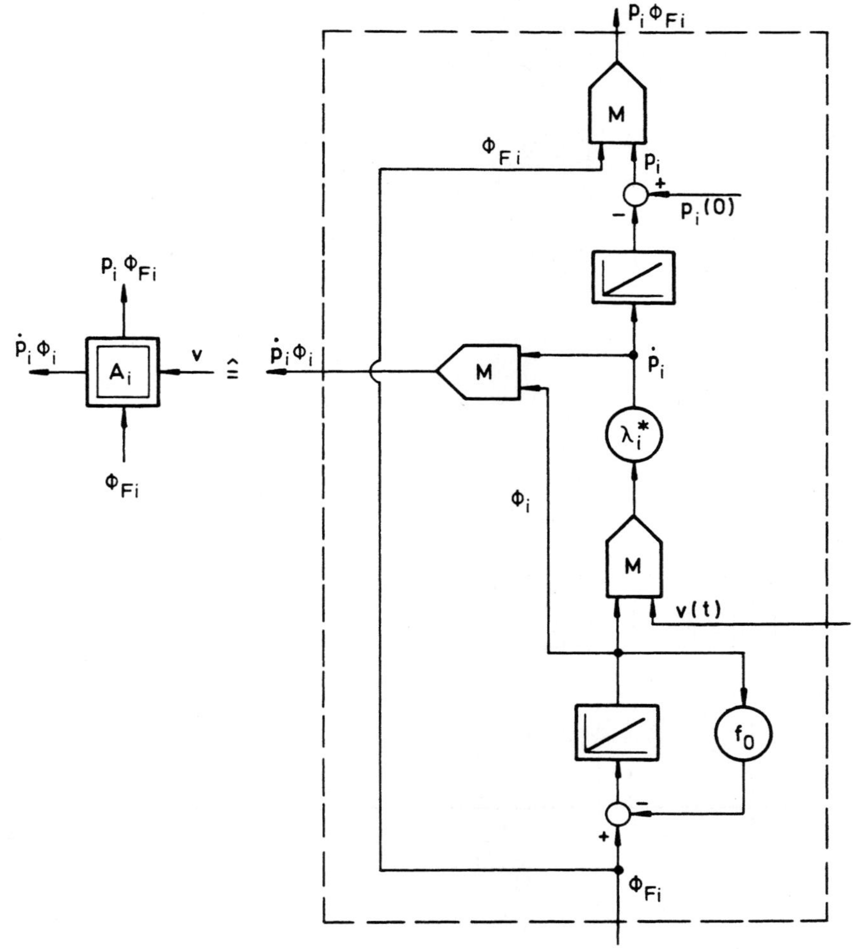

Bild 5.3.21. Adaptionsschaltung zur Anpassung der Reglerparameter nach der Methode des "vermehrten Fehlers" gemäß Gl.(5.3.176) und zur Bildung der Signale $p_i(t)\phi_{Fi}(t)$ und $\dot{p}_i(t)\phi_i(t)$ nach Gl.(5.3.181) und Gl.(5.3.185)

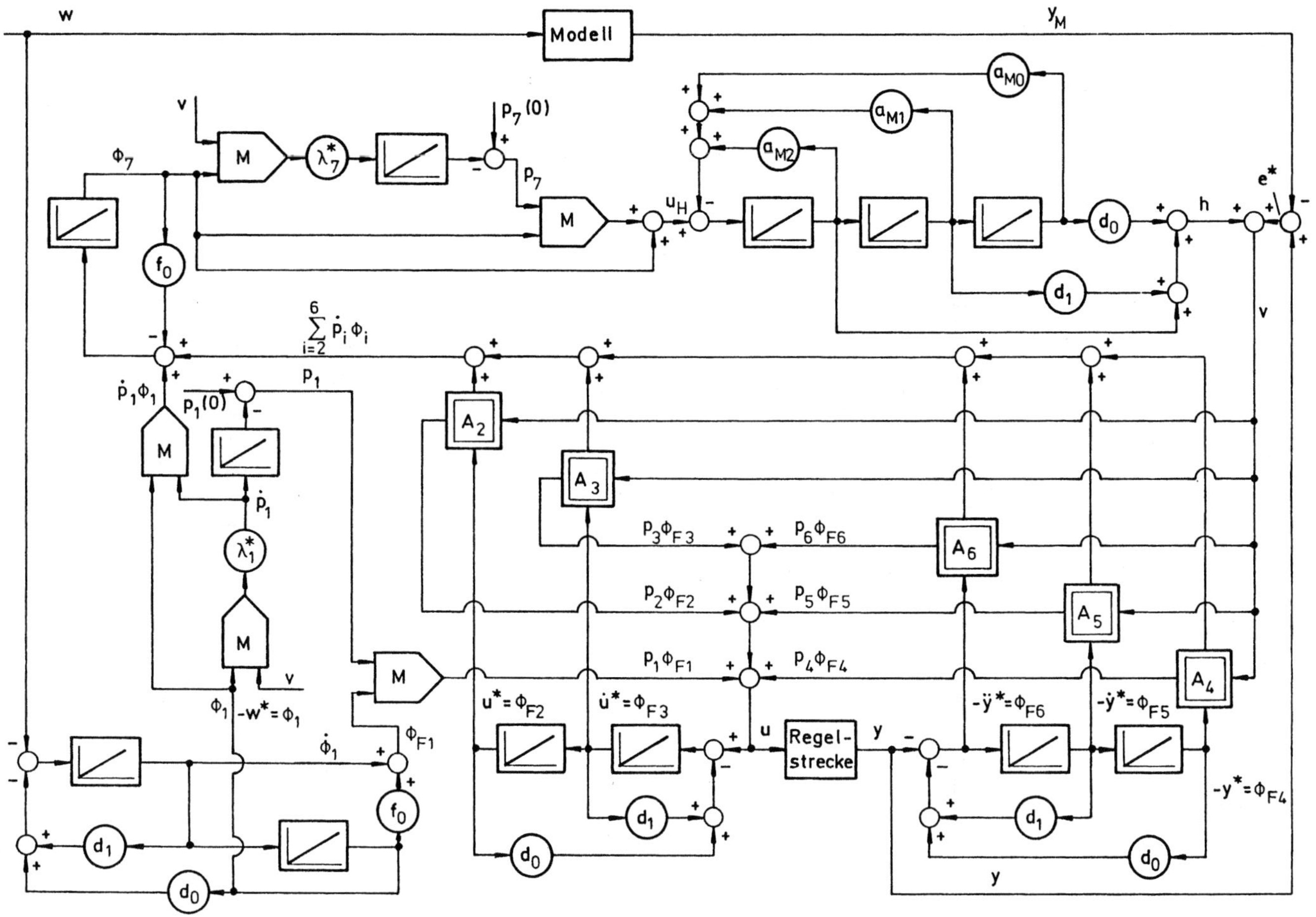

Bild 5.3.22. Gesamtschaltung zur adaptiven Regelung einer Regelstrecke 3. Ordnung mit einer Nullstelle nach der Methode des "vermehrten Fehlers"

entwickelt. Wegen der komplizierten Struktur dieser Verfahren empfiehlt sich jedoch für die praktische Realisierung mit Hilfe eines Prozeßrechners die diskrete Systemdarstellung. Als Beispiel für den diskreten Entwurf eines adaptiven Regelsystems soll im folgenden der Entwurf modelladaptiver Systeme nach der Hyperstabilitätstheorie vorgestellt werden.

5.3.6. Der Entwurf modelladaptiver Regelsysteme nach der Hyperstabilitätstheorie

5.3.6.1. Der grundlegende Entwurfsgedanke

Die Hyperstabilitätstheorie bietet die Möglichkeit, ein garantiert stabiles adaptives Regelsystem zu entwerfen, um von vornherein Instabilität, wie sie im Abschnitt 5.3.1 für einfache Beispiele adaptiver Systeme bereits diskutiert wurde, auszuschließen. Ausgehend von einer kontinuierlichen Beschreibung der Regelstrecke beliebiger Ordnung und Totzeit mit der Übertragungsfunktion

$$G_S(s) = \frac{B_S(s)}{A_S(s)} e^{-T_t s} \qquad (5.3.190)$$

wird daraus durch Abtastung mit der Abtastzeit T und einem Halteglied nullter Ordnung eine zeitdiskrete Übertragungsfunktion

$$G_S(z) = \frac{Y(z)}{U(z)} = \frac{\sum\limits_{i=o}^{m} b_i z^{-i}}{1 + \sum\limits_{i=1}^{n} a_i z^{-i}} z^{-d} \qquad (5.3.191)$$

entwickelt, wobei für die ganzzahlige diskrete Totzeit d bei nichtsprungförmigen Regelstrecken bekanntlich die Beziehung

$$(d-1)T \leqq T_t < dT \qquad (5.3.192)$$

für $b_o \neq 0$ und $d \geqq 1$ gilt. Der totzeitfreie Fall wird dann also durch $d = 1$ gekennzeichnet. Das gewünschte Verhalten des gesamten Grundregelkreises soll durch die Übertragungsfunktion eines parallelgeschalteten Bezugsmodells mit der diskreten Übertragungsfunktion

$$G_M(z) = \frac{Y_M(z)}{W(z)} = \frac{\sum\limits_{i=o}^{q} b_{Mi} z^{-i}}{1 + \sum\limits_{i=1}^{r} a_{Mi} z^{-i}} z^{-d_M} \qquad (5.3.193)$$

beschrieben werden, wobei

$$d_M \geqq d \quad \text{und } r \leqq m+d-1 \tag{5.3.194}$$

gelten muß.

Die Aufgabe der zu entwerfenden Adaptivregelung besteht wiederum darin, die Regelgröße $y(k)$ nach einer bestimmten Adaptionszeit dem Ausgang $y_M(k)$ des Parallelmodells so anzupassen, daß für den Ausgangsfehler

$$e^*(k) = y(k) - y_M(k) \tag{5.3.195}$$

als Grenzwert

$$\lim_{k\to\infty} e^*(k) = 0 \tag{5.3.196}$$

gilt, d. h. das Fehlersignal $e^*(k)$ soll also asymptotisch stabil sein. Dieser Grenzwert soll möglichst schnell erreicht werden.

Bei den weiteren Betrachtungen wird für die Polynome der zuvor eingeführten diskreten Übertragungsfunktionen zur anschaulichen Kennzeichnung der Polynomordnung folgende Kurzschreibweise verwendet:

$$P[n] = \sum_{i=o}^{n} p_i z^{-i} \quad \text{mit } p_o \neq 0 \quad , \tag{5.3.197}$$

falls jedoch $p_o = 0$ ist, wird für das betreffende Polynom n-ter Ordnung $P[n-1]z^{-1}$ geschrieben.

Unter Berücksichtigung dieser Schreibweise erhält man für die Gln. (5.3.191) und (5.3.193) die Beziehungen

$$G_S(z) = \frac{Y(z)}{U(z)} = \frac{b_o + B[m-1]z^{-1}}{1 + A[n-1]z^{-1}} z^{-d} \tag{5.3.198}$$

und

$$G_M(z) = \frac{Y_M(z)}{W(z)} = \frac{B_M[q]}{1 + A_M[r-1]z^{-1}} z^{-d_M} \quad . \tag{5.3.199}$$

Mit der z-Transformation von Gl. (5.3.195) folgt dann unter Verwendung der Größen $Y(z)$ und $Y_M(z)$ aus den Gln. (5.3.198) und (5.3.199) die der Gl. (5.3.133) analoge z-Transformierte der Differenzengleichung des Ausgangsfehlers, kurz *Fehlergleichung* genannt,

$$\begin{aligned}(1+A_M[r-1]z^{-1})E^*(z) &= b_o z^{-d} U(z) + B[m-1]z^{-d-1}U(z) + \\ &+ \Delta A[n-1]z^{-1}Y(z) - B_M[q]z^{-d_M} W(z) = U_1(z)\end{aligned} \tag{5.3.200}$$

mit der Abkürzung

$$\Delta A[n-1] = A_M[r-1] - A[n-1] \quad . \tag{5.3.201}$$

Um die Ruhelage $e^*(k) = 0$ für $k \geqq 0$ zu erreichen, muß die rechte Seite der Gl. (5.3.200) verschwinden, d. h. es muß $u_1(k) = 0$ werden. Vorausgesetzt, man kennt b_o, B, B_M und ΔA, dann folgt durch Auflösung nach U(z) als mögliches Stellgesetz

$$U(z) = \frac{1}{b_o}\{B_M[q]z^{d-d_M} W(z) - B[m-1]z^{-1}U(z) - \Delta A[n-1]z^{d-1}Y(z)\} \, , \tag{5.3.202}$$

das jedoch für $d > 1$ aufgrund der fehlenden Kenntnis zukünftiger Werte der Regelgröße y(k) nicht mehr kausal ist. Um dies zu vermeiden, werden anstelle von y(k) und u(k) neue Signale $y_D(k)$ und $u_D(k)$ eingeführt, die durch *Filterung* aus diesen wie folgt entstehen:

$$Y_D(z) = \frac{1}{D[d-1]} Y(z) \tag{5.3.203}$$

und

$$U_D(z) = \frac{1}{D[d-1]} z^{1-d} U(z) \tag{5.3.204}$$

mit

$$D[d-1] = \sum_{i=o}^{d-1} d_i z^{-i} \quad . \tag{5.3.205}$$

Werden die Gln. (5.3.203) bis (5.3.205) in Gl. (5.3.200) eingesetzt, so erhält man nach Zusammenfassung gleichartiger Terme und deren Definition als Polynome die neue Fehlergleichung (siehe Anhang A5.2)

$$(1+A_M[r-1]z^{-1})E^*(z) = U_1(z) \tag{5.3.206}$$

mit

$$U_1(z) = b_o d_o z^{-1} U_D(z) + B_D[m+d-2]z^{-2}U_D(z) + $$
$$+ \Delta A_D[n-1]z^{-d}Y_D(z) - B_M[q]z^{-d_M} W(z) \equiv 0 \quad . \tag{5.3.207}$$

Die Auflösung dieser Beziehung liefert in ähnlicher Weise wie zuvor als mögliches *kausales* Stellgesetz in gefilterter Form

$$U_D(z) = \frac{1}{b_o d_o}\{B_M[q]z^{1-d_M} W(z) - B_D[m+d-2]z^{-1} U_D(z) - \Delta A_D[n-1]z^{1-d} Y_D(z)\} . \tag{5.3.208}$$

Bei unbekannten Parametern der Regelstrecke können in diesem Stellgesetz jedoch die Polynome B_D und ΔA_D sowie der Koeffizient b_o nicht bestimmt werden. Daher wird zunächst Gl. (5.3.207) in den Zeitbereich transformiert:

$$u_1(k) = b_o d_o u_D(k-1) + \underline{p}_D^T \, \underline{x}_D(k,d) \equiv 0 \quad , \tag{5.3.209}$$

wobei folgende Vektoren eingeführt werden: Der *Reglerparametervektor*

$$\underline{p}_D = [b_{Do} \dots b_{Dm+d-2} \mid \Delta a_{Do} \dots \Delta a_{Dn-1} \mid b_{Mo} \dots b_{Mq}]^T \tag{5.3.210}$$

der als Teilvektoren die Koeffizienten der Polynome B_D, ΔA_D und B_M enthält, und der *Signalvektor*

$$\underline{x}_D(k,d) = [u_D(k-2) \dots u_D(k-m-d) \mid y_D(k-d) \dots$$
$$\dots y_D(k-d-n+1) \mid -w(k-d_M) \dots -w(k-d_M-q)]^T \quad , \tag{5.3.211}$$

dessen Teilvektoren die entsprechenden abgetasteten Signalwerte umfassen. Da die Elemente b_{Di} und Δa_{Di} des Parametervektors $\underline{p}_D$ unbekannt und weitgehend zeitvariant sind, wird nun zur Berechnung von $u_D(k)$ ein *geschätzter Reglerparametervektor* $\hat{\underline{p}}_D(k) = \underline{f}_D[e^*(\ell), k]$ mit $\ell \leqq k$ eingeführt, der offensichtlich vom Ausgangsfehler $e^*(k)$ abhängt und im angepaßten Zustand ($e^* \equiv 0$) genau dem Parametervektor $\underline{p}_D/(b_o d_o)$ entspricht. Gemäß Gl.(5.3.209) lautet damit das *adaptive Stellgesetz*

$$u_D(k) = -\hat{\underline{p}}_D^T(k) \, \underline{x}_D(k-d+1) \quad . \tag{5.3.212}$$

Setzt man die Gl.(5.3.212) in Gl.(5.3.209) ein, dann erhält man unter zusätzlicher Beachtung der Gl.(5.3.200) als *Fehlerdifferenzengleichung*

$$\underbrace{\mathcal{Z}^{-1}\{(1+A_M[r-1]z^{-1})E^*(z)\} = u_1(k)}_{I} = \underbrace{\{\underline{p}_D - b_o d_o \hat{\underline{p}}_D(k-1)\}^T \, \underline{x}_D(k-d) = -y_2(k)}_{II} . \tag{5.3.213}$$

Wie man leicht erkennt, beschreibt Gl.(5.3.213) ein rückgekoppeltes System mit einem linearen (I) und einem nichtlinearen (II) Teilsystem, wie in Bild 5.3.23 dargestellt, wobei das nichtlineare Teilsystem als

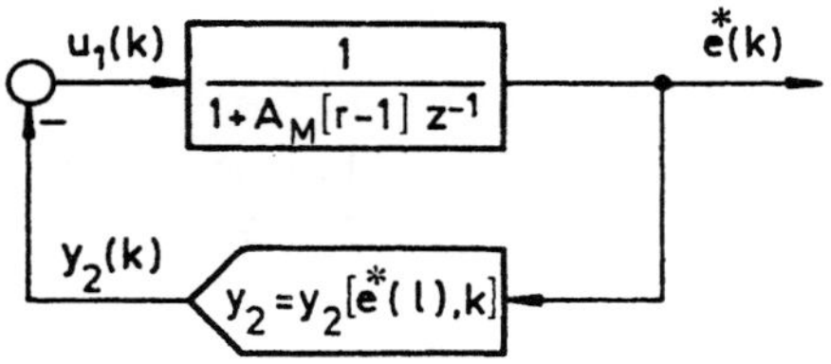

Bild 5.3.23. Blockschaltbild des transformierten adaptiven Regelsystems

wesentliche Komponente das Adaptionsgesetz für die Reglerparameter $\hat{\underline{p}}(k)$ enthält. Diese Darstellung kann, wie bereits aus Abschnitt 5.3.2 bekannt ist, als Transformation des ursprünglichen adaptiven Regelsystems in ein *"Fehlersystem"* interpretiert werden, wobei sich dabei an der Stabilität nichts ändert.

Die Hyperstabilitätstheorie bietet nun die angenehme Möglichkeit, daß man das lineare und nichtlineare Teilsystem getrennt hyperstabil entwerfen kann. Dann läßt sich aufgrund der Eigenschaft 4 bzw. 5 nach Satz 5.3.5 auf die Hyperstabilität des Gesamtsystems schließen. Die Hyperstabilität des Gesamtsystems garantiert dann die Konvergenz des Fehlersignals $e^*(k)$.

Aufgrund der früher eingeführten Definition ist das im Bild 5.3.23 dargestellte adaptive Regelsystem asymptotisch hyperstabil, wenn folgende Bedingungen erfüllt sind:

a) $$\sum_{k=0}^{k_1} y_2(k)e^*(k) \geqq -\gamma_0^2 \quad \text{für alle } k_1 \geqq 0 \tag{5.3.214}$$

und wenn nach Satz 5.3.6 die Übertragungsfunktion

b) $$G_D(z) = \frac{E^*(z)}{U_1(z)} = \frac{1}{1 + A_M[r-1]z^{-1}} \tag{5.3.215}$$

streng positiv reell (s.p.r.) ist.

5.3.6.2. Entwurf für beliebiges Modellverhalten

Um den linearen Teil $G_D(z)$ des Fehlersystems gemäß Gl.(5.3.215) für jedes beliebige Nennerpolynom streng positiv reell zu machen, wird im Zähler ein geeignetes *"Stabilisierungspolynom"* $B_H[r]$ eingeführt, womit Gl.(5.3.215) übergeht in

$$G_H(z) = \frac{B_H[r]}{1 + A_M[r-1]z^{-1}} \qquad \text{(s.p.r.)} \quad . \tag{5.3.216}$$

Die Einführung von $B_H[r]$ erfordert eine weitere Umformung der Fehlerdifferenzengleichung, Gl.(5.3.213). Dies geschieht durch die Definition eines neuen *"erweiterten" Fehlersignals*, ähnlich wie im Abschnitt 5.3.5 für kontinuierliche Systeme

$$v(k) = e^*[v(\ell),k] + h[v(k)] \quad \text{mit} \quad \ell \leqq k-1 \quad , \tag{5.3.217}$$

wobei das Signal h durch Filterung des später noch zu entwerfenden Hilfssignals $u_H(k) = f_H[v(k)]$ gemäß der Beziehung

$$H(z) = G_H(z)\, U_H(z) \tag{5.3.218}$$

entsteht. Dieses Hilfssignal $U_H(z)$ enthält sowohl einen Anteil zur Stabilisierung des später zu entwerfenden Adaptionsgesetzes, als auch einen Anteil zur Berechnung des Stellgesetzes, wie er in ähnlicher Form auch bereits im Abschnitt 5.3.5 für kontinuierliche Systeme benutzt wurde.

Wird Gl.(5.3.206) bzw. Gl.(5.3.207) durch $B_H[r]$ dividiert und auf beiden Seiten der Gleichung das Hilfssignal $U_H(z)$ hinzuaddiert, dann erhält man unter Berücksichtigung der aus den Gln.(5.3.217) und (5.3.218) direkt entstehenden Beziehung

$$\frac{V(z)}{G_H(z)} = \frac{E^*(z)}{G_H(z)} + U_H(z) \tag{5.3.219}$$

als umgeformte Fehlergleichung

$$\frac{1 + A_M[r-1]z^{-1}}{B_H[r]} V(z) = b_o d_o z^{-1} \frac{U_D(z)}{B_H[r]} + B_D[m+d-2]z^{-2} U_{DH}(z) + \\ + \Delta A_D[n-1]z^{-d} Y_{DH}(z) - B_M[q]z^{-d_M} W_H(z) + U_H(z) \quad , \tag{5.3.220}$$

wobei die Filtersignale

$$Y_{DH}(z) = \frac{1}{B_H[r]} Y_D(z) \tag{5.3.221a}$$

$$U_{DH}(z) = \frac{1}{B_H[r]} U_D(z) \tag{5.3.221b}$$

und

$$W_H(z) = \frac{1}{B_H[r]} W(z) \tag{5.3.221c}$$

eingeführt werden. Wird weiterhin in Gl.(5.3.220) im ersten Term der rechten Gleichungsseite die Substitution

$$\frac{U_D(z)}{B_H[r]} = \frac{U_D(z)}{b_{Ho}} + B^*[r-1]z^{-1} U_{DH}(z) \tag{5.3.222}$$

durchgeführt, und werden anschließend die mit $U_{DH}(z)$ verbundenen Polynome in der Form

$$B_{DH}[m+d-2] = b_o d_o B^*[r-1] + B_D[m+d-2] \tag{5.3.223}$$

zusammengefaßt, dann erhält man

$$\frac{1 + A_M[r-1]z^{-1}}{B_H[r]} V(z) = \frac{b_o d_o}{b_{Ho}} z^{-1} U_D(z) + B_{DH}[m+d-2]z^{-2} U_{DH}(z) +$$
$$+ \Delta A_D[n-1]z^{-d} Y_{DH}(z) - B_M[q]z^{-d_M} W_H(z) + U_H(z) . \tag{5.3.224}$$

Durch Einführung der gegenüber den Gln. (5.3.210) und (5.3.211) modifizierten Vektoren

$$\underline{p}_{DH} = [b_{DHo} \ldots b_{DHm+d-2} \mid \Delta a_{Do} \ldots \Delta a_{Dn-1} \mid b_{Mo} \ldots b_{Mq}]^T \tag{5.3.225}$$

und

$$\mathcal{Z}\{\underline{x}_{DH}(k)\} = \frac{1}{B_H[r]} \mathcal{Z}\{\underline{x}_D(k)\} \tag{5.3.226}$$

folgt schließlich aus Gl. (5.3.224)

$$\frac{1 + A_M[r-1]z^{-1}}{B_H[r]} V(z) = \mathcal{Z}\{h_o u_D(k-1) + \underline{p}_{DH}^T \underline{x}_{DH}(k-d) + u_H(k)\} = U_{H1}(z) \tag{5.3.227}$$

mit

$$h_o = \frac{b_o d_o}{b_{Ho}} \tag{5.3.228}$$

und

$$U_{H1}(z) = \frac{1}{B_H[r]} U_1(z) + U_H(z) \quad , \tag{5.3.229}$$

wobei h_o wegen dem unbekannten b_o ebenfalls einen unbekannten Parameter darstellt. Analog zu dem früheren Vorgehen in Gl. (5.3.212) wird für das in Gl. (5.3.227) enthaltene adaptive Stellsignal mit dem geschätzten modifizierten Reglerparametervektor $\hat{\underline{p}}_{DH}^T$ der Ansatz

$$u_D(k) = -\hat{\underline{p}}_{DH}^T(k) \ \underline{x}_{DH}(k-d+1) - \mu_H(k) \tag{5.3.230}$$

gemacht, wobei $\mu_H(k)$ ein Hilfssignal zur Berechnung von $u_H(k)$ ist. Die Forderung für die asymptotische Stabilität des Fehlers nach Gl. (5.3.196) geht durch die Einführung von $v(k)$ über in

$$\lim_{k\to\infty} v(k) = \lim_{k\to\infty} h(k) = \lim_{k\to\infty} u_H(k) = \lim_{k\to\infty} \mu_H(k) = 0 \ . \tag{5.3.231}$$

Nun kann man für den modifizierten Parametervektor das Adaptionsgesetz als Funktion des erweiterten Fehlersignals $v(k)$ formulieren:

$$\hat{\underline{p}}_{DH}(k) = \underline{f}_{DH}[v(\ell),k] \quad \text{für } \ell \leqq k \ . \tag{5.3.232}$$

Werden die Gln. (5.3.230) und (5.3.232) in Gl. (5.3.227) eingesetzt, so erhält man nach inverser z-Transformation die modifizierte Fehlerdifferenzengleichung

$$\mathcal{Z}^{-1}\{\frac{1+A_M[r-1]z^{-1}}{B_H[r]} V(z)\} = u_{H1}(k) \qquad (5.3.233)$$

mit

$$u_{H1}(k) = -\{h_o\underline{f}_{DH}[v(\ell),k-1]-\underline{p}_{DH}\}^T\underline{x}_{DH}(k-d)-h_o\mu_H(k-1)+u_H(k) = -y_{H2}(k) \qquad (5.3.234)$$

für $\ell \leq k-1$.

Es ist leicht zu erkennen, daß die Gln.(5.3.233) und (5.3.234) zusammen wiederum ein nichtlineares rückgekoppeltes System beschreiben, dessen Blockschaltbild im Bild 5.3.24 dargestellt ist.

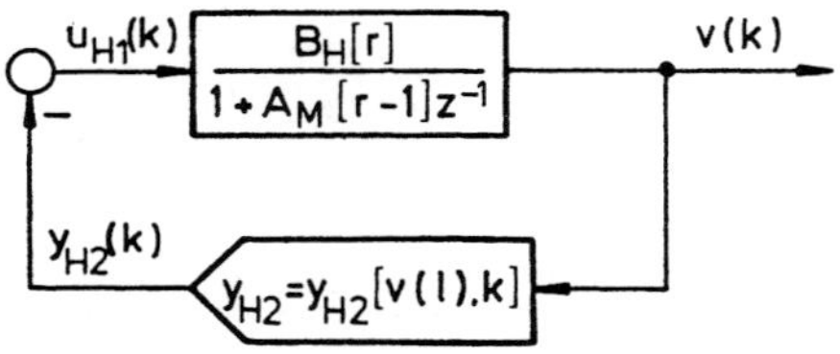

Bild 5.3.24. Blockschaltbild des transformierten adaptiven Regelsystems für beliebiges Modellverhalten

Bevor auf den weiteren wesentlichen Schritt, der Ermittlung eines geeigneten Adaptionsgesetzes für Gl.(5.3.232) eingegangen wird, soll zunächst noch eine Maßnahme zur Verbesserung der Konvergenz der Adaption behandelt werden.

5.3.6.3. Konvergenzverbesserung des Entwurfs

Wie aus Bild 5.3.24 anschaulich hervorgeht, wird offensichtlich das Eigenverhalten des "erweiterten" Fehlersignals $v(k)$ durch die Pole der Modellübertragungsfunktion $G_M(z)$ festgelegt. Im Falle von Störungen wäre es wünschenswert, das Eigenverhalten von $v(k)$ unabhängig vom Modellverhalten auszulegen. Da das Eigenverhalten von $v(k)$ im wesentlichen die Konvergenz der Adaption beeinflußt, sollte $v(k)$ ein möglichst schnelles Eigenverhalten besitzen.

Führt man eine zusätzliche lineare Rückkopplung entsprechend Bild 5.3.25 in das System ein, dann lautet die Übertragungsfunktion des gesamten linearen Teilsystems

$$G_K(z) = \frac{V(z)}{U_{H1}(z)} = \frac{B_H[r]}{1+A_H[r-1]z^{-1}} \qquad (5.3.235)$$

mit

$$A_H[r-1] = A_M[r-1] - A_K[r-1] \quad . \tag{5.3.236}$$

Durch die Wahl des Polynoms $A_H[r-1]$ kann jetzt eine geeignete Polfestlegung erfolgen. Anstelle von $G_H(z)$ muß nun aber $G_K(z)$ streng positiv reell werden. Dies erreicht man durch geeignete Wahl des Zählerpolynoms $B_H[r]$. Die zusätzlich eingeführte Rückkopplung beeinflußt die Hypersta-

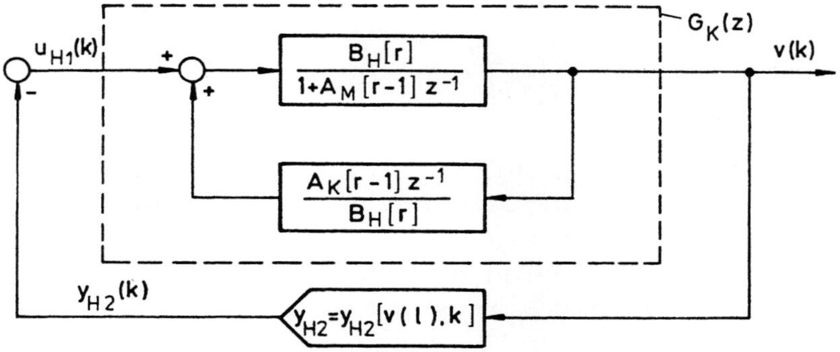

Bild 5.3.25. Blockschaltbild des transformierten adaptiven Regelsystems für beliebiges Modellverhalten und einer zusätzlichen Rückkopplung

bilität des Gesamtsystems nicht, sofern das bisher nicht näher spezifizierte Signal $u_H(k)$ geeignet gewählt wird. Aus Gl.(5.3.227) folgt mit Gl.(5.3.229) für das System ohne zusätzliche Rückkopplung

$$\{1 + A_M[r-1]z^{-1}\}V(z) = U_1(z) + B_H[r]U_H(z) \quad . \tag{5.3.237}$$

Ein entsprechender Ansatz kann für das System mit zusätzlicher Rückkopplung gemacht werden:

$$\{1 + A_H[r-1]z^{-1}\}V(z) = U_1(z) + B_H[r]U_K(z) \quad . \tag{5.3.238}$$

Wird nun für das Signal $u_H(k)$ speziell

$$U_H(z) = U_K(z) + \frac{A_K[r-1]z^{-1}}{B_H[r]} V(z) \tag{5.3.239}$$

gewählt, dann sind beide Systeme mit und ohne zusätzlicher Rückkopplung identisch. Hierbei ist das Signal $u_K(k)$ eine später noch festzulegende nichtlineare Funktion des erweiterten Fehlers

$$u_K(k) = f_K[v(k)] \quad . \tag{5.3.240}$$

Faßt man die bisherigen Entwurfsschritte zusammen, so kann festgehalten werden, daß das Gesamtsystem asymptotisch hyperstabil ist, wenn folgende zwei Bedingungen für das lineare und nichtlineare Teilsystem erfüllt sind:

$$\sum_{k=o}^{k_1} y_{H2}(k)\ v(k) \geqq -\gamma_o^2 \quad \text{für alle } k_1 \geqq 0 \tag{5.3.241}$$

und die Übertragungsfunktion

$$G_K(z) = \frac{V(z)}{U_{H1}(z)} = \frac{B_H[r]}{1 + A_H[r-1]z^{-1}} \tag{5.3.242}$$

streng positiv reell ist.

Nachdem aufgrund des Blockschaltbildes, Bild 5.3.25, die Grundstruktur des modelladaptiven Regelsystems und die Bedingungen für asymptotisch hyperstabiles Verhalten hergeleitet wurden, müssen nun noch die nichtlinearen Funktionen $\underline{f}_{DH}$ und f_K gemäß den Gln. (5.3.232) und (5.3.240), die im wesentlichen das eigentliche Adaptionsgesetz beschreiben, so festgelegt werden, daß die Ungleichung (5.3.241) erfüllt ist.

5.3.6.4. Das allgemeine Adaptionsgesetz

Für die Herleitung des gesuchten Adaptionsgesetzes, Gl. (5.3.232), haben sich bei ähnlichen Entwurfsaufgaben, z. B. [5.14], verschiedene Ansätze bewährt. Zu den leistungsfähigsten zählt der PI-Ansatz

$$\underline{\hat{p}}_{DH}(k) = \underline{f}_{DH}[v(\ell),k] = \underbrace{\underline{g}^P \boxtimes \underline{\psi}(k)}_{\text{P-Anteil}} + \underbrace{\underline{g}^I \boxtimes \sum_{\ell=o}^{k} \underline{\psi}(\ell) + \underline{\hat{p}}_{DH}^I(0)}_{\text{I-Anteil}} \tag{5.3.243}$$

mit

$$\underline{\psi}(k) = v(k)\underline{x}_{DH}(k-d) \quad , \tag{5.3.244}$$

der die Ungleichung (5.3.241) zu erfüllen vermag. Die Elemente der Vektoren $\underline{g}^P$ und $\underline{g}^I$ stellen Bewertungsfaktoren für die Elemente des Vektors $\underline{\psi}(k)$ dar. Daher bezeichnet der Operator $\boxtimes$ die elementweise Multiplikation der beiden damit verbundenen Vektoren. Der hier in Gl. (5.3.243) gemachte Ansatz scheint sehr vernünftig, wenn man das Adaptionsgesetz, Gl. (5.3.176) beim Verfahren des "vermehrten Fehlers" (siehe Abschnitt 5.3.5) zum Vergleich heranzieht. Dort stand unter dem Integranden ein Produkt aus dem vermehrten Fehlersignal und der Ableitung des entsprechenden Filtersignals. In Gl. (5.3.243) liegen für den I-Anteil des

Stellgesetzes in der diskreten Darstellung formal dieselben Verhältnisse vor. Beachtet man noch, daß die in den vorangegangenen Abschnitten hergeleiteten Adaptionsgesetze für die anzupassenden Reglerparameter - wie bereits im Bild 5.3.2 gezeigt - eigentlich unterlagerte Regelkreise mit I-Reglern darstellen, so liegt es nahe, dieses I-Verhalten noch durch die Hinzunahme eines P-Anteils zu verbessern. Der Ansatz nach Gl. (5.3.243) unterliegt diesen zweckmäßigen Überlegungen.

Weiterhin wird für die noch zu ermittelnde nichtlineare Funktion $u_K(k) = f_K[v(k)]$, Gl. (5.3.240), der Ansatz

$$u_K(k) = \hat{p}_o(k-1)\mu_H(k-1) - q(k)v(k) \tag{5.3.245}$$

mit dem quadratischen Term

$$q(k) = [(\underline{g}^I+\underline{q}) \boxtimes \underline{x}_{DH}(k-d)]^T \underline{x}_{DH}(k-d) + (g_o^I+q_o)\mu_H^2(k-1) \tag{5.3.246}$$

gewählt. Hierbei wird für den neuen anzupassenden Parameter $\hat{p}_o$ ebenfalls ein PI-Ansatz gemacht:

$$\hat{p}_o(k) = \underbrace{g_o^P\,\psi_o(k)}_{\text{P-Anteil}} + \underbrace{g_o^I \sum_{\ell=o}^{k} \psi_o(\ell) + \hat{p}_o^I(0)}_{\text{I-Anteil}} \tag{5.3.247}$$

mit

$$\psi_o(k) = -v(k)\mu_H(k-1) \quad . \tag{5.3.248}$$

Es läßt sich zeigen, daß das durch die Gln. (5.3.243) und (5.3.247) beschriebene Adaptionsgesetz asymptotisch hyperstabil ist [5.3], wenn für die Bewertungsvektoren und Bewertungsfaktoren folgende Beziehungen eingehalten werden:

$$\underline{g}^P \geqq \underline{0},\ \underline{g}^I > \underline{0},\ g_o^P \geqq 0,\ g_o^I > 0 \quad , \tag{5.3.249a-d}$$

$$\underline{q} \geqq h_o\ \underline{g}^P + \left(\frac{h_o}{2} - 1\right)\underline{g}^I \quad , \tag{5.3.249e}$$

$$q_o \geqq g_o^P - \frac{1}{2}\ g_o^I \quad . \tag{5.3.249f}$$

Für die Bedingung (5.3.249e) ist noch die Abschätzung eines maximalen Wertes von h_o anhand von Gl. (5.3.228) mittels eines Maximalwertes von b_o und der bekannten Größen d_o und b_{Ho} erforderlich. Außerdem ist eine Umformung der beiden Gln. (5.3.243) und (5.3.247) in eine geeignete rekursive Form für die numerische Berechnung zweckmäßig. Damit erhält man das endgültige *Adaptionsgesetz* für die Reglerparameter

$$\hat{\underline{p}}_{DH}(k) = \underline{g}^P \boxtimes \underline{\psi}(k) + \hat{\underline{p}}_{DH}^I(k) \tag{5.3.250a}$$

mit

$$\hat{\underline{p}}_{DH}^I(k) = \hat{\underline{p}}_{DH}^I(k-1) + \underline{g}^I \boxtimes \underline{\psi}(k) \tag{5.3.250b}$$

und

$$\hat{p}_o(k) = g_o^P \psi_o(k) + \hat{p}_o^I(k) \tag{5.3.251a}$$

mit

$$\hat{p}_o^I(k) = \hat{p}_o^I(k-1) + g_o^I \psi_o(k) \quad . \tag{5.3.251b}$$

Gemäß Gl.(5.3.248) ist zur Berechnung der Rekursionsformel (5.3.251b) das erweiterte Fehlersignal v(k) erforderlich. Aus Gl.(5.3.219) folgt

$$V(z) = E^*(z) + \frac{B_H[r]}{1 + A_M[r-1]z^{-1}} U_H(z) \quad . \tag{5.3.252}$$

Hierbei kann $U_H(z)$ nach Gl.(5.3.239) eingesetzt werden. Wird noch Gl. (5.3.236) berücksichtigt, so ergibt sich

$$V(z) = E^*(z) + A_M[r-1]z^{-1} E^*(z) - A_H[r-1]z^{-1} V(z) + B_H[r]U_K(z) \tag{5.3.253a}$$

oder in den Zeitbereich transformiert:

$$v(k) = e^*(k) + \sum_{i=1}^{r} [a_{Mi}e^*(k-i) - a_{Hi-1}v(k-i) + b_{Hi}u_K(k-i)] + b_{Ho}u_K(k) \quad . \tag{5.3.253b}$$

Setzt man hierin $u_K(k)$ gemäß Gl.(5.3.245) ein und löst diese so entstehende Gleichung nach v(k) auf, so folgt schließlich

$$v(k) = \frac{e^*(k) + b_{Ho}\hat{p}_o(k-1)\mu_H(k-1) + \sum_{i=1}^{r} [a_{Mi}e^*(k-i) - a_{Hi}v(k-i) + b_{Hi}u_K(k-i)]}{1 + b_{Ho}q(k)} \quad . \tag{5.3.254}$$

Bis auf das Hilfssignal $\mu_H(k)$ sind hierin alle Größen bekannt. Dieses Signal wird nun nachfolgend zusammen mit dem Stellsignal u(k) bestimmt.

5.3.6.5. Das allgemeine Stellgesetz

Aus der Beziehung für das gefilterte Stellsignal u_D nach Gl.(5.3.204) folgt für das Stellsignal u die Differenzengleichung

$$u(k-d+1) = \sum_{i=o}^{d-1} d_i u_D(k-i) \quad . \tag{5.3.255}$$

Setzt man u_D gemäß Gl.(5.3.230) in diese Beziehung ein, dann ergibt sich

$$u(k-d+1) = -\sum_{i=o}^{d-1} d_i \hat{\underline{p}}_{DH}^T(k-i)\underline{x}_{DH}(k-d+1-i) - \sum_{i=o}^{d-1} d_i \mu_H(k-i) \ . \qquad (5.3.256)$$

In dieser Beziehung sind bis auf das Hilfssignal μ_H alle Größen bekannt. Wird Gl.(5.3.256) umgestellt,

$$u(k-d+1) + \sum_{i=o}^{d-1} d_i \mu_H(k-i) = -\sum_{i=o}^{d-1} d_i \hat{\underline{p}}_{DH}^T(k-i)\underline{x}_{DH}(k-d+1-i) \ , \qquad (5.3.257)$$

so läßt sich die rechte Gleichungsseite durch Entwicklung in Teilsummen und zweckmäßige Zusammenfassung umschreiben (siehe Anhang A5.3) in die Form

$$\underline{u(k-d+1)} + \underline{\underline{\sum_{i=o}^{d-1} d_i \mu_H(k-i)}} = \underline{-\hat{\underline{p}}_{DH}^T(k-d+1-\ell)\sum_{i=o}^{d-1} d_i \underline{x}_{DH}(k-d+1-i)} - \underline{\underline{\sum_{i=o}^{d-1} d_i [\hat{\underline{p}}_{DH}(k-i) - \hat{\underline{p}}_{DH}(k-d+1-\ell)]^T \underline{x}_{DH}(k-d+1-i)}} \qquad (5.3.258)$$

mit $\ell = 0,1$. Ordnet man die beiden Gleichungsseiten - wie durch die Unterstreichung angedeutet - einander zu, so erhält man unmittelbar als *Stellsignal* für $\ell = 1$

$$u(k) = -\hat{\underline{p}}_{DH}^T(k-1)\sum_{i=o}^{d-1} d_i \underline{x}_{DH}(k-i) = -\underline{p}_{DH}^T(k-1)\underline{x}_{DH}^*(k) \qquad (5.3.259)$$

mit

$$\underline{x}_{DH}^*(k) = \mathfrak{Z}^{-1}\{D[d-1]\mathfrak{Z}\{\underline{x}_{DH}(k)\}\} = \mathfrak{Z}^{-1}\{\frac{D[d-1]}{B_H[r]}\mathfrak{Z}\{\underline{x}_D(k)\}\} \qquad (5.3.260)$$

und als *Hilfssignal*

$$\mu_H(k) = -\hat{\underline{p}}_{DH}^T(k)\underline{x}_{DH}(k-d+1) + \hat{\underline{p}}_{DH}^T(k-d)\underline{x}_{DH}(k-d+1) \ , \qquad (5.3.261)$$

wobei durch Vergleich mit Gl.(5.3.230) für das gefilterte Stellsignal

$$u_D(k) = -\hat{\underline{p}}_{DH}^T(k-d)\underline{x}_{DH}(k-d+1) \qquad (5.3.262)$$

folgt.

Vergleicht man nun die anhand von Gl.(5.3.262) vorliegende Lösung von $u_D(k)$ mit dem früheren Ansatz nach Gl.(5.3.230), so erkennt man unmittelbar die Wirkung des Hilfssignals $\mu_H(k)$. Nur durch Einführung dieses Signals im Ansatz der Gl.(5.3.230) ist es nämlich möglich, das gefilterte Stellsignal $u_D(k)$ entsprechend Gl.(5.3.262) mit dem bereits $d \geq 1$ Abtastschritte zuvor geschätzten Parametervektor $\hat{\underline{p}}_{DH}(k-d)$ zu berechnen. Würde man das Hilfssignal $\mu_H(k)$ nicht einführen, dann wäre dieses Vorgehen nicht möglich, und es würde sich aus Gl.(5.3.230) für $\mu_H(k) = 0$ das einfachste adaptive Stellgesetz gemäß Gl.(5.3.212) ergeben.

Mit dem durch die Gln.(5.3.243) und (5.3.247) beschriebenen allgemeinen Adaptionsgesetz sowie dem hier abgeleiteten allgemeinen Stellgesetz nach Gl.(5.3.259) kann jetzt die gesamte Struktur des modelladaptiven Regelsystems entwickelt werden, indem man den einzelnen Gleichungen entsprechende Teilsysteme zuordnet, woraus sich dann unmittelbar das Blockschaltbild nach Bild 5.3.26 ergibt. Hieraus ist ersichtlich, daß der *Grundregelkreis* durch die Rückführung der Stell- und Regelgröße sowie der Aufschaltung der Führungsgröße über jeweils ein Filter und der anschließenden Zusammenfassung in dem Signalvektor $\underline{x}^*_{DH}(k)$ entsteht. Dieser meßbare Signalvektor übernimmt somit im Grundregelkreis die Funktion eines "Ersatzzustandsvektors". Dieser "Ersatzzustandsvektor" wird mit dem adaptierten Parametervektor $\hat{\underline{p}}_{DH}(k-1)$ zum Regler verknüpft, der das Stellsignal u(k) liefert.

Als zweiter wesentlicher Teil des adaptiven Regelsystems ist aus dem Blockschaltbild das Teilsystem zur Realisierung des *Adaptionsgesetzes* zu erkennen, das selbst wieder aus zwei Untersystemen zur Anpassung von $\hat{\underline{p}}_{DH}(k)$ und $\hat{p}_o(k)$ besteht. Das erste Untersystem übernimmt die Adaption der Parameter im Grundregelkreis, während das zweite in das Stabilisierungssystem integriert ist. Dieses *Stabilisierungssystem* umfaßt vier Komponenten, die an der Erzeugung des Signals h(k) beteiligt sind. Hierzu gehören:

- das Adaptionsteilsystem für den Parameter $\hat{p}_o$, der das Stabilisierungssystem an Änderungen der Regelstreckenparameter anpaßt; im angepaßten Zustand gilt $\hat{p}_o = h_o$;
- das durch $B_H/(1+A_M z^{-1})$ beschriebene System und
- die nichtlineare Rückkopplung q(k) v(k);
- das System mit dem Polynom A_K, das jedoch weniger zur Stabilisierung beiträgt, sondern die Konvergenz des Fehlers v(k) erhöht.

Durch die bis hierher abgeleiteten Beziehungen läßt sich der eigentliche *Rechenalgorithmus* zur Realisierung des gesamten modelladaptiven Regelsystems zusammenstellen. Die Reihenfolge der Einzelschritte wird dabei so angeordnet, daß man hinsichtlich der programmtechnischen Realisierung mit möglichst wenig Rechenschritten auskommt. Zu diesem Zweck wird das Stellgesetz gemäß Gl.(5.3.259) noch in die Form

$$u(k) = p_a(k-1)y(k) + p_b(k-1) \qquad (5.3.263)$$

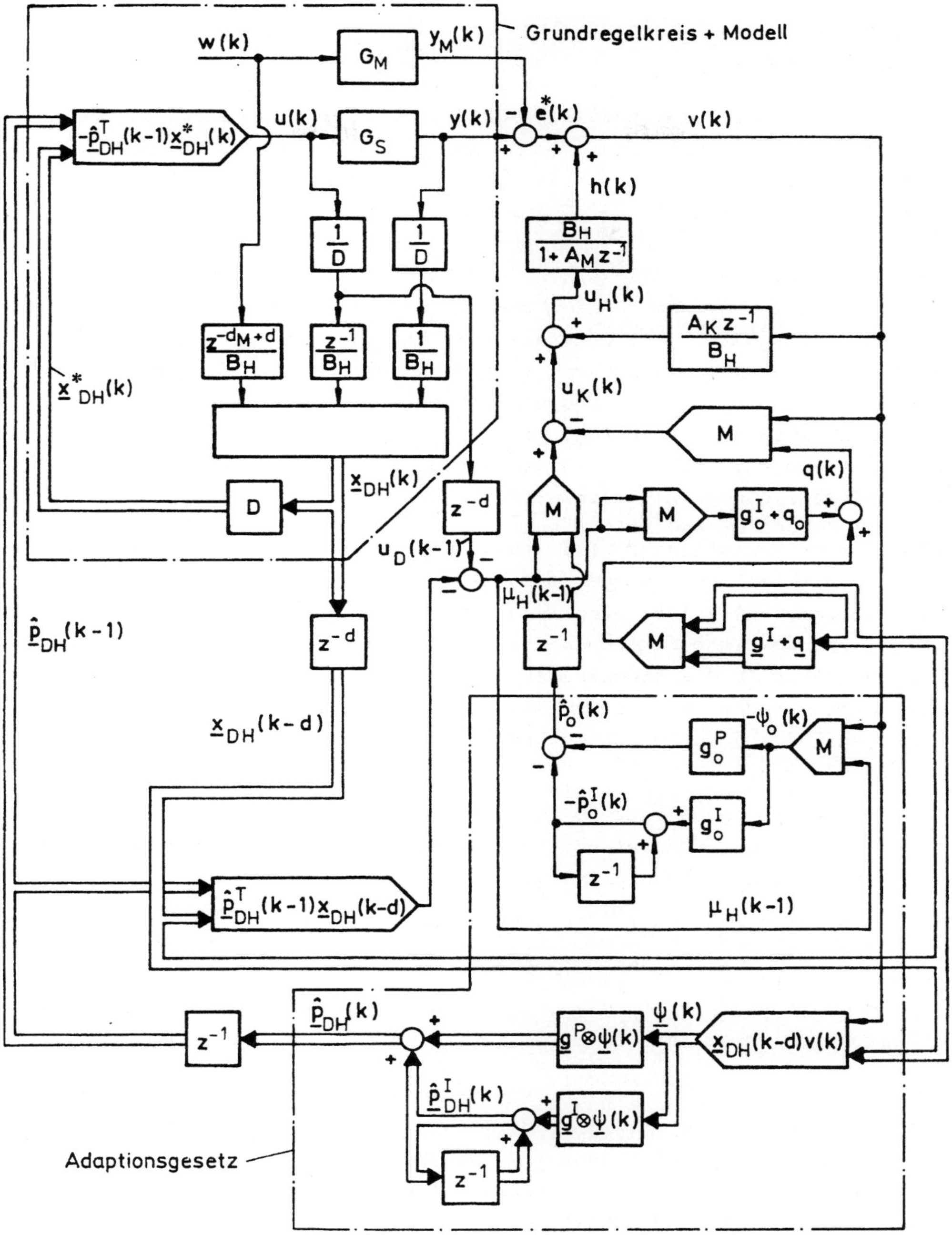

Bild 5.3.26. Blockschaltbild des allgemeinen hyperstabilen adaptiven Regelalgorithmus

umgeschrieben. In dieser Darstellung können die Terme $p_a(k-1)$ und $p_b(k-1)$ bereits zum Zeitschritt k-1 berechnet werden, so daß im aktuellen Zeitpunkt k nach der Messung von y(k) sofort mit jeweils nur einer Multiplikation und Addition das Stellsignal u(k) zur Verfügung steht.

5.3.6.6. Auslegung der Entwurfsparameter

Für den Entwurf des adaptiven Regelsystems müssen eine Reihe von Entwurfsparameter festgelegt werden. Nachfolgend wird gezeigt, wie man schrittweise dazu vorgeht:

1) *A priori-Kenntnisse*: Mit den a priori-Kenntnissen über das dynamische Verhalten der Regelstrecke $G_S(z)$ müssen mindestens die Ordnung n der Regelstrecke und deren Totzeit d abgeschätzt werden.

2) *Die Wahl von $G_M(z)$*: Diese wird direkt von der Problemstellung abhängen. Jedoch erfordert ein sehr schnelles Modell eine sehr hohe Stelleistung.

3) *Die Auslegung des Polynoms A_K*: Mit dem Modellverhalten wird die Konvergenz des Fehlers v(k) bestimmt, die jedoch durch entsprechende Wahl des Polynoms A_K noch verbessert werden kann.

4) *Die Berechnung des Stabilisierungspolynoms B_H*: Der Ansatz für dieses Polynom muß garantieren, daß die Übertragungsfunktion $G_K(z)$ nach Gl. (5.3.242) streng positiv reell wird.

5) *Die Festlegung des Filterpolynoms D*: Zweckmäßigerweise wählt man nur Polynome mit reellen Eigenwerten der Form

$$D(d-1) = d_o(1+z_D z^{-1})^{d-1} \quad . \tag{5.3.264}$$

Der Koeffizient d_o wird so bestimmt, daß die Übertragungsfunktion 1/D die Verstärkung $K_D = 1$ aufweist. Günstige Werte des Parameters z_D sind negativ und viel kleiner als der kleinste Eigenwert von Regelstrecke und Parallelmodell.

6) *Die Bestimmung der Anfangswerte $\hat{p}_o^I(0)$ und $\hat{\underline{p}}_{DH}^I(0)$*: Diese Anfangswerte können jeden beliebigen endlichen Wert annehmen. Jedoch ist es zweckmäßig, alle a priori-Kenntnisse über die Regelstrecke einzubeziehen.

7) *Die Einstellung der Bewertungsfaktoren g_o^P, g_o^I und Bewertungsvektoren $\underline{g}^I$ und $\underline{g}^P$*: Diese Faktoren und Vektoren zeigen eine starke Wirkung

auf die Konvergenz der Fehlersignale und der Reglerparameter. Simulationsuntersuchungen [5.3] haben gezeigt, daß das Konvergenzverhalten im Mittel invariant ist, wenn das jeweils mit diesen Bewertungsfaktoren verbundene Signal im Mittel konstant ist. Dies erlaubt alle Bewertungsgrößen auf die entsprechenden Signale zu beziehen und mit Hilfe dieser Normierung ein von allen Signalen im Mittel unabhängiges optimales Konvergenzverhalten zu bestimmen.

Hierbei gilt mit

$$\begin{aligned} \lambda_{u_D} &= \overline{u_D^2(k)} , \quad \lambda_{u_{DH}} = \overline{u_{DH}^2(k)} \\ \lambda_{Y_{DH}} &= \overline{y_{DH}^2(k)} , \quad \lambda_{w_H} = \overline{w_H^2(k)} \end{aligned} \tag{5.3.265}$$

für die Bewertungsfaktoren

$$\left.\begin{aligned} g_i^x &= g^x/\lambda_{u_D} && \text{für } i = 0 \\ g_i^x &= g^x/\lambda_{u_{DH}} && \text{für } i = 1,2,\dots,m+d-1 \\ g_i^x &= g^x/\lambda_{Y_{DH}} && \text{für } i = m+d,\dots,m+n+d-1 \\ g_i^x &= g^x/\lambda_{w_H} && \text{für } i = m+n+d,\dots,m+n+d+q \end{aligned}\right\} \text{für } x = P,I \tag{5.3.266}$$

$$\left.\begin{aligned} q_i &= g^q/\lambda_{u_D} && \text{für } i = 0 \\ q_i &= g^q/\lambda_{u_{DH}} && \text{für } i = 1,2,\dots,m+d-1 \\ q_i &= g^q/\lambda_{Y_{DH}} && \text{für } i = m+d,\dots,m+n+d+1 \\ q_i &= g^q/\lambda_{w_H} && \text{für } i = m+n+d,\dots,m+n+d+q. \end{aligned}\right\} \tag{5.3.267}$$

Für die drei Faktoren g^P, g^I und g^q lassen sich sehr einfache optimale Werte im Sinne eines geeigneten Gütekriteriums bestimmen. Ein Maß für die Güte der Konvergenz ist die Gütefunktion

$$I_{e*} = \frac{1}{N} \sqrt{\sum_{k=0}^{N} [e^*(k)]^2} \; ; \; e^*(k) = 0 \quad \text{für } k > N \; . \tag{5.3.268}$$

Optimale Werte [5.3] ergeben sich ungefähr für

$$\begin{aligned} g^I &= (1 \dots 10) , \\ g^P &= (0{,}5 \dots 0{,}8) g^I , \\ g^q &= (1 \dots 1{,}5) g^P . \end{aligned} \tag{5.3.269}$$

Allerdings beeinflussen schon kleine Störungen im Ausgangssignal den Gütewert erheblich. Während der integrale Anteil eine Filterwirkung auf Störungen ausübt, läßt der proportionale Anteil diesen direkt auf den Regler einwirken. Diesem Nachteil steht ein besseres Einschwingverhalten gegenüber. Es gilt, einen Kompromiß für die Wahl von g^P zu schließen.

Beispiel 5.3.9. [5.44]:

Nachfolgend wird das zuvor eingeführte Entwurfsverfahren auf eine Regelstrecke angewandt, deren Parameter sich ändern. Dabei werden für die verschiedenen Arbeitspunkte der Regelstrecke die drei Übertragungsfunktionen

$$G_{S1}(s) = \frac{1+3s}{(1+s)(1+4s)}\, e^{-2s} \,, \tag{5.3.270}$$

$$G_{S2}(s) = \frac{1+3s}{(1+s)(1+9s)}\, e^{-2s} \,, \tag{5.3.271}$$

$$G_{S3}(s) = \frac{2(1+3s)}{(1+s)(1+4s)}\, e^{-2s} \tag{5.3.272}$$

angesetzt. Die Übertragungsfunktion des parallelen Bezugsmodells ist

$$G_M(s) = \frac{1}{(1+s)(1+0{,}5s)}\, e^{-2s} \;. \tag{5.3.273}$$

Die Übergangsfunktionen sind im Bild 5.3.27 dargestellt. Als Abtastzeit wird $T = 1s$ gewählt. Es wird also $d = 3$, und das Filterpolynom $D[d-1]$ wird zweiter Ordnung, wobei $z_D = -0{,}1$ (vgl. Gl. (5.3.264)) angenommen wird. Für die streng positiv reelle Übertragungsfunktion $G_K(z)$ nach Gl. (5.3.242) wird

$$G_K(z) = \frac{B_H[r]}{1 + A_H[r]} = \frac{1{,}83 - 0{,}92z^{-1} + 0{,}09z^{-2}}{1 - 0{,}5z^{-1} + 0{,}05z^{-2}} \tag{5.3.274}$$

angesetzt. Die Werte der verschiedenen Bewertungsfaktoren sind in Tabelle 5.3.1 enthalten. Mit diesen Bewertungsfaktoren ist das Gesamtsystem hyperstabil.

Für das entworfene modelladaptive Regelsystem sind die Zeitverläufe des Ausgangssignals y, der Stellgröße u und des Sollwertes w im Bild 5.3.28 für das Intervall $0 \leq t \leq 1000s$ dargestellt. In diesem Zeitintervall werden die Regelstreckenparameter sprungförmig verändert. Die Zeitpunkte der Veränderung sind

$t = 60s$: G_{S3} nach G_{S2}

$t = 350s$: G_{S2} nach G_{S1}

$t = 540s$: G_{S1} nach G_{S2}

$t = 640s$: G_{S2} nach G_{S3} .

Eine derartige sprungförmige Änderung der Regelstreckenparameter stellt eine eigentlich gar nicht zugelassene Belastung des adaptiven Regelsystems dar, denn bisher wurde bei allen Entwürfen der hier behandelten adaptiven Regelsysteme die Voraussetzung getroffen, daß sich die Regel-

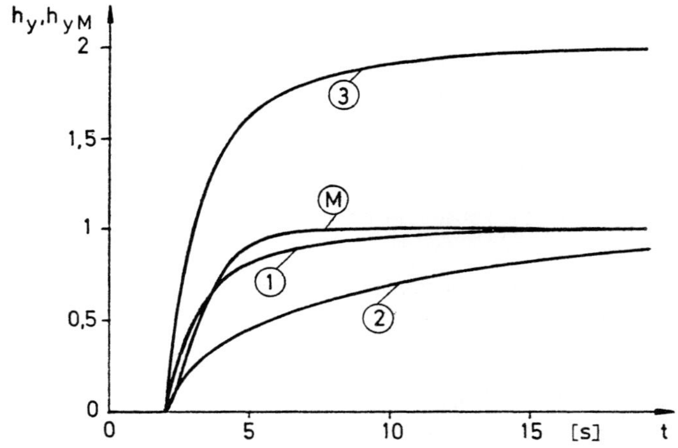

Bild 5.3.27. Übergangsfunktionen der Regelstrecke
① entsprechend Gl.(5.3.270)
② entsprechend Gl.(5.3.271)
③ entsprechend Gl.(5.3.272)
und des parallelen Bezugsmodells Ⓜ entsprechend Gl. (5.3.273)

streckenparameter während des Adaptionsvorganges nicht ändern. Trotzdem zeigen die Resultate, daß das Verfahren stabiles Regelverhalten aufweist und auch relativ schnell das gewünschte Modellverhalten liefert. Die Adaptionszeit ist aus dem Verlauf des Signals $e^*(t)$ ersichtlich. Der Sollwert $w(t)$ wurde bei den Versuchen sprungförmig um den Betrag 0,2 verändert.

Kenngrößen	Werte
m	1
n	2
q	2
g^I	5
$g^p = g^q = g^I/2$	2,5
g_o^I	185
$g_1^I = g_2^I = g_3^I$	1000
$g_4^I = g_5^I$	1612
$g_6^I = g_7^I$	963
$g_i^p = q_i = q_i^I/2$	für $i = 0,\dots,7$
d_o/b_{Ho}	0,67
b_{omax}	1
h_o	0,67
λ_{u_D}	0,0270
$\lambda_{u_{DH}}$	0,0052
$\lambda_{y_{DH}}$	0,0031
λ_{w_H}	0,0050

Tabelle 5.3.1. Kenngrößen für das Beispiel 5.3.9 ■

5.3.6.7. Vereinfachungen des allgemeinen Entwurfsverfahrens

Das zuvor beschriebene allgemeine Entwurfsverfahren für modelladaptive Regelsysteme nach der Hyperstabilitätstheorie liefert ein vergleichsweise kompliziertes Adaptionsgesetz, das sich jedoch bei Berücksichtigung spezieller Eigenschaften der tatsächlichen Regelstrecke vereinfachen läßt. Weitere Vereinfachungen erhält man durch Modifikationen des allgemeinen Entwurfsverfahrens. Diese Vereinfachungen führen teils zu neuen, teils zu einfacheren, bereits bekannten Verfahren, die somit als Spezialfälle des allgemeinen Entwurfsverfahrens betrachtet werden können.

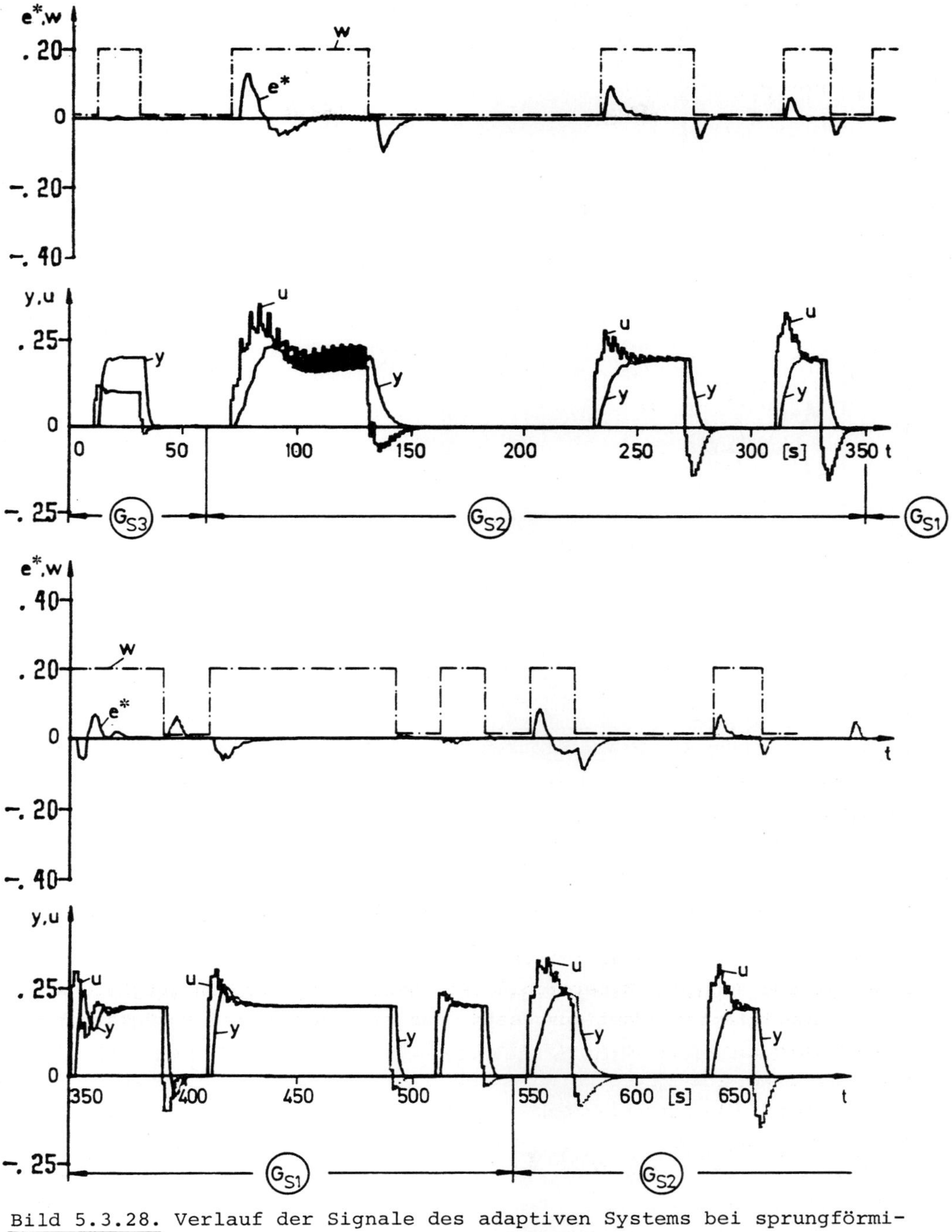

Bild 5.3.28. Verlauf der Signale des adaptiven Systems bei sprungförmiger Veränderung der Systemparameter und des Sollwertes

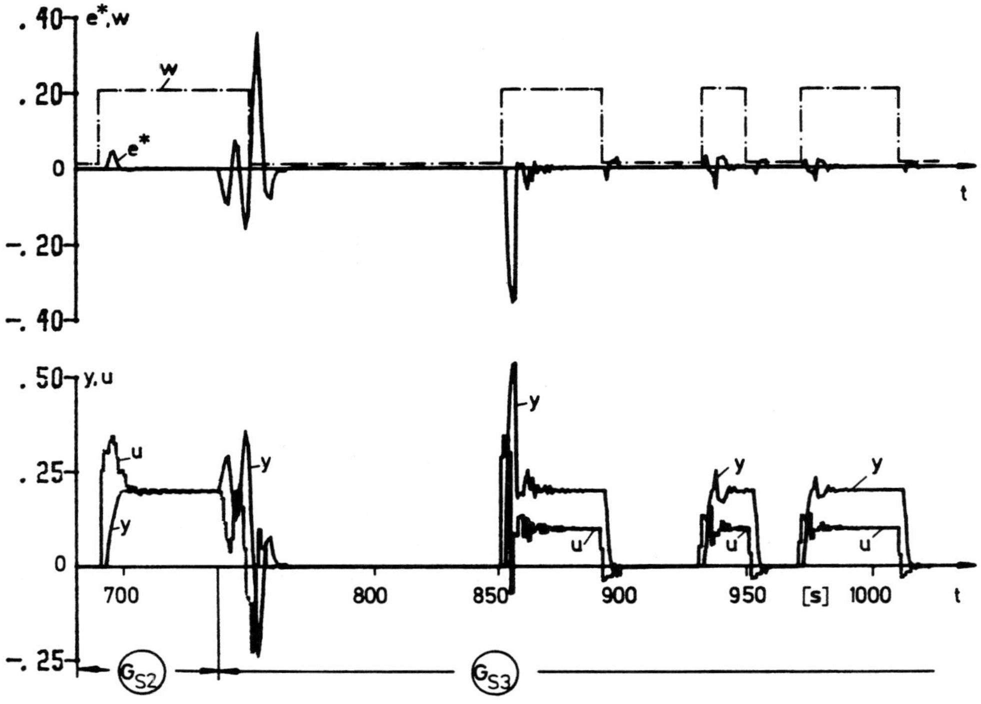

Bild 5.3.28. Fortsetzung

A. Vereinfachung für Regelstrecken ohne Totzeit. In diesem Fall wird für nichtsprungförmige Regelstrecken bekanntlich $d = 1$, und das Filterpolynom $D[d-1]$ erhält die Form

$$D[0] = d_o = 1 \quad . \tag{5.3.275}$$

Somit findet keine Filterung der Stell- und Regelgröße statt, und es folgt

$$U_D(z) = U(z), \; Y_D(z) = Y(z), \; B_D[m-1] = B[m-1], \; \Delta A_D[n-1] = \Delta A[n-1] \quad . \tag{5.3.276a÷d}$$

Anstelle des allgemeinen Stellgesetzes von Gl. (5.3.259) ergibt sich

$$u(k) = -\hat{\underline{p}}_{DH}^T(k-1)\underline{x}_{DH}(k) \quad , \tag{5.3.277}$$

und für das Hilfssignal nach Gl. (5.3.260) erhält man

$$\mu_H(k) = -\hat{\underline{p}}_{DH}^T(k)\underline{x}_{DH}(k) - u(k) \quad . \tag{5.3.278}$$

Es läßt sich zeigen, daß selbst für $\mu_H(k) = 0$ das gesamte adaptive System hyperstabil bleibt. Damit ergeben sich weitere Vereinfachungen, auf die hier jedoch nicht weiter eingegangen werden kann.

B. Vereinfachte Berechnung des Fehlersignals v(k). Das Fehlersignal nach Gl. (5.3.254) enthält die nichtlineare Funktion q(k), die gemäß Gl. (5.3.246) unter Verwendung der Bewertungsfaktoren $\underline{g}^I$, g_o^I, $\underline{q}$ und q_o berechnet wird. Um für das Gesamtsystem hyperstabiles Verhalten zu gewährleisten, müssen die Ungleichungen (5.3.249) erfüllt sein. Zur Vereinfachung von q(k) werden nun alle Elemente der Bewertungsfaktoren in Gl. (5.3.246) gleich groß gewählt. Mit dem skalaren Bewertungsfaktor K_q folgt somit

$$q(k) = K_q[\underline{x}_{DH}^T(k-d)\underline{x}_{DH}(k-d) + \mu_H^2(k-1)] \quad . \qquad (5.3.279)$$

Um hyperstabiles Verhalten zu garantieren, muß der Faktor K_q größer oder gleich dem Maximum aus dem größten Element des Vektors $(\underline{g}^I + \underline{q})$ und dem Faktor $(g_o^I + q_o)$ sein. Wählt man in den Ungleichungen (5.3.249) für den Parameter h_o die obere Schranke h_{omax}, so ergibt sich

$$K_q \geqq h_{omax} \max_{1 \leqq i \leqq N} \{(g_i^P + \frac{1}{2} g_i^I) \; ; \; (g_o^P + \frac{1}{2} g_o^I)\} \quad . \qquad (5.3.280)$$

Für Regelstrecken ohne Totzeit (d = 1) folgt hieraus

$$K_q \geqq h_{omax} \max_{1 \leqq i \leqq N} (g_i^P + \frac{1}{2} g_i^I) \quad . \qquad (5.3.281)$$

Mit dieser vereinfachten Berechnung des Fehlersignals v(k) reduziert sich der Realisierungsaufwand ganz erheblich. Allerdings wird die Möglichkeit, das Konvergenzverhalten zu beeinflussen, eingeschränkt.

C. Vereinfachung durch Teilung des Vergleichsmodells. Beim allgemeinen Entwurfsverfahren werden alle (q + 1) Koeffizienten des Zählerpolynoms $B_M[q]$ des parallelen Vergleichsmodells im Adaptionsgesetz benutzt, obwohl diese ja bekannt sind. Dies ist aber nicht unbedingt notwendig. Das durch Gl. (5.3.193) beschriebene Vergleichsmodell kann wie folgt in zwei Teile aufgespalten werden:

$$G_M(z) = B_V[q_V] \frac{b_{Mo} z^{-d_M}}{1 + A_M[r-1] z^{-1}} = B_V[q_V] G_M'(z) \qquad (5.3.282)$$

mit $B_V[q_V] = B_M[q]/b_{Mo}$. Damit erhält man das im Bild 5.3.29 dargestellte

Blockschaltbild. Dieses System stellt den Spezialfall des allgemeinen Entwurfsverfahrens dar, wenn man dort in allen entsprechenden Gleichungen $q=0$ setzt und $G_M(z)$ durch $G'_M(z)$ und $w(k)$ durch $w'(k)$ substituiert.

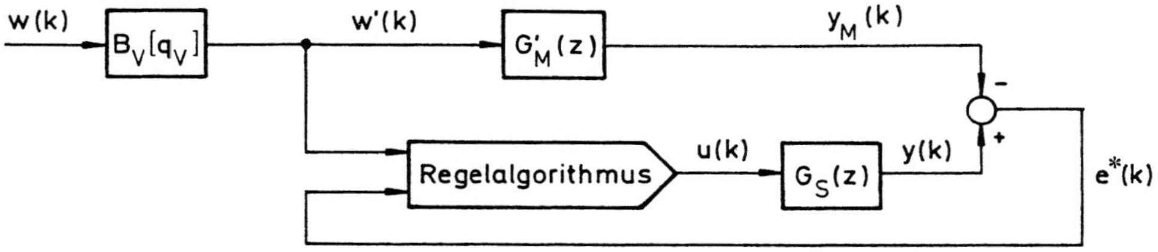

Bild 5.3.29. Blockschaltbild des adaptiven Regelsystems mit geteiltem Modell

D. Vereinfachung durch ein vorgeschaltetes Modell. Zuvor wurde im Abschnitt C gezeigt, daß die Nullstellen von $G_M(z)$ für den Entwurf des eigentlichen adaptiven Regelsystems nicht benutzt wurden. Eine weitere Vereinfachung des Realisierungsaufwandes ist möglich, wenn man Zähler- und Nennerpolynom des Parallelmodells aus dem Parallelzweig vor die Signalverzweigung nach Bild 5.3.30 herauszieht und nur den Faktor z^{-d_M} im

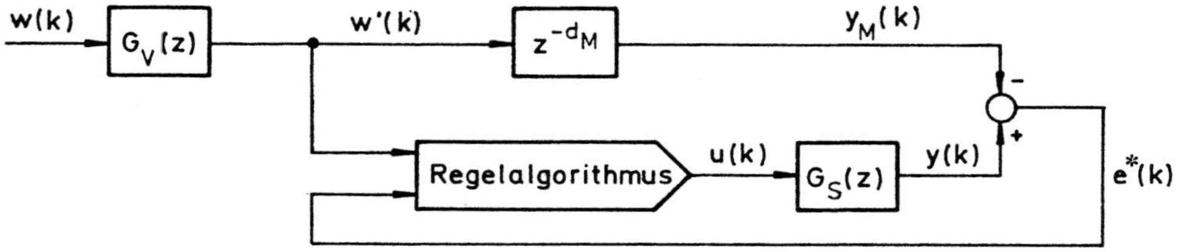

Bild 5.3.30. Blockschaltbild des adaptiven Regelsystems mit vorgeschaltetem Modell

Parallelzweig läßt. Mit der Übertragungsfunktion

$$G_V(z) = \frac{B_M[q]}{1 + A_M[r-1]\,z^{-1}} \qquad (5.3.283)$$

des vorgeschalteten Modells ist das Eigenverhalten des Fehlersystems vom Modell unabhängig.

Dieses vereinfachte System stellt wiederum einen Spezialfall des allgemeinen Entwurfsverfahrens dar, sofern man $q=0$, $r=0$ setzt, $G_M(z)$ durch

z^{-d_M} und w(k) durch w'(k) ersetzt. Somit gilt

$$G_D(z) = G_H(z) = G_K(z) = 1 \quad , \tag{5.3.284}$$

und daher ist asymptotische Hyperstabilität stets gewährleistet. Auf das Stabilisierungspolynom $B_H[r]$ und das Polynom $A_K[r-1]$ wird hierbei vollständig verzichtet, d. h. es gilt $B_H[r] = 1$ und $A_K[r-1] = 0$. Mit diesen Vereinfachungen wird der Realisierungsaufwand beträchtlich reduziert. Weitere Vereinfachungen ergeben sich für Systeme ohne Totzeit, also für $d = 1$.

E. Das Verfahren des "vermehrten Fehlers" als Spezialfall. Das im Abschnitt 5.3.5 behandelte Verfahren, beruht bezüglich seines Stabilitätsbeweises auf der zweiten Ljapunowschen Methode. In der diskreten Version ist die Fehlerdifferenzengleichung jedoch sehr ähnlich derjenigen des hyperstabilen Entwurfs. Im Gegensatz zum Hyperstabilitätsentwurf müssen aber hierbei die Ordnung und die Totzeit von Regelstrecke und Modell gleich sein, also $r = n$ und $d = d_M$, und zusätzlich muß $q = 0$ werden. Weiterhin braucht das Kompensationspolynom B_H nur die Ordnung n-1 aufzuweisen. Mit diesen Voraussetzungen kann, ausgehend von Gl. (5.3.235), eine Fehlerdifferenzengleichung entwickelt werden, die in eine passende Zustandsraumdarstellung umgeformt werden muß, um den Stabilitätsbeweis nach der zweiten Ljapunowschen Methode durchführen zu können. Dieser Stabilitätsbeweis kann nur für Adaptionsgesetze mit reinem I-Verhalten (also ohne P-Verhalten) durchgeführt werden. Damit erhält man ein Adaptionsgesetz, das wieder einen Spezialfall des allgemeinen Entwurfsverfahrens darstellt, sofern man in den Gln. (5.3.250) und (5.3.251) $\underline{g}^P = \underline{0}$ und $g_0^P = 0$ setzt.

5.4. Zusammenhang zwischen "Self-tuning"-Reglern und modelladaptiven Regelsystemen nach der Hyperstabilitätstheorie

Wird im Adaptionsgesetz für den Parametervektor des modelladaptiven Reglers, Gl. (5.3.250), nur der I-Anteil betrachtet, also $\underline{g}^P = \underline{0}$, gesetzt, so erhält man unter Berücksichtigung der Gl. (5.3.244) wegen der Identität $\hat{\underline{p}}_{DH} \equiv \hat{\underline{p}}_{DH}^I$ und $\underline{g} \equiv \underline{g}^I$ die Beziehung

$$\hat{\underline{p}}_{DH}(k) = \hat{\underline{p}}_{DH}(k-1) + \underline{g} \otimes \underline{x}_{DH}(k-d)\,v(k) \quad . \tag{5.4.1}$$

Vergleicht man nun Gl.(5.4.1) mit dem Nachstellgesetz, Gl.(5.2.47a), für den Parametervektor des einfachen "Self-tuning"-Reglers, so läßt sich eine große formale Ähnlichkeit beider Reglertypen feststellen. Dies soll nachfolgend gezeigt werden.

Wird für den "Self-tuning"-Regler eine konstante positiv definite Matrix $\underline{P}(k)$ in Diagonalstruktur

$$\underline{P}(k) \equiv \underline{P}_D = [p_{ii}] \quad \text{mit} \quad p_{ii} = \text{const}$$

benutzt, so folgt aus Gl.(5.2.47a) unter Berücksichtigung von Gl. (5.2.47c) als Schätzgleichung für den Reglerparametervektor

$$\hat{\underline{p}}_{MV}(k) = \hat{\underline{p}}_{MV}(k-1) + \underline{P}_D\,\underline{x}_{MV}(k-d)\,\frac{\nu(k)}{1 + \underline{x}_{MV}^T(k-d)\,\underline{P}_D\underline{x}_{MV}(k-d)} \,. \tag{5.4.2}$$

Durch Definition des Vektors

$$\underline{p}_{MV}^*(k) = \frac{1}{\bar{b}_o}\,\hat{\underline{p}}_{MV}(k) \tag{5.4.3}$$

ergibt sich aus Gl.(5.4.2)

$$\underline{p}_{MV}^*(k) = \underline{p}_{MV}^*(k-1) + \frac{1}{\bar{b}_o}\,\underline{P}_D\,\underline{x}_{MV}(k-d)\,\frac{\nu(k)}{1 + \underline{x}_{MV}^T(k-d)\,\underline{P}_D\underline{x}_{MV}(k-d)} \,. \tag{5.4.4}$$

Betrachtet man der Einfachheit halber den Fall einer Regelstrecke ohne Totzeit, also $d = 1$, und wird speziell

$$\underline{P}_D = \bar{b}_o\,g\,\underline{I} \tag{5.4.5}$$

sowie

$$g_1 = g_2 = \ldots = g_n = g \tag{5.4.6}$$

gewählt, so erhält man aus Gl.(5.4.4)

$$\underline{p}_{MV}^*(k) = \underline{p}_{MV}^*(k-1) + g\,\underline{I}\,\underline{x}_{MV}(k-1)\,\frac{\nu(k)}{1 + \underline{x}_{MV}^T(k-1)\,\bar{b}_o g\,\underline{I}\,\underline{x}_{MV}(k-1)} \,.$$

Mit der Abkürzung $K_q = \bar{b}_o g$ folgt hieraus unter Verwendung der früher bereits benutzten Schreibweise für die elementweise Vektormultiplikation die Rekursionsgleichung des Reglerparametervektors

$$\underline{p}^*_{MV}(k) = \underline{p}^*_{MV}(k-1) + \underline{g} \otimes \underline{x}_{MV}(k-1) \frac{\nu(k)}{1+K_q \underline{x}^T_{MV}(k-1)\underline{x}_{MV}(k-1)} \tag{5.4.7}$$

mit $\underline{g} = [g_1 \ldots g_n]^T$. Führt man als Abkürzung

$$v_{MK}(k) = \frac{\nu(k)}{1+K_q \underline{x}^T_{MV}(k-1)\underline{x}_{MV}(k-1)} \tag{5.4.8}$$

ein, so ergibt sich aus Gl.(5.4.7)

$$\underline{p}^*_{MV}(k) = \underline{p}^*_{MV}(k-1) + \underline{g} \otimes \underline{x}_{MV}(k-1) v_{MK}(k) \quad . \tag{5.4.9}$$

Aus dieser Beziehung ist bereits die formale Ähnlichkeit mit Gl.(5.4.1) für $d = 1$ zu ersehen.

Zum genauen Nachweis dieser Ähnlichkeit soll nun im weiteren die im Abschnitt D des Teilkapitels 5.3.7 behandelte vereinfachte Struktur eines modelladaptiven Regelsystems für $d = 1$ betrachtet werden, bei der wegen den Beziehungen

$$A_K[r-1] = 0 \quad \text{und} \quad G_H(z) = 1$$

für den "vermehrten" Fehler

$$v(k) = e^*(k) + u_H(k) \tag{5.4.10}$$

gilt. Aus Gl.(5.3.239) folgt außerdem für diesen Fall

$$u_H(k) = u_K(k) \tag{5.4.11}$$

und damit ergibt sich aus Gl.(5.3.245)

$$u_H(k) = \hat{p}_o(k-1)\mu_H(k-1) - q(k)v(k) \quad . \tag{5.4.12}$$

Aus den Gln.(5.4.10) und (5.4.12) erhält man

$$v(k) = \frac{e^*(k) + \hat{p}_o(k-1)\mu_H(k-1)}{1+q(k)} \quad . \tag{5.4.13}$$

Das Hilfssignal $\mu_H(k)$ ermöglicht - wie anhand der Gln.(5.3.250) und (5.3.262) direkt zu ersehen ist - die Vorausberechnung des Reglerparametervektors $\underline{p}_{DH}$ bereits zum Zeitpunkt k-1. Verzichtet man jedoch auf die Vorausberechnung, d. h. setzt man $\mu(k) = 0$, dann erhält man das einfachste adaptive Stellgesetz nach der Hyperstabilitätsmethode, Gl. (5.3.212). Damit folgt aus Gl.(5.4.13)

$$v(k) = \frac{e^*(k)}{1+q(k)} \quad , \tag{5.4.14}$$

wobei im vorliegenden Fall sich aus Gl.(5.3.246) dann die Beziehung

$$q(k) = [(\underline{g}^I + \underline{q}) \otimes \underline{x}_{DH}(k-1)]^T \underline{x}_{DH}(k-1) \tag{5.4.15}$$

ergibt. Wählt man nun alle Elemente des Bewertungsvektors $\underline{g}^I + \underline{q}$ gleich groß, so erhält man nach Gl.(5.3.279) den skalaren Bewertungsfaktor K_q und damit folgt aus Gl.(5.4.15)

$$q(k) = K_q \underline{x}_{DH}^T(k-1)\underline{x}_{DH}(k-1) \quad . \tag{5.4.16}$$

In dieser Beziehung darf $\underline{x}_{DH}(k)$ durch $\underline{x}(k)$ ersetzt werden, da wegen der zuvor getroffenen Voraussetzung, $G_H(z) = 1$, zunächst

$$\underline{p}_{DH} = \underline{p}_D \quad \text{und} \quad \underline{x}_{DH} = \underline{x}_D$$

gilt, und weiterhin wegen $d = 1$ die Filterung durch Gl.(5.3.204) entfällt. Entsprechend Gl.(5.3.230) ergibt sich somit das Stellgesetz

$$u(k) \equiv u_D(k) = -\underline{\hat{p}}^T(k)\underline{x}(k) \tag{5.4.17}$$

mit $\underline{\hat{p}}(k) \equiv \underline{\hat{p}}_{DH}(k)$ und $\underline{x}(k) \equiv \underline{x}_{DH}(k)$. Es sei hier noch darauf hingewiesen, daß Gl.(5.4.17) den zuvor bereits erwähnten einfachsten adaptiven Stellalgorithmus nach der Hyperstabilitätstheorie darstellt, da hier im Gegensatz zu Gl.(5.3.262) wegen der oben getroffenen Voraussetzung ($\mu_H = 0$) die Vorausberechnung des Reglerparametervektors $\underline{p}$ im Zeitpunkt k-1 nicht mehr möglich ist.

Gl.(5.4.14) kann nun in der Form

$$v(k) = \frac{e^*(k)}{1 + K_q \underline{x}^T(k-1)\underline{x}(k-1)} \tag{5.4.18}$$

angegeben werden. Der Vergleich mit dem "Self-tuning"-Regler zeigt, daß für den hier betrachteten vereinfachten Algorithmus eines modelladaptiven Reglers nach der Hyperstabilitätstheorie die Gln.(5.4.8) und (5.4.18) mit

$$\nu(k) \mathrel{\hat{=}} e^*(k) \quad \text{und} \quad \underline{x}_{MV}(k) \mathrel{\hat{=}} \underline{x}(k)$$

formal völlig identisch sind, d. h. für den hier vorliegenden Spezialfall sind der "Self-tuning"-Regler und der modelladaptive Regler nach der Hyperstabilitätstheorie bezüglich des Adaptionsalgorithmus äquivalent.

Obwohl die formale Übereinstimmung hier nur für die einfache Version des "Self-tuning"-Reglers und des modelladaptiven Reglers gezeigt wurde, kann allgemein eine enge Beziehung zwischen beiden adaptiven Regelverfahren festgestellt werden. In manchen Fällen läßt sich zeigen, daß beide Entwurfsverfahren identisch sind [5.19; 5.20; 5.45]. Diese mathematisch formale Übereinstimmung ist überraschend, da ja beide Regelverfahren nach völlig verschiedenen Gesichtspunkten unabhängig voneinander entwickelt wurden. Es ist daher naheliegend, beide Adaptivregler mit demselben mathematischen Formalismus zu behandeln. Die formale Übereinstimmung beider Verfahren ermöglicht ferner, den "Self-tuning"-Regler um ein definiertes Führungsverhalten, das durch ein (paralleles) festes Bezugsmodell vorgegeben wird, zu erweitern. Umgekehrt können bei den modelladaptiven Vergleichsverfahren die konstanten Verstärkungsfaktoren $\underline{g}$ im Adaptionsgesetz des Reglerparametervektors durch eine zeitvariante positiv definite Matrix $\underline{P}(k)$ ersetzt werden, um - wie beim "Self-tuning"-Regler - durch ein "Least-Squares"-Verfahren die Konvergenz des Adaptionsalgorithmus bei stochastischen Störungen zu verbessern.

Die mathematisch formale Übereinstimmung beider Regelstrategien bedeutet natürlich nicht, daß die Regelkonzepte auch in ihrer physikalischen Wirkung identisch sind. Man beachte, daß die Parametervektoren $\underline{\hat{p}}_{MV}(k)$ in Gl.(5.2.42) und $\underline{\hat{p}}_{D}(k)$ in Gl.(5.3.212) physikalisch eine völlig verschiedene Bedeutung haben.

5.5. Die Anwendung der Hyperstabilitätstheorie zur Untersuchung der Stabilität von "Self-tuning"-Reglern

Aufgrund der formalen Übereinstimmung zwischen "Self-tuning"-Reglern und den modelladaptiven Reglern nach der Hyperstabilitätstheorie ist es naheliegend, die Hyperstabilitätstheorie auch auf den "Self-tuning"-Regler anzuwenden. Zur vereinfachten Darstellung sei für die folgende Stabilitätsanalyse der Fall $d = 1$ angenommen. Für $d > 1$ wird analog vorgegangen. Darauf kann aber verzichtet werden, da sich die gleichen Ergebnisse einstellen. Zunächst müssen die Beziehungen, die das gesamte "Self-tuning"-Regelsystem beschreiben, in die bekannte nichtlineare Standardstruktur nach Bild 5.3.12 übergeführt werden. Hierzu betrachtet man noch einmal Gl.(5.2.43a). Mit dem Stellgesetz entsprechend den Gl. (5.2.42) und (5.2.41c) ergibt sich aus Gl.(5.2.43a)

$$Y(z) = \frac{1}{C(z)} h_o \mathfrak{Z}\{[\underline{p}_{MV} - \underline{\hat{p}}_{MV}(k-1)]^T \underline{x}_{MV}(k-1)\} + V(z) \qquad (5.5.1)$$

mit

$$h_o = \frac{b_o}{\bar{b}_o} \quad . \tag{5.5.2}$$

Ohne Berücksichtigung des Rauschterms V(z) gewinnt man aus Gl.(5.2.47a) durch Multiplikation mit h_o und Subtraktion von $h_o\ \underline{p}_{MV}$ die Differenzengleichung

$$\underline{\tilde{p}}_{MV}(k) = \underline{\tilde{p}}_{MV}(k-1) + h_o \underline{q}(k) y(k) \tag{5.5.3}$$

für den Parameterfehlervektor

$$\underline{\tilde{p}}_{MV}(k) = h_o [\underline{\hat{p}}_{MV}(k) - \underline{p}_{MV}] \quad . \tag{5.5.4}$$

Dabei wurde in Gl.(5.5.3) berücksichtigt, daß im vorliegenden Fall mit $d = 1$ aus Gl.(5.2.47b) $\nu(k) = y(k)$ folgt, wenn dort die Stellgröße $u(k)$ entsprechend Gl.(5.2.42) eingesetzt wird. Nun läßt sich Gl.(5.5.1) unter Beachtung von Gl.(5.5.4) und ohne Berücksichtigung des Störterms V(z) umschreiben in die Form

$$Y(z) = \frac{1}{C(z)} \mathfrak{Z}\{u_1(k)\} \tag{5.5.5}$$

mit

$$u_1(k) = -\underline{\tilde{p}}_{MV}^T(k-1) \underline{x}_{MV}(k-1) = -y_2(k) \quad . \tag{5.5.6}$$

Wird in Gl.(5.5.6) der Parametervektor nach Gl.(5.5.3) eingeführt, so erkennt man unmittelbar die nichtlineare Abhängigkeit des Signals $y_2(k)$ von $y(k)$, also

$$y_2(k) = f[y,k] \quad . \tag{5.5.7}$$

Die Gln.(5.5.5) und (5.5.7) beschreiben das Gesamtsystem in der bekannten nichtlinearen Standardstruktur gemäß Bild 5.3.12.

Um für diese spezielle nichtlineare Standardstruktur die Hyperstabilität nachzuweisen, führt man die beiden im Bild 5.5.1 dargestellten zusätzlichen linearen Rückführungen mit der konstanten Verstärkung f ein. Diese Rückführungen haben - wie man direkt erkennt - keinen Einfluß auf das Gesamtsystem. Für das nichtlineare Teilsystem gilt nun die Hyperstabilitätsbedingung

$$\eta(0,k_1) = \sum_{k=0}^{k_1} y_2(k) y(k) + f \sum_{k=0}^{k_1} y_2^2(k) \geqq -\gamma_0^2 \quad . \tag{5.5.8}$$

Die Auswertung der ersten Summe auf der rechten Gleichungsseite ist recht langwierig, weshalb hier darauf verzichtet wird. Es läßt sich aber z. B. für $f = \frac{1}{2}$ zeigen [5.3], daß Gl.(5.5.8) nur für

$$h_o \leq 1 \quad \text{bzw.} \quad \bar{b}_o \geq b_o \tag{5.5.9}$$

erfüllt wird. Dies bedeutet, daß das nichtlineare Teilsystem schwach hyperstabil ist. Für die Hyperstabilität des Gesamtsystems muß demnach das lineare Teilsystem

$$G_L(z) = \frac{1}{C(z)} - f \tag{5.5.10}$$

streng positiv reell werden. Diese hinreichende Stabilitätsbedingung wurde auch von Ljung [5.29] ermittelt, der die Stabilität der Ruhelage des mit dem "Self-tuning"-Regler verbundenen gewöhnlichen Differentialgleichungssystems nach Gl.(5.2.54a bis f) untersuchte.

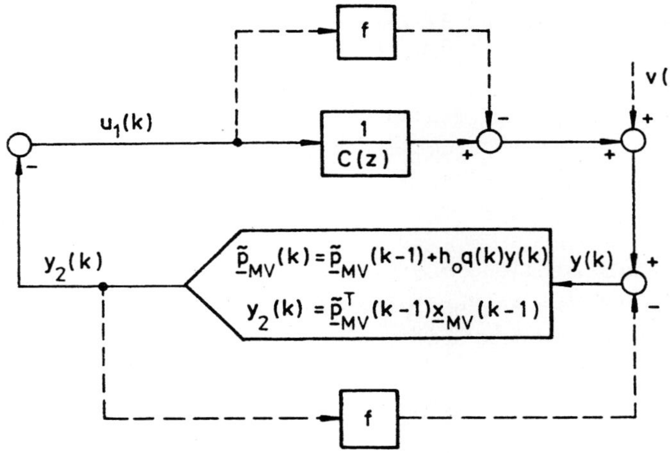

Bild 5.5.1. Blockschaltbild zum Stabilitätsnachweis des umgeformten "Self-tuning"-Algorithmus

Die hier skizzierte Stabilitätsanalyse zeigt, daß der "Self-tuning"-Regelalgorithmus nur bedingt stabil ist. Die Stabilität hängt von der Form des auf den Regelkreis einwirkenden Rauschsignals ab, das durch das Polynom C(z) beschrieben wird. Geeignete Stabilisierungsmaßnahmen können nur indirekt durch Änderung von Abtastintervall, exponentieller Datengewichtung oder zusätzlicher Filterung des Signalvektors $\underline{x}_{MV}(k)$ ergriffen werden.

6. Entwurf optimaler Zustandsregler

6.1. Problemstellung

Beim Entwurf eines Reglers wird als Ziel angestrebt, einem Regelsystem nicht nur stabiles Verhalten zu verleihen, sondern es auch im Sinne eines Gütekriteriums zu optimieren. Wie bereits im Band "Regelungstechnik I" ausführlich behandelt wurde, eignen sich für den Reglerentwurf als Gütemaße insbesondere die Integralkriterien, die es gestatten, das Verhalten des Regelsystems mit einem Zahlenwert zu beurteilen. Bei Reglern mit fest vorgegebener Struktur (z. B. PID-Verhalten) besteht die Entwurfsaufgabe bekanntlich darin, optimale Einstellwerte für die frei wählbaren Reglerparameter durch Minimieren eines integralen Gütemaßes zu ermitteln. Die optimalen Reglerparameter ergeben sich für den jeweils kleinsten Zahlenwert dieses Gütemaßes. Diese Art der Optimierung von Regelsystemen fester Struktur mit dem Ziel der Ermittlung optimaler Reglereinstellwerte bezeichnet man auch als *Parameteroptimierung* oder *statische Optimierung* [6.1].

Eine andere Problemstellung ergibt sich, wenn zunächst über die Struktur der Regelung keine Aussage gemacht und nur verlangt wird, daß für eine in der Zustandsraumdarstellung

$$\dot{\underline{x}} = \underline{f}[\underline{x}(t),\ \underline{u}(t),\ t] \tag{6.1.1}$$

gegebene Regelstrecke ein optimaler Stellvektor $\underline{u}^*(t)$ ermittelt werden soll, der das System von einem Anfangszustand $\underline{x}(t_o)$ in einen gewünschten Endzustand $\underline{x}(t_e)$ überführt. Um unter den zulässigen Stellvektoren $\underline{u}(t)$ den "optimalen" zu finden, können wie bei der Parameteroptimierung Integralkriterien verwendet werden. Dabei liefert die zu lösende Optimierungsaufgabe nicht - wie bei der Parameteroptimierung - einige Zahlengrößen als Reglereinstellwerte, sondern den zeitlichen Verlauf $\underline{u}^*(t)$ des *optimalen Stellgesetzes im Sinne des gewählten Gütekriteriums*. Man bezeichnet daher diese Art der Optimierung auch als *dynamische Optimierung* oder gelegentlich auch als *Strukturoptimierung*, da anhand des optimalen Stellgesetzes i. a. sich direkt auch die Struktur einer entsprechenden Zustandsregelung ergibt.

Einige der wichtigsten Integralkriterien, die für die verschiedenen Aufgabenstellungen verwendet werden, sind:

a) Allgemeines Integralkriterium:

$$I = \int_{t_o}^{t_e} L[\underline{x}(t), \underline{u}(t), t]dt \stackrel{!}{=} \text{Min} \quad . \qquad (6.1.2)$$

b) Allgemeines Integralkriterium mit spezieller Bewertung des Endzustandes:

$$I = S[\underline{x}(t_e), t_e] + \int_{t_o}^{t_e} L[\underline{x}(t), \underline{u}(t), t]dt \stackrel{!}{=} \text{Min} \quad . \qquad (6.1.3)$$

c) Quadratisches Integralkriterium bezüglich der Zustandsgrößen:

$$I = \int_{t_o}^{t_e} \underline{x}^T(t)\ \underline{Q}(t)\ \underline{x}(t)dt \stackrel{!}{=} \text{Min} \quad , \qquad (6.1.4)$$

wobei $\underline{Q}(t)$ eine symmetrische, positiv semidefinite Matrix ist.

d) Energieoptimales Integralkriterium beim Übergang von einem Anfangszustand in einen Endzustand:

$$I = \int_{t_o}^{t_e} \underline{u}^T(t)\ \underline{R}(t)\ \underline{u}(t)\ dt \stackrel{!}{=} \text{Min} \quad , \qquad (6.1.5)$$

wobei $\underline{R}(t)$ eine symmetrische, positiv definite Matrix ist.

e) Allgemeines quadratisches Integralkriterium mit Bewertung des Endzustandes:

$$I = \underline{x}^T(t_e)\underline{S}\underline{x}(t_e) + \int_{t_o}^{t_e} [\underline{x}^T(t)\underline{Q}(t)\underline{x}(t) + \underline{u}^T(t)\underline{R}(t)\underline{u}(t)]dt \stackrel{!}{=} \text{Min} \ , \qquad (6.1.6)$$

wobei für $\underline{Q}(t)$ und $\underline{R}(t)$ die oben bereits genannten Eigenschaften gelten und $\underline{S}$ eine symmetrische, positiv semidefinite Matrix ist.

f) Zeitoptimales Integralkriterium:

$$I = t_e - t_o = \int_{t_o}^{t_e} dt \stackrel{!}{=} \text{Min} \quad . \qquad (6.1.7)$$

g) Kombiniertes zeit- und energieoptimales Integralkriterium:

$$I = \int_{t_o}^{t_e} [k + \underline{u}^T(t)\ \underline{R}(t)\ \underline{u}(t)]dt \stackrel{!}{=} \text{Min} \ , \quad k > 0 \quad , \qquad (6.1.8)$$

wobei $\underline{R}(t)$ wieder eine symmetrische, positiv definite Matrix ist.

Die zuvor formulierte Problemstellung der Ermittlung eines optimalen Stellvektors $\underline{u}^*(t)$ behandelt also den Fall des optimalen Übergangs eines Systems vom Anfangszustand $\underline{x}(t_o)$ entlang der optimalen Trajektorie $\underline{x}^*(t)$ in den Endzustand $\underline{x}(t_e)$. Bei dieser Aufgabenstellung sind zunächst nicht eingeschlossen die Fälle der Festwertregelsysteme bei Ausregelung von Störungen sowie der Nachlaufregelsysteme; außerdem sind die Stellgrößenbeschränkungen noch nicht berücksichtigt. Darauf wird später im Kapitel 7 eingegangen.

Das Problem der Ermittlung eines optimalen Stellvektors $\underline{u}^*(t)$ kann als Extremwertproblem mit Nebenbedingungen formuliert werden, für dessen Lösung sich die klassische Variationsrechnung eignet. In den nachfolgenden Abschnitten werden daher die Grundlagen der Variationsrechnung soweit vorgestellt, wie sie zum Entwurf optimaler Zustandsregler erforderlich sind. Die notwendigen und hinreichenden Optimalitätsbedingungen, die sich aus der Variationsrechnung ergeben, sind ein Spezialfall des Maximumprinzips von Pontrjagin, das danach etwas näher erläutert wird. Nachfolgend werden dann die Methoden der Variationsrechnung benutzt, um für lineare kontinuierliche und diskrete Systeme einen optimalen Zustandsregler zu entwerfen.

6.2. Einige Grundlagen der Variationsrechnung

6.2.1. Aufgabenstellung

Die Variationsrechnung gestattet bei regelungstechnischen Problemstellungen die Minimierung von Gütefunktionalen unter Einhaltung von Neben- und Randbedingungen. Sie liefert als Ergebnis den gesuchten optimalen Stellvektor $\underline{u}^*(t)$ sowie die zugehörige optimale Trajektorie $\underline{x}^*(t)$. Diese *Optimierungsaufgabe* sei folgendermaßen formuliert:

Man bestimme den optimalen Stellvektor $\underline{u}^*(t)$ für eine gemäß Gl.(6.1.1) beschriebene Regelstrecke, so daß das *Gütefunktional*

$$I = S[\underline{x}(t_e),\, t_e] + \int_{t_o}^{t_e} L(\underline{x},\underline{u},t)\,dt \tag{6.2.1}$$

mit t_o Anfangszeitpunkt

t_e Endzeitpunkt

minimal wird unter Einhaltung der *Nebenbedingung*

$$\dot{\underline{x}} = \underline{f}(\underline{x},\underline{u},t) \quad , \tag{6.2.2}$$

die durch die Zustandsgleichung der Regelstrecke gegeben ist. Zur weiteren Einschränkung der Lösungsvielfalt werden noch *Randbedingungen* bezüglich der Anfangs- und Endwerte $\underline{x}(t_o)$ und $\underline{x}(t_e)$ sowie der zugehörigen Zeitpunkte t_o und t_e vorgegeben. Im allgemeinen wird der Anfangswert $\underline{x}(t_o)$ als fest angenommen. Die Endwerte hingegen können verschiedenen Bedingungen unterworfen werden, wie Bild 6.2.1 zeigt. Dort sind jeweils für verschiedene Fälle mögliche Verläufe der optimalen Trajektorien $\underline{x}^*(t)$ dargestellt, wobei $\underline{x}(t_o) = \underline{x}^*(t_o)$ und $\underline{x}(t_e) = \underline{x}^*(t_e)$ gilt.

6.2.2. Das Fundamentallemma der Variationsrechnung

Bei den verschiedenen Verfahren der Variationsrechnung wird häufig das sogenannte Fundamentallemma benutzt. Daher soll es hier vorab durch folgenden Satz formuliert werden:

Satz: Ist $\varphi(t)$ im Intervall $[t_o,t_e]$ eine stetige feste Funktion und gilt die Beziehung

$$\int_{t_o}^{t_e} \varphi(t)\eta(t)dt = 0 \tag{6.2.3}$$

für *jede* im Intervall $[t_o,t_e]$ stetige und zumindest einmal stetig differenzierbare Funktion $\eta(t)$, die in den Endpunkten verschwindet, so ist $\varphi(t) \equiv 0$ im gesamten Intervall $[t_o,t_e]$.

Für den strengen mathematischen Beweis dieses Satzes sei auf die einschlägige Fachliteratur [6.2] verwiesen. Anschaulich jedoch läßt sich dieser Satz folgendermaßen interpretieren:

Das Integral in Gl. (6.2.3) verschwindet nur in folgenden Fällen:

a) Die von der Kurve $\varphi(t)\eta(t)$ eingeschlossene Fläche besitzt gleiche positive und negative Anteile.

b) Die Kurve $\varphi(t)\eta(t)$ ist im betrachteten Intervall identisch gleich Null.

Aufgrund der an die Funktion $\eta(t)$ oben gestellten Voraussetzungen könnte der Fall a zwar für einige spezielle Funktionen $\eta(t)$ auftreten. Da aber jede beliebige Funktion $\eta(t)$, die die obigen Anforderungen erfüllt, zugelassen ist, kann der Fall a nicht allgemein gültig zum Verschwinden des Integrals führen.

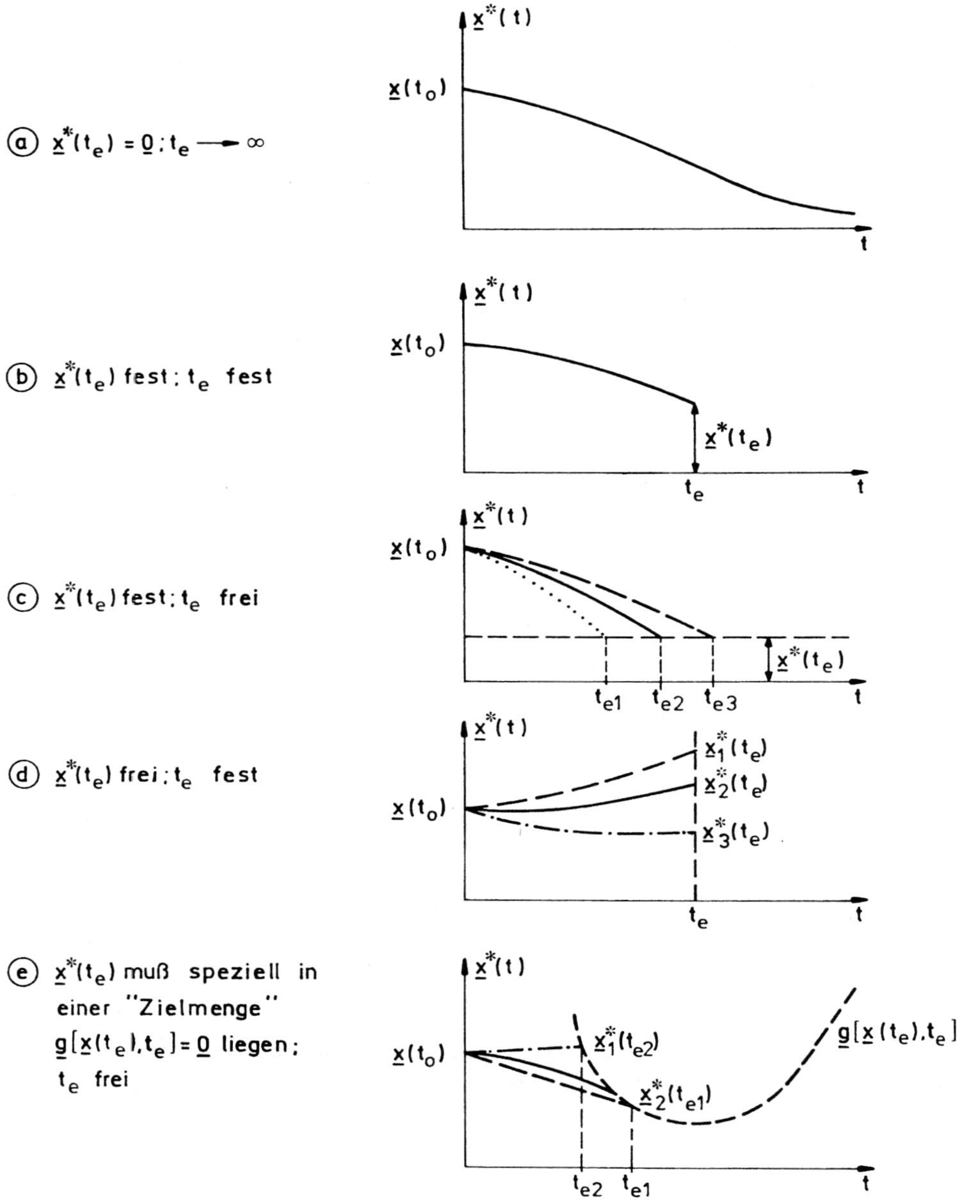

Bild 6.2.1. Verschiedene Möglichkeiten zur Festlegung von Randbedingungen bei der dynamischen Optimierung

Aus Fall b und den Eigenschaften von $\eta(t)$ folgt somit, daß nur $\varphi(t) \equiv 0$ die Gl.(6.2.3) erfüllen kann.

Im folgenden werden nun zwei wesentliche Verfahren der Variationsrechnung näher behandelt.

6.2.3. Das Euler-Lagrange-Verfahren

Ein dynamisches System sei gegeben durch die Zustandsgleichung

$$\dot{\underline{x}} = \underline{f}(\underline{x},\underline{u},t) \quad , \qquad (6.2.4)$$

wobei $\underline{x}(t)$ und $\underline{u}(t)$ unbeschränkt sowie das System vollständig steuerbar sind. Unter diesen Voraussetzungen kann erwartet werden, daß ein optimaler Stellvektor $\underline{u}^*(t)$ ermittelt werden kann, so daß das Gütekriterium

$$I = \int_{t_o}^{t_e} L(\underline{x},\underline{u},t)\,dt \overset{!}{=} \text{Min} \qquad (6.2.5)$$

erfüllt wird, wobei L eine beliebige Funktion der angegebenen Argumente sein kann. Wegen der Randbedingungen werden nachfolgend zwei Fälle unterschieden.

6.2.3.1. Herleitung für feste Endzeit

Für die weiteren Betrachtungen werden folgende Annahmen gemacht:

$$\underline{x}(t_o),\quad t_o \text{ fest};\quad \underline{x}(t_e) \text{ beliebig},\quad t_e \text{ fest.}$$

Weiterhin wird vorausgesetzt, daß die Funktionen $\underline{f}(\underline{x},\underline{u},t)$ und $L(\underline{x},\underline{u},t)$ stetig und mindestens zweimal stetig nach $\underline{x}$, $\underline{u}$ und t differenzierbar sind. Gesucht ist der optimale Stellvektor $\underline{u}^*(t)$, so daß das Gütefunktional I nach Gl.(6.2.5) minimal wird. Ausgangspunkt bei der Lösung dieser Optimierungsaufgabe sind die optimalen Funktionen $\underline{x}^*(t)$ und $\underline{u}^*(t)$.

Nun definiert man als nichtoptimale Funktionen

$$\underline{x}(t) = \underline{x}^*(t) + \varepsilon\underline{\eta}(t) \quad , \qquad (6.2.6)$$

$$\underline{u}(t) = \underline{u}^*(t) + \varepsilon\underline{\xi}(t) \quad , \qquad (6.2.7)$$

wobei ε eine reelle Zahl und $\underline{\eta}(t)$ sowie $\underline{\xi}(t)$ beliebige stetige und mindestens einmal differenzierbare Funktionen sind, welche die im Bild 6.2.2 dargestellten Randbedingungen erfüllen. Dabei werden die Terme

$$\delta\underline{x} = \varepsilon\underline{\eta}(t) \quad \text{und} \quad \delta\underline{u} = \varepsilon\underline{\xi}(t)$$

auch als erste Variation von $\underline{x}(t)$ bzw. $\underline{u}(t)$ bezeichnet. Gemäß der De-

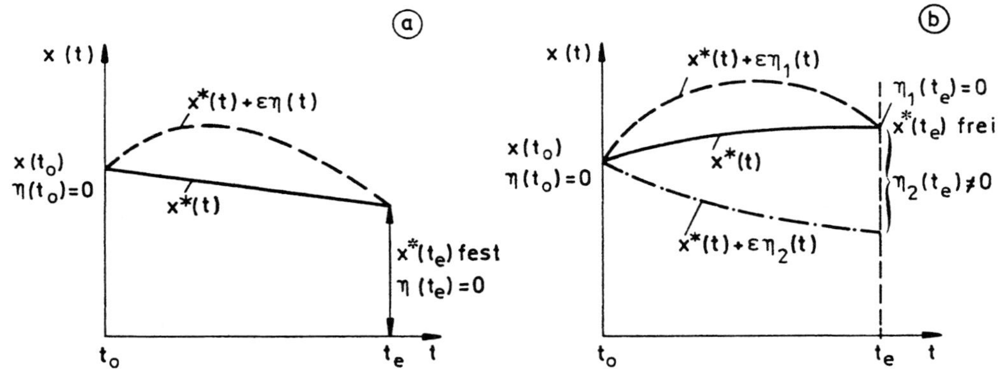

Bild 6.2.2. Randbedingungen zum Euler-Lagrange-Verfahren für (a) feste und (b) freie Endwerte möglicher optimaler Trajektorien $\underline{x}^*(t)$; dargestellt für eine Komponente von $\underline{x}^*(t)$

finition der optimalen Funktionen $\underline{x}^*(t)$ und $\underline{u}^*(t)$ muß jetzt für das Gütefunktional gelten:

$$I(\varepsilon) = \int_{t_0}^{t_e} L(\underline{x},\underline{u},t)dt \quad . \qquad (6.2.8)$$

Hieraus ist ersichtlich, daß I eine Funktion von ε ist und bei $\varepsilon = 0$ sein Minimum erreicht. Um die Nebenbedingung gemäß Gl.(6.2.2) im Gütefunktional zu berücksichtigen, wird dieselbe auf die Form

$$\underline{0} = \underline{f}(\underline{x},\underline{u},t) - \dot{\underline{x}}$$

gebracht, und damit das Gütefunktional formal erweitert zu

$$I(\varepsilon) = \int_{t_0}^{t_e} \{[L(\underline{x},\underline{u},t)] - \underline{\psi}^T(t)[\underline{f}(\underline{x},\underline{u},t) - \dot{\underline{x}}]\}dt \quad , \qquad (6.2.9)$$

wobei $\underline{\psi}(t)$ einen zeitabhängigen *Lagrange-Multiplikator* darstellt, der auch als *adjungierter Zustandsvektor* (oder Zustandskovektor) bezeichnet wird. Der tatsächliche Wert von $I(\varepsilon)$ gemäß Gl.(6.2.9) hat sich durch die formale Erweiterung des Integranden gegenüber Gl.(6.2.8) nicht verändert, da ja weiterhin $\underline{f} - \dot{\underline{x}} = \underline{0}$ gilt. Damit wurde die Extremwertaufgabe mit Nebenbedingung in eine äquivalente Extremwertaufgabe ohne Nebenbedingung überführt, die nun nachfolgend gelöst werden soll.

Bei stetigen und nach allen Argumenten ausreichend oft stetig differenzierbaren Funktionalen $I(\varepsilon)$ nach Gl. (6.2.9) gilt als notwendige *und* hinreichende Bedingung für ein Minimum:

$$\left.\frac{\partial I}{\partial \varepsilon}\right|_{\varepsilon=0} = 0 \qquad (6.2.10a)$$

und

$$\left.\frac{\partial^{(2n)} I}{\partial \varepsilon^{(2n)}}\right|_{\varepsilon=0} > 0 \; ; \quad n > 0 \text{ ganzzahlig} \qquad (6.2.10b)$$

mit

$$\left.\frac{\partial^{(k)} I}{\partial \varepsilon^{(k)}}\right|_{\varepsilon=0} = 0 \text{ für } 0 < k \leqq 2n-1 \text{ und } k \text{ ganzzahlig} \quad . \qquad (6.2.10c)$$

Hieraus ist ersichtlich, daß die erste nicht verschwindende Ableitung von I nach ε eine geradzahlige Ableitung sein muß, die positiv ist; alle Ableitungen geringerer Ordnung müssen dabei für $\varepsilon = 0$ verschwinden. Im folgenden wird von einer weniger strengen Bedingung Gebrauch gemacht, die jedoch nicht notwendig und hinreichend ist, sondern aus zwei notwendigen Bedingungen besteht, nämlich

$$\left.\frac{\partial I}{\partial \varepsilon}\right|_{\varepsilon=0} = 0 \qquad (6.2.11a)$$

und

$$\left.\frac{\partial^2 I}{\partial \varepsilon^2}\right|_{\varepsilon=0} \geqq 0 \quad . \qquad (6.2.11b)$$

Dabei werden die Gln. (6.2.11a, b) notwendig und hinreichend, wenn in Gl. (6.2.11b) das ">"-Zeichen erfüllt wird; bei Erfüllung des "="-Zeichens müßten, streng genommen, die höheren Ableitungen gebildet werden. Da dies häufig nicht möglich ist, wie beispielsweise bei dem später abzuleitenden Zustandsregler (weil mit einem $I(\varepsilon)$ zweiter Ordnung nur zwei Ableitungen erhalten werden können), werden bei den weiteren Betrachtungen nur die Gln. (6.2.11a, b) benutzt.

Als abkürzende Schreibweise wird eingeführt:

$$F(\underline{x},\dot{\underline{x}},\underline{u},\underline{\psi},t) = -L(\underline{x},\underline{u},t) + \underline{\psi}^T(t)[\underline{f}(\underline{x},\underline{u},t) - \dot{\underline{x}}] \quad . \qquad (6.2.12)$$

Damit erhält man für die erste Ableitung von $I(\varepsilon)$ nach der Variablen ε

$$\frac{\partial I}{\partial \varepsilon} = \int_{t_o}^{t_e} (-\frac{\partial F}{\partial \varepsilon})dt \quad . \qquad (6.2.13)$$

Da ε entsprechend den Gln.(6.2.6) und (6.2.7) in $\underline{x}$, $\dot{\underline{x}}$ und $\underline{u}$ enthalten ist, folgt für Gl.(6.2.10)

$$-\frac{\partial I}{\partial \varepsilon}\bigg|_{\varepsilon=0} = \int_{t_o}^{t_e} [\underline{\eta}^T \frac{\partial F}{\partial \underline{x}} + \dot{\underline{\eta}}^T \frac{\partial F}{\partial \dot{\underline{x}}} + \underline{\xi}^T \frac{\partial F}{\partial \underline{u}}]dt\bigg|_{\varepsilon=0} = 0 \quad . \qquad (6.2.14)$$

Durch partielle Integration des 2. Terms des Integranden erhält man als notwendige Bedingung für einen Extremwert

$$-\frac{\partial I}{\partial \varepsilon}\bigg|_{\varepsilon=0} = \{\underline{\eta}^T \frac{\partial F}{\partial \dot{\underline{x}}}\bigg|_{t_o}^{t_e} + \int_{t_o}^{t_e} [\underline{\eta}^T(\frac{\partial F}{\partial \underline{x}} - \frac{d}{dt}\frac{\partial F}{\partial \dot{\underline{x}}}) + \underline{\xi}^T \frac{\partial F}{\partial \underline{u}}]dt\}\bigg|_{\varepsilon=0} = 0 \quad .$$

(6.2.15)

Entsprechend ergibt sich für die zweite Ableitung von $I(\varepsilon)$:

$$-\frac{\partial^2 I}{\partial \varepsilon^2} = \int_{t_o}^{t_e} [\underline{\eta}^T \frac{\partial^2 F}{\partial \underline{x}^2}\underline{\eta} + \underline{\eta}^T \frac{\partial^2 F}{\partial \dot{\underline{x}}\partial \underline{x}}\dot{\underline{\eta}} + \underline{\eta}^T \frac{\partial^2 F}{\partial \underline{u}\partial \underline{x}}\underline{\xi} +$$

$$+ \dot{\underline{\eta}}^T \frac{\partial^2 F}{\partial \underline{x}\partial \dot{\underline{x}}}\underline{\eta} + \dot{\underline{\eta}}^T \frac{\partial^2 F}{\partial \dot{\underline{x}}^2}\dot{\underline{\eta}} + \dot{\underline{\eta}}^T \frac{\partial^2 F}{\partial \underline{u}\partial \dot{\underline{x}}}\underline{\xi} +$$

$$+ \underline{\xi}^T \frac{\partial^2 F}{\partial \underline{x}\partial \underline{u}}\underline{\eta} + \underline{\xi}^T \frac{\partial^2 F}{\partial \dot{\underline{x}}\partial \underline{u}}\dot{\underline{\eta}} + \underline{\xi}^T \frac{\partial^2 F}{\partial \underline{u}^2}\underline{\xi}]dt \quad . \qquad (6.2.16)$$

Da in der Funktion $F(\underline{x}, \dot{\underline{x}}, \underline{u}, \underline{\psi}, t)$ gemäß Gl.(6.2.12) die Größe $\dot{\underline{x}}$ nur additiv und in keiner Kombination mit $\underline{x}$ und $\underline{u}$ auftritt, verschwinden in Gl.(6.2.16) die entsprechenden zweiten Ableitungen

$$\frac{\partial^2 F}{\partial \dot{\underline{x}}\partial \underline{x}} = \underline{0}, \quad \frac{\partial^2 F}{\partial \underline{x}\partial \dot{\underline{x}}} = \underline{0}, \quad \frac{\partial^2 F}{\partial \dot{\underline{x}}^2} = \underline{0}, \quad \frac{\partial^2 F}{\partial \underline{u}\partial \dot{\underline{x}}} = \underline{0} \quad \text{und} \quad \frac{\partial^2 F}{\partial \dot{\underline{x}}\partial \underline{u}} = \underline{0} \quad ,$$

so daß sich Gl.(6.2.16) erheblich vereinfacht:

$$-\frac{\partial^2 I}{\partial \varepsilon^2} = \int_{t_o}^{t_e} [\underline{\eta}^T \frac{\partial^2 F}{\partial \underline{x}^2}\underline{\eta} + \underline{\eta}^T \frac{\partial^2 F}{\partial \underline{u}\partial \underline{x}}\underline{\xi} + \underline{\xi}^T \frac{\partial^2 F}{\partial \underline{x}\partial \underline{u}}\underline{\eta} + \underline{\xi}^T \frac{\partial^2 F}{\partial \underline{u}^2}\underline{\xi}]dt \quad .$$

Diese Beziehung läßt sich in Matrizenschreibweise angeben, und man erhält als zweite notwendige Bedingung für das Auftreten eines Minimums nach Gl. (6.2.11b)

$$\left.\frac{\partial^2 I}{\partial \varepsilon^2}\right|_{\varepsilon=0} = - \left. \int_{t_o}^{t_e} [\underline{\eta}^T \quad \underline{\xi}^T] \begin{bmatrix} \frac{\partial^2 F}{\partial \underline{x}^2} & \frac{\partial^2 F}{\partial \underline{u} \partial \underline{x}} \\ \frac{\partial^2 F}{\partial \underline{x} \partial \underline{u}} & \frac{\partial^2 F}{\partial \underline{u}^2} \end{bmatrix} \begin{bmatrix} \underline{\eta} \\ \underline{\xi} \end{bmatrix} dt \right|_{\varepsilon=0} \geq 0 \ . \tag{6.2.17}$$

Das im Abschnitt 6.2.2 eingeführte Fundamentallemma der Variationsrechnung kann nun auf Gl. (6.2.15) wie folgt angewandt werden. Wird zunächst der *Endwert* $\underline{x}(t_e)$ *fest* vorgegeben, so gilt $\underline{\eta}(t_e) = \underline{0}$. Damit lassen sich direkt die nachfolgenden Bedingungen angeben:

a) Da im vorliegenden Fall auch die Stellgröße $\underline{u}(t)$ feste Randwerte besitzt, wird $\underline{\xi}(t_o) = \underline{\xi}(t_e) = \underline{0}$ und somit folgt mit dem Fundamentallemma aus Gl. (6.2.15)

$$\left.\frac{\partial F}{\partial \underline{u}}\right|_{\varepsilon=0} = \frac{\partial F(\underline{x}^*, \dot{\underline{x}}^*, \underline{u}^*, \underline{\psi}^*, t)}{\partial \underline{u}} = \left.\frac{\partial F}{\partial \underline{u}}\right|_* = \underline{0} \ , \tag{6.2.18}$$

wobei $\varepsilon = 0$ bzw. das Symbol * andeuten soll, daß nach der Bildung der Ableitung die optimalen Argumente eingesetzt werden.

b) Die sogenannte *Euler-Lagrange-Gleichung* erhält man ebenfalls mittels des Fundamentallemmas aus Gl. (6.2.15)

$$\left.\left[\frac{\partial F}{\partial \underline{x}} - \frac{d}{dt}\frac{\partial F}{\partial \dot{\underline{x}}}\right]\right|_{\varepsilon=0} = \underline{0} \ ; \tag{6.2.19a}$$

da nach Gl. (6.2.12)

$$\frac{\partial F}{\partial \dot{\underline{x}}} = - \underline{\psi}$$

ist, liefert Gl. (6.2.19a)

$$\left.\frac{\partial F}{\partial \underline{x}}\right|_{\varepsilon=0} = - \left.\dot{\underline{\psi}}\right|_{\varepsilon=0} \ . \tag{6.2.19b}$$

c) Da $\underline{\eta}(t_o) = \underline{\eta}(t_e) = \underline{0}$ gilt, ergibt sich direkt aus Gl. (6.2.15) die *Transversalitätsbedingung*

$$\left.\underline{\eta}^T \frac{\partial F}{\partial \dot{\underline{x}}}\Big|_{t_o}^{t_e}\right|_{\varepsilon=0} = - \left.\underline{\eta}^T \underline{\psi}\Big|_{t_o}^{t_e}\right|_{\varepsilon=0} = 0 \ . \tag{6.2.20}$$

Wird jetzt der *Endwert* $\underline{x}(t_e)$ als *frei* angenommen, so gilt i. a. $\underline{\eta}(t_e) \neq \underline{O}$, und das Fundamentallemma ist nicht direkt anwendbar. Hat man aber eine optimale Trajektorie $\underline{x}^*(t)$ gefunden, so ist auch der Endpunkt $\underline{x}^*(t_e)$ bekannt. Damit läßt sich das Problem direkt auf den Fall mit festem Endwert $\underline{x}(t_e) \equiv \underline{x}^*(t_e)$ und $\underline{\eta}(t_e) = \underline{O}$ zurückführen, da das Gütekriterium, der Anfangswert $\underline{x}(t_o)$, sowie Anfangs- und Endzeit t_o bzw. t_e gleich bleiben. Für dieses Problem mit festem Endwert erhält man dann als optimale Trajektorie wiederum $\underline{x}^*(t)$. Somit müssen zunächst auch in diesem Fall die Gln. (6.2.18) und (6.2.19) gelten. Aufgrund der Gln. (6.2.18) und (6.2.19a) erhält man schließlich aus Gl. (6.2.15) auch für den vorliegenden Fall wieder die Gl. (6.2.20).

Weiterhin läßt sich noch zeigen [6.3], daß zur Erfüllung der Gl. (6.2.17) die Bedingung

$$- \left. \begin{bmatrix} \dfrac{\partial^2 F}{\partial \underline{x}^2} & \dfrac{\partial^2 F}{\partial \underline{u} \partial \underline{x}} \\ \dfrac{\partial^2 F}{\partial \underline{x} \partial \underline{u}} & \dfrac{\partial^2 F}{\partial \underline{u}^2} \end{bmatrix} \right|_* \geqq \underline{O} \qquad (6.2.21)$$

gelten muß, d. h. die hier auftretende Matrix muß - wegen des Vorzeichens - negativ semidefinit sein.

6.2.3.2. Herleitung für beliebige Endzeit

Im Anschluß an die Betrachtungen für feste Endzeit werden nun die Optimalitätsbedingungen unter der Annahme

$$\underline{x}(t_o), \quad t_o \text{ fest}; \quad \underline{x}(t_e), \quad t_e \text{ beliebig}$$

hergeleitet. Die weiteren Voraussetzungen und die Aufgabenstellung sind dieselben wie im Abschnitt 6.2.3.1.

Da die Endzeit t_e als beliebig angenommen wird, gilt für die nicht optimalen Funktionen $\underline{x}(t)$, $\underline{u}(t)$ und t neben den Gln. (6.2.6) und (6.2.7) zusätzlich noch die Beziehung

$$t_e = t_e^* + \varepsilon t' \quad . \qquad (6.2.22)$$

Führt man wieder das erweiterte Gütefunktional nach Gl. (6.2.9) und die Funktion F nach Gl. (6.2.12) ein, so ergibt die erste Ableitung des Gütefunktionals gemäß Gl. (6.2.9) in Analogie zu Gl. (6.2.15) für den vorliegenden Fall

$$- \frac{\partial I}{\partial \varepsilon}\Big|_{\varepsilon=0} = \{\underline{\eta}^T \frac{\partial F}{\partial \underline{\dot{x}}}\Big|_{t_o}^{t_e} + \int_{t_o}^{t_e} \left[\underline{\eta}^T (\frac{\partial F}{\partial \underline{x}} - \frac{d}{dt}\frac{\partial F}{\partial \underline{\dot{x}}}) + \underline{\xi}^T \frac{\partial F}{\partial \underline{u}}\right] dt +$$

$$+ t' F(t_e)\}\Big|_{\varepsilon=0} = 0 \quad , \qquad (6.2.23)$$

wobei bereits die partielle Integration berücksichtigt wurde. Der letzte Term auf der rechten Seite dieser Gleichung ergibt sich aus dem Teilintegral von $\partial I/\partial \varepsilon$, das gerade die partielle Ableitung nach der Zeit, also

$$\frac{\partial I}{\partial t}\frac{\partial t}{\partial \varepsilon}\Big|_{t_e}$$

enthält.

Das weitere Vorgehen besteht in der Ermittlung des Vektors $\underline{\eta}(t_e)$. Mit Gl.(6.2.6) kann

$$\underline{x}^*(t_e) + \varepsilon\underline{\eta}(t_e) = \underline{c}(t_e) \qquad (6.2.24)$$

definiert werden. Die Endpunkte der möglichen nicht optimalen Trajektorien sind somit Werte des Funktionals $\underline{c}$. Die Ableitung der letzten Gleichung nach ε liefert unter Beachtung von Gl.(6.2.22)

$$t'\,\underline{\dot{x}}^*(t_e) + \underline{\eta}(t_e) + \varepsilon\frac{d\underline{\eta}(t_e)}{d\varepsilon} = t'\,\underline{\dot{c}}(t_e) \quad .$$

Wird diese Beziehung nach

$$\underline{\eta}(t_e) = t'[\underline{\dot{c}}(t_e) - \underline{\dot{x}}^*(t_e)] - \varepsilon\frac{d\underline{\eta}(t_e)}{d\varepsilon} \qquad (6.2.25)$$

aufgelöst und dieser Vektor in die Ableitung des Gütefunktionals eingesetzt, so erhält man für $\varepsilon = 0$

$$- \frac{\partial I}{\partial \varepsilon}\Big|_{\varepsilon=0} = \{- \underline{\eta}^T \frac{\partial F}{\partial \underline{\dot{x}}}\Big|_{t_o} + \int_{t_o}^{t_e} \left[\underline{\eta}^T (\frac{\partial F}{\partial \underline{x}} - \frac{d}{dt}\frac{\partial F}{\partial \underline{\dot{x}}}) + \underline{\xi}^T \frac{\partial F}{\partial \underline{u}}\right] dt +$$

$$+ t'[[\underline{\dot{c}}(t_e) - \underline{\dot{x}}(t_e)]^T \frac{\partial F}{\partial \underline{\dot{x}}} + F(t_e)]\}\Big|_{\varepsilon=0} = 0 \quad . \qquad (6.2.26)$$

Die Auswertung dieser Beziehung entsprechend dem Vorgehen im letzten Abschnitt ergibt wiederum die Gln.(6.2.18) und (6.2.19). An die Stelle der Gl.(6.2.20) treten nun aber die Beziehungen

$$\underline{n}^T \frac{\partial F}{\partial \dot{\underline{x}}}\Bigg|_{t_o}\Bigg|_{\varepsilon=0} = 0 \qquad (6.2.27)$$

und

$$t' [(\dot{\underline{c}} - \dot{\underline{x}})^T \frac{\partial F}{\partial \dot{\underline{x}}} + F] \Bigg|_{t_e}\Bigg|_{\varepsilon=0} = 0 \quad . \qquad (6.2.28)$$

Weiterhin läßt sich zeigen, daß die zweite Ableitung des Gütefunktionals positiv ist, falls Gl.(6.2.21) erfüllt ist.

Damit ist das Optimierungsproblem für beide zuvor behandelten Fälle gelöst. Die formale Lösung erhält man mittels der fünf Beziehungen gemäß den Gln.(6.2.18) bis (6.2.21) und (6.2.28) in folgenden Schritten:

1. Entsprechend der Definition der Funktion F mit ihrer Abhängigkeit vom gegebenen Gütefunktional und vom gegebenen dynamischen System liefert Gl.(6.2.18) bereits den optimalen Stellvektor $\underline{u}(\underline{x}^*, \underline{\psi}^*, t)$; allerdings hängt dieser optimale Stellvektor ab von den noch unbekannten Größen $\underline{x}^*(t)$ und $\underline{\psi}^*(t)$.

2. Der optimale Zustandsvektor $\underline{x}^*(t)$, sowie der adjungierte Zustandsvektor $\underline{\psi}^*(t)$ werden aus der Euler-Lagrange-Gleichung, Gl.(6.2.19), berechnet. Dabei werden benutzt:

   - die für den optimalen Fall eingeführte Nebenbedingung nach Gl. (6.2.2)

     $$\dot{\underline{x}}^* = \underline{f}(\underline{x}^*, \underline{u}^*, t) \quad ;$$

   - der bereits ermittelte optimale Stellvektor $\underline{u}^*(\underline{x}^*, \underline{\psi}^*, t)$;

   - die Randbedingungen zur Bestimmung von $\underline{x}^*$, $\underline{\psi}^*$ unter Berücksichtigung folgender Fälle:

     a) $\underline{x}^*(t_o)$ und $\underline{x}^*(t_e)$ fest vorgegeben, liefert 2n Randbedingungen für $\underline{x}^*$;

     oder

     b) $\underline{x}^*(t_o)$ fest liefert n Randbedingungen für $\underline{x}^*$; ist $\underline{x}^*(t_e)$ frei wählbar, dann ergibt jedoch die Transversalitätsbedingung, Gl. (6.2.20), für feste Endzeit t_e die weiteren n Randbedingungen

     $$\underline{n}^T \frac{\partial F}{\partial \dot{\underline{x}}}\Bigg|_{t_o}^{t_e}\Bigg|_{*} = -\underline{n}^T(t)\underline{\psi}^*(t)\Bigg|_{t_o}^{t_e} = 0 \quad ,$$

und hieraus folgt

$\underline{\psi}^*(t_e) = \underline{0}$, weil $\underline{\eta}^T(t)$ eine beliebige Funktion ist mit

$\underline{\eta}(t_o) = \underline{0}$.

c) $\underline{x}^*(t_o)$ fest, liefert n Randbedingungen für $\underline{x}^*$; sind $\underline{x}^*(t_e)$ und t_e frei wählbar, so liefern die Beziehungen

$$\underline{\eta}^T \frac{\partial F}{\partial \underline{\dot{x}}}\Bigg|_{t_o}\Bigg|_{\varepsilon=0} = 0$$

und

$$t'[(\underline{\dot{c}} - \underline{\dot{x}})^T \frac{\partial F}{\partial \underline{\dot{x}}} + F]\Bigg|_{t_e}\Bigg|_{\varepsilon=0} = 0$$

n weitere Randbedingungen.

3. Schließlich ist noch die Bedingung gemäß Gl.(6.2.21) zu erfüllen.

Beispiel 6.2.1:

Für ein Flugzeug gelte gemäß Bild 6.2.3 die auf das Trägheitsmoment bezogene Drehmomentbilanz bezüglich der Querachse $\ddot{\varphi} = u$, wobei u die

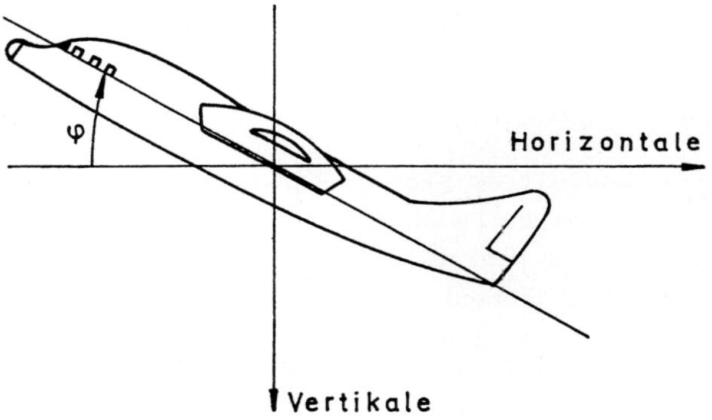

Bild 6.2.3. Auslenkung des Flugzeugs aus der Horizontalen

Stellgröße für das entsprechende System zweiter Ordnung darstellt. Der Winkel φ ist der Auslenkwinkel aus der Horizontalen. Die Zustandsraumdarstellung der Regelstrecke ist mit

$$x_1 = \varphi$$
$$\dot{x}_1 = x_2 = \dot{\varphi}$$
$$\dot{x}_2 = u$$

als

$$\underline{\dot{x}} = \underline{A}\,\underline{x} + \underline{b}\,u$$

gegeben, wobei

$$\underline{A} = \begin{bmatrix} 0 & 1 \\ 0 & 0 \end{bmatrix} \quad \text{und} \quad \underline{b} = \begin{bmatrix} 0 \\ 1 \end{bmatrix}$$

gilt. Die Regelstrecke soll von einem Anfangszustand

$$x_1(t_o = 0) = 1$$
$$x_2(t_o = 0) = 1$$

in einen Endzustand

$$x_1(t_e = 2) = 0$$
$$x_2(t_e = 2) = 0$$

überführt werden, wobei das Gütefunktional

$$I = \frac{1}{2}\int_0^2 u^2\,dt$$

minimiert werden soll. Die Flughöhe wird als geeignet vorausgesetzt.

Bei dieser Aufgabe handelt es sich um ein Optimierungsproblem mit Nebenbedingungen sowie fester Endzeit und festem Endwert, so daß gemäß Bild 6.2.2a $\underline{\eta}(t_o) = \underline{\eta}(t_e) = \underline{0}$ gilt. Zur Lösung dieses Problems können die zuvor hergeleiteten Rechenregeln des Euler-Lagrange-Verfahrens angewandt werden. Die Lösung wird in folgenden Schritten durchgeführt:

1. Die Funktion

$$F = -\frac{1}{2}u^2 + \underline{\psi}^T[\underline{A}\,\underline{x} + \underline{b}\,u - \underline{\dot{x}}]$$

folgt direkt aus Gl.(6.2.12). Werden die Werte der Regelstrecke eingesetzt, so ergibt sich

$$F = -\frac{1}{2}u^2 + \psi_1(x_2 - \dot{x}_1) + \psi_2(u - \dot{x}_2) \quad .$$

Als notwendige Bedingungen für eine optimale Lösung gilt zunächst nach Gl.(6.2.18) die Beziehung

$$\frac{\partial F}{\partial u} = -u^* + \psi_2^* = 0 \quad ,$$

woraus sofort

$$u^* = \psi_2^*$$

folgt.

2. Zur Bestimmung des Vektors $\underline{\psi}^*$ und des Vektors $\underline{x}^*$ wird die Euler-Lagrange-Gleichung nach Gl.(6.2.19a) ausgewertet. Es ergibt sich für die beiden Terme dieser Gleichung

$$\frac{\partial F}{\partial \underline{x}} = \begin{bmatrix} \frac{\partial F}{\partial x_1} \\ \frac{\partial F}{\partial x_2} \end{bmatrix} = \begin{bmatrix} 0 \\ \psi_1 \end{bmatrix}$$

und

$$\frac{d}{dt}\frac{\partial F}{\partial \underline{\dot{x}}} = \frac{d}{dt}\begin{bmatrix} -\psi_1 \\ -\psi_2 \end{bmatrix} = \begin{bmatrix} -\dot{\psi}_1 \\ -\dot{\psi}_2 \end{bmatrix} \quad ,$$

woraus nach Gl.(6.2.19b) für die optimalen Größen

$$\begin{bmatrix} 0 \\ \psi_1^* \end{bmatrix} = \begin{bmatrix} -\dot{\psi}_1^* \\ -\dot{\psi}_2^* \end{bmatrix}$$

folgt. Zusammen mit der Zustandsraumdarstellung der Regelstrecke erhält man ein Differentialgleichungssystem mit Randbedingungen:

$$\begin{aligned} \dot{x}_1^* &= x_2^* & x_1(0) &= 1 & x_1(2) &= 0 \\ \dot{x}_2^* &= u^* = \psi_2^* & x_2(0) &= 1 & x_2(2) &= 0 \\ \dot{\psi}_1^* &= 0 \\ \dot{\psi}_2^* &= -\psi_1^* \quad . \end{aligned}$$

Die Integration liefert

$$\begin{aligned} \psi_1^* &= k_1 \\ \psi_2^* &= -k_1\, t + k_2 \\ x_2^* &= -\frac{1}{2}k_1\, t^2 + k_2\, t + k_3 \\ x_1^* &= -\frac{1}{6}k_1\, t^3 + \frac{1}{2}k_2\, t^2 + k_3\, t + k_4 \quad . \end{aligned}$$

Die unbekannten Integrationskonstanten werden mit Hilfe der Randbedingungen ermittelt

$$x_1(0) = k_4 = 1$$

$$x_2(0) = k_3 = 1$$

$$x_1(2) = -\frac{4}{3}k_1 + 2k_2 + 3 = 0 \tag{6.2.29}$$

$$x_2(2) = -2k_1 + 2k_2 + 1 = 0 \quad . \tag{6.2.30}$$

Aus Gl.(6.2.30) folgt sofort

$$k_1 = k_2 + \frac{1}{2} \quad .$$

Aus Gl.(6.2.29) ergibt sich damit

$$k_2 = -\frac{7}{2} \quad .$$

Für k_1 erhält man dann

$$k_1 = -3 \quad .$$

Die optimalen Trajektorien lauten damit:

$$x_1^*(t) = \frac{1}{2}t^3 - \frac{7}{4}t^2 + t + 1$$

$$x_2^*(t) = \frac{3}{2}t^2 - \frac{7}{2}t + 1 \quad .$$

Das optimale Stellgesetz ist mit

$$u^*(t) = 3t - \frac{7}{2}$$

gegeben.

3. Zur Überprüfung werden noch die zweiten Ableitungen von F untersucht:

$$\frac{\partial^2 F}{\partial \underline{x}^2} = \frac{\partial}{\partial \underline{x}}\left(\frac{\partial F}{\partial \underline{x}}\right)^T = \begin{bmatrix} \frac{\partial}{\partial x_1}\left(\frac{\partial F}{\partial x_1}\right) & \frac{\partial}{\partial x_2}\left(\frac{\partial F}{\partial x_1}\right) \\ \frac{\partial}{\partial x_1}\left(\frac{\partial F}{\partial x_2}\right) & \frac{\partial}{\partial x_2}\left(\frac{\partial F}{\partial x_2}\right) \end{bmatrix} = \begin{bmatrix} 0 & 0 \\ 0 & 0 \end{bmatrix}$$

$$\frac{\partial^2 F}{\partial u \partial \underline{x}} = \frac{\partial}{\partial u}\left(\frac{\partial F}{\partial \underline{x}}\right) = \begin{bmatrix} \frac{\partial}{\partial u}\left(\frac{\partial F}{\partial x_1}\right) \\ \frac{\partial}{\partial u}\left(\frac{\partial F}{\partial x_2}\right) \end{bmatrix} = \begin{bmatrix} 0 \\ 0 \end{bmatrix}$$

$$\frac{\partial^2 F}{\partial \underline{x} \partial u} = \frac{\partial}{\partial \underline{x}}\left(\frac{\partial F}{\partial u}\right) = \begin{bmatrix} \frac{\partial}{\partial x_1}\left(\frac{\partial F}{\partial u}\right) & \frac{\partial}{\partial x_2}\left(\frac{\partial F}{\partial u}\right) \end{bmatrix} = \begin{bmatrix} 0 & 0 \end{bmatrix}$$

$$\frac{\partial^2 F}{\partial u^2} = -1 \quad .$$

Damit gilt

$$-\left[\begin{array}{c|c} \dfrac{\partial^2 F}{\partial \underline{x}^2} & \dfrac{\partial^2 F}{\partial u \partial \underline{x}} \\ \hline \dfrac{\partial^2 F}{\partial \underline{x} \partial u} & \dfrac{\partial^2 F}{\partial u^2} \end{array}\right] = \left[\begin{array}{cc|c} 0 & 0 & 0 \\ 0 & 0 & 0 \\ \hline 0 & 0 & 1 \end{array}\right] \quad .$$

Diese Matrix ist positiv semidefinit. Die erhaltene Lösung führt also zu einem Minimum des Gütefunktionals. ■

6.2.4. Das Hamilton-Verfahren

Wie nachfolgend gezeigt wird, lassen sich mit dem Hamilton-Verfahren allgemeinere Aufgabenstellungen der Variationsrechnung lösen. Gegeben ist wiederum die Zustandsdarstellung einer Regelstrecke

$$\dot{\underline{x}} = \underline{f}(\underline{x}, \underline{u}, t) \quad ,$$

wobei $\underline{x}(t)$ sowie $\underline{u}(t)$ als unbeschränkt und das System als vollständig steuerbar angenommen werden. Als erweitertes Gütefunktional wird

$$I = S[\underline{x}(t_e), t_e] + \int_{t_o}^{t_e} L(\underline{x}, \underline{u}, t)\,dt \tag{6.2.31}$$

gemäß Gl.(6.1.3) gewählt. Für die Randwerte gelte:

$$\underline{x}(t_o),\ t_o \text{ fest} \quad ,$$

$$\underline{g}[\underline{x}(t_e), t_e] = \underline{0},\ t_e \text{ frei} \quad , \tag{6.2.32}$$

wobei die Vektorfunktion $\underline{g}$ die Zielmenge für den Endzustand darstellt (vgl. Bild 6.2.1e). Die Endzeit t_e ist in diesem Fall frei und wird ebenfalls berechnet.

Wiederum wird vorausgesetzt, daß $\underline{f}$, L, S und $\underline{g}$ stetig und zweimal stetig nach $\underline{x}$, $\underline{u}$ und t bzw. nach $\underline{x}(t_e)$ und t_e differenzierbar seien. Gesucht wird dann der optimale Stellvektor $\underline{u}^*(t)$, mit dem das Gütefunktional nach Gl.(6.2.31) minimal wird.

Der Lösungsgang dieser hier formulierten Aufgabe erfolgt in gleicher Weise wie im Abschnitt 6.2.3. Die Optimierungsaufgabe mit Nebenbedingungen wird dabei zunächst auf das äquivalente Problem ohne Nebenbedingungen zurückgeführt. Dies geschieht wiederum durch Einführung von Lagrange-Multiplikatoren. Werden die umgeschriebene Zustandsgleichung sowie die Gl. (6.2.32) als Nebenbedingungen mit diesen Lagrange-Multiplikatoren in das erweiterte Gütefunktional aufgenommen, dann erhält man

$$I = S[\underline{x}(t_e),\ t_e] - \underline{\nu}^T \underline{g}[\underline{x}(t_e),\ t_e] + \int_{t_o}^{t_e} \{L(\underline{x},\ \underline{u},\ t) - \underline{\psi}^T(t)[\underline{f}(\underline{x},\ \underline{u},\ t) - \dot{\underline{x}}]\}dt \quad . \tag{6.2.33}$$

Dabei stellen die Lagrange-Multiplikatoren

$\underline{\nu}$ einen zeitinvarianten Vektor und

$\underline{\psi}(t)$ eine zeitabhängige Vektorfunktion $(\underline{\psi}(t) \neq \underline{0})$

dar. Damit ist die Problemstellung zurückgeführt auf eine Extremwert-Aufgabe *ohne* Nebenbedingungen.

Nun läßt sich mit der folgendermaßen definierten *Hamilton-Funktion*

$$H(\underline{x},\ \underline{u},\ \underline{\psi},\ t) = -L(\underline{x},\ \underline{u},\ t) + \underline{\psi}^T(t)\underline{f}(\underline{x},\ \underline{u},\ t) \tag{6.2.34}$$

und mit

$$S_o[\underline{x}(t_e),\ \underline{\nu},\ t_e] = S[\underline{x}(t_e),\ t_e] - \underline{\nu}^T \underline{g}[\underline{x}(t_e),\ t_e] \tag{6.2.35}$$

für das Gütefunktional schreiben

$$I = S_o[\underline{x}(t_e),\ \underline{\nu},\ t_e] - \int_{t_o}^{t_e} [H(\underline{x},\ \underline{u},\ \underline{\psi},\ t) - \underline{\psi}^T \dot{\underline{x}}]dt \quad . \tag{6.2.36}$$

Zur Berechnung des Minimums des Gütefunktionals I werden wieder die optimalen Größen $\underline{x}^*(t)$, $\underline{u}^*(t)$, t_e^* und $\underline{x}^*(t_e^*)$ benutzt, und die tatsächlichen Größen

$$\underline{x}(t) = \underline{x}^*(t) + \varepsilon\underline{\eta}(t) \tag{6.2.37}$$

$$\underline{u}(t) = \underline{u}^*(t) + \varepsilon\underline{\xi}(t) \tag{6.2.38}$$

$$t_e = t_e^* + \varepsilon t' \tag{6.2.39}$$

gemäß Bild 6.2.4 als Abweichung von denselben betrachtet. Für $\underline{\eta}(t_e^*) \approx \underline{\eta}(t_e)$ folgt damit

$$\underline{x}(t_e) \approx \underline{x}^*(t_e^*) + \varepsilon\underline{\eta}(t_e) + \varepsilon t'\underline{\dot{x}}(t_e) = \underline{x}^*(t_e^*) + \varepsilon\underline{z}(t_e,t')\,. \quad (6.2.40)$$

Dabei stellt der Term $\varepsilon\underline{\eta}(t_e)$ die Variation nach $\underline{x}$ dar, während der Term $\varepsilon t'\underline{\dot{x}}(t_e)$ die Variation nach t und $\varepsilon\underline{z}(t_e,t')$ jene nach $\underline{x}$ und t be-

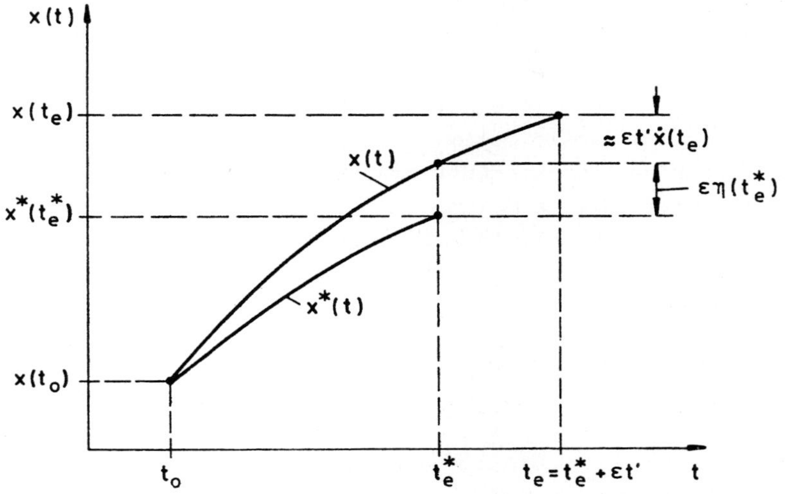

Bild 6.2.4. Optimale und tatsächliche Trajektorie (dargestellt ist eine Komponente des Zustandsvektors)

schreibt. Die erste Ableitung des Gütefunktionals liefert nun

$$\frac{\partial I}{\partial\varepsilon} = [\underline{\eta}^T(t_e) + \underline{\dot{x}}^T(t_e)t']\frac{\partial S_o}{\partial\underline{x}}\bigg|_{t_e} + t'\frac{\partial S_o}{\partial t}\bigg|_{t_e} -$$

$$-t'[H(\underline{x},\underline{u},\underline{\psi},t) - \underline{\psi}^T(t)\underline{\dot{x}}]\bigg|_{t_e} - \int_{t_o}^{t_e}[\underline{\eta}^T\frac{\partial H}{\partial\underline{x}} + \underline{\xi}^T\frac{\partial H}{\partial\underline{u}} - \underline{\psi}^T\underline{\dot{\eta}}]dt \quad .$$

Durch partielle Integration des dritten Integralterms erhält man

$$\frac{\partial I}{\partial\varepsilon} = [\underline{\eta}^T(t_e) + \underline{\dot{x}}^T(t_e)t']\frac{\partial S_o}{\partial\underline{x}}\bigg|_{t_e} + t'\frac{\partial S_o}{\partial t}\bigg|_{t_e} -$$

$$-t'[H(\underline{x},\underline{u},\underline{\psi},t) - \underline{\psi}^T(t)\underline{\dot{x}}]\bigg|_{t_e} + \underline{\psi}^T\underline{\eta}\bigg|_{t_o}^{t_e} - \int_{t_o}^{t_e}[\underline{\eta}^T\frac{\partial H}{\partial\underline{x}} + \underline{\xi}^T\frac{\partial H}{\partial\underline{u}} + \underline{\dot{\psi}}^T\underline{\eta}]dt \quad .$$

Durch Umstellung und Zusammenfassung folgt als notwendige Bedingung für das Minimum von I nach Gl.(6.2.11a):

$$\left.\frac{\partial I}{\partial \varepsilon}\right|_{\varepsilon=0} = \{\underline{z}^T(t_e,t')[\left.\frac{\partial S_o}{\partial \underline{x}}\right|_{t_e} + \underline{\psi}(t_e)] + t'[\frac{\partial S_o}{\partial t} - H(\underline{x},\underline{u},\underline{\psi},t)]\Big|_{t_e}$$

$$\left. - \int\limits_{t_o}^{t_e} [\underline{\eta}^T(\frac{\partial H}{\partial \underline{x}} + \dot{\underline{\psi}}) + \underline{\xi}^T \frac{\partial H}{\partial \underline{u}}]dt\}\right|_{\varepsilon=0} \overset{!}{=} 0 \quad , \qquad (6.2.41)$$

wobei $\underline{z}(t_e,t')$ aus Gl.(6.2.40) und $\underline{\eta}(t_o) = \underline{0}$ verwendet wurde. Beachtet man, daß Gl.(6.2.41) für alle Zeiten $t_o \leq t \leq t_e$ und für beliebige Funktionen $\underline{\eta}(t)$ und $\underline{\xi}(t)$ sowie beliebige Werte t' erfüllt sein muß und berücksichtigt man das Fundamentallemma der Variationsrechnung, dann muß jeder einzelne Term dieser Gleichung für $\varepsilon=0$ verschwinden, und man erhält damit schließlich folgende wichtige Beziehungen zur Berechnung des Minimus von I bzw. der optimalen Größen $\underline{x}^*(t)$, $\underline{u}^*(t)$, $\underline{\psi}^*(t)$, t_e^* und $\underline{x}^*(t_e^*)$:

a) $$\left.\frac{\partial H}{\partial \underline{u}}\right|_* = \underline{0} \qquad (6.2.42)$$

b) $$\dot{\underline{\psi}}^* = -\left.\frac{\partial H}{\partial \underline{x}}\right|_* \qquad (6.2.43)$$

c) Transversalitätsbedingung:

$$\underline{\psi}^*(t_e^*) + \left.\frac{\partial S_o}{\partial \underline{x}}\right|_{t_e,*} = \underline{0} \quad ,$$

da für $\varepsilon=0$ gerade $t_e = t_e^*$ gilt, oder mit Gl.(6.2.35)

$$\underline{\psi}^*(t_e^*) = -\left.\frac{\partial S}{\partial \underline{x}}\right|_{t_e,*} + \left.\left[\frac{\partial \underline{g}}{\partial \underline{x}}\right]^T\right|_{t_e,*} \cdot \underline{\nu} \qquad (6.2.44)$$

d) $$\left.\frac{\partial S_o}{\partial t} - H(\underline{x},\underline{u},\underline{\psi},t)\right|_{t_e,*} = 0 \qquad (6.2.45)$$

oder mit Gl.(6.2.35)

$$\left.\frac{\partial S}{\partial t} - \underline{\nu}^T \frac{\partial \underline{g}}{\partial t}\right|_{t_e,*} = H(\underline{x}^*,\underline{u}^*,\underline{\psi}^*,t_e^*) \quad . \qquad (6.2.46)$$

Die zweite Ableitung des Gütefunktionals ergibt nach längerer Rechnung in ähnlicher Form wie im Abschnitt 6.2.3:

$$\frac{\partial^2 I}{\partial \varepsilon^2} = \underline{z}^T \frac{\partial^2 S_o}{\partial \underline{x}^2} \underline{z} \Bigg|_{t_e} - \int_{t_o}^{t_e} [\underline{\eta}^T \underline{\xi}^T] \begin{bmatrix} \frac{\partial^2 H}{\partial \underline{x}^2} & \frac{\partial^2 H}{\partial \underline{u} \partial \underline{x}} \\ \frac{\partial^2 H}{\partial \underline{x} \partial \underline{u}} & \frac{\partial^2 H}{\partial \underline{u}^2} \end{bmatrix} \begin{bmatrix} \underline{\eta} \\ \underline{\xi} \end{bmatrix} dt \quad . \qquad (6.2.47)$$

Zusammen mit der zweiten notwendigen Bedingung für ein Minimum nach Gl. (6.2.11b)

$$\frac{\partial^2 I}{\partial \varepsilon^2} \Bigg|_{\varepsilon=0} \geqq 0$$

führt Gl. (6.2.47) zu den folgenden Beziehungen

$$\text{e)} \quad \frac{\partial^2 S_o}{\partial \underline{x}^2} \Bigg|_{t_e,*} = \left[\frac{\partial^2 S}{\partial \underline{x}^2} - \frac{\partial^2 (\underline{\nu}^T \underline{g})}{\partial \underline{x}^2} \right] \Bigg|_{t_e,*} \geqq \underline{0} \text{ , d.h. positiv semidefinit} \qquad (6.2.48)$$

und

$$\text{f)} \quad - \begin{bmatrix} \frac{\partial^2 H}{\partial \underline{x}^2} & \frac{\partial^2 H}{\partial \underline{u} \partial \underline{x}} \\ \frac{\partial^2 H}{\partial \underline{x} \partial \underline{u}} & \frac{\partial^2 H}{\partial \underline{u}^2} \end{bmatrix} \Bigg|_* \geqq \underline{0} \text{ , d.h. positiv semidefinit.} \qquad (6.2.49)$$

Damit ist dieses allgemeinere Optimierungsproblem gelöst. Zusammengefaßt erfolgt die Lösung also in folgenden Schritten:

1. Mit Hilfe von Gl. (6.2.34) wird die Hamilton-Funktion H aufgestellt. In H gehen sowohl das spezielle Gütefunktional als auch das spezielle dynamische System ein.

2. Aus Gl. (6.2.42) berechnet sich der optimale Stellvektor $\underline{u}^*(\underline{x}^*, \underline{\psi}^*, t)$, wobei $\underline{x}^*$ und $\underline{\psi}^*$ noch unbekannt sind.

3. Der optimale Zustandsvektor $\underline{x}^*(t)$ sowie der zugehörige adjungierte Zustandsvektor $\underline{\psi}^*(t)$ werden aus Gl. (6.2.43)

$$\dot{\underline{\psi}}^* = - \frac{\partial H}{\partial \underline{x}} \Bigg|_* \qquad (6.2.50a)$$

und durch Ableitung der Gl. (6.2.34) aus

$$\dot{\underline{x}}^* = \underline{f}(\underline{x}^*, \underline{u}^*, t) = \frac{\partial H}{\partial \underline{\psi}} \Bigg|_* \qquad (6.2.50b)$$

berechnet. Diese beiden Beziehungen bilden das sogenannte *kanonische Hamiltonsche Differentialgleichungssystem*, für dessen 2n Randbedingungen folgende beide in Gl. (6.2.32) enthaltenen Fälle zu unterscheiden sind:

a) $\underline{x}^*(t_o)$ und $\underline{x}^*(t_e)$ fest vorgegeben, liefern 2n Randbedingungen für $\underline{x}^*(t)$.

b) $\underline{x}^*(t_o)$ fest liefert n Randbedingungen für $\underline{x}^*(t)$, weil $\underline{x}^*(t_e)$ frei ist. Die Transversalitätsbedingung nach Gl.(6.2.44) ergibt jedoch die weiteren n Randbedingungen

$$\underline{\psi}^*(t_e^*) = - \frac{\partial S}{\partial \underline{x}}\bigg|_{t_e,*} + \left[\frac{\partial \underline{g}}{\partial \underline{x}}\right]^T\bigg|_{t_e,*} \cdot \underline{\nu} \quad .$$

Aus dieser Transversalitätsbedingung sowie der Endbedingung nach Gl. (6.2.32)

$$\underline{g}[\underline{x}^*(t_e^*), t_e^*] = \underline{0}$$

und aus Gl.(6.2.46)

$$\frac{\partial S}{\partial t} - \underline{\nu}^T \frac{\partial \underline{g}}{\partial t}\bigg|_{t_e,*} = H(\underline{x}^*, \underline{u}^*, \underline{\psi}^*, t_e^*)$$

werden der Lagrange-Multiplikator $\underline{\nu}$ und die optimale Endzeit t_e^* bestimmt.

4. Abschließend ist noch zu prüfen, ob die optimalen Größen tatsächlich ein Minimum von I ergeben. Dazu werden die Gln.(6.2.48) und (6.2.49) benutzt.

Das hier beschriebene Vorgehen wird im Abschnitt 6.4 bei der Herleitung des optimalen Zustandsreglers angewandt.

Abschließend soll noch auf einige *Eigenschaften der Hamilton-Funktion* näher eingegangen werden.

a) Entlang der optimalen Trajektorie gilt

$$H(\underline{x}^*, \underline{u}^*, \underline{\psi}^*) = \text{const} \quad \text{für} \quad t_o \leq t \leq t_e \quad , \tag{6.2.51}$$

falls $\underline{f}(\underline{x},\underline{u})$ und $L(\underline{x},\underline{u})$ nicht explizit von t abhängen und t_e frei oder fest wählbar ist.

Beweis: Für die zeitliche Ableitung der Hamilton-Funktion gilt

$$\frac{dH}{dt} = \underbrace{\left(\frac{\partial \underline{x}}{\partial t}\right)^T \frac{\partial H}{\partial \underline{x}}}_{=-\dot{\underline{\psi}}} + \underbrace{\left(\frac{\partial \underline{u}}{\partial t}\right)^T \frac{\partial H}{\partial \underline{u}}}_{=\underline{0}} + \underbrace{\dot{\underline{\psi}}^T \frac{\partial H}{\partial \underline{\psi}}}_{=\dot{\underline{x}}} + \frac{\partial H}{\partial t}$$

und zusammengefaßt

$$\frac{dH}{dt} = \frac{\partial H}{\partial t} \quad .$$

Falls nun $\underline{f}$ und L nicht explizit von t abhängen, erhält man für die Hamilton-Funktion $H = H(\underline{x},\underline{u},\underline{\psi})$ die zeitliche Ableitung

$$\frac{dH}{dt} = \frac{\partial H}{\partial t} = 0 \quad \text{und daraus folgt } H = \text{const.}$$

b) Weiterhin gilt entlang der optimalen Trajektorie bei freiem t_e

$$H(\underline{x}^*,\underline{u}^*,\underline{\psi}^*) = 0 \quad \text{für} \quad t_0 \leq t \leq t_e \quad , \tag{6.2.52}$$

falls $\underline{f}$, L, $\underline{g}$ und S nicht explizit von t und t_e abhängen. Dies läßt sich direkt aus Gl.(6.2.46) ersehen.

c) Eine weitere Eigenschaft der Hamilton-Funktion ist ihre Invarianz gegenüber Koordinatentransformationen.

Beispiel 6.2.2:

Wie muß bei dem im Bild 6.2.5 dargestellten RC-Netzwerk die Eingangsspannung $u_k(t)$ zum Aufladen eines Kondensators mit der Kapazität C gewählt werden, wenn die Kondensatorspannung für $t_0 = 0$ bereits den Wert $u_c(0) \equiv x_0$ besitzt und nach einer festen Zeit t_e den Wert $u_c(t_e) \equiv x_e$ aufweisen soll und dabei die im ohmschen Widerstand verbrauchte Energie minimal werden soll?

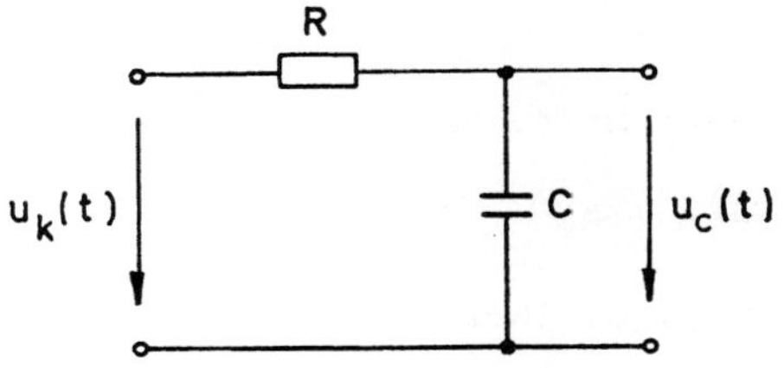

Bild 6.2.5. RC-Netzwerk

Als Stellgröße wird im vorliegenden Fall $u(t) = u_k(t)$ und als Zustandsgröße $x(t) = u_c(t)$ definiert. Mit diesen Größen erhält man als Zustandsgleichung

$$\dot{x} = -\frac{1}{RC}\,x + \frac{1}{RC}\,u \quad . \tag{6.2.53}$$

Die im ohmschen Widerstand verbrauchte Energie soll minimal werden. Deshalb kann das Gütekriterium folgendermaßen formuliert werden:

$$I = \int\limits_0^{t_e} i^2(t)\,R\,dt = \int\limits_0^{t_e} \frac{[u(t) - x(t)]^2}{R}\,dt \stackrel{!}{=} \text{Min.} \tag{6.2.54}$$

Für die hier vorliegende Problemstellung lautet die Hamilton-Funktion

$$H(x,u,\psi) = -\frac{(u-x)^2}{R} + \psi\left(-\frac{x}{RC} + \frac{u}{RC}\right) \quad . \tag{6.2.55}$$

Das Hamilton-Verfahren liefert nun gemäß Gl.(6.2.42)

$$\left.\frac{\partial H}{\partial u}\right|_* = 0 = -\frac{2(u^*-x^*)}{R} + \frac{\psi^*}{RC} \quad , \tag{6.2.56}$$

und hieraus folgt die Stellgröße

$$u^* = \frac{\psi^*}{2C} + x^* \quad , \tag{6.2.57}$$

wobei die Zustandsgröße x^* und die adjungierte Zustandsgröße ψ^* zuerst aus dem kanonischen Hamiltonschen Differentialgleichungssystem

$$\dot{\psi}^* = -\left.\frac{\partial H}{\partial x}\right|_* = -\frac{2(u^*-x^*)}{R} + \frac{\psi^*}{RC} \quad , \tag{6.2.58}$$

$$\dot{x}^* = \left.\frac{\partial H}{\partial \psi}\right|_* = -\frac{x^*}{RC} + \frac{u^*}{RC} \tag{6.2.59}$$

zu ermitteln sind. Wird die Stellgröße u^* aus Gl.(6.2.57) in die Gln. (6.2.58) und (6.2.59) eingesetzt, so folgt

$$\dot{\psi}^* = 0 \quad , \tag{6.2.60}$$

$$\dot{x}^* = \frac{\psi^*}{2RC^2} \quad . \tag{6.2.61}$$

Aus Gl.(6.2.60) ergibt sich die adjungierte Zustandsgröße

$$\psi^*(t) = \text{const} = K_1 \quad , \tag{6.2.62}$$

und damit erhält man aus Gl.(6.2.61) die Zustandsgröße

$$x^*(t) = \frac{K_1}{2RC^2}\,t + K_2 \quad . \tag{6.2.63}$$

Die beiden Randbedingungen für $t = 0$ und $t = t_e$ liefern

$$x(0) = x_o = K_2 \quad ,$$

$$x(t_e) = x_e = \frac{K_1}{2RC^2} t_e + K_2$$

und damit die Integrations-Konstanten

$$K_2 = x_o \quad , \tag{6.2.64}$$

$$K_1 = \frac{2RC^2}{t_e} (x_e - x_o) \quad . \tag{6.2.65}$$

Mit diesen beiden Größen sind nun auch $x^*(t)$ und $\psi^*(t)$ entsprechend den Gln. (6.2.62) und (6.2.63) gegeben, und damit folgt für das gesuchte Stellgesetz aus Gl. (6.2.57)

$$u^*(t) = \frac{RC}{t_e} (x_e - x_o) + \frac{1}{t_e} (x_e - x_o)\; t + x_o$$

oder zusammengefaßt

$$u^*(t) = \frac{1}{t_e} (x_e - x_o)\; (RC + t) + x_o \quad . \tag{6.2.66}$$

Die Überprüfung mit Gl. (6.2.49), ob tatsächlich ein Minimum des Gütefunktionals gefunden wurde, liefert das positive Ergebnis

$$- \left. \begin{bmatrix} \frac{\partial^2 H}{\partial x^2} & \frac{\partial^2 H}{\partial u \partial x} \\ \frac{\partial^2 H}{\partial x \partial u} & \frac{\partial^2 H}{\partial u^2} \end{bmatrix} \right|_* = \begin{bmatrix} \frac{2}{R} & -\frac{2}{R} \\ -\frac{2}{R} & \frac{2}{R} \end{bmatrix} \geqq 0 \quad .$$

■

Beispiel 6.2.3:

Gegeben ist eine Regelstrecke

$$\dot{x} = u \quad ,$$

für deren Anfangswert

$$x(0) = 1$$

gelte. Gesucht ist ein optimales Stellgesetz u^*, welches die Regelstrecke in einen Endzustand

$$x(t_e) = 0 = g$$

bei beliebiger Endzeit t_e überführt und das Gütekriterium

$$I = \frac{1}{2} \int_{0}^{t_e} (k^2 + u^2)dt \stackrel{!}{=} \text{Min mit } k > 0$$

erfüllt.

Bei dieser Aufgabe handelt es sich um ein Optimierungsproblem mit Neben- und Randbedingungen, mit festem Anfangswert und fester Anfangszeit, festem Endwert und beliebiger Endzeit. Dieses Optimierungsproblem kann mit dem Hamilton-Verfahren gelöst werden, wobei den Punkten 1) bis 4) gefolgt wird und die Eigenschaften der Hamilton-Funktion beachtet werden.

1) Die Hamilton-Funktion H nach Gl. (6.2.34) für die gegebene Regelstrecke lautet

$$H = -\frac{1}{2} k^2 - \frac{1}{2} u^2 + \psi u \quad .$$

2) Die Gl. (6.2.42) in der Form

$$\frac{\partial H}{\partial u} = 0 = -u + \psi$$

liefert das optimale Stellgesetz

$$u^* = \psi^* \quad .$$

3) Der noch unbekannte Lagrange-Multiplikator ψ^* und der optimale Zustand x^* werden mit der aus Gl. (6.2.43) folgenden Beziehung

$$\dot{\psi}^* = -\frac{\partial H}{\partial \underline{x}} = 0$$

und der Zustandsraumdarstellung der Regelstrecke für die optimalen Größen

$$\dot{x}^* = u^* = \psi^*$$

berechnet. Eine direkte Integration liefert

$$\psi^* = c_1$$

und

$$x^* = c_1 t + c_2$$

mit noch unbekannten Integrationskonstanten c_1 und c_2. Die Konstanten werden mit Hilfe der Anfangsbedingung und der Transversalitätsbedingung Gl. (6.2.44) bestimmt:

$$x(0) = 1 = c_2$$

$$\psi^*(t_e^*) = \left.\frac{\partial g}{\partial x}\right|_{t_e,*} \cdot \nu = \left.\frac{\partial x}{\partial x}\right|_{t_e,*} \cdot \nu = \nu = c_1 \quad .$$

Damit folgt für die optimale Trajektorie

$$x^* = \nu\, t + 1 \quad .$$

Der unbekannte Lagrange-Multiplikator ν wird mittels der aus Gl. (6.2.46) folgenden Beziehung

$$H(x^*,u^*,\psi^*,t_e^*) = 0$$

und der unter Punkt 1) definierten Hamilton-Funktion

$$H(x^*,u^*,\psi^*,t_e^*) = -\frac{1}{2}\, k^2 + \frac{1}{2}\, \psi^{*2}(t_e^*)$$

bestimmt. Es folgt

$$\psi^*(t_e^*) = \pm\, k = \nu \quad .$$

Die Frage danach, welches Vorzeichen bei k sinnvollerweise gewählt werden muß, läßt sich mit Hilfe der Endzeit t_e^* beantworten. Für die Endzeit gilt nach der Randbedingung

$$x(t_e^*) = 0 = \nu\, t_e + 1 \quad .$$

Damit ergibt sich

$$t_e = -\frac{1}{\nu} \quad .$$

Da die Endzeit nur positive Werte annehmen kann, muß für ν der Wert

$$\nu = -k$$

gewählt werden. Das optimale Stellgesetz ist demnach mit

$$u^* = \psi^* = -k$$

gegeben.

4) Formal muß noch geprüft werden, ob tatsächlich ein Minimum des Gütefunktionals erreicht wurde. Die Auswertung von Gl. (6.2.48) ergibt

$$\left.\frac{\partial^2 S_0}{\partial x^2}\right|_{t_e,*} = -\left.\frac{\partial^2(\nu g)}{\partial x^2}\right|_{t_e,*} = 0 \quad .$$

Die Gl. (6.2.49) liefert

$$- \begin{bmatrix} \frac{\partial^2 H}{\partial x^2} & \frac{\partial^2 H}{\partial u \partial x} \\ \frac{\partial^2 H}{\partial x \partial u} & \frac{\partial^2 H}{\partial u^2} \end{bmatrix} = \begin{bmatrix} 0 & 0 \\ 0 & 1 \end{bmatrix} \geqq \underline{0} \ .$$

Damit ist die Optimierungsaufgabe gelöst. ■

6.2.5. Vor- und Nachteile der Optimierung nach den Verfahren von Euler-Lagrange und Hamilton

Beide in den vorhergehenden Abschnitten behandelte Verfahren besitzen den Nachteil, daß die zulässigen Steuerfunktionen durch die zuvor eingeführten speziellen Forderungen bezüglich Stetigkeit und Differenzierbarkeit eingeschränkt sind. Außerdem ist der mathematische Lösungsaufwand hoch. So ist es häufig beim Hamilton-Verfahren nicht möglich, das Randwertproblem des kanonischen Differentialgleichungssystems, Gl. (6.2.50a, b), geschlossen zu lösen. Hierbei bleibt nur der Ausweg über numerische Lösungsmethoden. Legt man jedoch bei linearen Systemen ein quadratisches Gütekriterium zugrunde, so führt die geschlossene Lösung des kanonischen Differentialgleichungssystems auf eine Riccati-Differentialgleichung, aus der sich dann der optimale Steuer- oder Stellvektor $\underline{u}^*(t)$ berechnen läßt. Dieser Fall wird im Abschnitt 6.4 ausführlich behandelt.

Ein weiterer Nachteil besteht darin, daß der Stellvektor $\underline{u}(t)$ und der Zustandsvektor $\underline{x}(t)$ als unbeschränkt vorausgesetzt werden müssen. Dies stellt in Bezug auf eine praktische Realisierung eine wesentliche Einschränkung dar. Das Problem der Optimierung mit beschränkten Zustands- und Stellgrößen kann jedoch mit Hilfe des Maximumprinzips von Pontrjagin gelöst werden, das nachfolgend näher behandelt wird.

6.3. Das Maximumprinzip von Pontrjagin

Im Gegensatz zur Variationsrechnung gestattet das Maximumprinzip auch die Lösung von Optimierungsaufgaben, bei denen der Stellvektor $\underline{u}(t)$ *beschränkt* ist. Abgesehen von der Beschränkung

$\underline{u}(t) \in U$

sei dieselbe Aufgabe zu lösen, wie sie im Abschnitt 6.2.4 bereits formuliert wurde. Die dort eingeführte Hamilton-Funktion, Gl.(6.2.34), sowie die kanonischen Gleichungen (6.2.50a, b) werden formal auch hier benutzt.

Zur Formulierung des Maximumprinzips wird das Integral des zu minimierenden Gütefunktionals als Komponente

$$x_o(t) = \int_{t_o}^{t} L(\underline{x},\underline{u},\tau)d\tau \quad , \quad x_o(t_o) = 0 \tag{6.3.1}$$

in den erweiterten Zustandsvektor

$$\underline{\tilde{x}}(t) = \begin{bmatrix} x_o(t) \\ --- \\ \underline{x}(t) \end{bmatrix} \tag{6.3.2}$$

einbezogen. Damit erhält man als erweiterte Systembeschreibung

$$\dot{\underline{\tilde{x}}} = \underline{\tilde{f}}(\underline{\tilde{x}},\underline{u},t) = \begin{bmatrix} L(\underline{x}, \underline{u}, t) \\ ----- \\ \underline{f}(\underline{x}, \underline{u}, t) \end{bmatrix} . \tag{6.3.3}$$

In ähnlicher Form wird nun auch ein erweiterter adjungierter Vektor

$$\underline{\tilde{\psi}}(t) = \begin{bmatrix} \psi_o(t) \\ --- \\ \underline{\psi}(t) \end{bmatrix} \tag{6.3.4}$$

eingeführt. Definiert man als Hamilton-Funktion

$$\tilde{H}(\underline{\tilde{x}},\underline{u},\underline{\tilde{\psi}},t) = \underline{\tilde{\psi}}^T(t)\, \underline{\tilde{f}}(\underline{\tilde{x}},\underline{u},t) \quad , \tag{6.3.5}$$

dann gelten wiederum die kanonischen Gleichungen

$$\dot{\underline{\tilde{x}}}^* = \left.\frac{\partial \tilde{H}}{\partial \underline{\tilde{\psi}}}\right|_* \tag{6.3.6}$$

und

$$\dot{\underline{\tilde{\psi}}}^* = -\left.\frac{\partial \tilde{H}}{\partial \underline{\tilde{x}}}\right|_* \quad , \tag{6.3.7}$$

und für das adjungierte System erhält man somit

$$\dot{\underline{\tilde{\psi}}}^* = -\left.\left[\frac{\partial \underline{\tilde{f}}(\underline{\tilde{x}}, \underline{u}, t)}{\partial \underline{\tilde{x}}}\right]^T \underline{\tilde{\psi}}\right|_* . \tag{6.3.8}$$

Wird nun generell für $\underline{u}(t)$ $(t_o \leqq t \leqq t_e)$ im r-dimensionalen Bereich U jede stückweise stetige Funktion zugelassen, dann läßt sich das *Maximumprinzip* folgendermaßen formulieren:

> Notwendige Bedingung, daß es unter den zugelassenen Stellvektoren $\underline{u}(t) \in U$ einen optimalen Stellvektor $\underline{u}^*(t)$ und die dazugehörende Lösung $\tilde{\underline{x}}^*(t)$ gibt, ist die Existenz einer Lösung $\tilde{\underline{\psi}}^*(t) \neq \underline{0}$, die zu $\tilde{\underline{x}}^*(t)$ und $\underline{u}^*(t)$ gehört sowie Gl.(6.3.8) erfüllt und die bewirkt, daß
>
> a) für alle t im Bereich $t_o \leqq t \leqq t_e$ die Hamilton-Funktion $\tilde{H}$ nur bezüglich der expliziten Variablen $\underline{u} \in U$ ihr absolutes Maximum annimmt, d. h. es gilt
>
> $$\tilde{H}[\tilde{\underline{x}}^*, \underline{u}^*, \tilde{\underline{\psi}}^*, t] = \max_{\underline{u} \in U} \tilde{H}[\tilde{\underline{x}}, \underline{u}, \tilde{\underline{\psi}}, t] \quad , \tag{6.3.9}$$
>
> und
>
> b) die Funktion $\psi_o(t)$ nicht positiv wird, also
>
> $$\psi_o(t) \leqq 0 \quad . \tag{6.3.10}$$

Das Fundamentallemma entsprechend Gl.(6.2.3), das beim Hamilton-Verfahren aus der Gl.(6.2.41) direkt die Herleitung der Gl.(6.2.42) ermöglichte, darf im vorliegenden Falle eines beschränkten Stellvektors nicht angewandt werden; es müßte vielmehr modifiziert bzw. verallgemeinert werden, worauf aber hier nicht eingegangen werden kann. Diese Verallgemeinerung führt direkt zum Maximumprinzip [6.3]. Wäre der optimale Stellvektor $\underline{u}^*(t)$ unbeschränkt, dann ginge also Gl.(6.3.9) direkt über in die Optimalitätsbedingung nach Gl.(6.2.42). Daraus ist ersichtlich, daß das Hamilton-Verfahren der Variationsrechnung einen Sonderfall des Maximumprinzips darstellt.

Da die Gleichung des adjungierten Systems, Gl.(6.3.8), nicht explizit die Variable x_o enthält, muß

$$\dot{\psi}_o = 0 \quad \text{bzw.} \quad \psi_o = \text{const} \tag{6.3.11}$$

gelten. Nun kann die Hamilton-Funktion $\tilde{H}$ mit ψ_o = const normiert werden. Gewöhnlich setzt man

$$\psi_o = -1 \quad . \tag{6.3.12}$$

Damit nimmt die Hamilton-Funktion $\tilde{H}$ von Gl.(6.3.5) die Form der Hamilton-Funktion H von Gl.(6.2.34) an. Der Fall $\psi_o(t) = 0$, den die Gl. (6.3.10) mit umfaßt, ist i. a. uninteressant, da dann das Integral des zu minimierenden Gütefunktionals nicht mehr in der Hamilton-Funktion enthalten ist.

Im *regulären* oder *normalen* Fall ergibt sich aus Gl.(6.3.9) der optimale Stellvektor $\underline{u}^*(t)$, mit dessen Hilfe als Lösung des durch die kanonischen Gleichungen (6.3.6) und (6.3.7) beschriebene Randwertproblems die optimalen Vektoren $\underline{\tilde{x}}^*(t)$ und $\underline{\psi}^*(t)$ berechnet werden. Die hierzu erforderlichen 2n Randbedingungen bzw. die daraus resultierenden Transversalitätsbedingungen sind die gleichen wie sie beim Hamilton-Verfahren bereits benutzt wurden. Speziell bei zeitinvarianten Systemen wird bei festem t_e die Hamilton-Funktion konstant und bei freiem t_e gleich Null.

Vom *singulären* Fall spricht man, wenn Gl.(6.3.9) keine eindeutige Aussage über die Existenz eines von $\underline{x}^*(t)$ und $\underline{\psi}^*(t)$ abhängigen optimalen Stellgesetzes $\underline{u}^*(t)$ ermöglicht. Dieser Fall tritt beispielsweise auf, wenn die Hamilton-Funktion H in endlichen Zeitintervallen von $\underline{u}(t)$ unabhängig wird oder gelegentlich auch falls H von $\underline{u}(t)$ linear abhängig ist. Trotzdem kann auch für diesen Fall eine optimale singuläre Lösung $\underline{u}^*(t)$ existieren. Eine notwendige (aber nicht hinreichende) Bedingung hierfür liefert die Beziehung [6.4]

$$\frac{\partial}{\partial \underline{u}}\left[\frac{d^2}{dt^2}\left(\frac{\partial H}{\partial \underline{u}}\right)\right] \geqq \underline{0} \quad .$$

Das Maximumprinzip wurde 1956 von Pontrjagin [6.5] formuliert, aber erst später bewiesen. Auf den umfangreichen Beweis kann hier nicht eingegangen werden. Häufig wird auch das ebenfalls von Pontrjagin eingeführte *Minimumprinzip* zur Lösung derselben Aufgabe verwendet. Die Unterscheidung beider Prinzipien beruht allein auf einer Vorzeichendefinition, denn offensichtlich gilt für eine beliebige Funktion H:

$$\min\,(H) = -\max\,(-H) \quad . \tag{6.3.13}$$

Für die wichtigsten Klassen von Problemstellungen wurde übrigens nachgewiesen, daß das Maximumprinzip nicht nur notwendige, sondern auch hinreichende Bedingungen für das Auftreten einer optimalen Lösung $\underline{u}^*(t)$ liefert (siehe z. B. [6.4]).

Beispiel 6.3.1:

Es soll ein Fahrzeug betrachtet werden, dessen Position y(t) geregelt wird, z. B. ein von einer Weltraumstation startendes Raumschiff, das auf einem kleinen Weltkörper senkrecht landen soll. Gravitationskräfte und eventuelle Reibungskräfte werden einfachheitshalber vernachlässigt. Als Stellgröße wirkt die auf die Masse bezogene Beschleunigungs- bzw.

Verzögerungskraft u(t). Die Bewegungsgleichung des Fahrzeuges (Regelstrecke) lautet somit

$$\ddot{y}(t) = u(t) \quad . \tag{6.3.14}$$

Führt man als Zustandsgrößen $x_1(t) = y(t)$ und $x_2(t) = \dot{y}(t)$ ein, so ergibt sich als Zustandsraumdarstellung

$$\dot{x}_1 = x_2 \tag{6.3.15a}$$

$$\dot{x}_2 = u \quad , \tag{6.3.15b}$$

wobei die Anfangs- und Endwerte der Zustandsgrößen wie folgt festgelegt seien:

$$x_1(0) = -h < 0 \quad \text{und} \quad x_2(0) = v > 0 \quad , \text{sowie} \tag{6.3.16}$$

$$x_1(t_e) = x_2(t_e) = 0 \quad . \tag{6.3.17}$$

Das zu minimierende Gütefunktional, ähnlich zu Gl.(6.1.8),

$$I = \int_0^{t_e} [k + |u(t)|]dt = k\, t_e + \int_0^{t_e} |u(t)|dt \tag{6.3.18}$$

stellt eine lineare Kombination der Fahrzeit (Flugzeit) und der verbrauchten Stellenergie (Kraftstoff) dar, wobei $k>0$ gilt und die Stellgröße durch

$$|u(t)| \leqq 1 \tag{6.3.19}$$

beschränkt sei. Gesucht ist nun das optimale Stellgesetz $u^*(t)$, für das Gl.(6.3.18) minimal wird.

Als Hamilton-Funktion erhält man im vorliegenden Fall mit $\psi_0 = -1$

$$\tilde{H} = H = -L + \underline{\psi}^T \underline{f} = -k - |u| + \psi_1 x_2 + \psi_2 u \quad . \tag{6.3.20}$$

Die kanonischen Gleichungen, Gln.(6.3.6) und (6.3.7), lauten dann

$$\dot{x}_1^* = x_2^* \quad , \tag{6.3.21a}$$

$$\dot{x}_2^* = u^* \quad , \tag{6.3.21b}$$

$$\dot{\psi}_1^* = 0 \quad , \tag{6.3.22a}$$

$$\dot{\psi}_2^* = -\psi_1^* \quad , \tag{6.3.22b}$$

wobei die Lösung der Gln.(6.3.22a, b) sich wie folgt ergibt:

$$\psi_1^*(t) = \text{const} = \alpha \quad , \tag{6.3.23a}$$

$$\psi_2^*(t) = -\alpha t + \beta \quad . \tag{6.3.23b}$$

Mit den Gln.(6.3.23a, b) wird die Hamilton-Funktion H gemäß Gl.(6.3.20) stets maximal, wenn als Stellgröße (und damit ist dies die optimale Stellgröße!) gewählt wird

$$u^*(t) = \begin{cases} +1 & \text{für} \quad \psi_2^*(t) > 1 \quad , \\ 0 & \text{für} \quad -1 < \psi_2^*(t) < 1 \quad , \\ -1 & \text{für} \quad \psi_2^*(t) < -1 \quad . \end{cases} \tag{6.3.24}$$

Die Gültigkeit dieses stückweise stetigen optimalen Stellgesetzes $u^*(t)$ läßt sich einfach anhand der geometrischen Überlegungen von Bild 6.3.1a nachvollziehen.

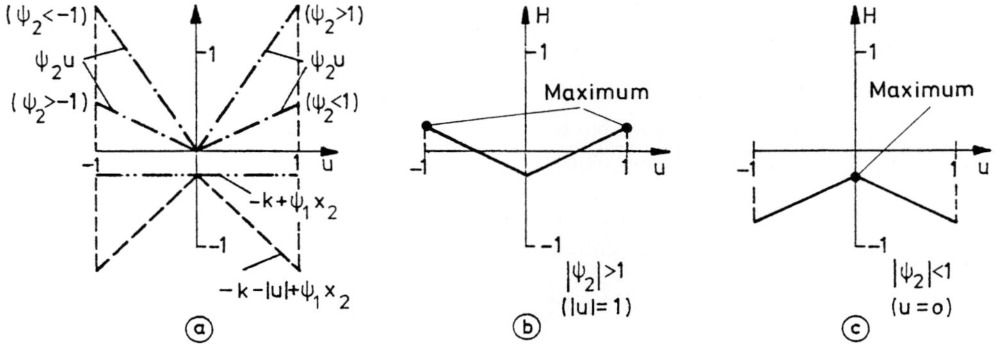

Bild 6.3.1. Zur Veranschaulichung der Abhängigkeit der Hamilton-Funktion H nach Gl.(6.3.20) von der Stellgröße u: (a) Teilkomponenten; (b) Überlagerung für den Fall $|\psi_2| > 1$ ($|u| = 1$); (c) Überlagerung für den Fall $|\psi_2| < 1$ ($u = 0$)

Die Hamilton-Funktion H gemäß Gl.(6.3.20) wird dabei durch Überlagerung der beiden dargestellten Kurvenverläufe $-k-|u| + \psi_1 x_2$ und $\psi_2 u$ beschrieben. Da der Verlauf von $-k-|u| + \psi_1 x_2$ in Abhängigkeit von u fest ist, wird die Entscheidung, welche Stellgröße u die Hamilton-Funktion H maximiert, zweckmäßigerweise mit Hilfe des Kurvenverlaufs von $\psi_2 u$ getroffen. Für ψ_2 sind die Fälle $|\psi_2| < 1$ und $|\psi_2| > 1$ zu unterscheiden. Für diese beiden Fälle ist die durch die Überlagerung der beiden oben genannten Kurven entstehende Hamilton-Funktion H in den Bildern 6.3.1b, c dargestellt. Hieraus ist direkt ersichtlich, daß H tatsächlich maximal wird, wenn das Stellgesetz nach Gl.(6.3.24) gewählt wird. Für $u = 0$ ergibt sich - wie später noch gezeigt wird - der Ausdruck $-k+\psi_1 x_2 = 0$, und damit wird der Kurvenverlauf $-k-|u| + \psi_1 x_2$ in den Ursprung verschoben, was allerdings der Anschaulichkeit halber im Bild 6.3.1 noch nicht berücksichtigt wurde.

Das Stellgesetz gemäß Gl.(6.3.24) stellt den regulären Fall dar, und es ist leicht nachzuweisen, daß keine singulären Fälle eintreten können. Diese wären nur möglich, wenn in einem endlichen Zeitintervall $\psi_2 \equiv +1$ bzw. $\psi_2 \equiv -1$ wäre, was jedoch aufgrund von Gl.(6.3.23b) nicht eintreten kann.

Der weitere Lösungsweg für das vorliegende System 2. Ordnung erfolgt nicht über die Behandlung des Randwertproblems, sondern anhand der einfacher durchzuführenden Ermittlung der zu $u^*(t)$ gehörenden Trajektorienscharen in der Phasenebene der beiden Zustandsgrößen x_1 und x_2. Die geometrische Interpretation ermöglicht daraus unter Einhaltung der geforderten Randwerte $\underline{x}(0)$ und $\underline{x}(t_e)$ die Ermittlung der zu $u^*(t)$ gehörigen optimalen Trajektorie $\underline{x}^*(t)$ sowie der entsprechenden Schaltkurven in der Phasenebene. Gerade für Systeme 2. Ordnung können auf diese Weise Lösungen verhältnismäßig einfach erhalten werden. Die technische Realisierung der Schaltkurven ermöglicht dann schließlich die Synthese der gesuchten optimalen Regelung.

Bekanntlich ergeben sich für das hier gestellte Problem in der Phasenebene folgende Trajektorienscharen (s. Band "Regelungstechnik II"):

$$u^*(t) = \begin{cases} +1 & : \quad x_1 = \frac{1}{2}x_2^2 + \text{const} \quad , & (6.3.25a) \\ 0 & : \quad x_2 = \text{const} \quad , & (6.3.25b) \\ -1 & : \quad x_1 = -\frac{1}{2}x_2^2 + \text{const} \quad , & (6.3.25c) \end{cases}$$

wobei z. B. Gl.(6.3.25a) sich aus der Lösung der Zustandsraumdarstellung des Systems

$$x_2(t) = t + x_2(0) \tag{6.3.26}$$

und

$$x_1(t) = \frac{1}{2}t^2 + x_2(0)\, t + x_1(0) \tag{6.3.27}$$

durch Elimination der Zeit direkt zu

$$x_1(t) = \frac{1}{2}x_2^2(t) + x_1(0) - \frac{1}{2}x_2^2(0) = \frac{1}{2}x_2^2(t) + \text{const}$$

ergibt. Im Bild 6.3.2 sind die den Gln.(6.3.25a bis c) entsprechenden Trajektorienscharen dargestellt. In Abhängigkeit von $\psi_2(t)$ setzt sich $u^*(t)$ nach Gl.(6.3.24) aus maximal drei Teilbereichen mit den Werten in der Reihenfolge $u = +1$, $u = 0$ und $u = -1$ (entsprechend dem Ablauf des Landungsprozesses) zusammen. Um den Ursprung der Phasenebene $x_1(t_e) = x_2(t_e) = 0$ zu erreichen, muß in jedem Fall eine von Null verschiedene Stellgröße ($u = \pm 1$) aufgebracht werden, damit auf einer der beiden Trajektorienhälften der Ursprung der Phasenebene erreicht wird. Somit bilden die beiden durch den Ursprung gehenden Halbparabeln die

Schaltkurve S_I, die durch die Beziehung

$$x_{1I} = -\frac{1}{2} x_2|x_2| \qquad (6.3.28)$$

beschrieben wird.

Bevor die Umschaltung an dieser Schaltkurve S_I erfolgt, muß die optimale Trajektorie $\underline{x}^*(t)$ entsprechend dem Schaltzustand $u = 0$ der Stellgröße jeweils auf einer der zur x_1-Achse parallelen Geraden der betreffenden

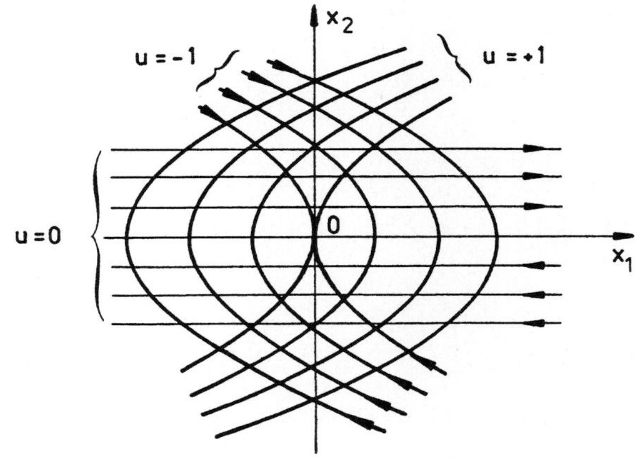

Bild 6.3.2. Trajektorienscharen der Gln.(6.3.25a bis c)

Trajektorienschar verlaufen. Um diese Trajektorie zu erhalten, mußte zuvor an einer zweiten Schaltkurve S_{II} eine Umschaltung von $u = +1$ oder $u = -1$ auf den Schaltzustand $u = 0$ vorgenommen werden. Die optimale Trajektorie $\underline{x}^*(t)$ hat somit in Abhängigkeit vom Anfangszustand, also dem Punkt A mit den frei wählbaren, aber festen Koordinaten $\{x_1(0), x_2(0)\}$ den im Bild 6.3.3 dargestellten Verlauf ABCO. Durch die Schaltkurven S_I und S_{II} wird die Phasenebene in 3 Gebiete mit den möglichen Schaltzuständen $u = +1$, $u = 0$ und $u = -1$ aufgeteilt. Die weitere Aufgabe besteht nun darin, die mathematische Form der Schaltkurve S_{II} herzuleiten.

Zunächst werden den Umschaltpunkten B und C die Umschaltzeiten t_b und t_c zugeordnet. Damit lassen sich dann für die folgenden drei Zeitabschnitte die Lösungen der Zustandsgleichungen, Gln.(6.3.15a, b), angeben, wobei in den Umschaltpunkten sukzessive die Werte des vorhergehenden Zeitabschnitts eingesetzt werden:

a) Im Intervall $0 \leqq t \leqq t_b$ gelten mit $u = +1$ die Gln.(6.3.26) und (6.3.27):

$$x_2(t) = t + x_2(0) \quad ,$$

$$x_1(t) = \frac{1}{2}t^2 + x_2(0)\ t + x_1(0) \quad .$$

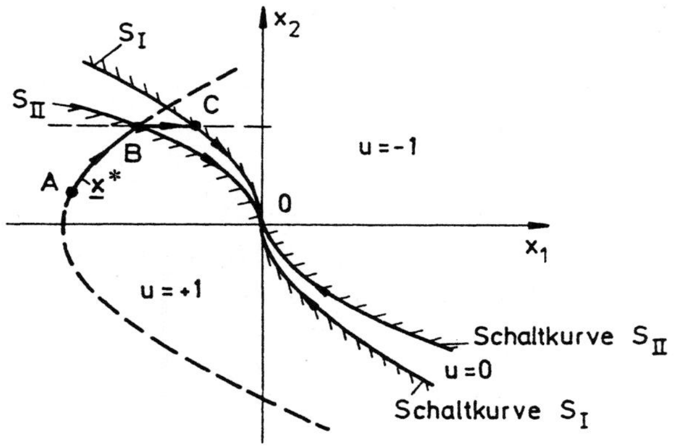

Bild 6.3.3. Schaltkurve S_I und S_{II} sowie optimale Trajektorie ABCO

b) Im Intervall $t_b \leq t \leq t_c$ erhält man mit $u = 0$ als Zustandsgrößen:

$$x_2(t) = \text{const} = x_2(t_b) = t_b + x_2(0) \quad , \tag{6.3.29}$$

$$\begin{aligned} x_1(t) &= [t_b + x_2(0)] \ (t-t_b) + x_1(t_b) \\ &= [t_b + x_2(0)] \ (t-t_b) + \tfrac{1}{2}t_b^2 + x_2(0) \ t_b + x_1(0) \\ &= [t_b + x_2(0)] \ t - \tfrac{1}{2}t_b^2 + x_1(0) \quad . \end{aligned} \tag{6.3.30}$$

c) Im Intervall $t_c \leq t \leq t_e$ verläuft die optimale Trajektorie direkt auf der Schaltkurve S_I für $u = -1$, so daß nach Gl.(6.3.28)

$$x_1(t) = -\tfrac{1}{2}x_2^2(t) \tag{6.3.31}$$

wird.

Aus Gl.(6.3.30) ergibt sich für $t = t_b$ und $t = t_c$:

$$x_1(t_b) = [t_b + x_2(0)] \ t_b - \tfrac{1}{2}t_b^2 + x_1(0) \quad ,$$

$$x_1(t_c) = [t_b + x_2(0)] \ t_c - \tfrac{1}{2}t_b^2 + x_1(0) \quad .$$

Die Differenz beider Gleichungen liefert

$$x_1(t_c) - x_1(t_b) = [t_b + x_2(0)] \ (t_c - t_b)$$

und hieraus folgt

$$x_1(t_c) = x_1(t_b) + [t_b + x_2(0)] \ (t_c - t_b) \quad . \tag{6.3.32}$$

Andererseits erhält man mit Gl.(6.3.31) für $t = t_c$:

$$x_1(t_c) = -\tfrac{1}{2}x_2^2(t_c)$$

und wegen $x_2(t_c) = x_2(t_b) = \text{const}$, Gl.(6.3.29), ergibt sich:

$$x_1(t_c) = -\frac{1}{2}x_2^2(t_b) \quad . \tag{6.3.33}$$

Durch Gleichsetzen der Gln. (6.3.32) und (6.3.33) und gleichzeitiger Beachtung von Gl. (6.3.29) folgt:

$$-\frac{1}{2}x_2^2(t_b) = x_1(t_b) + x_2(t_b)\ (t_c - t_b) \quad . \tag{6.3.34}$$

Die Zeitdifferenz $t_c - t_b$ läßt sich mit Gl. (6.3.23b) für $t = t_b$ und $t = t_c$ bestimmen, indem unter Beachtung von Gl. (6.3.24) die Differenz aus den beiden Gleichungen

$$\psi_2(t_b) = +1 = -\alpha t_b + \beta$$

$$\psi_2(t_c) = -1 = -\alpha t_c + \beta$$

gebildet wird, aus der sich dann

$$t_c - t_b = \frac{2}{\alpha} \tag{6.3.35}$$

ergibt.

Da im vorliegenden Fall mit $u = 0$ im Intervall $t_b \leq t \leq t_c$ für die Hamilton-Funktion gemäß Gl. (6.3.20) aufgrund von Gl. (6.2.52) die Beziehung

$$H = -k + \psi_1(t)\ x_2(t) = 0 \tag{6.3.36}$$

mit

$$x_2(t) = x_2(t_b) = \text{const}$$

gilt, folgt hieraus

$$\psi_1(t) = \frac{k}{x_2(t_b)} = \text{const} \quad .$$

Die zeitliche Ableitung der Gl. (6.3.23b) liefert

$$\dot{\psi}_2 = -\alpha \quad ,$$

und wegen Gl. (6.3.22b) ergibt sich dann

$$\dot{\psi}_2 = -\psi_1 = -\alpha = -\frac{k}{x_2(t_b)} \quad . \tag{6.3.37}$$

Setzt man diesen Wert für α in Gl. (6.3.35) ein, so erhält man für die Zeitdifferenz

$$t_c - t_b = \frac{2}{k}\ x_2(t_b) \quad . \tag{6.3.38}$$

Dieser Ausdruck in Gl. (6.3.34) eingesetzt liefert schließlich

$$-\frac{1}{2}\,x_2^2(t_b) = x_1(t_b) + \frac{2}{k}\,x_2^2(t_b)$$

oder umgeformt

$$x_1(t_b) = -\frac{4+k}{2k}\,x_2^2(t_b) \quad . \qquad (6.3.39)$$

Diese Beziehung gilt für alle möglichen Umschaltpunkte B zur Umschaltzeit $t = t_b$, die im betrachteten Quadranten $x_2 > 0$, $x_1 < 0$ liegen und mit vertauschtem Vorzeichen auch für den Quadranten $x_1 > 0$, $x_2 < 0$. Die Gesamtheit dieser Umschaltpunkte bildet die gesuchte Schaltkurve S_{II}, die somit durch

$$x_{1II} = -\frac{4+k}{2k}\,x_2|x_2| \qquad (6.3.40)$$

beschrieben wird. Daraus ist ersichtlich, daß sich S_{II} analog zu S_I aus zwei Halbparabeln zusammensetzt.

Der Anschaulichkeit halber sind im Bild 6.3.4 die zeitlichen Verläufe der optimalen Zustandsgrößen x_1^* und x_2^*, der optimalen adjungierten Zustandsgrößen ψ_1^* und ψ_2^*, sowie der optimalen Stellgröße $u^*(t)$ dargestellt. Anhand dieser Darstellung und der beiden bekannten Schaltkurven S_I und S_{II} läßt sich nun ein Regelsystem entwerfen, das die durch Gl. (6.3.14) bzw. Gl. (6.3.15) gegebene Regelstrecke von einem beliebigen, aber festen Anfangszustand $\underline{x}(0)$ in den Endwert $\underline{x}(t_e) = \underline{0}$ ausregelt.

Da die Schaltbedingungen für die optimale Stellgröße $u^*(t)$ nur von den beiden Zustandsgrößen x_1 und x_2 abhängen, läßt sich eine Regelungsstruktur entwerfen, bei der durch geeignete Rückführungen der Zustandsgrößen x_1 und x_2 das optimale Stellgesetz

$$u^*(t) = \begin{cases} 1 & \text{für } 0 \leq t \leq t_b \\ 0 & \text{für } t_b \leq t \leq t_c \\ -1 & \text{für } t_c \leq t \leq t_e \end{cases} \qquad (6.3.41)$$

(bzw. je nach Lage des Anfangszustandes auch die umgekehrte Reihenfolge) realisiert werden kann. Aus Bild 6.3.3 ist leicht zu erkennen, daß für die möglichen Schaltzustände $u = +1$, $u = 0$ und $u = -1$ stets die Bedingungen

$$x_1 \lesseqgtr S_I \quad \text{und} \quad x_1 \lesseqgtr S_{II} \qquad (6.3.42)$$

überprüft werden müssen. Berücksichtigt man nun die Gleichungen für die beiden Schaltkurven S_I und S_{II}, also die Gln. (6.3.28) und (6.3.40), dann können die Bedingungen nach Gl. (6.3.42) auch durch

$$x_1 + \frac{1}{2}\, x_2|x_2| \gtrless 0 \quad \text{und} \quad x_1 + \frac{4+k}{2k}\, x_2|x_2| \gtrless 0 \tag{6.3.43}$$

ausgedrückt werden. Da aber jeweils die linke Seite dieser Beziehungen Signale darstellen, werden dafür die Hilfssignale

$$c_1(t) = x_1(t) + \frac{4+k}{2k}\, x_2(t)\,|x_2(t)|$$

und

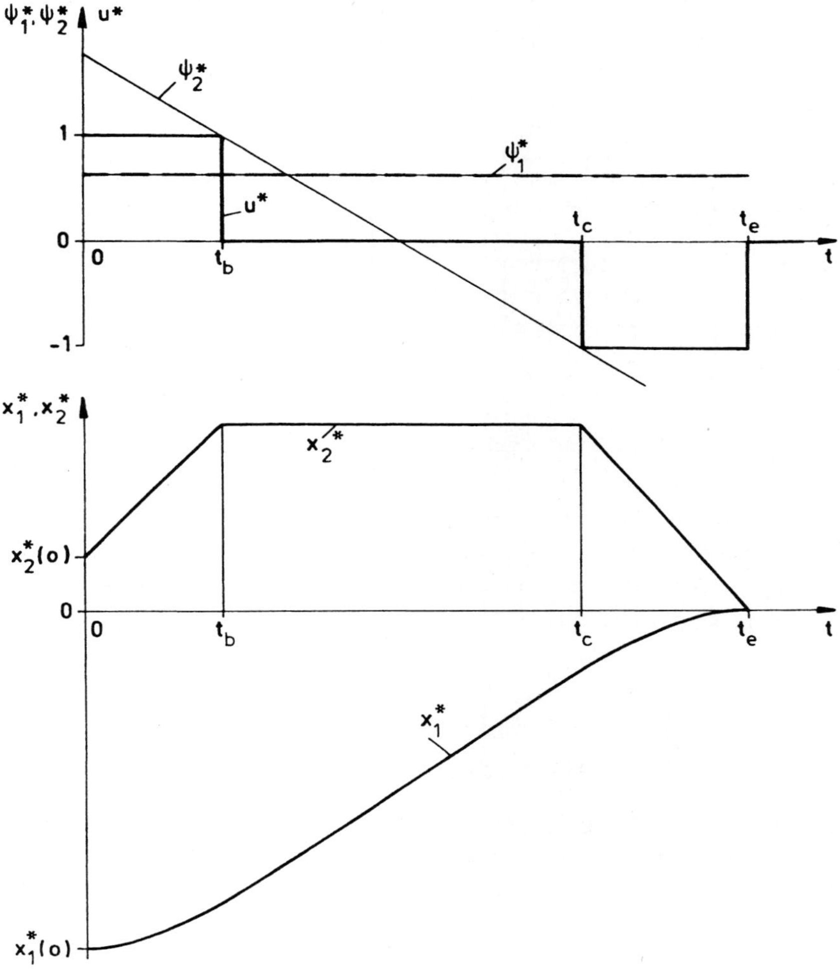

Bild 6.3.4. Zeitlicher Verlauf der optimalen Zustandsgrößen x_1^* und x_2^*, der optimalen adjungierten Zustandsgrößen ψ_1^* und ψ_2^*, sowie der optimalen Stellgröße u^*

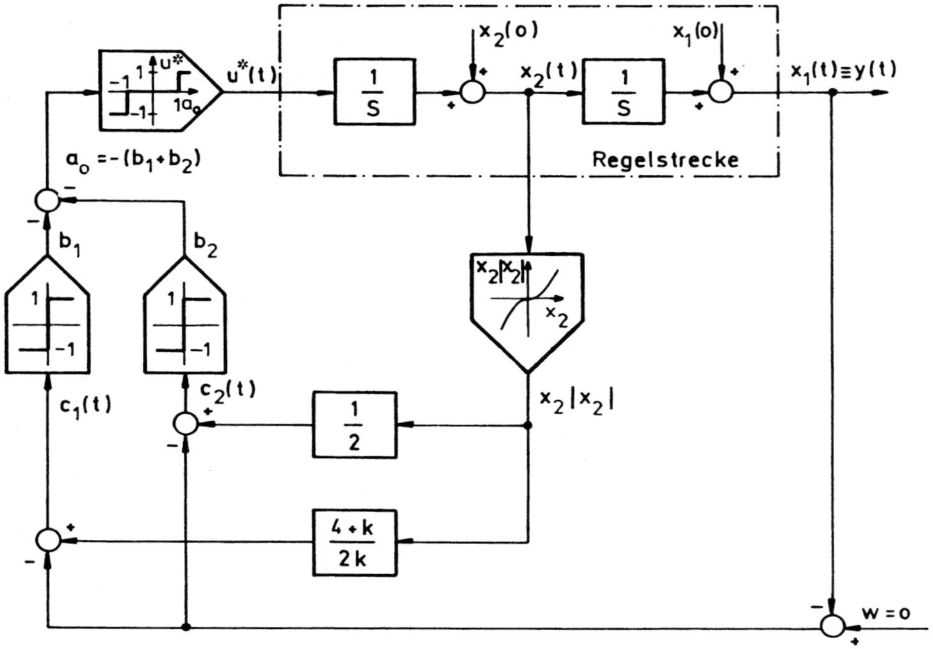

Bild 6.3.5. Blockschaltbild der nach Gl.(6.3.18) optimalen Zustandsregelung

Optimale Stellgröße	Schaltbedingung	Hilfsgrößen c_1, c_2	Ausgänge 2-Pkt.-Glieder	Eingang 3-Pkt.-Glied $a_o = -(b_1+b_2)$
$u^* = +1$	$x_1 < S_{II}$ für $x_2 > 0$ $x_1 < S_I$ für $x_2 < 0$	$c_1 < 0$ $c_2 < 0$	$b_1 = -1$ $b_2 = -1$	$a_o = 2$
$u^* = 0$	$x_1 < S_I$, $x_1 > S_{II}$ } für $x_2 > 0$ $x_1 < S_{II}$, $x_1 > S_I$ } für $x_2 < 0$	$c_2 < 0$, $c_1 > 0$ $c_1 < 0$, $c_2 > 0$	$b_2 = -1$, $b_1 = +1$ $b_1 = -1$, $b_2 = +1$	$a_o = 0$
$u^* = -1$	$x_1 > S_I$ für $x_2 > 0$ $x_1 > S_{II}$ für $x_2 < 0$	$c_2 > 0$ $c_1 > 0$	$b_2 = +1$ $b_1 = +1$	$a_o = -2$

Tabelle 6.3.1. Schaltbedingungen und Signalzustände des nach Gl. (6.3.18) optimalen Zustandsreglers

$$c_2(t) = x_1(t) + \frac{1}{2} x_2(t)|x_2(t)|$$

eingeführt. Somit müssen für die Schaltzustände nur die Vorzeichen dieser beiden Hilfssignale geprüft werden. Nun läßt sich direkt durch geeignete Signalverknüpfung die im Bild 6.3.5 angegebene Regelungsstruktur angeben. Dieses Blockschaltbild kann einfach anhand der in Tabelle 6.3.1 entwickelten Signalzustände c_1, c_2, b_1, b_2 und a_o überprüft werden.

Da im Gütefunktional (nach Gl.(6.3.18)) die Größe k den Einfluß der Zeit kennzeichnet, wird sich für $k \to \infty$ das Gütefunktional

$$I = \int_o^{t_e} dt$$

des schnelligkeitsoptimalen Falles ergeben. Dies bedeutet, daß die Schaltkurve S_{II} mit S_I zusammenfällt, und somit als Stellgrößen nur noch $u = +1$ und $u = -1$ auftreten. Dieser Fall wurde bereits im Band "Regelungstechnik II" (Abschnitt 3.6) behandelt, wobei die Lösung und damit auch das Blockschaltbild der betreffenden Zustandsregelung allerdings ohne die Anwendung des Maximumprinzips ermittelt werden konnten. ■

6.4. Das optimale lineare Regelgesetz

6.4.1. Herleitung für kontinuierliche zeitvariante Systeme

Nachfolgend soll mit Hilfe des Hamilton-Verfahrens der Entwurf eines optimalen Zustandsreglers für den allgemeinen Fall eines kontinuierlichen, linearen, zeitvarianten Systems mit der Zustandsraumdarstellung

$$\dot{\underline{x}}(t) = \underline{A}(t)\ \underline{x}(t) + \underline{B}(t)\ \underline{u}(t) = \underline{f}(\underline{x},\underline{u},t) \tag{6.4.1}$$

und

$$\underline{y}(t) = \underline{C}(t)\ \underline{x}(t) \tag{6.4.2}$$

unter Zugrundelegung des allgemeinen quadratischen Gütekriteriums

$$I = \frac{1}{2}\ \underline{x}^T(t_e)\underline{\underline{S}}\underline{x}(t_e) + \frac{1}{2}\int_{t_o}^{t_e} [\underline{x}^T(t)\underline{Q}(t)\underline{x}(t) + \underline{u}^T(t)\underline{R}(t)\underline{u}(t)]dt \overset{!}{=} \text{Min} \tag{6.4.3}$$

durchgeführt werden. Dabei wird im Intervall $t_o \leq t \leq t_e$ das optimale Stellgesetz $\underline{u}^*(t)$ gesucht, das die Einhaltung von Gl.(6.4.3) gewährleistet.

Durch die Wahl dieses Gütekriteriums werden große Amplituden sowohl der Zustands- als auch der Stellgrößen stärker bewertet als kleine. Das Integral im Gütekriterium kann aufgrund der quadratischen Terme als Energie interpretiert werden, wobei sowohl die im System gespeicherte Energie als auch die Stellenergie bewertet werden. Als "Zielpunkt" wird für den zu entwerfenden Regler häufig der Nullpunkt des Zustandsraumes, also $\underline{x}(t_e) = \underline{O}$ gewählt. In diesem Fall spielt offensichtlich die den Endzustand bewertende Matrix $\underline{S}$ im Gütekriterium keine Rolle mehr. Natürlich gilt dies nur dann, wenn dieser Endzustand bei $t = t_e$ wirklich erreicht wird; ansonsten wird für $\underline{x}(t_e) \neq \underline{O}$ die Abweichung vom Nullpunkt mit bewertet. Der zuletzt genannte Fall soll im weiteren vorausgesetzt werden.

Entsprechend der Vorgehensweise beim Hamilton-Verfahren wird zunächst die Hamilton-Funktion

$$H(\underline{x},\underline{u},\underline{\psi},t) = -L(\underline{x},\underline{u},t) + \underline{\psi}^T(t)\ \underline{f}(\underline{x},\underline{u},t)$$

gebildet, indem für L der Integrand des Gütefunktionals und für $\underline{f}$ die Gl. (6.4.1) eingesetzt werden:

$$H = -\frac{1}{2}\left[\underline{x}^T(t)\underline{Q}(t)\underline{x}(t) + \underline{u}^T(t)\underline{R}(t)\underline{u}(t)\right] + \underline{\psi}^T(t)\left[\underline{A}(t)\underline{x}(t) + \underline{B}(t)\underline{u}(t)\right] \quad . \tag{6.4.4}$$

Für die weiteren Betrachtungen wird vorausgesetzt, daß die quadratischen Bewertungsmatrizen $\underline{Q}(t)$, $\underline{R}(t)$ und $\underline{S}$ im Gütekriterium symmetrisch sind. Aus Gl. (6.4.4) ergeben sich die Optimalitätsbedingungen nach den Gln. (6.2.42) und (6.2.50a):

$$\left.\frac{\partial H}{\partial \underline{u}}\right|_* = -\underline{R}(t)\underline{u}^*(t) + \underline{B}^T(t)\underline{\psi}^*(t) = \underline{O} \quad , \tag{6.4.5}$$

$$\left.\frac{\partial H}{\partial \underline{x}}\right|_* = -\underline{Q}(t)\underline{x}^*(t) + \underline{A}^T(t)\underline{\psi}^*(t) = -\dot{\underline{\psi}}^*(t) \quad . \tag{6.4.6}$$

Weiterhin gilt nach Gl. (6.2.50b)

$$\left.\frac{\partial H}{\partial \underline{\psi}}\right|_* = \underline{A}(t)\underline{x}^*(t) + \underline{B}(t)\underline{u}^*(t) = \dot{\underline{x}}^*(t) \quad . \tag{6.4.7}$$

Aus Gl. (6.4.5) folgt dann als optimales Stellgesetz:

$$\underline{u}^*(t) = \underline{R}^{-1}(t)\ \underline{B}^T(t)\ \underline{\psi}^*(t) \quad , \tag{6.4.8}$$

wobei die Matrix $\underline{R}(t)$ wegen der geforderten Eigenschaft, positiv definit zu sein, stets invertierbar ist.

Wird diese Beziehung in die Zustandsgleichung, Gl. (6.4.1), eingesetzt, dann erhält man

$$\dot{\underline{x}}^*(t) = \underline{A}(t)\underline{x}^*(t) + \underline{B}(t)\underline{R}^{-1}(t)\underline{B}^T(t)\underline{\psi}^*(t) \qquad (6.4.9)$$

bzw. mit der Abkürzung

$$\underline{E}(t) = \underline{B}(t)\underline{R}^{-1}(t)\underline{B}^T(t) \qquad (6.4.10)$$

schließlich

$$\dot{\underline{x}}^*(t) = \underline{A}(t)\underline{x}^*(t) + \underline{E}(t)\underline{\psi}^*(t) \quad . \qquad (6.4.11)$$

Die Transversalitätsbedingung

$$\underline{\psi}^*(t_e) = -\frac{\partial}{\partial \underline{x}}\left[\frac{1}{2}\,\underline{x}^T(t)\underline{S}\;\underline{x}(t)\right]\Big|_{t_e,*} = -\underline{S}\,\underline{x}^*(t_e) \qquad (6.4.12)$$

liefert die adjungierten Randbedingungen für $t = t_e$.

Die kanonischen Gleichungen, Gln. (6.4.6) und (6.4.11), lassen sich zusammenfassen zu dem Hamilton-System

$$\begin{bmatrix} \dot{\underline{x}}^*(t) \\ \dot{\underline{\psi}}^*(t) \end{bmatrix} = \begin{bmatrix} \underline{A}(t) & \underline{E}(t) \\ \underline{Q}(t) & -\underline{A}^T(t) \end{bmatrix} \begin{bmatrix} \underline{x}^*(t) \\ \underline{\psi}^*(t) \end{bmatrix} , \qquad (6.4.13)$$

wobei die zugehörige Systemmatrix auch als Hamilton-Matrix bezeichnet wird. Dies ist die Zustandsgleichung eines (2nx2n)-dimensionalen autonomen Systems, das abgekürzt als

$$\dot{\tilde{\underline{x}}}(t) = \tilde{\underline{A}}(t)\;\tilde{\underline{x}}(t) \qquad (6.4.14)$$

geschrieben werden kann. Als Lösung dieser Zustandsgleichung folgt mit der Fundamentalmatrix $\underline{\phi}$ bekanntlich

$$\tilde{\underline{x}}(t) = \underline{\phi}(t,t_o)\;\tilde{\underline{x}}(t_o) \qquad (6.4.15a)$$

oder unter Berücksichtigung der Eigenschaften der Fundamentalmatrix (s. Band "Regelungstechnik II")

$$\tilde{\underline{x}}(t) = \underline{\phi}(t,t_e)\;\tilde{\underline{x}}(t_e) \quad , \qquad (6.4.15b)$$

wobei sich die Fundamentalmatrix in Gl. (6.4.15b) aufspalten läßt in 4(nxn)-Teilmatrizen $\underline{\phi}_{ij}$ mit $i,j \in \{1,2\}$

$$\underline{\phi}(t,t_e) = \begin{bmatrix} \underline{\phi}_{11}(t,t_e) & \underline{\phi}_{12}(t,t_e) \\ \underline{\phi}_{21}(t,t_e) & \underline{\phi}_{22}(t,t_e) \end{bmatrix} .$$

Damit ergeben sich aus Gl.(6.4.15b) als Lösungen

$$\underline{x}^*(t) = \underline{\Phi}_{11}(t,t_e)\underline{x}^*(t_e) + \underline{\Phi}_{12}(t,t_e)\underline{\psi}^*(t_e) \qquad (6.4.16)$$

und

$$\underline{\psi}^*(t) = \underline{\Phi}_{21}(t,t_e)\underline{x}^*(t_e) + \underline{\Phi}_{22}(t,t_e)\underline{\psi}^*(t_e) \quad , \qquad (6.4.17)$$

und unter Berücksichtigung der Gl.(6.4.12) können diese beiden Beziehungen allein in Abhängigkeit von $\underline{x}^*(t_e)$ geschrieben werden als

$$\underline{x}^*(t) = [\underline{\Phi}_{11}(t,t_e) - \underline{\Phi}_{12}(t,t_e)\,\underline{S}]\,\underline{x}^*(t_e) \qquad (6.4.18)$$

und

$$\underline{\psi}^*(t) = [\underline{\Phi}_{21}(t,t_e) - \underline{\Phi}_{22}(t,t_e)\,\underline{S}]\,\underline{x}^*(t_e) \quad . \qquad (6.4.19)$$

Wird Gl.(6.4.18) nach $\underline{x}^*(t_e)$ aufgelöst, und diese Beziehung in Gl. (6.4.19) eingesetzt, so erhält man

$$\underline{\psi}^*(t) = [\underline{\Phi}_{21}(t,t_e) - \underline{\Phi}_{22}(t,t_e)\,\underline{S}]\,[\underline{\Phi}_{11}(t,t_e) - \underline{\Phi}_{12}(t,t_e)\,\underline{S}]^{-1}\underline{x}^*(t) \quad . \qquad (6.4.20)$$

Führt man nun noch die Abkürzung

$$\underline{K}(t) = -[\underline{\Phi}_{21}(t,t_e) - \underline{\Phi}_{22}(t,t_e)\,\underline{S}]\,[\underline{\Phi}_{11}(t,t_e) - \underline{\Phi}_{12}(t,t_e)\,\underline{S}]^{-1} \qquad (6.4.21)$$

ein, die unabhängig von dem Anfangszustand $\underline{x}(t_o)$ ist, und für die sich die Existenz der darin enthaltenen inversen Matrix für $t_o \leq t \leq t_e$ nachweisen läßt [6.6], dann folgt anstelle von Gl.(6.4.20)

$$\underline{\psi}^*(t) = -\underline{K}(t)\,\underline{x}^*(t) \quad . \qquad (6.4.22)$$

Wird Gl.(6.4.22) in Gl.(6.4.8) eingesetzt, so erhält man schließlich als gesuchtes optimales Stellgesetz

$$\underline{u}^*(t) = -\underline{R}^{-1}(t)\,\underline{B}^T(t)\,\underline{K}(t)\,\underline{x}^*(t) \quad , \qquad (6.4.23)$$

wobei $\underline{u}^*(t)$ nur von $\underline{x}^*(t)$ abhängig ist und sich somit durch eine lineare Zustandsrückführung gemäß Bild 6.4.1 realisieren läßt. Dieses so entstehende Regelsystem enthält somit in der Rückführung den sogenannten *optimalen linearen Regler*. Da zu Beginn der Aufgabenstellung nur als Ziel die Ermittlung einer optimalen Stell- oder Steuergröße verlangt wurde und nicht vorausgesetzt wurde, daß eine geschlossene Regelkreisstruktur angestrebt wird, bezeichnet man diese Art der Optimierung, bei der sich die Struktur des optimalen Regelsystems ergibt, gelegentlich auch als *Strukturoptimierung* (im Gegensatz zur Parameteroptimierung für eine fest vorgegebene Regelkreisstruktur).

Zur vollständigen Lösung fehlt allerdings noch die Matrix $\underline{K}(t)$, die zwar formal durch Gl.(6.4.21) gegeben wäre, wobei aber der rechneri-

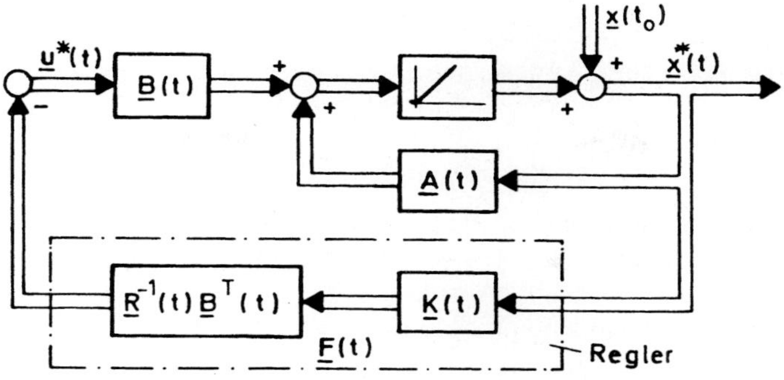

Bild 6.4.1. Blockschaltbild zum optimalen linearen Regelgesetz (mit $\underline{F}(t) = \underline{R}^{-1}(t)\underline{B}^T(t)\underline{K}(t)$)

sche Aufwand zur Ermittlung der darin enthaltenen Matrizen bei zunehmender Ordnung n sehr groß ist, so daß es nötig wird, einen anderen, numerischen Weg einzuschlagen. Dazu wird zunächst Gl.(6.4.22) in Gl. (6.4.11) eingesetzt:

$$\dot{\underline{x}}^*(t) = [\underline{A}(t) - \underline{E}(t)\underline{K}(t)]\underline{x}^*(t) \quad . \tag{6.4.24}$$

Setzt man außerdem Gl.(6.4.22) in Gl.(6.4.6) ein, dann folgt

$$\dot{\underline{\psi}}^*(t) = [\underline{Q}(t) + \underline{A}^T(t)\underline{K}(t)]\underline{x}^*(t) \quad . \tag{6.4.25}$$

Die Differentiation von Gl.(6.4.22) nach der Zeit liefert

$$\dot{\underline{\psi}}^*(t) = -\dot{\underline{K}}(t)\underline{x}^*(t) - \underline{K}(t)\dot{\underline{x}}^*(t) \quad . \tag{6.4.26}$$

Ersetzt man in dieser Beziehung $\dot{\underline{x}}^*(t)$ entsprechend Gl.(6.4.24)

$$\dot{\underline{\psi}}^*(t) = -\dot{\underline{K}}(t)\underline{x}^*(t) - \underline{K}(t)[\underline{A}(t) - \underline{E}(t)\underline{K}(t)]\underline{x}^*(t)$$

und setzt dieses Ergebnis mit Gl.(6.4.25) gleich

$$-\dot{\underline{K}}(t) - \underline{K}(t)[\underline{A}(t) - \underline{E}(t)\underline{K}(t)] = \underline{Q}(t) + \underline{A}^T(t)\underline{K}(t) \quad ,$$

dann erhält man nach Einführung von $\underline{E}(t)$ gemäß Gl.(6.4.10) und kurzer Umformung die *Matrix-Riccati-Differentialgleichung*

$$\dot{\underline{K}}(t) + \underline{K}(t)\underline{A}(t) + \underline{A}^T(t)\underline{K}(t) - \underline{K}(t)\underline{B}(t)\underline{R}^{-1}(t)\underline{B}^T(t)\underline{K}(t) + \underline{Q}(t) = \underline{0} \quad , \tag{6.4.27}$$

deren Lösungsmatrix $\underline{K}(t)$ für eine jeweils gegebene Endzeit t_e gesucht ist. Da zum Zeitpunkt $t = t_e$ mit Gl.(6.4.22)

$$\underline{\psi}^*(t_e) = -\underline{K}(t_e)\underline{x}^*(t_e)$$

gilt, liefert der Vergleich mit Gl.(6.4.12) als Randbedingung für die Lösung der Matrix-Riccati-Differentialgleichung

$$\underline{K}(t_e) = \underline{S} \quad . \tag{6.4.28}$$

Kennzeichnend für die Matrix-Riccati-Differentialgleichung ist der vorletzte Term der linken Seite, bei dem $\underline{K}(t)$ "quadratisch" auftritt. Gl. (6.4.27) stellt also eine nichtlineare Differentialgleichung dar. Da keine Anfangsbedingung gegeben ist, geht man bei der Lösung der Matrix-Riccati-Differentialgleichung zweckmäßigerweise von $t = t_e$ aus und schreitet in der Zeit rückwärts bis $t = t_o$ (Vgl. Anhang A 6.1). Entsprechende numerische Lösungsverfahren werden im Abschnitt 6.5 näher behandelt.

Im weiteren müssen zunächst noch einige Eigenschaften der Lösungsmatrix $\underline{K}(t)$ und der Bewertungsmatrizen $\underline{Q}(t)$, $\underline{R}(t)$ und $\underline{S}$ definiert werden, sowie die Existenz und Eindeutigkeit der Lösungsmatrix nachgewiesen werden.

Unter der zuvor schon getroffenen Annahme, daß die Bewertungsmatrizen $\underline{Q}(t)$, $\underline{R}(t)$ und $\underline{S}$ symmetrisch sind, wird auch die Lösungsmatrix $\underline{K}(t)$ symmetrisch. Dies läßt sich durch Transponieren der Matrix-Riccati-Differentialgleichung einfach nachweisen:

$$\dot{\underline{K}}^T + \underline{A}^T(t)\underline{K}^T(t) + \underline{K}^T(t)\underline{A}(t) - \underline{K}^T(t)[\underline{B}(t)\underline{R}^{-1}(t)\underline{B}^T(t)]\underline{K}^T(t) + \underline{Q}(t) = \underline{0} \quad . \tag{6.4.29}$$

Hierbei wurde bereits die Symmetrie von $\underline{Q}(t)$ und $\underline{R}(t)$ berücksichtigt. Offensichtlich sind sowohl $\underline{K}(t)$ als auch $\underline{K}^T(t)$ Lösungen derselben Matrix-Riccati-Differentialgleichung und es gilt:

$$\underline{K}(t) = \underline{K}^T(t) \qquad \text{für} \qquad t_o \leq t \leq t_e \quad . \tag{6.4.30}$$

Außerdem wird wegen der vorausgesetzten Symmetrie von $\underline{S}$ nach Gl. (6.4.28)

$$\underline{K}(t_e) = \underline{S} = \underline{S}^T = \underline{K}^T(t_e) \quad . \tag{6.4.31}$$

Nun soll auch noch nachgewiesen werden, daß eine der beiden Lösungen $\underline{K}(t)$ bei der Matrix-Riccati-Gleichung positiv definit ist. Zweckmäßigerweise wird ausgegangen von

$$\frac{d}{dt}[\underline{x}^{*T}\underline{K}\underline{x}^*] = \dot{\underline{x}}^{*T}\underline{K}\underline{x}^* + \underline{x}^{*T}\underline{K}\dot{\underline{x}}^* + \underline{x}^{*T}\dot{\underline{K}}\underline{x}^* \quad . \tag{6.4.32}$$

Setzt man hierin zunächst die Zustandsgleichung Gl.(6.4.1) ein,

$$\frac{d}{dt}[\underline{x}^{*T}\underline{K}\underline{x}^*] = [\underline{x}^{*T}\underline{A}^T + \underline{u}^{*T}\underline{B}^T]\underline{K}\underline{x}^* + \underline{x}^{*T}\underline{K}(\underline{A}\underline{x}^* + \underline{B}\underline{u}^*) + \underline{x}^{*T}\dot{\underline{K}}\underline{x}^*$$

und ersetzt darin $\underline{u}^*$ im 2. Term nach Gl.(6.4.23)

$$\frac{d}{dt}[\underline{x}^{*T}\underline{\underline{K}}\underline{x}^*] = [\underline{x}^{*T}\underline{\underline{A}}^T + \underline{u}^{*T}\underline{\underline{B}}^T]\underline{\underline{K}}\underline{x}^* + \underline{x}^{*T}\underline{\underline{K}}(\underline{\underline{A}}\underline{x}^* - \underline{\underline{B}}\underline{\underline{R}}^{-1}\underline{\underline{B}}^T\underline{\underline{K}}\underline{x}^*) + \underline{x}^{*T}\dot{\underline{\underline{K}}}\underline{x}^* \quad ,$$

dann läßt sich zusammenfassen:

$$\frac{d}{dt}[\underline{x}^{*T}\underline{\underline{K}}\underline{x}^*] = \underline{x}^{*T}[\underline{\underline{A}}^T\underline{\underline{K}} + \underline{\underline{K}}\underline{\underline{A}} - \underline{\underline{K}}\underline{\underline{B}}\underline{\underline{R}}^{-1}\underline{\underline{B}}^T\underline{\underline{K}} + \dot{\underline{\underline{K}}}]\underline{x}^* + \underline{u}^{*T}\underline{\underline{R}}\underline{\underline{R}}^{-1}\underline{\underline{B}}^T\underline{\underline{K}}\underline{x}^* \quad .$$

Berücksichtigt man, daß im letzten Term der rechten Gleichungsseite wieder Gl.(6.4.23) enthalten ist, so folgt hieraus unter Beachtung von Gl.(6.4.27)

$$\frac{d}{dt}[\underline{x}^{*T}\underline{\underline{K}}\underline{x}^*] = -\underline{x}^{*T}\underline{\underline{Q}}\underline{x}^* - \underline{u}^{*T}\underline{\underline{R}}\underline{u}^* \quad .$$

Wird nun diese Beziehung von t bis t_e unter Berücksichtigung der Endbedingung, Gl.(6.4.28), integriert, so ergibt sich

$$\underline{x}^{*T}(t)\underline{\underline{K}}(t)\underline{x}^*(t) = \underline{x}^{*T}(t_e)\underline{\underline{S}}\underline{x}^*(t_e) + \int_t^{t_e} [\underline{x}^{*T}\underline{\underline{Q}}\underline{x}^* + \underline{u}^{*T}\underline{\underline{R}}\underline{u}^*]d\tau \qquad (6.4.33)$$

bzw. unter Berücksichtigung des Gütefunktionals in Gl.(6.4.3)

$$I^* = \frac{1}{2}\,\underline{x}^{*T}(t_o)\underline{\underline{K}}(t_o)\underline{x}^*(t_o) \quad . \qquad (6.4.34)$$

Schließt man den Fall $\underline{u}^*(t) = \underline{0}$ für alle $t\in[t_o,t_e]$ aus, dann ist das Integral für $t<t_e$ positiv, sofern, wie anschließend noch nachzuweisen ist, $\underline{\underline{Q}}$ positiv semidefinit und $\underline{\underline{R}}$ positiv definit ist. Ist zudem $\underline{\underline{S}}$ positiv semidefinit, so wird

$$\underline{x}^{*T}(t)\underline{\underline{K}}(t)\underline{x}^*(t) > 0 \quad \text{für} \quad t_o \leqq t < t_e \; ,$$

und dies bedeutet wegen der quadratischen Form, daß $\underline{\underline{K}}(t)$ für $t_o \leqq t < t_e$ stets positiv definit ist.

Die beiden notwendigen Bedingungen für das Auftreten eines Minimums für Gl.(6.4.3) sind

a) $\quad \left.\frac{\partial I}{\partial \varepsilon}\right|_{\varepsilon=0} = 0 \quad$ gemäß Gl.(6.2.11a) bzw. Gl.(6.2.41)

b) $\quad \left.\frac{\partial^2 I}{\partial \varepsilon^2}\right|_{\varepsilon=0} \geqq 0 \quad$ gemäß Gl.(6.2.11b) bzw. Gl.(6.2.47) .

Aus der Bedingung b) ergibt sich entsprechend den Gln.(6.2.48) und (6.2.49) für die darin enthaltenen Matrizen

$$\underline{M} = - \begin{bmatrix} \frac{\partial^2 H}{\partial \underline{x}^2} & \frac{\partial^2 H}{\partial \underline{u} \partial \underline{x}} \\ \frac{\partial^2 H}{\partial \underline{x} \partial \underline{u}} & \frac{\partial^2 H}{\partial \underline{u}^2} \end{bmatrix} \geq \underline{O} \ , \quad \underline{S} \geq \underline{O} \ , \tag{6.4.35}$$

d. h. $\underline{M}$ und $\underline{S}$ müssen positiv semidefinit sein. Nun folgt aus Gl. (6.4.4) durch zweimalige partielle Differentiation:

$$\frac{\partial^2 H}{\partial \underline{x}^2} = -\underline{Q}(t) \ , \tag{6.4.36a}$$

$$\frac{\partial^2 H}{\partial \underline{u} \partial \underline{x}} = \frac{\partial^2 H}{\partial \underline{x} \partial \underline{u}} = \underline{O} \ , \tag{6.4.36b}$$

$$\frac{\partial^2 H}{\partial \underline{u}^2} = -\underline{R}(t) \ . \tag{6.4.36c}$$

Werden die Gln.(6.4.36a bis c) in Gl.(6.4.35) eingesetzt, dann erhält man:

$$\underline{M} = \begin{bmatrix} \underline{Q}(t) & \underline{O} \\ \underline{O} & \underline{R}(t) \end{bmatrix} \geq \underline{O} \ . \tag{6.4.37}$$

Um eine sinnvolle Lösung der gestellten Optimierungsaufgabe zu gewährleisten, d. h. um eine optimale Stellgröße $\underline{u}^*(t)$ zu erhalten, muß im Gütekriterium nach Gl.(6.4.3) die Bewertungsmatrix $\underline{R}(t)$ positiv definit gewählt werden. Die Bedingung von Gl.(6.4.37) kann dann erfüllt werden, wenn die Bewertungsmatrix $\underline{Q}(t)$ positiv semidefinit wird.

Ist $\underline{R}(t)$ positiv definit, so ist auch die Existenz von $\underline{R}^{-1}(t)$ in Gl. (6.4.8) gesichert. Weiterhin ist wegen der Eindeutigkeit der Randbedingung für die Matrix-Riccati-Differentialgleichung, Gl.(6.4.28), aufgrund eines Satzes über Differentialgleichungen (siehe z. B. [6.3], Satz 3.4) auch die Existenz und Eindeutigkeit der Lösung $\underline{K}(t)$ gewährleistet.

Zusammenfassend kann also festgestellt werden, wenn die Bewertungsmatrizen

$\underline{Q}(t)$ positiv semidefinit
$\underline{R}(t)$ positiv definit
$\underline{S}$ positiv semidefinit

für $t \in [t_o, t_e]$ sind, dann existiert stets ein eindeutiger optimaler linearer Zustandsregler mit dem Stellgesetz $\underline{u}^*(t)$ gemäß Gl.(6.4.23), wobei $\underline{K}(t)$ die positiv definite, symmetrische Lösung der Matrix-Riccati-Differentialgleichung, Gl.(6.4.27), mit der Randbedingung nach Gl. (6.4.28) darstellt.

6.4.2. Kontinuierliche zeitinvariante Systeme als Spezialfall

Im folgenden wird das optimale lineare Regelgesetz für die in der Regelungstechnik wichtigen kontinuierlichen zeitinvarianten Systeme als Spezialfall der zuvor behandelten allgemeinen Herleitung für kontinuierliche zeitvariante Systeme dargestellt. Die zeitliche Invarianz wird zunächst dadurch sichtbar, daß die Systemmatrizen $\underline{A}$, $\underline{B}$, $\underline{C}$ unabhängig von der Zeit und damit konstant sind. Ebenso können nun auch die Bewertungsmatrizen $\underline{Q}$ und $\underline{R}$ im Gütefunktional als konstante symmetrische Matrizen gewählt werden, wobei wie früher

$\underline{Q}$ positiv semidefinit und
$\underline{R}$ positiv definit

wird.

Setzt man weiterhin die vollständige Zustandssteuerbarkeit des Systems voraus, so muß ein Stell- bzw. Steuergesetz $\underline{u}(t)$ existieren, das das System von einem beliebigen Anfangszustand $\underline{x}(t_o)$ in den Nullpunkt des Zustandsraumes $\underline{x}(t_e) = \underline{0}$ überführt. Da bei linearen Systemen ohne Beschränkung der Allgemeingültigkeit stets als Ruhelage oder Zielpunkt der Regelung der Nullpunkt angenommen werden kann, soll für die weiteren Betrachtungen gelten:

$$\underline{x}(t_e) = \underline{0} \quad . \qquad (6.4.38)$$

Damit entfällt die Bewertung des Endzustandes im Gütefunktional und es wird $\underline{S} = \underline{0}$. Außerdem kann das Integrationsintervall auf $t_e \to \infty$ ausgedehnt werden, da für $t \geqq t_e$ keine Beiträge vom Zustands- und Stellvektor geliefert werden. Man erhält also als Gütefunktional

$$I = \frac{1}{2} \int_0^\infty [\underline{x}^T(t)\underline{Q}\underline{x}(t) + \underline{u}^T(t)\underline{R}\underline{u}(t)]dt \quad . \qquad (6.4.39)$$

Als optimaler Stellvektor $\underline{u}^*(t)$ ergibt sich dann

$$\underline{u}^*(t) = -\underline{R}^{-1}\underline{B}^T\hat{\underline{K}}\underline{x}^*(t) \quad , \qquad (6.4.40)$$

wobei $\hat{\underline{K}}$ die positiv definite, symmetrische und zeitlich konstante Lösungsmatrix der sogenannten *algebraischen Matrix-Riccati-Gleichung*

$$\hat{\underline{K}}\underline{A} + \underline{A}^T\hat{\underline{K}} - \hat{\underline{K}}\underline{B}\underline{R}^{-1}\underline{B}^T\hat{\underline{K}} + \underline{Q} = \underline{0} \tag{6.4.41}$$

ist, die unmittelbar mittels der getroffenen Annahmen aus Gl.(6.4.27) folgt. Ohne den Beweis an dieser Stelle zu führen (siehe z. B. [6.6]), gilt

$$\hat{\underline{K}} = \lim_{t_e \to \infty} \underline{K}(t,t_e) \quad , \tag{6.4.42}$$

wobei man als Randbedingung für die selbstverständlich auch in diesem Fall geltende Matrix-Riccati-Differentialgleichung

$$\underline{K}(t=t_e) = \underline{S} = \underline{0} \quad . \tag{6.4.43}$$

erhält. Dabei ist die Lösung der algebraischen Matrix-Riccati-Gleichung $\hat{\underline{K}}$ als stationäre Lösung der Matrix-Riccati-Differentialgleichung anzusehen, was aus Bild 6.4.2 schematisch ersichtlich wird. Die Bedingung von Gl.(6.4.43) kann für Zeiten t, die von t_e an rückwärts gezählt werden, als Anfangsbedingung für die Matrix-Riccati-Differentialgleichung interpretiert werden (siehe Anhang A 6.1). Der stationäre, also "konstante" Endwert $\hat{\underline{K}}$ wird dann nach einer gewissen Übergangszeit erreicht.

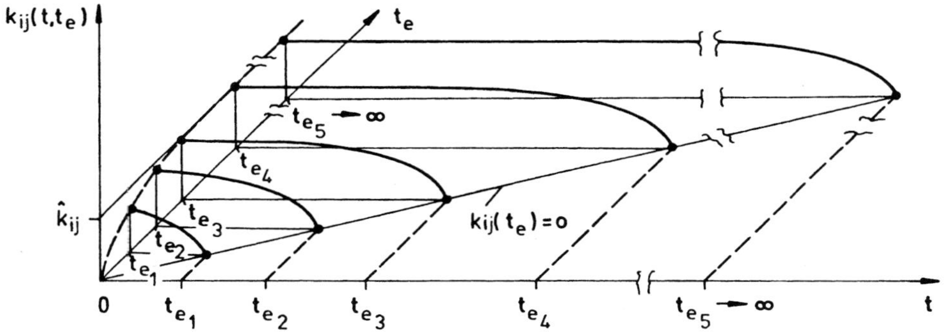

Bild 6.4.2. Schematische Darstellung des zeitlichen Verlaufs der Lösung der Matrix-Riccati-Differentialgleichung bei linearen zeitinvarianten Systemen (gezeigt für ein Element $k_{ij}(t,t_e)$ der Matrix $\underline{K}(t,t_e)$ und verschiedene Endzeiten t_e)

Durch Einsetzen des optimalen Stellvektors $\underline{u}^*(t)$ gemäß Gl.(6.4.40) in die Zustandsgleichung

$$\dot{\underline{x}}(t) = \underline{A}\ \underline{x}(t) + \underline{B}\ \underline{u}(t)$$

ergibt sich

$$\underline{\dot{x}}^*(t) = \hat{\underline{A}}\ \underline{x}^*(t) \tag{6.4.44a}$$

mit

$$\hat{\underline{A}} = \underline{A} - \underline{B}\underline{R}^{-1}\underline{B}^T\hat{\underline{K}} \quad . \tag{6.4.44b}$$

Die Eigenwerte von $\hat{\underline{A}}$ müssen alle negative Realteile besitzen, so daß das optimale lineare Regelsystem asymptotisch stabil ist. Wäre dies nicht der Fall, dann würde das Gütefunktional I nicht konvergieren. Das gilt somit auch für instabile Regelstrecken, was anhand des folgenden Beispiels gezeigt werden soll.

Beispiel 6.4.1:

Gegeben sei ein zeitinvariantes, instabiles System 2. Ordnung (I_2-Glied) mit den Zustandsgleichungen

$$\dot{x}_1(t) = x_2(t)$$

$$\dot{x}_2(t) = u(t) \quad .$$

Das für den optimalen Reglerentwurf zugrunde gelegte quadratische Gütefunktional sei gegeben durch

$$I = \frac{1}{2}\int_0^\infty [2x_1^2(t) + 3x_2^2(t) + u^2(t)]dt \quad .$$

Somit erhält man folgende konstante Matrizen

$$\underline{A} = \begin{bmatrix} 0 & 1 \\ 0 & 0 \end{bmatrix},\ \underline{B} = \underline{b} = \begin{bmatrix} 0 \\ 1 \end{bmatrix},\ \underline{Q} = \begin{bmatrix} 2 & 0 \\ 0 & 3 \end{bmatrix} \text{ und } \underline{R} = r = 1 \quad .$$

Setzt man diese Größen in das optimale Stellgesetz nach Gl.(6.4.40),

$$\underline{u}^*(t) = -\underline{R}^{-1}\underline{B}^T\hat{\underline{K}}\underline{x}^*(t)$$

ein, dann folgt als skalare Stellgröße

$$u^*(t) = -[0 \quad 1]\begin{bmatrix} \hat{K}_{11} & \hat{K}_{12} \\ \hat{K}_{21} & \hat{K}_{22} \end{bmatrix}\begin{bmatrix} x_1^*(t) \\ x_2^*(t) \end{bmatrix} = -[\hat{K}_{21}\ x_1^*(t) + \hat{K}_{22}\ x_2^*(t)] \quad ,$$

wobei $\hat{\underline{K}}$ die algebraische Matrix-Riccati-Gleichung, Gl.(6.4.41), erfüllen muß. Diese lautet in ausführlicher Schreibweise mit $\hat{K}_{21} = \hat{K}_{12}$:

$$\begin{bmatrix}\hat{K}_{11} & \hat{K}_{12}\\ \hat{K}_{12} & \hat{K}_{22}\end{bmatrix}\begin{bmatrix}0 & 1\\ 0 & 0\end{bmatrix} + \begin{bmatrix}0 & 0\\ 1 & 0\end{bmatrix}\begin{bmatrix}\hat{K}_{11} & \hat{K}_{12}\\ \hat{K}_{12} & \hat{K}_{22}\end{bmatrix} -$$

$$- \begin{bmatrix}\hat{K}_{11} & \hat{K}_{12}\\ \hat{K}_{12} & \hat{K}_{22}\end{bmatrix}\begin{bmatrix}0\\ 1\end{bmatrix}[0 \quad 1]\begin{bmatrix}\hat{K}_{11} & \hat{K}_{12}\\ \hat{K}_{12} & \hat{K}_{22}\end{bmatrix} = - \begin{bmatrix}2 & 0\\ 0 & 3\end{bmatrix}.$$

Als positiv definite Lösung ergibt sich

$$\hat{K}_{11} = 2 + \sqrt{2} \quad ,$$

$$\hat{K}_{22} = 1 + \sqrt{2} \quad ,$$

$$\hat{K}_{12} = (\hat{K}_{21}) = \sqrt{2} \quad ,$$

und daraus folgt als optimale Stellgröße

$$u^*(t) = -[\sqrt{2}\; x_1^*(t) + (1+\sqrt{2})x_2^*(t)] \quad .$$

Der zugehörige Regelkreis ist im Bild 6.4.3 dargestellt. Er besitzt für Führungsverhalten die Übertragungsfunktion

$$G(s) = \frac{X_1^*(s)}{W(s)} = \frac{\sqrt{2}}{s^2 + (1+\sqrt{2})s + \sqrt{2}} \quad ,$$

deren Pole $s_1 = -\sqrt{2}$ und $s_2 = -1$ ein stabiles Gesamtverhalten beschreiben.

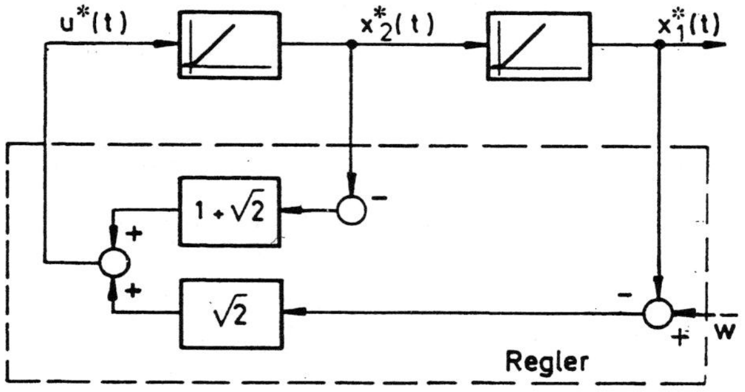

Bild 6.4.3. Blockschaltbild der optimalen linearen Zustandsregelung einer Regelstrecke mit I_2-Verhalten ■

6.4.3. Herleitung für zeitdiskrete zeitinvariante Systeme

Für die weitere Betrachtung sei angenommen, daß die betrachtete Regelstrecke bereits in diskreter Form vorliege und durch die Zustandsgleichung

$$\underline{x}(k+1) = \underline{f}[\underline{x}(k),\ \underline{u}(k)] \quad , \quad k = 0,1,2,\dots,N \tag{6.4.45a}$$

oder speziell für lineare zeitinvariante Systeme durch

$$\underline{x}(k+1) = \underline{A}\ \underline{x}(k) + \underline{B}\ \underline{u}(k) \tag{6.4.45b}$$

beschrieben werde. Dabei ist unbedingt zu beachten, daß die Matrizen $\underline{A}$ und $\underline{B}$ nicht identisch sind mit denen des entsprechenden kontinuierlichen Systems. Diese Feststellung gilt genauso für die Bewertungsmatrizen $\underline{S}$, $\underline{Q}$ und $\underline{R}$ des später zugrunde gelegten diskreten quadratischen Gütefunktionals

$$I = \frac{1}{2}\ \underline{x}^T(N)\underline{S}\ \underline{x}(N) + \frac{1}{2}\sum_{k=0}^{N-1}[\underline{x}^T(k)\underline{Q}\ \underline{x}(k) + \underline{u}^T(k)\underline{R}\ \underline{u}(k)] \ . \tag{6.4.46}$$

Als Ziel der Optimierungsaufgabe soll ein optimaler Stellvektor $\underline{u}(k) = \underline{u}^*(k)$ so ermittelt werden, daß das Gütefunktional unter Beachtung der Nebenbedingung nach Gl. (6.4.45) minimiert wird. Die Lösung erfolgt dabei durch Anwendung der Variationsrechnung nach Hamilton, wobei ganz analog zum Abschnitt 6.2.4 vorgegangen werden kann. Allerdings wird hier vorausgesetzt, daß der Endzeitpunkt N fest ist.

Den Ausgangspunkt bildet zunächst die allgemeine Zustandsgleichung nach Gl. (6.4.45a) und das allgemeine Gütefunktional

$$I = S[\underline{x}(N)] + \sum_{k=0}^{N-1} L[\underline{x}(k),\ \underline{u}(k)] \quad . \tag{6.4.47}$$

Dabei sei auch hier vorausgesetzt, daß

$S[\underline{x}(N)]$ zweimal stetig differenzierbar nach $\underline{x}(N)$ und

$\underline{f}[\underline{x}(k),\ \underline{u}(k)]$ sowie $L[\underline{x}(k),\ \underline{u}(k)]$ zweimal stetig differenzierbar nach $\underline{x}(k)$ und $\underline{u}(k)$

seien. Mit der Hamilton-Funktion

$$H(k) = H[\underline{x}(k),\underline{u}(k),\underline{\psi}(k+1)] = -L[\underline{x}(k),\underline{u}(k)] + \underline{\psi}^T(k+1)\underline{f}[\underline{x}(k),\underline{u}(k)] \tag{6.4.48}$$

ergeben sich aus der ersten Ableitung von I folgende notwendige Bedingungen (*Optimalitätsbedingungen*) für das Minimum des Gütefunktionals

$$\left.\frac{\partial H(k)}{\partial \underline{u}(k)}\right|_{*} = \underline{0} \quad , \tag{6.4.49}$$

$$\left.\frac{\partial H(k)}{\partial \underline{x}(k)}\right|_{*} = \underline{\psi}^*(k) \quad , \tag{6.4.50}$$

$$\left.\frac{\partial S}{\partial \underline{x}(N)}\right|_{*} = -\underline{\psi}^*(N) \quad . \tag{6.4.51}$$

Weiterhin gilt gemäß Gl.(6.4.48)

$$\left.\frac{\partial H(k)}{\partial \underline{\psi}(k+1)}\right|_{*} = \underline{x}^*(k+1) = \underline{f}[\underline{x}(k),\underline{u}(k)]\Big|_{*} \quad . \tag{6.4.52}$$

Die Gln.(6.4.50) und (6.4.52) werden als *Hamiltonsches kanonisches Gleichungssystem* bezeichnet. Sie bilden zusammen mit dem Anfangszustand $\underline{x}(0) = \underline{x}_0$ und Gl.(6.4.51) ein diskretes nichtlineares (2n)-Randwertproblem.

Als weitere notwendige Bedingungen für ein Minimum von I folgen aus der zweiten Ableitung von I nach ε (analog zu Gl.(6.2.49)):

$$-\begin{bmatrix} \dfrac{\partial^2 H(k)}{\partial \underline{x}^2(k)} & \dfrac{\partial^2 H(k)}{\partial \underline{u}(k)\,\partial \underline{x}(k)} \\ \dfrac{\partial^2 H(k)}{\partial \underline{x}(k)\,\partial \underline{u}(k)} & \dfrac{\partial^2 H(k)}{\partial \underline{u}^2(k)} \end{bmatrix} \geqq \underline{0}, \text{ d. h. positiv semidefinit} \tag{6.4.53}$$

und

$$\frac{\partial^2 S}{\partial \underline{x}^2} \geqq \underline{0} \quad , \text{ d. h. positiv semidefinit} \quad . \tag{6.4.54}$$

Die hier mit Hilfe der Variationsrechnung erhaltenen allgemeinen Ergebnisse sollen nun auf lineare zeitinvariante diskrete Systeme nach Gl. (6.4.45b) unter Verwendung des Gütefunktionals nach Gl.(6.4.46) angewandt werden. In diesem Fall sind die Funktionen $\underline{f}$, S, L und H wie folgt definiert:

$$\underline{f}[\underline{x}(k),\underline{u}(k)] = \underline{x}(k+1) = \underline{A}\,\underline{x}(k) + \underline{B}\,\underline{u}(k) \quad , \tag{6.4.55}$$

$$S[\underline{x}(N)] = \frac{1}{2}\,\underline{x}^T(N)\;\underline{S}\,\underline{x}(N) \quad , \tag{6.4.56}$$

$$L[\underline{x}(k),\underline{u}(k)] = \frac{1}{2}[\underline{x}^T(k)\;\underline{Q}\,\underline{x}(k) + \underline{u}^T(k)\;\underline{R}\,\underline{u}(k)] \quad , \tag{6.4.57}$$

$$H(k) = -\frac{1}{2}[\underline{x}^T(k)\;\underline{Q}\,\underline{x}(k) + \underline{u}^T(k)\;\underline{R}\,\underline{u}(k)] + \underline{\psi}^T(k+1)\,[\underline{A}\,\underline{x}(k) + \underline{B}\,\underline{u}(k)] \quad , \tag{6.4.58}$$

wobei die symmetrischen Matrizen $\underline{S}$, $\underline{Q}$ und $\underline{R}$ aufgrund der Beziehungen (6.4.53) und (6.4.54) folgende Bedingungen erfüllen müssen:

$$\underline{S} \geq \underline{O} \; , \quad \underline{Q} \geq \underline{O} \; , \quad \underline{R} > \underline{O} \; . \tag{6.4.59}$$

Da die Voraussetzungen über die Differenzierbarkeit von L und $\underline{f}$ erfüllt sind, lassen sich die zuvor eingeführten Optimalitätsbedingungen anwenden. Für das kanonische Gleichungssystem erhält man mit den Gln. (6.4.50) und (6.4.52):

$$\underline{x}^*(k+1) = \underline{A}\;\underline{x}^*(k) + \underline{B}\;\underline{u}^*(k) \; , \quad \underline{x}(0) = \underline{x}_0 \tag{6.4.60}$$

und

$$\underline{\psi}^*(k) = -\underline{Q}\;\underline{x}^*(k) + \underline{A}^T\underline{\psi}^*(k+1) \tag{6.4.61}$$

mit der Randbedingung

$$\underline{\psi}^*(N) = -\underline{S}\;\underline{x}^*(N) \quad . \tag{6.4.62}$$

Aus Gl.(6.4.49) folgt in Verbindung mit Gl.(6.4.58)

$$-\underline{R}\;\underline{u}^*(k) + \underline{B}^T\underline{\psi}^*(k+1) = \underline{O} \quad ,$$

und daraus ergibt sich der optimale Stellvektor

$$\underline{u}^*(k) = \underline{R}^{-1}\underline{B}^T\underline{\psi}^*(k+1) \quad . \tag{6.4.63}$$

Die inverse Matrix $\underline{R}^{-1}$ existiert, da $\underline{R}$ als positiv definit vorausgesetzt war.

Nach ähnlichen Überlegungen, wie sie im Abschnitt 6.4.1 bei der Lösung der zusammengefaßten kanonischen Gleichungen mit Hilfe der zugehörigen Fundamentalmatrix angestellt wurden, ergibt sich auch für den allgemeinen diskreten Fall analog zu Gl.(6.4.22) der lineare Ausdruck für den Lagrange-Multiplikator

$$\underline{\psi}^*(k) = -\underline{K}(k)\underline{x}^*(k) \tag{6.4.64a}$$

oder

$$\underline{\psi}^*(k+1) = -\underline{K}(k+1)\underline{x}^*(k+1) \quad . \tag{6.4.64b}$$

Damit läßt sich nun in Gl.(6.4.63) $\underline{\psi}^*(k+1)$ eliminieren:

$$\underline{u}^*(k) = -\underline{R}^{-1}\underline{B}^T\underline{K}(k+1)\underline{x}^*(k+1) \quad . \tag{6.4.65}$$

Wird in dieser Beziehung $\underline{x}^*(k+1)$ aus Gl.(6.4.60) eingesetzt und das Ergebnis nach $\underline{u}^*(k)$ aufgelöst, dann folgt das *optimale Stellgesetz* für lineare zeitinvariante diskrete Systeme:

$$\underline{u}^*(k) = -[\underline{R} + \underline{B}^T\underline{K}(k+1)\underline{B}]^{-1}\underline{B}^T\underline{K}(k+1)\underline{A}\,\underline{x}^*(k) \quad . \qquad (6.4.66)$$

Hieraus ist ersichtlich, daß der optimale lineare Regler wiederum durch eine lineare Rückführung des Zustandsvektors erhalten wird.

Zur Bildung des optimalen Stellgesetzes muß die noch unbekannte zeitvariante Matrix $\underline{K}(k)$ berechnet werden. Dazu werden die Gln.(6.4.64a, b) in Gl.(6.4.61) eingesetzt

$$\underline{K}(k)\underline{x}^*(k) = \underline{Q}\,\underline{x}^*(k) + \underline{A}^T\underline{K}(k+1)\,\underline{x}^*(k+1)$$

und darin $\underline{x}^*(k+1)$ mit Gl.(6.4.60) substituiert

$$\underline{K}(k)\underline{x}^*(k) = \underline{Q}\,\underline{x}^*(k) + \underline{A}^T\underline{K}(k+1)[\underline{A}\,\underline{x}^*(k) + \underline{B}\,\underline{u}^*(k)] \quad .$$

Ersetzt man hierin den optimalen Stellvektor $\underline{u}^*(k)$ gemäß Gl.(6.4.66), so folgt

$$\underline{K}(k)\underline{x}^*(k) = \{\underline{Q} + \underline{A}^T\underline{K}(k+1)\underline{A} - \underline{A}^T\underline{K}(k+1)\underline{B}[\underline{R} + \underline{B}^T\underline{K}(k+1)\underline{B}]^{-1} \cdot$$
$$\cdot\, \underline{B}^T\underline{K}(k+1)\underline{A}\}\underline{x}^*(k) \quad .$$

Damit ergibt sich die endgültige Beziehung zur Berechnung der Matrix $\underline{K}(k)$

$$\underline{K}(k) = \underline{Q} + \underline{A}^T\underline{K}(k+1)\underline{A} - \underline{A}^T\underline{K}(k+1)\underline{B}[\underline{R} + \underline{B}^T\underline{K}(k+1)\underline{B}]^{-1} \cdot \underline{B}^T\underline{K}(k+1)\underline{A} \quad , \qquad (6.4.67)$$

die als diskrete Version der Matrix-Riccati-Differentialgleichung betrachtet werden kann und deren Randbedingungen durch Gl.(6.4.62)

$$\underline{\psi}^*(N) = -\underline{S}\,\underline{x}^*(N)$$

oder bei Beachtung von Gl.(6.4.64a) durch

$$\underline{K}(N) = \underline{S} \qquad (6.4.68)$$

gegeben sind. Gl.(6.4.67) wird als *Matrix-Riccati-Differenzengleichung* bezeichnet.

Bei der Herleitung des optimalen Stellgesetzes nach Gl.(6.4.66) und der Matrix-Riccati-Differenzengleichung nach Gl.(6.4.67) wurde die Existenz der Inversen $[\underline{R} + \underline{B}^T\underline{K}(k+1)\underline{B}]^{-1}$ stillschweigend vorausgesetzt. Da die Bewertungsmatrix $\underline{R}$ im Gütefunktional positiv definit gefunden wurde, ist es eine hinreichende Bedingung für die Existenz dieser Inversen, daß die Matrix $\underline{K}(k+1)$ bzw. $\underline{K}(k)$ positiv semidefinit ist. Es läßt sich allerdings zeigen, daß Lösungen $\underline{K}(k)$ auch dann existieren, wenn $\underline{R}$ nur positiv semidefinit ist [6.7].

Durch Transponieren der Matrix-Riccati-Differenzengleichung läßt sich nachweisen, daß auch im vorliegenden diskreten Falle $\underline{K}(k)$ eine symmetrische Matrix ist:

$$\underline{K}(k) = \underline{K}^T(k) \quad . \tag{6.4.69}$$

Mit der positiv definiten, symmetrischen Matrix $\underline{K}(k)$ als Lösung der Matrix-Riccati-Differenzengleichung, Gl.(6.4.67), ist der optimale Stellvektor $\underline{u}^*(k)$ vollständig bekannt.

6.4.4. Die stationäre Lösung der Matrix-Riccati-Differenzengleichung

Im vorhergehenden Abschnitt wurde ein Regler entworfen, der die Zustandsgröße $\underline{x}(k)$ in einem endlichen Zeitintervall [O,N] mit einem beschränkten Aufwand an Stellenergie in eine Ruhelage überführt. Die Größe des Zustandsvektors $\underline{x}(k)$ nach Beendigung des Regelvorgangs kann jedoch nicht vorherbestimmt werden. Daher liegt es nahe, die obere Grenze des Gütefunktionals gegen Unendlich streben zu lassen, so daß das Verhalten des Zustandsvektors für alle Zeiten beeinflußt werden kann. Damit wird die Festlegung des Regelintervalls, das in einigen Fällen sehr groß und eventuell unbestimmt sein kann, vermieden. Gleichzeitig entfällt auch die Wahl der Bewertungsmatrix $\underline{S}$, die das Verhalten der Zustandsgröße für $N\to\infty$ bewertet, da $\underline{x}(\infty)$ gegen Null strebt.

Zur Vereinfachung der folgenden Betrachtungen werden die Summationsgrenzen des Gütefunktionals umbenannt:

$$I = \frac{1}{2} \sum_{k=i}^{N} [\underline{x}^T(k)\, \underline{Q}\, \underline{x}(k) + \underline{u}^T(k)\, \underline{R}\, \underline{u}(k)] \quad , \tag{6.4.70}$$

wobei N konstant ist und i gegen $(-\infty)$ strebt. Der Grund für dieses Vorgehen liegt darin, daß die Matrix $\underline{K}(k)$ rückwärts in der Zeit berechnet wird. Die Umbenennung ist möglich, weil das betrachtete System zeitinvariant ist.

In [6.7] wird z. B. der Beweis geführt, daß eine optimale Lösung für den Fall existiert, wenn die Matrix $\underline{K}(k)$ folgende Eigenschaften besitzt:

a) Die Folge der Matrizen $\underline{K}(k)$ ist monoton steigend, wenn der Index i erniedrigt wird.

b) Die Folge der Matrizen $\underline{K}(k)$ ist nach oben begrenzt.

Wichtige Voraussetzung für diesen Beweis ist die Steuerbarkeit des Systems und dessen Zeitinvarianz. Es ergibt sich, daß die Folge der Matrizen $\underline{K}(k)$ für i gegen $(-\infty)$ zu einem Grenzwert strebt, der wieder mit $\hat{\underline{K}}$ bezeichnet wird:

$$\hat{\underline{K}} = \lim_{i \to -\infty} \underline{K}(k) \quad . \tag{6.4.71}$$

$\hat{\underline{K}}$ berechnet sich als stationäre Lösung der Matrix-Riccati-Differenzengleichung (6.4.67):

$$\hat{\underline{K}} = \underline{Q} + \underline{A}^T \hat{\underline{K}} \underline{A} - \underline{A}^T \hat{\underline{K}} \underline{B} [\underline{R} + \underline{B}^T \hat{\underline{K}} \underline{B}]^{-1} \underline{B}^T \hat{\underline{K}} \underline{A} \quad . \tag{6.4.72}$$

Das optimale Stellgesetz wird nun zeitinvariant

$$\underline{u}^*(k) = -[\underline{R} + \underline{B}^T \hat{\underline{K}} \underline{B}]^{-1} \underline{B}^T \hat{\underline{K}} \underline{A} \underline{x}^*(k) \tag{6.4.73}$$

$$= -\underline{F} \, \underline{x}^*(k) \quad . \tag{6.4.74}$$

Unter der zusätzlichen Voraussetzung, daß mindestens die instabilen Eigenbewegungen beobachtbar sind, wird der geschlossene Regelkreis asymptotisch stabil [6.8]. Die Zustandsgleichung des geschlossenen Regelkreises lautet

$$\underline{x}(k+1) = (\underline{A} - \underline{B}\,\underline{F})\,\underline{x}(k) = \underline{G}\,\underline{x}(k) \tag{6.4.75}$$

mit

$$\underline{G} = \underline{A} - \underline{B}(\underline{R} + \underline{B}^T \hat{\underline{K}} \underline{B})^{-1} \underline{B}^T \hat{\underline{K}} \underline{A} \quad .$$

Der minimale Wert des Gütefunktionals ergibt sich in Analogie zu Gl. (6.4.34) [6.7] als

$$I^* = \frac{1}{2} \underline{x}^{*T}(0) \hat{\underline{K}} \, \underline{x}^*(0) \quad . \tag{6.4.76}$$

6.5. Lösungsverfahren für die Matrix-Riccati-Gleichung

6.5.1. Der kontinuierliche Fall

Zur Lösung der Matrix-Riccati-Differentialgleichung gemäß Gl. (6.4.27)

$$\dot{\underline{K}}(t) = -\underline{K}(t)\underline{A}(t) - \underline{A}^T(t)\underline{K}(t) + \underline{K}(t)\underline{B}(t)\underline{R}^{-1}(t)\underline{B}^T(t)\underline{K}(t) - \underline{Q}(t) \qquad (6.5.1.)$$

existieren verschiedene Rechenverfahren, auf die nachfolgend eingegangen werden soll.

6.5.1.1. Direkte Integration

Naheliegend ist die direkte Integration der Gl. (6.5.1). Offensichtlich müssen hierbei gleichzeitig n^2 nichtlineare Differentialgleichungen 1. Ordnung gelöst werden. Da als Randbedingung $\underline{K}(t_e) = \underline{S}$ vorgegeben ist, ist es zweckmäßig, die Integration rückwärts in der Zeit durchzuführen. Die einfachste Methode dazu stellt bekanntlich das *Euler-Verfahren* dar. Dabei läßt sich mit dem Ansatz

$$\underline{K}(t-\Delta t) = \underline{K}(t) - \dot{\underline{K}}(t)\Delta t \qquad (6.5.2)$$

die (nxn)-Matrix $\underline{K}(t)$ für $t = t_e - i|\Delta t|$ im Bereich $1 \leq i \leq N$ berechnen. Dieses Verfahren kann auch zur Lösung der algebraischen Matrix-Riccati-Gleichung, Gl. (6.4.41), bei zeitinvarianten Systemen angewandt werden, wobei man dann die stationäre Lösung $\hat{\underline{K}}$ erhält. Für beide Fälle gilt derselbe Rechenalgorithmus, der in folgenden Schritten auf einem Digitalrechner programmiert wird:

1. Vorgabe des "Anfangswertes" des Algorithmus

   $$\underline{K}_0 \equiv \underline{K}(t_e) \geqq \underline{0} \text{ (entspricht } i = 0) \quad .$$

2. Berechnung von

   $$\dot{\underline{K}}_i = -\underline{K}_i\underline{A}_i - \underline{A}_i^T\underline{K}_i + \underline{K}_i\underline{B}_i\underline{R}_i^{-1}\underline{B}_i^T\underline{K}_i - \underline{Q}_i \quad ,$$

   wobei die Matrizen $\underline{A}(t)$, $\underline{B}(t)$, $\underline{Q}(t)$ und $\underline{R}(t)$ für jeden Zeitpunkt $t = t_e - i|\Delta t|$ bekannt sein müssen; im stationären Fall sind sie konstant.

3. Falls $\dot{\underline{K}}_i = \underline{0}$, hat man im stationären Fall bereits die Lösung $\hat{\underline{K}} = \underline{K}_i$ gefunden; sonst muß bei Schritt 4 weitergerechnet werden.

4. Berechnung von

$$\underline{K}_{i+1} = \underline{K}_i + \Delta t \dot{\underline{K}}_i \qquad (i = 0,1,\ldots,N-1) \quad .$$

5. Erhöhung des Zählindex

$$i \rightarrow i+1$$

und Wiederholung des Algorithmus ab Schritt 2 solange, bis im Schritt 4 für $i = N-1$ die Lösung $\underline{K}(0)$ gefunden ist.

Die Genauigkeit der Integration hängt wesentlich von der Größe des negativen Integrationsschrittes Δt ab. Entsprechend der Dynamik der Gl. (6.5.1) ist der Betrag $|\Delta t|$ möglichst groß zu wählen, um die Anzahl der Schritte gering zu halten, jedoch genügend klein, um $\underline{K}(t)$ in allen Zeitpunkten hinreichend genau zu ermitteln. Ist man nur an der stationären Lösung $\hat{\underline{K}}$ interessiert, so wählt man $|\Delta t|$ wesentlich größer, um möglichst schnelle Konvergenz zu erhalten. Dabei erreicht man allerdings häufig die Grenze der numerischen Stabilität und trotzdem nur sehr schwache Konvergenz, was insbesondere bei Systemen hoher Ordnung zu extrem langen Rechenzeiten führen kann.

Die Anwendung genauerer Integrationsverfahren bringt hier kaum Vorteile bezüglich der Konvergenz und nur Nachteile in bezug auf den Rechenzeitbedarf. Durch Ausnutzen der Symmetrie von $\underline{K}$ ist es möglich, die Rechenzeit auf etwas über die Hälfte zu reduzieren.

Die praktische Durchführung des oben beschriebenen Lösungsweges für die Matrix $\underline{K}(t)$ erfolgt im "off-line"-Betrieb auf einem Digitalrechner. Dabei muß die für jeden Zeitpunkt $t = t_e - i|\Delta t|$ berechnete Matrix $\underline{K}(t)$ jeweils abgespeichert werden. Während des eigentlichen Regelvorgangs müssen sämtliche Matrizen $\underline{K}(t)$ verfügbar sein, um im jeweiligen Zeitpunkt t in das optimale Stellgesetz, Gl. (6.4.23) eingesetzt zu werden.

Prinzipiell wäre auch eine "on-line"-Lösung denkbar, vorausgesetzt man kennt $\underline{K}(0)$, d. h. man hat die Lösung einmal bereits ausgeführt. Dann kann, beginnend mit $t = 0$ und $\underline{K}(0)$ als Anfangswert die Gl. (6.5.2) in positiver Zeit, d. h. $(-\Delta t) > 0$ ausgewertet werden, so daß in jedem Zeitpunkt t das benötigte $\underline{K}(t)$ aus dem vorhergehenden bestimmt wird. Diese Lösung in positiver Zeit ist allerdings sehr empfindlich gegen numerische Fehler, da sie leicht zur numerischen Instabilität neigt.

6.5.1.2. Verfahren von Kalman-Englar [6.9]

Ausgangspunkt für dieses Verfahren ist Gl.(6.4.21) zur Bestimmung von

$$\underline{K}(t) = -[\underline{\Phi}_{21}(t,t_e) - \underline{\Phi}_{22}(t,t_e)\underline{S}][\underline{\Phi}_{11}(t,t_e) - \underline{\Phi}_{12}(t,t_e)\underline{S}]^{-1} \quad . \qquad (6.5.3)$$

Für die Eindeutigkeit von $\underline{K}(t)$ wird die Existenz der inversen Matrix $[\underline{\Phi}_{11}(t,t_e) - \underline{\Phi}_{12}(t,t_e)\underline{S}]^{-1}$ vorausgesetzt, die sich jedoch - wie früher schon erwähnt - für das Intervall $t_o \leq t \leq t_e$ nachweisen läßt. Gl.(6.5.3) wird nun unter Beachtung der "Anfangsbedingung"

$$\underline{K}(t_e) = \underline{S}$$

beginnend bei $t = t_e$ rückwärts in der Zeit berechnet. Mit

$$t_{i+1} = t_i - \Delta t$$

und

$$\underline{\Phi}(t_{i+1},t_i) = e^{-\underline{\tilde{A}}\Delta t}$$

folgt der iterative Rechenalgorithmus

$$\underline{K}(t_{i+1}) = -[\underline{\Phi}_{21}(t_{i+1},t_i) - \underline{\Phi}_{22}(t_{i+1},t_i)\underline{K}(t_i)] \cdot$$
$$\cdot [\underline{\Phi}_{11}(t_{i+1},t_i) - \underline{\Phi}_{12}(t_{i+1},t_i)\underline{K}(t_i)]^{-1} \quad . \qquad (6.5.4)$$

Auch mit diesem Algorithmus kann sowohl die transiente als auch die stationäre Lösung der Matrix-Riccati-Differentialgleichung bestimmt werden. Die Probleme bezüglich der Wahl von Δt sind ähnlich denen bei der direkten Integration, jedoch sind die Konvergenzeigenschaften dieses Algorithmus insgesamt wesentlich besser. Falls Δt zu groß gewählt wird, können Schwierigkeiten in Bezug auf die numerische Stabilität auftreten. Vaughan [6.10] hat gezeigt, daß Δt um so kleiner gewählt werden muß, je größer die Realteile der Wurzeln der charakteristischen Gleichung von $\underline{\tilde{A}}$ sind.

6.5.1.3. Newton-Raphson-Methode [6.11]

Alle Verfahren, die nachfolgend behandelt werden, beziehen sich auf zeitinvariante Systeme und liefern nur die Lösung der algebraischen Matrix-Riccati-Gleichung, Gl.(6.4.41). Das Problem besteht also darin, die positiv definite Nullstelle $\underline{\hat{K}}$ der Matrix-Funktion

$$\underline{F}(\underline{K}) = \underline{K}\,\underline{A} + \underline{A}^T\underline{K} - \underline{K}\,\underline{B}\,\underline{R}^{-1}\underline{B}^T\underline{K} + \underline{Q} \qquad (6.5.5)$$

zu finden.

Bild 6.5.1 veranschaulicht an einer skalaren Funktion f(x), wie beginnend mit einem Anfangswert x_o mit Hilfe des Newton-Raphson-Algorithmus die Nullstelle x_N ermittelt werden kann. Man erhält jeweils einen ver-

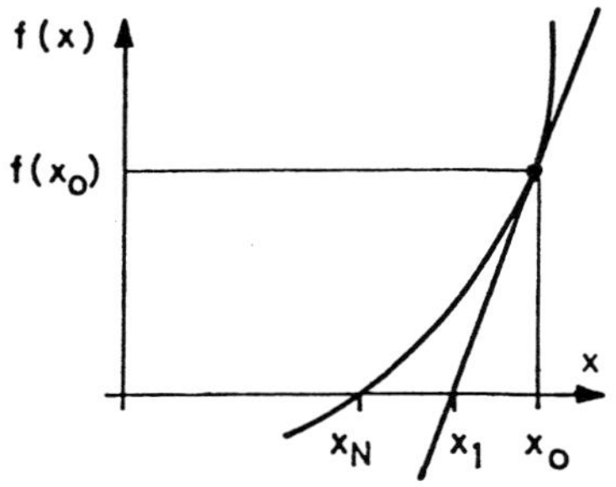

Bild 6.5.1. Zum Newton-Raphson-Algorithmus

besserten Näherungswert nach der Beziehung

$$x_{i+1} = x_i - \left[\left.\frac{df(x)}{dx}\right|_{x_i}\right]^{-1} f(x_i) \quad . \tag{6.5.6}$$

Wendet man diese Rechenvorschrift auf Gl.(6.5.5) an, so ergibt sich mit

$$\underline{F}_i = \underline{F}(\underline{K}_i) = \underline{K}_i\underline{A} + \underline{A}^T\underline{K}_i - \underline{K}_i\underline{B}\ \underline{R}^{-1}\underline{B}^T\underline{K}_i + \underline{Q} \tag{6.5.7}$$

die Beziehung

$$\underline{K}_{i+1} = \underline{K}_i - \left[\left.\frac{\partial\underline{F}(\underline{K})}{\partial\underline{K}}\right|_{\underline{K}_i}\right]^{-1} \underline{F}_i \quad .$$

Um die partielle Ableitung auswerten zu können, ist es notwendig, die Matrizen spaltenweise in Vektorform anzuordnen [6.11]:

$$\underline{k}_i = [K_{11}K_{12} \ldots K_{1n}K_{21}K_{22} \ldots K_{2n} \ldots K_{nn}]^T ,$$

$$\underline{f}_i = [F_{11}F_{12} \ldots F_{1n}F_{21}F_{22} \ldots F_{2n} \ldots F_{nn}]^T .$$

$\underline{f}(k)$ sei die entsprechende Funktion, und damit gilt

$$\underline{k}_{i+1} = \underline{k}_i - \left[\left.\frac{\partial\underline{f}}{\partial\underline{k}}\right|_{\underline{k}_i}\right]^{-1} \underline{f}_i \quad .$$

Das Problem hat damit die Dimension n^2, und die partielle Ableitung hat die Form einer quadratischen $(n^2 x n^2)$-Jacobi-Matrix (s. Band "Regelungstechnik I") und ist invertierbar. Infolge dieser hohen Dimension hat ein solches Verfahren nur für Systeme niedriger Ordnung ($n \leq 10$) Bedeutung. Auch durch Ausnutzung der Symmetrie ist eine Reduktion nur auf $n(n+1)/2$ möglich. Deshalb wird an dieser Stelle auf die weitere Behandlung dieses Verfahrens verzichtet.

6.5.1.4. Verfahren von Kleinman [6.12]

Das Verfahren von Kleinman beruht ebenfalls auf der Newton-Raphson-Methode, vermeidet aber die Bildung der Jacobi-Matrix. Es sei angenommen, daß $\underline{K}_i$ ein Näherungswert für $\hat{\underline{K}}$ ist, und damit gelte

$$\hat{\underline{K}} = \underline{K}_i + \tilde{\underline{K}} \quad . \tag{6.5.8}$$

Setzt man diese Beziehung anstelle von $\underline{K}_i$ in Gl. (6.5.7) unter Beachtung der Abkürzung aus Gl. (6.4.10)

$$\underline{E} = \underline{B}\,\underline{R}^{-1}\underline{B}^T \tag{6.5.9}$$

ein, so folgt

$$\underline{F}(\hat{\underline{K}}) = (\underline{K}_i + \tilde{\underline{K}})\underline{A} + \underline{A}^T(\underline{K}_i + \tilde{\underline{K}}) - \underline{K}_i\underline{E}\,\underline{K}_i - \tilde{\underline{K}}\,\underline{E}\,\underline{K}_i - \underline{K}_i\underline{E}\,\tilde{\underline{K}} - \tilde{\underline{K}}\,\underline{E}\,\tilde{\underline{K}} + \underline{Q} = \underline{O} \, . \tag{6.5.10}$$

Die weitere Aufgabe besteht nun darin, $\tilde{\underline{K}}$ zu ermitteln. Da dies nicht einfacher ist als das ursprüngliche Problem, vernachlässigt man den quadratischen Term $-\tilde{\underline{K}}\,\underline{E}\,\tilde{\underline{K}}$ in Gl. (6.5.10) und gewinnt so eine Approximation $\tilde{\underline{K}}_i$ für $\tilde{\underline{K}}$ und damit einen verbesserten Näherungswert

$$\underline{K}_{i+1} = \underline{K}_i + \tilde{\underline{K}}_i \quad . \tag{6.5.11}$$

Somit lautet Gl. (6.5.10)

$$(\underline{K}_i + \tilde{\underline{K}}_i)\underline{A} + \underline{A}^T(\underline{K}_i + \tilde{\underline{K}}_i) - \underline{K}_i\underline{E}\,\underline{K}_i - \tilde{\underline{K}}_i\underline{E}\,\underline{K}_i - \underline{K}_i\underline{E}\,\tilde{\underline{K}}_i + \underline{Q} = \underline{O} \quad . \tag{6.5.12}$$

Durch additive Erweiterung mit $\underline{K}_i\underline{E}\,\underline{K}_i$ läßt sich diese Beziehung mittels Gl. (6.5.11) folgendermaßen zusammenfassen:

$$\underline{K}_{i+1}\underline{A}_i + \underline{A}_i^T\underline{K}_{i+1} + \underline{Q}_i = \underline{O} \quad , \tag{6.5.13}$$

wobei

$$\underline{A}_i = \underline{A} - \underline{E}\,\underline{K}_i \tag{6.5.14a}$$

und

$$\underline{Q}_i = \underline{Q} + \underline{K}_i\underline{E}\,\underline{K}_i \tag{6.5.14b}$$

gilt.

Gl. (6.5.13) ist eine lineare algebraische Matrix-Gleichung (Ljapunow-Gleichung), die nach $\underline{K}_{i+1}$ aufgelöst werden kann. Der zugehörige Rechenalgorithmus wird in folgenden Schritten ausgeführt:

1. Vorgabe von $\underline{K}_o (i=o)$;

2. Berechnung von

$$\underline{F}(\underline{K}_i) = \underline{K}_i\underline{A} + \underline{A}^T\underline{K}_i - \underline{K}_i\underline{E}\,\underline{K}_i + \underline{Q} \quad ;$$

3. Falls $\underline{F}(\underline{K}_i) = \underline{O}$, dann ist die gesuchte Lösung $\hat{\underline{K}} = \underline{K}_i$ bereits gefunden; sonst weiterrechnen bei Schritt 4;

4. Berechnung von

$$\underline{A}_i = \underline{A} - \underline{E}\,\underline{K}_i \quad \text{und} \quad \underline{Q}_i = \underline{Q} + \underline{K}_i\underline{E}\,\underline{K}_i \quad ;$$

5. Auflösung von

$$\underline{K}_{i+1}\underline{A}_i + \underline{A}_i^T\underline{K}_{i+1} + \underline{Q}_i = \underline{O}$$

   nach $\underline{K}_{i+1}$ $(i=0,1,\ldots)$;

6. Erhöhung des Zählindex

$$i \rightarrow i+1$$

   und Wiederholung des Algorithmus ab Schritt 2 solange, bis $\underline{F}(\underline{K}_i) = \underline{O}$ wird und damit die Lösung $\hat{\underline{K}} = \underline{K}_i$ erhalten ist.

Dieser Algorithmus konvergiert quadratisch gegen die wahre Lösung $\hat{\underline{K}}$ unter der Voraussetzung, daß der Anfangswert $\underline{K}_o$ so gewählt wurde, daß $\underline{A}_o = \underline{A} - \underline{E}\,\underline{K}_o$ asymptotisch stabil ist, d. h. nur Eigenwerte in der linken s-Halbebene hat.

Bei diesem Verfahren ist die Lösung der nichtlinearen Riccati-Gleichung auf die wiederholte Lösung einer linearen Ljapunow-Gleichung zurückgeführt. Hierfür existieren verschiedene leistungsfähige Lösungsverfahren, bei denen die Dimension des Problems nicht wie beim Newton-Raphson-Verfahren erhöht wird. Der Vorteil gegenüber den Integrationsverfahren liegt hauptsächlich in den günstigeren Konvergenzeigenschaften bei geringem Speicherbedarf. Allerdings entstehen bei Systemen hoher Ordnung auch hier Konvergenzprobleme. Außerdem ist bei instabilen Systemen die Wahl von $\underline{K}_o$ kritisch, wogegen bei stabilen Systemen der Wert $\underline{K}_o = \underline{O}$ immer recht brauchbar ist.

6.5.1.5. Direkte Lösung durch Diagonalisierung [6.10]

Die sicherlich leistungsfähigste, aber auch aufwendigste Methode zur Lösung der algebraischen Matrix-Riccati-Gleichung ist das nachfolgend beschriebene Verfahren. Ausgangspunkt ist das kanonische Gleichungssystem gemäß Gl.(6.4.14) in der Kurzform

$$\dot{\tilde{\underline{x}}}(t) = \tilde{\underline{A}}\,\tilde{\underline{x}}(t) \quad , \quad \tilde{\underline{A}} = \text{const} \quad . \tag{6.5.15}$$

Hierbei stellt $\tilde{\underline{A}}$ eine (2nx2n)-Matrix dar und die Determinante $\det(s\underline{I}-\tilde{\underline{A}})$ liefert stets ein Polynom in s^2. Hieraus folgt aber, wenn s_i ein Eigenwert von $\tilde{\underline{A}}$ ist, dann ist auch $-s_i$ Eigenwert von $\tilde{\underline{A}}$. Sind alle Eigenwerte verschieden, so kann $\tilde{\underline{A}}$ sicherlich auf Diagonalform transformiert werden. Die Transformation

$$\underline{T}\,\underline{x}'(t) = \tilde{\underline{x}}(t) \quad , \tag{6.5.16}$$

angewandt auf Gl.(6.5.15) ergibt

$$\dot{\underline{x}}'(t) = \underline{T}^{-1}\tilde{\underline{A}}\,\underline{T}\,\underline{x}'(t) = \begin{bmatrix} \underline{\Lambda} & \underline{O} \\ \underline{O} & -\underline{\Lambda} \end{bmatrix} \begin{bmatrix} \underline{x}_1'(t) \\ \underline{x}_2'(t) \end{bmatrix} \tag{6.5.17}$$

mit der Diagonalmatrix

$$\underline{\Lambda} = \begin{bmatrix} s_1 & & & 0 \\ & s_2 & & \\ & & \ddots & \\ 0 & & & s_n \end{bmatrix} \quad , \ \text{Re}(s_i) > 0 \quad . \tag{6.5.18}$$

Dann ist $\underline{T}$, also die Matrix der Eigenvektoren von $\tilde{\underline{A}}$, eine quadratische reguläre (2nx2n)-Matrix der Form

$$\underline{T} = \begin{bmatrix} \underline{T}_{11} & \underline{T}_{12} \\ \underline{T}_{21} & \underline{T}_{22} \end{bmatrix} \quad \text{und} \quad \underline{T}^{-1} = \begin{bmatrix} \underline{V}_{11} & -\underline{V}_{12} \\ -\underline{V}_{21} & \underline{V}_{22} \end{bmatrix} \quad . \tag{6.5.19a,b}$$

Aus Gl.(6.5.16) folgt mit der Definition von $\tilde{\underline{x}}(t)$ nach Gl.(6.4.14)

$$\underline{x}'(t) = \begin{bmatrix} \underline{x}_1'(t) \\ \underline{x}_2'(t) \end{bmatrix} = \underline{T}^{-1} \begin{bmatrix} \underline{x}^*(t) \\ \underline{\psi}^*(t) \end{bmatrix} = \begin{bmatrix} \underline{V}_{11} & -\underline{V}_{12} \\ -\underline{V}_{21} & \underline{V}_{22} \end{bmatrix} \begin{bmatrix} \underline{x}^*(t) \\ \underline{\psi}^*(t) \end{bmatrix} \quad , \tag{6.5.20}$$

und damit erhält man für die Komponente $\underline{x}_1'(t)$ mit dem Ansatz $\underline{\psi}^*(t) = -\hat{\underline{K}}\,\underline{x}^*(t)$ für den stationären Fall gemäß Gl.(6.4.22) die Lösung

$$\underline{x}_1'(t) = \underline{V}_{11}\underline{x}^*(t) - \underline{V}_{12}\underline{\psi}^*(t) = (\underline{V}_{11} + \underline{V}_{12}\hat{\underline{K}})\underline{x}^*(t) \quad . \qquad (6.5.21)$$

Andererseits lautet die Lösung von Gl. (6.5.17) für die Komponente $\underline{x}_1'(t)$

$$\underline{x}_1'(t) = e^{\underline{\Lambda} t} \cdot \underline{x}_1'(0) \quad . \qquad (6.5.22)$$

Wegen $\mathrm{Re}(s_i) > 0$ geht $\underline{x}_1'(t) \to \infty$ für $t \to \infty$, es sei denn, daß $\underline{x}_1'(0) = \underline{0}$ wird. Dies ist aber nach Gl. (6.5.21) für $\underline{x}^*(0) = \underline{x}_0 \neq 0$ nur möglich, wenn die Beziehung

$$\underline{V}_{11} + \underline{V}_{12}\,\hat{\underline{K}} = \underline{0} \qquad (6.5.23)$$

gilt. Damit hat man eine einfache Bedingung zur Bestimmung von

$$\hat{\underline{K}} = -\underline{V}_{12}^{-1}\,\underline{V}_{11} \qquad (6.5.24)$$

oder äquivalent, wegen Gl. (6.5.19)

$$\hat{\underline{K}} = -\underline{T}_{22}\,\underline{T}_{12}^{-1} \quad . \qquad (6.5.25)$$

Die direkte Lösung durch Diagonalisierung läuft also nach folgendem Algorithmus:

1. Bilden von $\tilde{\underline{A}} = \begin{bmatrix} \underline{A} & \underline{E} \\ \underline{Q} & -\underline{A}^T \end{bmatrix}$ mit $\underline{E} = \underline{B}\,\underline{R}^{-1}\underline{B}^T$;

2. Berechnung derjenigen Eigenwerte s_i von $\tilde{\underline{A}}$, für die $\mathrm{Re}(s_i) < 0$ ist für $i = 1,\dots,n$;

3. Berechnen der Eigenvektoren $\underline{t}_i$, die zu den Eigenwerten $s_i\ (i = 1,\dots,n)$ gehören;

4. Bilden der Matrix $\underline{T}' = [\underline{t}_1\ \underline{t}_2 \dots \underline{t}_n] = \begin{bmatrix} \underline{T}_{12} \\ \underline{T}_{22} \end{bmatrix}$;

5. Berechnen der Lösung $\hat{\underline{K}} = -\underline{T}_{22}\,\underline{T}_{12}^{-1}$.

Der eigentliche Aufwand dieses Algorithmus liegt in der Bestimmung der Eigenwerte und Eigenvektoren von $\tilde{\underline{A}}$. Da jedoch hierfür sehr gute Standardprogramme verfügbar sind, ist die Anwendung weitgehend problemlos. Der Algorithmus gilt heute allgemein als der beste, besonders für Probleme hoher Dimension. Der Speicherbedarf für das reine Programm ist allerdings sehr hoch, und der Datenanteil nimmt proportional dem Quadrat der Problemdimension zu.

Beispiel 6.5.1:

Für das Doppel-I-System, das bereits im Beispiel 6.4.1 benutzt wurde, soll die Lösung der Matrix-Riccati-Gleichung durch Diagonalisierung erfolgen. Gegeben sind die System- und Bewertungsmatrizen

$$\underline{A} = \begin{bmatrix} 0 & 1 \\ 0 & 0 \end{bmatrix} ; \quad \underline{B} = \underline{b} = \begin{bmatrix} 0 \\ 1 \end{bmatrix} ; \quad \underline{Q} = \begin{bmatrix} 2 & 0 \\ 0 & 3 \end{bmatrix} ; \quad \underline{R} = r = 1 .$$

Daraus folgt die Matrix

$$\underline{E} = \underline{B}\,\underline{R}^{-1}\underline{B}^T = \begin{bmatrix} 0 & 0 \\ 0 & 1 \end{bmatrix} .$$

Gemäß dem zuvor geschilderten Verfahren erhält man in den einzelnen Schritten:

1. Bilden von $\tilde{\underline{A}}$:

$$\tilde{\underline{A}} = \begin{bmatrix} \underline{A} & \underline{E} \\ \underline{Q} & -\underline{A}^T \end{bmatrix} = \left[\begin{array}{cc|cc} 0 & 1 & 0 & 0 \\ 0 & 0 & 0 & 1 \\ \hline 2 & 0 & 0 & 0 \\ 0 & 3 & -1 & 0 \end{array}\right] .$$

2. Eigenwerte von $\tilde{\underline{A}}$:

   Die charakteristische Gleichung von $\tilde{\underline{A}}$ lautet:

$$s^4 - 3s^2 + 2 = 0 \quad ,$$

   daraus ergeben sich die zugehörigen Eigenwerte:

$$s_1 = -\sqrt{2} \quad ; \quad s_3 = \sqrt{2} \quad ;$$
$$s_2 = -1 \quad ; \quad s_4 = 1 \quad .$$

3. Die Eigenvektoren zu s_1 und s_2 ($\mathrm{Re}\{s_i\} < 0$) sind:

$$\underline{t}_1 = \begin{bmatrix} \sqrt{2} \\ -2 \\ -2 \\ 2\sqrt{2} \end{bmatrix} \quad \text{und} \quad \underline{t}_2 = \begin{bmatrix} 2 \\ -2 \\ -4 \\ 2 \end{bmatrix} .$$

4. Bilden von $\underline{T}_{12}$ und $\underline{T}_{22}$:

$$\underline{T}_{12} = \begin{bmatrix} \sqrt{2} & 2 \\ -2 & -2 \end{bmatrix} \quad ; \quad \underline{T}_{22} = \begin{bmatrix} -2 & -4 \\ 2\sqrt{2} & 2 \end{bmatrix} .$$

5. Berechnung von $\hat{\underline{K}}$:

Mit der inversen Matrix

$$\underline{T}_{12}^{-1} = \frac{1}{2-\sqrt{2}} \begin{bmatrix} -1 & -1 \\ 1 & \frac{\sqrt{2}}{2} \end{bmatrix}$$

folgt schließlich

$$\hat{\underline{K}} = -\underline{T}_{22}\,\underline{T}_{12}^{-1} = \begin{bmatrix} 2+\sqrt{2} & \sqrt{2} \\ \sqrt{2} & 1+\sqrt{2} \end{bmatrix} .$$

Dies ist dieselbe Lösungsmatrix, wie sie bereits im Beispiel 6.4.1 ermittelt wurde. ■

6.5.2. Der diskrete Fall

6.5.2.1. Rekursives Verfahren

Die einfachste Methode zur Berechnung der stationären Lösung der Matrix-Riccati-Differenzengleichung, Gl.(6.4.72), ist das rekursive Verfahren, wobei die Berechnung rückwärts in der Zeit, beginnend mit der "Anfangsbedingung" $\underline{K}(N) = \underline{0}$ rekursiv in folgender Form durchgeführt wird:

$$\hat{\underline{K}}(\nu) = \underline{Q} + \underline{A}^T\hat{\underline{K}}(\nu+1)\underline{A} - \underline{A}^T\hat{\underline{K}}(\nu+1)\underline{B}[\underline{R} + \underline{B}^T\hat{\underline{K}}(\nu+1)\underline{B}]^{-1}\underline{B}^T\hat{\underline{K}}(\nu+1)\underline{A} \quad ,$$

wobei ν als Zählindex der rekursiven Schritte die Werte

$$\nu = N-1 \ , \ N-2 \ , \ \ldots \tag{6.5.26}$$

annimmt.

Da nur die stationäre Lösung $\hat{\underline{K}}$ von Interesse ist, wird die rekursive Berechnung solange durchgeführt, bis eine vorgegebene Fehlerschranke erreicht ist. Wenn die geforderte Genauigkeit nach einer vorgegebenen Anzahl von Schritten $\hat{N}$ nicht erreicht werden kann, wird der aktuelle Wert $\hat{\underline{K}}(\hat{N})$ als Näherungswert für die stationäre Lösung $\hat{\underline{K}}$ verwandt und die Berechnung abgebrochen. Dieses Vorgehen ist berechtigt, da die Konvergenz für den speziellen Fall des Zustandsreglers sichergestellt ist.

Fehler bei der Berechnung der Riccati-Gleichung entstehen durch Rundungsfehler bei den Matrizenoperationen und gegebenenfalls bei der Berechnung der durch die Diskretisierung eines kontinuierlichen Gütefunktionals entstehenden Bewertungsmatrizen.

6.5.2.2. Das sukzessive Verfahren [6.13]

Dieses Verfahren beruht auf der Herleitung einer Fehlergleichung für den Näherungswert der stationären Lösung der Matrix-Riccati-Gleichung nach der Newton-Raphson-Methode. Zunächst wird in Anlehnung an die stationäre Lösung der Matrix-Riccati-Gleichung (wobei in Gl.(6.4.72) $\underline{\hat{K}}$ durch $\underline{V}$ substituiert wird) die Matrizenfunktion

$$\underline{F}(\underline{V}) = -\underline{V} + \underline{Q} + \underline{A}^T\underline{V}\underline{A} - \underline{A}^T\underline{V}\underline{B}(\underline{R}+\underline{B}^T\underline{V}\underline{B})^{-1}\underline{B}^T\underline{V}\underline{A} \qquad (6.5.27)$$

definiert. Die Aufgabe besteht nun darin, die positiv definite Lösung $\underline{\hat{K}}$ der Matrix-Riccati-Gleichung zu finden. Es soll angenommen werden, daß für Gl.(6.5.27) eine Lösung $\underline{V}_{k-1}$ existiert, die nur geringfügig von der exakten Lösung $\underline{\hat{K}}$ abweicht. Für den Näherungswert $\underline{V}_{k-1}$ soll also die Beziehung

$$\underline{\hat{K}} = \underline{V}_{k-1} + \underline{\tilde{V}} \qquad (6.5.28)$$

gelten.

Wird Gl.(6.5.28) in Gl.(6.5.27) eingesetzt, so ergibt dies

$$\begin{aligned}\underline{F}(\underline{\hat{K}}) = &-(\underline{V}_{k-1}+\underline{\tilde{V}}) + \underline{Q} + \underline{A}^T(\underline{V}_{k-1}+\underline{\tilde{V}})\underline{A} \\ &- \underline{A}^T(\underline{V}_{k-1}+\underline{\tilde{V}})\underline{B}[\underline{R}+\underline{B}^T(\underline{V}_{k-1}+\underline{\tilde{V}})\underline{B}]^{-1}\underline{B}^T(\underline{V}_{k-1}+\underline{\tilde{V}})\underline{A} \quad . \qquad (6.5.29)\end{aligned}$$

Die in dieser Beziehung auftretende inverse Matrix kann unter Vernachlässigung der quadratischen Terme in $\underline{\tilde{V}}$ approximiert werden, wodurch die Beziehung

$$\begin{aligned}\underline{F}(\underline{\hat{K}}) \approx &-(\underline{V}_{k-1}+\underline{\tilde{V}}) + \underline{Q} + \underline{A}^T(\underline{V}_{k-1}+\underline{\tilde{V}})\underline{A} \\ &- \underline{A}^T(\underline{V}_{k-1}+\underline{\tilde{V}})\underline{B}(\underline{R}_{k-1}^{-1}-\underline{R}_{k-1}^{-1}\underline{\tilde{B}}\underline{R}_{k-1}^{-1})\underline{B}^T(\underline{V}_{k-1}+\underline{\tilde{V}})\underline{A} \qquad (6.5.30)\end{aligned}$$

aus Gl.(6.5.29) folgt. In Gl.(6.5.30) werden nun nach dem Ausmultiplizieren die quadratischen Terme in $\underline{\tilde{V}}$ wiederum vernachlässigt. Durch Nullsetzen der dann entstandenen rechten Seite von Gl.(6.5.30) wird $\underline{\tilde{V}}$ berechnet. Mit Hilfe des so ermittelten Wertes von $\underline{\tilde{V}}$ wird dann ein neuer Näherungswert von $\underline{\hat{K}}$ über die Beziehung

$$\underline{V}_k = \underline{V}_{k-1} + \underline{\tilde{V}}$$

bzw.

$$\underline{\tilde{V}} = \underline{V}_k - \underline{V}_{k-1} \qquad (6.5.31)$$

bestimmt. Gl.(6.3.50) kann durch eine geschickte Erweiterung nach Vernachlässigung der quadratischen Terme in $\underline{\tilde{V}}$ und einigen Umformungen in die Form

$$\underline{O} = \underline{Q} - \underline{V}_k + (\underline{A}-\underline{B}\underline{R}_{k-1}^{-1}\underline{A}_{k-1})^T\underline{V}_k(\underline{A}-\underline{B}\underline{R}_{k-1}^{-1}\underline{A}_{k-1}) + \underline{A}_{k-1}^T\underline{R}_{k-1}^{-1}\underline{R}\underline{R}_{k-1}^{-1}\underline{A}_{k-1} \qquad (6.5.32)$$

mit

$$\underline{R}_{k-1} = \underline{R} + \underline{B}^T\underline{V}_{k-1}\underline{B} \;,\; \underline{\tilde{B}} = \underline{B}^T\underline{\tilde{V}}\,\underline{B} \quad \text{und} \quad \underline{A}_{k-1} = \underline{B}^T\underline{V}_{k-1}\underline{A}$$

gebracht werden. Nach der Auflösung nach $\underline{V}_k$ und Einführung der Beziehung

$$\underline{F}_k = (\underline{R}+\underline{B}^T\underline{V}_{k-1}\underline{B})^{-1}\underline{B}^T\underline{V}_{k-1}\underline{A} \quad , \quad k = 1,2,\ldots \qquad (6.5.33)$$

folgt:

$$\underline{V}_k = \underline{Q} + (\underline{A}-\underline{B}\underline{F}_k)^T\underline{V}_k(\underline{A}-\underline{B}\underline{F}_k) + \underline{F}_k^T\underline{R}\,\underline{F}_k \quad , \quad k = 0,1,\ldots \qquad (6.5.34)$$

Gl.(6.5.34) stellt eine lineare Matrizen-Gleichung (Ljapunow-Gleichung) zur Bestimmung von $\underline{V}_k$ dar. In der Analogie zu Kleinmans Verfahren gilt im diskreten Fall nach Hewer [6.13]

$$\lim_{k\to\infty} \underline{V}_k = \underline{\hat{K}} \quad . \qquad (6.5.35)$$

Der Startwert für die Lösung der Ljapunow-Gleichung (6.5.34) ist durch

$$\underline{V}_o = \underline{Q} + (\underline{A}-\underline{B}\underline{F}_o)^T\underline{V}_k(\underline{A}-\underline{B}\underline{F}_o) + \underline{F}_o^T\underline{R}\,\underline{F}_o \qquad (6.5.36)$$

gegeben. Die Matrix $\underline{F}_o$ muß so gewählt werden, daß die Eigenwerte von $(\underline{A}-\underline{B}\underline{F}_o)$ innerhalb des Einheitskreises liegen. Die Konvergenzrate dieses Algorithmus ist in der Nähe der Lösung quadratisch, wobei die Anzahl der Iterationen von der Wahl des Anfangswertes $\underline{F}_o$ abhängt. In der Praxis wird ein stabiler Anfangswert zweckmäßigerweise mit einer geringen Anzahl von rekursiven Schritten des Verfahrens 6.5.2.1 berechnet.

6.5.2.3. Eigenwert-Eigenvektor-Methode [6.14]

Diese Methode wurde von Vaughan für den zeitinvarianten diskreten Fall entwickelt. Sie beruht auf der Bestimmung der Eigenwerte und Eigenvektoren des kanonischen Gleichungssystems. Die kanonischen Gleichungen (6.4.60) und (6.4.61) werden durch Einsetzen des optimalen Steuervektors nach Gl.(6.4.63) umgeformt:

$$\underline{x}^*(k+1) = \underline{A}\ \underline{x}^*(k) + \underline{B}\ \underline{u}^*(k)$$
$$= \underline{A}\ \underline{x}^*(k) + \underline{B}\ \underline{R}^{-1}\underline{B}^T\ \underline{\psi}^*(k+1) \qquad (6.5.37)$$

und

$$\underline{\psi}^*(k) = -\underline{Q}\ \underline{x}^*(k) + \underline{A}^T\underline{\psi}^*(k+1) \quad . \qquad (6.5.38)$$

Die Umformung von Gl. (6.5.38) liefert weiterhin

$$\underline{\psi}^*(k+1) = \underline{A}^{-T}[\underline{Q}\ \underline{x}^*(k) + \underline{\psi}^*(k)] \quad . \qquad (6.5.39)$$

Wird Gl. (6.5.39) in Gl. (6.5.37) eingesetzt, so folgt

$$\underline{x}^*(k+1) = (\underline{A} + \underline{E}\,\underline{A}^{-T}\underline{Q})\ \underline{x}^*(k) + \underline{E}\,\underline{A}^{-T}\underline{\psi}^*(k) \quad , \qquad (6.5.40)$$

wobei

$$\underline{E} = \underline{B}\ \underline{R}^{-1}\underline{B}^T \qquad (6.5.41)$$

gilt. Die Gln. (6.5.39) und (6.5.40) lassen sich als kanonisches System in die Darstellung

$$\begin{bmatrix} \underline{x}^*(k+1) \\ \underline{\psi}^*(k+1) \end{bmatrix} = \underline{\Gamma} \begin{bmatrix} \underline{x}^*(k) \\ \underline{\psi}^*(k) \end{bmatrix} \qquad (6.5.42)$$

mit

$$\underline{\Gamma} = \begin{bmatrix} \underline{A} + \underline{E}\,\underline{A}^{-T}\underline{Q} & \underline{E}\,\underline{A}^{-T} \\ \underline{A}^{-T}\underline{Q} & \underline{A}^{-T} \end{bmatrix} \qquad (6.5.43)$$

bringen.

Nach Vaughan besitzt die Systemmatrix $\underline{\Gamma}$ des kanonischen Systems die Eigenschaft, daß für jeden Eigenwert s_i auch der reziproke Wert $1/s_i$ ein Eigenwert der Systemmatrix ist. Durch eine nichtsinguläre Transformation läßt sich daher das kanonische System (ähnlich wie im kontinuierlichen Fall bei der direkten Lösung durch Diagonalisierung) in der Form

$$\begin{bmatrix} \underline{x}_1'(k+1) \\ \underline{x}_2'(k+1) \end{bmatrix} = \begin{bmatrix} \underline{\Lambda} & \underline{0} \\ \underline{0} & \underline{\Lambda}^{-1} \end{bmatrix} \begin{bmatrix} \underline{x}_1'(k) \\ \underline{x}_2'(k) \end{bmatrix} \qquad (6.5.44)$$

darstellen. Der Zusammenhang mit dem ursprünglichen kanonischen System nach Gl. (6.5.42) ist über die Transformationsmatrix $\underline{T}$ in der Form

$$\begin{bmatrix} \underline{x}_1'(k) \\ \underline{x}_2'(k) \end{bmatrix} = \underline{T}^{-1} \begin{bmatrix} \underline{x}^*(k) \\ \underline{\psi}^*(k) \end{bmatrix} \qquad (6.5.45)$$

mit

$$\underline{\Gamma} = \underline{T} \begin{bmatrix} \underline{\Lambda} & \underline{O} \\ \underline{O} & \underline{\Lambda}^{-1} \end{bmatrix} \underline{T}^{-1} \tag{6.5.46}$$

gegeben. Hierbei ist angenommen, daß die Eigenwerte von $\underline{\Gamma}$ alle verschieden sind. Die Matrix $\underline{\Lambda}$ ist eine Diagonalmatrix und enthält alle Eigenwerte, die außerhalb des Einheitskreises liegen. Die Transformationsmatrix $\underline{T}$ wird aus den Eigenvektoren von $\underline{\Gamma}$ gebildet, und zwar gehört der i-te Spaltenvektor von $\underline{T}$ zu dem i-ten Element von diag($\underline{\Lambda}$, $\underline{\Lambda}^{-1}$).

Die Transformationsmatrizen $\underline{T}$ und $\underline{T}^{-1}$ lassen sich in vier (nxn)-Untermatrizen unterteilen:

$$\underline{T}^{-1} = \begin{bmatrix} \underline{V}_{11} & -\underline{V}_{12} \\ -\underline{V}_{21} & \underline{V}_{22} \end{bmatrix} \quad \text{und} \quad \underline{T} = \begin{bmatrix} \underline{T}_{11} & \underline{T}_{12} \\ \underline{T}_{21} & \underline{T}_{22} \end{bmatrix} . \tag{6.5.47a,b}$$

Dann gilt für den transformierten Zustandsvektor

$$\underline{x}_1'(k) = \underline{V}_{11}\underline{x}^*(k) - \underline{V}_{12}\underline{\psi}^*(k) . \tag{6.5.48}$$

Mit dem für den stationären Fall bestehenden aus Gl.(6.4.64a) folgenden Zusammenhang

$$\underline{\psi}^*(k) = -\underline{\hat{K}}\ \underline{x}^*(k)$$

erhält man

$$\underline{x}_1'(k) = (\underline{V}_{11} + \underline{V}_{12}\underline{\hat{K}})\underline{x}^*(k) . \tag{6.5.49}$$

Da der optimale Zustandsvektor $\underline{x}^*(k)$ für $k \to \infty$ gegen Null konvergiert, muß auch der transformierte Zustandsvektor $\underline{x}_1'(k)$ für $k \to \infty$ gegen Null konvergieren.

Die Differenzengleichung für $\underline{x}_1'(k)$ lautet:

$$\underline{x}_1'(k+1) = \underline{\Lambda}\ \underline{x}_1'(k) \quad , \quad \underline{x}_1'(0) = \underline{x}_{1o}'$$

und besitzt bekanntlich die Lösung

$$\underline{x}_1'(k) = \underline{\Lambda}^k \underline{x}_{1o}' . \tag{6.5.50}$$

Andererseits muß die Anfangsbedingung auch der Gl.(6.5.49) genügen, also

$$\underline{x}_1'(0) = (\underline{V}_{11} + \underline{V}_{12}\hat{\underline{K}})\underline{x}^*(0) \quad ; \quad \underline{x}^*(0) = \underline{x}_o^* \tag{6.5.51}$$

und damit folgt für Gl. (6.5.50)

$$\underline{x}_1'(k) = \underline{\Lambda}^k(\underline{V}_{11} + \underline{V}_{12}\hat{\underline{K}})\underline{x}_o^* \quad . \tag{6.5.52}$$

Da die Eigenwerte von $\underline{\Lambda}$ außerhalb des Einheitskreises liegen, kann $\underline{x}_1'(k)$ für beliebige Anfangswerte $\underline{x}_o^*$ nur dann gegen Null streben, wenn in Gl. (6.5.52) die Beziehung

$$(\underline{V}_{11} + \underline{V}_{12}\hat{\underline{K}}) = \underline{0} \tag{6.5.53}$$

gilt. Daraus ergibt sich nun die gesuchte stationäre Lösung

$$\hat{\underline{K}} = -\underline{V}_{12}^{-1}\underline{V}_{11} \tag{6.5.54a}$$

oder

$$\hat{\underline{K}} = -\underline{T}_{22}\underline{T}_{12}^{-1} \quad . \tag{6.5.54b}$$

Wie Vaughan [6.14] gezeigt hat, existieren die Inversen $\underline{V}_{12}^{-1}$ und $\underline{T}_{12}^{-1}$. Im übrigen existiert auch dann eine Lösung des Problems, wenn die kanonische Matrix $\underline{\Lambda}$ mehrfache Eigenwerte s_i besitzt. In diesem Fall wird die Systemmatrix $\underline{\Lambda}$ in eine Jordan-Form gebracht und die Transformationsmatrix $\underline{T}$ wird mit Hilfe verallgemeinerter Eigenvektoren gebildet. Das Ergebnis ist von der gleichen Form wie Gl. (6.5.54a,b). Zu beachten ist, daß die Matrix $\underline{\Lambda}^{-1}$ genau die Eigenwerte des geschlossenen Regelkreises enthält.

Es sei abschließend noch darauf hingewiesen, daß in Gl. (6.5.43) die Invertierbarkeit der Systemmatrix $\underline{A}$ vorausgesetzt wurde. In einigen Fällen wird diese Voraussetzung allerdings nicht erfüllt sein, so z. B. dann, wenn die kontinuierlich beschriebene Regelstrecke eine Totzeit aufweist. Dies führt bei der diskreten Darstellung der Regelstrecke zu einer singulären und damit nicht invertierbaren Systemmatrix $\underline{A}$. Allerdings kann auch in diesem Fall eine Lösung der Matrix-Riccati-Differenzengleichung gefunden werden, wenn ein verallgemeinertes Eigenwert-Eigenvektor-Problem betrachtet wird. Aus Platzgründen kann hierauf nicht eingegangen werden, vielmehr wird zur genaueren Information auf [6.15] verwiesen.

7. Sonderformen des optimalen linearen Zustandsreglers für zeitinvariante Mehrgrößensysteme

7.1. Einführende Bemerkungen

Nachfolgend wird das Problem der Synthese des optimalen linearen Zustandsreglers für eine zeitinvariante Regelstrecke, das im Abschnitt 6.4 ausführlich behandelt wurde, nochmals kurz zusammengefaßt. Die hierbei benutzte Darstellung gilt sowohl für kontinuierliche als auch diskrete Regelsysteme, wobei die Beziehungen mit denselben Symbolen angegeben und - soweit sie sich formal unterscheiden - in den Gleichungsnummern für den kontinuierlichen Fall mit (a) und für den diskreten Fall mit (b) gekennzeichnet werden. In jenen Abschnitten, in denen eine Umrechnung von der kontinuierlichen auf die diskrete Darstellung erforderlich ist, wird eine spezielle Kennzeichnung benutzt.

Gegeben sei die Regelstrecke in der Zustandsraumdarstellung

$$\dot{\underline{x}}(t) = \underline{A}\,\underline{x}(t) + \underline{B}\,\underline{u}(t); \quad \underline{x}(0) = \underline{x}_0 \tag{7.1.1a}$$

$$\underline{x}(k+1) = \underline{A}\,\underline{x}(k) + \underline{B}\,\underline{u}(k); \quad \underline{x}(0) = \underline{x}_0 \tag{7.1.1b}$$

und

$$\underline{y}(t) = \underline{C}\,\underline{x}(t) \tag{7.1.2a}$$

$$\underline{y}(k) = \underline{C}\,\underline{x}(k) \tag{7.1.2b}$$

mit dem n-dimensionalen Zustandsvektor $\underline{x}$, dem r-dimensionalen Steuervektor $\underline{u}$ und dem m-dimensionalen Ausgangsvektor $\underline{y}$. Die Matrizen $\underline{A}$, $\underline{B}$ und $\underline{C}$ haben jeweils die entsprechenden Dimensionen. Gesucht ist ein optimaler Stellvektor $\underline{u} = \underline{u}^*$, der das Gütefunktional

$$I = \frac{1}{2}\int_0^\infty [\underline{x}^T(t)\underline{Q}\,\underline{x}(t) + \underline{u}^T(t)\underline{R}\,\underline{u}(t)]\,dt \tag{7.1.3a}$$

$$I = \frac{1}{2}\sum_{i=0}^{\infty} [\underline{x}^T(i)\underline{Q}\,\underline{x}(i) + \underline{u}^T(i)\underline{R}\,\underline{u}(i)] \tag{7.1.3b}$$

mit den symmetrischen Matrizen $\underline{Q} \geq \underline{0}$ und $\underline{R} > \underline{0}$ *) im kontinuierlichen

*) $\underline{A} \geq \underline{0}$ sei die Schreibweise für eine positiv semidefinite Matrix $\underline{A}$ bzw. $\underline{A} > \underline{0}$ für eine positiv definite Matrix $\underline{A}$.

Fall und $\underline{R} \geq \underline{0}$ im diskreten Fall unter den Nebenbedingungen

$$\underline{x}_0 \neq \underline{0} \tag{7.1.4}$$

und

$$\underline{x}(\infty) = \underline{0} \tag{7.1.5}$$

zum Minimum macht. Falls die Regelstrecke stabilisierbar (vgl. Band "Regelungstechnik II", S. 69) ist, lautet die Lösung für den optimalen Stellvektor

$$\underline{u}(t) = -\underline{F}\ \underline{x}(t) \tag{7.1.6a}$$

$$\underline{u}(k) = -\underline{F}\ \underline{x}(k) \tag{7.1.6b}$$

mit

$$\underline{F} = \underline{R}^{-1}\underline{B}^T\underline{K} \tag{7.1.7a}$$

$$\underline{F} = (\underline{R} + \underline{B}^T\underline{K}\ \underline{B})^{-1}\underline{B}^T\underline{K}\ \underline{A}\quad , \tag{7.1.7b}$$

wobei die symmetrische Matrix $\underline{K}$ die positiv definite Lösung der algebraischen Matrix-Riccati-Gleichung

$$\underline{Q} + \underline{K}\ \underline{A} + \underline{A}^T\underline{K} - \underline{K}\ \underline{B}\ \underline{R}^{-1}\underline{B}^T\underline{K} = \underline{0} \tag{7.1.8a}$$

$$\underline{Q} + \underline{A}^T[\underline{K} - \underline{K}\ \underline{B}(\underline{R} + \underline{B}^T\underline{K}\ \underline{B})^{-1}\underline{B}^T\underline{K}]\underline{A} = \underline{K} \tag{7.1.8b}$$

ist. Als Minimum des Gütefunktionals erhält man

$$I^* = \frac{1}{2}\,\underline{x}_0^T\ \underline{K}\ \underline{x}_0\quad . \tag{7.1.9}$$

Bild 7.1.1 zeigt das Blockschaltbild des optimal geregelten Systems.

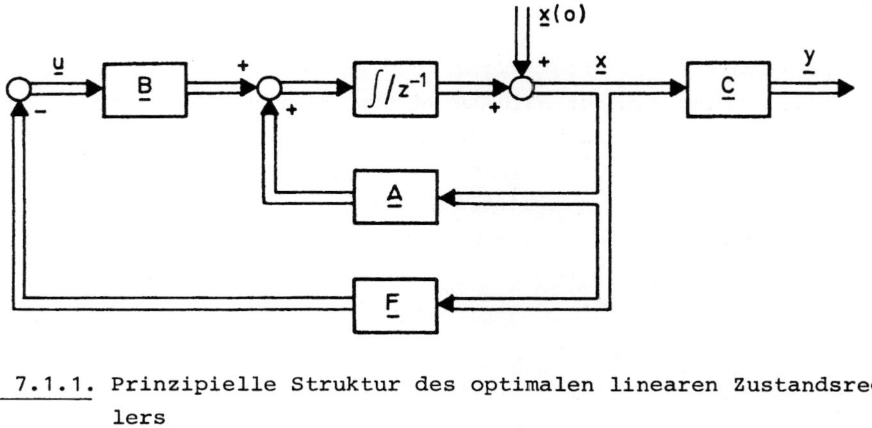

Bild 7.1.1. Prinzipielle Struktur des optimalen linearen Zustandsreglers

Für viele industrielle Regelungsprobleme ist eine derartige Zustandsregelung allerdings nicht unmittelbar anwendbar. Die zusätzlichen Probleme, die berücksichtigt werden müssen, führen zu Modifikationen oder Sonderformen des Zustandsreglers, die in diesem Kapitel behandelt werden sollen. Folgende drei Problemkreise sind dabei von Interesse:

1. Im allgemeinen treten bei den meisten praktischen Regelungsproblemen sowohl externe Störgrößen $\underline{z}$ als auch veränderliche Sollwerte $\underline{w}$ für die Ausgangsgrößen $\underline{y}$ auf, die beim Reglerentwurf berücksichtigt werden müssen. Der optimale Zustandsregler mit proportionaler Zustandsrückführung nach Gl. (7.1.6) ist jedoch nur dazu geeignet, die Regelstrecke von einem Anfangszustand $\underline{x}(0) = \underline{x}_0$ auf einer optimalen Trajektorie $\underline{x}^*$ in einen Endzustand, meist $\underline{x}(\infty) = \underline{0}$ zu überführen. Dieser Regler bietet nur bei Verwendung eines Vorfilters und bei bekannten und konstanten Parametern der Regelstrecke die Möglichkeit, den Ausgangsvektor $\underline{y}$ vorgegebenen Sollwerten $\underline{w}$ nachzuführen. Deterministische Störungen, die nicht als impulsförmige Störung zum Zeitpunkt $t = 0$ bzw. $k = 0$ anliegen und damit als Anfangswert interpretiert werden können, lassen sich nicht ausregeln. Aus diesem Grunde muß der Entwurf des optimalen Zustandsreglers für eine Regelstrecke so modifiziert werden, daß für eine bestimmte Klasse von Störsignalen $\underline{z}$ und Führungssignalen $\underline{w}$ der Vektor der Regelabweichungen $\underline{e}$ asymptotisch gegen $\underline{0}$ geht.

2. Häufig sind die Zustandsgrößen technischer Regelstrecken nicht oder nur mit erhöhtem Aufwand meßbar. Wie aus dem Band "Regelungstechnik II" (Abschnitt 1.8.4 und 1.8.7) bekannt ist, bietet in solchen Fällen die Einführung eines Zustandsbeobachters die Möglichkeit, dennoch Regelkonzepte mit Zustandsrückführungen anzuwenden. Das Problem des Beobachters soll hier nicht noch einmal neu behandelt werden. Jedoch ist dieser unter dem Aspekt von Störungen nach Punkt 1 zu betrachten, da es möglich ist, unbekannte Störungen als Zustandsgrößen aufzufassen und diese zusammen mit den Zuständen der Regelstrecke unter Einsatz eines erweiterten Beobachters (*Störbeobachter*) zu rekonstruieren. Dem Einfluß beobachtbarer Störgrößen auf die Regelung muß daher besondere Aufmerksamkeit gewidmet werden.

   Als Alternative zur vollständigen Zustandsrückführung kann man versuchen, das Stellgesetz auch so zu entwerfen, daß nur ein Teil der Zustandsgrößen oder nur die Ausgangsgrößen zurückgeführt werden. Diese unvollständige Zustandsrückführung erfordert allerdings die Einführung neuer Optimierungskriterien.

3. Ein weiteres Problem, das beim Entwurf für praktische Anwendungen nicht unterschätzt werden sollte, ist die Wahl des Gütekriteriums. Die prinzipielle Struktur des Gütekriteriums stellt vom mathematischen wie vom technischen Standpunkt aus meist einen Kompromiß zwischen entgegengesetzten Zielvorstellungen dar. Eine zweckmäßige quantitative Festlegung für den einzelnen Fall fällt stets schwer. Generell ist eine Beurteilung des dynamischen Verhaltens des geschlossenen Regelkreises anhand von Bewertungsmatrizen nicht möglich. Deshalb ist es sinnvoll, Beziehungen zwischen den Bewertungsmatrizen und den Eigenschaften des geschlossenen Regelkreises abzuleiten, die einen tieferen Einblick in diese Zusammenhänge erlauben.

Für diese Problemstellung sind nicht nur Gütefunktionale entsprechend Gl.(7.1.3) von Bedeutung, sondern auch verschiedene Modifikationen, die beispielsweise wie folgt aussehen können:

a) Das quadratische Gütefunktional nach Gl.(7.1.3) kann um einen gemischten Term ("Kreuzbewertung") zu

$$I = \frac{1}{2} \int_0^\infty [\underline{x}^T(t)\underline{Q}\,\underline{x}(t) + \underline{u}^T(t)\underline{M}\,\underline{x}(t) + \underline{u}^T(t)\underline{R}\,\underline{u}(t)]dt \qquad (7.1.10a)$$

$$I = \frac{1}{2} \sum_{i=0}^\infty [\underline{x}^T(i)\underline{Q}\,\underline{x}(i) + \underline{u}^T(i)\underline{M}\,\underline{x}(i) + \underline{u}^T(i)\underline{R}\,\underline{u}(i)] \qquad (7.1.10b)$$

erweitert werden.

b) Die Einführung eines exponentiellen Bewertungsfaktors $\alpha \geq 0$ in das Gütefunktional

$$I = \frac{1}{2} \int_0^\infty [\underline{x}^T(t)\underline{Q}\,\underline{x}(t) + \underline{u}^T(t)\underline{R}\,\underline{u}(t)]e^{2\alpha t}dt \qquad (7.1.11a)$$

$$I = \frac{1}{2} \sum_{i=0}^\infty [\underline{x}^T(i)\underline{Q}\,\underline{x}(i) + \underline{u}^T(i)\underline{R}\,\underline{u}(i)]e^{2\alpha Ti} \qquad (7.1.11b)$$

ermöglicht die Einhaltung gewünschter Stabilitätseigenschaften des geschlossenen Regelkreises.

c) Gütefunktionale der Form

$$I = \frac{1}{2} \int_0^\infty [\underline{x}^T(t)\underline{Q}\,\underline{x}(t) + \underline{\dot{u}}^T(t)\underline{R}\,\underline{\dot{u}}(t)]dt \qquad (7.1.12a)$$

$$I = \frac{1}{2} \sum_{i=0}^\infty \{\underline{x}^T(i)\underline{Q}\,\underline{x}(i) + [\underline{u}(i+1) - \underline{u}(i)]^T\underline{R}[\underline{u}(i+1) - \underline{u}(i)]\} \qquad (7.1.12b)$$

führen auf Stellgesetze mit Eigendynamik. Damit entworfene Regler können Eingangsstörungen ausregeln.

d) Bei speziellen Ansätzen der Gewichtsmatrix $\underline{Q}$ von der Form

$$\underline{Q} = \underline{f}(\underline{K}) \tag{7.1.13}$$

kann die nichtlineare Matrix-Riccati-Gleichung in eine lineare Matrix-Ljapunow-Gleichung übergeführt werden.

Für die oben erwähnten Sonderformen ist es nun nicht notwendig, die optimale Regelung von Grund auf neu zu entwickeln. Durch geeignete Umformungen lassen sich diese stets auf das in Abschnitt 6.4 ausführlich behandelte und eingangs skizzierte Zustandsreglerproblem zurückführen.

7.2. Berücksichtigung von sprungförmigen Stör- und Führungsgrößen

7.2.1. Stör- und Führungsgrößenaufschaltung

Eine Mehrgrößenregelstrecke, auf die externe Störgrößen in Form des Störvektors $\underline{z}$ einwirken bzw. deren Ausgangsvektor $\underline{y}$ einem Soll- oder Führungsvektor $\underline{w}$ nachgeführt werden soll, wird durch die Zustandsraumdarstellung

$$\dot{\underline{x}}(t) = \underline{A}\,\underline{x}(t) + \underline{B}\,\underline{u}(t) + \underline{B}_z\underline{z}(t) \;;\; \underline{x}(0) = \underline{x}_0 \tag{7.2.1a}$$

$$\underline{x}(k+1) = \underline{A}\,\underline{x}(k) + \underline{B}\,\underline{u}(k) + \underline{B}_z\underline{z}(k) \;;\; \underline{x}(0) = \underline{x}_0 \tag{7.2.1b}$$

mit

$$\underline{y}(t) = \underline{C}\,\underline{x}(t) + \underline{D}_z\underline{z}(t) \tag{7.2.2a}$$

$$\underline{y}(k) = \underline{C}\,\underline{x}(k) + \underline{D}_z\underline{z}(k) \tag{7.2.2b}$$

und dem Regeldifferenzvektor

$$\underline{e}(t) = \underline{w}(t) - \underline{y}(t) \tag{7.2.3a}$$

$$\underline{e}(k) = \underline{w}(k) - \underline{y}(k) \tag{7.2.3b}$$

beschrieben. Die zugehörige Blockstruktur zeigt Bild 7.2.1. Wendet man den optimalen Zustandsregler gemäß den Gln.(7.1.3) bis (7.1.8) unmittelbar auf die durch die Gln.(7.2.1) und (7.2.2) beschriebene Regelstrecke an, so stellt sich unter der Einwirkung sprungförmiger Stör-

und/oder Führungssignale ein Endzustand $\underline{x}(\infty) \neq \underline{0}$, $\underline{u}(\infty) \neq \underline{0}$ ein, der dazu führt, daß das Integral in Gl.(7.1.3a) bzw. die Summe in Gl.(7.1.3b) nicht konvergiert. Das Optimierungskriterium muß also so modifiziert werden, daß die Konvergenz in jedem Fall gesichert ist. Zu diesem Zweck führt man eine Koordinatentransformation durch, indem man in Gl.(7.1.3)

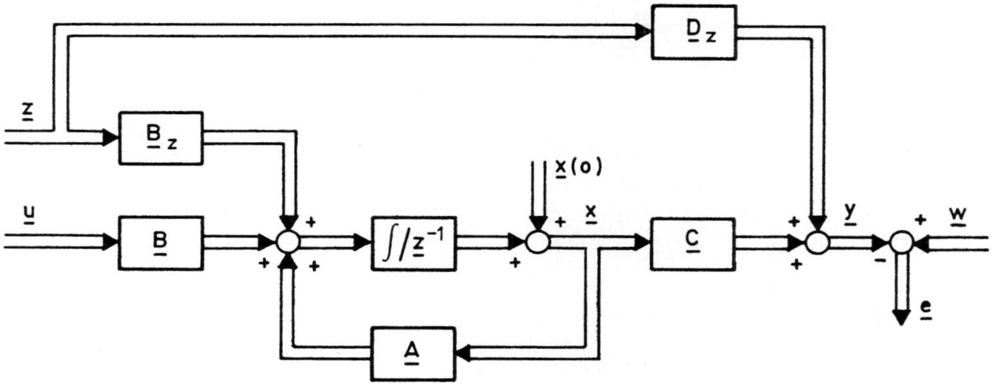

Bild 7.2.1. Blockschaltbild einer Mehrgrößenregelstrecke mit Störvektor $\underline{z}$ und Führungsvektor $\underline{w}$

$\underline{x}$ durch $\underline{x} - \underline{x}(\infty)$ und $\underline{u}$ durch $\underline{u} - \underline{u}(\infty)$ ersetzt. Diese Koordinatenverschiebung erreicht man, indem man neben der Zustandsvektorrückführung entsprechend Gl.(7.1.6), die nun speziell durch

$$\underline{u}_x(t) = -\underline{F}_x\underline{x}(t) \tag{7.2.4a}$$

$$\underline{u}_x(k) = -\underline{F}_x\underline{x}(k) \tag{7.2.4b}$$

gekennzeichnet wird, eine Aufschaltung der beiden Terme

$$\underline{u}_z(t) = \underline{F}_z\underline{z}(t) \tag{7.2.5a}$$

$$\underline{u}_z(k) = \underline{F}_z\underline{z}(k) \tag{7.2.5b}$$

und

$$\underline{u}_w(t) = \underline{F}_w\underline{w}(t) \tag{7.2.6a}$$

$$\underline{u}_w(k) = \underline{F}_w\underline{w}(k) \tag{7.2.6b}$$

nach Bild 7.2.2 vornimmt, womit sich als Stellvektor die Beziehung

$$\underline{u} = \underline{u}_x + \underline{u}_z + \underline{u}_w \tag{7.2.7}$$

ergibt. Hierbei wurde wegen der einheitlichen Schreibweise für die Aufschaltung oder Vorfilterung von $\underline{w}$ die Aufschaltmatrix $\underline{F}_w$ eingeführt, die mit der im Band "Regelungstechnik II" definierten Vorfiltermatrix $\underline{V}$ identisch ist, d. h. es gilt $\underline{F}_w \equiv \underline{V}$.

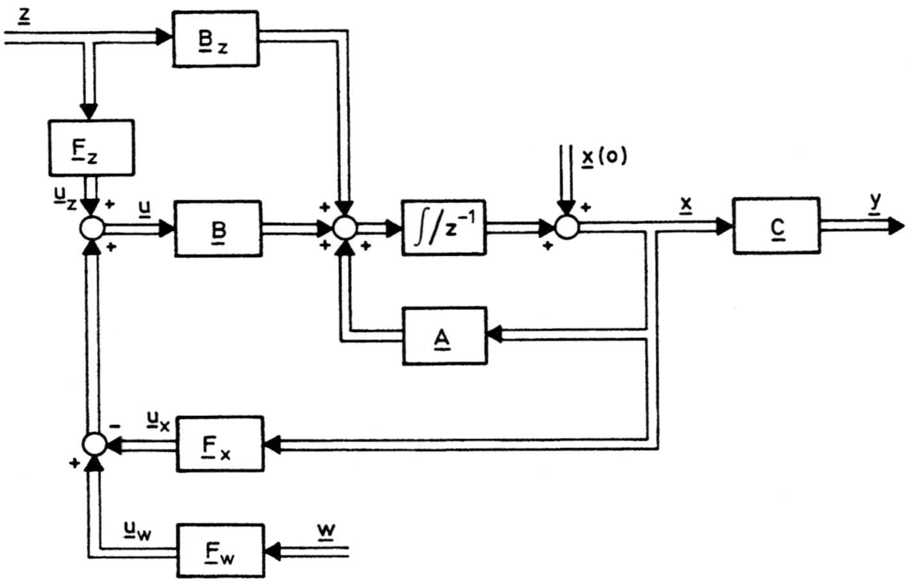

Bild 7.2.2. Optimaler Zustandsregler bestehend aus Zustandsvektorrückführung und Stör- und Führungsgrößenaufschaltung (für $\underline{D}_z = \underline{0}$)

Die Aufschaltmatrizen $\underline{F}_z$ und $\underline{F}_w$ bestimmt man nun so, daß für den Vektor der Regelabweichungen gemäß Gl. (7.2.3) die Bedingung

$$\lim_{t \to \infty} \underline{e}(t) = \underline{0} \tag{7.2.8a}$$

$$\lim_{k \to \infty} \underline{e}(k) = \underline{0} \tag{7.2.8b}$$

erfüllt wird. Für die Störungen und Führungsgrößen werden sprungförmige Signale der speziellen Form

$$\dot{\underline{z}}(t) = \underline{0} \quad \text{mit} \quad \underline{z}(0) = \underline{z}_0 \quad , \quad \text{für } t \geq 0 \tag{7.2.9a}$$

$$\underline{z}(k+1) = \underline{z}(k) \quad \text{mit} \quad \underline{z}(0) = \underline{z}_0 \quad , \quad \text{für } k = 0,1,2,... \tag{7.2.9b}$$

bzw.

$$\dot{\underline{w}}(t) = \underline{0} \quad \text{mit} \quad \underline{w}(0) = \underline{w}_0 \quad , \quad \text{für } t \geq 0 \tag{7.2.10a}$$

$$\underline{w}(k+1) = \underline{w}(k) \quad \text{mit} \quad \underline{w}(0) = \underline{w}_0 \quad , \quad \text{für } k = 0,1,2,... \tag{7.2.10b}$$

vorausgesetzt, die bereits zum Zeitpunkt t = O bzw. k = O mit voller Sprunghöhe wirksam seien. Diese Signale erfordern im stationären Zustand endliche Stellgrößen

$$\underline{u}(\infty) = -\underline{F}_x\ \underline{x}(\infty) + \underline{u}_z(\infty) + \underline{u}_w(\infty) \quad , \tag{7.2.11}$$

die mit Gl.(7.2.1) der Bedingung

$$\underline{O} = \underline{S}\ \underline{x}(\infty) + \underline{B}\ \underline{u}(\infty) + \underline{B}_z\ \underline{z}_o \tag{7.2.12}$$

mit

$$\underline{S} = \underline{A} \tag{7.2.13a}$$

$$\underline{S} = \underline{A} - \underline{I} \tag{7.2.13b}$$

und für $\underline{D}_z = \underline{O}$ wegen $\lim\limits_{t\to\infty} \underline{e}(t) = \underline{O}$ nach Gl.(7.2.3) der Bedingung

$$\underline{w}_o = \underline{C}\ \underline{x}(\infty) \tag{7.2.14}$$

genügen müssen. Setzt man Gl.(7.2.11) in Gl.(7.2.12) ein, dann ergibt sich daraus

$$-\underline{B}_z\ \underline{z}_o = (\underline{S} - \underline{B}\ \underline{F}_x)\underline{x}(\infty) + \underline{B}[\underline{u}_z(\infty) + \underline{u}_w(\infty)] \quad . \tag{7.2.15}$$

Die Gln.(7.2.14) und (7.2.15) können nun zu einem Gleichungssystem zur Bestimmung von $\underline{x}(\infty)$, $\underline{u}_z(\infty)$ und $\underline{u}_w(\infty)$ in der Form

$$\left[\begin{array}{c|c} (\underline{S} - \underline{B}\ \underline{F}_x) & \underline{B} \\ \hline \underline{C} & \underline{O} \end{array}\right] \left[\begin{array}{c} \underline{x}(\infty) \\ \hline \underline{u}_z(\infty) + \underline{u}_w(\infty) \end{array}\right] = \left[\begin{array}{c} -\underline{B}_z\ \underline{z}_o \\ \hline \underline{w}_o \end{array}\right] \tag{7.2.16}$$

zusammengefaßt werden. Für beliebiges $\underline{B}_z$ ist diese Gleichung genau dann lösbar, wenn

$$\text{Rang} \left[\begin{array}{c|c} (\underline{S} - \underline{B}\ \underline{F}_x) & \underline{B} \\ \hline \underline{C} & \underline{O} \end{array}\right] = n + m \tag{7.2.17}$$

gilt. Für r = m besitzt Gl.(7.2.16) die eindeutige Lösung

$$\left[\begin{array}{c} \underline{x}(\infty) \\ \hline \underline{u}_z(\infty) + \underline{u}_w(\infty) \end{array}\right] = \underline{\tilde{S}}^{-1} \left[\begin{array}{c} -\underline{B}_z\ \underline{z}_o \\ \hline \underline{w}_o \end{array}\right] \tag{7.2.18}$$

mit

$$\underline{\tilde{S}} = \left[\begin{array}{c|c} (\underline{S} - \underline{B}\,\underline{F}_x) & \underline{B} \\ \hline \underline{C} & \underline{O} \end{array}\right] . \qquad (7.2.19)$$

Ist die Teilmatrix

$$\underline{S}_x = (\underline{S} - \underline{B}\,\underline{F}_x) \qquad (7.2.20)$$

invertierbar, so ist $\underline{\tilde{S}}^{-1}$ durch

$$\underline{\tilde{S}}^{-1} = \left[\begin{array}{c|c} -\underline{S}_x^{-1}\underline{B}(\underline{C}\,\underline{S}_x^{-1}\underline{B})^{-1}\underline{C}\,\underline{S}_x^{-1} + \underline{S}_x^{-1} & \underline{S}_x^{-1}\underline{B}(\underline{C}\,\underline{S}_x^{-1}\underline{B})^{-1} \\ \hline (\underline{C}\,\underline{S}_x^{-1}\underline{B})^{-1}\underline{C}\,\underline{S}_x^{-1} & -(\underline{C}\,\underline{S}_x^{-1}\underline{B})^{-1} \end{array}\right] \qquad (7.2.21)$$

gegeben [7.1]. Damit folgt aus der unteren Zeile der Gl.(7.2.18) unter Berücksichtigung von Gl.(7.2.21)

$$\underline{u}_z(\infty) + \underline{u}_w(\infty) = -(\underline{C}\,\underline{S}_x^{-1}\underline{B})^{-1}\underline{C}\,\underline{S}_x^{-1}\underline{B}_z\underline{z}_o - (\underline{C}\,\underline{S}_x^{-1}\underline{B})^{-1}\underline{w}_o . \qquad (7.2.22)$$

Durch Vergleich dieser Beziehung mit den Ansätzen gemäß den Gln.(7.2.5) und (7.2.6) erhält man für die gesuchten *Aufschaltmatrizen*

$$\underline{F}_w = -(\underline{C}\,\underline{S}_x^{-1}\underline{B})^{-1} \qquad (7.2.23)$$

und

$$\underline{F}_z = \underline{F}_w\,\underline{C}\,\underline{S}_x^{-1}\underline{B}_z . \qquad (7.2.24)$$

Bei der Herleitung der obigen Beziehungen wurde vom allgemeinen Fall mit beliebigem $\underline{B}_z$ ausgegangen. Es ist durchaus möglich, daß sich bei geeigneter Aufschaltung für $\underline{z}_o \neq \underline{O}$ und $\underline{w}_o = \underline{O}$ ein Zustand $\underline{x}(\infty) = \underline{O}$ einstellt. Dies ist gerade dann möglich, wenn die Störung am Eingang vollständig kompensiert wird. Für diesen Fall gilt anstatt der allgemeinen Beziehung nach Gl.(7.2.15) der *Spezialfall*

$$-\underline{B}_z\,\underline{z}_o = \underline{B}\,\underline{u}_z(\infty) . \qquad (7.2.25)$$

Diese Bedingung für $\underline{u}_z(\infty)$ läßt sich genau dann erfüllen, wenn die Spalten der Störeingangsmatrix $\underline{B}_z$ Linearkombinationen der Spalten der Eingangsmatrix $\underline{B}$ sind, und $\underline{B}$ den maximalen Rang r besitzt. Dann ergibt sich unter Beachtung der Gln.(7.2.5) und (7.2.25) $\underline{F}_z$ mit Hilfe der Pseudoinversen [7.2] von $\underline{B}$, also

$$\underline{B}^+ = (\underline{B}^T\,\underline{B})^{-1}\,\underline{B}^T \qquad (7.2.26)$$

zu

$$\underline{F}_z = -\underline{B}^+\,\underline{B}_z . \qquad (7.2.27)$$

Für die Anwendbarkeit dieser Aufschaltung ist sowohl die Meßbarkeit der Störung $\underline{z}$ als auch eine genaue Übereinstimmung der Zustandsraumdarstellung mit dem realen Prozeß Voraussetzung. Beides ist aber in der Praxis häufig nicht oder nur mit unverhältnismäßig hohem Aufwand realisierbar. Dabei soll der Regler gerade in diesen Punkten unempfindlich sein, d.h. die Bedingung nach Gl.(7.2.8) muß auch bei unbekanntem Betrag der sprungförmigen Störungen $\underline{z}$ und unabhängig von Veränderungen der Regelstreckenparameter, insbesondere der Verstärkungsfaktoren, genau erfüllt werden. Aus diesen Gründen wird nachfolgend - ähnlich wie bei der klassischen Regelung - der optimale Regler mit einer zusätzlichen integralen Ausgangsrückführung versehen.

7.2.2. Optimale Zustandsregler mit integraler Ausgangsvektorrückführung

7.2.2.1. Herleitung des Stellgesetzes bei integraler Ausgangsvektorrückführung

Mit der zuvor betrachteten Stör- und Führungsgrößenaufschaltung war es nur möglich, exakt bekannte sprungförmige Störungen und Führungsgrößenänderungen mit einer optimalen Zustandsregelung auszuregeln. Zur Entwicklung eines leistungsfähigeren Reglers liegt es nahe, zusätzlich zum Zustandsvektor $\underline{x}$ auch den Ausgangsvektor $\underline{y}$ zurückzuführen und den Regeldifferenzvektor

$$\underline{e} = \underline{w} - \underline{y} \tag{7.2.28}$$

über einen Integrator bzw. über eine Summierschaltung im Stellgesetz zu berücksichtigen. Dadurch läßt sich die Bedingung nach Gl.(7.2.8) erfüllen. Man erhält so die Reglerstruktur nach Bild 7.2.3.

Das Entwurfsproblem für diese Regelung läßt sich nun auf den bekannten optimalen Zustandsregler zurückführen, sofern man den "integralen" Anteil des Reglers für den Entwurf der Regelstrecke zuordnet und so mit

$$\dot{\underline{p}}(t) = \underline{e}(t) \quad , \ \underline{p}(0) = \underline{p}_0 \tag{7.2.29a}$$

$$\underline{p}(k+1) = \underline{p}(k) + \underline{e}(k) , \ \underline{p}(0) = \underline{p}_0 \tag{7.2.29b}$$

zunächst eine erweiterte Regelstreckendarstellung der Form

$$\begin{bmatrix} \dot{\underline{x}}(t) \\ \hline \dot{\underline{p}}(t) \end{bmatrix} = \left[\begin{array}{c|c} \underline{A} & \underline{O} \\ \hline -\underline{C} & \underline{O} \end{array}\right] \begin{bmatrix} \underline{x}(t) \\ \hline \underline{p}(t) \end{bmatrix} + \begin{bmatrix} \underline{B}\ \underline{u}(t) + \underline{B}_z\ \underline{z}(t) \\ \hline \underline{w}(t) \end{bmatrix} \qquad (7.2.30a)$$

$$\begin{bmatrix} \underline{x}(k+1) \\ \hline \underline{p}(k+1) \end{bmatrix} = \left[\begin{array}{c|c} \underline{A} & \underline{O} \\ \hline -\underline{C} & \underline{I} \end{array}\right] \begin{bmatrix} \underline{x}(k) \\ \hline \underline{p}(k) \end{bmatrix} + \begin{bmatrix} \underline{B}\ \underline{u}(k) + \underline{B}_z\ \underline{z}(k) \\ \hline \underline{w}(k) \end{bmatrix} \qquad (7.2.30b)$$

erhält. Im allgemeinen konvergieren die Vektoren $\underline{x}$ und $\underline{p}$ gegen einen endlichen Wert ungleich Null, so daß das Gütefunktional nach Gl.(7.1.3)

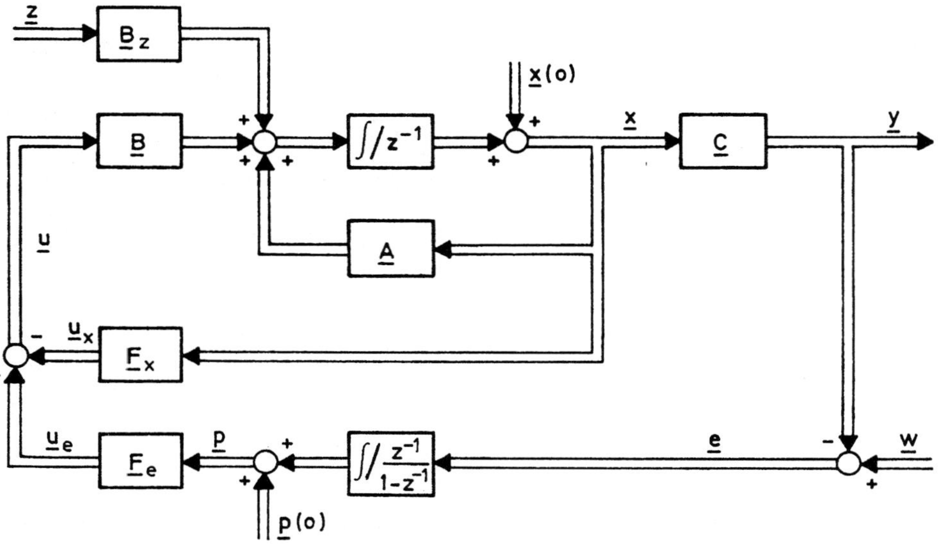

Bild 7.2.3. Optimaler Zustandsregler bestehend aus proportionaler Zustandsrückführung und dynamischer Ausgangsvektorrückführung

divergiert. Um dies zu vermeiden, werden ein neuer Zustandsvektor

$$\tilde{\underline{x}}(t) = \begin{bmatrix} \dot{\underline{x}}(t) \\ \hline \dot{\underline{p}}(t) \end{bmatrix} = \begin{bmatrix} \dot{\underline{x}}(t) \\ \hline \underline{e}(t) \end{bmatrix} \qquad (7.2.31a)$$

$$\tilde{\underline{x}}(k) = \begin{bmatrix} \underline{x}(k+1) - \underline{x}(k) \\ \hline \underline{p}(k+1) - \underline{p}(k) \end{bmatrix} = \begin{bmatrix} \underline{x}(k+1) - \underline{x}(k) \\ \hline \underline{e}(k) \end{bmatrix} \qquad (7.2.31b)$$

sowie ein neuer Stellvektor

$$\underline{\tilde{u}}(t) = \underline{\dot{u}}(t) \qquad (7.2.32a)$$

$$\underline{\tilde{u}}(k) = \underline{u}(k+1) - \underline{u}(k) \qquad (7.2.32b)$$

definiert, welche die für das Gütefunktional erforderlichen Randbedingungen

$$\lim_{t\to\infty} \underline{\tilde{x}}(t) = \underline{0} \qquad (7.2.33a)$$

$$\lim_{k\to\infty} \underline{\tilde{x}}(k) = \underline{0} \qquad (7.2.33b)$$

und

$$\lim_{t\to\infty} \underline{\tilde{u}}(t) = \underline{0} \qquad (7.2.34a)$$

$$\lim_{k\to\infty} \underline{\tilde{u}}(k) = \underline{0} \qquad (7.2.34b)$$

erfüllen. Setzt man weiterhin voraus, daß die Störungs- und Führungsgrößenänderungen zum Zeitpunkt t = 0 bzw. k = 0 wieder sprungförmig auftreten, wobei allerdings die Sprunghöhe nicht bekannt sein muß, dann erhält man anhand von Gl. (7.2.30) unter Berücksichtigung der Gln. (7.2.9) und (7.2.10) die Zustandsraumbeschreibung für die "erweiterte" Regelstrecke

$$\dot{\underline{\tilde{x}}}(t) = \underline{\tilde{A}}\,\underline{\tilde{x}}(t) + \underline{\tilde{B}}\,\underline{\tilde{u}}(t) \;; \quad \underline{\tilde{x}}(0) = \begin{bmatrix} \underline{\dot{x}}(0) \\ \hline \underline{e}(0) \end{bmatrix} \qquad (7.2.35a)$$

$$\underline{\tilde{x}}(k+1) = \underline{\tilde{A}}\,\underline{\tilde{x}}(k) + \underline{\tilde{B}}\,\underline{\tilde{u}}(k) \;; \quad \underline{\tilde{x}}(0) = \begin{bmatrix} \underline{x}(1) - \underline{x}(0) \\ \hline \underline{e}(0) \end{bmatrix} \qquad (7.2.35b)$$

mit

$$\underline{\tilde{A}} = \left[\begin{array}{c|c} \underline{A} & \underline{0} \\ \hline -\underline{C} & \underline{0} \end{array}\right] \qquad (7.2.36a)$$

$$\underline{\tilde{A}} = \left[\begin{array}{c|c} \underline{A} & \underline{0} \\ \hline -\underline{C} & \underline{I} \end{array}\right] \qquad (7.2.36b)$$

und

$$\underline{\tilde{B}} = \begin{bmatrix} \underline{B} \\ \hline \underline{0} \end{bmatrix} \quad . \qquad (7.2.37)$$

Die Lösung der vorliegenden Regelungsaufgabe entspricht in den neuen Koordinaten $\underline{\tilde{x}}$ und $\underline{\tilde{u}}$ der Ermittlung eines gewöhnlichen optimalen Zustandsreglers mit dem Stellgesetz

$$\underline{\tilde{u}}(t) = -\underline{\tilde{F}}\ \underline{\tilde{x}}(t) \qquad (7.2.38a)$$

$$\underline{\tilde{u}}(k) = -\underline{\tilde{F}}\ \underline{\tilde{x}}(k)\quad , \qquad (7.2.38b)$$

wobei das Gütefunktional

$$I = \frac{1}{2}\int_{0}^{\infty}[\underline{\tilde{x}}^T(t)\underline{\tilde{Q}}\ \underline{\tilde{x}}(t) + \underline{\tilde{u}}^T(t)\underline{\tilde{R}}\ \underline{\tilde{u}}(t)]dt \qquad (7.2.39a)$$

$$I = \frac{1}{2}\sum_{i=0}^{\infty}[\underline{\tilde{x}}^T(i)\underline{\tilde{Q}}\ \underline{\tilde{x}}(i) + \underline{\tilde{u}}^T(i)\underline{\tilde{R}}\ \underline{\tilde{u}}(i)] \qquad (7.2.39b)$$

minimiert werden soll. Dazu muß die "erweiterte" Regelstrecke stabilisierbar (s. Band "Regelungstechnik II") sein. Wie hier ohne Beweis dargelegt wird, sind dafür notwendig und hinreichend die beiden Bedingungen, daß die ursprüngliche Regelstrecke gemäß Gl.(7.1.1) stabilisierbar ist und daß Gl.(7.2.17) erfüllt wird. Daraus ergibt sich als notwendige Voraussetzung, daß mindestens soviel Steuereingänge wie zu regelnde Ausgänge vorhanden sein müssen, d. h. es gilt $m \leqq r$.

Die Minimierung von I entsprechend Gl.(7.2.39) unter Berücksichtigung der Systemgleichungen (7.2.35) liefert gemäß Gl.(7.1.7) das optimale Stellgesetz nach Gl.(7.2.38) mit

$$\underline{\tilde{F}} = \underline{\tilde{R}}^{-1}\underline{\tilde{B}}^T\underline{\tilde{K}} \qquad (7.2.40a)$$

$$\underline{\tilde{F}} = (\underline{\tilde{R}} + \underline{\tilde{B}}^T\underline{\tilde{K}}\ \underline{\tilde{B}})^{-1}\underline{\tilde{B}}^T\underline{\tilde{K}}\ \underline{\tilde{A}}\quad . \qquad (7.2.40b)$$

Dabei stellt nach Gl.(7.1.8) $\underline{\tilde{K}}$ die Lösung der algebraischen Matrix-Riccati-Gleichung

$$\underline{\tilde{Q}} + \underline{\tilde{K}}\ \underline{\tilde{A}} + \underline{\tilde{A}}^T\underline{\tilde{K}} - \underline{\tilde{K}}\ \underline{\tilde{B}}\ \underline{\tilde{R}}^{-1}\underline{\tilde{B}}^T\underline{\tilde{K}} = \underline{0} \qquad (7.2.41a)$$

$$\underline{\tilde{Q}} + \underline{\tilde{A}}^T[\underline{\tilde{K}} - \underline{\tilde{K}}\ \underline{\tilde{B}}(\underline{\tilde{R}} + \underline{\tilde{B}}^T\underline{\tilde{K}}\ \underline{\tilde{B}})^{-1}\underline{\tilde{B}}^T\underline{\tilde{K}}]\underline{\tilde{A}} = \underline{\tilde{K}} \qquad (7.2.41b)$$

dar. Die Rückführmatrix $\underline{\tilde{F}}$ läßt sich entsprechend der Definition des Zustandsvektors $\underline{x}$ von Gl.(7.2.31) in zwei Teilmatrizen aufteilen:

$$\underline{\tilde{F}} = [\underline{F}_x \mid -\underline{F}_e]\quad . \qquad (7.2.42)$$

In gleicher Weise kann dann der Stellvektor für das erweiterte System in zwei Anteile

$$\underline{\tilde{u}}(t) = \underline{\dot{u}}(t) \qquad = \underline{\dot{u}}_x(t) + \underline{\dot{u}}_e(t) \qquad (7.2.43a)$$

$$\underline{\tilde{u}}(k) = \underline{u}(k+1) - \underline{u}(k) = \underline{u}_x(k+1) - \underline{u}_x(k) + \underline{u}_e(k+1) - \underline{u}_e(k) \qquad (7.2.43b)$$

mit

$$\underline{u}_x(t) = -\underline{F}_x\,\underline{x}(t) \tag{7.2.44a}$$

$$\underline{u}_x(k) = -\underline{F}_x\,\underline{x}(k) \tag{7.2.44b}$$

und

$$\dot{\underline{u}}_e(t) = \underline{F}_e\,\underline{e}(t) \tag{7.2.45a}$$

$$\underline{u}_e(k+1) - \underline{u}_e(k) = \underline{F}_e\,\underline{e}(k) \tag{7.2.45b}$$

aufgespalten werden. Durch Integration von Gl.(7.2.43a) bzw. durch Summation der Gl.(7.2.43b) für k = 0,1,2,... erhält man das Stellgesetz in den ursprünglichen Koordinaten für $t \geqq 0$ bzw. $k \geqq 0$ zu

$$\underline{u}(t) = -\underline{F}_x\,\underline{x}(t) + \underline{F}_e \left[\int_0^t \underline{e}(\tau)\,d\tau + \underline{p}(0) \right] \tag{7.2.46a}$$

$$\underline{u}(k) = -\underline{F}_x\,\underline{x}(k) + \underline{F}_e \left[\sum_{i=0}^{k-1} \underline{e}(i) + \underline{p}(0) \right] . \tag{7.2.46b}$$

Aus Gl.(7.2.46) ist ersichtlich, daß im proportionalen Anteil des Stellgesetzes nicht die Regelabweichung $\underline{e}$, sondern nur die Zustandsgrößen der Regelstrecke und damit auch die Regelgrößen enthalten sind. Das hier hergeleitete optimale Stellgesetz gilt für das gemischte Problem der Ausregelung von Zustandsgrößen und der Beseitigung von Regelabweichungen aufgrund sprungförmiger Änderungen der Führungsgrößen und Störgrößen mit beliebiger Amplitude. Es enthält - wie bereits Bild 7.2.3 zeigte - die übliche proportionale Zustandsrückführung und zusätzlich eine integrale Rückführung des Regeldifferenzvektors $\underline{e}$.

7.2.2.2. Stör- und Führungsgrößenaufschaltung bei integraler Ausgangsvektorrückführung

Das durch Gl.(7.2.46) beschriebene Stellgesetz kann nachträglich noch um eine Führungsgrößenaufschaltung bzw. im Fall meßbarer Störgrößen auch um eine Störgrößenaufschaltung erweitert werden. Eine solche Maßnahme ist besonders bei der Störgrößenaufschaltung wirkungsvoll, da damit der Einfluß der Störung ganz oder zumindest teilweise unmittelbar an ihrem Entstehungsort kompensiert werden kann. Die so erweiterte Regelungsstruktur zeigt Bild 7.2.4.

Das durch die Lösung der Optimierungsaufgabe erhaltene Minimum des Gütefunktionals nach Gl.(7.2.39) beträgt in Analogie zu Gl.(6.4.34)

$$I^* = \frac{1}{2}\,\underline{\tilde{x}}_o^T\,\underline{\tilde{K}}\,\underline{\tilde{x}}_o \qquad (7.2.47)$$

mit

$$\underline{\tilde{x}}_o = \begin{bmatrix} \underline{S}\,\underline{x}_o + \underline{B}\,\underline{u}_o + \underline{B}_z\underline{z}_o \\ \hline \underline{w}_o - \underline{y}(0) \end{bmatrix} \qquad (7.2.48)$$

gemäß Gl.(7.2.35) und $\underline{S}$ nach Gl.(7.2.13), sofern man annimmt, daß die sprungförmigen Änderungen der Stör- und Führungsgrößen durch die Vektoren $\underline{z}_o$ und $\underline{w}_o$ bereits für $t=0$ bzw. $k=0$ wirksam sind. Dieses Minimum

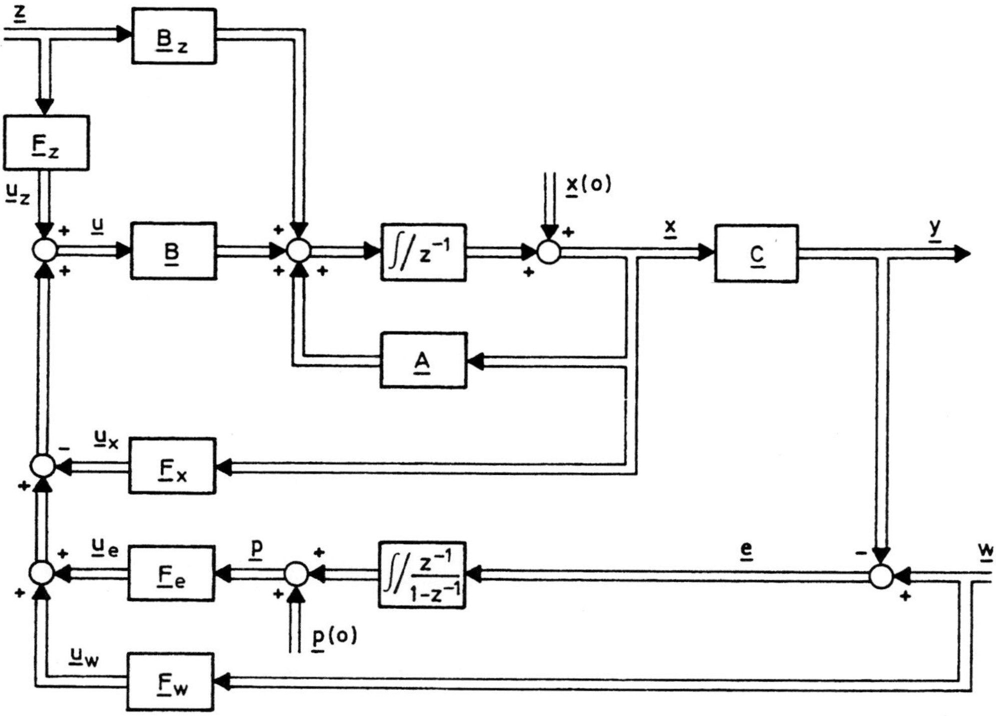

Bild 7.2.4. Optimaler Zustandsregler für sprungförmige Stör- und Führungsgrößen bestehend aus proportionaler Zustandsvektorrückführung, dynamischer Ausgangsvektorrückführung und Stör- und Führungsgrößenaufschaltung

ist noch von dem prinzipiell frei wählbaren Anfangswert des Stellvektors $\underline{u}_o$ abhängig, welcher nach Gl.(7.2.46) zunächst ohne Berücksichtigung der Aufschaltung von $\underline{w}$ und $\underline{z}$ durch

$$\underline{u}_o = -\underline{F}_x\,\underline{x}_o + \underline{F}_e\,\underline{p}_o \qquad (7.2.49)$$

vorgegeben ist. Eine mögliche Dimensionierungsvorschrift für die Aufschaltmatrizen $\underline{F}_z$ und $\underline{F}_w$ erhält man, indem man den Wert von $I^*(\underline{u}_o)$ nach Gl.(7.2.47) in Bezug auf den Anfangsvektor $\underline{u}_o$ minimiert. Setzt man Gl.(7.2.48) in Gl.(7.2.47) ein, und teilt man die Lösung $\tilde{\underline{K}}$ der algebraischen Matrix-Riccati-Gleichung entsprechend

$$\tilde{\underline{K}} = \left[\begin{array}{c|c} \tilde{\underline{K}}_{11} & \tilde{\underline{K}}_{21}^T \\ \hline \tilde{\underline{K}}_{21} & \tilde{\underline{K}}_{22} \end{array}\right] \begin{array}{l} \}n \\ \}m \end{array} \quad \text{(Spaltenbreiten: } n, m) \tag{7.2.50}$$

in Untermatrizen auf, dann gilt

$$I^*(\underline{u}_o) = \frac{1}{2} \left[\begin{array}{c} \underline{S}\,\underline{x}_o + \underline{B}\,\underline{u}_o + \underline{B}_z\underline{z}_o \\ \hline \underline{w}_o - \underline{y}(0) \end{array}\right]^T \left[\begin{array}{c|c} \tilde{\underline{K}}_{11} & \tilde{\underline{K}}_{21}^T \\ \hline \tilde{\underline{K}}_{21} & \tilde{\underline{K}}_{22} \end{array}\right] \left[\begin{array}{c} \underline{S}\,\underline{x}_o + \underline{B}\,\underline{u}_o + \underline{B}_z\underline{z}_o \\ \hline \underline{w}_o - \underline{y}(0) \end{array}\right] . \tag{7.2.51}$$

Als Ableitung dieser Funktion bezüglich $\underline{u}_o$ erhält man

$$\frac{\partial I^*}{\partial \underline{u}_o} = \underline{B}^T\tilde{\underline{K}}_{11}\underline{S}\,\underline{x}_o + \underline{B}^T\tilde{\underline{K}}_{11}\underline{B}\,\underline{u}_o + \underline{B}^T\tilde{\underline{K}}_{11}\underline{B}_z\underline{z}_o + \underline{B}^T\tilde{\underline{K}}_{21}^T[\underline{w}_o - \underline{y}(0)] .$$

Aus

$$\left.\frac{\partial I^*}{\partial \underline{u}_o}\right|_{\underline{u}_o^*} = \underline{0}$$

ergibt sich der optimale Anfangswert $\underline{u}_o^*$ zu

$$\underline{u}_o^* = -(\underline{B}^T\tilde{\underline{K}}_{11}\underline{B})^{-1}\underline{B}^T\{\tilde{\underline{K}}_{21}^T[\underline{w}_o - \underline{y}(0)] + \tilde{\underline{K}}_{11}[\underline{S}\,\underline{x}_o + \underline{B}_z\underline{z}_o]\} . \tag{7.2.52}$$

Nimmt man an, daß für alle Zeiten $t < 0$ die Regelung stationär war, dann gilt für die stationären Signalwerte $\underline{y}_s$, $\underline{w}_s$, $\underline{x}_s$, $\underline{u}_s$ und $\underline{z}_s$

$$\underline{y}(t) = \underline{y}(0) = \underline{y}_s = \underline{w}(t) = \underline{w}_s \qquad \text{für } t < 0 \tag{7.2.53a}$$

$$\underline{y}(k) = \underline{y}(0) = \underline{y}_s = \underline{w}(k) = \underline{w}_s , \qquad \text{für } k < 0 \tag{7.2.53b}$$

$$\underline{x}(t) = \underline{x}_s = \underline{x}_o \qquad \text{für } t < 0 \tag{7.2.54a}$$

$$\underline{x}(k) = \underline{x}_s = \underline{x}_o , \qquad \text{für } k < 0 \tag{7.2.54b}$$

$$\underline{u}(t) = \underline{u}_s \qquad \text{für } t < 0 \tag{7.2.55a}$$

$$\underline{u}(k) = \underline{u}_s \qquad \text{für } k < 0 \tag{7.2.55b}$$

und

$$\underline{z}(t) = \underline{z}_s \qquad \text{für } t < 0 \qquad (7.2.56a)$$

$$\underline{z}(k) = \underline{z}_s \qquad \text{für } k < 0 \quad . \qquad (7.2.56b)$$

Aus Gl.(7.2.1) erhält man für $t < 0$ bzw. $k < 0$ mit den Gln.(7.2.54) bis (7.2.56) die stationäre Beziehung

$$\underline{0} = \underline{S}\ \underline{x}_0 + \underline{B}\ \underline{u}_s + \underline{B}_z \underline{z}_s \quad . \qquad (7.2.57)$$

Daraus kann $\underline{S}\ \underline{x}_0$ berechnet und in Gl.(7.2.52) eingesetzt werden. Dies ergibt für den optimalen Anfangswert

$$\underline{u}_0^* = -(\underline{B}^T\underline{\tilde{K}}_{11}\underline{B})^{-1}\underline{B}^T\underline{\tilde{K}}_{21}^T[\underline{w}_0 - \underline{y}(0)] - (\underline{B}^T\underline{\tilde{K}}_{11}\underline{B})^{-1}\underline{B}^T\underline{\tilde{K}}_{11}[-\underline{B}\ \underline{u}_s + \underline{B}_z(\underline{z}_0 - \underline{z}_s)] \qquad (7.2.58)$$

oder mit

$$(\underline{B}^T\underline{\tilde{K}}_{11}\underline{B})^{-1}\underline{B}^T\underline{\tilde{K}}_{11}\underline{B} = \underline{I}$$

für die Änderung des Stellvektors

$$\underline{u}_0^* - \underline{u}_s = -(\underline{B}^T\underline{\tilde{K}}_{11}\underline{B})^{-1}\underline{B}^T\underline{\tilde{K}}_{21}^T[\underline{w}_0 - \underline{y}(0)] - (\underline{B}^T\underline{\tilde{K}}_{11}\underline{B})^{-1}\underline{B}^T\underline{\tilde{K}}_{11}\underline{B}_z(\underline{z}_0 - \underline{z}_s) \quad . \qquad (7.2.59)$$

Verwendet man entsprechend Bild 7.2.4 das Stellgesetz

$$\underline{u}(t) = \underline{u}_x(t) + \underline{u}_e(t) + \underline{u}_z(t) + \underline{u}_w(t) = -\underline{F}_x\underline{x}(t) + \underline{F}_e\underline{p}(t) + \underline{F}_z\underline{z}(t) + \underline{F}_w\underline{w}(t) \qquad (7.2.60a)$$

$$\underline{u}(k) = \underline{u}_x(k) + \underline{u}_e(k) + \underline{u}_z(k) + \underline{u}_w(k) = -\underline{F}_x\underline{x}(k) + \underline{F}_e\underline{p}(k) + \underline{F}_z\underline{z}(k) + \underline{F}_w\underline{w}(k) , \qquad (7.2.60b)$$

dann ergibt sich daraus, wenn für alle Zeiten $t < 0$ bzw. $k < 0$ die Regelung stationär war, mit den Gln.(7.2.53) bis (7.2.56)

$$\underline{u}_s = -\underline{F}_x\underline{x}_0 + \underline{F}_e\underline{p}_0 + \underline{F}_z\underline{z}_s + \underline{F}_w\underline{y}(0) \quad . \qquad (7.2.61)$$

Für den ersten Stellschritt folgt ebenso aus Gl.(7.2.60)

$$\underline{u}(0) = -\underline{F}_x\underline{x}_0 + \underline{F}_e\underline{p}_0 + \underline{F}_z\underline{z}_0 + \underline{F}_w\underline{w}_0 \quad . \qquad (7.2.62)$$

Bildet man aus den Gln.(7.2.61) und (7.2.62) die Differenz entsprechend Gl.(7.2.59), so erhält man

$$\underline{u}(0) - \underline{u}_s = \underline{F}_w[\underline{w}_0 - \underline{y}(0)] + \underline{F}_z(\underline{z}_0 - \underline{z}_s) \quad . \qquad (7.2.63)$$

Durch Vergleich mit Gl.(7.2.59) ergeben sich schließlich die gesuchten Aufschaltmatrizen zu

$$\underline{F}_w = -(\underline{B}^T\underline{\tilde{K}}_{11}\underline{B})^{-1}\underline{B}^T\underline{\tilde{K}}_{21}^T \tag{7.2.64}$$

und

$$\underline{F}_z = -(\underline{B}^T\underline{\tilde{K}}_{11}\underline{B})^{-1}\underline{B}^T\underline{\tilde{K}}_{11}\underline{B}_z \quad . \tag{7.2.65}$$

Eine weitere Möglichkeit, die Aufschaltmatrizen $\underline{F}_z$ und $\underline{F}_w$ zu berechnen, besteht darin, diese Matrizen so festzulegen, daß der integrale Anteil $\underline{u}_e$ des Reglers lediglich nur das Übergangsverhalten beeinflußt und keinen Einfluß auf die sich einstellende stationäre Stellgröße $\underline{u}(\infty)$ hat. Damit gilt mit

$$\underline{u}_e(\infty) = \underline{O} \tag{7.2.66}$$

und der Gl.(7.2.60)

$$\underline{u}(\infty) = -\underline{F}_x\underline{x}(\infty) + \underline{u}_z(\infty) + \underline{u}_w(\infty) \quad . \tag{7.2.67}$$

Dies ist aber genau dieselbe Beziehung wie für den optimalen Zustandsregler mit nur proportionaler Rückführung aus Abschnitt 7.2.1, Gl. (7.2.11). Daher können hier die Aufschaltmatrizen nach den Gln.(7.2.23) und (7.2.24) berechnet werden.

Dimensionierungstyp	Dimensionierung	mögliche Regelungsstrukturen	notwendige Voraussetzungen	$\underline{F}_w$ nach Gl.	$\underline{F}_z$ nach Gl.
1	$\underline{\tilde{x}}_o^T\underline{\tilde{K}}\,\underline{\tilde{x}}_o\Big\vert_{\underline{u}_o^*} \overset{!}{=} \text{Min}$	PI	-	7.2.64	7.2.65
2	$\underline{y}(\infty) \overset{!}{=} \underline{w}$	P	$m = r$	7.2.23	7.2.24
	$\underline{u}_e(\infty) \overset{!}{=} \underline{O}$	PI	$m = r$		
3	$\underline{u}_x(\infty) + \underline{u}_e(\infty) \overset{!}{=} \underline{O}$	PI	$m = r$	7.2.23 mit $\underline{F}_x = \underline{O}$	7.2.24 mit $\underline{F}_x = \underline{O}$

Tabelle 7.2.1. Mögliche Dimensionierungen für Stör- und Führungsgrößenaufschaltungen bei optimalen Zustandsreglern mit proportionaler Zustandsrückführung (P) und bei optimalen Zustandsreglern mit zusätzlicher integraler Ausgangsrückführung (PI)

Eine dritte Möglichkeit zur Berechnung von $\underline{F}_w$ und $\underline{F}_z$ besteht darin, diese Matrizen so zu wählen, daß der stationäre Wert $\underline{u}(\infty)$ nur durch die beiden Aufschaltungen $\underline{u}_z(\infty)$ und $\underline{u}_w(\infty)$ erzeugt wird. Da in diesem Fall

$$\underline{u}(\infty) = \underline{u}_z(\infty) + \underline{u}_w(\infty) \tag{7.2.68}$$

gilt, muß in den Gln.(7.2.11) bis (7.2.24) lediglich $\underline{F}_x = \underline{O}$ gesetzt werden. Die so erhaltenen Matrizen $\underline{F}_z$ und $\underline{F}_w$ würden bei stabilen Regelstrecken im offenen Regelkreis gerade die Stellgröße aufbringen, die zur Erfüllung der Regelaufgabe im Sinne der Gln.(7.2.8) notwendig ist.

Die bisher erhaltenen Ergebnisse zur Stör- und Führungsgrößenaufschaltung sind in Tabelle 7.2.1 zusammengestellt.

7.2.3. Zustandsregelung mit Beobachter

Für die Synthese von Zustandsreglern wurde bei den zuvor durchgeführten Überlegungen stillschweigend vorausgesetzt, daß sämtliche Zustandsgrößen der Regelstrecke bekannt sind. In Fällen, bei denen diese Information nicht vollständig zur Verfügung steht, kann man einen Zustandsbeobachter (vgl. Band "Regelungstechnik II") vorsehen, mit dem sich die Zustandsgrößen aus den gemessenen Ein- und Ausgangsgrößen der Regelstrecke rekonstruieren lassen. Nachfolgend wird neben der Erweiterung des Beobachters für Störgrößen die Wirkung des Beobachters auf den geschlossenen Regelkreis mit den bisher hier entwickelten optimalen Zustandsreglern untersucht.

Zur Zustandsrekonstruktion bzw. Zustandsschätzung sind verschiedene Arten von Beobachtern bekannt, auf die hier allerdings nicht im Detail eingegangen werden kann. Daher sei in Erweiterung der Darstellung im Band "Regelungstechnik II" als wichtiger Vertreter wiederum der *Identitätsbeobachter* herausgegriffen, dessen Wirkungsweise sehr einfach zu verstehen ist und der auch alle wichtigen Merkmale und Eigenschaften eines Beobachters aufweist. Die prinzipiellen Ergebnisse sind dabei nicht nur für diesen Beobachtertyp zutreffend, sondern können auch auf jeden anderen übertragen werden.

7.2.3.1. Beobachter bei gemessenen Störgrößen

Ein Identitätsbeobachter ist bekanntlich ein dynamisches System, das der Bewegung der vorgegebenen Regelstrecke so folgt, daß im stationären Fall der im Beobachter rekonstruierte Zustand $\hat{\underline{x}}$ mit dem nicht meßbaren Zustandsvektor $\underline{x}$ der Regelstrecke identisch ist. Dieses Folgeregelungsproblem im Beobachter wird dadurch gelöst, daß zur Regelstrecke ein äquivalentes Modell parallel geschaltet wird, das mit denselben Eingangsgrößen $\underline{u}$ und $\underline{z}$ wie die Regelstrecke erregt wird. Die Differenz $\underline{\tilde{y}} = \underline{y} - \underline{\hat{y}}$ der beiden Ausgangsgrößen $\underline{y}$ der Regelstrecke und $\underline{\hat{y}}$ des Beobachters wird über eine Verstärkungsmatrix $\underline{F}_B$ auf den Modelleingang zurückgekoppelt, so daß

$$\lim_{t\to\infty} \underline{\tilde{y}}(t) = \underline{0} \tag{7.2.69a}$$

$$\lim_{k\to\infty} \underline{\tilde{y}}(k) = \underline{0} \tag{7.2.69b}$$

gilt, wobei allerdings für die praktische Anwendung diese Bedingung bereits in möglichst kurzer, endlicher Zeit erfüllt sein soll.

Ist die auf die Regelstrecke einwirkende Störung $\underline{z}$ meßbar, so erhält man durch Aufschaltung der Störgröße als Zustandsgleichung des Beobachters

$$\dot{\underline{\hat{x}}}(t) = \underline{A}\,\underline{\hat{x}}(t) + \underline{B}\,\underline{u}(t) + \underline{G}_z\underline{z}(t) + \underline{F}_B[\underline{y}(t) - \underline{\hat{y}}(t)]\,;\ \underline{\hat{x}}(0) = \underline{\hat{x}}_0 \tag{7.2.70a}$$

$$\underline{\hat{x}}(k+1) = \underline{A}\,\underline{\hat{x}}(k) + \underline{B}\,\underline{u}(k) + \underline{G}_z\underline{z}(k) + \underline{F}_B[\underline{y}(k) - \underline{\hat{y}}(k)]\,;\ \underline{\hat{x}}(0) = \underline{\hat{x}}_0 . \tag{7.2.70b}$$

Mit $\underline{y} = \underline{C}\,\underline{x}$ sowie $\underline{\hat{y}} = \underline{C}\,\underline{\hat{x}}$ folgt aus Gl. (7.2.70)

$$\dot{\underline{\hat{x}}}(t) = \underline{A}\,\underline{\hat{x}}(t) + \underline{B}\,\underline{u}(t) + \underline{G}_z\underline{z}(t) + \underline{F}_B\underline{C}[\underline{x}(t) - \underline{\hat{x}}(t)] \tag{7.2.71a}$$

$$\underline{\hat{x}}(k+1) = \underline{A}\,\underline{\hat{x}}(k) + \underline{B}\,\underline{u}(k) + \underline{G}_z\underline{z}(k) + \underline{F}_B\underline{C}[\underline{x}(k) - \underline{\hat{x}}(k)] \tag{7.2.71b}$$

oder

$$\dot{\underline{\hat{x}}}(t) = (\underline{A} - \underline{F}_B\underline{C})\underline{\hat{x}}(t) + \underline{B}\,\underline{u}(t) + \underline{G}_z\underline{z}(t) + \underline{F}_B\underline{y}(t) \tag{7.2.72a}$$

$$\underline{\hat{x}}(k+1) = (\underline{A} - \underline{F}_B\underline{C})\underline{\hat{x}}(k) + \underline{B}\,\underline{u}(k) + \underline{G}_z\underline{z}(k) + \underline{F}_B\underline{y}(k) \quad . \tag{7.2.72b}$$

Das Blockschaltbild für den Beobachter kann sowohl auf der Basis von Gl. (7.2.70) als auch anhand von Gl. (7.2.72) entsprechend Bild 7.2.5 dargestellt werden. Selbstverständlich sind beide Darstellungen identisch.

Anhand von Gl. (7.2.71) erkennt man unmittelbar, daß im Falle gleicher Anfangsbedingungen $\underline{x}_0 = \underline{\hat{x}}_0$ die Beobachtergleichung in die Gleichung der Regelstrecke übergeht, sofern $\underline{G}_z = \underline{B}_z$ gewählt wird. Die Rückführverstärkung ist also nur erforderlich, falls $\underline{x}_0 \neq \underline{\hat{x}}_0$ gilt. Dies ist jedoch der Normalfall.

Wird Gl. (7.2.71) von Gl. (7.2.1) abgezogen, so erhält man mit dem Beobachtungsfehler

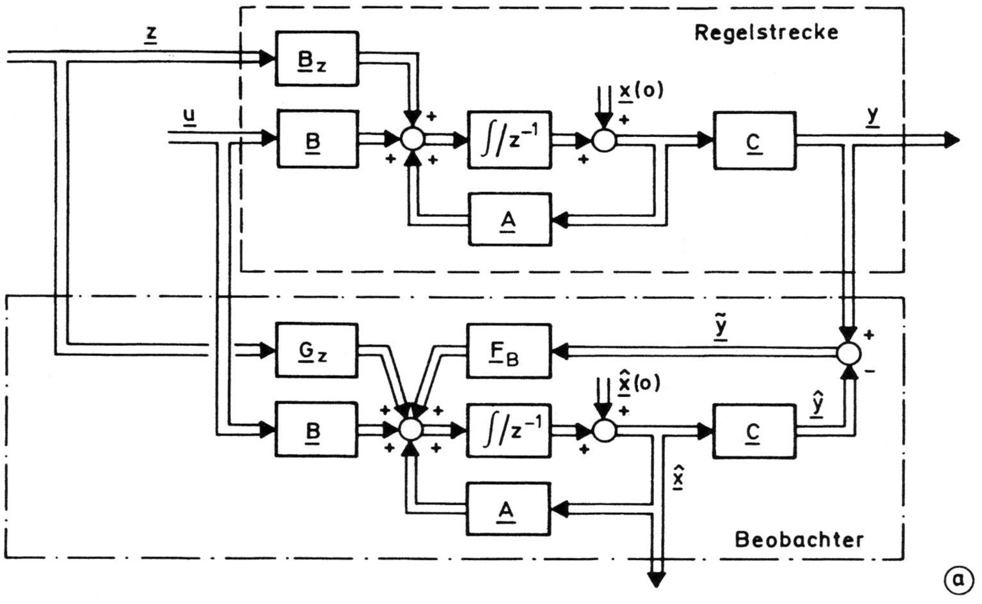

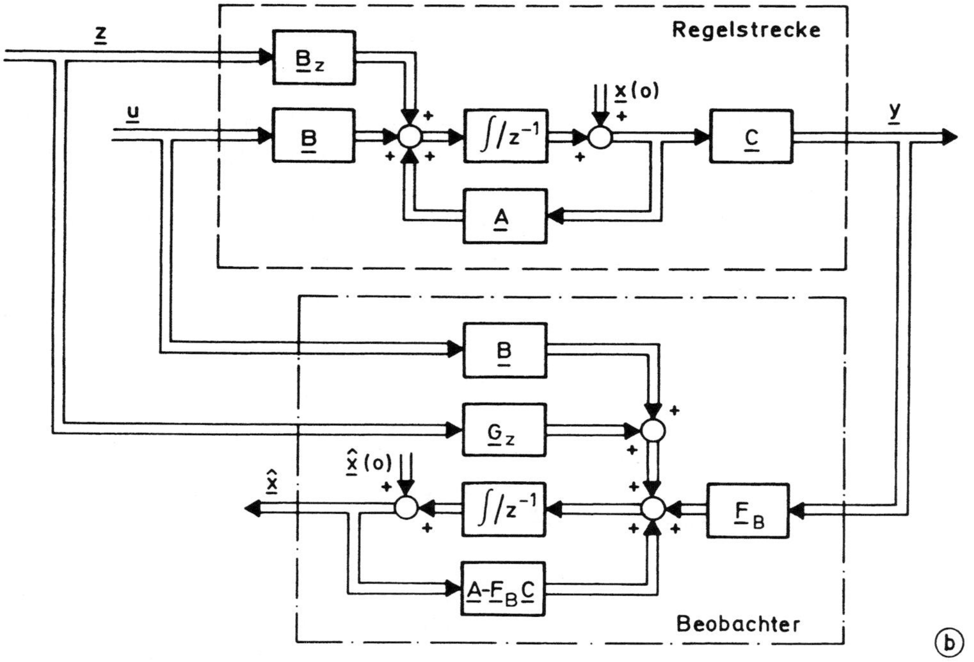

Bild 7.2.5. Äquivalente Zustandsbeobachter mit Störgrößenaufschaltung

$$\tilde{\underline{e}} = \underline{x} - \hat{\underline{x}} \tag{7.2.73}$$

als Zustandsgleichung für das Beobachterfehlersystem

$$\dot{\tilde{\underline{e}}}(t) = (\underline{A} - \underline{F}_B\underline{C})\tilde{\underline{e}}(t) + (\underline{B}_z - \underline{G}_z)\underline{z}(t) \tag{7.2.74a}$$

$$\tilde{\underline{e}}(k+1) = (\underline{A} - \underline{F}_B\underline{C})\tilde{\underline{e}}(k) + (\underline{B}_z - \underline{G}_z)\underline{z}(k) \quad . \tag{7.2.74b}$$

Sind alle eventuell vorhandenen instabilen Eigenbewegungen der Regelstrecke beobachtbar, dann gibt es stets eine Matrix $\underline{F}_B$, so daß die Systemmatrix des Beobachters

$$\tilde{\underline{A}} = \underline{A} - \underline{F}_B\underline{C} \tag{7.2.75}$$

stabile Eigenwerte besitzt. Daraus folgt für $\underline{G}_z = \underline{B}_z$

$$\lim_{t\to\infty} \tilde{\underline{e}}(t) = \underline{0} \tag{7.2.76a}$$

$$\lim_{k\to\infty} \tilde{\underline{e}}(k) = \underline{0} \tag{7.2.76b}$$

und damit ist auch Gl.(7.2.69) erfüllt.

7.2.3.2. Regelung mit Beobachter bei gemessenen Störgrößen

Zuvor wurde der Beobachter mit gemessenen Störgrößen unabhängig von der Regelung behandelt. Im folgenden soll eine optimale Zustandsregelung sowohl ohne (P) als auch mit (PI) integraler Ausgangsvektorrückführung betrachtet werden, wobei die Zustandsgröße $\underline{x}$ im Stellgesetz durch $\hat{\underline{x}}$ ersetzt wird. Die gesamte Regelungsstruktur zeigt Bild 7.2.6. Für die P-Struktur gilt gemäß den Gln.(7.2.4) bis (7.2.7)

$$\begin{aligned} \underline{u} &= -\underline{F}_x\hat{\underline{x}} + \underline{F}_z\underline{z} + \underline{F}_w\underline{w} \\ &= -\underline{F}_x\underline{x} + \underline{F}_z\underline{z} + \underline{F}_w\underline{w} + \underline{F}_x\tilde{\underline{e}} \end{aligned} \tag{7.2.77}$$

und für die PI-Struktur nach den Gln.(7.2.60)

$$\begin{aligned} \underline{u} &= -\underline{F}_x\hat{\underline{x}} + \underline{F}_e\underline{p} + \underline{F}_z\underline{z} + \underline{F}_w\underline{w} \\ &= -\underline{F}_x\underline{x} + \underline{F}_e\underline{p} + \underline{F}_z\underline{z} + \underline{F}_w\underline{w} + \underline{F}_x\tilde{\underline{e}} \quad . \end{aligned} \tag{7.2.78}$$

Setzt man das Stellsignal aus den Gln.(7.2.77) bzw. (7.2.78) jeweils in die Gl.(7.2.1) ein und faßt die so entstandene Zustandsgleichung mit der Gl.(7.2.74) zusammen, so ergibt sich unter Berücksichtigung von Gl. (7.2.75) als Zustandsraumdarstellung des Gesamtsystems für die P-Struk-

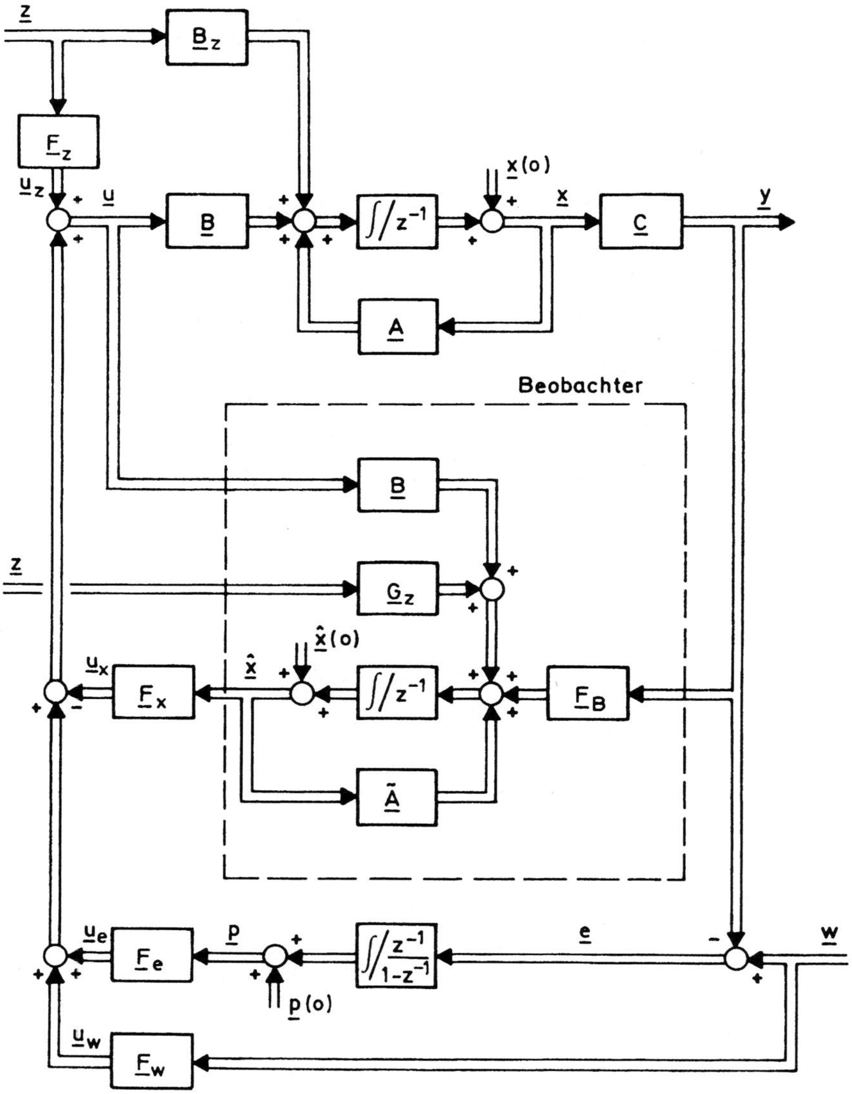

Bild 7.2.6. Erweiterung der Regelungsstruktur aus Bild 7.2.4 um einen Zustandsbeobachter unter Annahme gemessener Störgrößen (P-Struktur: $\underline{F}_e = \underline{O}$; PI-Struktur: $\underline{F}_e \neq \underline{O}$)

tur

$$\begin{bmatrix} \dot{\underline{x}}(t) \\ \dot{\tilde{\underline{e}}}(t) \end{bmatrix} = \begin{bmatrix} \underline{A} - \underline{B}\underline{F}_x & \underline{B}\underline{F}_x \\ \underline{0} & \tilde{\underline{A}} \end{bmatrix} \begin{bmatrix} \underline{x}(t) \\ \tilde{\underline{e}}(t) \end{bmatrix} + \begin{bmatrix} \underline{B}\underline{F}_z + \underline{B}_z & \underline{B}\underline{F}_w \\ \underline{B}_z - \underline{G}_z & \underline{0} \end{bmatrix} \begin{bmatrix} \underline{z}(t) \\ \underline{w}(t) \end{bmatrix} \tag{7.2.79a}$$

$$\begin{bmatrix} \underline{x}(k+1) \\ \tilde{\underline{e}}(k+1) \end{bmatrix} = \begin{bmatrix} \underline{A} - \underline{B}\underline{F}_x & \underline{B}\underline{F}_x \\ \underline{0} & \tilde{\underline{A}} \end{bmatrix} \begin{bmatrix} \underline{x}(k) \\ \tilde{\underline{e}}(k) \end{bmatrix} + \begin{bmatrix} \underline{B}\underline{F}_z + \underline{B}_z & \underline{B}\underline{F}_w \\ \underline{B}_z - \underline{G}_z & \underline{0} \end{bmatrix} \begin{bmatrix} \underline{z}(k) \\ \underline{w}(k) \end{bmatrix} \tag{7.2.79b}$$

und für die PI-Struktur

$$\begin{bmatrix} \dot{\underline{x}}(t) \\ \dot{\underline{p}}(t) \\ \dot{\tilde{\underline{e}}}(t) \end{bmatrix} = \begin{bmatrix} \underline{A} - \underline{B}\underline{F}_x & \underline{B}\underline{F}_e & \underline{B}\underline{F}_x \\ -\underline{C} & \underline{0} & \underline{0} \\ \underline{0} & \underline{0} & \tilde{\underline{A}} \end{bmatrix} \begin{bmatrix} \underline{x}(t) \\ \underline{p}(t) \\ \tilde{\underline{e}}(t) \end{bmatrix} + \begin{bmatrix} \underline{B}\underline{F}_z + \underline{B}_z & \underline{B}\underline{F}_w \\ \underline{0} & \underline{I} \\ \underline{B}_z - \underline{G}_z & \underline{0} \end{bmatrix} \begin{bmatrix} \underline{z}(t) \\ \underline{w}(t) \end{bmatrix} \tag{7.2.80a}$$

$$\begin{bmatrix} \underline{x}(k+1) \\ \underline{p}(k+1) \\ \tilde{\underline{e}}(k+1) \end{bmatrix} = \begin{bmatrix} \underline{A} - \underline{B}\underline{F}_x & \underline{B}\underline{F}_e & \underline{B}\underline{F}_x \\ -\underline{C} & \underline{I} & \underline{0} \\ \underline{0} & \underline{0} & \tilde{\underline{A}} \end{bmatrix} \begin{bmatrix} \underline{x}(k) \\ \underline{p}(k) \\ \tilde{\underline{e}}(k) \end{bmatrix} + \begin{bmatrix} \underline{B}\underline{F}_z + \underline{B}_z & \underline{B}\underline{F}_w \\ \underline{0} & \underline{I} \\ \underline{B}_z - \underline{G}_z & \underline{0} \end{bmatrix} \begin{bmatrix} \underline{z}(k) \\ \underline{w}(k) \end{bmatrix} . \tag{7.2.80b}$$

Wie aus Gl.(7.2.74) bereits zu ersehen ist, werden die durch den Beobachter in das Gesamtsystem eingebrachten Eigenbewegungen im Falle $\underline{G}_z = \underline{B}_z$ nur durch den Anfangsbeobachtungsfehler $\tilde{\underline{e}}(0)$ angeregt, die in der Praxis durch nicht gemessene und damit dem Beobachter nicht aufgeschaltete kurzzeitige "Störungen" hervorgerufen werden. Demgegenüber führen gemessene Störungen sowie Führungsgrößenänderungen nicht zu einer Anregung der Beobachtereigenbewegungen, so daß sich in diesen Fällen das Regelverhalten mit Beobachter von dem mit gemessenen Zustandsgrößen prinzipiell nicht unterscheidet. In der Praxis doch eventuell auftretende Abweichungen haben die Ursache allein in Fehlern bei der Modellbildung. Im geschlossenen Regelkreis entsteht dadurch eine Rückwirkung des Prozeßzustandes $\underline{x}$ auf den Beobachtungsfehler $\tilde{\underline{e}}$. Dies führt zu einer Verschiebung sämtlicher Eigenwerte des Gesamtsystems. Bleiben die Eigenwerte stabil, so ergibt sich ein stationärer Beobachtungsfehler $\tilde{\underline{e}}(\infty)$, der über die Rückführmatrix $\underline{F}_x$ wie eine zusätzliche Störgröße auf das System wirkt. Während diese bei der P-Struktur zu bleibenden Regelabweichungen führt, wird deren Wirkung bei der PI-Struktur vom integralen Regleranteil ausgeregelt.

7.2.3.3. Regelung mit Beobachter bei nicht gemessenen und nicht beobachteten Störgrößen

Der in den Gln.(7.2.70) bis (7.2.72) angegebene Beobachter kann prinzipiell auch im Fall nicht gemessener Störgrößen ($\underline{G}_z = \underline{0}$, $\underline{F}_z = \underline{0}$) eingesetzt werden (siehe Bild 7.2.6). Dadurch entsteht aus Gl.(7.2.74) eine inhomogene Differential- bzw. Differenzengleichung für den Beobachtungsfehler $\tilde{\underline{e}}$. Bei Auftreten sprungförmiger Störungen $\underline{z} = \underline{z}_o\ s(t)$ werden die Beobachtereigenbewegungen angeregt. Wie sich leicht anhand von Gl.(7.2.74) nachweisen läßt, stellt sich ein bleibender Beobachtungsfehler

$$\tilde{\underline{e}}(\infty) = -\tilde{\underline{A}}^{-1}\underline{B}_z\underline{z}_o \qquad (7.2.81a)$$

$$\tilde{\underline{e}}(\infty) = -(\tilde{\underline{A}} - \underline{I})^{-1}\underline{B}_z\underline{z}_o \qquad (7.2.81b)$$

ein, der über den Anteil $\underline{u}_x$ der Stellgröße wegen

$$\underline{u}_x = -\underline{F}_x\hat{\underline{x}} = -\underline{F}_x\underline{x} + \underline{F}_x\tilde{\underline{e}} \qquad (7.2.82)$$

wie eine zusätzliche, am Stelleingang angreifende Störung

$$\underline{z}_z = \underline{F}_x\ \tilde{\underline{e}}(\infty) \qquad (7.2.83)$$

auf die Regelstrecke wirkt. Während diese bei der P-Struktur zu einer bleibenden Regelabweichung führt, wird deren Wirkung bei der PI-Struktur ausgeregelt.

Somit eignet sich dieser Beobachter nur in der PI-Struktur für eine Regelung. Der erhaltene Wert $\hat{\underline{x}}$ gibt allerdings wegen des bleibenden unbekannten Beobachtungsfehlers nach Gl.(7.2.79) keine Auskunft über den Zustandsvektor $\underline{x}$ der Regelstrecke, was im Interesse einer Prozeßüberwachung in einigen Fällen aber durchaus wünschenswert wäre.

7.2.3.4. Störbeobachter für beliebige deterministische Störungen

Bei den bisherigen Überlegungen wurde vorausgesetzt, daß die auf die Regelstrecke einwirkenden Störungen meßbar und sprungförmig sind. Daher konnten sie in Form der behandelten Störgrößenaufschaltung sowohl in den Beobachter als auch in den Regler eingeführt werden. Ein nicht meßbarer Störvektor $\underline{z}$, der sich aus deterministischen Störsignalen zusammensetzt, läßt sich nun durch ein fiktives Modell, ein *Störmodell*, in Form des Differentialgleichungssystems

$$\dot{\underline{x}}_z(t) = \underline{A}_z \, \underline{x}_z(t) , \quad \underline{x}_z(0) \text{ beliebig} \tag{7.2.84a}$$

$$\underline{x}_z(k+1) = \underline{A}_z \, \underline{x}_z(k) , \quad \underline{x}_z(0) \text{ beliebig} \tag{7.2.84b}$$

und durch die algebraische Beziehung

$$\underline{z} = \underline{C}_z \, \underline{x}_z \tag{7.2.85}$$

beschreiben [7.3 bis 7.7]. Hierbei kann $\underline{x}_z$ als Zustandsvektor des Störmodells interpretiert werden. Dieses Störmodell wird nur durch die Anfangsbedingung $\underline{x}_z(0)$ angeregt. Dadurch lassen sich beliebige deterministische Signale erzeugen.

Es sei ergänzend darauf hingewiesen, daß auf dieselbe Weise auch für beliebige deterministische Führungssignale $\underline{w}$ ein entsprechendes *Führungsmodell*

$$\dot{\underline{x}}_w(t) = \underline{A}_w \, \underline{x}_w(t) , \quad \underline{x}_w(0) \text{ beliebig} \tag{7.2.86a}$$

$$\underline{x}_w(k+1) = \underline{A}_w \, \underline{x}_w(k) , \quad \underline{x}_w(0) \text{ beliebig} \tag{7.2.86b}$$

und

$$\underline{w} = \underline{C}_w \, \underline{x}_w \tag{7.2.87}$$

angegeben werden kann, wobei $\underline{w}$ dieselbe Dimension wie $\underline{y}$ hat.

Beide Modelle ermöglichen die Erzeugung beliebiger Stör- und Führungssignale, wie das nachfolgende Beispiel zeigt.

Beispiel 7.2.1:

Für den in der Praxis häufigen Fall sinusförmiger Störgrößen mit der Frequenz ω_0 (z. B. Netzbrummen an Meßeinrichtungen) läßt sich das folgende Störmodell mit der Zustandsraumbeschreibung

$$\begin{bmatrix} \dot{x}_{z1}(t) \\ \dot{x}_{z2}(t) \end{bmatrix} = \begin{bmatrix} 0 & 1 \\ -\omega_0^2 & 0 \end{bmatrix} \begin{bmatrix} x_{z1}(t) \\ x_{z2}(t) \end{bmatrix} \tag{7.2.88}$$

$$z(t) = K\, x_{z1}(t) \tag{7.2.89}$$

mit

$$\underline{x}_z(0) = \underline{x}_{z0}$$

ansetzen. ■

Für die Regelstrecke sei angenommen, daß sie in einer Minimalrealisierung (vgl. Band "Regelungstechnik II") vorliege und vollständig steuer- und beobachtbar sei. Die Anzahl der Stellgrößen sei gleich der Anzahl der Regelgrößen; es gilt somit

$$r = m \quad .$$

Außerdem sollen mindestens soviele Regelgrößen (m) wie Störsignale (l) vorhanden sein, also

$$m \geqq l \quad .$$

Der auf die Regelstrecke einwirkende Störvektor wird in der Zustandsgleichung, Gl.(7.2.1), durch den Term $\underline{B}_z\ \underline{z}$ berücksichtigt. Wählt man ein Stellgesetz gemäß Gl.(7.2.60), so kann über den Term $\underline{F}_z\ \underline{z}$ bei richtiger Auslegung von $\underline{F}_z$, z. B. bei sprungförmigen Störungen gemäß Gl. (7.2.24), diese Störung kompensiert werden. Da im vorliegenden Fall sowohl die Störungen $\underline{z}$ als auch die Zustandsgrößen $\underline{x}$ nicht meßbar sind, werden im Stellgesetz

$$\underline{u} = -\underline{F}_x\hat{\underline{x}} + \underline{F}_e\underline{p} + \underline{F}_z\hat{\underline{z}} + \underline{F}_w\underline{w} \tag{7.2.90}$$

anstelle von $\underline{z}$ und $\underline{x}$ die rekonstruierten oder geschätzten Größen $\hat{\underline{z}}$ und $\hat{\underline{x}}$ eingeführt.

Ähnlich wie beim Zustandsbeobachter kann der rekonstruierte Störvektor $\hat{\underline{z}}$ über einen *Störbeobachter* gewonnen werden. Zweckmäßigerweise wird dazu auch wieder ein Identitätsbeobachter gewählt. Bezeichnet man die Zustandsgröße dieses Störbeobachters in Übereinstimmung mit dem Störmodell nach Gl.(7.2.84) mit $\hat{\underline{x}}_z$, so erhält man als zugehörige Zustandsgleichungen

$$\dot{\hat{\underline{x}}}_z(t) = \underline{A}_z\hat{\underline{x}}_z(t) + \underline{F}_{Bz}[\underline{y}(t) - \hat{\underline{y}}(t)] \tag{7.2.91a}$$

$$\hat{\underline{x}}_z(k+1) = \underline{A}_z\hat{\underline{x}}_z(k) + \underline{F}_{Bz}[\underline{y}(k) - \hat{\underline{y}}(k)] \tag{7.2.91b}$$

und für den rekonstruierten Störvektor

$$\hat{\underline{z}} = \underline{C}_z\hat{\underline{x}}_z \quad . \tag{7.2.92}$$

Hierbei stellt die Matrix $\underline{F}_{Bz}$ eine Verstärkungsmatrix dar, die bewirken soll, daß der Störbeobachtungsfehler

$$\tilde{\underline{e}}_z = \underline{x}_z - \hat{\underline{x}}_z \qquad (7.2.93)$$

theoretisch für $t\to\infty$, praktisch aber bereits in endlicher Zeit verschwindet. Zu beachten ist, daß in den Zustandsbeoachter der rekonstruierte Störvektor $\hat{\underline{z}}$ über G_z anstelle der nicht meßbaren Störung $\underline{z}$ eingeht. Wird in Gl.(7.2.74) im dabei entstehenden Term $\underline{G}_z\hat{\underline{z}}$ der Vektor $\hat{\underline{z}}$ durch $\underline{z} - \underline{C}_z\tilde{e}_z$ ersetzt, so erhält man

$$\dot{\tilde{\underline{e}}}(t) = (\underline{A} - \underline{F}_B\underline{C})\tilde{\underline{e}}(t) + \underline{G}_z\underline{C}_z\tilde{\underline{e}}_z(t) + (\underline{B}_z - \underline{G}_z)\underline{z}(t) \qquad (7.2.94a)$$

$$\tilde{\underline{e}}(k+1) = (\underline{A} - \underline{F}_B\underline{C})\tilde{\underline{e}}(k) + \underline{G}_z\underline{C}_z\tilde{\underline{e}}_z(k) + (\underline{B}_z - \underline{G}_z)\underline{z}(k) \quad . \qquad (7.2.94b)$$

Aus der Differenz der Gln.(7.2.84) und (7.2.91) folgt unter Berücksichtigung von Gl.(7.2.92)

$$\dot{\tilde{\underline{e}}}_z(t) = \underline{A}_z\tilde{\underline{e}}_z(t) - \underline{F}_{Bz}\underline{C}\,\tilde{\underline{e}}(t) \qquad (7.2.95a)$$

$$\tilde{\underline{e}}_z(k+1) = \underline{A}_z\tilde{\underline{e}}_z(k) - \underline{F}_{Bz}\underline{C}\,\tilde{\underline{e}}(k) \quad . \qquad (7.2.95b)$$

Damit im stationären Fall die Vektoren $\underline{x}$ gegen $\hat{\underline{x}}$ und $\underline{z}$ gegen $\hat{\underline{z}}$ konvergieren, muß neben der Gl.(7.2.76) auch die Beziehung

$$\lim_{t\to\infty} \tilde{\underline{e}}_z(t) = \underline{0} \qquad (7.2.96a)$$

$$\lim_{k\to\infty} \tilde{\underline{e}}_z(k) = \underline{0} \qquad (7.2.96b)$$

gelten. Um dies zu erreichen, muß im Fall $\underline{G}_z = \underline{B}_z$ für das erweiterte Beobachterfehlersystem

$$\begin{bmatrix} \dot{\tilde{\underline{e}}}(t) \\ \dot{\tilde{\underline{e}}}_z(t) \end{bmatrix} = \begin{bmatrix} \underline{A} - \underline{F}_B\underline{C} & \underline{G}_z\underline{C}_z \\ -\underline{F}_{Bz}\underline{C} & \underline{A}_z \end{bmatrix} \begin{bmatrix} \tilde{\underline{e}}(t) \\ \tilde{\underline{e}}_z(t) \end{bmatrix} \qquad (7.2.97a)$$

$$\begin{bmatrix} \tilde{\underline{e}}(k+1) \\ \tilde{\underline{e}}_z(k+1) \end{bmatrix} = \begin{bmatrix} \underline{A} - \underline{F}_B\underline{C} & \underline{G}_z\underline{C}_z \\ -\underline{F}_{Bz}\underline{C} & \underline{A}_z \end{bmatrix} \begin{bmatrix} \tilde{\underline{e}}(k) \\ \tilde{\underline{e}}_z(k) \end{bmatrix} \qquad (7.2.97b)$$

gewährleistet sein, daß die Systemmatrix dieser Beziehung stabile Eigenwerte besitzt. Notwendig und hinreichend dafür ist einerseits, daß alle eventuell vorhandenen instabilen Eigenwerte der Regelstrecke selbst beobachtet werden können. Andererseits muß auch das offene Beobachtersystem, das sich aus Gl.(7.2.97) mit $\underline{F}_B = \underline{F}_{Bz} = \underline{O}$ ergibt, völlig beobachtbar sein. Führt man dazu noch die zugehörige Ausgangsgleichung des Beobachters

$$\hat{\underline{y}} = \underline{C}\,\hat{\underline{x}} = [-\underline{C} \mid \underline{O}] \begin{bmatrix} \tilde{\underline{e}} \\ \tilde{\underline{e}}_z \end{bmatrix} + \underline{C}\,\underline{x} \qquad (7.2.98)$$

ein, so muß das durch

$$\left(\begin{bmatrix} \underline{A} & \underline{G}_z\underline{C}_z \\ \underline{O} & \underline{A}_z \end{bmatrix} ,\ [-\underline{C} \mid \underline{O}] \right) \qquad (7.2.99)$$

beschriebene System vollständig beobachtbar sein. Nur unter diesen Bedingungen lassen sich die Beobachterrückführmatrizen $\underline{F}_B$ und $\underline{F}_{Bz}$ so ermitteln, daß das System gemäß Gl.(7.2.97) stabile Eigenwerte besitzt und damit die Gln.(7.2.76) und (7.2.96) erfüllt werden. Entsprechende Bedingungen werden in [7.3, 7.4, 7.8 und 7.9] insbesondere auch für die Existenz der Störgrößenaufschaltung angegeben.

Die gesamte Regelungsstruktur, deren Beobachter nun aus zwei Identitätsbeobachtern für die Rekonstruktion des Zustandsvektors $\hat{\underline{x}}$ und des Störvektors $\hat{\underline{z}}$ besteht, ist im Bild 7.2.7 dargestellt. Anhand dieser Darstellung ist unmittelbar zu erkennen, daß für die Komponente $\underline{u}_z$ des Stellsignals (zur Kompensation des Störvektors $\underline{z}$) unter Berücksichtigung der Gln.(7.2.85), (7.2.92) und (7.2.93), also mit

$$\hat{\underline{z}} = \underline{z} - \underline{C}_z\tilde{\underline{e}}_z \ , \qquad (7.2.100)$$

die Beziehung

$$\underline{u}_z = \underline{F}_z\hat{\underline{z}} = \underline{F}_z\underline{z} - \underline{F}_z\underline{C}_z\tilde{\underline{e}}_z \qquad (7.2.101)$$

gilt. Diese Komponente muß in der Gleichung für den Zustandsvektor $\underline{x}$, Gl.(7.2.1), ähnlich dem Vorgehen bei der Herleitung der Gln.(7.2.79) und (7.2.80) berücksichtigt werden. Auch in Gl.(7.2.94) wird $\hat{\underline{z}}$ gemäß Gl.(7.2.100) ersetzt. Dann läßt sich in Analogie zu Gl.(7.2.80) für das Gesamtsystem nach Bild 7.2.7 die Zustandsgleichung

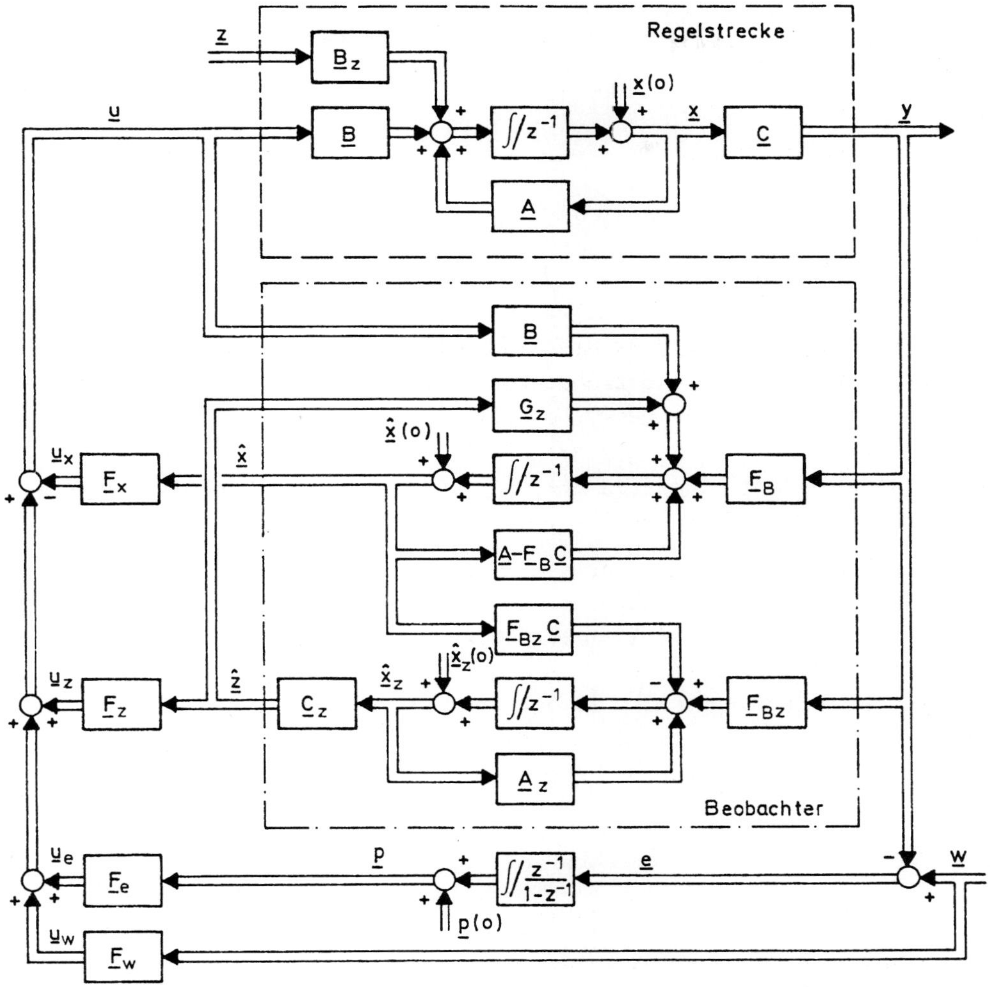

Bild 7.2.7. Erweiterung der Regelungsstruktur aus Bild 7.2.6 um den Störbeobachter und Regler (Anmerkung: der dargestellte Beobachter enthält einen Zustands- und einen Störbeobachter)

$$\begin{bmatrix} \dot{\underline{x}}(t) \\ \dot{\underline{p}}(t) \\ \dot{\underline{\tilde{e}}}(t) \\ \dot{\underline{\tilde{e}}}_z(t) \end{bmatrix} = \left[\begin{array}{cc|cc} \underline{A} - \underline{B}\underline{F}_x & \underline{B}\underline{F}_e & \underline{B}\underline{F}_x & -\underline{B}\underline{F}_z\underline{C}_z \\ -\underline{C} & \underline{O} & \underline{O} & \underline{O} \\ \hline \underline{O} & \underline{O} & \underline{A} - \underline{F}_B\underline{C} & \underline{G}_z\underline{C}_z \\ \underline{O} & \underline{O} & -\underline{F}_{Bz}\underline{C} & \underline{A}_z \end{array}\right] \begin{bmatrix} \underline{x}(t) \\ \underline{p}(t) \\ \underline{\tilde{e}}(t) \\ \underline{\tilde{e}}_z(t) \end{bmatrix} + \begin{bmatrix} \underline{B}\underline{F}_z + \underline{B}_z & \underline{B}\underline{F}_w \\ \underline{O} & \underline{I} \\ \underline{B}_z - \underline{G}_z & \underline{O} \\ \underline{O} & \underline{O} \end{bmatrix} \begin{bmatrix} \underline{z}(t) \\ \underline{w}(t) \end{bmatrix} \tag{7.2.102a}$$

$$\begin{bmatrix} \underline{x}(k+1) \\ \underline{p}(k+1) \\ \underline{\tilde{e}}(k+1) \\ \underline{\tilde{e}}_z(k+1) \end{bmatrix} = \left[\begin{array}{cc|cc} \underline{A} - \underline{B}\underline{F}_x & \underline{B}\underline{F}_e & \underline{B}\underline{F}_x & -\underline{B}\underline{F}_z\underline{C}_z \\ -\underline{C} & \underline{I} & \underline{O} & \underline{O} \\ \hline \underline{O} & \underline{O} & \underline{A}-\underline{F}_B\underline{C} & \underline{G}_z\underline{C}_z \\ \underline{O} & \underline{O} & -\underline{F}_{Bz}\underline{C} & \underline{A}_z \end{array}\right] \begin{bmatrix} \underline{x}(k) \\ \underline{p}(k) \\ \underline{\tilde{e}}(k) \\ \underline{\tilde{e}}_z(k) \end{bmatrix} + \begin{bmatrix} \underline{B}\underline{F}_z + \underline{B}_z & \underline{B}\underline{F}_w \\ \underline{O} & \underline{I} \\ \underline{B}_z - \underline{G}_z & \underline{O} \\ \underline{O} & \underline{O} \end{bmatrix} \begin{bmatrix} \underline{z}(k) \\ \underline{w}(k) \end{bmatrix} \tag{7.2.102b}$$

angeben.

Bezeichnet man zur Abkürzung die Systemmatrix von Gl.(7.2.102) mit $\underline{A}^*$, so gilt für das Gesamtsystem die charakteristische Gleichung

$$P_G(s) = |s\underline{I} - \underline{A}^*| = P_1(s)\ P_2(s) \tag{7.2.103a}$$

$$P_G(z) = |z\underline{I} - \underline{A}^*| = P_1(z)\ P_2(z)\ , \tag{7.2.103b}$$

wobei das Polynom

$$P_1(s) = |s\underline{I} - \underline{A} + \underline{B}\underline{F}_x|\,|s\underline{I} + \underline{C}(s\underline{I} - \underline{A} + \underline{B}\underline{F}_x)^{-1}\underline{B}\underline{F}_e| \tag{7.2.104a}$$

$$P_1(z) = |z\underline{I} - \underline{A} + \underline{B}\underline{F}_x|\,|z\underline{I} - \underline{I} + \underline{C}(z\underline{I} - \underline{A} + \underline{B}\underline{F}_x)^{-1}\underline{B}\underline{F}_e| \tag{7.2.104b}$$

den Anteil der Regelung beschreibt, während das Polynom

$$P_2(s) = |s\underline{I} - \underline{A} + \underline{F}_B\underline{C}|\,|s\underline{I} - \underline{A}_z + \underline{F}_{Bz}\underline{C}(s\underline{I} - \underline{A} + \underline{F}_B\underline{C})^{-1}\underline{G}_z\underline{C}_z| \tag{7.2.105a}$$

$$P_2(z) = |z\underline{I} - \underline{A} + \underline{F}_B\underline{C}|\,|z\underline{I} - \underline{A}_z + \underline{F}_{Bz}\underline{C}(z\underline{I} - \underline{A} + \underline{F}_B\underline{C})^{-1}\underline{G}_z\underline{C}_z| \tag{7.2.105b}$$

den Anteil des Beobachters charakterisiert. Hieraus ist zu erkennen, daß Gl.(7.2.103) das *Separationsprinzip* (s. Band "Regelungstechnik II") enthält. Demgemäß können für den Fall, daß die durch die Matrizen $\underline{A}$, $\underline{B}$, $\underline{C}$ vorgegebene Regelstrecke vollständig steuerbar und beobachtbar ist, der Regler- und Beobachterentwurf separat nach bekannten Methoden, z. B. durch Polvorgabe oder anhand der in den vorhergehenden Abschnitten behandelte Optimierung mittels quadratischer Integralkriterien, durchgeführt werden.

Voraussetzung für den Entwurf einer optimalen Zustandsregelung der hier behandelten Regelungsstruktur ist die genaue Kenntnis der Regelstrecke (Regelstreckenmodell) einschließlich Stör- und Führungsmodell. Auf die Abhängigkeit des Entwurfs hinsichtlich Parameter- und Strukturunsicherheiten in den Modellen, d. h. auf die Robustheit des Entwurfs, soll im weiteren nicht eingegangen werden. Es sei allerdings auf folgenden Zusammenhang hingewiesen. Vergleicht man die P-Struktur mit Störbeobachter ($\underline{F}_e = \underline{0}$) mit der PI-Struktur mit einfachem Zustandsbeobachter ohne Störgrößenaufschaltung, so erkennt man eine große Ähnlichkeit in beiden Regelungsstrukturen. Hieraus stellt sich die Frage, ob nicht die integrale Ausgangsrückführung als Störgrößenaufschaltung einer beobachteten Störgröße $\hat{\underline{z}}$ interpretiert werden kann. Tatsächlich läßt sich dies durch einige strukturelle Umformungen leicht nachweisen. Wesentlich dabei ist, daß der in beiden Strukturen in der Rückführung auftretende I-Anteil bewirkt, daß das stationäre Regelverhalten $\underline{e}(\infty) = \underline{0}$ beim Auftreten von Störungen gewährleistet wird.

Aus diesen Überlegungen ist zu ersehen, daß ein Zustandsregler in der parameterempfindlichen P-Struktur mit der Aufschaltung der gemessenen Störgröße $\underline{z}$ wieder robust, also unempfindlich in Bezug auf Stör- und Führungsverhalten wird, wenn die zur Regelung benötigten Größen $\underline{x}$ und $\underline{z}$ aus einem Beobachter gewonnen werden.

7.3. Entwurf optimaler Zustandsregler im Frequenzbereich

Die Eigenschaften eines optimalen Zustandsreglers sind durch das Gütefunktional vollständig und eindeutig bestimmt. Dennoch lassen sich diese aus dem Gütefunktional nicht in der Form ablesen, wie es für eine ingenieurmäßige Beurteilung erforderlich wäre. Dies macht die Bestimmung der "besten" Kombination der Bewertungsmatrizen $\underline{Q}$ und $\underline{R}$ zu einer recht subjektiven Angelegenheit und den Entwurf eines optimalen Zustandsreglers zu einem iterativen Vorgang, bei dem die berechnete Rückführung immer wieder durch eine Analyse des geschlossenen Regelkreises (z. B. durch Simulation) überprüft und durch neue Wahl von $\underline{Q}$ und $\underline{R}$ verbessert werden muß. Im allgemeinen ist es dabei fast unmöglich, die große Zahl der Freiheitsgrade systematisch zu erfassen und auszunutzen. Obwohl diese Schwierigkeit nicht umgangen werden kann, gibt es gewisse Möglichkeiten, sie in die Bereiche zu verlagern, die dem Entwurfsingenieur eher vertraut sind. Hierbei spielen die Methoden im Frequenzbereich eine wichtige Rolle, woraus sich wesentliche Eigenschaften optimaler Zustandsregler ergeben. Ein direkter Weg, die Wahl von $\underline{Q}$ und $\underline{R}$ zu systematisieren, besteht darin, die Pole des geschlossenen Regelkreises bei der Optimierung in bestimmter Weise zu beeinflussen.

Die nachfolgend durchgeführten Betrachtungen werden auf Systeme mit kontinuierlicher Darstellungsform beschränkt, da diese in diskreter Form völlig analog entwickelt werden können.

7.3.1. Die Rückführdifferenz-Matrix

Betrachtet man die im Bild 7.3.1 dargestellte Zustandsregelung im Frequenzbereich, so ergibt sich für die $\mathcal{L}$-Transformierte der Zustandsglei-

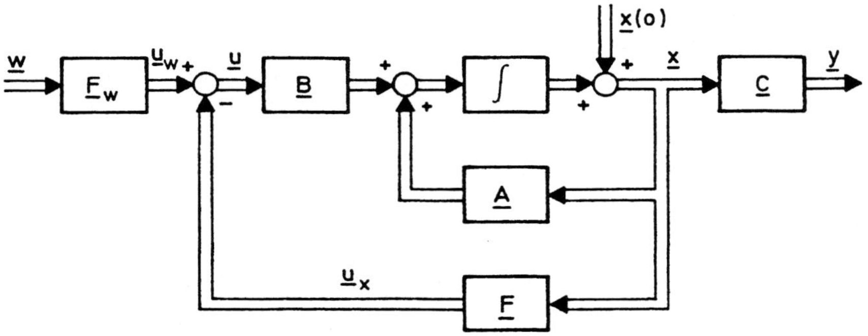

Bild 7.3.1. Zur Definition der Übertragungsmatrix einer Zustandsregelung mit Führungsgrößenaufschaltung

chung mit $\underline{x}(0) = \underline{0}$ die Beziehung

$$s\underline{X}(s) = (\underline{A} - \underline{B}\ \underline{F})\underline{X}(s) + \underline{B}\ \underline{F}_{W}\underline{W}(s) \quad .$$

Durch Auflösen nach $\underline{X}(s)$ erhält man damit für die $\mathcal{L}$-Transformierte des Ausgangsvektors

$$\underline{Y}(s) = \underline{C}\ \underline{X}(s) = \underline{C}(s\underline{I} - \underline{A} + \underline{B}\ \underline{F})^{-1}\underline{B}\ \underline{F}_{W}\underline{W}(s) \quad . \tag{7.3.1}$$

Hieraus folgt für die Übertragungsmatrix der hier betrachteten Regelungsstruktur

$$\underline{\underline{G}}_w(s) = \underline{C}(s\underline{I} - \underline{A} + \underline{B}\ \underline{F})^{-1}\underline{B}\ \underline{F}_w \tag{7.3.2}$$

oder in ausgeschriebener Form

$$\underline{\underline{G}}_w(s) = \underline{C}\ \frac{\mathrm{adj}(s\underline{I} - \underline{A} + \underline{B}\ \underline{F})}{|s\underline{I} - \underline{A} + \underline{B}\ \underline{F}|}\ \underline{B}\ \underline{F}_w\ . \tag{7.3.3}$$

In dieser Beziehung beschreibt bekanntlich die Determinante im Nenner das charakteristische Polynom des geschlossenen Regelsystems

$$P(s) = |s\underline{I}_n - \underline{A} + \underline{B}\ \underline{F}|\ ^{*)}, \tag{7.3.4}$$

das gemäß Band "Regelungstechnik II" (S. 72) auch in der Form

$$P(s) = |s\underline{I}_n - \underline{A}|\,|\underline{I}_r + \underline{F}\ \underline{\underline{\Phi}}(s)\underline{B}| = P^*(s)P^{**}(s) \tag{7.3.5}$$

mit

$$P^*(s) = |s\underline{I}_n - \underline{A}| \tag{7.3.6a}$$

$$P^{**}(s) = |\underline{I}_r + \underline{F}\ \underline{\underline{\Phi}}(s)\underline{B}| \tag{7.3.6b}$$

$$\underline{\underline{\Phi}}(s) = (s\underline{I}_n - \underline{A})^{-1} \tag{7.3.6c}$$

dargestellt werden kann. Dabei kennzeichnet $P^*(s)$ das charakteristische Polynom des offenen, also nicht über $\underline{F}$ rückgekoppelten Systems (also $\underline{F} = \underline{O}$), das - wie sich leicht nachvollziehen läßt - durch die Übertragungsmatrix

$$\underline{\underline{G}}'(s) = \underline{C}(s\underline{I} - \underline{A})^{-1}\underline{B}\ \underline{F}_w = \underline{C}\ \underline{\underline{\Phi}}(s)\underline{B}\ \underline{F}_w = \underline{\underline{G}}(s)\underline{F}_w \tag{7.3.7}$$

beschrieben wird.

Schneidet man nun das "autonome" System ($\underline{w} = \underline{O}$) gemäß Bild 7.3.2, so

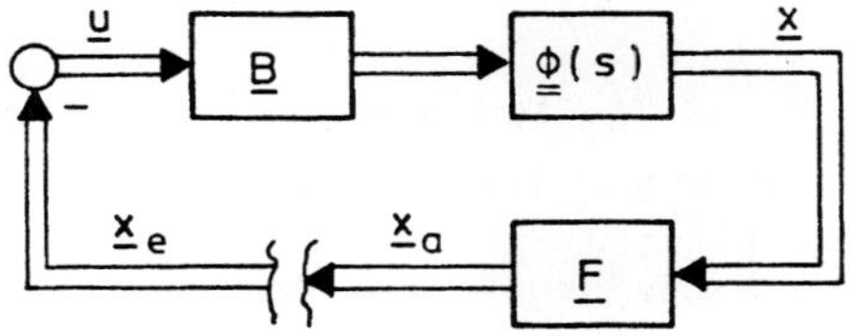

Bild 7.3.2. Das in der Rückkopplung aufgetrennte autonome System

erhält man für die Ausgangsgröße des offenen Systems

$$\underline{x}_a(s) = -\underline{F}\ \underline{\underline{\Phi}}(s)\underline{B}\ \underline{x}_e(s)\ . \tag{7.3.8}$$

Die Differenz der beiden Signalgrößen an der Schnittstelle

*) Zur besseren Kennzeichnung der Dimension der jeweiligen Einheitsmatrix wird diese als Index angegeben.

$$\underline{X}_e(s) - \underline{X}_a(s) = \underline{X}_e(s) + \underline{F}\ \underline{\underline{\Phi}}(s)\underline{B}\ \underline{X}_e(s)$$
$$= [\underline{I}_r + \underline{F}\ \underline{\underline{\Phi}}(s)\underline{B}]\underline{X}_e(s) \qquad (7.3.9)$$
$$= \underline{\underline{T}}(s)\underline{X}_e(s)$$

liefert die *Rückführdifferenz-Matrix*

$$\underline{\underline{T}}(s) = \underline{I}_r + \underline{F}\ \underline{\underline{\Phi}}(s)\underline{B} \quad . \qquad (7.3.10)$$

Aus dem Vergleich mit Gl.(7.3.6b) erkennt man, daß für die aus der Rückführdifferenz-Matrix gebildete Determinante

$$|\underline{\underline{T}}(s)| = |\underline{I}_r + \underline{F}\ \underline{\underline{\Phi}}(s)\underline{B}| = P^{**}(s) \qquad (7.3.11)$$

gilt. Berücksichtigt man noch Gl.(7.3.5), so folgt

$$|\underline{\underline{T}}(s)| = \frac{P(s)}{P^*(s)} = \frac{|s\underline{I} - \underline{A} + \underline{B}\ \underline{F}|}{|s\underline{I} - \underline{A}|} = \frac{1}{R(s)} \quad , \qquad (7.3.12a)$$

wobei R(s) der im Band "Regelungstechnik II" (S. 99) eingeführte dynamische Regelfaktor ist. Somit ist die Determinante der Rückführdifferenz-Matrix definiert durch

$$|\underline{\underline{T}}(s)| = \frac{\text{charakterist. Polynom des geschl. Systems}}{\text{charakterist. Polynom des offenen Systems}} \qquad (7.3.12b)$$

also durch den inversen dynamischen Regelfaktor.

Für die Stellgröße des geschlossenen Systems erhält man gemäß Bild 7.3.1

$$\underline{U}(s) = \underline{F}_w\underline{W}(s) - \underline{F}\ \underline{\underline{\Phi}}(s)\underline{B}\ \underline{U}(s)$$
$$= [\underline{I}_r + \underline{F}\underline{\underline{\Phi}}(s)\underline{B}]^{-1}\underline{F}_w\underline{W}(s) \qquad (7.3.13)$$
$$= \underline{\underline{T}}^{-1}(s)\underline{F}_w\underline{W}(s) \quad .$$

Andererseits ergibt sich für den Vektor der Regelgrößen

$$\underline{Y}(s) = \underline{\underline{G}}(s)\underline{U}(s) \quad . \qquad (7.3.14)$$

Aus Gl.(7.3.14) folgt dann durch Einsetzen der Beziehungen aus den Gln. (7.3.7) und (7.3.13) schließlich

$$\underline{Y}(s) = \underline{C}\ \underline{\underline{\Phi}}(s)\underline{B}\ \underline{\underline{T}}^{-1}(s)\underline{F}_w\underline{W}(s) \qquad (7.3.15)$$

und somit lautet die Übertragungsmatrix

$$\underline{\underline{G}}_w(s) = \underline{\underline{G}}(s)\underline{\underline{T}}^{-1}(s)\underline{F}_w = \underline{C}\ \underline{\underline{\Phi}}(s)\underline{B}\ \underline{\underline{T}}^{-1}(s)\underline{F}_w \quad . \qquad (7.3.16)$$

Diese Beziehung entspricht wiederum Gl. (7.3.2).

Für den speziellen Fall der Eingrößenregelsysteme geht die Rückführdifferenz-Matrix gemäß Gl. (7.3.10) über in die skalare *Rückführdifferenz*

$$T(s) = 1 + \underline{f}^T \underline{\underline{\Phi}}(s) \underline{b} \quad . \tag{7.3.17}$$

Obige Beziehungen haben dann auch für diesen Fall Gültigkeit, wobei sowohl $\underline{\underline{T}}(s)$ als auch $|\underline{\underline{T}}(s)|$ durch $T(s)$ zu ersetzen sind.

7.3.2. Das Entwurfsverfahren

Die Aufgabe der Regelung ist es, Einwirkungen von Störungen in Form von Parameteränderungen der Regelstrecke und äußeren Störsignalen zu unterdrücken. Ist der Betrag des dynamischen Regelfaktors $|R|$ klein oder zumindest kleiner als Eins, so erfüllt der Regelkreis diese Aufgabe. Dabei ist für Regelsysteme, deren Übertragungsfunktion des offenen Regelkreises einen Polüberschuß $n-m \geqq 2$, also mehr Pole als Nullstellen aufweist, zu beachten, daß eine Verminderung von $|R|$ in einem gewissen Frequenzbereich nach dem *Gleichgewichtstheorem* [7.10] eine Erhöhung von $|R|$ in einem anderen Frequenzbereich u. U. zu Werten größer als Eins zur Folge hat. Anhand des dynamischen Regelfaktors lassen sich in einfacher Weise Aussagen über die Empfindlichkeit des geschlossenen Regelsystems machen. Ändern sich nämlich Parameter in der Übertragungsfunktion $G_S(s)$ der Regelstrecke, dann wird die Empfindlichkeit der Führungsübertragungsfunktion $G_W(s)$ für kleine Änderungen der Parameter der Regelstrecke durch die Bodesche *Empfindlichkeitsfunktion* [7.11]

$$S_{G_S}^{G_W}(s) = \frac{\partial \ln G_W(s)}{\partial \ln G_S(s)} = \frac{\partial G_W(s)/G_W(s)}{\partial G_S(s)/G_S(s)} = \frac{\partial G_W(s)}{\partial G_S(s)} \frac{G_S(s)}{G_W(s)} \tag{7.3.18}$$

bestimmt. Mit

$$G_W(s) = \frac{G_S(s) G_R(s)}{1 + G_S(s) G_R(s)} = \frac{G_o(s)}{1 + G_o(s)} = R(s) G_o(s)$$

erhält man

$$\frac{\partial G_W(s)}{\partial G_S(s)} = \frac{G_R(s)}{[1 + G_o(s)]^2} \quad ,$$

woraus durch Multiplikation mit $G_S(s)/G_W(s)$ gemäß Gl. (7.3.18) für die Empfindlichkeitsfunktion das interessante Ergebnis

$$S_{G_S}^{G_W}(s) = R(s) \tag{7.3.19}$$

folgt. Aus der Forderung $|R| < 1$ ist ersichtlich, daß durch die Rückführung eine Verminderung der Empfindlichkeit des geschlossenen Regelsystems gegenüber Parameteränderungen der Regelstrecke bewirkt wird.

Unter Verwendung des im vorhergehenden Kapitel hergeleiteten Zusammenhangs zwischen dem dynamischen Regelfaktor $R(s)$ und der Rückführdifferenz $T(s)$, bedeutet obige Aussage für $R(s)$, daß für $s = j\omega$ der Betrag von $T(s)$ bei Eingrößensystemen mit einem Polüberschuß $n-m \geqq 2$ im interessierenden Frequenzbereich der Regelung $0 \leqq \omega \leqq \omega_{max}$ nicht kleiner als Eins werden darf [7.12], d. h. es gilt

$$|T(j\omega)| \geqq 1 \qquad \text{für} \quad 0 \leqq \omega \leqq \omega_{max} \quad . \tag{7.3.20}$$

Nachfolgend soll nun untersucht werden, ob diese Eigenschaft auch für Mehrgrößenregelsysteme nach Bild 7.3.1 gilt. Um den Betrag der Determinante von Gl. (7.3.11) abschätzen zu können, wird zunächst der Ausdruck

$$\underline{\underline{T}}^T(-s)\underline{R}\;\underline{\underline{T}}(s)$$

berechnet. Durch Einsetzen der Gl. (7.3.10) in diese Beziehung erhält man

$$\underline{\underline{T}}^T(-s)\underline{R}\;\underline{\underline{T}}(s) = [\underline{I}_r + \underline{B}^T\;\underline{\underline{\Phi}}^T(-s)\underline{F}^T]\underline{R}[\underline{I}_r + \underline{F}\;\underline{\underline{\Phi}}(s)\underline{B}] \quad . \tag{7.3.21}$$

Für ein Regelsystem gemäß den Gln. (7.1.1) bis (7.1.3) läßt sich die Matrix der optimalen Zustandsrückführung nach Gl. (7.1.7a) zu

$$\underline{F} = \underline{R}^{-1}\underline{B}^T\underline{K} \tag{7.3.22}$$

berechnen, wobei $\underline{K}$ die Lösung der algebraischen Matrix-Riccati-Gleichung, Gl. (7.1.8a),

$$\underline{Q} = \underline{K}\;\underline{B}\;\underline{R}^{-1}\underline{B}^T\underline{K} - \underline{K}\;\underline{A} - \underline{A}^T\underline{K}$$

ist. Wird Gl. (7.3.22) in Gl. (7.3.21) eingesetzt und wird beachtet, daß $\underline{K} = \underline{K}^T$ und $\underline{R} = \underline{R}^T$ symmetrische Matrizen sind, so folgt

$$\begin{aligned}
\underline{\underline{T}}^T(-s)\underline{R}\;\underline{\underline{T}}(s) &= [\underline{I}_r + \underline{B}^T\underline{\underline{\Phi}}^T(-s)\underline{K}\;\underline{B}\;\underline{R}^{-1}]\underline{R}[\underline{I}_r + \underline{R}^{-1}\underline{B}^T\underline{K}\;\underline{\underline{\Phi}}(s)\underline{B}] \\
&= \underline{R} + \underline{B}^T\underline{\underline{\Phi}}^T(-s)\underline{K}\;\underline{B} + \underline{B}^T\underline{K}\;\underline{\underline{\Phi}}(s)\underline{B} \\
&\quad + \underline{B}^T\underline{\underline{\Phi}}^T(-s)\underline{K}\;\underline{B}\;\underline{R}^{-1}\underline{B}^T\underline{K}\;\underline{\underline{\Phi}}(s)\underline{B} \\
&= \underline{R} + \underline{B}^T\underline{\underline{\Phi}}^T(-s)[\underline{K}\;\underline{\underline{\Phi}}^{-1}(s) + \underline{\underline{\Phi}}^{-T}(-s)\underline{K} + \underline{K}\;\underline{B}\;\underline{R}^{-1}\underline{B}^T\underline{K}]\underline{\underline{\Phi}}(s)\underline{B} \quad .
\end{aligned} \tag{7.3.23}$$

Berücksichtigt man nun, daß wegen Gl.(7.3.6c) die Beziehung

$$\underline{\underline{\Phi}}^{-1}(s) = s\underline{I} - \underline{A}$$

gilt, so geht Gl.(7.3.23) in den Ausdruck

$$\underline{\underline{T}}^T(-s)\underline{R}\ \underline{\underline{T}}(s) = \underline{R} + \underline{B}^T\underline{\underline{\Phi}}^T(-s)[-\underline{K}\ \underline{A} - \underline{A}^T\underline{K} + \underline{K}\ \underline{B}\ \underline{R}^{-1}\underline{B}^T\underline{K}]\underline{\underline{\Phi}}(s)\underline{B} \tag{7.3.24}$$

über. Durch Einsetzen der algebraischen Matrix-Riccati-Gleichung, Gl. (7.1.8a), in diese Beziehung ergibt sich unmittelbar als Bedingung für die optimale Zustandsrückführung

$$\underline{\underline{T}}^T(-s)\underline{R}\ \underline{\underline{T}}(s) = \underline{R} + \underline{B}^T\underline{\underline{\Phi}}^T(-s)\underline{Q}\ \underline{\underline{\Phi}}(s)\underline{B} \quad . \tag{7.3.25}$$

Diese Beziehung ist nun geeignet für eine Abschätzung von $|\underline{\underline{T}}(s)|$. Dabei muß allerdings berücksichtigt werden, daß $\underline{\underline{T}}(s)$ als Funktion von s eine komplexe Matrix ist. Da aber auch für komplexe Matrizen die Eigenwertgleichung

$$[\lambda(s)\underline{I} - \underline{\underline{T}}(s)]\underline{\underline{V}}(s) = \underline{0} \tag{7.3.26}$$

mit der komplexen Eigenvektormatrix $\underline{\underline{V}}(s)$, deren r Spalten gerade von den Eigenvektoren $\underline{V}_i(s)$ gebildet werden, für alle Werte von s gelten muß, läßt sich die Determinante von $\underline{\underline{T}}(s)$ als Produkt der Eigenwerte darstellen [7.13]:

$$|\underline{\underline{T}}(s)| = \prod_{i=1}^{r} \lambda_i(s) \quad . \tag{7.3.27}$$

Für jeden Eigenvektor $\underline{V}_i(s)$ kann Gl.(7.3.26) aufgespalten werden in

$$\underline{\underline{T}}(s)\underline{V}_i(s) = \lambda_i(s)\underline{V}_i(s) \qquad \text{für} \quad i = 1,\dots,r \quad , \tag{7.3.28a}$$

und entsprechend die komplexe Matrix mit dem Argument -s in

$$\underline{\underline{T}}(-s)\underline{V}_i(-s) = \lambda_i(-s)\underline{V}_i(-s) \quad . \tag{7.3.28b}$$

Multipliziert man nun Gl.(7.3.25) von links mit $\underline{V}_i^T(-s)$ und von rechts mit $\underline{V}_i(s)$, so folgt mit Gl.(7.3.28)

$$\begin{aligned}&\lambda_i(-s)\underline{V}_i^T(-s)\underline{R}\ \underline{V}_i(s)\lambda_i(s)\\ &\quad = |\lambda_i(s)|^2\underline{V}_i^T(-s)\underline{R}\ \underline{V}_i(s) = \underline{V}_i^T(-s)\underline{R}\ \underline{V}_i(s) + \underline{V}_i^T(-s)\underline{B}^T\underline{\underline{\Phi}}^T(-s)\underline{Q}\ \underline{\underline{\Phi}}(s)\underline{B}\ \underline{V}_i(s).\end{aligned} \tag{7.3.29}$$

Da sich positiv (semi-)definite Matrizen $\underline{R}$ und $\underline{Q}$ immer in die Produktdarstellung

$$\underline{R} = \underline{R}'^T \underline{R}'$$

$$\underline{Q} = \underline{Q}'^T \underline{Q}'$$

aufspalten lassen, kann Gl.(7.3.29) auf die Form

$$|\lambda_i(s)|^2 [\underline{R}'\underline{V}_i(-s)]^T [\underline{R}'\underline{V}_i(s)] = [\underline{R}'\underline{V}_i(-s)]^T [\underline{R}'\underline{V}_i(s)] + [\underline{Q}'\underline{\underline{\Phi}}(-s)\underline{B}\ \underline{V}_i(-s)]^T [\underline{Q}'\underline{\underline{\Phi}}(s)\underline{B}\ \underline{V}_i(s)] \quad (7.3.30)$$

gebracht werden. Die Skalarprodukte der Vektoren in Gl.(7.3.30) ergeben für $s = j\omega$ genau die Euklidische Norm der Vektoren, so daß Gl.(7.3.30) auch darstellbar ist als

$$|\lambda_i(j\omega)|^2 \|\underline{R}'\underline{V}_i(j\omega)\|^2 = \|\underline{R}'\underline{V}_i(j\omega)\|^2 + \|\underline{Q}'\underline{\underline{\Phi}}(j\omega)\underline{B}\underline{V}_i(j\omega)\|^2 . \quad (7.3.31)$$

Dies führt unmittelbar auf die Ungleichung

$$|\lambda_i(j\omega)|^2 \|\underline{R}'\underline{V}_i(j\omega)\|^2 > \|\underline{R}'\underline{V}_i(j\omega)\|^2 . \quad (7.3.32)$$

Daraus folgt

$$|\lambda_i(j\omega)|^2 \geqq 1 \qquad \text{für } 0 \leqq \omega < \infty , \quad (7.3.33)$$

und unter Berücksichtigung der Gl.(7.3.27) erhält man für den Betrag der Determinante von $\underline{\underline{T}}(j\omega)$ als notwendige Optimalitätsbedingung

$$\|\underline{\underline{T}}(j\omega)\| \geqq 1 \qquad \text{für } 0 \leqq \omega < \infty . \quad (7.3.34)$$

Hieraus ist ersichtlich, daß Gl.(7.3.20) auch bei Mehrgrößenregelsystemen mit optimaler Zustandsrückführung gilt und zwar hier im gesamten Frequenzbereich $0 \leqq \omega < \infty$. Daraus folgt weiterhin, daß für optimale Zustandsregelungen das Gleichgewichtstheorem keine Gültigkeit hat. Gl. (7.3.34) zeigt, daß auch ein Mehrgrößenregelsystem mit einer optimalen Zustandsregelung immer weniger empfindlich gegenüber Parameteränderungen und Störungen ist als das entsprechend offene Mehrgrößenregelsystem.

Ergänzend sei noch darauf hingewiesen, daß die Gln.(7.3.33) und (7.3.34) auch in graphischer Form in der komplexen Ebene anhand der zugehörigen Ortskurven $|\underline{\underline{T}}(j\omega)|$ bzw. $\lambda_i(j\omega)$ als Optimalitätsbedingungen interpretiert werden können [7.14].

Gl.(7.3.25) stellt eine wichtige Beziehung für die Synthese einer optimalen Zustandsregelung im Frequenzbereich dar. Bildet man die Determinanten auf beiden Seiten dieser Beziehung und vergleicht damit Gl. (7.3.12a), so folgt, daß die Pole des optimalen Regelkreises als Teilmenge in den Wurzeln des Zählers von

$$|\underline{R} + \underline{B}^T \underline{\underline{\Phi}}^T(-s)\underline{Q}\, \underline{\underline{\Phi}}(s)\underline{B}| = 0 \qquad (7.3.35)$$

enthalten sein müssen.

Aufgrund dieser Zusammenhänge kann zum Entwurf des optimalen Zustandsreglers im Frequenzbereich folgendes Vorgehen angewendet werden:

1. Auswertung von Gl.(7.3.35) mit Hilfe von Wurzelortskurven zur Bestimmung geeigneter Bewertungsmatrizen $\underline{Q}$ und $\underline{R}$.

2. Faktorisierung der damit festgelegten Polynommatrizen auf der rechten Seite von Gl.(7.3.25) zur Bestimmung der Rückführdifferenzmatrix $\underline{\underline{T}}(s)$ [7.15].

3. Berechnung der Rückführmatrix $\underline{F}$ aus $\underline{\underline{T}}(s)$ nach Gl.(7.3.10).

Das Verfahren ist in dieser Form sicherlich nicht für den Entwurf von Systemen mit vorgegebenen Polen geeignet. Dies wäre durch die Auswertung der charakteristischen Gleichung des geschlossenen Regelkreises

$$|s\underline{I} - \underline{A} + \underline{B}\,\underline{F}| = 0 \qquad (7.3.36)$$

anhand von Wurzelortskurven viel einfacher möglich, ist aber selbst in dieser Form praktisch schwierig durchführbar. Höchstens durch Einschränkung der Struktur der Matrizen $\underline{Q}$ und $\underline{R}$ ist eine systematische Auswertung von Gl.(7.3.35) möglich. Unabhängig davon bietet jedoch Gl. (7.3.35) eine Möglichkeit, ohne vorherige Lösung des Optimierungsproblems die Lage der Pole des optimalen Systems für vorgegebene Bewertungsmatrizen zu überprüfen. Dadurch wird eine erhebliche Beschleunigung des iterativen Entwurfsprozesses herbeigeführt.

Ersetzt man $\underline{Q}$ durch $f\underline{Q}$ und läßt $f \to \infty$ gehen, dann strebt ein Teil der Pole gegen gewisse Nullstellen des offenen Kreises, während der Rest sich asymptotisch einer Butterworth-Konfiguration (s. Band "Regelungstechnik I") nähert [7.12]. Im Grenzfall sind demnach Regelsysteme mit einer optimalen Zustandsregelung durch ein ausgeprägtes Tiefpaßverhalten mit geringer Überschwingweite und guter Dämpfung charakterisiert.

7.4. Einfluß des Gütefunktionals auf den Reglerentwurf

7.4.1. Optimaler linearer Regler bei unvollständiger Zustandsrückführung

Bestimmt man die nicht direkt meßbaren Zustandsgrößen mit Hilfe eines Beobachters, so kann je nach der Art und dem Ort der Störung der Regelstrecke auch die Dynamik des Beobachters mit in das Verhalten des geschlossenen Regelsystems eingehen [7.16]. Die Regelung ist dann nicht mehr optimal im Sinne des ursprünglichen Kriteriums. Führt man andererseits nur die meßbaren Größen zurück, so muß ein neues Optimierungskriterium verwendet werden, das auf das gewünschte Stellgesetz führt. Im folgenden wird eine Möglichkeit der unvollständigen Zustandsrückführung angegeben [7.17].

Der gesuchte Stellvektor $\underline{u}$, der sich aus m' meßbaren Zustandsgrößen zusammensetzt, sei beschrieben durch

$$\underline{u} = -\underline{F}\,\underline{C}'\underline{x} \quad , \tag{7.4.1}$$

wobei $\underline{C}'$ eine (m'xn)-Ausgangsmatrix darstellt, mit welcher die meßbaren Zustandsgrößen oder Linearkombinationen von Zustandsgrößen aus dem Zustandsvektor ausgewählt werden. Die Gleichung für den geschlossenen Regelkreis ergibt sich dann mit Gl.(7.1.1) zu

$$\dot{\underline{x}}(t) = (\underline{A} - \underline{B}\,\underline{F}\,\underline{C}')\underline{x}(t) \tag{7.4.2a}$$

$$\underline{x}(k+1) = (\underline{A} - \underline{B}\,\underline{F}\,\underline{C}')\underline{x}(k) \quad . \tag{7.4.2b}$$

Das Gütefunktional in Gl.(7.1.3) kann mittels Gl.(7.4.1) im vorliegenden Fall unmittelbar wie folgt umgeschrieben werden:

$$I = \frac{1}{2}\int_0^\infty [\underline{x}^T(t)(\underline{Q} + \underline{C}'^T\underline{F}^T\underline{R}\,\underline{F}\,\underline{C}')\underline{x}(t)]dt \tag{7.4.3a}$$

$$I = \frac{1}{2}\sum_{i=0}^\infty \underline{x}^T(i)(\underline{Q} + \underline{C}'^T\underline{F}^T\underline{R}\,\underline{F}\,\underline{C}')\underline{x}(i) \quad . \tag{7.4.3b}$$

Entsprechend den Gln.(6.4.4) und (6.4.58) lautet die zugehörige Hamilton-Funktion

$$\underline{H}(t) = -\frac{1}{2}[\underline{x}^T(t)(\underline{Q} + \underline{C}'^T\underline{F}^T\underline{R}\,\underline{F}\,\underline{C}')\underline{x}(t)] + \underline{\psi}^T(t)(\underline{A} - \underline{B}\,\underline{F}\,\underline{C}')\underline{x}(t) \tag{7.4.4a}$$

$$H(k) = -\frac{1}{2}[\underline{x}^T(k)(\underline{Q} + \underline{C}'^T\underline{F}^T\underline{R}\,\underline{F}\,\underline{C}')\underline{x}(k)] + \underline{\psi}^T(k+1)(\underline{A} - \underline{B}\,\underline{F}\,\underline{C}')\underline{x}(k) , \tag{7.4.4b}$$

aus der das kanonische Gleichungssystem

$$\frac{\partial H(t)}{\partial \underline{\psi}(t)} = \dot{\underline{x}}(t) = (\underline{A} - \underline{B}\,\underline{F}\,\underline{C}')\underline{x}(t) \qquad (7.4.5a)$$

$$\frac{\partial H(k)}{\partial \underline{\psi}(k+1)} = \underline{x}(k+1) = (\underline{A} - \underline{B}\,\underline{F}\,\underline{C}')\underline{x}(k) \qquad (7.4.5b)$$

$$\frac{\partial H(t)}{\partial \underline{x}(t)} = -\dot{\underline{\psi}}(t) = -(\underline{Q} + \underline{C}'^T\underline{F}^T\underline{R}\,\underline{F}\,\underline{C}')\underline{x}(t) + (\underline{A} - \underline{B}\,\underline{F}\,\underline{C}')^T\underline{\psi}(t) \qquad (7.4.6a)$$

$$\frac{\partial H(k)}{\partial \underline{x}(k)} = \underline{\psi}(k) = -(\underline{Q} + \underline{C}'^T\underline{F}^T\underline{R}\,\underline{F}\,\underline{C}')\underline{x}(k) + (\underline{A} - \underline{B}\,\underline{F}\,\underline{C}')^T\underline{\psi}(k+1) \qquad (7.4.6b)$$

folgt. Mit dem Ansatz

$$\underline{\psi}(t) = -\underline{K}\,\underline{x}(t) \qquad (7.4.7a)$$

$$\underline{\psi}(k) = -\underline{K}\,\underline{x}(k) \qquad (7.4.7b)$$

ergibt sich aus Gl.(7.4.6) durch Einsetzen von Gl.(7.4.5)

$$\underline{K}(\underline{A} - \underline{B}\,\underline{F}\,\underline{C}')\underline{x}(t) = -[(\underline{A} - \underline{B}\,\underline{F}\,\underline{C}')^T\underline{K} + \underline{Q} + \underline{C}'^T\underline{F}^T\underline{R}\,\underline{F}\,\underline{C}']\underline{x}(t) \qquad (7.4.8a)$$

$$\underline{K}\,\underline{x}(k) = [(\underline{A} - \underline{B}\,\underline{F}\,\underline{C}')^T\underline{K}(\underline{A} - \underline{B}\,\underline{F}\,\underline{C}') + \underline{Q} + \underline{C}'^T\underline{F}^T\underline{R}\,\underline{F}\,\underline{C}']\underline{x}(k) \qquad (7.4.8b)$$

oder umgeschrieben als Matrix-Ljapunow-Gleichung

$$\underline{V} \equiv \underline{Q} + \underline{C}'^T\underline{F}^T\underline{R}\,\underline{F}\,\underline{C}' + (\underline{A} - \underline{B}\,\underline{F}\,\underline{C}')^T\underline{K} + \underline{K}(\underline{A} - \underline{B}\,\underline{F}\,\underline{C}') = \underline{O} \qquad (7.4.9a)$$

$$\underline{V} \equiv \underline{Q} + \underline{C}'^T\underline{F}^T\underline{R}\,\underline{F}\,\underline{C}' + (\underline{A} - \underline{B}\,\underline{F}\,\underline{C}')^T\underline{K}(\underline{A} - \underline{B}\,\underline{F}\,\underline{C}') - \underline{K} = \underline{O}\ . \qquad (7.4.9b)$$

Da mit $\underline{C}'$ bereits Bedingungen für die Struktur der Zustandsrückführung nach Gl.(7.4.1) vorgegeben sind, und damit die Hamilton-Funktion nicht mehr als Funktion von $\underline{u}$ angesehen werden kann, stellen die Gln.(7.4.5) und (7.4.6) keine Optimalitätsbedingungen mehr dar. Diese Beziehungen und damit auch die Matrix-Ljapunow-Gleichungen, Gl.(7.4.9), sind lediglich Bedingungen dafür, daß das Gütefunktional nach Gl.(7.4.3) auch in der Form

$$I = \frac{1}{2}\,\underline{x}_o^T\,\underline{K}\,\underline{x}_o \qquad (7.4.10)$$

mit der symmetrischen und positiv definiten Matrix $\underline{K}$ dargestellt werden darf. Eine Strukturoptimierung ist somit nicht mehr möglich. Es läßt sich aber eine optimale Lösung für das Rückführgesetz dadurch finden, daß eine Parameteroptimierung durchgeführt wird. Hierzu wird die Matrix $\underline{F}$ so bestimmt, daß I nach Gl.(7.4.10) minimal wird.

Da die Matrix $\underline{V}$ gemäß Gl.(7.4.9) bezüglich aller Parameter symmetrisch ist, kann $\underline{F}$ auch durch Minimierung eines neuen Funktionals der Form

$$J = \frac{1}{2} \underline{x}_o^T \underline{K} \underline{x}_o + \frac{1}{2} \sum_{i=1}^{n} \sum_{j=1}^{n} l_{ij} v_{ij}$$

$$= \frac{1}{2} \text{Spur } [\underline{K} \underline{x}_o \underline{x}_o^T + \underline{L} \underline{V}] \tag{7.4.11}$$

bestimmt werden. Hierbei sind v_{ij} die Elemente der Matrix $\underline{V}$ und l_{ij} die Elemente einer symmetrischen (nxn)-Matrix $\underline{L}$, die einen Lagrange-Multiplikator darstellt. Durch Nullsetzen der partiellen Ableitungen von J nach $\underline{F}$, $\underline{L}$ und $\underline{K}$ erhält man die folgenden notwendigen Bedingungen für die optimale Lösung [7.17]

$$\underline{F} = \underline{R}^{-1} \underline{B}^T \underline{K} \underline{L} \underline{C}'^T (\underline{C}' \underline{L} \underline{C}'^T)^{-1} \tag{7.4.12a}$$

$$\underline{F} = (\underline{R} + \underline{B}^T \underline{K} \underline{B})^{-1} \underline{B}^T \underline{K} \underline{A} \underline{L} \underline{C}'^T (\underline{C}' \underline{L} \underline{C}'^T)^{-1} \tag{7.4.12b}$$

mit

$$\underline{Q} + \underline{C}'^T \underline{F}^T \underline{R} \underline{F} \underline{C}' + (\underline{A} - \underline{B} \underline{F} \underline{C}')^T \underline{K} + \underline{K} (\underline{A} - \underline{B} \underline{F} \underline{C}') = \underline{O} \tag{7.4.13a}$$

$$\underline{Q} + \underline{C}'^T \underline{F}' \underline{R} \underline{F} \underline{C}' + (\underline{A} - \underline{B} \underline{F} \underline{C}')^T \underline{K} (\underline{A} - \underline{B} \underline{F} \underline{C}') = \underline{K} \tag{7.4.13b}$$

und

$$(\underline{A} - \underline{B} \underline{F} \underline{C}') \underline{L} + \underline{L} (\underline{A} - \underline{B} \underline{F} \underline{C}')^T + \underline{x}_o \underline{x}_o^T = \underline{O} \tag{7.4.14a}$$

$$(\underline{A} - \underline{B} \underline{F} \underline{C}') \underline{L} (\underline{A} - \underline{B} \underline{F} \underline{C}')^T + \underline{x}_o \underline{x}_o^T = \underline{L} \quad . \tag{7.4.14b}$$

Die Beziehungen gemäß den Gln.(7.4.12) bis (7.4.14) stellen nur notwendige aber keine hinreichenden Bedingungen für ein Optimum dar. Es können sowohl mehrere nicht optimale als auch keine optimalen Lösungen auftreten. Für den Spezialfall der vollständigen Zustandsrückführung mit $\underline{C}' = \underline{I}$ sieht man leicht, daß diese Gleichungen mit der optimalen Lösung nach den Gln.(7.1.7) und (7.1.8) übereinstimmen.

Eine wesentliche Erschwerung der Berechnung liegt darin, daß die vollständige Kenntnis des Anfangszustandes $\underline{x}_o$ Voraussetzung ist. Für den Fall, daß $\underline{x}_o$ als eine Zufallsvariable mit bekannten statistischen Eigenschaften aufgefaßt werden kann, ist es möglich, eine sonst nur von den Streckenparametern abhängige Matrix $\underline{F}$ zu berechnen. Dabei geht man von dem Gütefunktional

$$I_E = \frac{1}{2} E \{ \int_0^\infty [\underline{x}^T(t) \underline{Q} \underline{x}(t) + \underline{u}^T(t) \underline{R} \underline{u}(t)] dt \} \tag{7.4.15a}$$

$$I_E = \frac{1}{2} E\{ \sum_{i=o}^{\infty} \underline{x}^T(i)\underline{Q}\, \underline{x}(i) + \underline{u}^T(i)\underline{R}\, \underline{u}(i)\} \qquad (7.4.15b)$$

aus. Ist nun der Erwartungswert $E\{\underline{x}_o \underline{x}_o^T\}$ bekannt, so führt das oben dargestellte Vorgehen auf die gleiche Lösung, wobei lediglich Gl.(7.4.14) durch

$$(\underline{A} - \underline{B}\,\underline{F}\,\underline{C}')\underline{L} + \underline{L}(\underline{A} - \underline{B}\,\underline{F}\,\underline{C}')^T + E\{\underline{x}_o \underline{x}_o^T\} = \underline{O} \qquad (7.4.16a)$$

$$(\underline{A} - \underline{B}\,\underline{F}\,\underline{C}')\underline{L}(\underline{A} - \underline{B}\,\underline{F}\,\underline{C}')^T + E\{\underline{x}_o \underline{x}_o^T\} = \underline{L} \qquad (7.4.16b)$$

zu ersetzen ist.

7.4.2. Optimaler linearer Regler mit vorgegebenem Stabilitätsgrad

Häufig wird für ein optimales Regelsystem ein gewisser Stabilitätsgrad oder eine gewisse "Stabilitätsgüte" gewünscht. Dieser kann dadurch definiert werden, daß alle Eigenbewegungen des geschlossenen Regelkreises schneller als eine vorgegebene Exponentialfunktion $e^{-\alpha t}$ abklingen. Daher genügt es nicht nur, daß die Pole des Regelkreises in der offenen linken s-Halbebene $Re\{s\} < 0$ bzw. im Kreisgebiet $|z| < 1$ der z-Ebene liegen. Sie sollen darüber hinaus alle links einer Geraden $Re\{s\} = -\alpha$ bzw. innerhalb des Kreises $|z| = e^{-\alpha}$ angeordnet sein.

Eine relativ einfache Methode zur Vorgabe des Bereichs für die Lage der Pole eines optimalen Regelsystems besteht darin, ein Gütefunktional der Form

$$I_\alpha = \frac{1}{2} \int_0^{\infty} [\underline{x}^T(t)\underline{Q}\, \underline{x}(t) + \underline{u}^T(t)\underline{R}\, \underline{u}(t)]\, e^{2\alpha t} dt \qquad (7.4.17a)$$

$$I_\alpha = \frac{1}{2} \sum_{i=o}^{\infty} [\underline{x}^T(i)\underline{Q}\, \underline{x}(i) + \underline{u}^T(i)\underline{R}\, \underline{u}(i)]\, e^{2\alpha i T} \qquad (7.4.17b)$$

zu verwenden. Die Lösung dieses Problems unterscheidet sich im Prinzip nicht von der früheren Lösung nach Abschnitt 6.4, sofern man die Transformationsbeziehungen

$$\underline{x}_\alpha(t) = \underline{x}(t)e^{\alpha t} \qquad (7.4.18a)$$

$$\underline{x}_\alpha(k) = \underline{x}(k)e^{\alpha k T} \qquad (7.4.18b)$$

und

$$\underline{u}_\alpha(t) = \underline{u}(t)e^{\alpha t} \qquad (7.4.19a)$$

$$\underline{u}_\alpha(k) = \underline{u}(k)e^{\alpha k T} \qquad (7.4.19b)$$

verwendet. Mit diesen Beziehungen geht die Zustandsgleichung der Regelstrecke, Gl.(7.1.1), über in

$$\underline{\dot{x}}_\alpha(t) = \underline{A}_\alpha \underline{x}_\alpha(t) + \underline{B}_\alpha \underline{u}_\alpha(t) \quad (7.4.20a)$$

$$\underline{x}_\alpha(k+1) = \underline{A}_\alpha \underline{x}_\alpha(k) + \underline{B}_\alpha \underline{u}_\alpha(k) \quad (7.4.20b)$$

mit

$$\underline{A}_\alpha = \underline{A} + \alpha \underline{I} \quad (7.4.21a)$$

$$\underline{A}_\alpha = \underline{A}\, e^{\alpha T} \quad (7.4.21b)$$

und

$$\underline{B}_\alpha = \underline{B} \quad (7.4.22a)$$

$$\underline{B}_\alpha = \underline{B}\, e^{\alpha T} \quad . \quad (7.4.22b)$$

Das Gütefunktional nimmt damit formal wieder die ursprüngliche Form gemäß Gl.(7.1.3) an, und die optimale Lösung lautet entsprechend Gl. (7.1.6)

$$\underline{u}_\alpha(t) = -\underline{F}_\alpha \underline{x}_\alpha(t) \quad (7.4.23a)$$

$$\underline{u}_\alpha(k) = -\underline{F}_\alpha \underline{x}_\alpha(k) \quad (7.4.23b)$$

mit

$$\underline{F}_\alpha = \underline{R}^{-1} \underline{B}_\alpha^T \underline{K}_\alpha \quad (7.4.24a)$$

$$\underline{F}_\alpha = (\underline{R} + \underline{B}_\alpha^T \underline{K}_\alpha \underline{B}_\alpha)^{-1} \underline{B}_\alpha^T \underline{K}_\alpha \underline{A}_\alpha \quad , \quad (7.4.24b)$$

wobei $\underline{K}_\alpha$ die Lösung der algebraischen Matrix-Riccati-Gleichung

$$\underline{Q} + \underline{K}_\alpha \underline{A}_\alpha + \underline{A}_\alpha^T \underline{K}_\alpha - \underline{K}_\alpha \underline{B}_\alpha \underline{R}^{-1} \underline{B}_\alpha^T \underline{K}_\alpha = \underline{0} \quad (7.4.25a)$$

$$\underline{Q} + \underline{A}_\alpha^T [\underline{K}_\alpha - \underline{K}_\alpha \underline{B}_\alpha (\underline{R} + \underline{B}_\alpha^T \underline{K}_\alpha \underline{B}_\alpha)^{-1} \underline{B}_\alpha^T \underline{K}_\alpha] \underline{A}_\alpha = \underline{K}_\alpha \quad (7.4.25b)$$

darstellt. Wegen den Gln.(7.4.18) und (7.4.19) gilt für das rücktransformierte Stellgesetz

$$\underline{u}(t) = -\underline{F}_\alpha \underline{x}(t) \quad (7.4.26a)$$

$$\underline{u}(k) = -\underline{F}_\alpha \underline{x}(k) \quad . \quad (7.4.26b)$$

Die Pole des geschlossenen Regelsystems mit der transformierten Zustandsgleichung

$$\underline{\dot{x}}_\alpha(t) = (\underline{A} - \underline{B}\ \underline{F}_\alpha + \alpha \underline{I}) \underline{x}_\alpha(t) \quad (7.4.27a)$$

$$\underline{x}_\alpha(k+1) = (\underline{A} - \underline{B}\ \underline{F}_\alpha) e^{\alpha T} \underline{x}_\alpha(k) \quad (7.4.27b)$$

sind Eigenwerte der Matrizen $(\underline{A} - \underline{B}\ \underline{F}_\alpha + \alpha\underline{I})$ bzw. $(\underline{A} - \underline{B}\ \underline{F}_\alpha)e^{\alpha T}$.

Für die Optimierung wurden eingangs Bedingungen im Frequenzbereich hinsichtlich der Lage der Pole des Regelkreises gestellt. Die hier ermittelten Ergebnisse der Optimierung lassen sich nun auch anschaulich im Frequenzbereich interpretieren. Dazu wird in einer transformierten s*- bzw. z*-Ebene für das durch Gl. (7.4.27) beschriebene optimale Regelsystem die zugehörige charakteristische Gleichung

$$|s^*\underline{I} - \underline{A} + \underline{B}\ \underline{F}_\alpha - \alpha\underline{I}| = |(s^* - \alpha)\underline{I} - \underline{A} + \underline{B}\ \underline{F}_\alpha| = 0$$

bzw.

$$|z^*\underline{I} - (\underline{A} - \underline{B}\ \underline{F}_\alpha)e^{\alpha T}| = |e^{\alpha T}[z^* e^{-\alpha T}\underline{I} - (\underline{A} - \underline{B}\ \underline{F}_\alpha)]| = 0$$

betrachtet, die nur Nullstellen mit $\mathrm{Re}\{s_i^*\} < 0$ bzw. $|z_i^*| < 1$ besitzt. Für $s^* = s + \alpha$ bzw. $z^* = z\ e^{\alpha T}$ erfüllen daher alle Pole des tatsächlichen Regelsystems mit der Zustandsgleichung

$$\dot{\underline{x}}(t) = (\underline{A} - \underline{B}\ \underline{F}_\alpha)\underline{x}(t) \tag{7.4.28a}$$

$$\underline{x}(k+1) = (\underline{A} - \underline{B}\ \underline{F}_\alpha)\underline{x}(k) \tag{7.4.28b}$$

die gewünschten Bedingungen $\mathrm{Re}\{s_i\} < -\alpha$ bzw. $|z_i| < e^{-\alpha T}$.

7.4.3. Spezielle Ansätze für die Bewertungsmatrix $\underline{Q}$

Durch einen geeigneten Ansatz für die Zustandsgewichtung kann die nichtlineare algebraische Matrix-Riccati-Gleichung gegen eine lineare Matrix-Ljapunow-Gleichung ausgetauscht werden. Es sollen hier zwei Ansätze für den kontinuierlichen Fall betrachtet werden.

Mit dem Ansatz

$$\underline{Q} = 2\alpha\underline{K} \tag{7.4.29}$$

für $\alpha > 0$ geht Gl. (7.1.8a) über in

$$\underline{K}(\underline{A} + \alpha\underline{I}) + (\underline{A} + \alpha\underline{I})^T\underline{K} - \underline{K}\,\underline{B}\,\underline{R}^{-1}\underline{B}^T\underline{K} = \underline{0} \quad . \tag{7.4.30}$$

Diese Beziehung ist für $\underline{Q} = \underline{0}$ mit Gl. (7.4.25a) identisch. Demnach wird durch den Ansatz nach Gl. (7.4.29) das Gütefunktional nach Gl. (7.4.17a) mit $\underline{Q} = \underline{0}$ minimiert. Durch die Wahl von α wird hier ebenso bewirkt, daß alle Pole des geschlossenen Regelkreises im Gebiet $\mathrm{Re}\{s\} < -\alpha$ liegen. Zusätzlich kann Gl. (7.4.30) noch vereinfacht werden, indem von links und von rechts mit $\underline{K}^{-1}$ multipliziert wird. Das Ergebnis ist die Matrix-

Ljapunow-Gleichung in $\underline{K}^{-1}$

$$\underline{K}^{-1}(\underline{A}+\alpha\underline{I})^T + (\underline{A}+\alpha\underline{I})\underline{K}^{-1} = \underline{B}\,\underline{R}^{-1}\underline{B}^T \quad . \tag{7.4.31}$$

Die spezielle Wahl von Gl.(7.4.29) engt die Freiheit bei der Auswahl der Zustandsgewichtung ein. Dies bewirkt die Forderung

$$\underline{Q} = \underline{K}\,\underline{H}\,\underline{K} \tag{7.4.32}$$

in wesentlich geringerem Maße, wobei $\underline{H}$ eine symmetrische und positiv semidefinite Matrix ist. Gl.(7.4.32) in Gl.(7.1.8a) eingesetzt ergibt

$$\underline{K}\,\underline{A} + \underline{A}^T\underline{K} - \underline{K}(\underline{B}\,\underline{R}^{-1}\underline{B}^T - \underline{H})\underline{K} = \underline{O} \quad . \tag{7.4.33}$$

Die Multiplikation mit $\underline{K}^{-1}$ von links und rechts führt wiederum auf eine Matrix-Ljapunow-Gleichung in $\underline{K}^{-1}$:

$$\underline{K}^{-1}\underline{A}^T + \underline{A}\,\underline{K}^{-1} = \underline{B}\,\underline{R}^{-1}\underline{B}^T - \underline{H} \quad . \tag{7.4.34}$$

Damit die Rückführmatrizen optimal sind, muß die Matrix $\underline{K}^{-1}$ in beiden Fällen positiv definit sein. Dann ist auch die entsprechende Lösung $\underline{K}$ der algebraischen Matrix-Riccati-Gleichung positiv definit. Die Semidefinitheit genügt hier nicht, da dann $\underline{K}^{-1}$ nicht existiert.

7.4.4. Integralkriterium für optimale Abtastregler

Zur Ermittlung eines optimalen Zustandsreglers wurde für eine kontinuierliche Regelstrecke ein Integralkriterium mit dem Gütefunktional nach Gl.(7.1.3a) verwendet. Wird der optimale Zustandsregler jedoch als Abtastregler realisiert, dann ist die Stellgröße eine stückweise konstante Funktion der Zeit und die Zustandsgröße wird nur zu diskreten Zeitpunkten abgetastet. Das auf diese Weise aus dem System mit kontinuierlichen Ein- und Ausgangssignalen nach Gl.(7.1.1a) entstandene diskrete System läßt sich in der Form der Gl.(7.1.1b) darstellen. Für den Entwurf des optimalen Zustandsreglers kann ein Summenkriterium mit dem Gütefunktional nach Gl.(7.1.3b) verwendet werden. Es stellt sich nun die Frage, ob man für ein abgetastetes kontinuierliches System

$$\dot{\underline{x}}(t) = \underline{A}_c\underline{x}(t) + \underline{B}_c\underline{u}(t) \qquad ^{*)} \tag{7.4.35}$$

*) In diesen Abschnitt beziehen sich alle Matrizen mit dem Index c auf die kontinuierliche Darstellungsform.

auch ein Gütefunktional der Form

$$I_c = \frac{1}{2}\int_0^{\infty} [\underline{x}^T(t)\underline{Q}_c\underline{x}(t) + \underline{u}^T(t)\underline{R}_c\underline{u}(t)]dt \qquad (7.4.36)$$

zum Entwurf des optimalen Rückführgesetzes nach Gln.(7.1.6b) einsetzen kann. Damit kann der Verlauf der Zustandsgrößen auch zwischen den Abtastzeitpunkten bewertet werden. Dies ist sicherlich nur dann möglich, wenn man das Gütefunktional unter Verwendung der abgetasteten Werte von $\underline{u}$ und $\underline{x}$ in ein Gütefunktional der Form nach Gl.(7.1.3b) umwandeln kann. Im folgenden soll auf diese "Diskretisierung" von I_c eingegangen werden.

Die Matrizen $\underline{A}$ und $\underline{B}$ der diskreten Systemdarstellung lassen sich aus der kontinuierlichen Systemdarstellung (s. Band "Regelungstechnik II") mit Hilfe der Fundamentalmatrix

$$\underline{\Phi}(t,\tau) = e^{\underline{A}_c(t-\tau)}$$

zu

$$\underline{A} = \underline{\Phi}(T,0) = e^{\underline{A}_c T} \qquad (7.4.37)$$

und

$$\underline{B} = \underline{S}\,\underline{B}_c \qquad (7.4.38)$$

mit

$$\underline{S} = T\sum_{\nu=0}^{\infty} \underline{A}_c^{\nu}\,\frac{T^{\nu}}{(\nu+1)!} \qquad (7.4.39)$$

berechnen. Das Gütefunktional nach Gl.(7.4.36) wird nun in eine Summe aus unendlich vielen Teilintegralen zerlegt, und zwar derart, daß jedes Teilintegral genau einem Abtastintervall zugeordnet ist:

$$I_c = \frac{1}{2}\sum_{i=0}^{\infty}\int_{iT}^{(i+1)T} [\underline{x}^T(t)\underline{Q}_c\underline{x}(t) + \underline{u}^T(t)\underline{R}_c\underline{u}(t)]dt \quad . \qquad (7.4.40)$$

Die Zustandsgröße $\underline{x}(t)$ läßt sich innerhalb des Abtastintervalls $kT < t < (k+1)T$ als Funktion der diskreten Zustandsgröße $\underline{x}(k)$ und der diskreten Stellgröße $\underline{u}(k)$ ausdrücken (s. Band "Regelungstechnik II"). Es gilt

$$\underline{x}(t) = \underline{\Phi}(t,kT)\underline{x}(k) + \underline{\Omega}(t,kT)\underline{B}_c\underline{u}(k) \qquad (7.4.41)$$

mit

$$\underline{\Omega}(t,kT) = \int_{kT}^{t} \underline{\Phi}(t,\tau)d\tau \quad .$$

Diese Beziehung in das Gütefunktional nach Gl.(7.4.40) eingesetzt, ergibt

$$I_c = \frac{1}{2}\sum_{i=o}^{\infty}\int_{iT}^{(i+1)T}\{[\underline{x}^T(i)\underline{\Phi}^T(t,iT) + \underline{u}^T(i)\underline{B}_c^T\underline{\Omega}^T(t,iT)]$$

$$\underline{Q}_c[\underline{\Phi}(t,iT)\underline{x}(i) + \underline{\Omega}(t,iT)\underline{B}_c\underline{u}(i)] + \underline{u}^T(i)\underline{R}_c\underline{u}(i)\}dt$$

$$= \frac{1}{2}\sum_{i=o}^{\infty}\int_{iT}^{(i+1)T}\{\underline{x}^T(i)\underline{\Phi}^T(t,iT)\underline{Q}_c\underline{\Phi}(t,iT)\underline{x}(i)$$

$$+ \underline{u}^T(i)\underline{B}_c^T\underline{\Omega}^T(t,iT)\underline{Q}_c\underline{\Omega}(t,iT)\underline{B}_c\underline{u}(i) + \underline{u}^T(i)\underline{R}_c\underline{u}(i)$$

$$+ \underline{x}^T(i)\underline{\Phi}^T(t,iT)\underline{Q}_c\underline{\Omega}(t,iT)\underline{B}_c\underline{u}(i) + \underline{u}^T(i)\underline{B}_c^T\underline{\Omega}^T(t,iT)\underline{Q}_c\underline{\Phi}(t,iT)\underline{x}(i)\}dt$$

$$= \frac{1}{2}\sum_{i=o}^{\infty}\underline{x}^T(i)[\int_{iT}^{(i+1)T}\underline{\Phi}^T(t,iT)\underline{Q}_c\underline{\Phi}(t,iT)dt]\underline{x}(i)$$

$$+ \underline{u}^T(i)[\int_{iT}^{(i+1)T}\underline{B}_c^T\underline{\Omega}^T(t,iT)\underline{Q}_c\underline{\Omega}(t,iT)\underline{B}_c dt]\underline{u}(i)$$

$$+ \underline{x}^T(i)[\int_{iT}^{(i+1)T}\underline{\Phi}^T(t,iT)\underline{Q}_c\underline{\Omega}(t,iT)\underline{B}_c dt]\underline{u}(i)$$

$$+ \underline{u}^T(i)[\int_{iT}^{(i+1)T}\underline{B}_c^T\underline{\Omega}^T(t,iT)\underline{Q}_c\underline{\Phi}(t,iT)dt]\underline{x}(i)$$

$$+ \underline{u}^T(i)[\int_{iT}^{(i+1)T}\underline{R}_c dt]\underline{u}(i)\} \quad . \qquad (7.4.42)$$

Ein Vergleich mit dem diskreten Funktional

$$I = \frac{1}{2}\sum_{i=o}^{\infty}[\underline{x}^T(i)\underline{Q}\ \underline{x}(i) + 2\underline{u}^T(i)\underline{M}\ \underline{x}(i) + \underline{u}^T(i)\underline{R}\ \underline{u}(i)] \qquad (7.4.43)$$

liefert die Bewertungsmatrizen

$$\underline{Q} = \int_{iT}^{(i+1)T}\underline{\Phi}^T(t,iT)\underline{Q}_c\underline{\Phi}(t,iT)dt \qquad (7.4.44)$$

$$\underline{R} = \int_{iT}^{(i+1)T}[\underline{B}_c^T\underline{\Omega}^T(t,iT)\underline{Q}_c\underline{\Omega}(t,iT)\underline{B}_c + \underline{R}_c]dt \qquad (7.4.45)$$

$$\underline{M} = \int_{iT}^{(i+1)T}\underline{B}_c^T\underline{\Omega}^T(t,iT)\underline{Q}_c\underline{\Phi}(t,iT)dt \quad . \qquad (7.4.46)$$

Aufgrund der Transitionseigenschaften von $\underline{\Phi}$ und damit auch von $\underline{\Omega}$ sind die Integrale in den Gln.(7.4.44) bis (7.4.46) unabhängig von iT und damit zeitinvariant. Somit gilt

$$\underline{Q} = \int_0^T \underline{\Phi}^T(t)\underline{Q}_c\underline{\Phi}(t)\,dt \tag{7.4.47}$$

$$\underline{R} = \underline{R}_c T + \int_0^T [\underline{B}_c^T \underline{\Omega}^T(t)\underline{Q}_c\underline{\Omega}(t)\underline{B}_c]\,dt \tag{7.4.48}$$

$$\underline{M} = \int_0^T \underline{B}_c^T \underline{\Omega}^T(t)\underline{Q}_c\underline{\Phi}(t)\,dt \quad . \tag{7.4.49}$$

Eine explizite Auswertung der Integrale ist möglich, wenn man die Bewertungsmatrix $\underline{Q}_c$ durch die Matrix-Ljapunow-Gleichung

$$\underline{Q}_c = \underline{A}_c^T\underline{P} + \underline{P}\,\underline{A}_c \tag{7.4.50}$$

ersetzt. Notwendig und hinreichend für eine eindeutige Lösung $\underline{P}$ dieser Gleichung ist, daß die Eigenwerte s_i von $\underline{A}_c$ die Ungleichung

$$s_i + s_j \neq 0 \tag{7.4.51}$$

für alle i,j erfüllen. Andernfalls sind die Integrale nur numerisch zu integrieren. Durch Einsetzen von Gl.(7.4.50) in Gl.(7.4.47) erhält man

$$\underline{Q} = \int_0^T [\underline{\Phi}^T(t)\underline{A}_c^T\underline{P}\,\underline{\Phi}(t) + \underline{\Phi}^T(t)\underline{P}\,\underline{A}_c\underline{\Phi}(t)]\,dt \quad . \tag{7.4.52}$$

Mit der sich aus Gl.(7.4.37) ergebenden Eigenschaft

$$\frac{d\underline{\Phi}(t)}{dt} = \underline{A}_c\underline{\Phi}(t) \tag{7.4.53}$$

folgt

$$\begin{aligned}\frac{d}{dt}[\underline{\Phi}^T(t)\underline{P}\,\underline{\Phi}(t)] &= \frac{d\underline{\Phi}^T(t)}{dt}\,\underline{P}\,\underline{\Phi}(t) + \underline{\Phi}^T(t)\underline{P}\,\frac{d\underline{\Phi}(t)}{dt} \\ &= \underline{\Phi}^T(t)\underline{A}_c^T\underline{P}\,\underline{\Phi}(t) + \underline{\Phi}^T(t)\underline{P}\,\underline{A}_c\underline{\Phi}(t) \quad .\end{aligned} \tag{7.4.54}$$

Mit diesem Ergebnis geht Gl.(7.4.52) über in

$$\underline{Q} = \int_0^T \frac{d}{dt}[\underline{\Phi}^T(t)\underline{P}\,\underline{\Phi}(t)]\,dt = \underline{\Phi}^T(t)\underline{P}\,\underline{\Phi}(t)\Big|_0^T = \underline{\Phi}^T(T)\underline{P}\,\underline{\Phi}(T) - \underline{P} \tag{7.4.55}$$

oder mit Gl.(7.4.37)

$$\underline{Q} = \underline{A}^T\underline{P}\,\underline{A} - \underline{P} \quad . \tag{7.4.56}$$

Für die Bewertungsmatrix $\underline{R}$ ergibt sich durch Einsetzen von Gl.(7.4.50) in Gl.(7.4.48)

$$\underline{R} = \underline{R}_c T + \int_0^T [\underline{B}_c^T \underline{\Omega}^T(t)(\underline{A}_c^T \underline{P} + \underline{P}\ \underline{A}_c)\underline{\Omega}(t)\underline{B}_c]dt \quad . \tag{7.4.57}$$

Hier wird der Ansatz der Form

$$\frac{d}{dt}[\underline{\Omega}^T(t)\underline{P}\ \underline{\Omega}(t)] = \frac{d\underline{\Omega}^T(t)}{dt}\underline{P}\ \underline{\Omega}(t) + \underline{\Omega}^T(t)\underline{P}\frac{d\underline{\Omega}(t)}{dt} \tag{7.4.58}$$

gemacht.

Setzt man in Gl. (7.4.39) die Fundamentalmatrix $\underline{\Phi}(\theta) = e^{\underline{A}_c \theta}$ ein und integriert über den Bereich $0 \leq \theta \leq t$, so folgt unmittelbar

$$\underline{\Omega}(t) = \underline{A}_c^{-1}[\underline{\Phi}(t) - \underline{I}] \quad .$$

Durch Umformung erhält man

$$\underline{I} + \underline{A}_c\underline{\Omega}(t) = \underline{\Phi}(t)$$

bzw. unter nochmaliger Verwendung von Gl. (7.4.39)

$$\frac{d\underline{\Omega}(t)}{dt} = \underline{I} + \underline{A}_c\underline{\Omega}(t) \quad . \tag{7.4.59}$$

Wird diese Beziehung in Gl. (7.4.58) eingesetzt, so ergibt sich

$$\begin{aligned}\frac{d}{dt}[\underline{\Omega}^T(t)\underline{P}\ \underline{\Omega}(t)] &= [\underline{I} + \underline{\Omega}^T(t)\underline{A}_c^T]\underline{P}\ \underline{\Omega}(t) + \underline{\Omega}^T(t)\underline{P}[\underline{I} + \underline{A}_c\underline{\Omega}(t)] \\ &= \underline{\Omega}^T(t)[\underline{A}_c\underline{P} + \underline{P}\ \underline{A}_c]\underline{\Omega}(t) + P\ \underline{\Omega}(t) + \underline{\Omega}^T(t)\underline{P} \quad .\end{aligned} \tag{7.4.60}$$

Durch Einsetzen in Gl. (7.4.57) folgt mit

$$\underline{\P}(t) = \int_0^t \underline{\Omega}(t)dt \quad , \qquad \underline{\P}(0) = \underline{0} \tag{7.4.61}$$

schließlich für die Bewertungsmatrix

$$\begin{aligned}\underline{R} &= \underline{R}_c T + \int_0^T \{\underline{B}_c^T \frac{d}{dt}[\underline{\Omega}^T(t)\underline{P}\ \underline{\Omega}(t)]\underline{B}_c - \underline{B}_c^T[\underline{P}\ \underline{\Omega}(t) + \underline{\Omega}^T(t)\underline{P}]\underline{B}_c\}dt \\ &= \underline{R}_c T + \underline{B}_c^T\underline{\Omega}^T(t)\underline{P}\ \underline{\Omega}(t)\underline{B}_c\Big|_0^T - \underline{B}_c^T[\underline{P}\ \underline{\P}(t) + \underline{\P}^T(t)\underline{P}]\Big|_0^T \underline{B}_c \\ &= \underline{R}_c T + \underline{B}_c^T\underline{\Omega}^T(T)\underline{P}\ \underline{\Omega}(T)\underline{B}_c - \underline{B}_c^T[\underline{P}\ \underline{\P}(T) + \underline{\P}^T(T)\underline{P}]\underline{B}_c \quad .\end{aligned} \tag{7.4.62}$$

Entsprechend wird auch die Kreuzbewertungsmatrix $\underline{M}$ bestimmt zu

$$\underline{M} = \underline{B}^T\underline{P}\ \underline{A} - \underline{B}_c^T\underline{P}\ \underline{\Omega}(T) \quad . \tag{7.4.63}$$

Durch die Diskretisierung des Gütefunktionals nach Gl. (7.4.26) entsteht das diskrete Gütefunktional nach Gl.(7.4.43) mit den Bewertungsmatrizen entsprechend den Gln.(7.4.56), (7.4.62) und (7.4.63). Dadurch ist es möglich, Regelstrecken mit kontinuierlichen Ein- und Ausgangssignalen nach Gl.(7.4.35) durch die Vorgabe eines Integralkriteriums optimal so zu regeln, daß auch die Zustände zwischen den Abtastzeitpunkten bewertet werden können. Diese Vorgehensweise läßt sich auch auf die Gütefunktionale für Zustandsregler mit PI-Struktur übertragen.

7.4.5. Zustandsregler mit Kreuzbewertung

Bei der Anwendung des Integralkriteriums auf ein optimales Abtastsystem nach Abschnitt 7.4.4 ergibt sich ein Summenkriterium mit dem Gütefunktional nach Gl.(7.4.43), das einen Kreuzbewertungsterm $2\underline{u}^T(i)\underline{M}\;\underline{x}(i)$ enthält. Die Berechnung von $\underline{F}$ bzw. $\underline{K}$ bereitet in diesem Fall keine Schwierigkeiten, da das Gütefunktional nach Gl.(7.4.43) stets auf ein solches nach Gl.(7.1.3b) zurückgeführt werden kann. Dies gilt ebenfalls für Gütefunktionale, bei denen ein Kreuzbewertungsterm im Integranden enthalten ist. Der Summand in Gl.(7.4.43) kann durch quadratische Ergänzung mit dem Term $[\underline{x}^T(i)\underline{M}^T\underline{R}^{-1}\underline{M}\;\underline{x}(i)]$ auf eine vollständige quadratische Form gebracht werden. Dann gilt

$$I = \frac{1}{2}\sum_{i=o}^{\infty}\{\underline{x}^T(i)[\underline{Q}-\underline{M}^T\underline{R}^{-1}\underline{M}]\underline{x}(i) + [\underline{u}(i)+\underline{R}^{-1}\underline{M}\;\underline{x}(i)]^T\underline{R}[\underline{u}(i)+\underline{R}^{-1}\underline{M}\;\underline{x}(i)]\}\,. \tag{7.4.64}$$

Mit den Abkürzungen

$$\tilde{\tilde{\underline{Q}}} = \underline{Q}-\underline{M}^T\underline{R}^{-1}\underline{M} \tag{7.4.65}$$

und

$$\tilde{\tilde{\underline{u}}}(i) = \underline{u}(i)+\underline{R}^{-1}\underline{M}\;\underline{x}(i) \tag{7.4.66}$$

ergibt sich dann das Gütefunktional

$$I = \frac{1}{2}\sum_{i=o}^{\infty}[\underline{x}^T(i)\tilde{\tilde{\underline{Q}}}\;\underline{x}(i)+\tilde{\tilde{\underline{u}}}^T(i)\underline{R}\;\tilde{\tilde{\underline{u}}}(i)] \tag{7.4.67}$$

in der ursprünglichen Form.

Aus Gl.(7.4.66) erhält man

$$\underline{u}(k) = \tilde{\tilde{\underline{u}}}(k)-\underline{R}^{-1}\underline{M}\;\underline{x}(k)\quad .$$

Wird diese Beziehung in Gl.(7.1.1b) eingesetzt, so folgt als "transformierte" Zustandsgleichung der Regelstrecke

$$\underline{x}(k+1) = \underline{\tilde{\tilde{A}}}\,\underline{x}(k) + \underline{B}\,\underline{\tilde{\tilde{u}}}(k) \qquad (7.4.68)$$

mit

$$\underline{\tilde{\tilde{A}}} = \underline{A} - \underline{B}\,\underline{R}^{-1}\underline{M} \quad . \qquad (7.4.69)$$

Damit läßt sich für diese Regelstrecke unter Verwendung des Gütefunktionals nach Gl.(7.4.67) ein optimaler Zustandsregler in entsprechender Weise, wie im Abschnitt 6.4 beschrieben, entwerfen.

Mit der Hamilton-Funktion

$$H(k) = -\frac{1}{2}[\underline{x}^T(k)\underline{\tilde{\tilde{Q}}}\,\underline{x}(k) + \underline{\tilde{\tilde{u}}}^T(k)\underline{R}\,\underline{\tilde{\tilde{u}}}(k)] + \underline{\psi}^T(k+1)[\underline{\tilde{\tilde{A}}}\,\underline{x}(k) + \underline{B}\,\underline{\tilde{\tilde{u}}}(k)] \qquad (7.4.70)$$

ergibt sich dann das kanonische Gleichungssystem zu

$$\frac{\partial H(k)}{\partial \underline{\tilde{\tilde{u}}}(k)} = -\underline{R}\,\underline{\tilde{\tilde{u}}}(k) + \underline{B}^T\underline{\psi}(k+1) = \underline{0} \qquad (7.4.71)$$

$$\frac{\partial H(k)}{\partial \underline{x}(k)} = \underline{\psi}(k) = -\underline{\tilde{\tilde{Q}}}\,\underline{x}(k) + \underline{\tilde{\tilde{A}}}^T\underline{\psi}(k+1) \qquad (7.4.72)$$

$$\frac{\partial H(k)}{\partial \underline{\psi}(k+1)} = \underline{x}(k+1) = \underline{\tilde{\tilde{A}}}\,\underline{x}(k) + \underline{B}\,\underline{\tilde{\tilde{u}}}(k) = \underline{A}\,\underline{x}(k) + \underline{B}\,\underline{u}(k) \quad . \qquad (7.4.73)$$

Löst man Gl.(7.4.71) nach $\underline{\tilde{\tilde{u}}}(k)$ auf, so folgt mit dem Ansatz

$$\underline{\psi}(k) = -\underline{K}\,\underline{x}(k) \qquad (7.4.74)$$

und durch Gleichsetzen mit Gl.(7.4.66)

$$\underline{\tilde{\tilde{u}}}(k) = -\underline{R}^{-1}\underline{B}^T\underline{K}\,\underline{x}(k+1) = \underline{u}(k) + \underline{R}^{-1}\underline{M}\,\underline{x}(k) \quad .$$

Hieraus erhält man durch Einsetzen der Gl.(7.4.73) und Auflösung nach $\underline{u}(k)$ unmittelbar das gesuchte Stellgesetz

$$\underline{u}(k) = -\underline{F}\,\underline{x}(k) \qquad (7.4.75)$$

mit

$$\underline{F} = (\underline{R} + \underline{B}^T\underline{K}\,\underline{B})^{-1}(\underline{M} + \underline{B}^T\underline{K}\,\underline{A}) \quad . \qquad (7.4.76)$$

Die Matrix $\underline{K}$ ergibt sich dabei als Lösung der algebraischen Matrix-Riccati-Gleichung (7.1.8b), wobei $\underline{Q}$ durch $\underline{\tilde{\tilde{Q}}}$ und $\underline{A}$ durch $\underline{\tilde{\tilde{A}}}$ ersetzt wird. Damit dieses Optimierungsproblem gelöst werden kann, muß nun $\underline{M}$ so festgelegt oder berechnet werden, daß $\underline{\tilde{\tilde{Q}}}$ positiv semidefinit wird.

Anhang zu Kapitel 1

Anhang 1.1: Kurze Einführung in die Fourier-Transformation

1. Vorbemerkung

Im Band "Regelungstechnik I" (Kapitel 4.1) wurde die Laplace-Transformation für Zeitfunktionen f(t) mit der Eigenschaft $f(t) = 0$ für $t < 0$ behandelt. Zeitfunktionen mit dieser Eigenschaft kommen hauptsächlich bei technischen Einschaltvorgängen vor. Gelegentlich sind aber Zeitfunktionen auch im gesamten t-Bereich

$$-\infty \leqq t \leqq +\infty$$

zu betrachten. Für derartige Zeitfunktionen wird die *zweiseitige* $\mathfrak{L}$-*Transformation*

$$F(s) = \int_{-\infty}^{\infty} f(t)\, e^{-st} dt \qquad \text{(A 1.1.1)}$$

benutzt. Damit diese Beziehung existiert, muß das Integral in Gl. (A 1.1.1) konvergieren. Dazu nimmt man zweckmäßigerweise eine Aufspaltung in der Form

$$\int_{-\infty}^{\infty} f(t)\, e^{-st} dt = \int_{-\infty}^{0} f(t)\, e^{-st} dt + \int_{0}^{\infty} f(t)\, e^{-st} dt \qquad \text{(A 1.1.2)}$$

vor. Im Band "Regelungstechnik I" wurde bereits gezeigt, daß das zweite Integral auf der rechten Seite der Gl.(A 1.1.2) im s-Bereich in einer rechten Halbebene konvergiert. Entsprechend konvergiert das erste Integral in einer linken Halbebene. Das von beiden Halbebenen gemeinsam überstrichene Gebiet, also ein Streifen parallel zur $j\omega$-Achse, stellt somit den Bereich der absoluten Konvergenz des Integrals nach Gl. (A 1.1.1) dar.

Bei der Anwendung des zu Gl.(A 1.1.1) gehörenden *Umkehrintegrals*

$$f(t) = \frac{1}{2\pi j} \int_{c-j\infty}^{c+j\infty} F(s)\, e^{st} ds \qquad \text{(A 1.1.3)}$$

muß entlang einer Geraden $\sigma = c$, die im Streifen der absoluten Konvergenz liegt, integriert werden.

2. Die Fourier-Transformation

Betrachtet man bei der zweiseitigen $\mathcal{L}$-Transformation gerade den *Spezialfall* auf der jω-Achse, also

$$s = j\omega \quad \text{und damit} \quad c = 0 \quad ,$$

so erhält man aus den beiden Gln. (A 1.1.1) und (A 1.1.3) für die Zeitfunktion f(t) die *Fourier-Transformierte* ($\mathcal{F}$-Transformierte)

$$F(j\omega) = \mathcal{F}\{f(t)\} = \int_{-\infty}^{\infty} f(t)\ e^{-j\omega t} dt \qquad \text{(A 1.1.4)}$$

und - dieser Beziehung wieder zugeordnet - die *inverse Fourier-Transformierte*

$$f(t) = \mathcal{F}^{-1}\{F(j\omega)\} = \frac{1}{2\pi} \int_{-\infty}^{\infty} F(j\omega)\ e^{j\omega t} d\omega \quad , \qquad \text{(A 1.1.5)}$$

wobei mit den Operatorzeichen $\mathcal{F}$ bzw. $\mathcal{F}^{-1}$ formal die Fourier-Transformation ($\mathcal{F}$-Transformation) bzw. ihre Inverse gekennzeichnet wird. Es sei darauf hingewiesen, daß Gl. (A 1.1.5) an einer Sprungstelle den arithmetischen Mittelwert der links- und rechtsseitigen Grenzwerte liefert.

Die $\mathcal{F}$-Transformierte von f(t) - auch als Spektral- oder Frequenzfunktion sowie auch als *Spektraldichte* oder Dichtespektrum bezeichnet - existiert, wenn f(t) absolut integrierbar ist, d. h. es muß

$$\int_{-\infty}^{\infty} |f(t)|\, dt < \infty \qquad \text{(A 1.1.6)}$$

gelten. Dies ist jedoch nicht eine notwendige Bedingung. Die Zeitfunktionen $f(t) = \sin \omega_0 t$ und $f(t) = s(t)$ sind z. B. nicht absolut integrierbar und dennoch existiert eine $\mathcal{F}$-Transformierte, was allerdings erst möglich wird durch die Hinzunahme einer δ-Funktion im Sinne der Distributionentheorie [1.3], worauf hier allerdings nicht eingegangen werden soll.

Da die $\mathcal{F}$-Transformierte meist eine komplexe Funktion ist, können ebenfalls die Darstellungen

$$F(j\omega) = R'(\omega) + j\ I'(\omega) \qquad \text{(A 1.1.7)}$$

und

$$F(j\omega) = A'(\omega)\ e^{j\varphi'(\omega)} \qquad \text{(A 1.1.8)}$$

unter Verwendung von Real- und Imaginärteil $R'(\omega)$ und $I'(\omega)$ oder von

Amplituden- und Phasengang $A'(\omega)$ und $\varphi'(\omega)$ gewählt werden, wobei

$$A'(\omega) = |F(j\omega)| = \sqrt{R'^2(\omega) + I'^2(\omega)} \qquad \text{(A 1.1.9)}$$

auch als *Fourier-Spektrum* oder *Amplitudendichtespektrum* von f(t) bezeichnet wird, und außerdem für den Phasengang

$$\varphi'(\omega) = \arctan \frac{I'(\omega)}{R'(\omega)} \qquad \text{(A 1.1.10)}$$

gilt.

Ist f(t) eine reelle Zeitfunktion, so erhält man aus Gl. (A 1.1.4) für Real- und Imaginärteil die Gleichungen

$$R'(\omega) = \int_{-\infty}^{\infty} f(t) \cos\omega t \, dt \qquad \text{(A 1.1.11)}$$

$$I'(\omega) = -\int_{-\infty}^{\infty} f(t) \sin\omega t \, dt \quad , \qquad \text{(A 1.1.12)}$$

wobei $R'(\omega)$ eine gerade und $I'(\omega)$ eine ungerade Funktion darstellt. Ist die Zeitfunktion *gerade*, also $f(t) = f_g(t)$, dann folgen aus den Gln. (A 1.1.11) und (A 1.1.12) die Beziehungen

$$R'(\omega) = 2 \int_{0}^{\infty} f_g(t) \cos\omega t \, dt \qquad \text{(A 1.1.13)}$$

$$I'(\omega) \equiv 0 \quad . \qquad \text{(A 1.1.14)}$$

Wird f(t) andererseits durch eine *ungerade* Funktion $f(t) = f_u(t)$ beschrieben, so ergibt sich entsprechend

$$R'(\omega) \equiv 0 \qquad \text{(A 1.1.15)}$$

$$I'(\omega) = -2 \int_{0}^{\infty} f_u(t) \sin\omega t \, dt \quad . \qquad \text{(A 1.1.16)}$$

Für die inverse $\mathcal{F}$-Transformierte erhält man aus den Gln. (A 1.1.5) und (A 1.1.7)

$$f(t) = \frac{1}{2\pi} \int_{-\infty}^{\infty} [R'(\omega) \cos\omega t - I'(\omega) \sin\omega t] d\omega$$

bzw. wegen $R'(\omega) = R'(-\omega)$ und $I'(\omega) = -I'(-\omega)$

$$f(t) = \frac{1}{\pi} \int_{0}^{\infty} [R'(\omega) \cos\omega t - I'(\omega) \sin\omega t] d\omega \quad . \qquad \text{(A 1.1.17)}$$

Diese Beziehung liefert für eine *gerade* Zeitfunktion $f(t) = f_g(t)$ wegen

$I'(\omega) \equiv 0$

$$f_g(t) = \frac{1}{\pi} \int_0^\infty R'(\omega) \cos\omega t \, d\omega \qquad \text{(A 1.1.18)}$$

und für eine *ungerade* Zeitfunktion $f(t) = f_u(t)$ wegen $R'(\omega) \equiv 0$

$$f_u(t) = -\frac{1}{\pi} \int_0^\infty I'(\omega) \sin\omega t \, d\omega \quad . \qquad \text{(A 1.1.19)}$$

Jede beliebige Zeitfunktion läßt sich nun in eine Summe eines geraden und ungeraden Anteils zerlegen:

$$f(t) = f_g(t) + f_u(t) \quad , \qquad \text{(A 1.1.20a)}$$

wobei

$$f_g(t) = \frac{1}{2} [f(t) + f(-t)] \qquad \text{(A 1.1.20b)}$$

$$f_u(t) = \frac{1}{2} [f(t) - f(-t)] \qquad \text{(A 1.1.20c)}$$

gilt. Wird Gl.(A 1.1.20a) in Gl.(A 1.1.4) eingesetzt, so erhält man für den Realteil des $\mathfrak{F}$-Spektrums von f(t) gerade die Gl.(A 1.1.13) und für den zugehörigen Imaginärteil die Gl.(A 1.1.16). In entsprechender Weise gelten für die zugehörige inverse $\mathfrak{F}$-Transformation von F(jω) zusammen mit Gl.(A 1.1.20a) die Gln.(A 1.1.18) und (A 1.1.19).

Ähnlich wie bei der $\mathfrak{L}$-Transformation stellt die $\mathfrak{F}$-Transformation eine umkehrbar eindeutige Zuordnung zwischen Zeitfunktion f(t) und Frequenz- oder Spektralfunktion F(jω) her. Die wichtigsten Funktionspaare sind in Korrespondenztabellen zusammengestellt, vgl. Tabelle A 1.1.1.

3. Eigenschaften der $\mathfrak{F}$-Transformation

Die wesentlichen Eigenschaften und Rechenregeln der $\mathfrak{F}$-Transformation sind in den nachfolgenden Sätzen kurz dargestellt. Auf eine Beweisführung wird dabei verzichtet, vielmehr soll diesbezüglich auf die Spezialliteratur [1.3; 1.8] verwiesen werden.

a) Überlagerungssatz

$$\mathfrak{F}\{a_1 f_1(t) + a_2 f_2(t)\} = a_1 F_1(j\omega) + a_2 F_2(j\omega) \quad . \qquad \text{(A 1.1.21)}$$

Hiermit wird die Linearität der $\mathfrak{F}$-Transformation beschrieben.

Nr.	Zeitfunktion f(t)	$\mathfrak{F}$-Transformierte F(jω)
1	δ-Impuls $\delta(t)$	1
2	Einheitssprung $s(t)$	$\frac{1}{j\omega} + \pi\delta(\omega)$
3	1	$2\pi\delta(\omega)$
4	$s(t)\ t$	$-\frac{1}{\omega^2} + j\pi\delta(\omega)$
5	$\|t\|$	$-\frac{2}{\omega^2}$
6	$s(t)e^{-at}$ (a>0)	$\frac{1}{a+j\omega}$
7	$s(t)te^{-at}$ (a>0)	$\frac{1}{(a+j\omega)^2}$
8	$e^{-a\|t\|}$ (a>0)	$\frac{2a}{a^2+\omega^2}$
9	e^{-at^2} (a>0)	$\sqrt{\pi/a}\ e^{-\omega^2/4a}$
10	$\cos\omega_o t$	$\pi[\delta(\omega-\omega_o)+\delta(\omega+\omega_o)]$
11	$\sin\omega_o t$	$\frac{\pi}{j}[\delta(\omega-\omega_o)-\delta(\omega+\omega_o)]$
12	$s(t)\cos\omega_o t$	$\frac{\pi}{2}[\delta(\omega-\omega_o)+\delta(\omega+\omega_o)]+j\omega/(\omega_o^2-\omega^2)$
13	$s(t)\sin\omega_o t$	$\frac{\pi}{2j}[\delta(\omega-\omega_o)-\delta(\omega+\omega_o)]+\omega_o/(\omega_o^2-\omega^2)$
14	$s(t)e^{-at}\sin\omega_o t$	$\frac{\omega_o}{(a+j\omega)^2+\omega_o^2}$
15	$\begin{cases} 1-\frac{\|t\|}{\Delta t} & \|t\|<\Delta t \\ 0 & \|t\|>\Delta t \end{cases}$	$\Delta t \left(\frac{\sin(\omega\Delta t/2)}{\omega\Delta t/2}\right)^2$

Tabelle A 1.1.1. Korrespondenzen zur $\mathfrak{F}$-Transformation

b) Verschiebungssatz im Zeitbereich

$$\mathcal{F}\{f(t-t_o)\} = F(j\omega)\, e^{-j\omega t_o} \quad . \qquad \text{(A 1.1.22)}$$

Eine Verschiebung von f(t) in positiver t-Richtung um t_o hat im Frequenzbereich eine Multiplikation der Spektralfunktion mit $e^{-j\omega t_o}$ zur Folge.

c) Verschiebungssatz im Frequenzbereich

$$\mathcal{F}^{-1}\{F[j(\omega-\omega_o)]\} = f(t)\, e^{j\omega_o t} \quad . \qquad \text{(A 1.1.23)}$$

Eine Verschiebung der Spektralfunktion um die Kreisfrequenz ω_o in positiver ω-Richtung bewirkt eine Multiplikation der Zeitfunktion mit dem Faktor $e^{j\omega_o t}$.

d) Ähnlichkeitssatz

$$\mathcal{F}\{f(at)\} = \frac{1}{|a|} F\left(\frac{j\omega}{a}\right) \quad . \qquad \text{(A 1.1.24)}$$

Hierbei ist a eine beliebige Konstante $a \neq 0$. Aus diesem Satz ist ersichtlich, daß eine zeitliche Dehnung der Zeitfunktion f(t) eine Verringerung der Bandbreite der Spektraldichte $F(j\omega)$ zur Folge hat und umgekehrt.

e) Vertauschungssatz

Für die $\mathcal{F}$-Transformierte

$$\mathcal{F}\{f(t)\} = F(j\omega)$$

folgt die "symmetrische Beziehung"

$$\mathcal{F}\{F(jt)\} = 2\pi f(-\omega) \quad . \qquad \text{(A 1.1.25)}$$

Beispielsweise erhält man für den Rechteckimpuls von Bild A 1.1.1

$$f(t) = r(t) = [s(t+\frac{T_p}{2}) - s(t-\frac{T_p}{2})]K^*$$

durch $\mathcal{F}$-Transformation die Spektraldichte

$$F(j\omega) = K^* \int_{-T_p/2}^{T_p/2} e^{-j\omega t} dt = K^* \frac{2\sin(\omega T_p/2)}{\omega} \quad ,$$

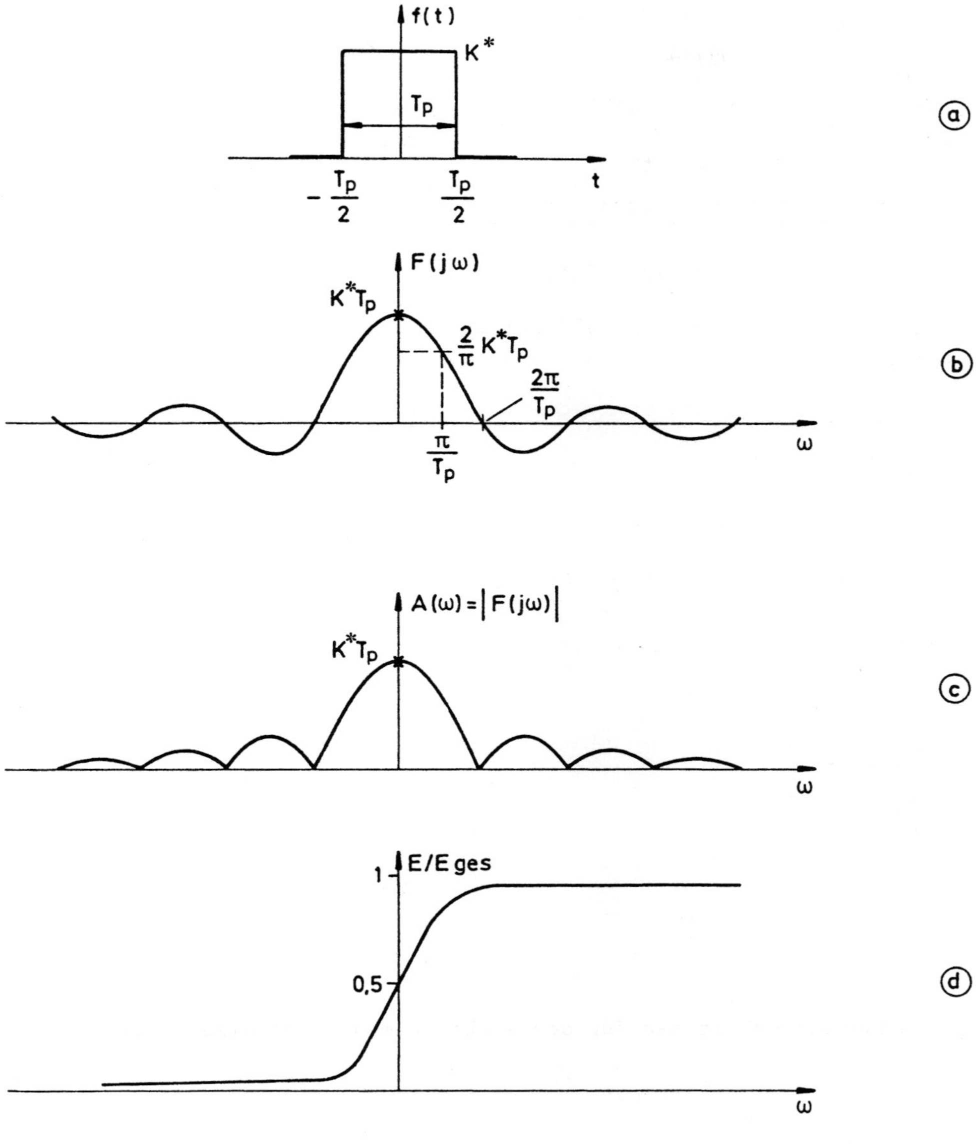

Bild A 1.1.1. Rechteckimpuls (a) sowie zugehörige Spektraldichte (b), Amplitudendichtespektrum (c) und Signalenergie (d)

die hier offensichtlich eine reelle Funktion ist. Gl.(A 1.1.25) liefert dann

$$\mathcal{F}\{K* \frac{\sin(t\ T_p/2)}{\pi t}\} = r(\omega) \quad ,$$

also eine entsprechende rechteckförmige Funktion im Frequenzbereich (reines Tiefpaßverhalten).

f) Differentiationssatz im Zeitbereich

Bei Existenz des n-ten Differentialquotienten von f(t) gilt

$$\mathcal{F}\{\frac{d^n f(t)}{dt^n}\} = (j\omega)^n F(j\omega) \quad . \tag{A 1.1.26}$$

g) Differentiationssatz im Frequenzbereich

Bei Existenz des n-ten Differentialquotienten von F(jω) gilt

$$\mathcal{F}\{(-jt)^n f(t)\} = \frac{d^n F(j\omega)}{d\omega^n} \quad . \tag{A 1.1.27}$$

h) Integrationssatz

Es gilt

$$\mathcal{F}\{\int_{-\infty}^{t} f(\tau)d\tau\} = \frac{F(j\omega)}{j\omega} + \pi F(0)\ \delta(\omega) \quad , \tag{A 1.1.28}$$

wobei F(jω) für $\omega = 0$ stetig sein muß.

i) Faltungssatz im Zeitbereich

Sind $f_1(t)$ und $f_2(t)$ bis auf endlich viele Sprungstellen stetige Funktionen, so gilt für ihr Faltungsintegral

$$\mathcal{F}\{\int_{-\infty}^{\infty} f_1(\tau)\ f_2(t-\tau)d\tau\} = F_1(j\omega)\ F_2(j\omega) \quad . \tag{A 1.1.29}$$

j) Faltungssatz im Frequenzbereich

Sind $f_1(t)$ und $f_2(t)$ reelle, quadratisch integrierbare (d. h. $\int_{-\infty}^{\infty} f_i^2(t)dt < \infty$ für $i = 1,2$), stetige Funktionen mit endlich vielen Sprungstellen, so gilt

$$\mathcal{F}\{f_1(t)\ f_2(t)\} = \frac{1}{2\pi} \int_{-\infty}^{\infty} F_1(j\nu)\ F_2[j(\omega-\nu)]d\nu \quad , \qquad \text{(A 1.1.30)}$$

wobei ν eine formale Integrationsvariable ist.

4. Die Parcevalsche Formel und Anwendungen

Wird in Gl. (A 1.1.30) $\omega = 0$ und $f_1(t) = f_2(t) = f(t)$ gesetzt, so erhält man in ausführlicher Schreibweise

$$\int_{-\infty}^{\infty} f(t)\ f(t)\ e^{-j\omega t}dt = \frac{1}{2\pi} \int_{-\infty}^{\infty} F(j\nu)\ F(-j\nu)d\nu$$

oder zusammengefaßt

$$\int_{-\infty}^{\infty} f^2(t)dt = \frac{1}{2\pi} \int_{-\infty}^{\infty} |F(j\nu)|^2 d\nu \quad .$$

Ersetzt man hierin die Integrationsvariable ν formal wieder durch ω, so ergibt sich die *Parsevalsche Formel*

$$\int_{-\infty}^{\infty} f^2(t)dt = \frac{1}{2\pi} \int_{-\infty}^{\infty} |F(j\omega)|^2 d\omega \quad . \qquad \text{(A 1.1.31)}$$

Hierbei wird in Anlehnung an das Amplitudendichtespektrum $|F(j\omega)|$ die Größe $|F(j\omega)|^2$ auch als *Energiedichtespektrum* bezeichnet. Die Fläche in einem Frequenzbereich $\omega_1 \leqq \omega \leqq \omega_2$ unter dieser Kurve ist proportional der *Signalenergie*

$$E(\omega) = \frac{1}{2\pi} \int_{\omega_1}^{\omega_2} |F(j\omega)|^2 d\omega \qquad \text{(A 1.1.32)}$$

in diesem Frequenzbereich. Für den zuvor bereits behandelten Rechteckimpuls sind $F(j\omega)$, $|F(j\omega)|$ sowie die Signalenergie $E(\omega)$ im Bild A 1.1.1 dargestellt. Interessant dabei ist, daß nahezu 80 % der *gesamten Signalenergie*

$$E_{ges} = \frac{1}{2\pi} \int_{-\infty}^{\infty} |F(j\omega)|^2 d\omega = \int_{-\infty}^{\infty} f^2(t)dt = K^{*2} T_p \qquad \text{(A 1.1.33)}$$

bereits im Frequenzbereich $-\frac{\pi}{T_p} \leqq \omega \leqq \frac{\pi}{T_p}$ enthalten ist.

Anhang zu Kapitel 5

Anhang 5.1.

Es soll die Gl.(5.3.180) für die Stellgröße u(t) hergeleitet werden. Setzt man Gl.(5.3.177) in Gl.(5.3.178) ein, so ergibt sich

$$u(t) + \frac{d^{n-m-1}\phi_N(t)}{dt^{n-m-1}} + \sum_{j=o}^{n-m-2} f_j \frac{d^j\phi_N(t)}{dt^j} =$$

$$\sum_{i=1}^{N-1}\Big\{\sum_{k=o}^{n-m-1}\binom{n-m-1}{k}\frac{d^k p_i(t)}{dt^k}\,\frac{d^{n-m-1-k}\phi_i(k)}{dt^{n-m-1-k}} \qquad \text{(A 5.1.1)}$$

$$+\sum_{j=o}^{n-m-2} f_j \sum_{k=o}^{j}\binom{j}{k}\frac{d^k p_i(t)}{dt^k}\,\frac{d^{j-k}\phi_i(t)}{dt^{j-k}}\Big\} \quad .$$

Mit der Definitionsgleichung (5.3.179) erhält man für den linken Term von Gl.(A 5.1.1)

$$u(t) + \frac{d^{n-m-1}\phi_N(t)}{dt^{n-m-1}} + \sum_{j=o}^{n-m-2} f_j \frac{d^j\phi_N(t)}{dt^j} = u(t) + \phi_{FN}(t)\ . \qquad \text{(A 5.1.2)}$$

Werden aus dem rechten Teil von Gl.(A 5.1.1) die Terme für $k = 0$ herausgezogen, so folgt

$$u(t) + \phi_{FN}(t) = \sum_{i=1}^{N-1}\Big\{p_i(t)\underbrace{\left[\frac{d^{n-m-1}\phi_i(t)}{dt^{n-m-1}} + \sum_{j=o}^{n-m-2} f_j\frac{d^j\phi_i(t)}{dt^j}\right]}_{I} +$$

$$\underbrace{+\sum_{k=1}^{n-m-1}\binom{n-m-1}{k}\frac{d^k p_i(t)}{dt^k}\,\frac{d^{n-m-1-k}\phi_i(k)}{dt^{n-m-1-k}}}_{II} + \qquad \text{(A 5.1.3)}$$

$$\underbrace{+\sum_{j=o}^{n-m-2} f_j\sum_{k=1}^{j}\binom{j}{k}\frac{d^k p_i(t)}{dt^k}\,\frac{d^{j-k}\phi_i(t)}{dt^{j-k}}\Big\}}_{III} \quad .$$

Der Ausdruck I stellt nach Gl.(5.3.179) die Beziehung für das Hilfssignal $\phi_{Fi}(t)$ dar. Durch Einführung der neuen Variablen $\dot{p}_i(t)$ und der damit verbundenen Umnormierung der Indizes im Ausdruck II erhält man

$$II = \sum_{k=o}^{n-m-2} \binom{n-m-1}{k+1} \frac{d^k \dot{p}_i(t)}{dt^k} \frac{d^{n-m-2-k} \phi_i(k)}{dt^{n-m-2-k}} \quad . \qquad \text{(A 5.1.4)}$$

Mit der Beziehung für die Berechnung von Doppelsummen

$$\sum_{j=o}^{N} \sum_{k=1}^{j} f(j,k) = \sum_{k=o}^{N} \sum_{j=1}^{k} f(N+1-j,k+1-j) \qquad \text{(A 5.1.5)}$$

gilt für Ausdruck III in Gl.(A 5.1.3)

$$III = \sum_{k=o}^{n-m-2} \sum_{j=1}^{k} f_{n-m-1-j} \binom{n-m-1-j}{k+1-j} \frac{d^{k-j} \dot{p}_i(t)}{dt^{k-j}} \frac{d^{n-m-2-k} \phi_i(t)}{dt^{n-m-2-k}} \quad . \qquad \text{(A 5.1.6)}$$

Nach weiterer Umrechnung mit der Beziehung

$$\sum_{k=o}^{N} \sum_{l=j}^{k} f(k,l) = \sum_{l=j}^{N} \sum_{k=l}^{N} f(k,l) \qquad \text{(A 5.1.7)}$$

folgt schließlich für den Ausdruck III

$$III = \sum_{j=1}^{n-m-2} \sum_{k=j}^{n-m-2} f_{n-m-1-j} \binom{n-m-1-j}{k+1-j} \frac{d^{k-j} \dot{p}_i(t)}{dt^{k-j}} \frac{d^{n-m-2-k} \phi_i(t)}{dt^{n-m-2-k}} \quad . \qquad \text{(A 5.1.8)}$$

Die zu beweisende Gleichung (5.3.180) ergibt sich direkt unter Beachtung der Beziehung (A 5.1.7), wenn in den Gln.(A 5.1.4) und (A 5.1.8) die Äquivalenz

$$\sum_{k=j}^{n-m-2} \binom{n-m-1-j}{k+1-j} \frac{d^{k-j} \dot{p}_i(t)}{dt^{k-j}} \frac{d^{n-m-2-k} \phi_i(t)}{dt^{n-m-2-k}} \; .$$

$$= \sum_{k=j}^{n-m-2} \frac{d^{k-j}}{dt^{k-j}} \left[\dot{p}_i(t) \frac{d^{n-m-2-k} \phi_i(t)}{dt^{n-m-2-k}} \right] \qquad j = 0,1,\ldots,k \qquad \text{(A 5.1.9)}$$

eingesetzt wird:

$$u(t) + \phi_{FN}(t) = \sum_{i=1}^{N-1} p_i(t) \phi_{Fi}(t) +$$

$$+ \sum_{i=1}^{N-1} \sum_{k=o}^{n-m-2} \left[\left(\frac{d^k}{dt^k} + \sum_{j=1}^{k} f_{n-m-1-j} \frac{d^{k-j}}{dt^{k-j}} \right) \left(\dot{p}_i(t) \frac{d^{n-m-2-k} \phi_i(t)}{dt^{n-m-2-k}} \right) \right]$$

q.e.d.

Um die Äquivalenz (A 5.1.9) zu beweisen, wird die Beziehung für die j-te Ableitung eines Produktes aus Gl.(5.3.177) auf den rechten Teil von Gl.(A 5.1.9) angewandt. Man erhält

$$\sum_{k=j}^{n-m-2} \frac{d^{k-j}}{dt^{k-j}} \left[\dot{p}_i(t) \, \frac{d^{n-m-2-k}\phi_i(t)}{dt^{n-m-2-k}} \right]$$

$$= \sum_{k=j}^{n-m-2} \sum_{l=o}^{k-j} \binom{k-j}{l} \frac{d^l \dot{p}_i(t)}{dt^l} \, \frac{d^{n-m-2-l-j}\phi_i(t)}{dt^{n-m-2-l-j}} \qquad \text{(A 5.1.10)}$$

$$= \sum_{k=o}^{n-m-2} \sum_{l=j}^{k} \binom{k-j}{l-j} \frac{d^{l-j} \dot{p}_i(t)}{dt^{l-j}} \, \frac{d^{n-m-2-l}\phi_i(t)}{dt^{n-m-2-l}} \quad .$$

Mit Gl.(A 5.1.7) ergibt sich auch

$$\sum_{k=j}^{n-m-2} \frac{d^{k-j}}{dt^{k-j}} \left[\dot{p}_i(t) \, \frac{d^{n-m-2-k}\phi_i(t)}{dt^{n-m-2-k}} \right]$$

$$= \sum_{l=j}^{n-m-2} \underbrace{\sum_{k=l}^{n-m-2} \binom{k-j}{l-j}}_{A} \frac{d^{l-j} \dot{p}_i(t)}{dt^{l-j}} \, \frac{d^{n-m-2-l}\phi_i(t)}{dt^{n-m-2-l}} \quad . \qquad \text{(A 5.1.11)}$$

Für Binomialkoeffizienten gilt allgemein

$$\binom{a}{b-1} = \binom{a+1}{b} - \binom{a}{b} \quad . \qquad \text{(A 5.1.12)}$$

Damit folgt für den Ausdruck A in Gl.(A 5.1.11)

$$\sum_{k=l}^{n-m-2} \binom{k-j}{l-j} = \sum_{k=l}^{n-m-2} \binom{k-j+1}{l-j+1} - \sum_{k=l}^{n-m-2} \binom{k-j}{l-j+1}$$

$$= \binom{l-j+1}{l-j+1} + \binom{l+1-j+1}{l-j+1} + \ldots + \binom{n-m-1-j}{l-j+1} -$$

$$- \binom{l-j}{l-j+1} - \binom{l-j+1}{l-j+1} - \ldots - \binom{n-m-2-j}{l-j+1}$$

$$= \binom{n-m-1-j}{l+1-j} - \binom{l-j}{l-j+1} = \binom{n-m-1-j}{l+1-j} \quad ,$$

da $(-1)! = \pm\infty$.

Anhang 5.2.

Nachfolgend soll die Identität der Gleichungen (5.3.200) und (5.3.207) gezeigt werden. Entsprechend Gl. (5.3.198) gilt:

$$Y(z) = \frac{B^*[m]}{A^*[n]} z^{-d} U(z) \qquad \text{(A 5.2.1a)}$$

mit

$$B^*[m] = b_o + B[m-1]z^{-1} \qquad \text{(A 5.2.1b)}$$

$$A^*[n] = 1 + A[n-1]z^{-1} \quad . \qquad \text{(A 5.2.1c)}$$

Der Term $\Delta A[n-1]Y(z)$ in Gl. (5.3.200) kann dann in der Form

$$\Delta A[n-1]Y(z) = \frac{\Delta A[n-1]B^*[m]}{A^*[n]} z^{-d} U(z) \qquad \text{(A 5.2.2)}$$

dargestellt werden. Multipliziert man diese Gleichung auf beiden Seiten mit dem Filterpolynom $D[d-1]$ nach Gl. (5.3.205), so folgt

$$D[d-1]\Delta A[n-1]Y(z) = \frac{D[d-1]\Delta A[n-1]}{A^*[n]} B^*[m]z^{-d} U(z) \; . \qquad \text{(A 5.2.3)}$$

Auf den Quotient

$$\frac{D[d-1]\Delta A[n-1]}{A^*[n]}$$

wendet man nun den Euklidischen Algorithmus zur Polynomdivision an. Dieser besagt folgendes: Sind zwei Polynome $P_1[m]$ und $P_2[n]$ mit $m > n$ gegeben, so gilt

$$\frac{P_1[m]}{P_2[n]} = P_3[m-n] + \frac{P_4[n-1]}{P_2[n]} z^{n-m-1} \quad . \qquad \text{(A 5.2.4)}$$

Mit

$$m = d+n-2 \qquad \text{(A 5.2.5a)}$$

$$P_1[m] = D[d-1]\Delta A[n-1] \qquad \text{(A 5.2.5b)}$$

$$P_2[n] = A^*[n] \qquad \text{(A 5.2.5c)}$$

erhält man aus Gl. (A 5.2.4) und Gl. (A 5.2.3)

$$D[d-1]\Delta A[n-1]Y(z) = \{P_3[d-2] + \frac{P_4[n-1]}{A^*[n]} z^{-(d-1)}\} B^*[m]z^{-d} U(z)$$

bzw. mit Gl. (A 5.2.1a)

$$D[d-1]\Delta A[n-1]Y(z) = P_3[d-2]B^*[m]z^{-d} U(z) + P_4[n-1]z^{-(d-1)}Y(z) . \qquad \text{(A 5.2.6)}$$

Mit den Filtergleichungen, Gln. (5.3.203) und (5.3.204), läßt sich Gl. (A 5.2.6) zu

$$\Delta A[n-1]Y(z) = P_3[d-2]B^*[m]z^{-1}\,U_D(z) + P_4[n-1]z^{-d+1}\,Y_D(z)$$

(A 5.2.7)

umformen. Setzt man in Gl. (5.3.200) für $\Delta A[n-1]Y(z)$ die rechte Seite von Gl. (A 5.2.7) und für $U(z)$ entsprechend Gl. (5.3.204) den Term $D[d-1]z^{d-1}\,U_D(z)$ ein, so folgt mit den Polynomdefinitionen

$$\Delta A_D[n-1] = P_4[n-1] \quad \text{(A 5.2.8a)}$$

$$B_D[m+d-2] = b_o \sum_{i=o}^{d-2} d_{i+1}z^{-i} + B[m-1]D[d-1] + P_3[d-2]B^*[m]$$

(A 5.2.8b)

die Identität von Gl. (5.3.200) und Gl. (5.3.207).

Anhang 5.3.

Der Entwurf des Stellgesetzes nach Gl.(5.3.259) basiert auf einer geeigneten Aufspaltung der rechten Seite von Gl.(5.3.257). Hierzu entwickelt man den Term

$$\mu_u(k-d+1) = \sum_{i=o}^{d-1} d_i \, \underline{\hat{p}}_{DH}^T(k-i)\underline{x}_{DH}(k-d+1-i) \tag{A 5.3.1}$$

in eine Reihe von Teilsummen, die sich gegenseitig kompensieren:

$$\begin{aligned}
\mu_u(k-d+1) = & \sum_{i=o}^{d-1} d_i \, \underline{\hat{p}}_{DH}^T(k-i)\underline{x}_{DH}(k-d+1-i) - \\
& - \sum_{i=o}^{d-1} d_i \, \underline{\hat{p}}_{DH}^T(k-i-\ell)\underline{x}_{DH}(k-d+1-i) + \\
& + \sum_{i=o}^{d-2} d_i \, \underline{\hat{p}}_{DH}^T(k-i-\ell)\underline{x}_{DH}(k-d+1-i) + \qquad\qquad = 0 \\
& + d_{d-1} \, \underline{\hat{p}}_{DH}^T(k-d+1-\ell)\underline{x}_{DH}(k-2d+2) - \qquad\qquad\qquad * \\
& - \sum_{i=o}^{d-2} d_i \, \underline{\hat{p}}_{DH}^T(k-i-1-\ell)\underline{x}_{DH}(k-d+1-i) + \\
& + \sum_{i=o}^{d-3} d_i \, \underline{\hat{p}}_{DH}^T(k-i-1-\ell)\underline{x}_{DH}(k-d+1-i) + \qquad\qquad = 0 \\
& + d_{d-2} \, \underline{\hat{p}}_{DH}^T(k-d+1-\ell)\underline{x}_{DH}(k-2d+3) - \qquad\qquad\qquad * \\
& - \sum_{i=o}^{d-3} d_i \, \underline{\hat{p}}_{DH}^T(k-i-2-\ell)\underline{x}_{DH}(k-d+1-i) + \\
& + \sum_{i=o}^{d-4} d_i \, \underline{\hat{p}}_{DH}^T(k-i-2-\ell)\underline{x}_{DH}(k-d+1-i) + \qquad\qquad = 0 \\
& + d_{d-3} \, \underline{\hat{p}}_{DH}^T(k-d+1-\ell)\underline{x}_{DH}(k-2d+4) - \qquad\qquad\qquad * \\
& \qquad\qquad \vdots \\
& - \sum_{i=o}^{1} d_i \, \underline{\hat{p}}_{DH}^T(k-i-d+2-\ell)\underline{x}_{DH}(k-d+1-i) + \\
& + d_o \, \underline{\hat{p}}_{DH}^T(k-d+2-\ell)\underline{x}_{DH}(k-d+1) + \qquad\qquad = 0 \\
& + d_1 \, \underline{\hat{p}}_{DH}^T(k-d+1-\ell)\underline{x}_{DH}(k-d) - \qquad\qquad\qquad * \\
& - d_o \, \underline{\hat{p}}_{DH}^T(k-d+1-\ell)\underline{x}_{DH}(k-d+1) + \qquad\qquad = 0 \\
& + d_o \, \underline{\hat{p}}_{DH}^T(k-d+1-\ell)\underline{x}_{DH}(k-d+1) \quad . \qquad\qquad\qquad *
\end{aligned} \tag{A 5.3.2}$$

Die erste Summe, die ergänzt wird, unterscheidet sich von der rechten Seite von Gl. (5.3.257) nur darin, daß der Parametervektor $\hat{\underline{p}}_{DH}$ um ℓ Zeitschritte verzögert wird. Diese Operation wird durch einen Pfeil gekennzeichnet. Die zweite Summe ergänzt mit dem letzten Summanden die ersten drei Ergänzungsterme zu Null. Ausgehend von der letzten Summe der vorangegangenen Ergänzung wird wieder ergänzt (Pfeil), jedoch mit einem Parametervektor, der um einen Zeitschritt verzögert wird. Die zweite Summe ergänzt mit dem letzten Summanden die Ergänzungsterme der zweiten Ergänzung wiederum zu Null. Diese Ergänzungen werden d-mal durchgeführt. Die mit * gekennzeichneten Summanden werden getrennt und die restlichen Summen nach den Koeffizienten $d_i (i=0,1,...,d-1)$ zusammengefaßt:

$$\mu_u(k-d+1) = \hat{\underline{p}}_{DH}^T(k-d+1-\ell) \sum_{i=o}^{d-1} d_i \, \underline{x}_{DH}(k-d+1-i) + \sum_{i=o}^{d-1} d_i \Big[\hat{\underline{p}}_{DH}(k-i) - \underbrace{\hat{\underline{p}}_{DH}(k-i-\ell) + \sum_{j=o}^{d-2-i} \hat{\underline{p}}_{DH}(k-i-j-\ell) - \hat{\underline{p}}_{DH}(k-i-j-\ell-1)}_{\hat{\underline{p}}_{DH}(k-i-\ell)-\hat{\underline{p}}_{DH}(k-d+1-\ell)}\Big]^T \underline{x}_{DH}(k-d+1-i) \quad . \qquad \text{(A 5.3.3)}$$

Aus der eckigen Klammer verschwindet die Summe, und es ergibt sich

$$\mu_u(k-d+1) = \hat{\underline{p}}_{DH}^T(k-d+1-\ell) \sum_{i=o}^{d-1} d_i \, \underline{x}_{DH}(k-d+1-i) + \sum_{i=o}^{d-1} d_i \left[\hat{\underline{p}}_{DH}(k-i) - \hat{\underline{p}}_{DH}(k-d+1-\ell)\right]^T \underline{x}_{DH}(k-d+1-i) \quad . \qquad \text{(A 5.3.4)}$$

Anhang zu Kapitel 6

Anhang 6.1.

Zur besseren Veranschaulichung der Lösung der Matrix-Riccati-Differentialgleichung, Gl. (6.4.27), für verschiedene Endzeiten t_e sei nachfolgend der Einfachheit halber eine PT_1-Regelstrecke betrachtet, die durch die skalare Zustandsgleichung

$$\dot{x}(t) = a\, x(t) + b\, u(t) \qquad \text{(A 6.1.1)}$$

beschrieben wird. Gl. (6.4.27) geht in diesem Fall über in die (skalare) Riccati-Differentialgleichung

$$\frac{dk(t)}{dt} + 2a\, k(t) - k^2(t)(b^2/r) + q = 0 \quad , \qquad \text{(A 6.1.2)}$$

die für jede vorgegebene Endzeit t_e die Randbedingung

$$k(t{=}t_e) = 0 \qquad \text{(A 6.1.3)}$$

erfüllen soll. Die Lösung von Gl. (A 6.1.2) muß somit vom Endzeitpunkt t_e ausgehend "rückwärts" also entgegen der Zeitskalierung von t erfolgen. Dazu wird die neue Zeitvariable

$$t^* = t_e - t \qquad \text{(A 6.1.4)}$$

eingeführt. Mit Gl. (A 6.1.4) und $dt = -dt^*$ geht das durch die Gln. (A 6.1.2) und (A 6.1.3) beschriebene Endwertproblem über in das Anfangswertproblem

$$\frac{dk(t^*)}{dt^*} = 2a\, k(t^*) - k^2(t^*)(b^2/r) + q = 0 \qquad \text{(A 6.1.5)}$$

mit

$$k(t^* = 0) = 0 \quad . \qquad \text{(A 6.1.6)}$$

Werden nun die Zahlenwerte

$$a = -1, \quad b = 1, \quad r = 1 \quad \text{und} \quad q = 1$$

gewählt, so lautet die zu lösende Riccati-Differentialgleichung

$$\frac{dk(t^*)}{dt^*} = -2k(t^*) - k^2(t^*) + 1 \quad . \qquad \text{(A 6.1.7)}$$

Diese nichtlineare Differentialgleichung läßt sich auf einfache Weise entweder direkt simulieren oder auch numerisch lösen. Unterteilt man bei der numerischen Lösung den Zeitabschnitt $0 \leqq |t^*| \leqq t_e$ in N äquidistante Intervalle der Schrittweite Δt und ersetzt den Differentialquotienten beispielsweise durch den Differenzenquotienten (Euler-Verfahren), so erhält man aus Gl. (A 6.1.7)

$$\frac{k(\nu) - k(\nu-1)}{\Delta t} = -2k(\nu) - k^2(\nu) + 1 \quad , \quad \nu = 1,2,\ldots,N \; , \qquad \text{(A 6.1.8)}$$

wobei $k(\nu)$ und $k(\nu-1)$ die Funktionswerte von $k(t^*)$ zu den Zeiten $t_1^* = \nu\Delta t$ und $t_2^* = (\nu-1)\Delta t$ in den beiden betrachteten Stützstellen sind. Es sei darauf hingewiesen, daß in Gl. (A 6.1.8) der übersichtlicheren Schreibweise wegen im Argument von k jeweils auf die Notation von Δt verzichtet wurde. Durch Umschreibung von Gl. (A 6.1.8) erhält man dann die quadratische Differenzengleichung

$$\Delta t \, k^2(\nu) + k(\nu)(1 + 2\Delta t) - k(\nu-1) - \Delta t = 0 \quad , \qquad \text{(A 6.1.9)}$$

deren gesuchte positive Lösung

$$k(\nu) = \frac{-(1+2\Delta t) + \sqrt{(1+2\Delta t)^2 + 4\Delta t[k(\nu-1) + \Delta t]}}{2\Delta t} \qquad \text{(A 6.1.10)}$$

für eine zweckmäßig gewählte äquidistante Schrittweite von $\Delta t = 0{,}1$, also

$$k(\nu) = \frac{-1{,}2 + \sqrt{1{,}48 + 0{,}4k(\nu-1)}}{0{,}2} \quad , \quad \nu = 1,2,\ldots,N \qquad \text{(A 6.1.11)}$$

mit der Anfangsbedingung $k(0) = 0$ in Tabelle A 6.1.1 dargestellt ist.

ν	0	1	2	3	4	5	6	7	8	10	14	20
k	0	0,08	0,15	0,21	0,25	0,28	0,31	0,33	0,35	0,38	0,40	0,41

Tabelle A 6.1.1. Lösung der Gl. (A 6.1.11)

Den stationären Endwert der Lösung erhält man aus Gl. (A 6.1.7), indem dort $dk(t^*)/dt^* = 0$ gesetzt wird. Dies liefert

$$k(t^* \to \infty) = 0{,}414 \quad .$$

Wird die gefundene Lösung mit Hilfe von Gl. (A 6.1.4) in die ursprünglichen Koordinaten

$$k(t) \quad \text{und} \quad t$$

umgeformt, so ergeben sich für verschiedene Werte der Endzeit t_e die im

Bild A 6.1.1 dargestellten Kurvenverläufe der Lösung k(t), die bis auf die jeweilige Zeitverschiebung identisch sind.

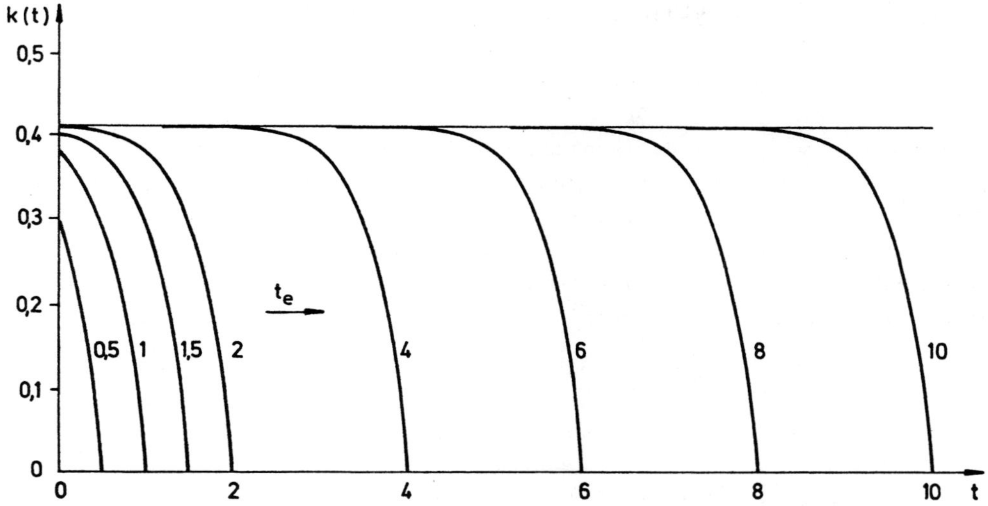

Bild A 6.1.1. Lösung der Riccati-Differentialgleichung für eine PT_1-Regelstrecke mit der Zustandsgleichung $\dot{x} = -x + u$

Übungsaufgaben und Lösungen

Wahrscheinlichkeitsrechnung

Identifikation

Adaptive Regelung

Optimale Regelung

Anmerkung: Bei den nachfolgenden Seiten 411 bis 563 wird auf die explizite Seitennummerierung verzichtet, da für die Übungsaufgaben und deren Lösungen der im Vorwort bereits erwähnten vier Sachgebiete der leichteren Handhabung wegen jeweils eine eigene Zählweise eingeführt wurde, die in der letzten Zeile jeder Seite erscheint.

Aufgabe W-1 (Wahrscheinlichkeitsdichtefunktion)

Die Wahrscheinlichkeitsdichtefunktion $f_\xi(x)$ der Zufallsvariablen ξ ist im Bild W-1.1 graphisch dargestellt. Zeigen Sie, daß folgende Beziehungen gelten:

a) $f_\xi(0) \quad = 1/a$,

b) $E(\xi) \quad = 0$,

c) $\sigma_\xi^2 \quad = a^2/6$,

d) $F_\xi(a/2) = 7/8$.

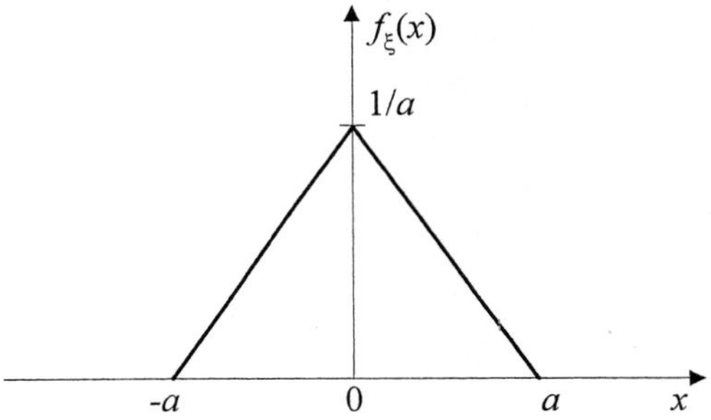

Bild W-1.1. Die gegebene Dichtefunktion

Aufgabe W-2 (Wahrscheinlichkeitsdichtefunktion)

Die Wahrscheinlichkeitsdichtefunktionen zweier statistisch unabhängiger Zufallsgrößen ξ und g lauten:

$$f_\xi(x) = \begin{cases} \dfrac{1}{\pi\sqrt{1-x^2}} & \text{für } |x| < 1 \quad , \\ 0 & \text{für } |x| > 1 \quad , \end{cases}$$

$$f_g(x) = \begin{cases} x\, \mathrm{e}^{-\frac{x^2}{2}} & \text{für } 0 \le x < \infty \quad , \\ 0 & \text{für } x < 0 \quad . \end{cases}$$

a) Bestimmen Sie die Wahrscheinlichkeitsdichtefunktion der Zufallsvariablen

$$\zeta = \xi g .$$

b) Wie lautet die Wahrscheinlichkeitsdichtefunktion für die Zufallsgröße

$$\zeta = \sqrt{-2 \ln \xi} \sin \pi g \quad ,$$

wenn die Zufallsvariablen ξ und g zusätzlich zwischen 0 und 1 gleichverteilt sind?

Aufgabe W-3 (Wahrscheinlichkeit)

Die Ausfallwahrscheinlichkeit eines Bauelements beträgt nach 10 Betriebsstunden 10%. Wie groß ist die Wahrscheinlichkeit, daß eine Schaltung von 5 dieser Bauelemente nach 10 Stunden nicht mehr arbeitet, wenn sämtliche anderen Elemente wesentlich größere Zuverlässigkeit haben?

Aufgabe W-4 (Kovarianz)

Die Gleichung für die Kovarianz

$$\boldsymbol{E}\left[(x-\bar{x})(y-\bar{y})\right] = \boldsymbol{E}[xy] - \boldsymbol{E}[x]\boldsymbol{E}[y]$$

soll bewiesen werden.

Aufgabe W-5 (Wahrscheinlichkeitsdichtefunktion)

Definiert man die Meßwerte einer Anzahl von Widerständen einer Produktionsserie als Zufallsvariable $\xi_i (i = 1,2,...,4)$, die eine Gleichverteilung zwischen den normierten Werten

$$f_{\xi_i}(x) = \begin{cases} 1/a & \text{für} \quad 0 \le x \le a \\ 0 & \text{sonst} \end{cases} \quad ,$$

besitzen, dann soll die Wahrscheinlichkeitsdichtefunktion des Serienwiderstandes

$$\xi = \xi_1 + \xi_2 + \xi_3 + \xi_4$$

berechnet werden. Das Ergebnis soll mit der Gaußverteilung verglichen werden.

Aufgabe W-6 (Autokorrelationsfunktion)

Für ein stochastisches Signal mit der Spektralverteilung nach Bild W-6.1 soll die Autokorrelationsfunktion berechnet werden:

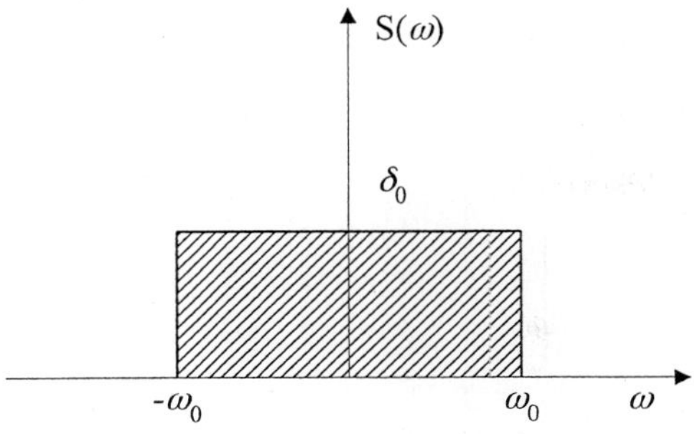

Bild W-6.1. Gegebene Spektraldichteverteilung

Aufgabe W-7 (Signalenergie)

Die Signalenergie des Signals

$$f(t) = \frac{1}{\pi} \frac{\sin \omega_0 t}{t}$$

soll berechnet werden.

Aufgabe W-8 (Stochastischer Prozeß)

Ein stochastischer Prozeß $x(t)$ hat die Autokorrelationsfunktion

a) $\mathbf{R}_{xx}(\tau) = 25 + 100\, \mathrm{e}^{-5|\tau|}$,

b) $\mathbf{R}_{xx}(\tau) = A\, \mathrm{e}^{-0,5|\tau|} \cos 2\tau$.

Bestimmen Sie den Mittelwert, die Streuung und die Spektraldichte von $x(t)$, wenn Stationarität vorausgesetzt wird.

Aufgabe W-9 (Autokorrelationsfunktion, Mittelwert, Varianz)

Berechnen Sie Autokorrelationsfunktion, Mittelwert und Varianz für folgende Funktionen $f(t)$:

a) Impulsfunktion

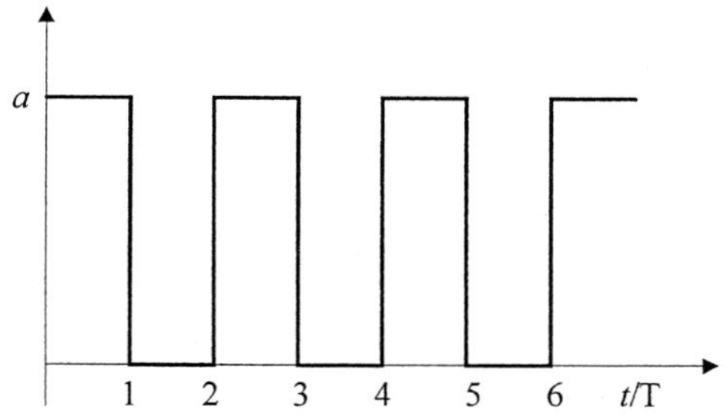

b) ein Signal $x(t)$, das die Zeit T (in Sekunden) über konstant den Wert x_i annimmt und dann auf einen Wert x_{i+1} springt, der von anderen völlig unabhängig ist, wobei $\bar{x} = 0$ und $-a/2 \le x_i \le a/2$ gilt $(i = 1, \ldots, \infty)$

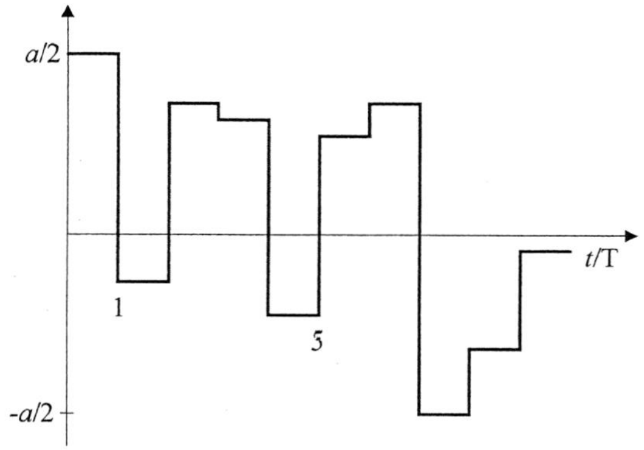

c) die periodische Entladung eines Kondensators nach der Funktion $x(t) = A\,\mathrm{e}^{-ct}$, der zu den Zeitpunkten $t = nT, n = 0,1,\ldots$ momentan auf den Wert A aufgeladen wird (für $t > T$ sei $\mathrm{e}^{-ct} << 1$).

Aufgabe W-10 (Mittlere Signalleistung)

Das elektrische Übertragungsglied entsprechend beiliegender Skizze wird am Eingang $u(t)$ durch weißes Rauschen $n(t)$ mit der Spektraldichte C erregt. Wie groß wird die mittlere Signalleistung des Ausgangssignals $y(t)$?

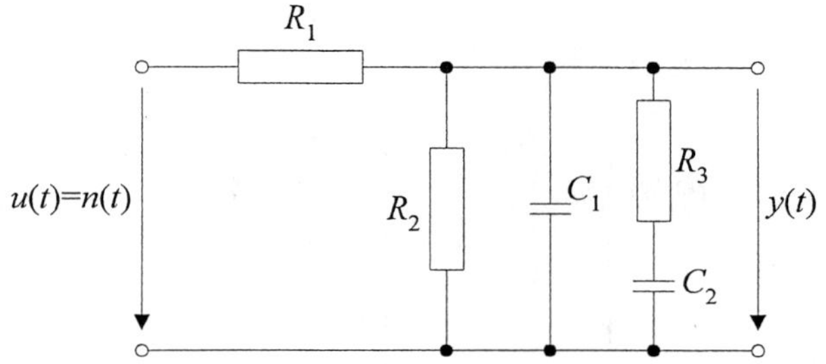

$(R_1 = 1[\Omega]\,;\; R_2 = R_3 = 2[\Omega]\,;\; C_1 = 1[F]\,;\; C_2 = \frac{1}{4}[F])$

Aufgabe W-11 (Spektrale Leistungsdichte)

Man berechne die spektrale Leistungsdichte $S_{uu}(\omega)$ einer m-Impulsfolge. Der prinzipielle Verlauf von $S_{uu}(\omega)$ ist für die beiden Folgen mit $N = 7$ und $N = 31$ darzustellen.

Aufgabe W-12 (Wahrscheinlichkeit, Poisson-Verteilung)

Die Wahrscheinlichkeit

$$P(n,\tau) = \frac{(\upsilon\tau)^n}{n!}\,e^{-\upsilon\tau},$$

die die Poisson-Verteilung beschreibt, ist herzuleiten.

Lösung W-1 (Wahrscheinlichkeitsdichtefunktion)

a) Aus der Bedingung

$$\int_{-\infty}^{\infty} f_\xi(x)\,dx = 1$$

folgt mit

$$f_\xi(x) = \frac{f_\xi(0)}{a}\,x + f_\xi(0) \qquad \text{für } -a \le x \le 0$$

$$f_\xi(x) = -\frac{f_\xi(0)}{a}\,x + f_\xi(0) \qquad \text{für } 0 \le x \le a$$

die Darstellung

$$\int_{-\infty}^{\infty} f_\xi(x)\,dx = \int_{-a}^{0} \left(\frac{f_\xi(0)}{a}\,x + f_\xi(0)\right) dx + \int_{0}^{a} \left(\frac{f_\xi(0)}{a}\,x + f_\xi(0)\right) dx$$

$$= \left(\frac{f_\xi(0)\,x^2}{2a} + f_\xi(0)\,x\right)\Bigg|_{-a}^{0} + \left(-\frac{f_\xi(0)\,x^2}{2a} + f_\xi(0)\,x\right)\Bigg|_{0}^{a}$$

$$= -\frac{f_\xi(0)\,a^2}{2a} + f_\xi(0)\,a - \frac{f_\xi(0)\,a^2}{2a} + f_\xi(0)\,a$$

$$= f_\xi(0)\,a \overset{!}{=} 1 \quad \Rightarrow \quad f_\xi(0) = \frac{1}{a} \quad .$$

b) Für den Erwartungswert gilt mit $f_\xi(x)$ aus Bild W-1.1

$$E(\xi) = \int_{-\infty}^{\infty} x f_\xi(x)\,dx$$

$$= \int_{-a}^{0} x\left(\frac{x}{a^2} + \frac{1}{a}\right) dx + \int_{0}^{a} x\left(-\frac{x}{a^2} + \frac{1}{a}\right) dx$$

$$= \left(\frac{x^3}{3a^2} + \frac{x^2}{2a}\right)\Bigg|_{-a}^{0} + \left(-\frac{x^3}{3a^2} + \frac{x^2}{2a}\right)\Bigg|_{0}^{a}$$

$$= \frac{a}{3} - \frac{a}{2} + \left(-\frac{a}{3} + \frac{a}{2}\right) = 0 \quad .$$

c) Die Varianz σ_ξ^2 ist gleich dem 2. Moment der Zufallsvariablen ξ:

$$\sigma_\varepsilon^2 = E(\xi^2) = \int_{-\infty}^{\infty} x^2 f_\xi(x)\, dx$$

$$= \int_{-a}^{0} x^2 \left(\frac{x}{a^2} + \frac{1}{a}\right) dx + \int_{0}^{a} x^2 \left(-\frac{x}{a^2} + \frac{1}{a}\right) dx$$

$$= \left(\frac{x^4}{4a^2} + \frac{x^3}{3a}\right)\Bigg|_{-a}^{0} + \left(-\frac{x^4}{4a^2} + \frac{x^3}{3a}\right)\Bigg|_{0}^{a}$$

$$= -\frac{a^2}{4} + \frac{a^2}{3} - \frac{a^2}{4} + \frac{a^2}{3} = \frac{a^2}{6} \quad .$$

d) Die Wahrscheinlichkeit P, daß $x \le \frac{a}{2}$ ist, also $F_\xi\left(\frac{a}{2}\right)$, ist definiert als

$$F\left(\frac{a}{2}\right) = \int_{-\infty}^{\frac{a}{2}} f_\xi(x)\, dx$$

$$= \int_{-\infty}^{0} f_\xi(x)\, dx + \int_{0}^{\frac{a}{2}} f_\xi(x)\, dx \quad .$$

Mit der Rechnung nach Aufgabe a) folgt dafür

$$F\left(\frac{a}{2}\right) = \frac{1}{2} + \left(-\frac{x^2}{2a^2} + \frac{x}{a}\right)\Bigg|_{0}^{\frac{a}{2}}$$

$$= \frac{1}{2} + \left(-\frac{1}{8} + \frac{1}{2}\right) = \frac{7}{8} \quad .$$

Lösung W-2 (Wahrscheinlichkeitsdichtefunktion)

Eine Zufallsvariable ξ sei nach der Wahrscheinlichkeitsdichtefunktion $f_\xi(x)$ verteilt und nehme mit der Wahrscheinlichkeit $F_\xi(x)$ einen Wert $\xi \le x$ an, wobei gilt

$$F_\xi(x) = \int_{-\infty}^{x} f_\xi(v)\,dv \quad .$$

Bildet man nun die Zufallsvariable ξ über eine Funktion $g(\xi)$ auf eine neue Zufallsvariable ζ ab, d. h. es ist

$$\zeta = g(\xi) \quad ,$$

und ist die Funktion umkehrbar, d. h.

$$\xi = g^{-1}(\zeta)$$

existiert, so folgt für die Wahrscheinlichkeiten

$$P(\zeta \le y) = P(\zeta \in G) \quad ,$$

wobei G das Gebiet der Zufallsvariablen ξ ist, das durch die Funktion $\zeta = g(\xi)$ auf den Bereich $-\infty < \zeta \le y$ abgebildet wird, d. h. es ist

$$F_\zeta(y) = \int_{-\infty}^{y} f_\zeta(v)\,dv = \int_{G} f_\xi(v)\,dv \quad .$$

Entsprechend gilt für die Abbildung eines n-dimensionalen Raumes R, der von n Zufallsvariablen ξ_i aufgespannt wird, auf eine Zufallsvariable ξ, daß der Unterraum R' bestimmt werden muß, der durch die Funktion auf die Gerade $-\infty < \xi \le y$ abgebildet wird. Die Integration der Wahrscheinlichkeitsdichtefunktionen der ξ_i über diesen Unterraum R' ergibt dann die Wahrscheinlichkeit $F_\xi(y)$.

a) Für die Zufallsvariable

$$\zeta = \xi\, g$$

folgt, daß das Gebiet, das durch

$$0 \le \xi < 1$$

$$0 \le g < \frac{x}{\xi}$$

begrenzt ist, auf die Gerade

$$0 \le \zeta < x$$

abgebildet wird. Das Gebiet

$$-1 < \xi \le 0$$

$$0 \le g < \frac{x}{\xi}$$

wird auf die Gerade

$$-\infty < \zeta \le x \le 0$$

abgebildet. Graphisch sind die Gebiete in Bild W-2.1 dargestellt.

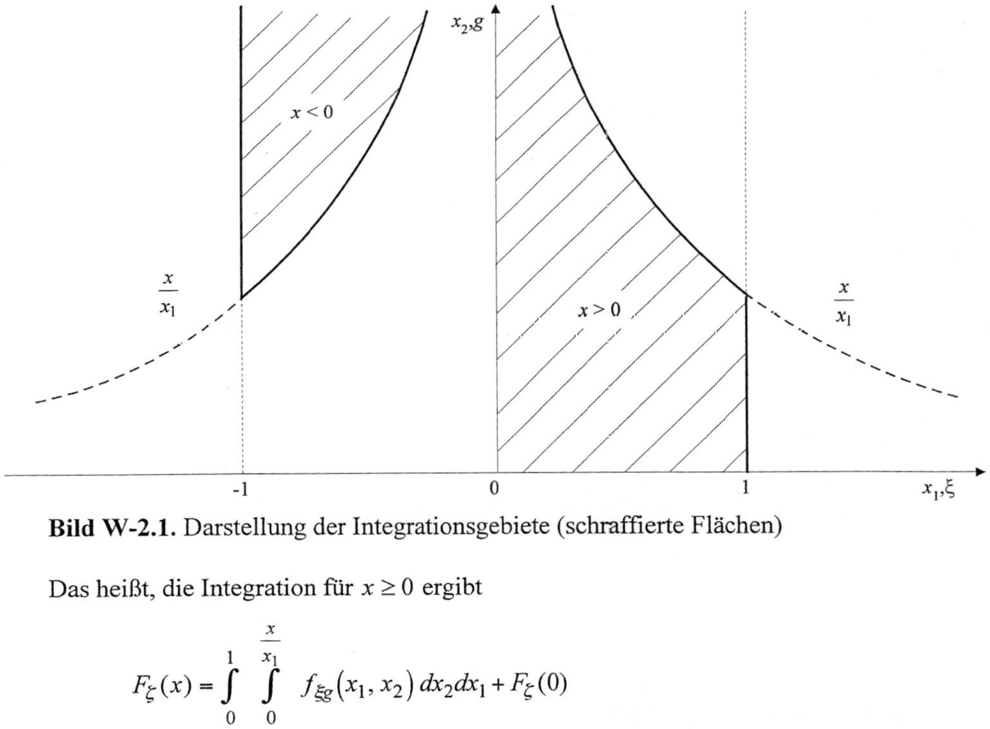

Bild W-2.1. Darstellung der Integrationsgebiete (schraffierte Flächen)

Das heißt, die Integration für $x \ge 0$ ergibt

$$F_\zeta(x) = \int_0^1 \int_0^{\frac{x}{x_1}} f_{\xi g}(x_1, x_2)\, dx_2 dx_1 + F_\zeta(0)$$

$$= \int_0^1 \int_0^{\frac{x}{x_1}} f_\xi(x_1)\, f_g(x_2)\, dx_2 dx_1 + F_\zeta(0) \quad ,$$

da ξ und g statistisch unabhängig sind. Für $x \le 0$ ist

$$F_\zeta(x)=\int_{-1}^{0}\int_{\frac{x}{x_1}}^{\infty} f_\xi(x_1)\, f_g(x_2)\, dx_2 dx_1 + F_\zeta(0) \quad .$$

Für $x \geq 0$ erhält man damit folgende Wahrscheinlichkeitsverteilung

$$F_\zeta(x)=\int_{0}^{1}\frac{1}{\pi\sqrt{1-x_1^2}}\int_{0}^{\frac{x}{x_1}} x_2\, e^{-\frac{x_2^2}{2}}\, dx_2 dx_1 + F_\zeta(0)$$

$$=\int_{0}^{1}\frac{1}{\pi\sqrt{1-x_1^2}}\left(-e^{-\frac{x_2^2}{2}}\right)\Bigg|_{0}^{\frac{x}{x_1}} dx_1 + F_\zeta(0)$$

$$=\int_{0}^{1}\frac{1}{\pi\sqrt{1-x_1^2}}\left(1-e^{-\frac{x^2}{2x_1^2}}\right) dx_1 + F_\zeta(0)$$

$$\frac{\partial F_\zeta(x)}{\partial x}=f_\zeta(x)=\int_{0}^{1}\frac{1}{\pi\sqrt{1-x_1^2}}\,\frac{x}{x_1^2}\, e^{-\frac{x^2}{2x_1^2}}\, dx_1$$

$$=\int_{0}^{1}\frac{1}{\pi\frac{x_1}{x}\sqrt{\frac{x^2}{x_1^2}-x^2}}\,\frac{x}{x_1^2}\, e^{-\frac{x^2}{2x_1^2}}\, dx_1 \quad .$$

Substituiert man die Integrationsvariable

$$\upsilon=\frac{1}{2}\left(\frac{x^2}{x_1^2}-x^2\right)$$

$$d\upsilon=-\frac{x^2}{x_1^3}\, dx_1 \quad ,$$

so folgt

$$f_\zeta(x)=-\int_{\infty}^{0}\frac{1}{\pi\sqrt{2\upsilon}}\, e^{-\upsilon-\frac{x^2}{2}}\, d\upsilon$$

$$= \frac{e^{-\frac{x^2}{2}}}{\pi\sqrt{2}} \int_0^{\infty} \frac{e^{-v}}{\sqrt{v}}\, dv \quad .$$

Das Integral hat die allgemeine Lösung

$$\int_0^{\infty} x^n\, e^{-x}\, dx = \Gamma(n+1) \qquad \text{für } n > -1 \quad .$$

Die Gammafunktion $\Gamma(n+1)$ nimmt für $n = -\frac{1}{2}$ den Wert (siehe Bronstein S. 103)

$$\Gamma\left(\frac{1}{2}\right) = \sqrt{\pi}$$

an. Damit wird

$$f_\xi(x) = \frac{e^{-\frac{x^2}{2}}}{\sqrt{2\pi}} \quad .$$

Für $-1 < x < 0$ erhält man die Wahrscheinlichkeitsverteilung

$$F_\xi(x) = \int_{-1}^{0} \frac{1}{\pi\sqrt{1-x_1^2}}\, e^{-\frac{x^2}{2x_1^2}}\, dx_1$$

$$f_\xi(x) = \int_0^1 \frac{1}{\pi\sqrt{1-x_1^2}}\, \frac{x}{x_1^2}\, e^{-\frac{x^2}{2x_1^2}}\, dx_1$$

$$= \frac{e^{-\frac{x^2}{2}}}{\sqrt{2\pi}} \quad .$$

Man erhält eine Gaußverteilung mit dem Mittelwert Null und der Varianz Eins.

b) Zur Lösung des zweiten Teils der Aufgabe definiert man zwei neue Zufallsvariablen

$$\xi_1 := \sqrt{-2 \ln \xi} \quad \Leftrightarrow \quad \xi = e^{-\frac{\xi_1^2}{2}}$$

$$g_1 := \sin \pi\, g \quad \Leftrightarrow \quad g = \frac{1}{\pi} \arcsin g_1 \quad ,$$

so daß

$$\zeta = \xi_1 \, g_1$$

gilt und berechnet zunächst die Wahrscheinlichkeitsdichteverteilungen von ξ_1 und g_1. Dabei wird das Gebiet

$$0 < e^{-\frac{x^2}{2}} \leq \xi \leq 1$$

auf das Gebiet

$$0 \leq \xi_1 \leq x$$

abgebildet, und damit erhält man

$$F_{\xi_1}(x) = \int_{e^{-\frac{x^2}{2}}}^{1} dx_1$$

$$= 1 - e^{-\frac{x^2}{2}} \quad \text{für } 0 \leq x < \infty \quad .$$

(Die Zufallsgröße ξ ist zwischen 0 und 1 gleichverteilt, d. h. $f_\xi(x) = 1$.) und

$$f_{\xi_1}(x) = x \, \mathrm{e}^{-\frac{x^2}{2}} \quad \text{für } 0 \leq x < \infty \quad .$$

Diese Wahrscheinlichkcitsdichtefunktion entspricht der Verteilung $f_g(x)$ aus dem ersten Teil der Aufgabe.

Die Zufallsvariable g wird für

$$0 \leq g \leq \frac{1}{\pi} \text{arc sin } x$$

und für

$$\frac{1}{\pi}(\pi - \text{arc sin } x) \leq g \leq 1$$

auf das Gebiet

$$0 \leq g_1 \leq x$$

abgebildet. Mit der Voraussetzung, daß g gleichverteilt ist, ergibt sich

$$F_{g_1}(x) = \int_0^{\frac{1}{\pi}\text{arc sin } x} dx_1 + \int_{\frac{1}{\pi}(\pi - \text{arc sin } x)}^{1} dx_1$$

$$= \frac{1}{\pi} \text{arc sin}\, x + 1 - \frac{1}{\pi} (\pi - \text{arc sin}\, x)$$

$$= \frac{2}{\pi} \text{arc sin}\, x$$

$$f_{g_1}(x) = \frac{2}{\pi} \frac{1}{\sqrt{1-x^2}} \quad \text{mit } 0 \le x < 1 \quad .$$

Die verbleibende Rechnung verläuft analog zum ersten Teil der Aufgabe für $x \ge 0$. Das Ergebnis ist also

$$f_\xi(x) = \begin{cases} \sqrt{\frac{2}{\pi}}\, e^{-\frac{x^2}{2}} & \text{für } x \ge 0 \\ 0 & \text{für } x < 0 \end{cases} \quad .$$

Lösung W-3 (Wahrscheinlichkeit)

Die Ereignisse $A, \overline{A}, A_i$ und $\overline{A}_i$ mögen wie folgt definiert sein:

A : Die Gesamtschaltung arbeitet nach 10 Stunden nicht mehr.

$\overline{A}$: Die Gesamtschaltung arbeitet noch nach 10 Stunden.

A_i : Bauelement i nach 10 Stunden defekt.

$\overline{A}_i$: Bauelement i nach 10 Stunden in Ordnung.

Die gesuchte Wahrscheinlichkeit $P(A)$ berechnet sich zu

$$P(A) = 1 - P(\overline{A}) = 1 - P(\overline{A}_1 \cap \overline{A}_2 \cap \overline{A}_3 \cap \overline{A}_4 \cap \overline{A}_5)$$

$$= 1 - P(\overline{A}_1)\, P(\overline{A}_2)\, P(\overline{A}_3)\, P(\overline{A}_4)\, P(\overline{A}_5)$$

$$= 1 - (1 - 0{,}1)^5 = 0{,}41 \quad .$$

Lösung W-4 (Kovarianz)

$$E\left[\left(x-\overline{x}\right)(y-\overline{y})\right]=E\left[xy-\overline{x}y-x\overline{y}+\overline{x}\overline{y}\right]$$

$$=E[xy]-E\left[\overline{x}y\right]-E\left[x\overline{y}\right]+E\left[\overline{x}\overline{y}\right]$$

$$=E[xy]-\overline{x}\overline{y}-\overline{x}\overline{y}+\overline{x}\overline{y}$$

$$=E[xy]-\overline{x}\overline{y}$$

$$=E[xy]-E[x]E[y] \quad .$$

Lösung W-5 (Wahrscheinlichkeitsdichtefunktion)

Zunächst soll die Wahrscheinlichkeitsdichtefunktion einer Zufallsvariablen $\eta = \zeta_1 + \zeta_2$ berechnet werden. f_{ζ_1} und f_{ζ_2} sind gegeben und voneinander unabhängig. Aus

$$P(\eta < z) = P(\zeta_1 + \zeta_2 < z)$$

folgt

$$\int_{-\infty}^{z} f_\eta(x)\, dx = \int_G \int f_{\zeta_1\zeta_2}(x,y)\, dxdy = \int_G \int f_{\zeta_1}(x)\, f_{\zeta_2}(y)\, dxdy$$

mit dem Gebiet

$$G = \left\{(x,y) \in R^2 \middle| x + y < z \right\} \quad .$$

Damit lautet die weitere Berechnung

$$\int_{-\infty}^{z} f_\eta(x)\, dx = \int_{-\infty}^{\infty} \int_{-\infty}^{z-y} f_{\zeta_1}(x)\, f_{\zeta_2}(y)\, dxdy \quad .$$

Durch Differentiation nach z ergibt sich

$$f_\eta(z) = \int_{-\infty}^{\infty} f_{\zeta_1}(z-y)\, f_{\zeta_2}(y)\, dy \quad .$$

Wendet man nun die Laplace-Transformation an, lautet die Lösung

$$\mathcal{L}\{f_\eta(z)\} = \mathcal{L}\{f_{\zeta_1}(z)\}\, \mathcal{L}\{f_{\zeta_2}(z)\} \quad .$$

Betrachtet man nun das Problem aus der Aufgabenstellung, so ist direkt ersichtlich, daß sich die Laplace-Transformierte der gesuchten Wahrscheinlichkeitsdichtefunktion zu

$$\mathcal{L}\{f_\xi(x)\} = \prod_{i=1}^{4} \mathcal{L}\{f_{\xi_i}(x)\}$$

berechnen läßt. Weiterhin ergibt sich wegen

$$f_{\xi_i}(x) = \frac{1}{a}\left[s(x) - s(x-a)\right]$$

mit

$$\mathcal{L}\{f_{\xi_i}(x)\} = \frac{1}{a}\frac{1-e^{-as}}{s}$$

$$\mathcal{L}\{f_\xi(x)\} = \frac{1}{a^4}\frac{\left(1-e^{-as}\right)^4}{s^4} = \frac{1}{a^4}\frac{1-4e^{-as}+6e^{-2as}-4e^{-3as}+e^{-4as}}{s^4}$$

und durch Rücktransformation

$$f_\xi(x) = \begin{cases} 0 & x \le 0 \\ \frac{1}{6a^4}x^3 & 0 < x \le a \\ \frac{1}{6a^4}\left[x^3 - 4(x-a)^3\right] & a < x \le 2a \\ \frac{1}{6a^4}\left[x^3 - 4(x-a)^3 + 6(x-2a)^3\right] & 2a < x \le 3a \\ \frac{1}{6a^4}\left[x^3 - 4(x-a)^3 + 6(x-2a)^3 - 4(x-3a)^3\right] & 3a < x \le 4a \\ 0 & x > 4a \end{cases}$$

In Bild W-5.1 ist ein Vergleich der Wahrscheinlichkeitsdichtefunktion $f_\xi(x)$ für $a = 1$ mit einer Gaußverteilung dargestellt, die den gleichen Mittelwert und die gleiche Varianz hat wie $f_\xi(x)$.

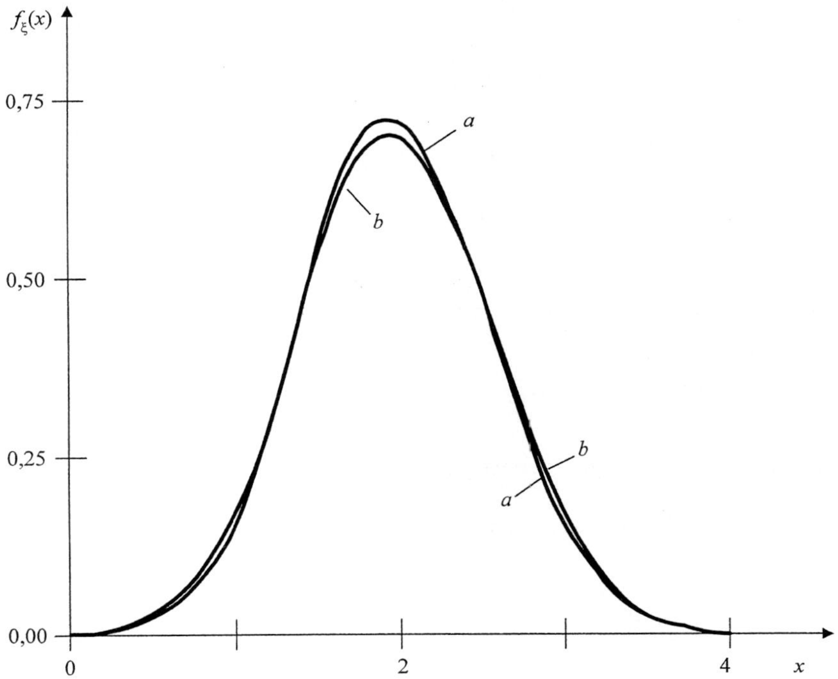

Bild W-5.1. Die Verteilung der Zufallsvariablen ζ (a) und einer Gaußverteilung (b)

An dieser Ausgabe wird daher exemplarisch deutlich, daß die Summe einer Anzahl unabhängiger Zufallsvariablen

$$\xi = \sum_{i=1}^{n} \xi_i$$

mit nahezu beliebiger Dichtefunktion $f_{\xi_i}(x)$ (hier eine Gleichverteilung zwischen zwei Werten) für $n \to \infty$ unter wenig einschränkenden Bedingungen einer Gaußschen Zufallsvariablen zustreben.

Lösung W-6 (Autokorrelationsfunktion)

Nach Gl. (1.4.4) (Buch Regelungstechnik III) berechnet sich die gesuchte Autokorrelationsfunktion

$$R_{xx}(\tau) = \frac{1}{\pi} \int_0^\infty S_{xx}(\omega) \cos \omega\tau \, d\omega \quad .$$

Mit der in der Aufgabenstellung gegebenen Spektralverteilung ergibt sich die Lösung

$$R_{xx}(\tau) = \frac{1}{\pi} \int_0^{\omega_0} \delta_0 \cos \omega\tau \, d\omega$$

$$= \frac{1}{\pi} \delta_0 \frac{\sin \omega_0 \tau}{\tau} \quad .$$

Lösung W-7 (Signalenergie)

Zunächst soll der folgende an die *Parcevalsche Formel* angelehnte Satz bewiesen werden

$$\int_{-\infty}^{\infty} f^2(t)\,dt = \frac{1}{\pi}\int_{0}^{\infty} |F(j\omega)|^2\,d\omega \quad , \tag{W-7.1}$$

wobei

$$F(j\omega) = \mathcal{F}\{f(t)\}$$

als Fourier-Transformierte von $f(t)$ bezeichnet wird.

Beweis:

Aus

$$\mathcal{F}\{f_1(t)\,f_2(t)\} = \int_{-\infty}^{\infty} f_1(t)\,f_2(t)\,e^{-j\omega t}\,dt$$

$$= \frac{1}{2\pi}\int_{-\infty}^{\infty} F_1(ju)\,F_2(j\omega - ju)\,du \tag{W-7.2}$$

folgt für $\omega = 0$

$$\int_{-\infty}^{\infty} f_1(t)\,f_2(t)\,dt = \frac{1}{2\pi}\int_{-\infty}^{\infty} F_1(ju)\,F_2(-ju)\,du \quad . \tag{W-7.3}$$

Setzt man

$$f_1(t) = f_2(t) = f(t) \quad ,$$

so stellt der rechte Term von Gl. (W-7.3) gerade die Energie eines Signals $f(t)$ dar. Sie berechnet sich zu

$$E_{ges} = \int_{-\infty}^{\infty} f^2(t)\,dt = \frac{1}{2\pi}\int_{-\infty}^{\infty} F(j\omega)\,F(-j\omega)\,d\omega \quad . \tag{W-7.4}$$

Weiterhin ergibt sich

$$\int_{-\infty}^{\infty} f^2(t)\,dt = \frac{1}{2\pi}\int_{-\infty}^{\infty} |F(j\omega)|^2\,d\omega = \frac{1}{\pi}\int_{0}^{\infty} |F(j\omega)|^2\,d\omega \quad , \tag{W-7.5}$$

wenn man berücksichtigt, daß $F(-j\omega)$ durch

$$F(-j\omega) = F^*(j\omega) \tag{W-7.6}$$

gegeben ist. ■

Die Fourier-Transformierte des Signals $f(t)$ ist gegeben durch

$$\mathcal{F}\left\{\frac{1}{\pi}\frac{\sin\omega_0 t}{t}\right\} = \begin{cases} 1 & |\omega| \le \omega_0 \\ 0 & |\omega| > \omega_0 \end{cases} \quad .$$

Somit berechnet sich die gesuchte Signalenergie zu

$$E_{ges} = \int_{-\infty}^{\infty} f^2(t)\,dt = \frac{1}{\pi}\int_0^{\omega_0} 1 d\omega = \frac{\omega_0}{\pi} \quad .$$

(siehe Buch Regelungstechnik III, Gl. (1.4.5)).

Lösung W-8 (Stochastischer Prozeß)

Der Mittelwert kann aus der Autokorrelationsfunktion durch Grenzwertbildung

$$\bar{x}^2 = \lim_{\tau \to \infty} R_{xx}(\tau) \tag{W-8.1}$$

berechnet werden (Buch Regelungstechnik III, Gl. (1.3.7)). Die Varianz läßt sich definitionsgemäß durch

$$\sigma_x^2 = \lim_{T \to \infty} \frac{1}{2T} \int_{-T}^{T} \left[x(t) - \bar{x}\right]^2 dt$$

$$= \lim_{T \to \infty} \frac{1}{2T} \left[\int_{-T}^{T} x^2(t)\, dt - 2 \int_{-T}^{T} x(t)\,\bar{x}\, dt + \int_{-T}^{T} \bar{x}^2\, dt\right] \tag{W-8.2}$$

$$= R_{xx}(0) + \lim_{T \to \infty} \frac{1}{2T} \left[\bar{x}^2 \int_{-T}^{T} dt - 2\,\bar{x} \int_{-T}^{T} x(t)\, dt\right]$$

berechnet. Berücksichtigt man die Definition des Mittelwertes und der Autokorrelation, so ist die Varianz durch

$$\sigma_x^2 = R_{xx}(0) - \bar{x}^2 \tag{W-8.3}$$

gegeben.

a)

$$\bar{x} = \sqrt{\lim_{\tau \to \infty} \left[25 + 100\, e^{-5|\tau|}\right]} = 5$$

$$\sigma_x^2 = R_{xx}(0) - \bar{x}^2 = 100 \quad .$$

Die Spektraldichte von $x(t)$ ergibt sich nach Gl. (1.4.3) (Buch Regelungstechnik III)

$$S_{xx}(\omega) = 50 \int_0^{\infty} \cos\omega\tau\, d\omega + 200 \int_0^{\infty} e^{-5|\tau|} \cos\omega\tau\, d\tau \quad . \tag{W-8.4}$$

Mit Hilfe von Gl. (1.4.9) (Buch Regelungstechnik III) und der Erkenntnis, daß die Funktion im zweiten Integral von Gl. (W-8.4) gerade ist, erhält man wegen

$$e^{j\omega\tau} = \cos\omega\tau + j \sin\omega\tau\ , \quad \cos\omega\tau = \mathrm{Re}\left\{e^{j\omega\tau}\right\}$$

$$S_{xx}(\omega) = 50\pi\delta(\omega) + 200 \operatorname{Re}\left\{ \int_0^\infty e^{(-5+j\omega)\tau}\, d\tau \right\}$$

$$= 50\pi\delta(\omega) + 200 \operatorname{Re}\left\{ \frac{1}{-5+j\omega} e^{(-5+j\omega)\tau} \Big|_0^\infty \right\}$$

$$= 50\pi\delta(\omega) + 200 \operatorname{Re}\left\{ \frac{-5-j\omega}{25+\omega^2} e^{(-5+j\omega)\tau} \Big|_0^\infty \right\}$$

$$= 50\pi\delta(\omega) + 200 \frac{5}{25+\omega^2} \quad .$$

b) Dieser Aufgabenteil läßt sich analog zu Abschnitt W-8a lösen

$$\bar{x} = \sqrt{\lim_{\tau\to\infty} A\, e^{-0,5|\tau|} \cos 2\tau} = 0$$

$$\sigma_x^2 = R_{xx}(0) - \bar{x}^2 = R_{xx}(0)$$

$$\sigma_x^2 = A$$

$$S_{xx}(\omega) = 2A \int_0^\infty e^{-0,5|\tau|} \cos 2\tau \cos\omega\tau d\tau$$

$$= 2A \int_0^\infty e^{-0,5\tau} \frac{1}{2} (\cos(2\tau - \omega\tau) + \cos(2\tau + \omega\tau))\, d\tau$$

$$= A \operatorname{Re}\left\{ \int_0^\infty e^{-0,5\tau} \left[e^{j(2\tau-\omega\tau)} + e^{j(2\tau+\omega\tau)} \right] d\tau \right\}$$

$$= A \operatorname{Re}\left\{ \frac{e^{(-0,5+j(2-\omega))\tau}}{-0,5+j(2-\omega)} + \frac{e^{(-0,5+j(2+\omega))\tau}}{-0,5+j(2+\omega)} \Big|_0^\infty \right\}$$

$$= A \operatorname{Re}\left\{ \frac{-0,5-j(2-\omega)}{0,25+(2-\omega)^2} e^{(-0,5+j(2-\omega))\tau} + \frac{-0,5-j(2+\omega)}{0,25+(2+\omega)^2} \right.$$

$$\left. e^{(-0,5+j(2+\omega))\tau} \Big|_0^\infty \right\}$$

$$= A \left(\frac{0,5}{0,25+(2-\omega)^2} + \frac{0,5}{0,25+(2+\omega)^2} \right) \quad .$$

Lösung W-9 (Autokorrelationsfunktion, Mittelwert, Varianz)

Zur Berechnung der Autokorrelationsfunktion, des Mittelwertes und der Varianz werden die folgenden Formeln verwendet:

$$R_{xx}(\tau) = \lim_{T\to\infty} \frac{1}{2T} \int_{-T}^{T} x(t)\, x(t-\tau)\, dt$$

$$= \lim_{T\to\infty} \frac{1}{2T} \int_{-T}^{T} x(t)\, x(t+\tau)\, dt$$

$$\bar{x} = \lim_{T\to\infty} \frac{1}{2T} \int_{-T}^{T} x(t)\, dt$$

$$\sigma_x^2 = R_{xx}(0) - \bar{x}^2 \quad .$$

Insbesondere gilt für periodische Signale $x(t)$ mit der Periode T_1

$$R_{xx}(\tau) = \frac{1}{T_1} \int_{0}^{T_1} x(t)\, x(t-\tau)\, dt$$

$$\bar{x} = \frac{1}{T_1} \int_{0}^{T_1} x(t)\, dt \quad .$$

a) $T_1 = 2T$

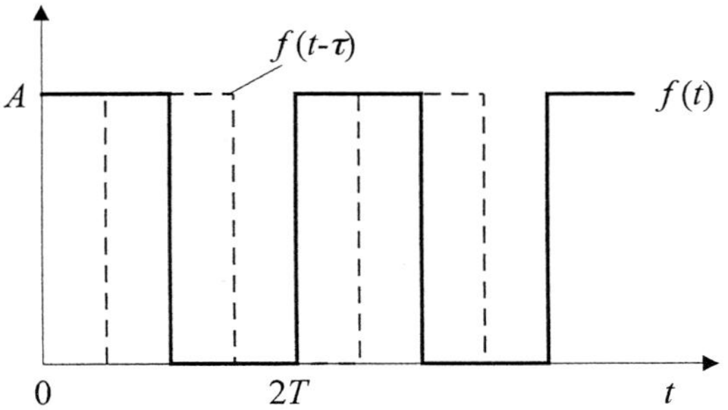

Bild W-9.1. Zeitfunktion $f(t)$ und $f(t-\tau)$

$$R_{ff}(\tau) = \frac{1}{2T} \int_0^{2T} = f(t)\, f(t-\tau)\, dt = \begin{cases} \dfrac{A^2(T-\tau)}{2T} & 0 \le \tau < T \\ \dfrac{A^2(\tau - T)}{2T} & T \le \tau < 2T \end{cases}$$

$$\bar{x} \quad = \frac{1}{2T} \int_0^{2T} x(t)\, dt = \frac{A}{2}$$

$$\sigma_x^2 \quad = R_{ff}(0) - \overline{x^2} = \frac{A^2}{2} - \frac{A^2}{4} = \frac{A^2}{4} \quad .$$

b) $R_{xx}(\tau) = 0$ für $|\tau| > T$, da die verschiedenen Werte x_i voneinander unabhängig sind.

$$R_{xx}(\tau) = \lim_{T \to \infty} \frac{1}{2T} \int_{-T}^{T} x(t)\, x(t+\tau)\, dt$$

$$= \lim_{n \to \infty} \frac{1}{N} \sum_{i=1}^{N} \frac{1}{T} \left\{ \int_{(i-1)T}^{iT-\tau} x(t)\, x(t+\tau)\, dt + \int_{iT-\tau}^{iT} x(t)\, x(t+\tau)\, dt \right\}$$

$$= \lim_{n \to \infty} \frac{1}{N} \sum_{i=1}^{N} \frac{1}{T} \left\{ x_i^2\, t \Big|_{(i-1)T}^{iT-\tau} + x_i x_{i+1} t \Big|_{iT-\tau}^{iT} \right\}$$

$$= \lim_{n \to \infty} \frac{1}{N} \sum_{i=1}^{N} \frac{1}{T} \left\{ x_i^2\, (iT - \tau - (iT) + x_i x_{i+1} (iT - iT + \tau) \right\}$$

$$= \lim_{n \to \infty} \frac{1}{N} \sum_{i=1}^{N} x_i^2 \left(1 - \frac{\tau}{T}\right) + \lim_{n \to \infty} \frac{1}{N} \sum_{i=1}^{N} \frac{\tau}{T} x_i x_{i+1} \quad .$$

Berücksichtigt man die statistische Unabhängigkeit der x_i, so folgt

$$R_{xx}(\tau) = \overline{x^2} \left(1 - \frac{\tau}{T}\right) + \frac{\tau}{T} \bar{x}^2 = \overline{x^2} \left(1 - \frac{\tau}{T}\right) \quad ,$$

da der Gleichanteil

$\bar{x} = 0$ ist (siehe Aufgabenstellung)

$$\sigma_x^2 = R_{xx}(0) = \lim_{N \to \infty} \frac{1}{N} \sum_{i=1}^{N} x_i^2 \quad .$$

c)

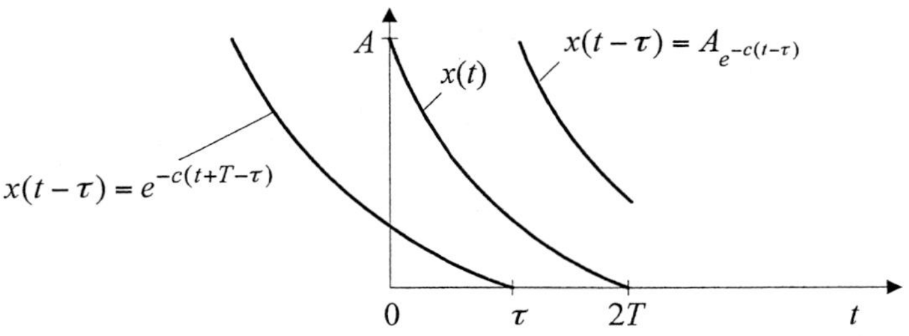

Bild W-9.2. Zur Berechnung der Autokorrelationsfunktion

$$R_{xx}(\tau) = \frac{1}{T_1}\int_0^{T_1} x(t)\,x(t-\tau)\,dt\,; \quad T_1 = T$$

$$= \frac{1}{T}\int_0^{\tau} A^2 e^{-ct} e^{-c(t+T-\tau)}\,dt + \int_{\tau}^{T} A^2 e^{-ct} e^{-c(t-\tau)}\,dt$$

$$= \frac{A^2}{T}\left[\int_0^{\tau} e^{-2ct}\, e^{-c(T-\tau)}\,dt + \int_{\tau}^{T} e^{-2ct}\, e^{c\tau}\,dt\right]$$

$$= \frac{-A^2}{2cT}\left[e^{-c(T-\tau)}\,(e^{-2c\tau}-1) + e^{c\tau}(e^{-2cT}-e^{-2c\tau})\right]$$

$$= \frac{A^2}{2cT}\left[e^{-\tau}\,(1-e^{cT}) + e^{c\tau}(e^{cT}-e^{-2cT})\right]$$

$$\bar{x} = \frac{1}{T}\int_0^{T} A\,e^{-ct}\,dt = -\frac{A}{cT}(e^{-cT}-1) = \frac{A}{cT}(1-e^{-cT})$$

$$\sigma_x^2 = R_{xx}(0) - \bar{x}^2 = \frac{A^2}{2cT}\left[1-e^{-2cT}\right] - \left[\frac{A}{cT}(1-e^{-cT})\right]^2$$

$$= \frac{A^2}{2c^2T^2}\left[cT(1-e^{-2cT}) - 2(1-e^{-cT})^2\right]$$

Lösung W-10 (Mittlere Signalleistung)

Die mittlere Signalleistung des Ausgangssignals ist definiert als

$$\overline{y^2} = R_{yy}(\tau = 0) = \mathcal{F}^{-1}\left\{S_{yy}(\omega)\right\} = \frac{1}{2\pi}\int_{-\infty}^{\infty} S_{yy}(\omega)\, e^{j\omega\tau}\, d\omega$$

$$= \frac{1}{2\pi}\int_{-\infty}^{\infty} S_{yy}(\omega)\, d\omega \quad , \qquad \text{(W-10.1)}$$

wobei sich die spektrale Leistungsdichte $S_{yy}(\omega)$ über

$$S_{yy}(\omega) = \left|G(j\omega)\right|^2 \cdot S_{uu}(\omega) \qquad \text{(W-10.2)}$$

(siehe Gleichung 2.3.4 Buch „Regelungstechnik III“) mit

$S_{uu}(\omega) = C$ ergibt (laut Aufgabenstellung). (W-10.3)

Die Übertragungsfunktion $G(j\omega)$ ergibt sich als

$$G(j\omega) = \frac{Y(j\omega)}{U(j\omega)} = \frac{R_2 \,||\, \frac{1}{j\omega C_1} \,||\, \left(R_3 + \frac{1}{j\omega C_2}\right)}{R_1 + R_2 \,||\, \frac{1}{j\omega C_1} \,||\, \left(R_3 + \frac{1}{j\omega C_2}\right)}$$

$$G(j\omega) = \frac{\dfrac{1}{\dfrac{1}{R_2} + j\omega C_1 + \dfrac{1}{R_3 + \dfrac{1}{j\omega C_2}}}}{R_1 + \dfrac{1}{\dfrac{1}{R_2} + j\omega C_1 + \dfrac{1}{R_3 + \dfrac{1}{j\omega C_2}}}}$$

$$G(j\omega) = \frac{\dfrac{1}{\dfrac{1}{R_2} + j\omega C_1 + \dfrac{j\omega C_2}{j\omega C_2 R_3 + 1}}}{R_1 + \dfrac{1}{\dfrac{1}{R_2} + j\omega C_1 + \dfrac{j\omega C_2}{1 + j\omega C_2 R_3}}}$$

$$G(j\omega)=\frac{\dfrac{R_2(1+j\omega C_2R_3)}{(1+j\omega C_2R_3)+j\omega C_1R_2(1+j\omega C_2R_3)+j\omega C_2R_2}}{R_1+\dfrac{R_2(1+j\omega C_2R_3)}{(1+j\omega C_2R_3)+j\omega C_1R_2(1+j\omega C_2R_3)+j\omega C_2R_2}}$$

$$G(j\omega)=\frac{R_2(1+j\omega C_2R_3)}{R_1\left[(1+j\omega C_2R_3)+j\omega C_1R_2(1+j\omega C_2R_3)+j\omega C_2R_2\right]+R_2(1+j\omega C_2R_3)} \quad .$$

Weiterhin ergibt sich mit den angegebenen Zahlenwerten

$$G(j\omega)=\frac{2+j}{3+4j\omega-\omega^2} \quad .$$

Die gesuchte mittlere Signalleistung berechnet sich über die Gln. (W-10.1-W-10.3) zu

$$\overline{y^2}=R_{yy}(0)=\frac{1}{2\pi}\int_{-\infty}^{\infty} G(j\omega)\,G(-j\omega)\cdot C\,d\omega \quad . \qquad \text{(W-10.4)}$$

Durch die Substitution

$$j\omega=s$$

erhält man die mittlere Signalleistung

$$\overline{y^2}=\frac{1}{2\pi j}\int_{-j\infty}^{j\infty}\frac{(2+s)}{(s^2+4s+3)}\,\frac{(2-s)}{(s^2-4s+3)}\,C\,ds \quad . \qquad \text{(W-10.5)}$$

Über den Cauchyschen Residuensatz (Buch Regelungstechnik III, Gl. (2.3.12)) wird Gl. (W-10.5) wie folgt ausgewertet:

$$\overline{y^2}=\sum_{\text{Pole links}}\text{Res}\left\{\frac{(2+s)\,(2-s)\,C}{(s^2+4s+3)\,(s^2-4s+3)}\right\}$$

$$=\sum_{\text{Pole links}}\text{Res}\left\{\frac{(2+s)\,(2-s)\,C}{(s+1)\,(s+3)\,(s-3)\,(s-1)}\right\}$$

$$=\left.\frac{(2+s)\,(2-s)\,C}{(s-1)\,(s+3)\,(s-3)}\right|_{s=-1}+\left.\frac{(2+s)\,(2-s)\,C}{(s+1)\,(s-1)\,(s-3)}\right|_{s=-3}$$

$$=\frac{3\,C}{-2\cdot 2\cdot(-4)}+\frac{-5\,C}{-2\cdot(-4)\,(-6)}$$

$$=\frac{3\,C}{16}+\frac{5C}{48}=\frac{7\,C}{24} \quad .$$

Lösung W-11 (Spektrale Leistungsdichte)

Die AKF einer m-Impulsfolge mit der Amplitude c ist in Bild W-11.1 dargestellt.

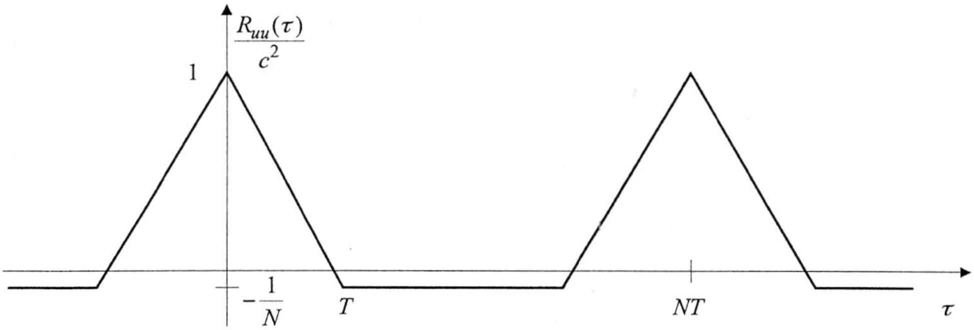

Bild W-11.1. AKF einer m-Impulsfolge, Amplitude c

Zerlegt man die AKF in einen Gleichanteil und einen periodischen Anteil, so erhält man in Anlehnung an Tabelle 3.2.1 (Buch Regelungstechnik III)

$$R_{uu}(\tau) = R_{uu1} + R_{uu2}(\tau)$$

$$R_{uu1} = -\frac{c^2}{N}$$

$$R_{uu2}(\tau) = c^2\left(1+\frac{1}{N}\right)\left(1-\frac{|\tau - nNT|}{T}\right) \quad \text{für } (nN-1)\,T \le \tau \le (nN+1)\,T$$

$$n = 0\,,\pm 1\,,\pm 2\,,\ldots$$

Die Funktion $R_{uu}(\tau)$ läßt sich in eine Fourierreihe

$$R_{uu}(\tau) = \frac{a_0}{2} + \sum_{n=1}^{\infty} a_n \cos n\omega\tau$$

entwickeln mit den Koeffizienten

$$a_n = \frac{2}{N\cdot T}\int_0^{N\cdot T} R_{uu}(\tau)\cos n\omega\tau \, d\tau\,; \quad \omega = \frac{2\pi}{N\cdot T} \quad .$$

$$a_0 = \frac{2}{N\cdot T}\int_0^{N\cdot T} R_{uu}(\tau)\, d\tau$$

$$= \frac{2}{N \cdot T}\left(\int_0^T R_{uu2}(\tau)\, d\tau + \int_{(N-1)T}^{N \cdot T} R_{uu2}(\tau)\, d\tau + \int_0^{N \cdot T} R_{uu1}(\tau)\, d\tau \right)$$

$$= \frac{2}{N \cdot T}\left(c^2\left(1 + \frac{1}{N}\right) T - c^2 T \right)$$

$$= \frac{2c^2}{N^2}$$

$$a_n = \frac{2c^2}{N^2}\left[2 \cdot \int_0^T \left(1 + \frac{1}{N}\right)\left(1 - \frac{\tau}{T}\right) \cos n\omega\tau \, d\tau - \underbrace{\int_0^{N \cdot T} \frac{1}{N} \cos n\omega\tau \, d\tau}_{=0} \right]$$

$$= \frac{4c^2}{N \cdot T}\left(1 + \frac{1}{N}\right) \cdot \int_0^T \left[\cos\left(n \frac{2\pi}{N \cdot T} \tau\right) - \frac{\tau}{T} \cos\left(n \frac{2\pi}{N \cdot T} \tau\right) \right] d\tau$$

$$= \frac{4c^2}{N \cdot T}\left(1 + \frac{1}{N}\right)\left\{ \frac{NT}{2n\pi} \sin\left(\frac{n \cdot 2\pi}{NT} \tau\right)\Bigg|_0^T - \frac{1}{T}\left[\left(\frac{NT}{2n\pi}\right)^2 \cos\left(\frac{2n\pi}{NT} \tau\right) \right.\right.$$

$$\left.\left. + \frac{NT}{2n\pi} \tau \sin\left(\frac{2n\pi}{NT} \tau\right) \right]\Bigg|_0^T \right\}$$

$$= \frac{4c^2(N+1)}{N^2}\left\{ \frac{N}{2n\pi} \sin \frac{2n\pi}{N} - \left(\frac{N}{2n\pi}\right)^2 \cos \frac{2n\pi}{N} - \frac{N}{2n\pi} \sin \frac{2n\pi}{N} \right.$$

$$\left. + \left(\frac{N}{2n\pi}\right)^2 \right\}$$

$$= \frac{4c^2(N+1)}{N^2}\left(\frac{N}{2n\pi}\right)^2\left(1 - \cos \frac{2n\pi}{N}\right) = \frac{2c^2(N+1)}{N^2}\left(\frac{\sin \frac{n\pi}{N}}{\frac{n\pi}{N}} \right)^2 .$$

Damit erhält man die Fourierreihe der AKF zu

$$R_{uu}(\tau) = \frac{c^2}{N^2}\left[1 + 2(N+1) \sum_{n=1}^{\infty} \left(\frac{\sin\left(\frac{n\pi}{N}\right)}{\frac{n\pi}{N}} \right)^2 \cos\left(\frac{2n\pi}{N} \frac{\tau}{T}\right) \right] .$$

Die spektrale Leistungsdichte ergibt sich zu

$$S_{uu}(\omega) = \mathcal{F}\{R_{uu}(\tau)\}$$

$$= \int_{-\infty}^{\infty} R_{uu}(\tau)\cos\omega\tau \, d\tau$$

$$= \frac{c^2}{N^2}\int_{-\infty}^{\infty}\left[\cos\omega\tau + 2(N+1)\sum_{n=1}^{\infty}\left(\frac{\sin\left(\frac{n\pi}{N}\right)}{\frac{n\pi}{N}}\right)^2 \cos\left(\frac{2n\pi}{N}\frac{\tau}{T}\right)\cdot\cos\omega\tau\right] d\tau \quad .$$

Mit

$$\int_{-\infty}^{\infty} \cos\omega_1\tau \cos\omega\tau \, d\tau = \frac{1}{2}\int_{-\infty}^{\infty} \left[\cos(\omega-\omega_1)\,\tau\right] d\tau$$

$$= \pi(\delta(\omega-\omega_1) + \delta(\omega+\omega_1))$$

folgt

$$S_{uu}(\omega) = \frac{2\cdot c^2\pi}{N^2}\left[\delta(\omega) + (N+1)\sum_{n=1}^{\infty}\left(\frac{\sin\left(\frac{n\pi}{N}\right)}{\frac{n\pi}{N}}\right)^2 \left(\delta\left(\omega - \frac{2n\pi}{NT}\right) + \delta\left(+\frac{2n\pi}{NT}\right)\right)\right]$$

als spektrale Leistungsdichte einer m-Impulsfolge. Das Spektrum für $N = 7$ ist in Bild W-11.2 dargestellt. Es ist ein diskretes Linienspektrum mit der Einhüllenden $\left(\frac{\sin x}{x}\right)^2$ und einem kleinen Beitrag für ω = 0.

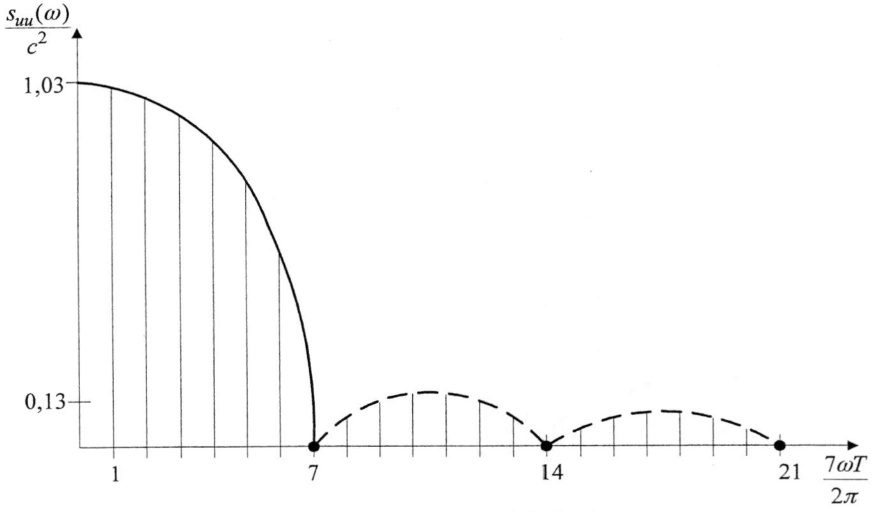

Bild W.11.2. Diskretes Linienspektrum einer m-Impulsfolge für $N = 7$

Lösung W-12 (Wahrscheinlichkeit, Poisson-Verteilung)

Gegeben ist ein Telegraphensignal, das nur die Werte $+c$ und $-c$ annehmen kann. Die Vorzeichenwechsel sind statistisch verteilt, treten aber im Mittel pro Zeiteinheit ν-mal auf.

Es wird zunächst untersucht, wie groß die Wahrscheinlichkeit ist, daß in einem Zeitintervall **kein** Vorzeichenwechsel stattfindet. Die Anzahl der Vorzeichenwechsel wird als Ereignis x definiert, d. h.

$x = 1$	bedeutet **ein** Vorzeichenwechsel pro Zeiteinheit
$x = 0$	bedeutet **kein** Vorzeichenwechsel pro Zeiteinheit
$P\{x = n: 0, \tau\}$	ist die Wahrscheinlichkeit, daß n Vorzeichenwechsel im Zeitintervall τ auftreten.

Betrachtet man zunächst ein Zeitintervall $\Delta\tau$, wobei $\Delta\tau$ beliebig klein werden kann, so kann in dem Intervall $\Delta\tau$ höchstens ein Vorzeichenwechsel auftreten, und die Wahrscheinlichkeit daür ist

$$P\{x = 1: 0, \Delta\tau\} = \nu \cdot \Delta\tau \quad . \tag{W-12.1}$$

Außerdem gilt

$$P\{x = 1: 0, \Delta\tau\} + P\{x = 0: 0, \Delta\tau\} = 1 \quad ,$$

und mit Gl. (W-12.1) erhält man

$$P\{x = 0: 0, \Delta\tau\} = 1 - \nu\Delta\tau \quad . \tag{W-12.2}$$

Für ein größeres Zeitintervall $0, \tau + \Delta\tau$ ist die Wahrscheinlichkeit, daß **kein** Vorzeichenwechsel stattfindet,

$$P\{x = 0: 0, \tau + \Delta\tau\} = P\{x = 0: 0, \tau\} \cdot P\{x = 0: \tau, \tau + \Delta\tau\} \quad .$$

Mit Gl. (W-12.2) folgt

$$P\{x = 0: 0, \tau + \Delta\tau\} = P\{x = 0: 0, \tau\} \cdot (1 - \nu\Delta\tau)$$

bzw.

$$\frac{P\{x = 0: 0, \tau + \Delta\tau\} - P\{x = 0: 0, \tau\}}{\Delta\tau} + \nu\, P\{x = 0: 0, \tau\} = 0 \quad .$$

Der Grenzübergang $\Delta\tau \to 0$ liefert die homogene Differentialgleichung

$$\frac{dP\{x = 0: 0, \tau\}}{d\tau} + \nu \cdot P\{x = 0: 0, \tau\} = 0 \quad .$$

Mit der Anfangsbedingung

$$P\{x = 0: 0,0\} = 1$$

erhält man die Lösung

$$P\{x = 0: 0,\tau\} = e^{-\nu\vartheta\tau} \quad . \qquad \text{(W-12.3)}$$

Gl. (W-12.3) gibt also die Wahrscheinlichkeit dafür an, daß im Intervall $0 \rightarrow \tau$ kein Vorzeichenwechsel stattfindet. Um zu untersuchen, wie groß die Wahrscheinlichkeit ist, daß n Vorzeichenwechsel pro Zeiteinheit auftreten, wird das Intervall wieder in zwei Zeitabschnitte aufgeteilt und die Wahrscheinlichkeit betrachtet, daß n Vorzeichenwechsel auftreten:

$$P\{x = n: 0,\tau + \Delta\tau\} = P\{x = n: 0,\tau\} \cdot P\{x = 0: \tau,\tau + \Delta\tau\}$$
$$+P\{x = n-1: 0,\tau\} \cdot P\{x = 1: \tau,\tau + \Delta\tau\} \quad .$$

Mit Gl. (W-12.1) und (W-12.2) folgt daraus:

$$P\{x = n: 0,\tau + \Delta\tau\} = P\{x = n: 0,\tau\} \cdot (1 - \nu\Delta\tau)$$
$$+P\{x = n-1: 0,\tau\}\, \nu \cdot \Delta\tau$$

bzw.

$$\frac{P\{x = n: 0,\tau + \Delta\tau\} - P\{x = n: 0,\tau\}}{\Delta\tau} + \nu + P\{x = n: 0,\tau\} = \nu \cdot P\{x = n-1: 0,\tau\} \quad .$$

Führt man wieder den Grenzübergang $\Delta\tau \rightarrow 0$ durch, so erhält man die inhomogene Differentialgleichung

$$\frac{dP\{x = n: 0,\tau\}}{d\tau} + \nu \cdot P\{x = n: 0,\tau\} = \nu\, P\{x = n-1: 0,\tau\} \quad ,$$

die die Lösung

$$P\{x = n: 0,\tau\} = \nu \int_0^\tau e^{-\nu(\tau - t)}\, P\{x = n-1: 0,t\}\, dt \qquad \text{(W-12.4)}$$

hat.

Beginnend mit $n = 1$ erhält man rekursiv mit Hilfe von Gl. (W-12.3)

$$P\{x = 1: 0,\tau\} = \nu \int_0^\tau e^{e^{-\nu(\tau - t)}}\, e^{-\nu t}\, dt$$
$$= \nu\tau\, e^{-\nu\tau}$$

$$P\{x = 2: 0, \tau\} = \nu^2 \, e^{-\nu\tau} \int_0^{\tau} t \, dt = \frac{\nu^2 \, \tau^2}{2} \, e^{-\nu\tau}$$

$$\vdots$$

$$P\{x = n: 0, \tau\} = \frac{(\nu\tau)^n}{n!} \, e^{-\nu\tau} \, .$$

Aufgabe I-1 (Direktes LS-Verfahren)

Für das direkte Least-Squares-Verfahren berechne man den Erwartungswert des Parameterfehlers $\Delta\hat{\boldsymbol{p}}(N) = \hat{\boldsymbol{p}}(N) - \boldsymbol{p}$, also

$$E\{\Delta\hat{\boldsymbol{p}}(N)\} \quad .$$

Unter welchen Bedingungen erhält man eine konsistente Parameterschätzung $\hat{\boldsymbol{p}}(N)$?

Aufgabe I-2 (Direktes LS-Verfahren)

Gegeben ist die ungestörte Meßreihe eines PT_1-Systems gemäß Tabelle I-2.1. Das System wird durch eine Differenzengleichung 1. Ordnung

$$y(k) = -a\; y(k-1) + b\; u(k-1)$$

beschrieben. Bestimmen Sie die Parameterschätzwerte $\hat{a}$ und $\hat{b}$.

k	0	1	2	3	4	5	6	7	8
$y(k)$	0	0,15	0,405	0,374	0,111	−0,222	0,085	0,299	0,209
$u(k)$	0,5	1	0,3	−0,5	−1	0,8	0,8	0	−0,5

Tabelle I-2.1. Meßreihe des ungestörten PT_1-Systems

Aufgabe I-3 (Direktes LS-Verfahren)

Gegeben ist eine Geradengleichung, deren Meßwerte $y(k)$ von einem Rauschanteil überlagert sind:

$$y(k) = y_0 + m\,k + \varepsilon(k) \qquad \text{(I-3.1)}$$

mit

$$E\{\boldsymbol{\varepsilon}(N)\} = \mathbf{0}$$

$$E\{\boldsymbol{\varepsilon}(N)\,\boldsymbol{\varepsilon}^{\mathrm{T}}(N)\} = \sigma_\varepsilon^2\,\mathbf{I}_N$$

$$\boldsymbol{\varepsilon}^{\mathrm{T}}(N) = [\varepsilon(1)\ldots\varepsilon(N)] \quad .$$

a) Bestimmen Sie allgemein den Least-Squares-Schätzwert für den Offset y_0 und die Steigung m.

b) Ist die Schätzung konsistent ?

c) Berechnen Sie für das System Gl. (I-3.1) den Erwartungswert der Varianz der Parameterfehler.

d) Gegeben sind folgende Daten verschiedener Meßreihen:

Versuch Nr.	N	σ^2	$\sum_{i=1}^{N} y(i)$	$\sum_{i=1}^{N} i\,y(i)$
1	5	0	-1	-2
2	5	0,084	-1,5688	-3,94
3	5	0,333	-1,611	-3,6426
4	10	0,084	0,213	11,272
5	10	0,333	-1,342	2,571
6	50	0,084	98,727	3534,148
7	50	0,333	99,11	3670,766
8	100	0,084	458,689	31411,7
9	100	0,333	460,256	31830,03
10	1000	0,084	49540,278	33127347,4
11	1000	0,333	49548,996	33129279,7

Berechnen Sie die Parameterschätzwerte $\hat{y}_0, \hat{m}$, und die Varianzen der Parameterfehler.

Aufgabe I-4 (Direktes LS-Verfahren)

Gegeben sei ein gestörter autoregressiver Prozeß, dessen Parameter mit dem direkten Least-Squares-Verfahren zu bestimmen sind

$$y(k) = \sum_{i=1}^{n} a_i \, y(k-i) + \varepsilon(k) \quad . \qquad \text{(I-4.1)}$$

a) Berechnen Sie allgemein Erwartungswert der Parameterfehler und Erwartungswert der Varianz der Parameterfehler für den Prozeß nach Gl. (I-4.1). Das Rauschsignal $\varepsilon(k)$ sei wie in Aufgabe I-3 definiert. Warum läßt sich die Varianz der Parameterfehler in diesem Fall nicht numerisch exakt berechnen?

b) Zeigen Sie, daß ein Schätzwert für die Varianz der Störung $\varepsilon(k)$ zu

$$\hat{\sigma}_\varepsilon^2(N) = \frac{\hat{\varepsilon}^{\mathrm{T}}(N)\,\hat{\varepsilon}(N)}{N-n} \quad \text{mit} \quad \hat{\varepsilon}(N) = \boldsymbol{y}(N) - \boldsymbol{M}(N)\,\hat{\boldsymbol{p}}(N)$$

berechnet werden kann.

(Hinweis: Berechnen Sie zunächst $E\left\{\hat{\varepsilon}^{\mathrm{T}}(N)\hat{\varepsilon}(N)\right\}$)

Aufgabe I-5 (Matrizeninversionslemma)

Weisen Sie die Gültigkeit des Matrizeninversionslemmas

$$\left(\boldsymbol{P}^{-1} + \boldsymbol{M}^{\mathrm{T}}\,\boldsymbol{R}^{-1}\,\boldsymbol{M}\right)^{-1} = \boldsymbol{P} - \boldsymbol{P}\,\boldsymbol{M}^{\mathrm{T}}\left(\boldsymbol{M}\,\boldsymbol{P}\,\boldsymbol{M}^{\mathrm{T}} + \boldsymbol{R}\right)^{-1}\boldsymbol{M}\,\boldsymbol{P}$$

nach.

Aufgabe I-6 (RLS-Verfahren)

Gegeben ist die Geradengleichung

$$y(k) = y_0 + a\,k + \varepsilon(k) \quad ,$$

deren Meßwerte $y(k)$ durch weißes Rauschen $\varepsilon(k)$ gestört sind. Es werden N Messungen durchgeführt. Die Parameter sollen mit dem rekursiven Least-Squares-Verfahren bestimmt werden.

a) Berechnen Sie näherungsweise den Erwartungswert der Schätzung (Erwartungswerte der einzelnen Parameterfehler) für große N.

b) Berechnen Sie die Parametervarianz näherungsweise für $N >> 1$.

Aufgabe I-7 (RLS-Verfahren)

Bei der Lösung der rekursiven LS-Schätzung wird häufig die Kovarianz $\boldsymbol{P}(k)$ unter Verwendung eines Gewichtsfaktors $\rho(k) < 1$ berechnet (s. Buch "Regelungstechnik III", Gl. (4.2.120c)). Mit einer oberen Dreiecksmatrix $\boldsymbol{S}(k)$ kann $\boldsymbol{P}(k)$ in die Form

$$\boldsymbol{P}(k) = \boldsymbol{S}(k)\,S^{\mathrm{T}}(k)$$

zerlegt werden („Square-Root“-Algorithmus).

Wie läßt sich $\rho(k)$ so bestimmen, daß die Spur von $\boldsymbol{P}(k)$ während der Schätzung konstant bleibt?

Aufgabe I-8 (Identifikation im geschlossenen Regelkreis)

Wie lautet für den einfachen Fall eines Systems 1. Ordnung ($n = 1$) die Matrix $\boldsymbol{M}^{\mathrm{T}}(N)\,\boldsymbol{M}(N)$ gemäß Gl. (4.2.37) im Buch "Regelungstechnik III"? Wie lautet diese Matrix unter Verwendung eines linearen Regelgesetzes

$$u(k) = -K\,y(k) \qquad ?$$

Läßt sich in einem solchen Fall eine Identifikation im geschlossenen Regelkreis durchführen oder müssen spezielle zusätzliche Maßnahmen getroffen werden?

Aufgabe I-9 (ML-Methode)

Mit der Maximum-Likelihood-Methode soll ein dynamisches System

$$y(k) = -\sum_{i=1}^{n} a_i\, y(k-i) + \sum_{i=1}^{n} b_i\, u(k-i) + \sum_{i=1}^{n} c_i\, \varepsilon(k-i)$$

identifiziert werden. Stellen Sie die für einen Gradientenalgorithmus 2. Ordnung notwendigen Gleichungen auf (s. Buch "Regelungstechnik III", Gl. (4.2.110)).

Aufgabe I-10 (Strukturprüfverfahren)

Es wurde die diskrete Übertragungsfunktion

$$G(z^{-1}) = \frac{0{,}17z^{-1} - 0{,}0734z^{-2}}{1 - 1{,}21z^{-1} + 0{,}311z^{-2}}$$

identifiziert. Die Übergangsfunktion ist in Bild I-10.1 dargestellt. Überprüfen Sie mit Hilfe des Polynom- und des Dominanztests, ob die Systemordnung verringert werden kann. Vergleichen Sie die Sprungantwort des reduzierten Systems mit der des Originalsystems.

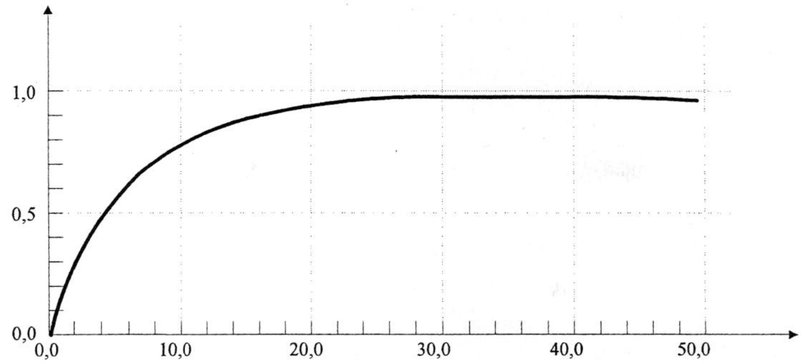

Bild I-10.1. Übergangsfunktion von $G(z^{-1})$

Aufgabe I-11 (Kont. Modell, Parallel-Modell-Adaption, Theorie von Ljapunow)

Bestimmen Sie das Adaptionsgesetz zur Berechnung der Parameter $b_{M0}, b_{M1}, a_{M0}, a_{M1}$ eines Vergleichsmodells

$$G(s) = \frac{b_{M1}s + b_{M0}}{s^2 + a_{M1}s + a_{M0}} \quad .$$

Verwenden Sie hierzu das Verfahren nach der Theorie von Ljapunow.

Aufgabe I-12 (Bilineares Modell)

Das allgemeine bilineare Modell im Eingrößenfall ist gegeben durch

$$y_M(k) = -\sum_{i=1}^{n} a_i \, y_M(k-i) + \sum_{j=0}^{n} b_j \, u(k-d-j)$$

$$+\sum_{i=1}^{n}\sum_{j=0}^{n} c_{ij} \, y_M(k-i)\, u(k-d-j) \quad .$$

Wird zusätzlich ein Rauschfilter der Form

$$r_M(k) = \varepsilon_0(k) - \sum_{v=1}^{f} d_v \, r_M(k-v)$$

angesetzt, so erhält man als Gesamtbeschreibung des Modells

$$\hat{y}(k) = y_{\mathrm{M}}(k) + r_{\mathrm{M}}(k) \quad .$$

Entwickeln Sie für das bilineare Modell mit $n = f = 1$ und $d = 0$ die korrespondierende Gleichung

$$y(k) = \boldsymbol{m}^{\mathrm{T}}(k)\, \boldsymbol{p} + \varepsilon(k) \quad .$$

a) Bestimmen Sie alle Elemente von $\boldsymbol{m}^{\mathrm{T}}(k)$ und $\boldsymbol{p}$.

b) Welche Schätzmethode würden Sie anwenden?

Lösung I-1 (Direktes LS-Verfahren)

Mit der Bestimmungsgleichung für den Schätzvektor $\hat{\boldsymbol{p}}(N)$ des gesuchten Parametervektors $\boldsymbol{p}$

$$\hat{\boldsymbol{p}}(N) = \left[\boldsymbol{M}^{\mathrm{T}}(N)\,\boldsymbol{M}(N)\right]^{-1}\boldsymbol{M}^{\mathrm{T}}(N)\,\boldsymbol{y}(N) \qquad \text{(I-1.1)}$$

ergibt sich als Parameterfehlervektor

$$\Delta\hat{\boldsymbol{p}}(N) = \hat{\boldsymbol{p}}(N) - \boldsymbol{p} = \left[\boldsymbol{M}^{\mathrm{T}}(N)\,\boldsymbol{M}(N)\right]^{-1}\left[\boldsymbol{M}^{\mathrm{T}}(N)\,\boldsymbol{y}(N) - \boldsymbol{M}^{\mathrm{T}}(N)\,\boldsymbol{M}(N)\,\boldsymbol{p}\right] \; . \qquad \text{(I-1.2)}$$

Mit

$$\boldsymbol{y}(N) = \boldsymbol{M}(N)\,\boldsymbol{p} + \varepsilon(N) \qquad \text{(I-1.3)}$$

folgt aus Gl. (I-1.2)

$$\hat{\boldsymbol{p}}(N) - \boldsymbol{p} = \underbrace{\left[\boldsymbol{M}^{\mathrm{T}}(N)\,\boldsymbol{M}(N)\right]}_{\boldsymbol{p}(N)=\text{Kovarianzmatrix}}{}^{-1}\left[\boldsymbol{M}^{\mathrm{T}}(N)\,\varepsilon(N)\right] \; . \qquad \text{(I-1.4)}$$

Wird der Erwartungswert von Gl. (I-1.4) gebildet, so erhält man

$$E\{\Delta\hat{\boldsymbol{p}}(N)\} = E\{\hat{\boldsymbol{p}}(N) - \boldsymbol{p}\} = E\left\{\left[\boldsymbol{M}^{\mathrm{T}}(N)\,\boldsymbol{M}(N)\right]^{-1}\boldsymbol{M}^{\mathrm{T}}(N)\,\varepsilon(N)\right\} \overset{!}{=} 0 \; . \qquad \text{(I-1.5)}$$

Gilt diese Beziehung, so liegt eine konsistente Schätzung von $\hat{\boldsymbol{p}}(N)$ vor, d. h. $\hat{\boldsymbol{p}}(N) = \boldsymbol{p}$.

Dazu existieren folgende Bedingungen:

1. $\boldsymbol{M}^{\mathrm{T}}(N)\,\boldsymbol{M}(N)$ muß nichtsingulär sein.

Diese Bedingung ist gewöhnlich erfüllt.

(Ausnahmen:
- $u(k)$ wird nicht beständig erregt,
- $u(k)$ ist eine Rückführung niederer Ordnung von $y(k)$,
- die Polynome $A(z^{-1})$ und $B(z^{-1})$ haben gemeinsame Faktoren).

2. $\varepsilon(k)$ ist weißes Rauschen und unkorreliert mit $\boldsymbol{M}$

(dann gilt $E\{\Delta\hat{\boldsymbol{p}}(N)\} = E\left\{\left[\boldsymbol{M}^{\mathrm{T}}(N)\,\boldsymbol{M}(N)\right]^{-1}\boldsymbol{M}^{\mathrm{T}}(N)\right\} E\{\varepsilon(N)\} = 0$) .

Lösung I-2 (Direktes LS-Verfahren)

In Vektorschreibweise läßt sich $y(k)$ darstellen als

$$y(k) = \boldsymbol{m}^{\mathrm{T}}(k)\,\boldsymbol{p}$$

mit

$$\boldsymbol{m}^{\mathrm{T}}(k) = \left[-y(k-1)\;\; u(k-1)\right]$$

$$\boldsymbol{p}^{\mathrm{T}} = \left[a \quad b\right] .$$

Für N Meßwerte erhält man:

$$\begin{bmatrix} y(1) \\ \vdots \\ y(N) \end{bmatrix} = \begin{bmatrix} \boldsymbol{m}^{\mathrm{T}}(1) \\ \vdots \\ \boldsymbol{m}^{\mathrm{T}}(N) \end{bmatrix} \boldsymbol{p}$$

bzw.

$$\boldsymbol{y}(N) = \boldsymbol{M}(N)\,\boldsymbol{p} \quad .$$

Der Least Squares-Schätzwert für $\boldsymbol{p}$ läßt sich mit

$$\hat{\boldsymbol{p}} = \left[\boldsymbol{M}^{\mathrm{T}}(N)\,\boldsymbol{M}(N)\right]^{-1} \boldsymbol{M}^{\mathrm{T}}(N)\,\boldsymbol{y}(N)$$

berechnen. Man erhält folgende Produkte für $N = 8$ mit den angegebenen Zahlenwerten

$$\boldsymbol{M}^{\mathrm{T}}(8)\,\boldsymbol{M}(8) = \left[\boldsymbol{m}(1) \;\; \ldots \;\; \boldsymbol{m}(8)\right] \begin{bmatrix} \boldsymbol{m}^{\mathrm{T}}(1) \\ \vdots \\ \boldsymbol{m}^{\mathrm{T}}(8) \end{bmatrix} = \begin{bmatrix} 0{,}484632 & 0{,}1361 \\ 0{,}1361 & 3{,}87 \end{bmatrix}$$

$$(\boldsymbol{M}^{\mathrm{T}}(8)\,\boldsymbol{M}(8))^{-1} \approx \begin{bmatrix} 2{,}084 & -0{,}0733 \\ -0{,}0733 & 0{,}261 \end{bmatrix}$$

und

$$\boldsymbol{M}^{\mathrm{T}}(8)\,\boldsymbol{y}(8) = \left[\boldsymbol{m}(1) \;\; \ldots \;\; \boldsymbol{m}(8)\right] \begin{bmatrix} y(1) \\ \vdots \\ y(8) \end{bmatrix} = \begin{bmatrix} -0{,}298 \\ 1{,}066 \end{bmatrix} .$$

Daraus folgt:

$\hat{a} = -0{,}699$

$\hat{b} = \quad 0{,}3 \quad .$

Lösung I-3 (Direktes LS-Verfahren)

Für N Meßwerte erhält man die Gleichungen

$$y(1) = y_0 + m\,1 + \varepsilon(1)$$

$$y(2) = y_0 + m\,2 + \varepsilon(2)$$

$$\vdots \qquad \vdots$$

$$y(N) = y_0 + m\,N + \varepsilon(N)$$

oder zusammengefaßt in Vektorform

$$\boldsymbol{y}(N) = \boldsymbol{M}(N)\,\boldsymbol{p} + \boldsymbol{\varepsilon}(N)$$

mit

$$\boldsymbol{y}(N) = \begin{bmatrix} y(1) \\ y(2) \\ \vdots \\ y(N) \end{bmatrix}; \quad \boldsymbol{M}(N) = \begin{bmatrix} 1 & 1 \\ 1 & 2 \\ \vdots & \vdots \\ 1 & N \end{bmatrix}$$

$$\boldsymbol{\varepsilon}(N) = \begin{bmatrix} \varepsilon(1) \\ \vdots \\ \varepsilon(N) \end{bmatrix}; \quad \boldsymbol{p} = \begin{bmatrix} y_0 \\ m \end{bmatrix} .$$

a) Man erhält

$$\boldsymbol{M}^{\mathrm{T}}(N)\,\boldsymbol{M}(N) = \begin{bmatrix} N & \sum_{i=1}^{N} i \\ \sum_{i=1}^{N} i & \sum_{i=1}^{N} i^2 \end{bmatrix} .$$

Mit

$$\sum_{i=1}^{N} i = \frac{N(N+1)}{2}$$

und

$$\sum_{i=1}^{N} i^2 = \frac{N(N+1)(2N+1)}{6}$$

sowie

$$\operatorname{Det}\left[\boldsymbol{M}^{\mathrm{T}}(N)\,\boldsymbol{M}(N)\right]=\frac{N^2(N+1)(2N+1)}{6}-\frac{N^2(N+1)^2}{4}=\frac{N^2(N+1)(N-1)}{12}$$

folgt

$$\left[\boldsymbol{M}^{\mathrm{T}}(N)\,\boldsymbol{M}(N)\right]^{-1}=\frac{1}{\dfrac{N^2(N+1)(2N+1)}{6}-\dfrac{N^2(N+1)^2}{4}}\begin{bmatrix}\dfrac{N(N+1)(2N+1)}{6} & -\dfrac{N(N+1)}{2}\\ -\dfrac{N(N+1)}{2} & N\end{bmatrix}$$

$$=\begin{bmatrix}\dfrac{2(2N+1)}{N(N-1)} & \dfrac{-6}{N(N-1)}\\ \dfrac{-6}{N(N-1)} & \dfrac{12}{N(N+1)(N-1)}\end{bmatrix}\;.$$

Mit

$$\boldsymbol{M}^{\mathrm{T}}(N)\,\boldsymbol{y}(N)=\begin{bmatrix}\sum\limits_{i=1}^{N} y(i)\\ \sum\limits_{i=1}^{N} i\,y(i)\end{bmatrix}$$

erhält man

$$\begin{bmatrix}\hat{y}_0\\ \hat{m}\end{bmatrix}=\frac{1}{N(N-1)}\begin{bmatrix}2(2N+1) & -6\\ -6 & \dfrac{12}{N+1}\end{bmatrix}\begin{bmatrix}\sum\limits_{i=1}^{N} y(i)\\ \sum\limits_{i=1}^{N} i\,y(i)\end{bmatrix}\;.$$

b) Der Erwartungswert des Schätzfehlers (Parameterfehlers) ist

$$E\{\Delta\hat{\boldsymbol{p}}(N)\}=E\left\{\left[\boldsymbol{M}^{\mathrm{T}}(N)\,\boldsymbol{M}(N)\right]^{-1}\boldsymbol{M}^{\mathrm{T}}(N)\,\varepsilon(N)\right\}\;.$$

Da $\varepsilon(N)$ nicht mit $\boldsymbol{M}(N)$ korreliert ist, folgt:

$$E\{\Delta\hat{\boldsymbol{p}}(N)\}=E\left\{\left[\boldsymbol{M}^{\mathrm{T}}(N)\,\boldsymbol{M}(N)\right]^{-1}\boldsymbol{M}^{\mathrm{T}}(N)\right\}\mathrm{E}\{\varepsilon(N)\}=\boldsymbol{0}\;.$$

Die Schätzung ist konsistent.

c) Die Varianz der Parameterfehler ist gegeben durch

$$E\left\{\Delta\hat{\boldsymbol{p}}(N)\,\Delta\hat{\boldsymbol{p}}^{\mathrm{T}}(N)\right\}$$

$$= E\left\{\left[\boldsymbol{M}^{\mathrm{T}}(N)\,\boldsymbol{M}(N)\right]^{-1} \boldsymbol{M}^{\mathrm{T}}(N)\,\varepsilon(N)\,\varepsilon^{\mathrm{T}}(N)\,\boldsymbol{M}(N)\left[\boldsymbol{M}^{\mathrm{T}}(N)\,\boldsymbol{M}(N)\right]^{-1}\right\}$$

$$= E\left\{\left[\boldsymbol{M}^{\mathrm{T}}(N)\,\boldsymbol{M}(N)\right]^{-1}\right\} \sigma_{\varepsilon}^{2} \quad ,$$

denn $E\left\{\varepsilon(N)\,\varepsilon^{T}(N)\right\} = \sigma_{\varepsilon}^{2}\, \mathrm{I}_{\mathrm{N}}$ (lt. Aufgabenstellung).

Da $\boldsymbol{M}(N)$ nur **deterministische** Signale enthält, gilt:

$$E\left\{\left[\boldsymbol{M}^{\mathrm{T}}(N)\,\boldsymbol{M}(N)\right]^{-1}\right\} = \left[\boldsymbol{M}^{\mathrm{T}}(N)\,\boldsymbol{M}(N)\right]^{-1}$$

und damit

$$E\left\{\Delta\hat{\boldsymbol{p}}(N)\,\Delta\hat{\boldsymbol{p}}^{\mathrm{T}}(N)\right\} = \left[\boldsymbol{M}^{\mathrm{T}}(N)\,\boldsymbol{M}(N)\right]^{-1} \sigma_{\varepsilon}^{2} \quad .$$

d) Für die Versuchsreihen erhält man folgende Ergebnisse:

Versuchs Nr.	$\hat{m}$	$\hat{y}_0$	Varianzen $E\left\{(m-\hat{m})^2\right\}$	$E\left\{(y_0-\hat{y}_0)^2\right\}$
1	0,1	-0,5	0	0
2	0,077	-0,544	0,0084	0,0924
3	0,119	-0,688	0,0333	0,3663
4	0,122	-0,652	1,02E-3	0,0392
5	0,121	-0,798	4,04E-3	0,1554
6	0,098	-0,515	8,07E-6	0,0069
7	0,11	-0,818	3,2E-5	0,0275
8	0,099	-0,412	1E-6	0,0034
9	0,103	-0,602	4E-6	0,0135
10	0,1	-0,504	1E-9	3,365E-4
11	0,1	-0,481	4E-9	1,334E-3

Die realen Werte sind

$$y_0 = -0{,}5 \quad ,$$

$$m = 0{,}1 \quad .$$

Lösung I-4 (Direktes LS-Verfahren)

a) Es gilt für N Meßwerte

$$\boldsymbol{y}(N) = \boldsymbol{M}(N) + \varepsilon(N)$$

mit

$$\boldsymbol{M}(N) = \begin{bmatrix} y(n) & \dots & y(1) \\ \vdots & & \vdots \\ y(n+N-1) & \dots & y(N) \end{bmatrix}; \quad \boldsymbol{y}(N) = \begin{bmatrix} y(n+1) \\ \vdots \\ y(n+N) \end{bmatrix}$$

$$\boldsymbol{p}^{\mathrm{T}} = \begin{bmatrix} a_1 & \dots & a_n \end{bmatrix} \; ; \qquad \varepsilon(N) = \begin{bmatrix} \varepsilon(n+1) \\ \vdots \\ \varepsilon(n+N) \end{bmatrix} .$$

Der Least-Squares-Schätzwert für $\boldsymbol{p}$ ist gegeben durch

$$\hat{\boldsymbol{p}}(N) = \left[\boldsymbol{M}^{\mathrm{T}}(N)\,\boldsymbol{M}(N)\right]^{-1} \boldsymbol{M}^{\mathrm{T}}(N)\,\boldsymbol{y}(N)$$

und der Parameterfehler durch

$$\Delta\hat{\boldsymbol{p}}(N) = \hat{\boldsymbol{p}}(N) - \boldsymbol{p} = \left[\boldsymbol{M}^{\mathrm{T}}(N)\,\boldsymbol{M}(N)\right]^{-1} \boldsymbol{M}^{\mathrm{T}}(N)\,\varepsilon(N)$$

mit

$$\boldsymbol{M}^{\mathrm{T}}(N)\,\boldsymbol{M}(N) = \sum_{i=1}^{N} \begin{bmatrix} y^2(n+i-1) & \dots & y(n+i-1)\,y(i) \\ \vdots & & \vdots \\ y(i)\,y(n+i-1) & \dots & y^2(i) \end{bmatrix} .$$

Der Erwartungswert des Schätzfehlers lautet somit

$$E\{\Delta\hat{\boldsymbol{p}}(N)\} = E\left\{\left[\boldsymbol{M}^{\mathrm{T}}(N)\,\boldsymbol{M}(N)\right]^{-1} \boldsymbol{M}^{\mathrm{T}}(N)\right\} E\{\varepsilon(N)\} = \mathbf{0} \quad ,$$

da $\varepsilon(N)$ nicht mit $\boldsymbol{M}(N)$ korreliert und mittelwertfrei ist.

Die Varianz der Parameterfehler erhält man zu

$$E\left\{\Delta\hat{\boldsymbol{p}}(N)\,\Delta\hat{\boldsymbol{p}}^{\mathrm{T}}(N)\right\} = E\left\{\left[\boldsymbol{M}^{\mathrm{T}}(N)\,\boldsymbol{M}(N)\right]^{-1}\boldsymbol{M}^{\mathrm{T}}(N)\,\varepsilon(N)\,\varepsilon^{\mathrm{T}}(N)\,\boldsymbol{M}(N)\right.$$

$$\left.\left[\boldsymbol{M}(N)\,\boldsymbol{M}^{\mathrm{T}}(N)\right]^{-1}\right\} \quad .$$

Da $\varepsilon(k)$ weiß und unkorreliert mit $\boldsymbol{M}(N)$ ist, gilt

$$E\left\{\boldsymbol{M}^{\mathrm{T}}(N)\,\varepsilon(N)\right\} = E\left\{\boldsymbol{M}^{\mathrm{T}}(N)\right\}\,E\{\varepsilon(N)\}$$

und damit

$$E\left\{\Delta\hat{\boldsymbol{p}}(N)\,\Delta\hat{\boldsymbol{p}}^{\mathrm{T}}(N)\right\} = E\left\{\left[\boldsymbol{M}^{\mathrm{T}}(N)\,\boldsymbol{M}(N)\right]^{-1}\right\}\sigma_\varepsilon^2\,\mathbf{I}_N \quad .$$

Im Gegensatz zu Aufgabe I-3 enthält hier das Produkt $\boldsymbol{M}^{T}(N)\,\boldsymbol{M}(N)$ stochastische Signalanteile, und deshalb ist

$$E\left\{\left[\boldsymbol{M}^{\mathrm{T}}(N)\,\boldsymbol{M}(N)\right]^{-1}\right\} \neq \left[\boldsymbol{M}^{\mathrm{T}}(N)\,\boldsymbol{M}(N)\right]^{-1} \quad .$$

b) Für den Schätzfehler erhält man

$$\hat{\varepsilon}(N) = \boldsymbol{y}(N) - \boldsymbol{M}(N)\,\hat{\boldsymbol{p}}(N)$$

$$= \boldsymbol{M}(N)\,\boldsymbol{p} + \varepsilon(N) - \boldsymbol{M}(N)\left[\boldsymbol{M}^{\mathrm{T}}(N)\,\boldsymbol{M}(N)\right]^{-1}\boldsymbol{M}^{\mathrm{T}}(N)\,\overbrace{(\boldsymbol{M}(N)\,\boldsymbol{p} + \varepsilon(N)}^{\boldsymbol{y}(N)}$$

$$= (\mathbf{I}_N - \boldsymbol{M}(N)\left[\boldsymbol{M}^{\mathrm{T}}(N)\,\boldsymbol{M}(N)\right]^{-1}\boldsymbol{M}^{\mathrm{T}}(N))\,\varepsilon(N) \quad .$$

Damit folgt

$$E\left\{\hat{\varepsilon}^{T}(N)\,\hat{\varepsilon}(N)\right\} = E\left\{\varepsilon^{\mathrm{T}}(N)\left[\mathbf{I}_N - \boldsymbol{M}(N)\left[\boldsymbol{M}^{\mathrm{T}}(N)\,\boldsymbol{M}(N)\right]^{-1}\boldsymbol{M}^{\mathrm{T}}(N)\right]^{\mathrm{T}}\right.$$

$$\left.\cdot\left[\mathbf{I}_N - \boldsymbol{M}(N)\left[\boldsymbol{M}^{\mathrm{T}}(N)\,\boldsymbol{M}(N)\right]^{-1}\boldsymbol{M}^{\mathrm{T}}(N)\right]\varepsilon(N)\right\}.$$

Für eine symmetrische Matrix $\boldsymbol{A}$ und eine Matrix $\boldsymbol{B}$ gilt:

$$\left[\boldsymbol{B}\,\boldsymbol{A}\,\boldsymbol{B}^{\mathrm{T}}\right]^{\mathrm{T}} = \left(\boldsymbol{A}\,\boldsymbol{B}^{\mathrm{T}}\right)^{\mathrm{T}}\boldsymbol{B}^{\mathrm{T}} = \boldsymbol{B}\,\boldsymbol{A}^{\mathrm{T}}\,\boldsymbol{B}^{\mathrm{T}} = \boldsymbol{B}\,\boldsymbol{A}\,\boldsymbol{B}^{\mathrm{T}} \quad .$$

Damit ergibt sich, da $\left[\boldsymbol{M}^{\mathrm{T}}(N)\,\boldsymbol{M}(N)\right]^{-1}$ symmetrisch ist:

$$\left[\mathbf{I}_N - \boldsymbol{M}(N)\left[\boldsymbol{M}^{\mathrm{T}}(N)\,\boldsymbol{M}(N)\right]^{-1}\boldsymbol{M}^{\mathrm{T}}(N)\right]^{\mathrm{T}} = \mathbf{I}_N - \boldsymbol{M}(N)\left[\boldsymbol{M}^{\mathrm{T}}(N)\,\boldsymbol{M}(N)\right]^{-1}\boldsymbol{M}^{\mathrm{T}}(N) \quad .$$

Es folgt:

$$E\left\{\hat{\varepsilon}^T(N)\,\hat{\varepsilon}(N)\right\} = E\left\{\varepsilon^{\mathrm{T}}(N)\left[\mathbf{I}_N - \boldsymbol{M}(N)\left[\boldsymbol{M}^{\mathrm{T}}(N)\,\boldsymbol{M}(N)\right]^{-1}\boldsymbol{M}^{\mathrm{T}}(N)\right]^2 \varepsilon(N)\right\}$$

$$= E\left\{\varepsilon^{\mathrm{T}}(N)\left[\mathbf{I}_N - 2\boldsymbol{M}(N)\left[\boldsymbol{M}^{\mathrm{T}}(N)\,\boldsymbol{M}(N)\right]^{-1}\boldsymbol{M}^{\mathrm{T}}(N) + \right.\right.$$

$$\left.\left.\boldsymbol{M}(N)\left[\boldsymbol{M}^{\mathrm{T}}(N)\,\boldsymbol{M}(N)\right]^{-1}\boldsymbol{M}^{\mathrm{T}}(N)\,\boldsymbol{M}(N)\left[\boldsymbol{M}^{\mathrm{T}}(N)\,\boldsymbol{M}(N)\right]^{-1}\boldsymbol{M}^{\mathrm{T}}(N)\right]\varepsilon(N)\right\}$$

$$= E\left\{\varepsilon^{\mathrm{T}}(N)\left[\mathbf{I}_N - 2\boldsymbol{M}(N)\left[\boldsymbol{M}^{\mathrm{T}}(N)\,\boldsymbol{M}(N)\right]^{-1}\boldsymbol{M}^{\mathrm{T}}(N) + \right.\right.$$

$$\left.\left.\boldsymbol{M}(N)\left[\boldsymbol{M}^{\mathrm{T}}(N)\,\boldsymbol{M}(N)\right]^{-1}\boldsymbol{M}^{\mathrm{T}}(N)\right]\varepsilon(N)\right\}$$

$$= E\left\{\varepsilon^{\mathrm{T}}(N)\left[\mathbf{I}_N - \boldsymbol{M}(N)\left[\boldsymbol{M}^{\mathrm{T}}(N)\,\boldsymbol{M}(N)\right]^{-1}\boldsymbol{M}^{\mathrm{T}}(N)\right]^2 \varepsilon(N)\right\} \quad .$$

Mit den Rechenregeln für Matrizenspuren

$$\boldsymbol{a}^{\mathrm{T}}\,\boldsymbol{B}\,\boldsymbol{c} = sp(\boldsymbol{B}\,\boldsymbol{c}\,\boldsymbol{a}^{\mathrm{T}})$$

$$sp(E\{\boldsymbol{A}\}) = E\{sp(\boldsymbol{A})\}$$

$$sp(\boldsymbol{A}+\boldsymbol{B}) = sp(\boldsymbol{A}) + sp(\boldsymbol{B})$$

$$sp(\boldsymbol{A}\,\boldsymbol{B}) = sp(\boldsymbol{B}\,\boldsymbol{A})$$

$$sp(k\,\boldsymbol{A}) = k\,sp(\boldsymbol{A})$$

folgt

$$E\left\{\hat{\varepsilon}^T(N)\,\hat{\varepsilon}(N)\right\} = E\left\{sp\left[(\mathbf{I}_N - \boldsymbol{M}(N)\left[\boldsymbol{M}^{\mathrm{T}}(N)\,\boldsymbol{M}(N)\right]^{-1}\boldsymbol{M}^{\mathrm{T}}(N))\,\varepsilon(N)\,\varepsilon^{\mathrm{T}}(N)\right]\right\}$$

$$= sp\,E\left\{\left[\mathbf{I}_N - \boldsymbol{M}(N)\left[\boldsymbol{M}^{\mathrm{T}}(N)\,\boldsymbol{M}(N)\right]^{-1}\boldsymbol{M}^{\mathrm{T}}(N)\right]\varepsilon(N)\,\varepsilon^{\mathrm{T}}(N)\right\}$$

und weiter, da $\varepsilon(k)$ weiß und unkorreliert mit $\boldsymbol{M}(N)$ ist,

$$E\left\{\hat{\varepsilon}^{T}(N)\,\hat{\varepsilon}(N)\right\} = sp\;E\left\{\left[\left(\mathbf{I}_N - \boldsymbol{M}(N)\left[\boldsymbol{M}^{\mathrm{T}}(N)\,\boldsymbol{M}(N)\right]^{-1}\boldsymbol{M}^{\mathrm{T}}(N)\right)\right]\right\}$$

$$\cdot E\left\{\varepsilon(N)\,\varepsilon^{\mathrm{T}}(N)\right\}$$

$$= \sigma_{\varepsilon}^{2}\left(N - sp\;E\left\{\boldsymbol{M}(N)\left[\boldsymbol{M}^{\mathrm{T}}(N)\,\boldsymbol{M}(N)\right]^{-1}\boldsymbol{M}^{\mathrm{T}}(N)\right\}\right)$$

$$= \sigma_{\varepsilon}^{2}\left(N - E\;sp\left\{\boldsymbol{M}(N)\left[\boldsymbol{M}^{\mathrm{T}}(N)\,\boldsymbol{M}(N)\right]^{-1}\boldsymbol{M}^{\mathrm{T}}(N)\right\}\right) \quad ,$$

da sich die Bildung von Erwartungswert und Spur vertauschen lassen. Dadurch erhält man

$$E\left\{\hat{\varepsilon}^{\mathrm{T}}(N)\,\hat{\varepsilon}(N)\right\} = \sigma_{\varepsilon}^{2}\left(N - E\;sp\underbrace{\left[\boldsymbol{M}^{\mathrm{T}}(N)\,\boldsymbol{M}(N)\left[\boldsymbol{M}^{\mathrm{T}}(N)\,\boldsymbol{M}(N)\right]^{-1}\right]}_{\boldsymbol{I}_n}\right)$$

$$= \sigma_{\varepsilon}^{2}(N-n) \quad .$$

Somit ergibt sich

$$\sigma_{\varepsilon}^{2} = \frac{E\left\{\hat{\varepsilon}^{\mathrm{T}}(N)\,\hat{\varepsilon}(N)\right\}}{N-n} \quad .$$

Da der Erwartungswert nicht berechnet werden kann, folgt als Näherungswert bzw. Schätzwert für die Varianz der Störung

$$\sigma_{\varepsilon}^{2} = \frac{\hat{\varepsilon}^{\mathrm{T}}(N)\,\hat{\varepsilon}(N)}{N-n} \quad .$$

Lösung I-5 (Matrizeninversionslemma)

Man setzt

$$A^{-1} = P^{-1} + M^{\mathrm{T}} R^{-1} M \quad , \tag{I-5-1}$$

Damit folgt

$$\mathbf{I} = A\,A^{-1} = A\,P^{-1} + A\,M^{\mathrm{T}} R^{-1} M \quad , \tag{I-5.2}$$

$$P = A + A\,M^{\mathrm{T}} R^{-1} M\,P \quad , \tag{I-5.3}$$

$$P\,M^{\mathrm{T}} = A\,M^{\mathrm{T}}(I + R^{-1} M\,P\,M^{\mathrm{T}}) \quad , \tag{I-5.4}$$

$$P\,M^{\mathrm{T}} = A\,M^{\mathrm{T}} R^{-1}(R + M\,P\,M^{\mathrm{T}}) \quad , \tag{I-5.5}$$

$$A\,M^{\mathrm{T}} R^{-1} = P\,M^{\mathrm{T}}(R + M\,P\,M^{\mathrm{T}})^{-1} \quad . \tag{I-5.6}$$

Gl. (I-5.6) in Gl. (I-5.3) einsetzen ergibt

$$A = P - P\,M^{\mathrm{T}}(R + M\,P\,M^{\mathrm{T}})^{-1} M\,P \tag{I-5.7}$$

oder

$$(P^{-1} + M^{\mathrm{T}} R^{-1} M)^{-1} = P - P\,M^{\mathrm{T}}(M\,P\,M^{\mathrm{T}} + R)^{-1} M\,P \quad . \tag{I-5.8}$$

Lösung I-6 (RLS-Verfahren)

a) Die Schätzgleichungen lauten (Buch: Regelungstechnik III, S. 75f)

$$\hat{\boldsymbol{p}}(k) = \hat{\boldsymbol{p}}(k-1) + \boldsymbol{P}(k)\, \boldsymbol{m}(k)\, \hat{\mathrm{e}}(k) \quad , \tag{I-6.1a}$$

$$\hat{\mathrm{e}}(k) = y(k) - \boldsymbol{m}^{\mathrm{T}}(k)\, \hat{\boldsymbol{p}}(k-1) \quad ,$$

$$= \boldsymbol{m}^{\mathrm{T}}(k)\, \boldsymbol{p} + \varepsilon(k) - \boldsymbol{m}^{\mathrm{T}}(k)\, \hat{\boldsymbol{p}}(k-1) \quad , \tag{I-6.1b}$$

$$\boldsymbol{P}^{-1}(k) = \boldsymbol{P}^{-1}(k-1) + \boldsymbol{m}(k)\, \boldsymbol{m}^{\mathrm{T}}(k) \quad . \tag{I.6.1c}$$

Der Parameterfehler $\Delta\hat{\boldsymbol{p}}(k) = \boldsymbol{p} - \hat{\boldsymbol{p}}(k)$ ist durch

$$\Delta\hat{\boldsymbol{p}}(k) = \boldsymbol{p} - \hat{\boldsymbol{p}}(k-1) - \boldsymbol{P}(k)\, \boldsymbol{m}(k) \left[\boldsymbol{m}^{\mathrm{T}}(k)(\boldsymbol{p} - \hat{\boldsymbol{p}}(k-1)) + \varepsilon(k)\right]$$

$$= \Delta\hat{\boldsymbol{p}}(k-1) - \boldsymbol{P}(k)\, \boldsymbol{m}(k) \left[\boldsymbol{m}^{\mathrm{T}}(k)\, \Delta\hat{\boldsymbol{p}}(k-1) + \varepsilon(k)\right] \tag{I-6.2}$$

gegeben. Schreibt man Gl. (I-6.2) als Funktion vom Startparameterfehler $\Delta\hat{\boldsymbol{p}}(0)$, so folgt

$$\Delta\hat{\boldsymbol{p}}(k) = \left[\mathbf{I} - \boldsymbol{P}(k)\, \boldsymbol{m}(k)\, \boldsymbol{m}^{\mathrm{T}}(k)\right] \Delta\hat{\boldsymbol{p}}(k-1) - \boldsymbol{P}(k)\, \boldsymbol{m}(k)\, \varepsilon(k)$$

$$= \prod_{i=1}^{k} \left[\mathbf{I} - \boldsymbol{P}(i)\, \boldsymbol{m}(i)\, \boldsymbol{m}^{\mathrm{T}}(i)\right] \Delta\hat{\boldsymbol{p}}(0) - \boldsymbol{P}(k)\, \boldsymbol{m}(k)\, \varepsilon(k)$$

$$- \sum_{i=1}^{k-1} \prod_{j=i+1}^{k} \left[\mathbf{I} - \boldsymbol{P}(j)\, \boldsymbol{m}(j)\, \boldsymbol{m}^{\mathrm{T}}(j)\right] \boldsymbol{P}(i)\, \boldsymbol{m}(i)\, \varepsilon(i) \quad .$$

Gl. (I-6.1c) umformt ergibt

$$\mathbf{I} = \boldsymbol{P}(k)\, \boldsymbol{P}^{-1}(k-1) + \boldsymbol{P}(k)\, \boldsymbol{m}(k)\, \boldsymbol{m}^{\mathrm{T}}(k) \quad ,$$

$$\boldsymbol{P}(k)\, \boldsymbol{P}^{-1}(k-1) = \mathbf{I} - \boldsymbol{P}(k)\, \boldsymbol{m}(k)\, \boldsymbol{m}^{\mathrm{T}}(k) \quad .$$

Damit läßt sich der Parameterfehler berechnen zu

$$\Delta\hat{\boldsymbol{p}}(k) = \prod_{i=1}^{k} \left[\boldsymbol{P}(i)\, \boldsymbol{P}^{-1}(i-1)\right] \Delta\hat{\boldsymbol{p}}(0) - \boldsymbol{P}(k)\, \boldsymbol{m}(k)\, \varepsilon(k)$$

$$- \sum_{i=1}^{k-1} \prod_{j=i+1}^{k} \boldsymbol{P}(j)\, \boldsymbol{P}^{-1}(j-1)\, \boldsymbol{P}(i)\, \boldsymbol{m}(i)\, \varepsilon(i)$$

$$= \boldsymbol{P}(k)\,\boldsymbol{P}^{-1}(0)\,\Delta\hat{\boldsymbol{p}}(0) - \boldsymbol{P}(k)\,\boldsymbol{m}(k)\,\varepsilon(k) - \boldsymbol{P}(k)\sum_{i=1}^{k-1}\boldsymbol{m}(i)\,\varepsilon(i)$$

$$= \boldsymbol{P}(k)\,\boldsymbol{P}^{-1}(0)\,\Delta\hat{\boldsymbol{p}}(0) - \boldsymbol{P}(k)\sum_{i=1}^{k}\boldsymbol{m}(i)\,\varepsilon(i) \quad . \tag{I-6.3}$$

Bildet man den Erwartungswert unter der Voraussetzung, daß Fehler und Signale unkorreliert sind, so folgt

$$E\{\Delta\hat{\boldsymbol{p}}(k)\} = E\{\boldsymbol{P}(k)\}\,\boldsymbol{P}^{-1}(0)\,E\{\Delta\hat{\boldsymbol{p}}(0)\} - \sum_{i=1}^{k} E\{\boldsymbol{P}(k)\,\boldsymbol{m}(i)\}\,E\{\varepsilon(i)\}$$

$$= E\{\boldsymbol{P}(k)\}\,\boldsymbol{P}^{-1}(0)\,E\{\Delta\hat{\boldsymbol{p}}(0)\} \quad . \tag{I-6.4}$$

Führt man ein Experiment mit N Meßwerten durch und wählt als Startwert für die Parameter $\hat{\boldsymbol{p}}(0) = \boldsymbol{0}$, dann ist $\Delta\hat{\boldsymbol{p}}(0) = \boldsymbol{p} - \hat{\boldsymbol{p}}(0) = \boldsymbol{p}$ und man erhält

$$E\{\Delta\hat{\boldsymbol{p}}(N)\} = E\{\boldsymbol{P}(N)\}\,\boldsymbol{P}^{-1}(0)\,\boldsymbol{p} \quad .$$

Aus der Aufgabenstellung läßt sich $\boldsymbol{P}(N)$ nach Gl. (I-6.1c) mit

$$\boldsymbol{m}(i) = \begin{bmatrix} 1 \\ i \end{bmatrix}$$

$$\boldsymbol{p} \quad = \begin{bmatrix} y_0 \\ a \end{bmatrix}$$

zu

$$\boldsymbol{P}^{-1}(N) = \boldsymbol{P}^{-1}(N-1) + \boldsymbol{m}(N)\,\boldsymbol{m}^{\mathrm{T}}(N)$$

$$= \boldsymbol{P}^{-1}(0) + \sum_{i=1}^{N}\boldsymbol{m}(i)\,\boldsymbol{m}^{\mathrm{T}}(i)$$

berechnen.

Damit erhält man (vgl. Aufgabe I-3)

$$\sum_{i=1}^{N}\boldsymbol{m}(i)\,\boldsymbol{m}^{\mathrm{T}}(i) = \sum_{i=1}^{N}\begin{bmatrix} 1 \\ i \end{bmatrix}\begin{bmatrix} 1 & i \end{bmatrix} = \sum_{i=1}^{N}\begin{bmatrix} 1 & i \\ i & i^2 \end{bmatrix}$$

und es folgt

$$\boldsymbol{P}(N)=\left[\boldsymbol{P}^{-1}(0)+\begin{bmatrix} N & \sum_{i=1}^{N} i \\ \sum_{i=1}^{N} i & \sum_{i=1}^{N} i^2 \end{bmatrix}\right]^{-1} .$$

Mit

$$N_1 = \sum_{i=1}^{N} i = \frac{N(N+1)}{2}$$

$$N_2 = \sum_{i=1}^{N} i^2 = \frac{N(N+1)(2N+1)}{6}$$

$$\boldsymbol{P}(0)=\alpha\,\mathbf{I} \quad , \quad \boldsymbol{P}^{-1}(0)=\alpha^{-1}\,\mathbf{I}$$

folgt, da weder $\sum_{i=1}^{N} \boldsymbol{m}(i)\,\boldsymbol{m}^{\mathrm{T}}(i)$ noch $\boldsymbol{P}^{-1}(0)$ stochastische Signalanteile enthalten,

$$E\{\boldsymbol{P}(N)\}=\boldsymbol{P}(N)=\begin{bmatrix} \alpha^{-1}+N & N_1 \\ N_1 & \alpha^{-1}+N_2 \end{bmatrix}^{-1}$$

$$=\frac{1}{A}\begin{bmatrix} \alpha^{-1}+N_2 & -N_1 \\ -N_1 & \alpha^{-1}+N \end{bmatrix}$$

mit

$$A=(\alpha^{-1}+N)(\alpha^{-1}+N_2)-N_1^2 \quad .$$

Für N>>1 erhält man näherungsweise

$$N_1 \approx \frac{1}{2}N^2$$

$$N_2 \approx \frac{1}{3}N^3$$

$$E\{\boldsymbol{P}(N)\} \approx \frac{1}{(\alpha^{-1}+N)(\alpha^{-1}+\frac{N^3}{3})-\frac{N^4}{4}} \begin{bmatrix} \alpha^{-1}+\frac{N^3}{3} & -\frac{N^2}{2} \\ -\frac{N^2}{2} & \alpha^{-1}+N \end{bmatrix}$$

$$= \frac{1}{\alpha^{-2}+\alpha^{-1}N+\alpha^{-1}\frac{N^3}{3}+\frac{N^4}{12}} \begin{bmatrix} \alpha^{-1}+\frac{N^3}{3} & -\frac{N^2}{2} \\ -\frac{N^2}{2} & \alpha^{-1}+N \end{bmatrix} .$$

Berücksichtigt man näherungsweise nur die höchsten Potenzen in N, so folgt

$$E\{\boldsymbol{P}(N)\} \approx \begin{bmatrix} \frac{4}{N} & -\frac{6}{N^2} \\ -\frac{6}{N^2} & \frac{12}{N^3} \end{bmatrix} ,$$

d. h. mit Hilfe von Gl. (I-6.4)

$$E\{\Delta\hat{y}_0(N)\} \approx \frac{1}{\alpha}\left[\frac{4}{N}\,y_0 - \frac{6}{N^2}\,a\right] ,$$

$$E\{\Delta\hat{a}_0(N)\} \approx \frac{1}{\alpha}\left[\frac{12}{N^3}\,a - \frac{6}{N^2}\,y_0\right] .$$

Die Erwartungswerte der Parameterfehler streben also nur für $N \to \infty$ gegen Null.

b) Für die Varianz der Parameterfehler folgt über Gl. (I-6.3)

$$E\left\{\Delta\hat{\boldsymbol{p}}(N)\,\Delta\hat{\boldsymbol{p}}^{\mathrm{T}}(N)\right\} = E\left\{\left[\boldsymbol{P}(N)\,\boldsymbol{P}^{-1}(0)\,\Delta\hat{\boldsymbol{p}}(0) - \boldsymbol{P}(N)\sum_{i=1}^{N}\boldsymbol{m}(i)\,\varepsilon(i)\right]\right.$$

$$\left.\left[\boldsymbol{P}(N)\,\boldsymbol{P}^{-1}(0)\,\Delta\hat{\boldsymbol{p}}(0) - \boldsymbol{P}(N)\sum_{i=1}^{N}\boldsymbol{m}(i)\,\varepsilon(i)\right]^{\mathrm{T}}\right\} .$$

Mit der Abkürzung

$$\sum_{i=1}^{N}\boldsymbol{m}(i)\,\varepsilon(i) = \left[\boldsymbol{m}(1)\;\boldsymbol{m}(2)\ldots\boldsymbol{m}(N)\right]\begin{bmatrix}\varepsilon(1)\\ \varepsilon(2)\\ \vdots \\ \varepsilon(N)\end{bmatrix}$$

$$= \boldsymbol{M}^{\mathrm{T}}(N)\,\varepsilon(N)$$

erhält man

$$E\left\{\Delta\hat{\boldsymbol{p}}(N)\,\Delta\hat{\boldsymbol{p}}^{\mathrm{T}}(N)\right\} =$$

$$E\left\{\boldsymbol{P}(N)\,\boldsymbol{P}^{-1}(0)\,\Delta\hat{\boldsymbol{p}}(0)\,\Delta\hat{\boldsymbol{p}}^{\mathrm{T}}(0)\boldsymbol{P}^{-\mathrm{T}}(0)\,\boldsymbol{P}^{\mathrm{T}}(N)\right\}$$

$$\left.\begin{aligned}&-E\left\{\boldsymbol{P}(N)\,\boldsymbol{P}^{-1}(0)\,\Delta\hat{\boldsymbol{p}}(0)\,\varepsilon^{\mathrm{T}}(N)\,\boldsymbol{M}(N)\,\boldsymbol{P}^{\mathrm{T}}(N)\right\}\\&-E\left\{\boldsymbol{P}(N)\,\boldsymbol{M}^{\mathrm{T}}(N)\,\varepsilon(N)\,\Delta\hat{\boldsymbol{p}}^{\mathrm{T}}(0)\,\boldsymbol{P}^{-\mathrm{T}}(0)\,\boldsymbol{P}^{\mathrm{T}}(N)\right\}\end{aligned}\right\} = 0, \text{da } \varepsilon \text{ und } \Delta\hat{\boldsymbol{p}}(0) = \boldsymbol{p} \text{ nicht miteinander korreliert sind}$$

$$+E\left\{\boldsymbol{P}(N)\,\boldsymbol{M}^{\mathrm{T}}(N)\,\varepsilon(N)\,\varepsilon^{\mathrm{T}}(N)\,\boldsymbol{M}(N)\,\boldsymbol{P}^{\mathrm{T}}(N)\right\}$$

$$= E\{\boldsymbol{P}_1(N)\} + E\{\boldsymbol{P}_2(N)\}\,\sigma_\varepsilon^2 \qquad \text{(I-6.5)}$$

mit

$$\boldsymbol{P}_1(N) = \boldsymbol{P}(N)\,\boldsymbol{P}^{-1}(0)\,\Delta\hat{\boldsymbol{p}}(0)\,\Delta\hat{\boldsymbol{p}}^{\mathrm{T}}(0)\,\boldsymbol{P}^{-\mathrm{T}}(0)\,\boldsymbol{P}^{\mathrm{T}}(N)$$

$$\boldsymbol{P}_2(N) = \boldsymbol{P}(N)\,\boldsymbol{M}^{\mathrm{T}}(N)\,\boldsymbol{M}(N)\,\boldsymbol{P}^{\mathrm{T}}(N) = \boldsymbol{P}^{\mathrm{T}}(N) \quad .$$

Als Näherung für große N und $\boldsymbol{P}(0) = \alpha\,\mathbf{I}$ erhält man entsprechend Aufgabenteil a):

$$E\{\boldsymbol{P}_1(N)\} \approx \frac{1}{\alpha^2}\begin{bmatrix}\frac{4}{N} & -\frac{6}{N^2}\\ -\frac{6}{N^2} & \frac{12}{N^3}\end{bmatrix}\begin{bmatrix}y_0^2 & a\,y_0\\ a\,y_0 & a^2\end{bmatrix}\begin{bmatrix}\frac{4}{N} & -\frac{6}{N^2}\\ -\frac{6}{N^2} & \frac{12}{N^3}\end{bmatrix}$$

$$E\{\boldsymbol{P}_2(N)\} = \begin{bmatrix}\frac{4}{N} & -\frac{6}{N^2}\\ -\frac{6}{N^2} & \frac{12}{N^3}\end{bmatrix} \quad .$$

Damit erhält man nach Gl. (I-6.5)

$$E\left\{\Delta\hat{\boldsymbol{p}}(N)\,\Delta\hat{\boldsymbol{p}}^{\mathrm{T}}(N)\right\} = \begin{bmatrix}\frac{4}{N} & -\frac{6}{N^2}\\ -\frac{6}{N^2} & \frac{12}{N^3}\end{bmatrix}\left[\mathbf{I}\,\sigma_\varepsilon^2 + \boldsymbol{B}\right]$$

mit

$$\boldsymbol{B} = \frac{1}{\alpha^2} \begin{bmatrix} y_0^2 & a\, y_0 \\ a\, y_0 & a^2 \end{bmatrix} \begin{bmatrix} \frac{4}{N} & -\frac{6}{N^2} \\ -\frac{6}{N^2} & \frac{12}{N^3} \end{bmatrix} .$$

Da $\boldsymbol{B}$ mindestens mit $1/N$ gegen Null geht, strebt die Kovarianzmatrix der rekursiven Lösung gegen die Kovarianzmatrix der off-line Lösung.

Lösung I-7 (RLS-Verfahren)

Die Kovarianzmatrix berechnet sich nach Gl. (4.2.120c) (s. Buch "Regelungstechnik III") zu

$$\boldsymbol{P}(k+1)=\frac{1}{\rho(k+1)}\left[\boldsymbol{P}(k)-\boldsymbol{q}(k+1)\,\boldsymbol{m}^{\mathrm{T}}(k+1)\,\boldsymbol{P}(k)\right] \tag{I-7.1}$$

mit dem Kalmanschen Verstärkungsvektor

$$\boldsymbol{q}(k+1)=\frac{\boldsymbol{P}(k)\,\boldsymbol{m}(k+1)}{1+\boldsymbol{m}^{\mathrm{T}}(k+1)\,\boldsymbol{P}(k)\,\boldsymbol{m}(k+1)}\quad . \tag{I-7.2}$$

Wird Gl. (I-7.2) in (I-7.1) eingesetzt, so ergibt sich

$$\boldsymbol{P}(k+1)=\frac{1}{\rho(k+1)}\left[\boldsymbol{P}(k)-\frac{\boldsymbol{P}(k)\,\boldsymbol{m}(k+1)\,\boldsymbol{m}^{\mathrm{T}}(k+1)\,\boldsymbol{P}(k)}{1+\boldsymbol{m}^{\mathrm{T}}(k+1)\,\boldsymbol{P}(k)\,\boldsymbol{m}(k+1)}\right]\quad . \tag{I-7.3}$$

Bei Berücksichtigung der Spurbeziehungen

$$sp(\boldsymbol{A}+\boldsymbol{B})=sp(\boldsymbol{A})+sp(\boldsymbol{B}) \tag{I-7.4}$$

$$sp(\boldsymbol{a}\,\boldsymbol{b}^{\mathrm{T}})=\boldsymbol{b}^{\mathrm{T}}\boldsymbol{a} \tag{I-7.5}$$

und mit den Definitionen

$$\boldsymbol{g}_1(k)=\boldsymbol{P}(k)\,\boldsymbol{m}(k+1) \tag{I-7.6}$$

$$\boldsymbol{g}_2^{\mathrm{T}}(k)=\boldsymbol{m}^{\mathrm{T}}(k+1)\,\boldsymbol{P}(k) \tag{I-7.7}$$

kann die Kovarianzmatrix wie folgt geschrieben werden:

$$sp(\boldsymbol{P}(k+1))=\frac{1}{\rho(k+1)}\left[sp(\boldsymbol{P}(k)-sp\left(\frac{\boldsymbol{g}_1(k)\,\boldsymbol{g}_2^{\mathrm{T}}(k)}{1+\boldsymbol{m}^{\mathrm{T}}(k+1)\,\boldsymbol{P}(k)\,\boldsymbol{m}(k+1)}\right)\right]. \tag{I-7.8}$$

Da laut Aufgabenstellung

$$sp(\boldsymbol{P}(k+1))=sp(\boldsymbol{P}(k))=sp(\boldsymbol{P}(0))=\text{const}\,.$$

gelten soll, kann Gl. (I-7.8) nach dem Gewichtsfaktor

$$\rho(k+1)=1-\boldsymbol{g}_2^{\mathrm{T}}(k)\boldsymbol{g}_1(k)\frac{1}{sp(\boldsymbol{P}(0))\,(1+\boldsymbol{m}^{\mathrm{T}}(k+1)\boldsymbol{P}(k)\boldsymbol{m}(k+1))}$$

aufgelöst werden. Durch Einsetzen der Beziehungen von den Gln. (I-7-6), (I-7-7) erhält man schließlich

$$\rho(k+1) = 1 - \frac{\boldsymbol{m}^{\mathrm{T}}(k+1)\,\boldsymbol{P}^2(k)\,\boldsymbol{m}(k+1)}{sp(\boldsymbol{P}(0)\,(1+\boldsymbol{m}^{\mathrm{T}}(k+1)\,\boldsymbol{P}(k)\,\boldsymbol{m}(k+1))}.$$

Lösung I-8 (Identifikation im geschlossenen Regelkreis)

Für $n = 1$ lautet die Gl. (4.2.37) aus dem Buch "Regelungstechnik III"

$$M^{\mathrm{T}}(N)\, M(N) = \begin{bmatrix} -y(1) & \dots & -y(N) \\ & & \\ u(1) & \dots & u(N) \end{bmatrix} \begin{bmatrix} -y(1) & u(1) \\ \vdots & \vdots \\ -y(N) & u(N) \end{bmatrix}$$

$$= \begin{bmatrix} \sum\limits_{k=1}^{N} y^2(k) & -\sum\limits_{k=1}^{N} u(k)\, y(k) \\ -\sum\limits_{k=1}^{N} u(k)\, y(k) & \sum\limits_{k=1}^{N} u^2(k) \end{bmatrix} . \tag{I-8.1}$$

Mit dem Stellgesetz

$$u(k) = -K\, y(k) \quad , \quad K = \text{const} \tag{I-8.2}$$

folgt aus Gl. (I-8.1)

$$\boldsymbol{M}^{\mathrm{T}}(N)\, \boldsymbol{M}(N) = \sum_{k=1}^{N} y^2(k) \begin{bmatrix} 1 & K \\ K & K^2 \end{bmatrix} . \tag{I-8.3}$$

Diese Matrix ist singulär, und daher läßt sich die Parameterschätzung

$$\hat{\boldsymbol{p}}(N) = \left[\boldsymbol{M}^{\mathrm{T}}(N)\, \boldsymbol{M}(N)\right]^{-1} \boldsymbol{M}^{\mathrm{T}}(N)\, \boldsymbol{y}(N) \tag{I-8.4}$$

mit den Meßsignalen $u(k)$ und $y(k)$ des geschlossenen Regelkreises nicht durchführen.

Abhilfe schafft die Einführung eines zusätzlichen *Testsignals* $r_2(k)$ in das Stellgesetz:

$$u(k) = -K\, y(k) + r_2(k) \quad . \tag{I-8.5}$$

Damit erhält man

$$\boldsymbol{M}^{\mathrm{T}}(N)\, \boldsymbol{M}(N) = \begin{bmatrix} \sum\limits_{k=1}^{N} y^2(k) & K \sum\limits_{k=1}^{N} y^2(k) - \sum\limits_{k=1}^{N} r_2(k)\, y(k) \\ K \sum\limits_{k=1}^{N} y^2(k) - \sum\limits_{k=1}^{N} r_2(k)\, y(k) & K^2 \sum\limits_{k=1}^{N} y^2(k) - 2\, K \sum\limits_{k=1}^{N} r_2(k)\, y(k) + \sum\limits_{k=1}^{N} r_2^2(k) \end{bmatrix} . \tag{I-8.6}$$

Die obige Matrix ist nichtsingulär, und die Inversion wird möglich.

Gl. (I-8.5) führt auf die indirekte Identifikation im geschlossenen Regelkreis gemäß Bild 4.5.1a im Buch Regelungstechnik III. Voraussetzung ist, daß das Testsignal $r_2(k)$ stationär ist und mit dem Störsignal am Ausgang der Regelstrecke $r_1(k)$ nicht korreliert ist, In diesem Fall kann $r_2(k)$ als unabhängige Eingangsgröße des Regelkreises aufgefaßt werden.

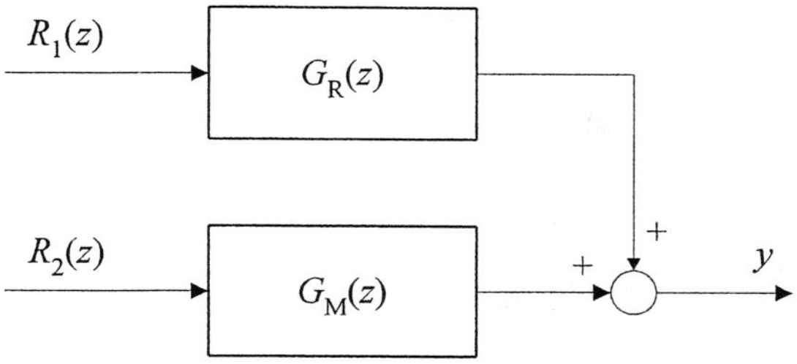

Bild I-8.1. Geschlossener Regelkreis

Die Darstellung von Bild I-8.1 kann überführt werden in

$$Y(z) = \underbrace{\frac{G(z)}{1+G(z)\,D(z)}}_{G_M(z)} R_2(z) + \underbrace{\frac{1}{1+G(z)\,D(z)}}_{G_R(z)} R_1(z) \quad . \tag{I-8.7}$$

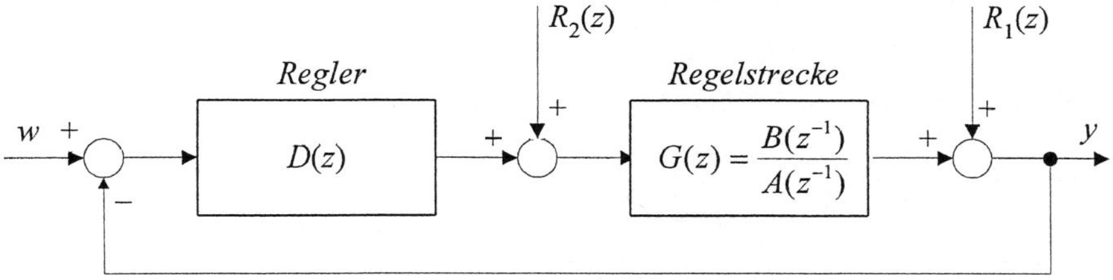

Bild I-8.2. Umgeformte Struktur, äquivalent zu Bild I-8.1

Da der Regler $D(z)$ gewöhnlich bekannt ist, muß $G_M(z)$ geschätzt (z. B. durch das RLS-Verfahren) und die Regelstrecke mit

$$\hat{G}(z) = \frac{\hat{G}_M(z)}{1+\hat{G}_M(z)\,D(z)} \quad . \tag{I-8.8}$$

bestimmt werden. Während bei dieser indirekten Identifikation einerseits alle Schwierigkeiten einer Parameterschätzung im geschlossenen Regelkreis durch deren Rückführung auf eine Parameterschätzung im offenen Regelkreis umgangen werden, ergibt sich andererseits ein erheblicher numerischer Aufwand, da die gesuchten Regelstreckenparameter über ein Modell ermittelt werden müssen (Gl. I-8.8), das von höherer Ordnung als das der eigentlichen Regelstrecke ist. Dieses Verfahren kann daher eine schlechtere Konvergenz zur Folge haben.

Lösung I-9 (ML-Methode)

Gesucht ist das Minimum der Funktion

$$I(\boldsymbol{p}) = \frac{1}{2} \sum_{k=1}^{N} \varepsilon^2(k) \quad .$$

Ein iterativer Suchalgorithmus 2. Ordnung benötigt die 1. und 2. Ableitung von $I(\boldsymbol{p})$ nach $\boldsymbol{p}$. Die Parameterberechnung erfolgt dann nach der Formal

$$\hat{\boldsymbol{p}}(\upsilon+1) = \hat{\boldsymbol{p}}(\upsilon) - \beta \left\{ \boldsymbol{I}_{pp}\left[\hat{\boldsymbol{p}}(\upsilon)\right]\right\}^{-1} \boldsymbol{I}_p\left[\hat{\boldsymbol{p}}(\upsilon)\right]$$

mit

$$\boldsymbol{p}^{\mathrm{T}} = \begin{bmatrix} a_1 & \ldots & a_n & b_1 & \ldots & b_n & c_1 & \ldots & c_n \end{bmatrix} \quad .$$

Die Elemente I_{pi} des Vektors

$$\boldsymbol{I}_p^{\mathrm{T}} = \begin{bmatrix} I_{p1} & \ldots & I_{p\mu} \end{bmatrix} \quad ; \quad \mu = 3n$$

erhält man aus

$$I_{pi} = \frac{\partial I(\boldsymbol{p})}{\partial p_i}$$

und

$$I_{ppij} = \frac{\partial^2 I(\boldsymbol{p})}{\partial p_i \partial p_j} \quad .$$

Es gilt

$$\frac{\partial I(\boldsymbol{p})}{\partial p_i} = \sum_{k=1}^{N} \varepsilon(k) \frac{\partial \varepsilon(k)}{\partial p_i}$$

$$\frac{\partial^2 I(\boldsymbol{p})}{\partial p_i \partial p_j} = \frac{\partial}{\partial p_j} \left[\sum_{k=1}^{N} \varepsilon(k) \frac{\partial \varepsilon(k)}{\partial p_i} \right]$$

$$= \sum_{k=1}^{N} \left[\frac{\partial \varepsilon(k)}{\partial p_j} \frac{\partial \varepsilon(k)}{\partial p_i} + \varepsilon(k) \frac{\partial^2 \varepsilon(k)}{\partial p_i \partial p_j} \right] \quad .$$

Für den Fehler gilt (s. Aufgabenstellung)

$$\varepsilon(k) = y(k) + \sum_{i=1}^{n} a_i\, y(k-i) - \sum_{i=1}^{n} b_i\, u(k-i) - \sum_{i=1}^{n} c_i\, \varepsilon(k-i)$$

bzw.

$$C(z^{-1})\, \varepsilon(z) = A(z^{-1})\, Y(z) - B(z^{-1})\, U(z)$$

$$\varepsilon(z) = \frac{1}{C(z^{-1})}\left[A(z^{-1})\, Y(z) - B(z^{-1})\, U(z)\right] \quad .$$

Damit erhält man die Ableitungen

$$\frac{\partial \varepsilon(z)}{\partial a_i} = \frac{1}{C(z^{-1})}\, Y(z)\, z^{-i}$$

$$\frac{\partial \varepsilon(z)}{\partial b_i} = -\frac{1}{C(z^{-1})}\, U(z)\, z^{-i}$$

$$\frac{\partial \varepsilon(z)}{\partial c_i} = -\frac{1}{C(z^{-1})}\, \varepsilon(z)\, z^{-i}$$

$$\frac{\partial \varepsilon(z)}{\partial a_i} = \frac{\partial \varepsilon(z)}{\partial a_1}\, z^{-i+1}$$

$$\frac{\partial \varepsilon(z)}{\partial b_i} = \frac{\partial \varepsilon(z)}{\partial b_1}\, z^{-i+1}$$

$$\frac{\partial \varepsilon(z)}{\partial c_i} = \frac{\partial \varepsilon(z)}{\partial c_1}\, z^{-i+1}$$

$$\frac{\partial^2 \varepsilon(z)}{\partial a_i\, \partial c_j} = \frac{\partial}{\partial c_j}\left(\frac{\partial \varepsilon(z)}{\partial a_i}\right) = -\frac{1}{C^2(z^{-1})}\, Y(z)\, z^{-i} z^{-j}$$

$$= -\frac{1}{C(z^{-1})}\left(\frac{\partial \varepsilon(z)}{\partial a_i}\right) z^{-j} = -\frac{1}{C(z^{-1})}\left(\frac{\partial \varepsilon(z)}{\partial a_1}\right) z^{-j-i+1}$$

$$\frac{\partial^2 \varepsilon(z)}{\partial b_i\, \partial c_j} = \frac{\partial}{\partial c_j}\left(\frac{\partial \varepsilon(z)}{\partial a_i}\right) = -\frac{1}{C^2(z^{-1})}\, U(z)\, z^{-i} z^{-j}$$

$$= -\frac{1}{C(z^{-1})}\left(\frac{\partial \varepsilon(z)}{\partial b_i}\right) z^{-j} = -\frac{1}{C(z^{-1})}\left(\frac{\partial \varepsilon(z)}{\partial b_1}\right) z^{-j-i+1}$$

$$\frac{\partial^2 \varepsilon(z)}{\partial c_i\, \partial c_j} = \frac{\partial}{\partial c_j}\left(-\frac{1}{C(z^{-1})}\, \varepsilon(z)\right) z^{-i}$$

$$= \frac{1}{C^2(z^{-1})} \varepsilon(z)\, z^{-j}\, z^{-i} + \left(-\frac{1}{C(z^{-1})} \right) \left(\frac{\partial \varepsilon(z)}{\partial c_j} \right) z^{-i}$$

$$= \frac{1}{C^2(z^{-1})} \varepsilon(z)\, z^{-i-j} - \frac{1}{C(z^{-1})} \left(-\frac{1}{C(z^{-1})} \varepsilon(z)\, z^{-j} \right) z^{-i}$$

$$= \frac{2}{C^2(z^{-1})} \varepsilon(z)\, z^{-i-j}$$

$$= -\frac{2}{C(z^{-1})} \left(\frac{\partial \varepsilon(z)}{\partial c_j} \right) z^{-i} = -\frac{2}{C(z^{-1})} \left(\frac{\partial \varepsilon(z)}{\partial c_1} \right) z^{-i-j+1} \quad .$$

Die restlichen 2. Ableitungen sind Null.

Durch Rücktransformation erhält man die Signale:

$$\frac{\partial \varepsilon(k)}{\partial a_1} = y(k-1) - \sum_{j=1}^{n} c_j \frac{\partial \varepsilon(k-j)}{\partial a_1}$$

$$\frac{\partial \varepsilon(k)}{\partial a_i} = \frac{\partial \varepsilon(k-i+1)}{\partial a_1}$$

$$\frac{\partial \varepsilon(k)}{\partial b_1} = -u(k-1) - \sum_{j=1}^{n} c_j \frac{\partial \varepsilon(k-j)}{\partial b_1}$$

$$\frac{\partial \varepsilon(k)}{\partial b_i} = \frac{\partial \varepsilon(k-i+1)}{\partial b_1}$$

$$\frac{\partial \varepsilon(k)}{\partial c_1} = -\varepsilon(k-1) - \sum_{j=1}^{n} c_j \frac{\partial \varepsilon(k-j)}{\partial c_1}$$

$$\frac{\partial \varepsilon(k)}{\partial c_i} = \frac{\partial \varepsilon(k-i+1)}{\partial c_1}$$

bzw.

$$\frac{\partial^2 \varepsilon(k)}{\partial a_1 \partial c_1} = -\frac{\partial \varepsilon(k-1)}{\partial a_1} - \sum_{j=1}^{n} c_j \frac{\partial^2 \varepsilon(k-j)}{\partial a_1 \partial c_1}$$

$$\frac{\partial^2 \varepsilon(k)}{\partial b_1 \partial c_1} = -\frac{\partial \varepsilon(k-1)}{\partial b_1} - \sum_{j=1}^{n} c_j \frac{\partial^2 \varepsilon(k-j)}{\partial b_1 \partial c_1}$$

$$\frac{\partial^2 \varepsilon(k)}{\partial c_1 \partial c_1} = -2\,\frac{\partial \varepsilon(k-1)}{\partial c_1} - \sum_{j=1}^{n} c_j\,\frac{\partial^2 \varepsilon(k-j)}{\partial c_1 \partial c_1}$$

und

$$\frac{\partial^2 \varepsilon(k)}{\partial p_i \partial c_j} = \frac{\partial^2 \varepsilon(k-i-j+2)}{\partial p_1\, \partial c_1} \quad .$$

Diese Gleichungen sind die rekursiven Lösungsgleichungen der ML-Methode.

Lösung 10 (Strukturprüfverfahren)

Die Übertragungsfunktion ergibt sich faktorisiert zu

$$G(z^{-1}) = \frac{0{,}17z^{-1}(1-0{,}432z^{-1})}{(1-0{,}84z^{-1})(1-0{,}37z^{-1})}$$

und hat demnach die Nullstelle

$$z_N = 0{,}432$$

und die Pole

$$z_{p1} = 0{,}37$$

$$z_{p2} = 0{,}84 \quad .$$

Mit dem Polynomtest ist keine sichere Entscheidung möglich.

Die Zerlegung der Übertragungsfunktion in Partialbrüche ergibt

$$G(z^{-1}) = \frac{0{,}1477z^{-1}}{1-0{,}84z^{-1}} + \frac{0{,}0223z^{-1}}{1-0{,}37z^{-1}} \quad .$$

Als Dominanzmaß erhält man mit

$$\alpha_1 = \frac{0{,}0223}{(1-0{,}37)} = 0{,}035$$

$$\alpha_2 = \frac{0{,}1477}{(1-0{,}84)} = 0{,}923$$

dann

$$D_1 = \frac{\alpha_1}{\alpha_1+\alpha_2} = 0{,}037$$

$$D_2 = \frac{\alpha_2}{\alpha_1+\alpha_2} = 0{,}963 \quad .$$

Also hat z_{p2} einen Einfluß von 96,3 % und z_{p1} einen Einfluß von 3,7 % auf die Übergangsfunktion. Die Übertragungsfunktion läßt sich damit nach Korrektur des Verstärkungsfaktors über den Endwertsatz zu

$$G(z^{-1}) = \frac{K_r z^{-1}}{1-0{,}84z^{-1}}$$

mit

$$K_r = (1 - 0{,}84)\ G(z = 1) = 0{,}153$$

reduzieren. die Übergangsfunktionen sind in Bild I-10.2 dargestellt.

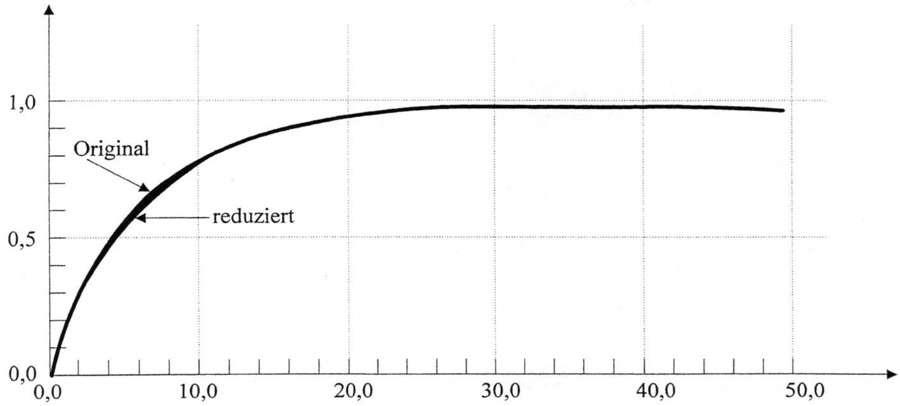

Bild I-10.2. Übergangsfunktion der Originalfunktion und der reduzierten Funktion

Lösung I-11 (Kont. Modell, Parallel-Modell-Adaption, Theorie von Ljapunow)

Das zu identifizierende System (laut Aufgabenstellung) kann auch durch die Zustandsraumdarstellung

$$\begin{bmatrix} \dot{x}_1 \\ \dot{x}_2 \end{bmatrix} = \begin{bmatrix} 0 & -a_{M0} \\ 1 & -a_{M1} \end{bmatrix} \begin{bmatrix} x_1 \\ x_2 \end{bmatrix} + \begin{bmatrix} b_{M0} \\ b_{M1} \end{bmatrix} u \qquad \text{(I-11.1a)}$$

$$y = x_2 \qquad \text{(I-11.1b)}$$

beschrieben werden. Dieses System wird mit einem Serien-Parallel-Modell zusammengeschaltet, das durch die Zustandsraumbeschreibung

$$\dot{\boldsymbol{x}}_M = \boldsymbol{A}_M\, \boldsymbol{x} + \boldsymbol{b}_M\, u - \boldsymbol{D}\, \boldsymbol{e}^* \qquad \text{(I-11.2a)}$$

$$\boldsymbol{y}_M = \boldsymbol{x}_{M2} \qquad \text{(I-11.2b)}$$

mit dem Fehlervektor

$$\begin{bmatrix} e_1{}^* \\ e_2{}^* \end{bmatrix} = \begin{bmatrix} x_1 \\ x_2 \end{bmatrix} - \begin{bmatrix} x_{M1} \\ x_{M2} \end{bmatrix} \qquad \text{(I-11.3)}$$

gegeben ist. Hier ergibt sich also

$$\begin{bmatrix} \dot{x}_{M1} \\ \dot{x}_{M2} \end{bmatrix} = \begin{bmatrix} 0 & -a_{M0}(t) \\ 1 & -a_{M1}(t) \end{bmatrix} \begin{bmatrix} x_1 \\ x_2 \end{bmatrix} + \begin{bmatrix} b_{M0}(t) \\ \mathrm{b}_{M1}(t) \end{bmatrix} u - \begin{bmatrix} d_{11} & d_{12} \\ d_{21} & d_{22} \end{bmatrix} \begin{bmatrix} e_1{}^* \\ e_2{}^* \end{bmatrix} . \qquad \text{(I-11.4)}$$

Für $\boldsymbol{e}^* = 0$ gilt

$$\boldsymbol{x}_M = \boldsymbol{x} \quad , \quad \dot{\boldsymbol{x}}_M = \dot{\boldsymbol{x}} \quad ,$$

und somit hat das Modell für $\boldsymbol{e}^* = \boldsymbol{0}$ das gleiche Verhalten wie das unbekannte System. Die Aufgabe besteht nun darin, eine Rechenvorschrift zur Berechnung von $a_{M0}(t), a_{M1}(t)$, $b_{M0}(t), b_{M1}(t)$ zu finden, für die das Gesamtsystem stabil bleibt. Definiert man die folgenden Matrizen,

$$\widetilde{A}(t) = \begin{bmatrix} 0 & -\widetilde{a}_0(t) \\ 0 & -\widetilde{a}_1(t) \end{bmatrix} = \begin{bmatrix} 0 & -a_0 \\ 1 & -a_1 \end{bmatrix} - \begin{bmatrix} 0 & -a_{M0}(t) \\ 1 & -a_{M1}(t) \end{bmatrix} , \qquad \text{(I-11.5)}$$

$$\widetilde{b}(t) = \begin{bmatrix} \widetilde{b}_0(t) \\ \widetilde{b}_1(t) \end{bmatrix} = \begin{bmatrix} b_0 \\ b_1 \end{bmatrix} - \begin{bmatrix} b_{M0}(t) \\ b_{M1}(t) \end{bmatrix} , \qquad \text{(I-11.6)}$$

so ergibt sich die Fehler-Differentialgleichung

$$\begin{aligned}\dot{\boldsymbol{e}}^* &= \widetilde{\boldsymbol{A}}\,\boldsymbol{e}^* + \widetilde{\boldsymbol{b}}\,u + \widetilde{\boldsymbol{A}}\,\boldsymbol{x}_M + \boldsymbol{D}\,\boldsymbol{e}^* \\ &= \boldsymbol{D}\,\boldsymbol{e}^* + \widetilde{\boldsymbol{A}}\,\boldsymbol{x} + \widetilde{\boldsymbol{b}}\,u \quad .\end{aligned}$$

Das System ist global asymptotisch stabil, wenn es eine Ljapunow-Funktion gibt, die die folgenden Bedingungen erfüllt:

1. $V(\boldsymbol{e}^*, \widetilde{\boldsymbol{a}}, \widetilde{\boldsymbol{b}}, t)$ und ∇V sind stetig

2. $V(\boldsymbol{e}^*, \widetilde{\boldsymbol{a}}, \widetilde{\boldsymbol{b}}, t)$ ist positiv definit

3. $\dot{V}(\boldsymbol{e}^*, \widetilde{\boldsymbol{a}}, \widetilde{\boldsymbol{b}}, t)$ ist negativ definit

4. $\lim\limits_{|e^*, \widetilde{a}, \widetilde{b}| \to \infty} V(\boldsymbol{e}^*, \widetilde{\boldsymbol{a}}, \widetilde{\boldsymbol{b}}, t) = \infty$.

Wird die stetige Ljapunow-Funktion

$$V(\boldsymbol{e}^*, \widetilde{\alpha}, \widetilde{\boldsymbol{b}}, t) = \frac{1}{2} sp(\widetilde{\boldsymbol{A}}^{\mathrm{T}} \mathrm{diag}\{p_{Ai}\} \widetilde{\boldsymbol{A}}) + \frac{1}{2} \widetilde{\boldsymbol{b}}^{\mathrm{T}} \mathrm{diag}\{p_{Bi}\} \widetilde{\boldsymbol{b}} + \frac{1}{2} \boldsymbol{e}^{*\mathrm{T}}\, \mathrm{diag}\{p_{Ei}\} \boldsymbol{e}^* \qquad \text{(I-11.7)}$$

gewählt, so ist V positiv definit, wenn $p_{Ai}, p_{Bi}, p_{Ei} > 0$ sind. Die Parameter p_{Ai}, p_{Bi}, p_{Ei} sind frei wählbare Diagonalelemente der symmetrischen und positiv definiten Matrizen $\boldsymbol{P}_A, \boldsymbol{P}_B$ und $\boldsymbol{P}_E$ zur Darstellung der Ljapunow-Funktion in quadratischer Form. Die Ableitung der Ljapunow-Funktion berechnet sich zu

$$\dot{V}(\boldsymbol{e}^*, \widetilde{\alpha}, \widetilde{\boldsymbol{b}}, t) = sp(\widetilde{\boldsymbol{A}}^{\mathrm{T}} \mathrm{diag}\{p_{Ai}\} \dot{\widetilde{\boldsymbol{A}}}) + \widetilde{\boldsymbol{b}}^{\mathrm{T}} \mathrm{diag}\{p_{Bi}\} \dot{\widetilde{\boldsymbol{b}}} + \boldsymbol{e}^{*\mathrm{T}}\, \mathrm{diag}\{p_{Ei}\} \dot{\boldsymbol{e}}^* \,. \qquad \text{(I-11.8)}$$

Weiterhin ergibt sich mit

$$\dot{\boldsymbol{e}}^* = \begin{bmatrix} d_{11} & d_{12} \\ d_{21} & d_{22} \end{bmatrix} \boldsymbol{e}^* + \begin{bmatrix} 0 & 0 \\ -\widetilde{a}_1(t) & -\widetilde{a}_2(t) \end{bmatrix} \begin{bmatrix} x_1 \\ x_2 \end{bmatrix} + \begin{bmatrix} \widetilde{b}_1(t) \\ \widetilde{b}_2(t) \end{bmatrix} u \qquad \text{(I-11.9)}$$

und

$$\begin{aligned}\dot{\widetilde{\boldsymbol{A}}}(t) &= -\dot{\boldsymbol{A}}_M(t) \\ \dot{\widetilde{\boldsymbol{b}}}(t) &= -\dot{\boldsymbol{b}}_M(t)\end{aligned}$$

die Ableitung der Ljapunow-Funktion zu

$$\dot{V}(e^*,\tilde{\alpha},\tilde{b},t) = -sp(\tilde{A}^{\mathrm{T}}\mathrm{diag}\{p_{Ai}\}\dot{A}_M) - \tilde{b}^{\mathrm{T}}\mathrm{diag}\{p_{Bi}\}\dot{b}_M$$

$$+e^{*\mathrm{T}}\,\mathrm{diag}\{p_{Ei}\}\left\{D\,e^* + \tilde{A}\,x + \tilde{b}\,u\right\} \tag{I-11.10}$$

$$= -sp(\tilde{A}^{\mathrm{T}}\mathrm{diag}\{p_{Ai}\}\dot{A}_M) - \tilde{b}^{\mathrm{T}}\mathrm{diag}\{p_{Bi}\}\dot{b}_M$$

$$+e^{*\mathrm{T}}\,(D\,\mathrm{diag}\{p_{Ei}\})\,e^*$$

$$+e^{*\mathrm{T}}\,\mathrm{diag}\{p_{Ei}\}\,\tilde{A}\,x + e^{*\mathrm{T}}\,\mathrm{diag}\{p_{Ei}\}\,\tilde{b}\,u \quad . \tag{I-11.11}$$

Da $a^{\mathrm{T}}\,b = b^{\mathrm{T}}\,a = sp\left\{a\,b^{\mathrm{T}}\right\}$ gilt, vereinfacht sich Gl. (I-11.11) zu

$$\dot{V}(e^*,\tilde{\alpha},\tilde{b},t) = -sp(\tilde{A}^{\mathrm{T}}\mathrm{diag}\{p_{Ai}\}\dot{A}_M) - \tilde{b}^{\mathrm{T}}\mathrm{diag}\{p_{Bi}\}\dot{b}_M + e^{*\mathrm{T}}\,D\,\mathrm{diag}(p_{Ei})\,e^*$$

$$+sp\left(e^*\,\mathrm{diag}(p_{Ei})\left(\tilde{A}\,x\right)^{\mathrm{T}}\right) + \tilde{b}^{\mathrm{T}}\,\mathrm{diag}(p_{Ei})\,e^*\,u$$

mit $sp(A\,B) = sp(B\,A)$ erhält man:

$$\dot{V}(e^*,\tilde{\alpha},\tilde{b},t) = sp(\tilde{A}^{\mathrm{T}}\left(\mathrm{diag}\{p_{Ei}\}\,e^*\,x^{\mathrm{T}} - \mathrm{diag}\{p_{Ai}\}\dot{A}_M)\right)$$

$$+\tilde{b}^{\mathrm{T}}\left\{\mathrm{diag}\{p_{Ei}\}\,e^*\,u - \mathrm{diag}\{p_{Bi}\}\,\dot{b}_M\right\}$$

$$+e^{*\mathrm{T}}\,D\,\mathrm{diag}\{p_{Ei}\}\,e^* \quad . \tag{I-11.12}$$

Dieser Ausdruck ist negativ definit, wenn die folgenden Bedingungen erfüllt sind:

a) $D\,\mathrm{diag}\{p_{Ei}\}$ ist negativ definit,

b) $\mathrm{diag}\{p_{Ei}\}\,e^*\,u = \mathrm{diag}\{p_{Bi}\}\,\dot{b}_M$,

c) $\mathrm{diag}\{p_{Ei}\}\,e^*\,x^{\mathrm{T}} = \mathrm{diag}\{p_{Ai}\}\,\dot{A}_M$.

a) Die erste Bedingung kann dadurch erfüllt werden, indem man

$$D = \begin{bmatrix} -\dfrac{1}{p_{E1}} & 0 \\ 0 & -\dfrac{1}{p_{E2}} \end{bmatrix} \tag{I-11.13}$$

setzt. Aus den Bedingungen b) und c) erhält man die Rechenvorschriften zur Bestimmung der Parameter $a_{Mi}(t)$ und $b_{Mi}(t)$.

b) $$\dot{\boldsymbol{A}}_M = \text{diag}\left\{\frac{p_{Ei}}{p_{Ai}}\right\} \boldsymbol{e}^* \boldsymbol{x}^{\mathrm{T}}$$

$$\boldsymbol{A}_M(t) = \boldsymbol{A}_M(0) + \int_0^{\mathrm{t}} \dot{\boldsymbol{A}}_{\mathrm{M}}(\tau)\,\mathrm{d}\tau$$

$$\begin{bmatrix} 0 & -a_{M0}(t) \\ 1 & -a_{M1}(t) \end{bmatrix} = \begin{bmatrix} 0 & -a_{M0}(0) \\ 1 & -a_{M1}(0) \end{bmatrix} + \text{diag}\left\{\frac{p_{Ei}}{p_{Ai}}\right\} \int_0^t \boldsymbol{e}^*(\tau)\boldsymbol{x}^{\mathrm{T}}(\tau)\,\mathrm{d}\tau \quad . \tag{I-11.14}$$

Daraus ergibt sich die Berechnung der gesuchten Parameter zu

$$a_{M0}(t) = a_{M0}(0) - \frac{p_{E1}}{p_{A1}} \int_0^t e_1{}^*(\tau)\, x_2(\tau)\,\mathrm{d}\tau \tag{I-11.15a}$$

bzw.

$$a_{M1}(t) = a_{M1}(0) - \frac{p_{E2}}{p_{A2}} \int_0^t e_2{}^*(\tau)\, x_2(\tau)\,\mathrm{d}\tau \quad . \tag{I-11.15b}$$

c) $$\dot{\boldsymbol{b}}_M = \text{diag}\left\{\frac{p_{Ei}}{p_{Bi}}\right\} \boldsymbol{e}^* u$$

$$\boldsymbol{b}_M = \boldsymbol{b}_M(0) + \text{diag}\left\{\frac{p_{Ei}}{p_{Bi}}\right\} \boldsymbol{e}^*(\tau)\, u(\tau)\,\mathrm{d}\tau \quad .$$

Analog ergibt sich

$$b_{M0}(t) = b_{M0}(0) + \frac{p_{E1}}{p_{B1}} \int_0^t e_1{}^*(\tau)\, u(\tau)\,\mathrm{d}\tau \quad , \tag{I-11.16a}$$

$$b_{M1}(t) = b_{M1}(0) + \frac{p_{E2}}{p_{B2}} \int_0^t e_2{}^*(\tau)\, u(\tau)\,\mathrm{d}\tau \quad . \tag{I-11.16b}$$

Lösung 12 (Bilineares Modell)

Das Ausgangssignal des bilinearen Systems $y_M(k)$ berechnet sich zu

$$y_M(k) = -a_1\, y_M(k-1) + b_0\, u(k) + b_1\, u(k-1)$$
$$+c_{10}\, y_M(k-1)\, u(k) + c_{11}\, y_M(k-1)\, u(k-1) \quad . \qquad \text{(I-12.1)}$$

Unter Berücksichtigung des Rauschfilters

$$r_M(k) = \varepsilon_0(k) - d_1\, r_M(k-1) \qquad \text{(I-12.2)}$$

ergibt sich als Schätzwert für das Gesamtausgangssignal des Modells

$$\hat{y}(k) = y_M(k) + r_M(k) \qquad \text{(I-12.3)}$$

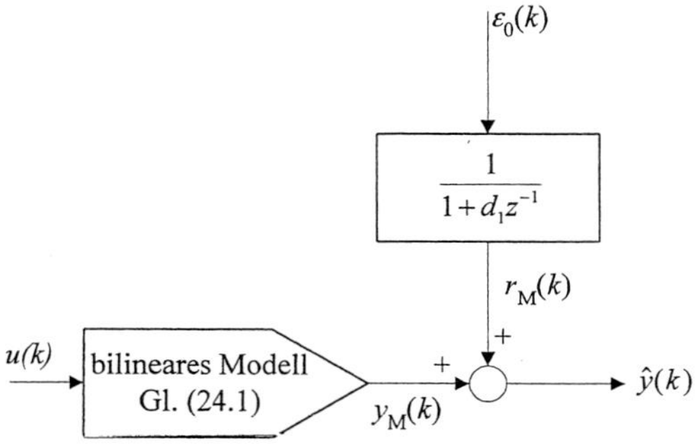

Bild I-12.1. Bilineares Modell mit Rauschfilter

Gleichung (I-12.3) umgeformt ergibt

$$y_M(k) = \hat{y}_M(k) - r_M(k) \qquad \text{(I-12.4)}$$

oder mit Gl. (I-12.2)

$$y_M(k) = \hat{y}_M(k) - \varepsilon_0(k) + d_1\, r_M(k-1) \quad . \qquad \text{(I-12.5)}$$

a[1]) Wird nun dieses Ausgangssignal des bilinearen Modells Gl. (I-12.5) in Gl. (I-12.1) eingesetzt, so erhält man

$$\hat{y}(k) - \varepsilon_0(k) + d_1\, r_M(k-1) = b_0\, u(k) + b_1\, u(k-1)$$
$$-a_1\left[\hat{y}(k-1) - \varepsilon_0(k-1) + d_1\, r_M(k-2)\right]$$
$$+c_{10}\left[\hat{y}(k-1) - \varepsilon_0(k-1) + d_1\, r_M(k-2)\right] u(k)$$
$$+c_{11}\left[\hat{y}(k-1) - \varepsilon_0(k-1) + d_1\, r_M(k-2)\right] u(k-1)$$

(I-12.6a)

oder

$$\hat{y}(k) = b_0\, u(k) + b_1\, u(k-1) - a_1\, \hat{y}(k-1)$$
$$+c_{10}\, \hat{y}(k-1)\, u(k) + c_{11}\, \hat{y}(k-1)\, u(k-1)$$
$$-c_{10}\, \varepsilon_0(k-1)\, u(k) - c_{11}\, \varepsilon_0(k-1)\, u(k-1)$$
$$+c_{10}\, d_1\, r_M(k-2)\, u(k) + c_{11}\, d_1\, r_M(k-2)\, u(k-1)$$
$$+a_1\, \varepsilon_0(k-1) - a_1\, d_1\, r_M(k-2)$$
$$-d_1\, r_M(k-1) + \varepsilon_0(k) \quad . \qquad \text{(I-12.6b)}$$

Werden nun statt der Schätzwerte die gemessenen Signale verwendet ($\hat{y}(k) \rightarrow y(k)$, $\varepsilon_0(k) \rightarrow \varepsilon(k)$), so ändert sich Gl. (I-12.6b)

$$y(k) = b_0\, u(k) + b_1\, u(k-1) - a_1\, y(k-1)$$
$$+c_{10}\, y(k-1)\, u(k) + c_{11}\, y(k-1)\, u(k-1)$$
$$-c_{10}\, \varepsilon(k-1)\, u(k) - c_{11}\, \varepsilon(k-1)\, u(k-1)$$
$$+c_{10}\, d_1\, r_M(k-2)\, u(k) + c_{11}\, d_1\, r_M(k-2)\, u(k-1)$$
$$+a_1\, \varepsilon(k-1) - a_1\, d_1\, r_M(k-2)$$
$$-d_1\, r_M(k-1) + \varepsilon(k) \quad . \qquad \text{(I-12.7)}$$

Würde man nun formal entsprechend der in der Aufgabenstellung geforderten Darstellung

$$y(k) = \boldsymbol{m}^{\mathrm{T}}(k)\, \boldsymbol{p} + \varepsilon(k) \qquad \text{(I-12.8)}$$

den Signalvektor zu

$$\boldsymbol{m}^{\mathrm{T}}(k) = \big[-y(k-1) \quad u(k) \quad u(k-1) \quad y(k-1)\, u(k) \quad y(k-1)\, u(k-1)$$
$$-\varepsilon(k-1)\, u(k) \quad -\varepsilon(k-1)\, u(k-1) \quad r_M(k-2)\, u(k) \quad r_M(k-2)\, u(k-1)$$
$$\varepsilon(k-1) \qquad -r_M(k-1) \qquad -r_M(k-2)\big] \qquad \text{(I-12.9a)}$$

und den Parametervektor zu

$$\boldsymbol{p} = \big[a_1 \quad b_0 \quad b_1 \quad c_{10} \quad c_{11} \quad c_{10} \quad c_{11} \quad c_{10} \quad d_1 \quad c_{11} \quad d_1 \quad a_1 \quad d_1 \quad a_1 \quad d_1\big]^{\mathrm{T}} \ \text{(I-12.9b)}$$

ansetzen, so wird sofort ersichtlich, daß nur die Parameter b_0 und b_1 eindeutig bestimmt werden könnten, während für die übrigen Parameter redundante Schätzgleichungen entstehen.

b[1]) Ignoriert man diese Parameterabhängigkeiten untereinander, dann läßt sich Gl. (I-12.7) entsprechend der Darstellung Gl. (3.43) [Skript] auch in die Form von Gl. (I-12.8) bringen:

$$\begin{aligned} \boldsymbol{m}^{\mathrm{T}}(k) = \big[& -y(k-1) \quad u(k) \quad u(k-1) \quad y(k-1)\,u(k) \quad y(k-1)\,u(k-1) \\ & \varepsilon(k-1)\,u(k) \quad \varepsilon(k-1)\,u(k-1) \quad r_M(k-2)\,u(k) \quad r_M(k-2)\,u(k-1) \\ & \varepsilon(k-1) \qquad r_M(k-1) \qquad -r_M(k-2) \big] \end{aligned} \tag{I-12.10a}$$

und

$$\boldsymbol{p} = \begin{bmatrix} a_1 & b_0 & b_1 & c_{10} & c_{11} & \alpha_{10} & \alpha_{11} & \beta_{20} & \beta_{21} & \gamma_1 & \delta_1 & \delta_2 \end{bmatrix}^{\mathrm{T}} \ . \tag{I-12.10b}$$

Die Parameter Gl. (I-12.10b) ließen sich dann formal mit Hilfe des erweiterten LS-Verfahrens bestimmen. Da $\varepsilon(k)$ und $r_M(k)$ nicht meßbar sind, müssen dafür Schätzwerte verwendet werden:

$$\hat{\varepsilon}(k) = y(k) - \boldsymbol{m}^{\mathrm{T}}(k)\,\hat{\boldsymbol{p}}(k-1)$$

$$\hat{r}_M(k) = y(k) - \boldsymbol{m}_{yu}^{\mathrm{T}}(k)\,\hat{\boldsymbol{p}}_{BM}(k-1)$$

mit

$$\hat{\boldsymbol{p}}_{BM}^{\mathrm{T}}(k) = \begin{bmatrix} a_1 & b_0 & b_1 & c_{10} & c_{11} \end{bmatrix}$$

$$\boldsymbol{m}_{yu}^{\mathrm{T}}(k) = \begin{bmatrix} -y(k-1) & u(k) & u(k-1) & y(k-1)\,u(k) & y(k-1)\,u(k-1) \end{bmatrix} \ .$$

a[2]) Sollen die unter a[1]) dargestellten Parameterabhängigkeiten untereinander vermieden werden, so ist ein anderer Lösungsweg einzuschlagen:

Ersetzt man in Gl. (I-12.1) das Modellausgangssignal $y_M(k)$ durch Gl. (I-12.4), so erhält man

$$\begin{aligned} \hat{y}(k) - r_M(k) = {} & b_0\,u(k) + b_1\,u(k-1) - a_1\big[\hat{y}(k-1) - r_M(k-1)\big] \\ & + c_{10}\big[\hat{y}(k-1) - r_M(k-1)\big]\,u(k) \\ & + c_{11}\big[\hat{y}(k-1) - r_M(k-1)\big]\,u(k-1) \end{aligned} \tag{I-12.11}$$

oder unter Verwendung der gemessenen Signale

$$\begin{aligned}y(k) = {} & b_0\, u(k) + b_1\, u(k-1) - a_1\, y(k-1) \\ & + c_{10}\, y(k-1)\, u(k) + c_{11} y(k-1)\, u(k-1) \\ & - c_{10}\, r_M(k-1)\, u(k) - c_{11}\, r_M(k-1)\, u(k-1) \\ & + a_1\, r_M(k-1) + r_M(k) \quad .\end{aligned} \tag{I-12.12}$$

Wird nun $r_M(k)$ durch Gl. (I-12.2) ersetzt und gleichzeitig eine Zusammenfassung von Signalen bei dem gleichen zu schätzenden Parameter beachtet, so ergibt sich die Vektorenbelegung von Gl. (I-12.8) wie folgt:

$$\begin{aligned}\boldsymbol{m}^{\mathrm{T}}(k) = \big[& -y(k-1) \quad u(k) \quad u(k-1) \quad \{y(k-1) - r_M(k-1)\}\, u(k) \\ & \{y(k-1) - r_M(k-1)\}\, u(k-1) \qquad r_M(k-1)\big]\end{aligned} \tag{I-12.13a}$$

$$\boldsymbol{p} = \begin{bmatrix} a_1 & b_0 & b_1 & c_{10} & c_{11} & (a_1 - d_1) \end{bmatrix}^{\mathrm{T}} \quad . \tag{I-12.13b}$$

b²) Auch bei dieser Herleitung des Signal- und Parametervektors (Gln. (I-12.13a, b)) lassen sich die Modellparameter mit Hilfe des erweiterten LS-Verfahrens in zweistufiger Weise bestimmen (die zweite Stufe entspricht Gl. (I-12.2.)). Der Vorteil dieser Darstellung liegt in der geringeren und nun eindeutigen Bestimmung der Modellparameter.

Aufgabe A-1 (Reglerentwurf, „Self-tuning“-Regler)

Entwerfen Sie einen „Minimum-Varianz“-(MV-)Regler für eine Regelstrecke mit der diskreten Übertragungsfunktion

$$G(z) = \frac{0{,}35z^{-3}}{1 - 0{,}8z^{-1} + 0{,}15z^{-2}} \quad .$$

Zu berücksichtigen ist hierbei eine Störung, die über

$$C(z^{-1}) = 1 - 1{,}1z^{-1} + 0{,}3z^{-2}$$

gefiltert auf das ARMAX-Modell (Modellstruktur III) einwirkt.

a) Geben Sie die Übertragungsfunktion des MV-Reglers an.

b) Schreiben Sie das Stellgesetz in der Form

$$u(k) = -\frac{1}{b_0}\, \boldsymbol{p}_{\mathrm{MV}}^{\mathrm{T}}\, \boldsymbol{m}_{\mathrm{MV}}(k)$$

nieder.

c) Wie kann dieser Regler zu einem „Self-tuning“-Regler erweitert werden?

d) Was muß sichergestellt werden, damit dieser adaptive Regler mit (langsamen) Änderungen der Streckenparameter umgehen kann? Wodurch kann dies erreicht werden?

Aufgabe A-2 (Reglerentwurf, „Self-tuning“-Regler)

Gegeben sei eine Regelstrecke nach Bild A-2.1

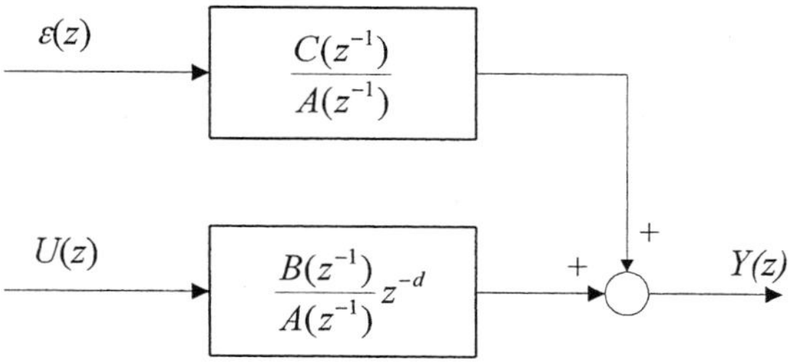

Bild A-2.1. Regelstrecke mit Störmodell

Für den Spezialfall

$$B(z^{-1}) = b_0 + b_1 z^{-1} \qquad |b_0| > |b_1|$$

$$A(z^{-1}) = 1 + a_1 z^{-1} + a_2 z^{-2}$$

$$C(z^{-1}) = 1 + c_1 z^{-1}$$

$$d \quad = 1$$

ist ein „Self-tuning"-Regler nach der „Minimum-Varianz"-Regelstrategie zu entwerfen, der folgende zusätzliche Anforderungen erfüllen soll:

- durch eine zusätzliche Stellinkrementbewertung soll eine Beeinflussung des Stellverhaltens ermöglicht werden,
- der lineare Regler soll in der Lage sein, auch deterministische Störungen auszuregeln.

Aufgabe A-3 (Reglerentwurf, „Self-tuning"-Regler, nichtminimalphasige Regelstrecke)

Überprüfen Sie, ob für den Spezialfall einer nichtminimalphasigen Regelstrecke

$$G(z^{-1}) = \frac{-0{,}5z^{-1} + z^{-2}}{1 - z^{-1} + 0{,}5z^{-2}}$$

der Reglerentwurf nach Aufgabe A-2 durchgeführt werden kann? Wie muß gegebenenfalls das Bewertungspolynom $Q(z^{-1})$ gewählt werden?

Aufgabe A-4 (Positiv reelle Übertragungsfunktion, Popov-Ungleichung)

a) Betrachtet wird die kontinuierliche Übertragungsfunktion

$$G(s) = \frac{B(s)}{A(s)} \quad . \qquad \text{(A-4.1)}$$

Wie groß darf der relative Gradunterschied zwischen den Polynomen $B(s)$ und $A(s)$ höchstens sein, damit $G(s)$ eine positiv reelle Übertragungsfunktion sein kann?

b) Für die Funktion $G(s)$ nach Gl. (A-4.1) gelte

$$G(s) = \frac{s+\beta}{(s+1)(s+2)} \quad .$$

Bestimmen Sie mit Hilfe von Satz 5.3.2 (s. Buch „Regelungstechnik III") ein β so, daß $G(s)$ streng positiv reell ist.

c) Zeigen Sie mit Hilfe von Satz 5.3.3 (s. Buch „Regelungstechnik III"), daß für kontinuierliche positiv reelle Systeme die Popov-Ungleichung (s. Buch „Regelungstechnik III", Gl. (5.3.58)) gilt.

Aufgabe A-5 (Stabilität modelladaptiver Regelsysteme)

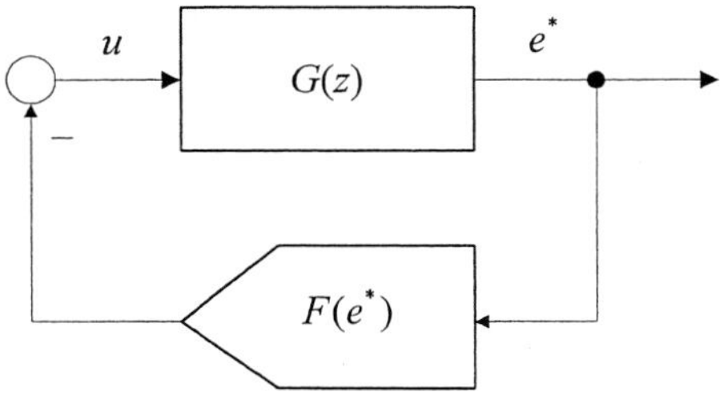

Bild A-5.1. Rückgekoppeltes diskretes System in Standardstruktur

Betrachtet wird das modelladaptive Regelsystem in Standardstruktur nach Bild A-5.1. $G(z)$ sei eine nichtsprungfähige positiv reelle diskrete Übertragungsfunktion. $F(e^*)$ erfülle die Bedingung

$$0 \leq F(e^*)e^*$$

und

$$F(e^*) = F_1(e^*)e^* \quad ,$$

wobei $F_1(e^*)$ eine beliebige statische Kennlinie ist, die im 1. und 2. Quadranten verläuft. Zeigen Sie die Stabilität des rückgekoppelten Systems.

Hinweis: Benutzen Sie die Ljapunow-Funktion $V(k) = \boldsymbol{x}^{\mathrm{T}}(k)\, \boldsymbol{P}\, \boldsymbol{x}(k)$ mit $\boldsymbol{P} = \boldsymbol{P}^{\mathrm{T}} > \boldsymbol{0}$, wobei $\boldsymbol{x}(k)$ einen Zustandsvektor von $G(z)$ darstellt, und wenden Sie Satz 5.3.4 (s. Buch "Regelungstechnik III") an.

Aufgabe A-6 (Reglerentwurf, modelladaptiver Regelsysteme, direkte Methode nach Ljapunow)

Gegeben ist das modelladaptive Regelsystem

$$\dot{\boldsymbol{x}}(t) = \boldsymbol{A}\, \boldsymbol{x}(t) + \boldsymbol{b}\, u(t) \tag{A-6.1}$$

$$e^*(t) = \boldsymbol{c}^{\mathrm{T}} \boldsymbol{x}(t) \tag{A-6.2}$$

$$u(t) = \tilde{\boldsymbol{p}}^{\mathrm{T}}(t)\phi(t) \qquad \text{(A-6.3)}$$

$$\tilde{\boldsymbol{p}}(t) = \boldsymbol{F}(\phi, e^*, t) \qquad \text{(A-6.4)}$$

nach Bild A-6.1. Die Übertragungsfunktion

$$G(s) = \boldsymbol{c}^{\mathrm{T}}(s\boldsymbol{I} - \boldsymbol{A})^{-1}\,\boldsymbol{b}$$

sei streng positiv reell. Der Zustandsvektor $\boldsymbol{x}$ hat die Dimension n, die Vektoren $\tilde{\boldsymbol{p}}(t)$ und $\phi(t)$ die Dimension m. Entwerfen Sie die nichtlineare und zeitvariante Vektorfunktion $\boldsymbol{F}(\phi, e^*, t)$ der Rückführung so, daß die Ruhelage $\boldsymbol{x}_\infty = \boldsymbol{0}$ für alle beliebigen beschränkten Eingangssignale $\phi(t)$ global asymptotisch stabil ist. Benutzen Sie dazu die Ljapunow-Funktion

$$V(x) = \boldsymbol{x}^{\mathrm{T}}(t)\,\boldsymbol{P}\,\boldsymbol{x}(t) + \tilde{\boldsymbol{p}}^{\mathrm{T}}(t)\,\boldsymbol{R}\,\tilde{\boldsymbol{p}}(t)$$

mit

$$\boldsymbol{P} = \boldsymbol{P}^{\mathrm{T}} > \boldsymbol{0} \quad ,$$

$$\boldsymbol{R} = \boldsymbol{R}^{\mathrm{T}} > \boldsymbol{0} \quad .$$

Was läßt sich über den Grenzwert $\lim\limits_{t\to\infty} \tilde{\boldsymbol{p}}(t)$ aussagen?

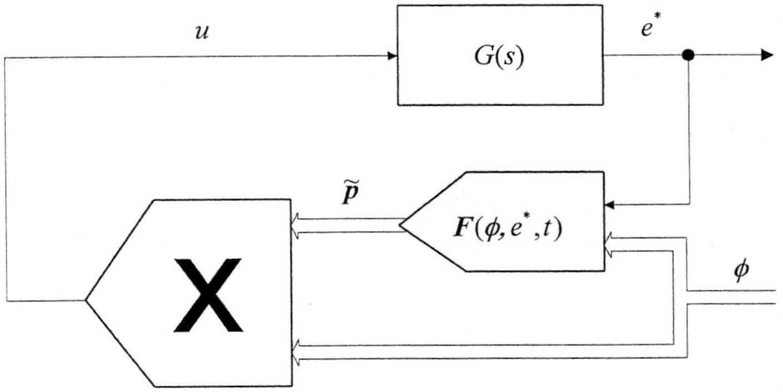

Bild A-6.1. Nichtlineares System nach Gl. (A-6.1) bis (A-6.4)

Wie verhält es sich mit der Stabilität der Ruhelage $\boldsymbol{x}_\infty = \boldsymbol{0}$, wenn man theoretisch auch unbeschränkte Eingangssignale $\phi(t)$ zuläßt. Was kann man tun, wenn $G(s)$ nicht positiv reell, aber asymptotisch stabil ist?

Aufgabe A-7 (Reglerentwurf, modelladaptiver Regelsysteme, Hyperstabilitätsmethode)

Betrachtet wird noch einmal das Regelsystem nach Aufgabe A-6, Gln. (A-6.1) bis (A-6.4). Entwerfen Sie die nichtlineare und zeitvariante Vektorfunktion $\boldsymbol{F}(\phi, e^*, t)$ der Rückführung so, daß das Gesamtsystem für beliebige beschränkte Eingangssignale ϕ hyperstabil ist. Welches Ergebnis erhält man für ein entsprechendes diskretes System, bei dem der lineare Teil $G(z)$ im Vorwärtszweig streng positiv reell ist?

Lösung A-1 (Reglerentwurf, „Self-tuning"-Regler)

Gegeben ist entsprechend dem ARMAX-Modell (Modellstruktur III) die Darstellung

$$Y(z) = \frac{B(z^{-1})z^{-d}}{A(z^{-1})} U(z) + \frac{C(z^{-1})}{A(z^{-1})} \varepsilon(z) \qquad \text{(A-1.1)}$$

mit

$$A(z^{-1}) = 1 - 0{,}8z^{-1} + 0{,}15z^{-2} \qquad : n = 2$$

$$B(z^{-1}) = 0{,}35 \qquad : m = 0$$

$$d = 3 \quad ; C(z^{-1}) = 1 - 1{,}1z^{-1} + 0{,}3z^{-2} \quad .$$

a) Die Übertragungsfunktion des MV-Reglers lautet allgemein

$$G_C(z^{-1}) = \frac{K(z^{-1})}{F(z^{-1})B(z^{-1})} \qquad \text{(A-1.2)}$$

mit

$$C(z^{-1}) = A(z^{-1})\, F(z^{-1}) + K(z^{-1})z^{-d} \quad .$$

Die gesuchten Polynome $K(z^{-1})$ und $F(z^{-1})$ ergeben sich aus

$$\begin{aligned} 1 - 1{,}1z^{-1} + 0{,}3z^{-2} &= (1 - 0{,}8z^{-1} + 0{,}15z^{-2})(1 + f_1 z^{-1} + f_2 z^{-2}) + z^{-3}(K_0 + K_1 z^{-1}) \\ &= 1 - 0{,}8z^{-1} + 0{,}15z^{-2} \\ &\quad + f_1 z^{-1} - 0{,}8 f_1 z^{-2} + 0{,}15 f_1 z^{-3} \\ &\quad + f_2 z^{-2} - 0{,}8 f_2 z^{-3} + 0{,}15 f_2 z^{-4} \\ &\quad + K_0 z^{-3} + K_1 z^{-4} \\ &= 1 + (f_1 - 0{,}8)z^{-1} + (f_2 - 0{,}8 f_1 + 0{,}15)z^{-2} \\ &\quad + (K_0 + 0{,}15 f_1 - 0{,}8 f_2)z^{-3} + (K_1 + 0{,}15 f_2)z^{-4} \end{aligned}$$

mittels eines Koeffizientenvergleichs

$$-1{,}1 = f_1 - 0{,}8 \quad \Rightarrow \quad f_1 = -0{,}3$$

$$0{,}3 = f_2 - 0{,}8 f_1 + 0{,}15 \quad \Rightarrow \quad f_2 = -0{,}09$$

$$0 = K_0 + 0{,}15 f_1 - 0{,}8 f_2 \quad \Rightarrow \quad K_0 = -0{,}027$$

$$0 = K_1 + 0{,}15 f_2 \quad \Rightarrow \quad K_1 = +0{,}0135 \quad .$$

Der Regler folgt also zu

$$G_C(z^{-1}) = \frac{-0{,}027 + 0{,}0135 z^{-1}}{0{,}35 - 0{,}105 z^{-1} - 0{,}0315 z^{-2}} \quad . \tag{A-1.3}$$

b) Auf der Basis der Übertragungsfunktion des MV-Reglers kann das Stellgesetz auch in der Form

$$u(k) = \frac{1}{b_0} (\boldsymbol{p}'^{\mathrm{T}}_{MV} \, \boldsymbol{x}_{MV}(k))$$

durch einfache Umstellung angegeben werden. Es folgt mit Gl. (A-1.3)

$$U(z) = -G_C(z^{-1}) \, Y(z) \tag{A-1.4}$$

$$0{,}35 \, u(k) - 0{,}105 \, u(k-1) - 0{,}0315 \, u(k-2) = +0{,}027 \, y(k) - 0{,}0135 \, y(k-1) \, ,$$

also

$$u(k) = -\frac{1}{0{,}35} \boldsymbol{p}'^{\mathrm{T}}_{MV} \, \boldsymbol{x}_{MV}(k) \tag{A-1.5}$$

mit

$$\boldsymbol{p}'^{\mathrm{T}}_{MV} = \begin{bmatrix} K_0 & K_1 & \vdots & h_1 & h_2 \end{bmatrix} = \begin{bmatrix} -0{,}027 & 0{,}0135 & -0{,}105 & -0{,}0315 \end{bmatrix}$$

$$\boldsymbol{x}^{\mathrm{T}}_{MV}(k) = \begin{bmatrix} y(k) & y(k-1) & \vdots & u(k-1) & u(k-2) \end{bmatrix} \quad .$$

c) Mit der Darstellung in Gl. (A-1.5) ergibt sich sofort der Ansatz für den Self-tuning-Regler

$$u(k) = -\frac{1}{\bar{b}_0} \hat{\boldsymbol{p}}'^{\mathrm{T}}_{MV} \, \boldsymbol{x}_{MV}(k) \quad .$$

Der noch unbestimmte Parameter b_0 wird hierbei durch eine obere Abschätzung $\bar{b}_0, \bar{b}_0 > b_0 > 0$ ersetzt, wie auch $\hat{\boldsymbol{p}}'_{MV}$ die geschätzten Werte des Parametervektors $\boldsymbol{p}'_{MV}$ enthält. die Schätzung erfolgt z. B. mit einem RLS-Verfahren.

d) Um mit langsamen Änderungen der Streckenparameter umgehen zu können, darf die Kovarianzmatrix des RLS-Verfahrens nicht zu klein werden bzw. nicht gegen 0 gehen. Abhilfe schafft hier die Verwendung eines anderen Schätzverfahrens, wie z. B. das

RLS-Verfahren mit Gewichtung, mit konstanter
Spur oder mit Rücksetztechnik etc.

Lösung A-2 (Reglerentwurf, „Self-tuning"-Regler)

Für die Ausgangsgröße $Y(z)$ nach Bild A-2.1 gilt

$$Y(z) = \frac{B(z^{-1})}{A(z^{-1})} z^{-1} U(z) + \frac{C(z^{-1})}{A(z^{-1})} \varepsilon(z) \tag{A-2.1}$$

oder nach Multiplikation mit $A(z^{-1})\,z$

$$A(z^{-1})z\,Y(z) = B(z^{-1})\,U(z) + C(z^{-1})z\,\varepsilon(z) \quad . \tag{A-2.2}$$

Nach Rücktransformation von Gl. (A-2.2) in den Zeitbereich ergibt sich mit den Polynomen $B(z^{-1})$, $A(z^{-1})$ und $C(z^{-1})$ aus der Aufgabenstellung

$$y(k+1) = b_0\,u(k) + b_1\,u(k-1) - a_1\,y(k) - a_2\,y(k-1)$$

$$+\varepsilon(k+1) + c_1\,\varepsilon(k) \quad . \tag{A-2.3}$$

Das Stellgesetz für die Stellgröße $u(z)$ muß so gewählt werden, daß die Varianz der Ausgangsgröße $y(k+1)$ minimal wird. Ist $\varepsilon(k)$ ein diskretes weißes Rauschsignal, so ist die Störkomponente $\varepsilon(k+1)$ zum Zeitpunkt k nicht vorhersagbar. Sie kann deshalb in dem zu entwerfenden Stellgesetz nicht berücksichtigt werden. Ein Stellgesetz für minimale Varianz der Ausgangsgröße $y(k+1)$ erhält man genau dann, wenn alle bis zum Zeitpunkt k wirksamen Komponenten der Störung berücksichtigt werden. Das Signal $\varepsilon(k)$ ist in der Regel nicht direkt meßbar, kann aber nach Gl. (A-2.1) aus den meßbaren Größen $y(k)$ und $u(k)$ und deren zurückliegenden Werten berechnet werden.

Die Aufspaltung der Störkomponenten in zurückliegende und damit berechenbare Anteile und zukünftige, d. h. nicht vorhersehbare Anteile geschieht mit der Identitätsgleichung

$$\frac{C(z^{-1})}{A(z^{-1})} = F(z^{-1}) + z^{-d}\,\frac{K(z^{-1})}{A(z^{-1})} \tag{A-2.4}$$

mit

$$F(z^{-d}) = 1\ + f_1 z^{-1} + \ldots + f_{d-1} z^{-d+1} \quad , \tag{A-2.5}$$

$$K(z^{-d}) = k_0 + k_1 z^{-1} + \ldots + k_{n-1} z^{-n+1} \quad . \tag{A-2.6}$$

Für $d = 1$ und $n = 2$ gilt

$$F(z^{-1}) = 1 \tag{A-2.7}$$

und

$$K(z^{-1}) = k_0 + k_1\,z^{-1} \quad . \tag{A-2.8}$$

Die Parameter k_0 und k_1 ergeben sich durch Koeffizientenvergleich aus der modifizierten Identitätsgleichung mit $F(z^{-1}) = 1$

$$C(z^{-1}) = A(z^{-1}) + z^{-1}\,K(z^{-1}) \quad . \qquad \text{(A-2.9)}$$

Durch Einsetzen der Polynome $A(z^{-1})$, $B(z^{-1})$ und $C(z^{-1})$ aus der Aufgabenstellung in Gl. (A-2.9) folgt

$$1 + c_1 z^{-1} = 1 + (a_1 + k_0) z^{-1} + (a_2 + k_1) z^{-2} \qquad \text{(A-2.10)}$$

und damit

$$k_0 = c_1 - a_1 \quad ,$$

$$k_1 = -a_2 \quad . \qquad \text{(A-2.11)}$$

Wird Gl. (A-2.9) nach $A(z^{-1})$ umgestellt und in Gl. (A-2.2) eingesetzt, so erhält man

$$z^1\,Y(z) = \frac{B(z^{-1})}{C(z^{-1})}\,U(z) + \frac{K(z^{-1})}{C(z^{-1})}\,Y(z) + z^1\,\varepsilon(z) \quad . \qquad \text{(A-2.12)}$$

Für minimale Varianz des Ausgangssignals muß die Summe des ersten und zweiten Ausdrucks auf der rechten Seite von Gl. (A-2.12) zu Null werden. Daraus ergibt sich sofort das Stellgesetz für den Minimum-Varianz-Regler

$$U(z) = -\frac{K(z^{-1})}{B(z^{-1})}\,Y(z) \quad . \qquad \text{(A-2.13)}$$

Durch Einsetzen von Gl. (A-2.13) in Gl. (A-2.12) folgt im Zeitbereich

$$y(k+1) = \varepsilon(k+1) \quad . \qquad \text{(A-2.14)}$$

Die Varianz des Ausgangssignals ist gleich der Varianz des weißen Rauschsignals $\varepsilon(k)$ und damit minimal.

Für ein stabiles Stellgesetz müssen die Wurzeln von $B(z^{-1})$ im Einheitskreis liegen. Durch die Voraussetzung $|b_0| > |b_1|$ ist dies immer gewährleistet, denn über

$$b_0 + b_1\,z^{-1} \overset{!}{=} 0 \qquad \text{(A-2.15)}$$

ergibt sich als Wurzel

$$z_0 = -\frac{b_1}{b_0} < 1 \quad . \qquad \text{(A-2.16)}$$

Im Zeitbereich ergibt sich für das Stellgesetz nach Gl. (A-2.13)

$$u(k) = -\frac{1}{b_0}\left[k_0\, y(k) + k_1 y(k-1) + b_1\, u(k-1)\right] \qquad \text{(A-2.17)}$$

$$= -\frac{1}{b_0}\, \boldsymbol{p}_{MV}^{\mathrm{T}}\, \boldsymbol{x}_{MV}(k) \qquad \text{(A-2.19)}$$

mit dem Parametervektor

$$\boldsymbol{p}_{MV}^{\mathrm{T}} = \left[k_0 \quad k_1 \quad b_1\right] \qquad \text{(A-2.19)}$$

und dem Signalvektor

$$\boldsymbol{x}_{MV}(k) = \left[y(k) \quad y(k-1) \quad u(k-1)\right]^{\mathrm{T}} \quad . \qquad \text{(A-2.20)}$$

Das Stellgesetz nach Gl. (A-2.18) setzt die Kenntnis der Streckenparameter bzw. der Reglerparameter k_1 voraus. Ein impliziter Self-tuning-Algorithmus ergibt sich dann, wenn der Parametervektor $\boldsymbol{p}_{MV}^{\mathrm{T}}$ direkt durch ein RLS-Verfahren bestimmt wird. Realisiert wird das Stellgesetz nach Gl. (A-2.18) in der Form

$$u(k) = -\frac{1}{\bar{b}_0}\, \hat{\boldsymbol{p}}_{MV}^{\mathrm{T}}(k)\, \boldsymbol{x}_{MV}(k) \quad . \qquad \text{(A-2.21)}$$

Der unbekannte Parameter b_0 wird durch eine obere Abschätzung $\bar{b}_0$ mit $\bar{b}_0 > b_0 > 0$ ersetzt.

$\hat{\boldsymbol{p}}_{MV}^{\mathrm{T}}$ stellt den durch das RLS-Verfahren gewonnenen Schätzwert für den Parametervektor $\boldsymbol{p}_{MV}^{\mathrm{T}}$ dar.

Stellinkrementbewertung

Um eine Bewertung des Stellinkrementes durchführen zu können, wird der Regelstrecke nach Bild A-2.1 der Aufgabenstellung ein Bewertungspolynom $Q(z^{-1})\, z^{-d}$ parallelgeschaltet:

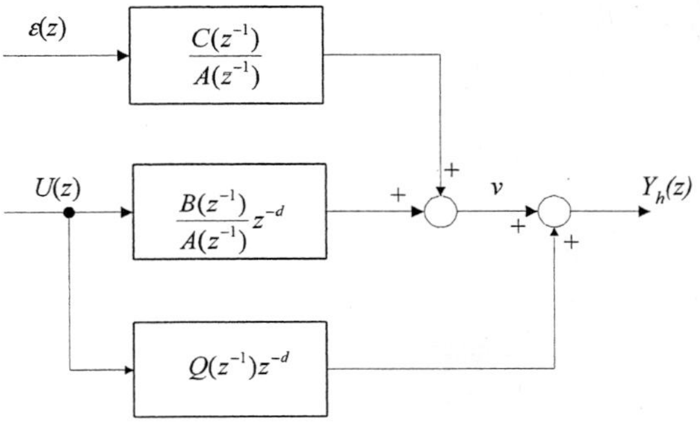

Bild A-2.2 Die erweiterte Regelstrecke mit Bewertungspolynom

Definiert man die Ersatzstrecke $G_h(z^{-1})$

$$G_h(z^{-1}) = \left[\frac{B(z^{-1})}{A(z^{-1})} + Q(z^{-1})\right] z^{-d} = \frac{B_h(z^{-1})}{A_h(z^{-1})}\, z^{-d} \tag{A-2.22}$$

mit

$$B_h(z^{-1}) = B(z^{-1}) + Q(z^{-1})\, A(z^{-1}) \tag{A-2.23}$$

und

$$A_h(z^{-1}) = A(z^{-1}) \quad , \tag{A-2.24}$$

so ergibt sich für die erweiterte Regelgröße ($d = 1$)

$$Y_h(z) = \frac{B_h(z^{-1})}{A(z^{-1})}\, z^{-1}\, U(z) + \frac{C(z^{-1})}{A(z^{-1})}\, \varepsilon(z) \quad . \tag{A-2.25}$$

Im Zeitbereich setzt sich $y_h(k)$ zum einen aus dem bisherigen Ausgangssignal $y(k)$ und zum anderen aus einer Bewertung des Stellinkrementes zusammen:

$$y_h(k) = y(k) + \lambda \cdot \underbrace{\left[u(k) - u(k-1)\right]}_{\Delta\, u(k)} \quad , \tag{A-2.26}$$

wobei λ einen variablen Bewertungsfaktor darstellt. Für $Q(z^{-1})$ folgt aus Gl. (A-2.26)

$$Q(z^{-1}) = \lambda(1 - z^{-1}) \quad . \tag{A-2.27}$$

Das Stellgesetz für das in den Gln. (A-2.22) bis (A-2.25) beschriebene System kann nun analog zum eingangs durchgeführten Entwurf bestimmt werden. Für die Ersatzstrecke ergibt sich damit

$$U(z) = -\frac{K_h(z^{-1})}{B_h(z^{-1})}\, Y_h(z) \quad . \tag{A-2.28}$$

Im allgemeinen muß $K_h(z^{-1})$ nach Gl. (A-2.9) neu berechnet werden. Da in diesem Fall nach Gl. (A-2.24) $A_h(z^{-1}) = A(z^{-1})$ gilt, folgt:

$$K_h(z^{-1}) = K(z^{-1}) \quad . \tag{A-2.29}$$

Für $B_h(z^{-1})$ ergibt sich nach Gl. (A-2.23)

$$\begin{aligned} B_h(z^{-1}) &= B(z^{-1}) + Q(z^{-1})\, A(z^{-1}) \\ &= (b_0 + \lambda) + (b_1 - \lambda + \lambda\, a_1)\, z^{-1} + \lambda(a_2 - a_1)\, z^{-2} - \lambda\, a_2\, z^{-3} \\ &= b_{h0} + b_{h1}\, z^{-1} + b_{h2}\, z^{-2} + b_{h3}\, z^{-3} \quad , \end{aligned} \tag{A-2.30}$$

und damit für das Stellgesetz im Zeitbereich

$$u(k) = -\frac{1}{b_{h0}}\left[k_0\, y_h(k) + k_1\, y_h(k-1) + b_{h1}\, u(k-1)\right.$$

$$\left. + b_{h2}\, u(k-2) + b_{h3}\, u(k-3)\right] \qquad \text{(A-2.31)}$$

$$= -\frac{1}{b_{h0}}\, \boldsymbol{p}_h^{\mathrm{T}}\, \boldsymbol{x}_h(k) \quad . \qquad \text{(A-2.32)}$$

Der Parametervektor $\boldsymbol{p}_h^{\mathrm{T}}$ enthält die modifizierten Parameter nach Gl. (A-2.30). Schätzt man den Parametervektor $\boldsymbol{p}_h^{\mathrm{T}}$ direkt durch ein RLS-Verfahren, so entfällt die Umrechnung des Parametervektors $\boldsymbol{p}_{MV}^{\mathrm{T}}$ in den modifizierten Vektor $\boldsymbol{p}_h^{\mathrm{T}}$. Als Stellgesetz für den Self-tuning-Regler mit Stellinkrementbewertung ergibt sich mit dem geschätzten Parametervektor $\hat{\boldsymbol{p}}_h^{\mathrm{T}}$ direkt

$$u(k) = -\frac{1}{\bar{b}_{h0}}\, \hat{\boldsymbol{p}}_h^{\mathrm{T}}(k) \cdot \boldsymbol{x}(k) \quad . \qquad \text{(A-2.33)}$$

Die Stabilität des Stellgesetzes nach Gl. (A-2.28) wird durch die Wurzeln des Polynoms $B_h(z^{-1})$ bestimmt. Durch ein geeignetes Bewertungspolynom $Q(z^{-1})$ bzw. des Faktors λ können die Wurzeln von $B_h(z^{-1})$ in den Einheitskreis geschoben werden, und damit ist die Regelung auch nichtminimalphasiger Regelstrecken möglich.

Bis jetzt wurden nur stochastische Störungen betrachtet. Im folgenden sollen nun auch deterministische Störungen $Z(z)$ ausgeregelt werden. Betrachtet man zunächst nur den Einfluß dieser deterministischer Störung, so ergibt sich als neues Ausgangssignal

$$Y_Z(k) = \frac{B(z^{-1})}{A(z^{-1})}\, z^{-1}\, U(z) + Z(z) \quad . \qquad \text{(A-2.34)}$$

Mit dem bisherigen Stellgesetz des Minimum-Varianz-Reglers nach Gl. (A-2.13) folgt

$$Y_Z(k) = \frac{K(z^{-1})}{A(z^{-1})}\, z^{-1}\, Y_Z(z) + Z(z) \qquad \text{(A-2.35)}$$

bzw.

$$Y_Z(k) = \frac{A(z^{-1})}{A(z^{-1}) + K(z^{-1})\, z^{-1}}\, Z(z) \quad . \qquad \text{(A-2.36)}$$

Für sprungförmige Störungen $Z(z)$ ergibt sich über den Grenzwertsatz der z-Transformation als Endwert des Ausgangssignals

$$\lim_{k\to\infty} y_Z(k) = \lim_{z\to 1}(z-1)\cdot\frac{A(z^{-1})}{A(z^{-1})+K(z^{-1})\,z^{-1}}\cdot\frac{z}{z-1} = G_Z(1) \neq 0 \quad , \tag{A-2.37}$$

d. h. eine sprungförmige deterministische Störung wird nur dann ausgeregelt, wenn das Nennerpolynom $A(z^{-1})$ einen Term $(1-z^{-1})$ enthält. Daher führt man einen expliziten Integrator nach Bild A-2.3 ein und entwirft den MV-Regler für die Ersatzstrecke

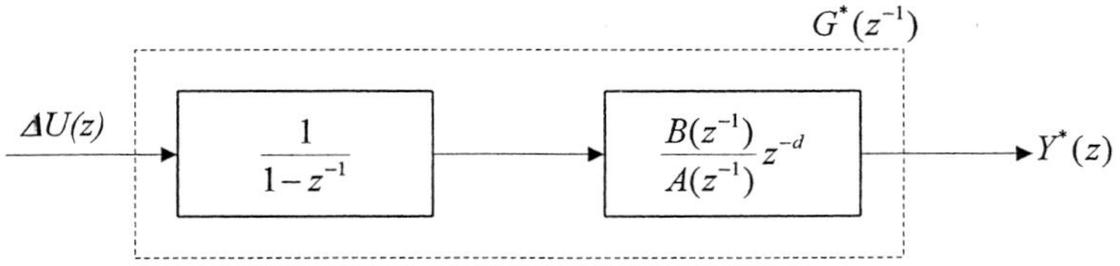

Bild A-2.3. Regelstrecke mit explizitem Integrator

$$G^*(z^{-1}) = \frac{B(z^{-1})}{A^*(z^{-1})}\, z^{-1} \tag{A-2.38}$$

mit

$$A^*(z^{-1}) = (1-z^{-1})\, A(z^{-1}) \tag{A-2.39}$$

neu.

Dieses erweiterte Nennerpolynom Gl. (A-2.39) führt nun nicht nur zu einer Erweiterung des Filters für die stochastische Störung auf

$$\frac{C^*(z^{-1})}{A^*(z^{-1})} = \frac{C(z^{-1})(1-z^{-1})}{A(z^{-1})(1-z^{-1})} \quad , \tag{A-2.40}$$

sondern auch zu einer Veränderung der Störgrößenübertragungsfunktion Gl. (A-2.36) in der Form

$$G_Z(z^{-1}) = \frac{(1-z^{-1})\, A(z^{-1})}{(1-z^{-1})\, A(z^{-1}) + z^{-1}\, K(z^{-1})} \quad . \tag{A-2.41}$$

Als Entwert der Ausgangsgröße $y_Z(k)$ ergibt sich nach Gl. (A-2.41) nun

$$\lim_{k\to\infty} y_Z(k) = \lim_{z\to 1}(z-1)\, G_Z(z^{-1})\cdot\frac{z}{z-1} = \lim_{z\to 1} G_Z(1) = 0 \quad . \tag{A-2.42}$$

Bereits durch einen Regler mit integralem Anteil werden auf diese Weise sprungförmige deterministische Störungen ausgeregelt.

Um zusätzlich auch noch eine Stellinkrementbewertung durchführen zu können, wird der Ersatzstrecke nun ein Bewertungspolynom $Q^*(z^{-1})$ parallelgeschaltet.

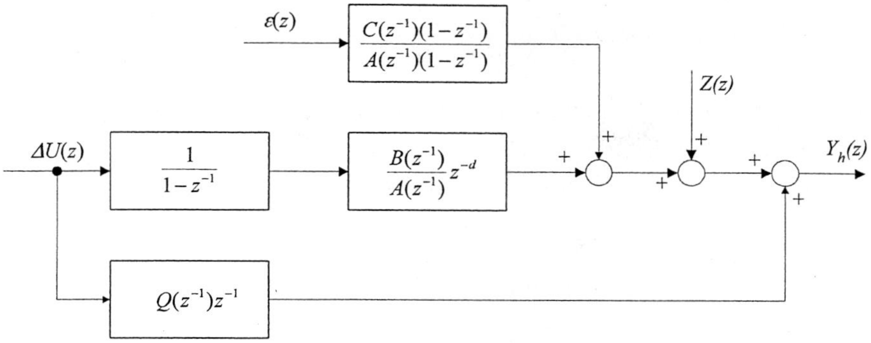

Bild A-2.4. Regelstrecke mit explizitem Integrator und Bewertungspolynom $Q^*(z^{-1})\, z^{-1}$

Da hier als Eingangssignal in die Ersatzregelstrecke $G_h^*(z^{-1})$ bereits das Inkrement $\Delta U(z)$ eingeht, kann

$$Q^*(z^{-1}) = \lambda \tag{A-2.43}$$

gewählt werden.

Für $Y_h^*(z)$ gilt dann

$$Y_h^*(z) = \left[\frac{B(z^{-1})}{(1-z^{-1})\, A(z^{-1})} + \lambda\right] z^{-1} \cdot \Delta U(z)$$

$$+ \frac{C^*(z^{-1})}{(1-z^{-1})\, A(z^{-1})}\, \varepsilon(z) \tag{A-2.44}$$

$$= \frac{B_h^*(z^{-1})}{A_h^*(z^{-1})}\, z^{-1}\, \Delta U(z) + \frac{C^*(z^{-1})}{A_h^*(z^{-1})}\, \varepsilon(z) \tag{A-2.45}$$

mit

$$C^*(z^{-1}) = (1-z^{-1})\, C(z^{-1}) \tag{A-2.46}$$

$$B_h^*(z^{-1}) = B(z^{-1}) + \lambda\, A^*(z^{-1})$$

$$= B(z^{-1}) + \lambda(1-z^{-1})\, A(z^{-1}) = B_h(z^{-1}) \quad . \tag{A-2.47}$$

Gl. (A-2.45) ist formal identisch mit Gl. (A-2.1) und Gl. (A-2.25). Als Stellgesetz ergibt sich sofort

$$\Delta U(z) = -\frac{K_h^*(z^{-1})}{B_h^*(z^{-1})} Y_h^*(z) \tag{A-2.48}$$

mit

$$C^*(z^{-1}) = A^*(z^{-1}) + z^{-1} K_h^*(z^{-1}) \quad . \tag{A-2.49}$$

Aus der Identitätsgleichung für $d = 1$, Gl. (A-2.49), lassen sich die Koeffizienten des Polynoms $K_h^*(z^{-1})$

$$K_h^*(z^{-1}) = k_0^* + k_1^* z^{-1} + k_2^* z^{-2} \tag{A-2.50}$$

berechnen zu

$$k_0^* = c_1 - a_1 \tag{A-2.51}$$

$$k_1^* = -a_2 + a_1 - c_1 \tag{A-2.52}$$

$$k_2^* = a_2 \quad . \tag{A-2.53}$$

Damit folgt für das Stellgesetz

$$\Delta u(k) = -\frac{1}{b_{h0}} \Big[k_0^* y_h^*(k) + k_1^* y_h^*(k-1) + k_2^* y_h^*(k-2)$$

$$+ b_{h1} \Delta u(k-1) + b_{h2} \Delta u(k-2) + b_{h3} \Delta u(k-3) \Big] \tag{A-2.54}$$

$$= -\frac{1}{b_{h0}} \boldsymbol{p}_h^{*\mathrm{T}} \boldsymbol{x}_h^*(k) \quad . \tag{A-2.55}$$

Auch in diesem Fall wird der modifizierte Parametervektor $\boldsymbol{p}_h^{*\mathrm{T}}$ direkt durch ein RLS-Schätzverfahren bestimmt. Das Stellgesetz für den Self-tuning-Regler zur Ausregelung deterministischer Störungen und mit Stellinkrementbewertung ergibt sich in Analogie zu Gl. (A-2.33) zu

$$\Delta u(k) = -\frac{1}{\bar{b}_{h0}} \hat{\boldsymbol{p}}_h^{*\mathrm{T}}(k) \boldsymbol{x}_h^*(k) \quad . \tag{A-2.56}$$

Lösung A-3 (Reglerentwurf, „Self-tuning"-Regler, nichtminimalphasige Strecke)

Für die nichtminimalphasige Strecke

$$G(z) = \frac{B(z^{-1})}{A(z^{-1})} = \frac{-0{,}5z^{-1} + z^{-2}}{1 - z^{-1} + 0{,}5z^{-2}} \tag{A-3.1}$$

ergibt sich folgende Pol-/Nullstellenverteilung

Nullstellen:	Pole:
$z_{N1} = 2$	$z_{p1} = 0{,}5 + j0{,}5$
$z_{N2} = \infty$	$z_{p2} = 0{,}5 - j0{,}5$.

In Anlehnung an Aufgabe A-2 wird hier die Regelstrecke mit Stellinkrementbewertung ($G_h(z)$, Gl. (A-2.22)) betrachtet. Kritisch sind die Wurzeln von

$$B_h(z^{-1}) = B(z^{-1}) + \lambda(1 - z^{-1})\, A(z^{-1}) \quad , \tag{A-3.2}$$

da $B(z^{-1})$ zwei Wurzeln außerhalb des Einheitskreises besitzt (z_{N1}, z_{N2}). Zur Stabilisierung des Stellgesetzes muß daher ein geeigneter Faktor $\lambda > 0$ für das Bewertungspolynom $Q(z^{-1})$ gefunden werden.

Zur Auswertung der charakteristischen Gleichung dieses Systems

$$1 + \lambda \frac{(1 - z^{-1})\, A(z^{-1})}{B(z^{-1})} = 0 \tag{A-3.3}$$

bzw. mit Gl. (A-3.1)

$$(-0{,}5z^{-1} + z^{-2}) + \lambda(1 - z^{-1})(1 - z^{-1} + 0{,}5z^{-2}) = 0 \tag{A-3.4}$$

bieten sich graphische Verfahren wie z. B. das Wurzelortskurvenverfahren an, welches jedoch die Darstellung der charakteristischen Gleichung in z und nicht z^{-1} verlangt. Dazu wird Gl. (A-3.4) mit z^3 multipliziert, und es ergibt sich

$$(-0{,}5z^2 + z) + \lambda(z - 1)(z^2 - z + 0{,}5) = 0 \quad . \tag{A-3.5}$$

Da die Ordnung des Multiplikanden z^3 um eins höher liegt als die Ordnung des $B(z^{-1})$-Polynoms in Gl. (A-3.1), wird durch die Multiplikation entsprechend Gl. (A-3.5) eine zusätzliche Nullstelle im Ursprung eingeführt. Daraus resultiert folgender Wurzelortskurvenverlauf:

$\lambda = 0$: Die Wurzeln liegen in den Nullstellen $z_{N1} = 2, z_{N2} = \infty$ und $z_{N3} = 0$.

$\lambda \to \infty$: Die Wurzeln wandern in die Pole von $(z - 1)(z^2 - z + 0{,}5)$, d. h. nach $z_{p1} = 0{,}5 + j0{,}5, z_{p2} = 0{,}5 - j0{,}5, z_{p3} = 1$.

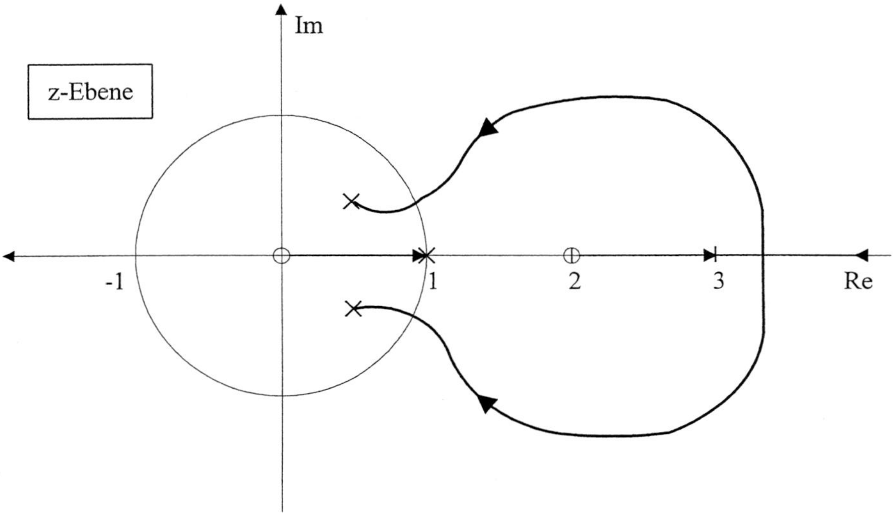

Bild A-3.1 Die Lage der Wurzeln der charakteristischen Gleichung in Abhängigkeit des Bewertungsfaktors $\lambda > 0$

Für $\lambda > 3$ (per Rechner ermittelt) liegen alle Wurzeln innerhalb des Einheitskreises. Damit gilt für $Q(z^{-1})$

$$Q(z^{-1}) = \lambda(1 - z^{-1}), \quad \lambda > 3 \quad . \tag{A-3.6}$$

Lösung A-4 (Positiv reelle Übertragungsfunktion, Popov-Ungleichung)

a) Die Ortskurve $G(j\omega)$ muß für positiv reelle Systeme im 1. und 4. Quadranten des Nyquist-Diagramms verlaufen. Somit gilt für die Phase:

$$-\frac{\pi}{2} \overset{!}{\leq} \arg G(j\omega) \overset{!}{\leq} \frac{\pi}{2} \quad \text{für alle } \omega \quad . \tag{A-4.3}$$

Ist m der Grad von $B(s)$ und n der Grad von $A(s)$, so folgt für stabile und minimalphasige Systeme

$$|\arg G(j\omega)| \leq |m-n| \cdot \frac{\pi}{2} \text{ für alle } \omega \quad . \tag{A-4.4}$$

(Beweis: Cremer Leonhard Michailov).

Nach Gl. (A-4.3) erhält man somit für positiv reelle Übertragungsfunktionen

$$|m-n| \leq 1 \quad . \tag{A-4.5}$$

Für positiv reelle Übertragungsfunktionen beträgt der Unterschied zwischen Zähler- und Nennergrad also höchstens 1.

b) Für die Funktion $G(s)$ nach Aufgabenpunkt a) gilt

$$G(s) = \frac{s+\beta}{(s+1)(s+2)} \quad . \tag{A-4.6}$$

Der vereinfachte Satz von Meyer-Kalman-Yacubovich (Satz 5.3.29 lautet:

> Unter der Voraussetzung, daß
>
> $$\dot{\boldsymbol{x}} = \boldsymbol{A}\,\boldsymbol{x} + \boldsymbol{b}\,u \tag{A-4.7}$$
>
> $$e^* = \boldsymbol{c}^{\mathrm{T}}\,\boldsymbol{x} + d\,u \tag{A-4.8}$$
>
> stabil ist, gilt:
>
> Ist $G(s) = \boldsymbol{c}^{\mathrm{T}}(s\boldsymbol{I} - \boldsymbol{A})^{-1}\,\boldsymbol{b} + d$ streng positiv reell, dann lassen sich Matrizen $\boldsymbol{P} = \boldsymbol{P}^{\mathrm{T}} > \boldsymbol{0}$, $\boldsymbol{Q} = \boldsymbol{Q}^{\mathrm{T}} > \boldsymbol{0}$ und ein Vektor $\boldsymbol{q}$ (reell) finden mit
>
> 1.) $$\boldsymbol{A}^{\mathrm{T}}\,\boldsymbol{P} + \boldsymbol{P}\,\boldsymbol{A} = -\boldsymbol{q}\,\boldsymbol{q}^{\mathrm{T}} - \boldsymbol{Q} \tag{A-4.9}$$
>
> 2.) $$\boldsymbol{P}\,\boldsymbol{b} - \boldsymbol{c} = \sqrt{2d}\,\boldsymbol{q} \quad . \tag{A-4.10}$$

Nach Popov gilt Satz 5.3.2 auch in umgekehrter Richtung; diese Aussage soll im weiteren ausgenutzt werden.

Um ein β zu bestimmen, bei dem $G(s)$ streng positiv reell ist, ist Gl. (A-4.6) bei Verwendung des Satzes 5.3.2 in eine Zustandsraumdarstellung zu überführen. Für das Beispiel ergibt sich die Frobeniusform

$$\boldsymbol{A} = \begin{bmatrix} 0 & 1 \\ -2 & -3 \end{bmatrix} , \tag{A-4.11}$$

$$\boldsymbol{b} = \begin{bmatrix} 0 \\ 1 \end{bmatrix} \tag{A-4.12}$$

und

$$\boldsymbol{c}^{\mathrm{T}} = \begin{bmatrix} \beta & 1 \end{bmatrix} . \tag{A-4.13}$$

Die Stabilität dieses Systems, eine Voraussetzung für die Anwendbarkeit des Satzes von Meyer-Kalman-Yacubovich, ist aufgrund der negativ reellen Pole bei $s_1 = -1$ und $s_2 = -2$ gewährleistet.

Im weiteren wird nun eine Matrix $\boldsymbol{Q} = \boldsymbol{Q}^{\mathrm{T}} > \boldsymbol{0}$ zu

$$\boldsymbol{Q} = \begin{bmatrix} q_{11} & 0 \\ 0 & q_{22} \end{bmatrix} \quad \text{mit } q_{11}, q_{22} > 0 \tag{A-4.14}$$

derart gewählt, daß sich für $\boldsymbol{q} = \boldsymbol{0}$ aus der Gl. (A-4.9) eine Matrix $\boldsymbol{P} = \boldsymbol{P}^{\mathrm{T}} > \boldsymbol{0}$ ausschließlich in Abhängigkeit von Parametern der Matrix $\boldsymbol{Q}$ bestimmen läßt.

Die Anwendung der Gl. (A-4.9) liefert somit

$$\begin{bmatrix} 0 & -2 \\ 1 & -3 \end{bmatrix} \cdot \begin{bmatrix} p_{11} & p_{12} \\ p_{12} & p_{22} \end{bmatrix} + \begin{bmatrix} p_{11} & p_{12} \\ p_{12} & p_{22} \end{bmatrix} \cdot \begin{bmatrix} 0 & 1 \\ -2 & -3 \end{bmatrix} = \begin{bmatrix} -q_{11} & 0 \\ 0 & -q_{22} \end{bmatrix} \tag{A-4.15}$$

oder umgeformt

$$\begin{bmatrix} -4\,p_{12} & p_{11} - 3\,p_{12} - 2\,p_{22} \\ p_{11} - 3\,p_{12} - 2\,p_{22} & 2\,p_{12} - 6\,p_{22} \end{bmatrix} = \begin{bmatrix} -q_{11} & 0 \\ 0 & -q_{22} \end{bmatrix} . \tag{A-4.16}$$

Daraus ergeben sich als Elemente der Matrix $\boldsymbol{P}$

$$p_{12} = \frac{1}{4} q_{11} , \tag{A-4.17a}$$

$$p_{22} = \frac{1}{12} q_{11} + \frac{1}{6} q_{22} \quad , \tag{A-4.17b}$$

$$p_{11} = \frac{11}{12} q_{11} + \frac{1}{3} q_{22} \quad . \tag{A-4.17c}$$

Über Gl. (A-4.10) für $\boldsymbol{q} = \boldsymbol{0}$ ($\boldsymbol{q} \neq \boldsymbol{0}$ würde nur weitere, hier überflüssige Freiheitsgrade bei der Lösungssuche bereitstellen) läßt sich nun der Parameter β bestimmen:

$$\begin{bmatrix} p_{11} & p_{12} \\ p_{12} & p_{22} \end{bmatrix} \cdot \begin{bmatrix} 0 \\ 1 \end{bmatrix} = \begin{bmatrix} p_{12} \\ p_{22} \end{bmatrix} = \begin{bmatrix} \beta \\ 1 \end{bmatrix} \quad . \tag{A-4.18}$$

Wird für den Faktor

$$q_{22} = 3 \tag{A-4.19}$$

angesetzt, so folgt aus Gl. (A-4.17)

$$q_{11} = 6 \quad , \tag{A-4.20}$$

$$\beta = \frac{3}{2} \tag{A-4.21}$$

und damit für den Ausgangsvektor

$$\boldsymbol{c}^{\mathrm{T}} = \begin{bmatrix} \frac{3}{2} & 1 \end{bmatrix} \tag{A-4.22}$$

sowie für die Matrix $\boldsymbol{P}$

$$\boldsymbol{P} = \begin{bmatrix} \frac{13}{2} & \frac{3}{2} \\ \frac{3}{2} & 1 \end{bmatrix} \overset{!}{>} \boldsymbol{0} \quad . \tag{A-4.23}$$

Als Übertragungsfunktion nach Gl. (A-4.6) ergibt sich somit

$$G(j\omega) = \frac{j\omega + 1{,}5}{(j\omega + 1)(j\omega + 2)}$$

$$= \frac{3 + 1{,}5\omega^2}{(\omega^2 + 1)(\omega^2 + 4)} - j\,\frac{2{,}5\omega + \omega^3}{(\omega^2 + 1)(\omega^2 + 4)} \quad , \tag{A-4.24}$$

dessen Realteil immer > 0 ist für alle ω.

Allgemeine Betrachtung

Gegeben sei die Übertragungsfunktion

$$G(s) = \frac{s+\beta}{(s+s_1)(s+s_2)} \tag{A-4.25}$$

mit

$$\beta > 0 \quad ; \quad s_1 > 0 \quad ; \quad s_2 > 0 \quad .$$

In welchem Zeitbereich muß β liegen, damit $G(s)$ positiv reell ist?

Für die Phase von $G(j\omega)$ gilt

$$\varphi(\omega) = \arctan\left(\frac{\omega}{\beta}\right) - \arctan\left(\frac{\omega}{s_1}\right) - \arctan\left(\frac{\omega}{s_2}\right) \quad . \tag{A-4.26}$$

Damit $G(s)$ positiv reell sein kann, muß für die Phase

$$|\varphi(\omega)| \leq \frac{\pi}{2}$$

gelten. Für die gegebene Übertragungsfunktion gilt allgemein

$$-\pi \leq \varphi(\omega) \leq \frac{\pi}{2} \quad .$$

Somit muß nur das Minimum der Phase betrachtet werden, d. h. es muß gelten

$$\varphi_{min}(\omega_1) = -\frac{\pi}{2} \quad .$$

Zur Berechnung des Minimums wird die Ableitung

$$\frac{d}{d\omega}\varphi(\omega) = \frac{1}{\beta}\cdot\frac{1}{1+\frac{\omega^2}{\beta^2}} - \frac{1}{s_1}\cdot\frac{1}{1+\frac{\omega^2}{s_1^2}} - \frac{1}{s_2}\cdot\frac{1}{1+\frac{\omega^2}{s_2^2}}$$

$$= \frac{\beta}{\beta^2+\omega^2} + \frac{s_1}{s_1^2+\omega^2} + \frac{s_2}{s_2^2+\omega^2}$$

$$= \frac{\beta(s_1^2+\omega^2)(s_2^2+\omega^2) - s_1(\beta^2+\omega^2)(s_2^2+\omega^2) - s_2(\beta^2+\omega^2)(s_1^2+\omega^2)}{(\beta^2+\omega^2)(s_1^2+\omega^2)(s_2^2+\omega^2)} \stackrel{!}{=} 0$$

betrachtet. Dies ist gleichbedeutend mit dem Nullsetzen des Zählers

$$\omega^4(\beta - s_1 - s_2) + \omega^2(\beta s_1^2 + \beta s_2^2 - s_1\beta^2 - s_1 s_2^2 - s_2\beta^2 - s_2 s_1^2)$$

$$+\beta s_1^2 s_2^2 - s_1 \beta^2 s_2^2 - s_2 \beta^2 s_1^2 \overset{!}{=} 0 \quad .$$

Das Auflösen nach ω^2 ergibt

$$\omega_{1/2}^2 = -\frac{(\beta s_1^2 + \beta s_2^2 - s_1 \beta^2 - s_1 s_2^2 - s_2 \beta^2 - s_2 s_1^2)}{(\beta - s_1 - s_2)}$$

$$\pm\sqrt{\frac{(\beta s_1^2 + \beta s_2^2 - s_1 \beta^2 - s_1 s_2^2 - s_2 \beta^2 - s_2 s_1^2)^2}{(\beta - s_1 - s_2)^2} - \frac{(\beta s_1^2 s_2^2 - s_1 \beta^2 s_2^2 - s_2 \beta^2 s_1^2)(\beta - s_1 - s_2)^2}{(\beta - s_1 - s_2)^2}} \quad . \tag{A-4.27}$$

Aus der gegebenen Übertragungsfunktion in Gl. (A-4.25) sieht man unmittelbar, daß

$$\lim_{\omega \to \infty} \varphi(\omega) = -\frac{\pi}{2} \quad ,$$

d. h. das Minimum wird für $\omega \to \infty$ erreicht. Nach Gl. (A-4.27) ist dies gleichbedeutend mit

$$\beta = s_1 + s_2 \quad .$$

Für $\beta > s_1 + s_2$ würde die Phase teilweise unter $-\pi/2$ gesenkt, da dann die Phasenanhebung durch $(j\omega + \beta)$ erst bei höheren ω-Werten einsetzen würde.

Somit gilt:

Für $0 < \beta \leq s_1 + s_2$

ist die Übertragungsfunktion $G(s)$ positiv reell.

c) Für das Ausgangssignal

$$e^*(t) = f\left[u(t), t\right] \tag{A-4.28}$$

eines zeitvarianten Systems mit der Eingangsgröße $u(t)$ läßt sich die <u>Popov-Ungleichung</u> formulieren:

$$\int_{t_0}^{t} f\left[u(\tau), \tau\right] u(\tau) d\tau \geq -\gamma_0^2 + \beta_1 \|x(t)\|^2 \tag{A-4.29}$$

mit

$$\beta_1 > 0 \tag{A-4.30}$$

und

$$\gamma_0 = \sqrt{\frac{1}{2}\, \boldsymbol{x}^T(t_0)\, \boldsymbol{x}(t_0)} \quad . \tag{A-4.31}$$

Zur Interpretation:

Die linke Seite von Gl. (A-4.29) stellt die dem System im Zeitraum $t_0 \ldots t$ zugeführte Energie dar.

Der zweite Term der rechten Seite von Gl. (A-4.29) kann als augenblicklich vorhandene Energie im System gedeutet werden, während Gl. (A-4.31) den Anfangsenergiegehalt beschreibt.

Der Satz 5.3.3 lautet:

Ist

$$\dot{\boldsymbol{x}} = \boldsymbol{A}\,\boldsymbol{x} + \boldsymbol{b}\,u \tag{A-4.32}$$

$$e^* = \boldsymbol{c}^T \boldsymbol{x} + du \tag{A-4.33}$$

vollständig steuerbar, dann sind folgende zwei Aussagen äquivalent:

1.) $G(s)$ ist positiv reell

2.) Es existieren Matrizen $\boldsymbol{P} = \boldsymbol{P}^{\mathrm{T}} > \boldsymbol{0}, \boldsymbol{Q} = \boldsymbol{Q}^{\mathrm{T}} \geq \boldsymbol{0}$ und ein Vektor $\boldsymbol{q}$ (reell) so, daß

a) $$\boldsymbol{A}^{\mathrm{T}}\boldsymbol{P} + \boldsymbol{P}\,\boldsymbol{A} = -\boldsymbol{Q} - \boldsymbol{q}\,\boldsymbol{q}^{\mathrm{T}} \quad , \tag{A-4.34}$$

b) $$\boldsymbol{P}\,\boldsymbol{b} - \boldsymbol{c} = \sqrt{2d}\;\boldsymbol{q} \quad , \tag{A-4.35}$$

c) $$\begin{bmatrix} \boldsymbol{Q} + \boldsymbol{q}\,\boldsymbol{q}^{\mathrm{T}} & \sqrt{2d}\;\boldsymbol{q} \\ \sqrt{2d}\;\boldsymbol{q}^{\mathrm{T}} & 2d \end{bmatrix} \geq \boldsymbol{0} \tag{A-4.36}$$

gilt.

Zunächst soll die linke Seite der Popov-Ungleichung, Gl. (A-4.29), berechnet werden. Dazu wird der Ljapunow-Ansatz

$$\begin{aligned} \dot{V}(\boldsymbol{x}) &= \dot{\boldsymbol{x}}^{\mathrm{T}}(t)\boldsymbol{P}\,\boldsymbol{x}(t) + \boldsymbol{x}^{\mathrm{T}}(t)\boldsymbol{P}\,\dot{\boldsymbol{x}}(t) \\ &= (\boldsymbol{x}^{\mathrm{T}}(t)\boldsymbol{A}^{\mathrm{T}} + \boldsymbol{b}^{\mathrm{T}}u)\,\boldsymbol{P}\,\boldsymbol{x}(t) + \boldsymbol{x}^{\mathrm{T}}(t)\boldsymbol{P}(\boldsymbol{A}\boldsymbol{x}(t) + \boldsymbol{b}u) \\ &= \boldsymbol{x}^{\mathrm{T}}(t)(\boldsymbol{A}^{\mathrm{T}}\boldsymbol{P} + \boldsymbol{P}\,\boldsymbol{A})\boldsymbol{x}(t) + 2\boldsymbol{x}^{\mathrm{T}}(t)\boldsymbol{P}\,\boldsymbol{b}u \end{aligned} \tag{A-4.37}$$

mit

$$P = P^{\mathrm{T}} > 0$$

gewählt. Nach Satz 5.3.3, Eigenschaft 2a und 2b, erhält man für die rechte Seite von Gl. (A-4.37)

$$\dot{x}^{\mathrm{T}}(t) P x(t) + x^{\mathrm{T}}(t) P \dot{x}(t) =$$

$$x^{\mathrm{T}}(t)(-Q - q q^{\mathrm{T}}) x(t) + 2 x^{\mathrm{T}}(t)(\sqrt{2d}\, q + c) u(t) \quad . \tag{A-4.38}$$

Da $x^{\mathrm{T}}(t) c = c^{\mathrm{T}} x(t) = e^*(t) - d\, u(t)$ gilt, folgt

$$\dot{x}^{\mathrm{T}}(t) P x(t) + x^{\mathrm{T}}(t) P \dot{x}(t) =$$

$$-x^{\mathrm{T}}(t) \left[Q + q q^{\mathrm{T}} \right] x(t) + 2 x^{\mathrm{T}}(t) \cdot q \sqrt{2d}\, u(t)$$

$$+ 2 e^*(t)\, u(t) - 2 d\, u^2(t) \quad . \tag{A-4.39}$$

Daraus ergibt sich

$$e^*(t)\, u(t) = \frac{1}{2} \Big[\dot{x}^{\mathrm{T}}(t)\, P\, x(t) + x^{\mathrm{T}}(t)\, P\, \dot{x}(t)$$

$$+ x^{\mathrm{T}}(t)(Q + q q^{\mathrm{T}}) x(t) - 2\sqrt{2d}\, x^{\mathrm{T}}(t)\, q\, u(t)$$

$$+ 2 d\, u^2(t) \Big] \tag{A-4.40}$$

oder in quadratischer Form

$$e^*(t)\, u(t) = \frac{1}{2} \left[\dot{x}(t)\, P\, x(t) + x^{\mathrm{T}}(t)\, P\, \dot{x}(t) \right]$$

$$+ \frac{1}{2} \begin{bmatrix} x^{\mathrm{T}}(t) & -u(t) \end{bmatrix} \cdot \begin{bmatrix} Q + q q^{\mathrm{T}} & \sqrt{2d}\, q \\ \sqrt{2d}\, q^{\mathrm{T}} & 2d \end{bmatrix} \cdot \begin{bmatrix} x(t) \\ -u(t) \end{bmatrix} \quad . \tag{A-4.41}$$

Eingesetzt in Gl. (A-4.29) erhält man

$$\int_{t_0}^{t} e^*(\tau)\, u(\tau)\, d\tau = \frac{1}{2} x^{\mathrm{T}}(t)\, P\, x(t) - \frac{1}{2} x^{\mathrm{T}}(t_0)\, P\, x(t_0)$$

$$+ \frac{1}{2} \int_{t_0}^{t} \begin{bmatrix} x^{\mathrm{T}}(\tau) & -u(\tau) \end{bmatrix} \cdot \begin{bmatrix} Q + q q^{\mathrm{T}} & \sqrt{2d}\, q \\ \sqrt{2d}\, q^{\mathrm{T}} & 2d \end{bmatrix} \cdot \begin{bmatrix} x(\tau) \\ -u(\tau) \end{bmatrix} d\tau \quad . \tag{A-4.42}$$

Da die Matrix

$$\begin{bmatrix} \boldsymbol{Q}+\boldsymbol{q}\,\boldsymbol{q}^{\mathrm{T}} & \sqrt{2d}\;\boldsymbol{q} \\ \sqrt{2d}\;\boldsymbol{q}^{\mathrm{T}} & 2d \end{bmatrix}$$

nach Satz 5.3.3, Eigenschaft 3, positiv semidefinit ist, folgt

$$\int_{t_0}^{t} e^*(\tau)\, u(\tau)\, d\tau \geq \frac{1}{2}\, \boldsymbol{x}^{\mathrm{T}}(t)\, \boldsymbol{P}\, \boldsymbol{x}(t) - \frac{1}{2}\, x^{\mathrm{T}}(t_0)\, \boldsymbol{P}\, \boldsymbol{x}(t_0) \quad . \tag{A-4.43}$$

Gl. (A-4.43) ist die Popov-Ungleichung nach Gl. (A-4.29), wenn man einen transformierten Zustandsvektor

$$\boldsymbol{x}^*(t) = \boldsymbol{T}\, \boldsymbol{x}(t) \tag{A-4.44}$$

mit

$$\boldsymbol{T}^{\mathrm{T}}\, \boldsymbol{T} = \boldsymbol{P} \tag{A-4.45}$$

betrachtet:

$$\left\| \boldsymbol{x}^*(t) \right\|^2 = \boldsymbol{x}^{*\mathrm{T}}(t)\, \boldsymbol{x}^*(t) = \boldsymbol{x}^{\mathrm{T}}(t)\, \boldsymbol{P}\, \boldsymbol{x}(t) \quad , \tag{A-4.46}$$

$$\beta_1 = \frac{1}{2} \tag{A-4.47}$$

und

$$\gamma_0^2 = \frac{1}{2}\, \boldsymbol{x}^{*\mathrm{T}}(t_0)\, \boldsymbol{x}^*(t_0) = \boldsymbol{x}^{\mathrm{T}}(t_0)\, \boldsymbol{P}\, \boldsymbol{x}(t_0) \quad . \tag{A-4.48}$$

Entsprechend der ersten Definition der Hyperstabilität folgt somit, daß positiv reelle Systeme hyperstabil sind.

Lösung A-5 (Stabilität modelladaptiver Regelsysteme)

Als Zustandsraumdarstellung für $G(z)$ wird

$$\boldsymbol{x}(k+1) = \boldsymbol{A}\,\boldsymbol{x}(k) + \boldsymbol{b}\,u(k) \quad , \tag{A-5.3}$$

$$e^*(k) \quad = \boldsymbol{c}^{\mathrm{T}}\,\boldsymbol{x}(k) \tag{A-5.4}$$

angesetzt. Für die Rückführung gilt:

$$u(k) = -F(e^*) = -F_1(e^*)\,\boldsymbol{c}^{\mathrm{T}}\,\boldsymbol{x}(k) \quad , \tag{A-5.5}$$

wobei sich die Kennlinie $F_1(e^*)$ nur im 1. und 2. Quadranten bewegt und damit $F(e^*)$ ausschließlich im 1. und 3. Quadranten verläuft.

Aus den Gln. (A-5.3) und (A-5.4) folgt mit Gl. (A-5.5):

$$\boldsymbol{x}(k+1) = \left[\boldsymbol{A} - F_1(e^*)\,\boldsymbol{b}\,\boldsymbol{c}^{\mathrm{T}}\right]\boldsymbol{x}(k) \quad . \tag{A-5.6}$$

Für globale Stabilität muß die Ljapunow-Funktion $V(\boldsymbol{x}_k)$ folgende Bedingungen erfüllten:

$$1.) \qquad V(\boldsymbol{x}_k) \overset{!}{>} 0 \quad \text{pos. def.} \tag{A-5.7a}$$

$$2.) \qquad \Delta V(\boldsymbol{x}_k) = V(\boldsymbol{x}_k) - V(\boldsymbol{x}_{k-1}) \overset{!}{\leq} 0 \quad . \tag{A-5.7b}$$

Wird für die Ljapunow-Funktion der Ansatz

$$V(\boldsymbol{x}_k) = \boldsymbol{x}^{\mathrm{T}}(k)\,\boldsymbol{P}\,\boldsymbol{x}(k) \quad ; \quad \boldsymbol{P} = \boldsymbol{P}^{\mathrm{T}} > \boldsymbol{0} \tag{A-5.8}$$

gemacht, so folgt für Gl. (A-5.7b)

$$\begin{aligned} \Delta V(\boldsymbol{x}_k) &= V(\boldsymbol{x}_k) - V(\boldsymbol{x}_{k-1}) \\ &= \boldsymbol{x}^{\mathrm{T}}(k)\,\boldsymbol{P}\,\boldsymbol{x}(k) - \boldsymbol{x}^{\mathrm{T}}(k-1)\,\boldsymbol{P}\,\boldsymbol{x}(k-1) \quad . \end{aligned} \tag{A-5.9}$$

Aus Gl. (A-5.9) folgt mit Gl. (A-5.6)

$$\begin{aligned} \Delta V(\boldsymbol{x}_k) = \boldsymbol{x}^{\mathrm{T}}(k-1)\Big[&\boldsymbol{A}^{\mathrm{T}}\,\boldsymbol{P}\,\boldsymbol{A} - \boldsymbol{P} - F_1(e^*)\left\{\boldsymbol{c}\,\boldsymbol{b}^{\mathrm{T}}\,\boldsymbol{P}\,\boldsymbol{A} + \boldsymbol{A}^{\mathrm{T}}\,\boldsymbol{P}\,\boldsymbol{b}\,\boldsymbol{c}^{\mathrm{T}}\right\} \\ &+ F_1^2(e^*)\,\boldsymbol{c}\,\boldsymbol{b}^{\mathrm{T}}\,\boldsymbol{P}\,\boldsymbol{b}\,\boldsymbol{c}^{\mathrm{T}}\Big]\boldsymbol{x}(k-1) \quad . \end{aligned} \tag{A-5.10}$$

Da $G(z)$ positiv reell ist, läßt sich Satz 5.3.4 anwenden. Mit Satz 5.3.4 folgt aus

$$(2a)\qquad \boldsymbol{A}^{\mathrm{T}} \boldsymbol{P} \boldsymbol{A} - \boldsymbol{P} = -\boldsymbol{q}\, \boldsymbol{q}^{\mathrm{T}} \quad , \qquad \text{(A-5.11)}$$

$$(2b)\qquad \boldsymbol{c}\, \boldsymbol{b}^{\mathrm{T}} \boldsymbol{P} \boldsymbol{A} + \boldsymbol{A}^{\mathrm{T}} \boldsymbol{P}\, \boldsymbol{b}\, \boldsymbol{c}^{\mathrm{T}} = c(-w\boldsymbol{q} + \boldsymbol{c})^{\mathrm{T}} + (-w\boldsymbol{q} + \boldsymbol{c})\, \boldsymbol{c}^{\mathrm{T}}$$

$$= -w(\boldsymbol{c}\, \boldsymbol{q}^{\mathrm{T}} + \boldsymbol{q}\, \boldsymbol{c}^{\mathrm{T}}) + 2\, \boldsymbol{c}\, \boldsymbol{c}^{\mathrm{T}} \quad , \qquad \text{(A-5.12)}$$

$$(2c)\qquad \boldsymbol{c}\, \boldsymbol{b}^{\mathrm{T}} \boldsymbol{P}\, \boldsymbol{b}\, \boldsymbol{c}^{\mathrm{T}} = -w^2\, \boldsymbol{c}\, \boldsymbol{c}^{\mathrm{T}} \quad (\text{da } d = 0) \quad . \qquad \text{(A-5.13)}$$

Somit ergibt sich aus Gl. (A-5.10)

$$\Delta V(\boldsymbol{x}_k) = \boldsymbol{x}^{\mathrm{T}}(k-1)\Big[-\boldsymbol{q}\, \boldsymbol{q}^{\mathrm{T}} + F_1(e^*)\, w(\boldsymbol{c}\, \boldsymbol{q}^{\mathrm{T}} + \boldsymbol{q}\, \boldsymbol{c}^{\mathrm{T}})$$

$$-F_1^2(e^*)\, w^2\, \boldsymbol{c}\, \boldsymbol{c}^{T}\Big]\boldsymbol{x}(k-1)$$

$$-2\, F_1(e^*)\, \boldsymbol{x}^{\mathrm{T}}(k-1)\, \boldsymbol{c}\, \boldsymbol{c}^{\mathrm{T}}\, \boldsymbol{x}(k-1) \quad . \qquad \text{(A-5.14)}$$

Wird Gl. (A-5.14) in eine quadratische Form gebracht, so erhält man

$$\Delta V(\boldsymbol{x}_k) = -\Big[\boldsymbol{x}^{\mathrm{T}}(k-1)\, \{\boldsymbol{q} - F_1(e^*)\, w\, \boldsymbol{c}\}\Big]^2$$

$$-2\, F_1(e^*)\Big[\boldsymbol{x}^{\mathrm{T}}(k-1)\, \boldsymbol{c}\Big]^2 \quad . \qquad \text{(A-5.15)}$$

Der erste Term in Gl. (A-5.15) ist stets kleiner oder gleich null. Der zweite Term ist kleiner oder gleich null, falls

$$\Delta V(\boldsymbol{x}_k) \le 0 \qquad \text{für alle}\, \boldsymbol{x}(k) \qquad \text{(A-5.16)}$$

bzw.

$$V(k) \le V(\boldsymbol{x}_{k-1}) \le V(\boldsymbol{x}_{k-2}) \le \ldots \le V(\boldsymbol{x}_0) \quad . \qquad \text{(A-5.17)}$$

Aus Gl. (A-5.17) folgt

$$\boldsymbol{x}^{\mathrm{T}}(k)\, \boldsymbol{P}\, \boldsymbol{x}(k) \le \boldsymbol{x}^{\mathrm{T}}(0)\, \boldsymbol{P}\, \boldsymbol{x}(0) \quad \text{für } \forall k \ge 0 \quad . \qquad \text{(A-5.18)}$$

Aus Gl. (A-5.18) ergibt sich die Stabilität des Systems.

Lösung A-6 (Reglerentwurf, modelladaptiver Regelsysteme, direkte Methode nach Ljapunow)

Um eine Vektorfunktion $\boldsymbol{F}(\phi,e^*,t)$ zu entwerfen, welche die Ruhelage $\boldsymbol{x}_\infty = \boldsymbol{0}$ für beliebige beschränkte Eingangssignale $\phi(t)$ global asymptotisch stabilisiert, wird der Weg über den Ljapunow-Funktionsansatz der Aufgabenstellung

$$V(\boldsymbol{x}, \tilde{\boldsymbol{p}}) = \boldsymbol{x}^{\mathrm{T}}(t)\, \boldsymbol{P}\, \boldsymbol{x}(t) + \tilde{\boldsymbol{p}}^{\mathrm{T}}(t)\, \boldsymbol{R}\, \tilde{\boldsymbol{p}}(t) \quad , \tag{A-6.9}$$

$$\boldsymbol{P} = \boldsymbol{P}^{\mathrm{T}} > \boldsymbol{0} \quad , \tag{A-6.10}$$

$$\boldsymbol{R} = \boldsymbol{R}^{\mathrm{T}} > \boldsymbol{0} \tag{A-6.11}$$

mit dem Ziel beschritten,

$$\dot{V}(\boldsymbol{x}, \tilde{\boldsymbol{p}}) \overset{!}{<} 0 \tag{A-6.12}$$

zu erhalten. Die Ableitung der Gl. (A-6.9) liefert

$$\dot{V}(\boldsymbol{x}, \tilde{\boldsymbol{p}}) = \dot{\boldsymbol{x}}^{\mathrm{T}}(t)\, \boldsymbol{P}\, \boldsymbol{x}(t) + \boldsymbol{x}^{\mathrm{T}}(t)\, \boldsymbol{P}\, \dot{\boldsymbol{x}}(t) + 2\, \dot{\tilde{\boldsymbol{p}}}^{\mathrm{T}}(t)\, \boldsymbol{R}\, \tilde{\boldsymbol{p}}(t) \quad , \tag{A-6.13}$$

da

$$\tilde{\boldsymbol{p}}^{\mathrm{T}}(t)\, \boldsymbol{R}\, \dot{\tilde{\boldsymbol{p}}}(t) = (\tilde{\boldsymbol{p}}^{\mathrm{T}}(t)\, \boldsymbol{R}\, \dot{\tilde{\boldsymbol{p}}})^{\mathrm{T}} \qquad \text{(Skalar)} \tag{A-6.14}$$

gilt. Werden nun über die Zustandsgleichung des linearen Teilsystems die Vektoren $\dot{\boldsymbol{x}}(t)$ und $\dot{\boldsymbol{x}}^{\mathrm{T}}(t)$ ermittelt, so ergibt sich aus Gl. (A-6.13)

$$\dot{V}(\boldsymbol{x}, \tilde{\boldsymbol{p}}) = \boldsymbol{x}^{\mathrm{T}}(t) \left[\boldsymbol{A}^{\mathrm{T}} \boldsymbol{P} + \boldsymbol{P}\, \boldsymbol{A} \right] \boldsymbol{x}(t)$$

$$+2\, \boldsymbol{x}^{\mathrm{T}}(t)\, \boldsymbol{P}\, \boldsymbol{b}\, u(t) + 2\, \dot{\tilde{\boldsymbol{p}}}^{\mathrm{T}}(t)\, \boldsymbol{R}\, \tilde{\boldsymbol{p}}(t) \quad . \tag{A-6.15}$$

Da $G(s)$ laut Aufgabenstellung streng positiv reell ist, folgt nach Satz 5.3.2 für die Wahl $\boldsymbol{q} = \boldsymbol{0}$

$$(1) \qquad \boldsymbol{A}^{\mathrm{T}} \boldsymbol{P} + \boldsymbol{P}\, \boldsymbol{A} = -\boldsymbol{Q}\, ; \boldsymbol{Q} = \boldsymbol{Q}^{\mathrm{T}} > \boldsymbol{0} \quad , \tag{A-6.16}$$

$$(2) \qquad \boldsymbol{P}\, \boldsymbol{b} - \boldsymbol{c} = \boldsymbol{0} \quad . \tag{A-6.17}$$

Damit erhält man aus Gl. (A-6.15)

$$\dot{V}(\boldsymbol{x}, \tilde{\boldsymbol{p}}) = -\boldsymbol{x}^{\mathrm{T}}(t)\, \boldsymbol{Q}\, \boldsymbol{x}(t) + 2 \left[\boldsymbol{x}^{\mathrm{T}}(t)\, \boldsymbol{c}\, u(t) + \dot{\tilde{\boldsymbol{p}}}^{\mathrm{T}}(t)\, \boldsymbol{R}\, \tilde{\boldsymbol{p}}(t) \right] \quad , \tag{A-6.18}$$

bzw. über die Stellgrößenberechnung

$$u(t) = \tilde{\boldsymbol{p}}^{\mathrm{T}}(t)\, \boldsymbol{\phi}(t) \tag{A-6.19}$$

und die Fehlergleichung der Zustandsraumdarstellung

$$e^*(t) = \boldsymbol{c}^{\mathrm{T}}\, \boldsymbol{x}(t) \tag{A-6.20}$$

die Gleichung

$$\dot{V}(\boldsymbol{x}, \tilde{\boldsymbol{p}}) = -\boldsymbol{x}^{\mathrm{T}}(t)\, \boldsymbol{Q}\, \boldsymbol{x}(t) + 2\left[\boldsymbol{\phi}^{\mathrm{T}}(t)\, \tilde{\boldsymbol{p}}(t)\, e^*(t) + \dot{\tilde{\boldsymbol{p}}}^{\mathrm{T}}(t)\, \boldsymbol{R}\, \tilde{\boldsymbol{p}}(t)\right] \tag{A-6.21}$$

oder

$$\dot{V}(\boldsymbol{x}, \tilde{\boldsymbol{p}}) = -\boldsymbol{x}^{\mathrm{T}}(t)\, \boldsymbol{Q}\, \boldsymbol{x}(t) + 2\left[e^*(t)\, \boldsymbol{\phi}(t) + \boldsymbol{R}\, \dot{\tilde{\boldsymbol{p}}}(t)\right]^{\mathrm{T}} \tilde{\boldsymbol{p}}(t) \quad . \tag{A-6.22}$$

Für die Forderung Gl. (A-6.12) muß der zweite Term der rechten Seite von Gl. (A-6.22) zu null werden, da $\boldsymbol{Q}$ positiv definit und damit der linke Term von Gl. (A-6.22) bereits kleiner gleich null ist. Aus

$$e^*(t)\, \boldsymbol{\phi}(t) + \boldsymbol{R}\, \dot{\tilde{\boldsymbol{p}}}(t) = 0 \tag{A-6.23}$$

folgt schließlich das Adaptionsgesetz

$$\dot{\tilde{\boldsymbol{p}}}(t) = -\boldsymbol{R}^{-1}\, \boldsymbol{\phi}(t)\, e^*(t) \quad . \tag{A-6.24}$$

Damit wird Gl. (A-6.22) zu

$$\dot{V}(\boldsymbol{x}, \tilde{\boldsymbol{p}}) = -\boldsymbol{x}^{\mathrm{T}}(t)\, \boldsymbol{Q}\, \boldsymbol{x}(t) < 0 \quad \text{für} \quad \boldsymbol{x}(t) \neq \boldsymbol{0} \quad . \tag{A-6.25}$$

$\dot{V}(\boldsymbol{x}, \tilde{\boldsymbol{p}})$ ist negativ definit für alle $\boldsymbol{x}(t)$. Damit ist die Ruhelage $\boldsymbol{x}_\infty = \boldsymbol{0}$ global asymptotisch stabil.

Nach der Integration des Adaptionsgesetzes Gl. (A-6.24) erhält man

$$\tilde{\boldsymbol{p}}(t) = \tilde{\boldsymbol{p}}(0) - \boldsymbol{R}^{-1} \int_0^t \boldsymbol{\phi}(\tau)\, e^*(\tau)\, d\tau = \boldsymbol{F}(\boldsymbol{\phi}, e^*, t) \tag{A-6.26}$$

$\tilde{\boldsymbol{p}}(0)$ beliebig. (A-6.27)

Da durch Einsetzen des Adaptionsgesetzes Gl. (A-6.24) in Gl. (A-6-22) die Ableitung der Ljapunow-Funktion nicht mehr von $\tilde{\boldsymbol{p}}$ abhängt, gilt, daß nur die Ruhelage $\boldsymbol{x}_\infty = \boldsymbol{0}$ asymptotisch stabil ist, d. h.

$$\lim_{t \to \infty} \boldsymbol{x}(t) = \boldsymbol{0} \quad . \tag{A-6.27}$$

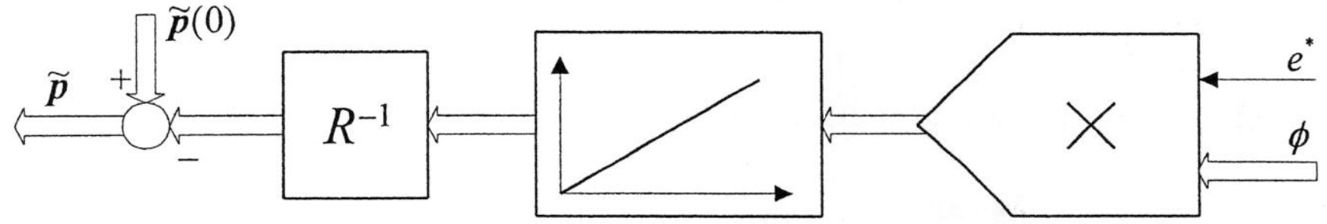

Bild A-6.2. Darstellung der Funktion $\boldsymbol{F}(\boldsymbol{\phi}, e^*, t)$ nach Gl. (A-6.26)

Des weiteren folgt aus der bewiesenen monotonen Abnahme der Ljapunow-Funktion Gl. (A-6.12)

$$V(\boldsymbol{x}, \tilde{\boldsymbol{p}}) \leq V(0) \qquad \text{für alle } t \geq 0 \tag{A-6.28}$$

bzw.

$$\boldsymbol{x}^{\mathrm{T}}(t)\, \boldsymbol{P}\, \boldsymbol{x}(t) + \tilde{\boldsymbol{p}}^{\mathrm{T}}(t)\, \boldsymbol{R}\, \tilde{\boldsymbol{p}}(t) \leq \boldsymbol{x}^{\mathrm{T}}(0)\, \boldsymbol{P}\, \boldsymbol{x}(0) + \tilde{\boldsymbol{p}}^{\mathrm{T}}(0)\, \boldsymbol{R}\, \tilde{\boldsymbol{p}}(0)$$

$$\text{für alle } t \geq 0 \quad , \tag{A-6.29}$$

daß

$$\tilde{\boldsymbol{p}}^{\mathrm{T}}(t)\, \boldsymbol{R}\, \tilde{\boldsymbol{p}}(t) \leq V(0) \qquad \text{für alle } t \geq 0 \tag{A-6.30}$$

ist. Demnach ist $\tilde{\boldsymbol{p}}(t)$ für alle t beschränkt. Für die bisherigen Ableitungen wurde die Beschränktheit der Signale $\boldsymbol{\phi}(t)$ nicht benötigt, so daß alle bisherigen Ergebnisse auch für unbeschränkte Signale $\boldsymbol{\phi}(t)$ gelten.

Ist der Signalvektor $\boldsymbol{\phi}(t)$ beschränkt, so konvergiert der Vektor $\tilde{\boldsymbol{p}}(t)$ gegen einen konstanten Grenzwert. Denn entsprechend der global asymptotischen Stabilität der Ruhelage $\boldsymbol{x}_\infty = \boldsymbol{0}$ folgt aus Gl. (A-6.20)

$$\lim_{t\to\infty} e^*(t) = 0 \quad . \tag{A-6.31}$$

Damit ergibt sich aus Gl. (A-6.24) bei beschränktem $\boldsymbol{\phi}(t)$

$$\lim_{t\to\infty} \dot{\tilde{\boldsymbol{p}}}(t) = \boldsymbol{0} \quad . \tag{A-6.32}$$

Da der Vektor $\tilde{\boldsymbol{p}}(t)$ entsprechend Gl. (A-6.30) beschränkt ist, folgt aus Gl. (A-6.32)

$$\lim_{t\to\infty} \tilde{\boldsymbol{p}}(t) = \tilde{\boldsymbol{p}}_\infty = \text{const.} \tag{A-6.33}$$

Aus $\lim\limits_{t\to\infty} \boldsymbol{x}(t) = \boldsymbol{0}$ ergibt sich ferner, daß

$$\lim_{t\to\infty} u(t) = \lim_{t\to\infty} \tilde{\boldsymbol{p}}^{\mathrm{T}}(t)\, \boldsymbol{\phi}(t) = \tilde{\boldsymbol{p}}_\infty^{\mathrm{T}}\, \boldsymbol{\phi}_\infty \overset{!}{=} 0 \tag{A-6.34}$$

sein muß. Die Vektoren $\tilde{\boldsymbol{p}}_\infty$ und $\boldsymbol{\phi}_\infty$ sind also orthogonal.

Ist $G(s)$ nicht positiv reell, aber asymptotisch stabil, so läßt sich durch Parallelschaltung einer geeigneten asymptotisch stabilen Übertragungsfunktion $G_2(s)$ im Vorwärtszweig stets eine streng positiv reelle Gesamtübertragungsfunktion $G_3(s)$ erzielen. Ist

$$G(s) = \frac{B(s)}{A(s)} \quad \text{asymptotisch stabil} \tag{A-6.35}$$

und

$$G_3(s) = \frac{B_3(s)}{A(s)} \quad \text{streng positiv reell ,} \tag{A-6.36}$$

dann ist $G_2(s)$ in der Form

$$G_2(s) = \frac{B_3(s) - B(s)}{A(s)} \tag{A-6.37}$$

ebenfalls asymptotisch stabil.

Daraus resultiert die Struktur nach Bild A-6.3.

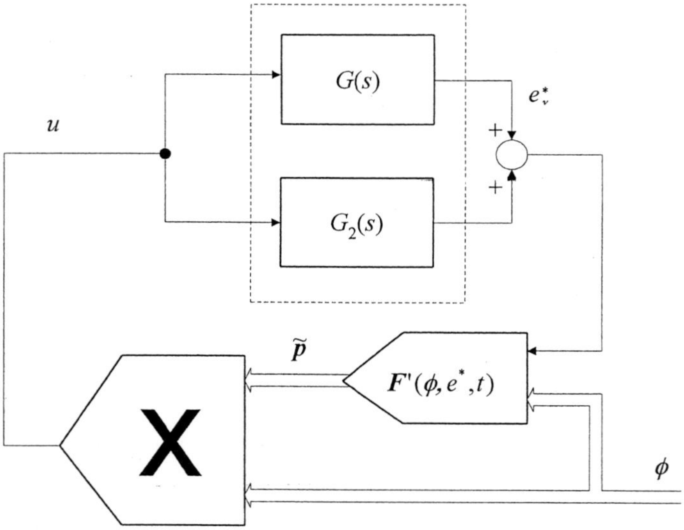

Bild A-6.3. Erweiterung der Struktur nach Bild A-6.1 für nicht positiv reelle $G(s)$

Als "vermehrter Fehler" der erweiterten Strecke wird

$$V(s) = E^*(s) + G_2(s)\,U(s) \tag{A-6.38}$$

eingeführt.

Bezüglich dieses Hilfssignals v ergibt sich jetzt dasselbe Stabilitätsproblem wie vorher, da nun $G_3(s) = G(s) + G_2(s)$ streng positiv reell ist.

Dies führt für $\boldsymbol{F}'(\phi, v, t)$ entsprechend Gl. (A-6.26) zu der Lösung

$$\tilde{\boldsymbol{p}}(t) = \tilde{\boldsymbol{p}}(0) - \boldsymbol{R}^{-1} \int_0^t \phi(\tau)\, v(\tau)\, d\tau = \boldsymbol{F}'(\phi, v, t) \quad , \qquad \text{(A-6.39)}$$

wobei auch hier $\tilde{\boldsymbol{p}}(0)$ beliebig ist. Aus der asymptotischen Stabilität der Ruhelage $\boldsymbol{x}_\infty = \boldsymbol{0}$, wobei $\boldsymbol{x}(t)$ nun ein Zustandsvektor von $G_3(s)$ ist, folgt

$$\lim_{t \to \infty} v(t) = 0 \quad , \qquad \text{(A-6.40)}$$

$$\lim_{t \to \infty} u(t) = 0 \quad . \qquad \text{(A-6.41)}$$

Aus Gl. (A-6.41) und der asymptotischen Stabilität von $G_2(s)$ erhält man

$$\lim_{t \to \infty} h(t) = \lim_{t \to \infty} \mathcal{L}^{-1}\{G_2(s)\, U(s)\} = 0 \quad . \qquad \text{(A-6.42)}$$

Mit Gl. (A-6.40) und Gl. (A-6.42) folgt dann aus Gl. (A-6.38)

$$\lim_{t \to \infty} e^*(t) = \lim_{t \to \infty} \left[v(t) - h(t) \right] = 0 \quad . \qquad \text{(A-6.43)}$$

Lösung A-7 (Reglerentwurf, modelladaptiver Regelsysteme, Hyperstabilitätsmethode)

Bei der Lösung werden der kontinuierliche und der diskrete Fall parallel behandelt. Dabei werden die Gleichungen für kontinuierliche Systeme mit (a), die Gleichungen für diskrete Systeme mit (b) gekennzeichnet.

Betrachtet wird noch einmal das bilineare System nach Aufgabe A-6, also die Struktur.

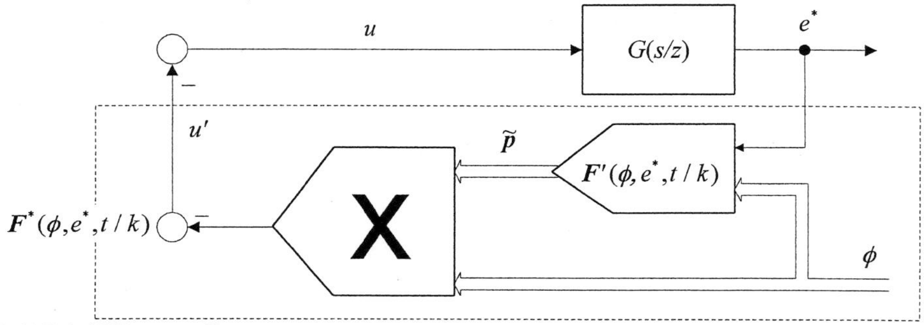

Bild A-7.1. Bilineares System

Die zugehörigen Systemgleichungen lauten:

$$\dot{\boldsymbol{x}}(t) \quad = \boldsymbol{A}\,\boldsymbol{x}(t) + \boldsymbol{b}\,u(t) \quad , \qquad \text{(A-7.1a)}$$

$$\boldsymbol{x}(k+1) = \boldsymbol{A}\,\boldsymbol{x}(k) + \boldsymbol{b}\,u(k) \quad ; \qquad \text{(A-7.1b)}$$

$$e^*(t) = \boldsymbol{c}^{\mathrm{T}}\,\boldsymbol{x}(t) \quad , \qquad \text{(A-7.2a)}$$

$$e^*(k) = \boldsymbol{c}^{\mathrm{T}}\,\boldsymbol{x}(k) \quad ; \qquad \text{(A-7.2b)}$$

$$u(t) = \tilde{\boldsymbol{p}}^{\mathrm{T}}(t)\,\boldsymbol{\phi}(t) \quad , \qquad \text{(A-7.3a)}$$

$$u(k) = \tilde{\boldsymbol{p}}^{\mathrm{T}}(k)\,\boldsymbol{\phi}(k) \quad , \qquad \text{(A-7.3b)}$$

$$\tilde{\boldsymbol{p}}(t) = \boldsymbol{F}(\boldsymbol{\phi}, e^*, t) \quad , \qquad \text{(A-7.4a)}$$

$$\tilde{\boldsymbol{p}}(k) = \boldsymbol{F}(\boldsymbol{\phi}, e^*, k) \quad ; \qquad \text{(A-7.4b)}$$

$$\left.\begin{aligned} G(s) &= \boldsymbol{c}^{\mathrm{T}}(s\boldsymbol{I} - \boldsymbol{A})^{-1}\,\boldsymbol{b} \\ G(z) &= \boldsymbol{c}^{\mathrm{T}}(z\boldsymbol{I} - \boldsymbol{A})^{-1}\,\boldsymbol{b} \end{aligned}\right\} \text{ streng positiv reell } . \qquad \text{(A-7.5a,b)}$$

Nach Satz 5.3.5, Eigenschaft 5, ist ein System genau dann hyperstabil, wenn

a) $G(s/z)$ hyperstabil

und

b) $\boldsymbol{F}^*(\phi, e^*, t/k)$ schwach hyperstabil

ist.

Die erste Eigenschaft (Punkt a) ist nach Satz 5.3.6 bereits bewiesen, da $G(s/z)$ linear und streng positiv reell ist. Da der Vorwärtszweig hyperstabil ist, muß die nichtlineare Rückführung nur schwach hyperstabil sein, um die Hyperstabilität des Gesamtsystems zu erreichen, d. h. es muß gelten:

$$\eta(0,t) = \int_0^t u_N(\tau)\, y_N(\tau)\, d\tau \geq -\gamma_0^2 \qquad \text{für alle } t \geq 0 \tag{A-7.6a}$$

$$\eta(0,k_1) = \sum_{k=0}^{k_1} u_N(k)\, y_N(k)\, d\tau \geq -\gamma_0^2 \qquad \text{für alle } k_1 \geq 0 \quad . \tag{A-7.6b}$$

Dabei stellt u_N das Eingangssignal des nichtlinearen Blocks $\boldsymbol{F}^*(\phi, e^*, t/k)$ und y_N dessen Ausgangssignal dar. Die Energie der Anfangszustände wird in γ_0^2 berücksichtigt. Somit lassen sich die Gleichungen (A-7.6a, b) auch darstellen als

$$\eta(0,t) = \int_0^t e^*(\tau)\, u'(\tau)\, d\tau \geq -\gamma_0^2 \quad , \tag{A-7.7a}$$

$$\eta(0,k_1) = \sum_{k=0}^{k_1} e^*(k)\, u'(k)\, d\tau \geq -\gamma_0^2 \tag{A-7.7b}$$

oder mit Hilfe der Gln. (A-7.3a, b) und $u = -u'$

$$\eta(0,t) = \int_0^t e^*(\tau) \left[-\tilde{\boldsymbol{p}}^{\mathrm{T}}(\tau)\, \phi(\tau) \right] d\tau \geq -\gamma_0^2 \quad , \tag{A-7.8a}$$

$$\eta(0,k_1) = \sum_{k=0}^{k_1} e^*(k) \left[-\tilde{\boldsymbol{p}}^{\mathrm{T}}(k)\, \phi(k) \right] \geq -\gamma_0^2 \quad . \tag{A-7.8b}$$

Ein einfacher Ansatz zur Erfüllung der Gleichungen (A-7.8a, b) besteht darin, den Integranden bzw. Summanden stets positiv zu machen. Dies führt auf die Gleichungen

$$\boldsymbol{F}(\phi, e^*, t) = \tilde{\boldsymbol{p}}(t) = -\boldsymbol{S}\, \phi(t)\, e^*(t) \quad , \tag{A-7.9a}$$

$$\boldsymbol{F}(\phi, e^*, k) = \tilde{\boldsymbol{p}}(k) = -\boldsymbol{S}\, \phi(k)\, e^*(k) \tag{A-7.9b}$$

mit $\boldsymbol{S} = \boldsymbol{S}^{\mathrm{T}} > \mathbf{0}$.

Dann folgt

$$\eta(0,t) = \int_0^t e^{*2}(\tau)\,\phi^{\mathrm{T}}(\tau)\boldsymbol{S}\,\phi(\tau)\,d\tau \geq 0 \geq -\gamma_0^2 \quad , \tag{A-7.10a}$$

$$\eta(0,k_1) = \sum_{k=0}^{k_1} e^{*2}(k)\,\phi^{\mathrm{T}}(k)\boldsymbol{S}\,\phi(k) \geq 0 \geq -\gamma_0^2 \quad . \tag{A-7.10b}$$

Damit ist das Gesamtsystem hyperstabil. Im Gegensatz zu der Rückführung nach Aufgabe A-6 ist für die hier entworfene Rückführung nach Gl. (A-7.10a, b) kein Integrator notwendig.

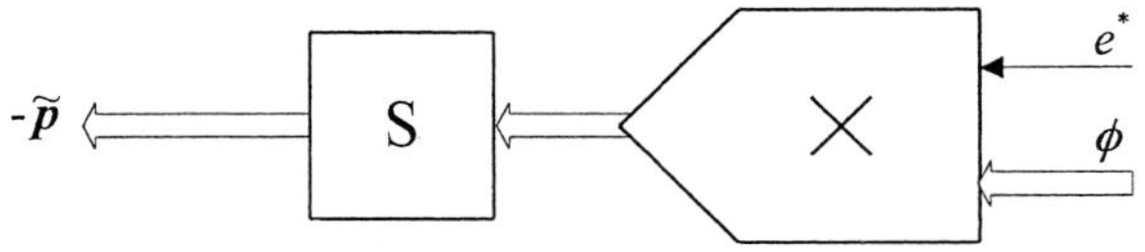

Bild A-7.2. Rückführung ohne Integrator

Aufgabe O-1 (Optimierungsaufgabe nach dem Euler-Lagrange-Verfahren)

Gegeben ist die Optimierungsaufgabe ohne Nebenbedingungen

$$I = \int_0^1 (\dot{x}^2(t) + 2x(t))dt \overset{!}{=} \text{Min} \quad ,$$

wobei die Randbedingungen

$$x(0) = 0$$

$$x(1) = 1$$

gelten. Bestimmen Sie mit Hilfe des Euler-Lagrange-Verfahren die optimale Trajektorie, für die das Gütekriterium erfüllt ist.

Aufgabe O-2 (Optimierungsaufgabe nach dem Euler-Lagrange-Verfahren)

Gesucht ist die Kurve mit kürzester Länge, die den Punkt $x(0) = 1$ mit der Geraden $t_e = 2$, die im Bild O-2.1 dargestellt ist, verbindet.

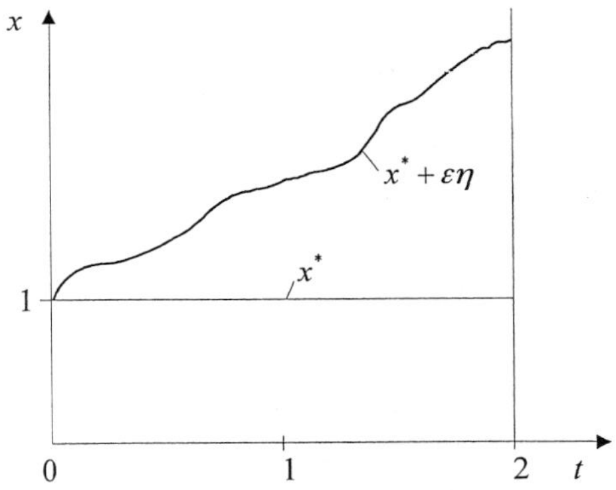

Bild O-2.1. Kürzester Abstand eines Punktes von einer Geraden

Aufgabe O-3 (Optimaler Reglerentwurf nach dem Hamilton-Verfahren)

Zwei in gleicher Richtung hintereinander fahrende Schiffe sollen während der Fahrt "fliegend" angekoppelt werden. Das vorausfahrende Schiff A bewegt sich mit konstanter Geschwindigkeit $x_{2A}(t) = c$ und hat die Ortskoordinate $x_{1A}(t_0 = 0) = 0$, wie es im Bild O-3.1 dargestellt ist. Für die Ortskoordinate dieses Schiffes A gilt demnach $x_{1A}(t) = ct$.

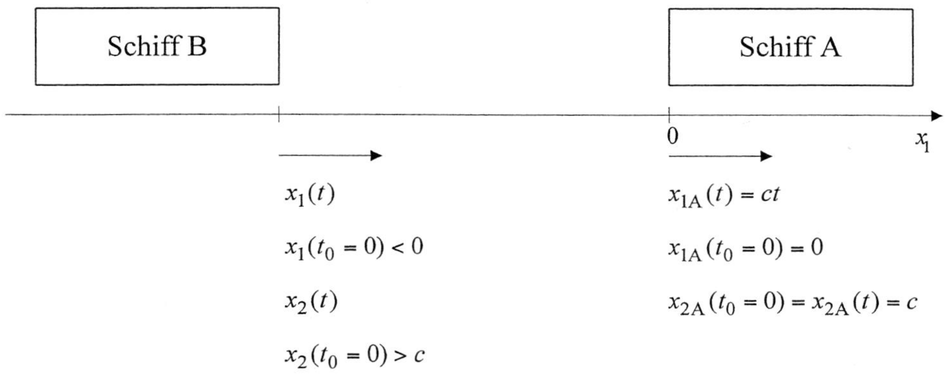

Bild O-3.1. "Fliegende" Ankopplung zweier Schiffe

Das nachfolgende Schiff B hat zur Zeit $t_0 = 0$ die Ortskoordinate $x_1(0) < 0$ und die Geschwindigkeit $x_2(0) > c$. Wie die Lösung der Optimierungsaufgabe zeigen wird, ist diese Voraussetzung notwendig. Für das dynamische Verhalten des Schiffes B gilt in der Zustandsraumdarstellung

$$\begin{bmatrix} \dot{x}_1 \\ \dot{x}_2 \end{bmatrix} = \begin{bmatrix} 0 & 1 \\ 0 & 0 \end{bmatrix} \begin{bmatrix} x_1 \\ x_2 \end{bmatrix} + \begin{bmatrix} 0 \\ 1 \end{bmatrix} u \quad .$$

Die Ankopplung beider Schiffe soll energieoptimal geschehen, d. h. als Gütekriterium wird

$$I = \int_0^{t_e} u^2(t)\,dt \overset{!}{=} \text{Min}$$

gewählt, wobei t_e frei ist. Die Randbedingungen für die Ankopplung sind mit

$$x_{1A}(t_e) = c\,t_e = x_1(t_e)$$

$$x_{2A}(t_e) = c \quad = x_2(t_e)$$

gegeben, d. h. die Schiffe haben zur Endzeit gleiche Geschwindigkeit und liegen mit Bug und Heck aneinander. Gesucht ist das optimale Stellgesetz, welches das Schiff B an das Schiff A in der verlangten Weise ankoppelt.

Aufgabe O-4 (Optimaler Reglerentwurf nach dem Maximumprinzip von Pontrjagin)

Gegeben ist eine Regelstrecke in der Zustandsraumdarstellung

$$\dot{\boldsymbol{x}} = \boldsymbol{A}\,\boldsymbol{x} + \boldsymbol{b}\,u$$

mit

$$A = \begin{bmatrix} 0 & 1 \\ 0 & 0 \end{bmatrix} \quad \text{und} \quad b = \begin{bmatrix} 0 \\ 1 \end{bmatrix} \quad .$$

Gesucht wird das optimale Stellgesetz $u^*(t)$, welches die Regelstrecke von einem Anfangszustand $x(t_0 = 0) = x_0$ in einen Endzustand $x(t_e) = 0$ überführt. Der Übergang soll zeitoptimal geschehen, es gilt das Gütekriterium

$$I = \int_{t_0}^{t_e} dt \overset{!}{=} \text{Min} \quad .$$

Die Stellgröße ist beschränkt

$$|u| \leq 1 \quad .$$

Das optimale Stellgesetz soll nur in seiner prinzipiellen Form angegeben werden, d. h. auftretende Konstanten sollen nicht bestimmt werden.

Aufgabe O-5 (Quadratisch optimaler Zustandsregler)

Gegeben ist eine lineare, zeitinvariante Regelstrecke

$$\dot{x} = 2x + u \quad .$$

Gesucht wird das optimale Stellgesetz, welches die Regelstrecke von einem Anfangszustand $x(t_0 = 0) = x_0$ in einen Endzustand $x(t_e) = 0$ zur Zeit t_e überführt und dabei

a) für $t_e = 1$ das Gütefunktional

$$I = x^2(1) + \frac{1}{2}\int_0^1 (3x^2 + \frac{u^2}{4})\, dt \quad ,$$

b) für $t_e \to \infty$ das Gütefunktional

$$I = \frac{1}{2}\int_0^\infty (3x^2 + \frac{u^2}{4})\, dt$$

minimiert. Im Fall a) wird eine Bewertung des Endzustandes vorgenommen, da für $x(1)$ möglicherweise $x(1) \neq x(t_e) = 0$ gilt.

Aufgabe O-6 (Quadratisch optimaler Zustandsregler)

Gegeben ist eine Regelstrecke in der Zustandsraumdarstellung

$$\boldsymbol{A} = \begin{bmatrix} 0 & 1 \\ 1 & 0 \end{bmatrix} \quad ; \quad \boldsymbol{b} = \begin{bmatrix} 0 \\ 1 \end{bmatrix} \quad .$$

Gesucht ist das optimale Stellgesetz, für das ein Gütefunktional

$$I = \frac{1}{2} \int_0^\infty \left[\boldsymbol{x}^\mathrm{T} \boldsymbol{Q}\, \boldsymbol{x} + r\, u^2 \right] dt \quad \text{mit} \quad \boldsymbol{Q} = \begin{bmatrix} 1 & -1 \\ -1 & 1 \end{bmatrix} \quad \text{und} \quad r = 1$$

ein Minimum annimmt.

Aufgabe O-7 (Optimaler Zustandsreglerentwurf im Frequenzbereich)

Gegeben ist die allgemeine Zustandsraumdarstellung eines linearen Systems

$$\dot{\boldsymbol{x}} = \boldsymbol{A}\, \boldsymbol{x} + \boldsymbol{B}\, \boldsymbol{u}$$

$$\boldsymbol{y} = \boldsymbol{C}\, \boldsymbol{x} \quad .$$

a) Berechnen Sie im Frequenzbereich die allgemeine Form der Stör- und Führungsaufschaltmatrizen $\boldsymbol{F}_z$ und $\boldsymbol{F}_w$ aus den Bedingungen

$$\lim_{s \to 0} \boldsymbol{G}_w(s) = \mathbf{I} \quad ,$$

$$\lim_{s \to 0} \boldsymbol{G}_z(s) = \mathbf{0} \quad .$$

b) Zeigen Sie, daß bei Parameteränderungen des Systems die stationäre Genauigkeit des geschlossenen Kreises nicht mehr gegeben ist.

c) Zeigen Sie, daß beim PI-Regler die stationäre Genauigkeit unabhängig von Parameterschwankungen der Strecke gewährleistet ist, solange der geschlossene Kreis stabil ist.

Aufgabe O-8 (Quadratisch optimaler Zustandsregler)

Gegeben ist eine fremderregte Gleichstrommaschine gemäß Bild O-8.1. Die Maschinengleichungen lauten

$$e_{\mathrm{M}} = c\,\psi_f\,\omega \quad ,$$

$$M_{\mathrm{A}} = c\,\psi_f\,I_{\mathrm{A}} \quad ,$$

$$\theta\,\frac{\mathrm{d}\omega}{\mathrm{d}t} = M_{\mathrm{A}} - M_{\mathrm{L}} \quad .$$

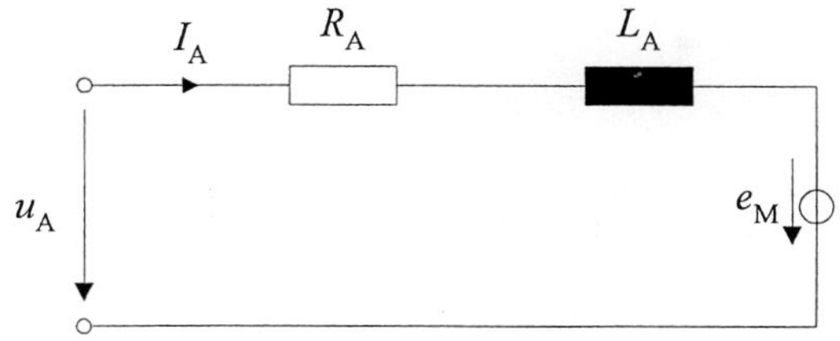

Bild O-8.1. Ersatzschaltbild einer Gleichstrommaschine

a) Berechnen Sie die lineare Zustandsraumdarstellung der Maschine im Arbeitspunkt

$$I_{\mathrm{AN}} = 820\ \mathrm{A} \quad , \quad U_{\mathrm{AN}} = 300\ \mathrm{V} \quad , \quad \omega_{\mathrm{N}} = 62{,}8\,\mathrm{s}^{-1} \ .$$

Die Maschinendaten sind:

$$R_{\mathrm{A}} = 0{,}05\,\Omega \quad , \quad L_{\mathrm{A}} = 2{,}5\ \mathrm{mH} \quad , \quad \theta = 200\ \mathrm{Ws}^3 \quad , \quad c\,\psi_f = 4{,}13\ \mathrm{Vs} \quad .$$

Nehmen Sie an, daß

$$M_{\mathrm{L}} = M_{\mathrm{LD}} + c_1\,\omega$$

mit

$$M_{\mathrm{LN}} = c_1\,\omega_{\mathrm{N}} = M_{\mathrm{AN}} \quad , \quad c_1 = 53{,}9\ \mathrm{Ws}^2$$

ist, und $M_{\mathrm{LD}} = \pm 500\ \mathrm{Ws}$ eine deterministische Störung ist. Die Ausgangsgröße ist ω.

b) Gegeben sind die Lösungen der Matrix-Riccati-Gleichung für das System nach Aufgabe a) und für verschiedene Bewertungsmatrizen:

1) $$\boldsymbol{Q}_1 = \begin{bmatrix} 1 & 0 \\ 0 & 1 \end{bmatrix} \qquad R_1 = 1 \qquad \boldsymbol{K}_1 = \begin{bmatrix} 2{,}38 \cdot 10^{-3} & -8{,}2 \cdot 10^{-3} \\ -8{,}2 \cdot 10^{-3} & 32{,}1 \end{bmatrix}$$

2) $$\boldsymbol{Q}_2 = \begin{bmatrix} 1 & 0 \\ 0 & 100000 \end{bmatrix} \qquad R_2 = 1 \qquad \boldsymbol{K}_2 = \begin{bmatrix} 2{,}4 \cdot 10^{-3} & 0{,}75 \\ 0{,}75 & 15384{,}6 \end{bmatrix}$$

3) $$\boldsymbol{Q}_3 = \begin{bmatrix} 1 & 0 \\ 0 & 200000 \end{bmatrix} \qquad R_3 = 3000 \qquad \boldsymbol{K}_3 = \begin{bmatrix} 0{,}055 & 34{,}3 \\ 34{,}3 & 44370{,}8 \end{bmatrix} \ .$$

b.1) Vergleichen Sie die Eigenwerte des geschlossenen Kreises für die Bewertungen 1), 2) und 3) mit denen des offenen Kreises.

b.2) Berechnen Sie für die Bewertung 3) die Reglermatrizen für einen Zustandsregler mit Stör- und Führungsgrößenaufschaltung.

b.3) Zeigen Sie, daß für die berechneten Reglermatrizen zu 3) eine deterministische Störung von $z_1 = \frac{\Delta M_{\text{LD}}}{Ws} = 500$ für $t \to \infty$ keine bleibende Regelabweichung verursacht.

c) Entwerfen Sie für die Strecke aus Aufgabe a) bei gemessenen Störungen einen Zustandsbeobachter, so daß alle Beobachterpole bei $s_{\text{p}} = -25$ liegen.

Aufgabe O-9 (Quadratisch optimaler Zustandsregler)

Gegeben ist ein Eingrößensystem n-ter Ordnung

$$\dot{\boldsymbol{x}} = \boldsymbol{A}\,\boldsymbol{x} + \boldsymbol{b}\,u$$

$$y = \boldsymbol{c}^{\text{T}}\,\boldsymbol{x}$$

mit

$$\boldsymbol{A} = \begin{bmatrix} 0 & 1 \\ -2 & -3 \end{bmatrix} \quad ; \quad \boldsymbol{b} = \begin{bmatrix} 0 \\ 1 \end{bmatrix} \quad ; \quad \boldsymbol{c}^{\text{T}} = \begin{bmatrix} -1{,}5 & 1 \end{bmatrix} \; .$$

Für eine proportionale Rückführung

$$u = -\boldsymbol{F}_x \boldsymbol{x}$$

sei $\boldsymbol{F}_x$ über das Minimum des Gütefunktionals

$$I = \int_0^\infty (\boldsymbol{x}^{\text{T}}\,\boldsymbol{Q}\,\boldsymbol{x} + u^2)\,dt$$

bestimmt.

a) Untersuchen Sie allgemein die Polverteilung des geschlossenen Kreises für $\boldsymbol{Q} = \rho\,\boldsymbol{q}\,\boldsymbol{q}^{\text{T}}$ in Abhängigkeit von ρ ($\lim_{\rho\to 0}$; $\lim_{\rho\to\infty}$).

b) Wie lassen sich möglichst einfach dominierende Pole des geschlossenen Kreises über die Wahl von $\boldsymbol{Q} = \rho\,\boldsymbol{q}\,\boldsymbol{q}^{\text{T}}$ vorgeben? (Beachten Sie die Frobeniusform.)

c) Berechnen Sie für das Beispiel eine Bewertungsmatrix $\boldsymbol{Q}$, so daß der geschlossene Kreis einen Pol bei $s_p = -4$ besitzt. Überprüfen sie anhand der Reglermatrix $\boldsymbol{F}_x$ das Ergebnis für $\rho = 1000$.

d) Skizzieren Sie für die Matrix $\boldsymbol{Q}$ aus c) die WOK der Pole des geschlossenen Kreises in Abhängigkeit von ρ.

e) Was ändert sich an den vorherigen Betrachtungen, wenn $\boldsymbol{Q}$ eine positiv definite Diagonalmatrix ist? Warum ist dann eine Polvorgabe so einfach nicht mehr möglich?

Lösung O-1 (Optimierungsaufgabe nach dem Euler-Lagrange-Verfahren)

Mit den in der Aufgabenstellung angegebenen Randbedingungen handelt es sich bei der Suche nach der optimalen Trajektorie $x^*(t)$ um eine Optimierungsaufgabe mit fester Endzeit und festem Endwert $x(1)$ (vgl. RT III, Bild 6.2.2a), für die $\eta(0) = \eta(1) = 0$ gilt. Für diesen Fall sind die Optimalitätsbedingungen der Gln. (6.2.18) bis (6.2.20) direkt anwendbar, wobei die Transversalitätsbedingung wegen $\eta(t_0) = \eta(t_1) = 0$ entfällt. Die Lösung der Optimierungsaufgabe geschieht in drei Schritten.

1. Zunächst wird eine Funktion F als negativer Integrand des Gütekriteriums gemäß Gl. (6.2.12)

$$F = -\dot{x}^2 - 2x$$

eingeführt.

2. Damit folgt die Euler-Lagrange-Gleichung (Gl. (6.2.19a))

$$\frac{\partial F}{\partial x} - \frac{d}{dt}\frac{\partial F}{\partial \dot{x}} = 0$$

zu

$$\left\{-2 - \frac{d}{dt}\left[-2\dot{x}\right]\right\} = 0$$

oder

$$-2 + 2\ddot{x}^* = 0$$

als notwendige Bedingung, der die Lösung $x^*(t)$ genügen muß. Aus der letzten Gleichung folgt direkt

$$\ddot{x}^*(t) = 1 \quad .$$

Zweifache Integration liefert

$$x^*(t) = \frac{1}{2}t^2 + k_1\, t + k_2 \quad .$$

Werden die Randbedingungen ausgenutzt, so können die Integrationskonstanten bestimmt werden

$$x(0) = 0 = k_2$$

$$x(1) = 1 = \frac{1}{2} + k_1 \rightarrow k_1 = \frac{1}{2} \quad .$$

Die optimale Trajektorie wird demnach durch

$$x^*(t) = \frac{1}{2}t^2 + \frac{1}{2}t$$

beschrieben.

3. Zu prüfen bleibt noch, ob es sich bei dieser Trajektorie tatsächlich um eine solche handelt, die zu einem Minimum des Gütefunktionals führt. Dazu wird das Vorzeichen der zweiten Ableitung der Funktion F überprüft. Es muß gelten

$$-\frac{\partial^2 F}{\partial x^2} > 0 \quad .$$

Bei dem in der Aufgabenstellung gegebenen Gütekriterium handelt es sich allerdings nicht um den im RT III Buch (Kap. 6.2.3.1) angegebenen Typ, bei dem die Größe $\dot{x}$ nur allein und in keiner Kombination mit x auftritt. Daher verschwindet in diesem Fall zwar der Term

$$\frac{\partial^2 F}{\partial \dot{x} \partial x} = 0$$

allerdings ergibt sich

$$\frac{\partial^2 F}{\partial \dot{x}^2} = -2$$

oder

$$-\frac{\partial^2 F}{\partial \dot{x}^2} = 2 \quad .$$

Hieraus folgt, daß tatsächlich ein Minimum erreicht wurde.

Lösung O-2 (Optimierungsaufgabe nach dem Euler-Lagrange-Verfahren)

Zur Formulierung der Optimierungsaufgabe muß zunächst das Gütefunktional aufgestellt werden. Es soll eine Verbindungslinie minimaler Länge zwischen einem Punkt und einer Geraden gefunden werden. Zunächst ergibt sich damit ein Gütekriterium

$$I = \int_0^2 ds \overset{!}{=} \text{Min} \quad ,$$

wobei ds differentiell kleine Wegstücke sind. Für ds kann

$$(ds)^2 = (dx)^2 + (dt)^2$$

geschrieben werden, woraus sofort für positive Wegstücke $s > 0$

$$\frac{ds}{dt} = \sqrt{1+\dot{x}^2}$$

folgt. Damit ist das Gütekriterium darstellbar als

$$I = \int_0^2 \left[1+\dot{x}^2\right]^{1/2} dt \overset{!}{=} \text{Min} \quad .$$

Die Randbedingungen dieses Optimierungsproblems sind $x(t_0 = 0) = 1$ und $x(t_e = 2)$ beliebig, $t_0 = 0$ und $t_e = 2$. Damit handelt es sich um ein Optimierungsproblem, mit freiem Endwert (vgl. RT III, Bild 6.2.2b) für das $\eta(t_0 = 0) = 0$ und $\eta(t_e = 2) \neq 0$ gilt. Es sind die Optimalitätsbedingungen der Gln. (6.2.18) bis (6.2.20) anwendbar. Die Lösung der Optimierungsaufgabe erfolgt in drei Schritten.

1. Es wird eine Funktion

   $$F = -\left[1+\dot{x}^2\right]^{1/2}$$

   eingeführt.

2. Mit dieser Funktion läßt sich die Euler-Lagrange-Gleichung in der Form

   $$\frac{\partial F}{\partial x} - \frac{d}{dt}\frac{\partial F}{\partial \dot{x}} = 0$$

   oder

   $$0 - \frac{d}{dt}\left[-\frac{1}{2}\frac{2\dot{x}}{\sqrt{1+\dot{x}^2}}\right] = 0$$

   angeben. Die direkte Integration der letzten Gleichung liefert

$$\frac{\dot{x}^*}{\sqrt{1+\dot{x}^{*2}}} = c$$

oder

$$\dot{x}^{*2} = c^2 + c^2\,\dot{x}^{*2} \quad ,$$

woraus sofort

$$\dot{x}^{*2} = \frac{c^2}{1-c^2} = a^2 \qquad \text{(O-2.1)}$$

folgt. Eine weitere Integration liefert

$$x^* = at + b \quad .$$

Eine Kurve mit kürzester Länge ist damit als Gerade gegeben. Zur Bestimmung der unbekannten Integrationskonstanten a und b werden die Randbedingung $x(t_0 = 0) = 1$ und die Transversalitätsbedingung

$$\eta \left.\frac{\partial F}{\partial \dot{x}}\right|_0^2 = 0$$

ausgenutzt. Die Transversalitätsbedingung kann in der Form $\left.\frac{\partial F}{\partial \dot{x}}\right|_2 = 0$ geschrieben werden, da $\eta(t_0 = 0) = 0$ und $\eta(t_e = 2) \neq 0$ aus der Aufgabenstellung folgt. Es gilt

$$x^*(0) = b = 1$$

und

$$\left.\left.\frac{\partial F}{\partial \dot{x}(t)}\right|_2\right|_* = -\left.\frac{\dot{x}^*(t)}{\sqrt{1+\dot{x}^{*2}(t)}}\right|_2 = -\frac{\dot{x}^*(2)}{\sqrt{1+\dot{x}^{*2}(2)}} = 0 \quad .$$

Damit gilt

$$\dot{x}^*(2) = 0 \quad ,$$

oder aus Gl. (O-2.1) folgt

$$\dot{x}^*(2) = a = 0 \rightarrow a = 0 \quad .$$

Damit ist die Kurve kürzester Länge zwischen dem Punkt $x(0) = 1$ und der Geraden $t_e = 2$ durch die Gleichung

$$x^*(t) = 1$$

gegeben.

3. Die Überprüfung der zweiten Ableitung des Gütefunktionals liefert

$$\frac{\partial^2 F}{\partial x \partial \dot{x}} = 0 \quad ,$$

und da auch hier wie in Übung O-1 ein quadratischer Term in F auftaucht

$$\frac{\partial^2 F}{\partial \dot{x}^2} = \frac{\partial}{\partial \dot{x}}\left[-\frac{\dot{x}}{\sqrt{1+\dot{x}^2}}\right] = \frac{-\sqrt{1+\dot{x}^2} + \dot{x}\,\frac{\dot{x}}{\sqrt{1+\dot{x}^2}}}{1+\dot{x}^2}$$

$$= \frac{-1-\dot{x}^2+\dot{x}^2}{(1+\dot{x}^2)^{3/2}} = \frac{-1}{(1+\dot{x}^2)^{3/2}} \quad .$$

Aus der letzten Gleichung folgt

$$-\left[\frac{\partial^2 F}{\partial \dot{x}^2}\right] = \frac{1}{(1+\dot{x}^2)^{3/2}} > 0 \quad ,$$

da $\dot{x} = 0$ gilt. Damit ist nachgewiesen, daß tatsächlich ein Minimum des Gütefunktionals gefunden wurde.

Lösung O-3 (Optimaler Reglerentwurf nach dem Hamilton-Verfahren)

Bei dieser Aufgabe handelt es sich um ein Optimierungsproblem mit Neben- und Randbedingungen. Die Anfangswerte $\boldsymbol{x}(t_0)$ und t_0 sind fest vorgegeben. Die Endzeit t_e ist frei, die Endwerte $x_1(t_e)$ und $x_2(t_e)$ müssen in einer Zielmenge

$$\boldsymbol{g}\left[\boldsymbol{x}(t_e), t_e\right] = \boldsymbol{0}$$

liegen. Dieses Zielfunktional ergibt sich durch einfaches Umschreiben der Endwerte

$$\boldsymbol{g} = \begin{bmatrix} x_1(t_e) - c\,t_e \\ x_2(t_e) - c \end{bmatrix} = \boldsymbol{0} \quad . \tag{O-3.1}$$

Das Optimierungsproblem wird mit Hilfe des Hamilton-Verfahrens gelöst, wobei die Lösung in drei Schritten erfolgt [RT III, Kap. 6.2.24].

1. Zur Aufstellung der Hamilton-Funktion wird zunächst das um die Nebenbedingungen erweiterte Gütefunktionals [RT III, Gl. (6.2.33)]

   $$I = -\upsilon^{\mathrm{T}}\, \boldsymbol{g}\left[\boldsymbol{x}(t_e), t_e\right] + \int_0^{t_e} \left\{u^2 - \boldsymbol{\psi}^{\mathrm{T}}\left[\boldsymbol{A}\,\boldsymbol{x} + \boldsymbol{b}\,u - \dot{\boldsymbol{x}}\right]\right\} dt$$

   angegeben. Damit lautet die Hamilton-Funktion

   $$H = -u^2 + \boldsymbol{\psi}^{\mathrm{T}}\left[\boldsymbol{A}\,\boldsymbol{x} + \boldsymbol{b}\,u\right] \quad .$$

   Werden die Werte der Regelstrecke eingesetzt, so folgt

   $$H = -u^2 + \begin{bmatrix}\psi_1 & \psi_2\end{bmatrix}\left[\begin{pmatrix} 0 & 1 \\ 0 & 0 \end{pmatrix}\begin{pmatrix} x_1 \\ x_2 \end{pmatrix} + \begin{pmatrix} 0 \\ 1 \end{pmatrix} u\right]$$

   oder

   $$H = -u^2 + \begin{bmatrix}\psi_1 & \psi_2\end{bmatrix}\left[\begin{pmatrix} x_2 \\ 0 \end{pmatrix} + \begin{pmatrix} 0 \\ u \end{pmatrix}\right] \quad .$$

   Die Hamilton-Funktion lautet also in diesem Fall

   $$H = -u^2 + \psi_1\,x_2 + \psi_2\,u \quad . \tag{O-3.2}$$

2. Aus der für die Optimalität notwendigen Bedingung [RT III, Gl. (6.2.42)]

   $$\left.\frac{\partial H}{\partial u}\right|_* = -2u^* + \psi_2{}^* = 0$$

   folgt der optimale Stellvektor zu

$$u^* = \frac{1}{2}\psi_2^* \quad . \tag{O-3.3}$$

3. Mit Hilfe der Beziehungen

$$\dot{\boldsymbol{x}}^* = \boldsymbol{A}\,\boldsymbol{x}^* + \boldsymbol{b}\,u^* = \begin{pmatrix} x_2^* \\ u^* \end{pmatrix}$$

und

$$\dot{\boldsymbol{\psi}}^* = -\left.\frac{\partial H}{\partial \boldsymbol{x}}\right|_*$$

wird das Hamiltonsche Differentialgleichungssystem berechnet. Es gilt zunächst

$$\dot{\boldsymbol{\psi}}^* = \begin{bmatrix} \dot{\psi}_1^* \\ \dot{\psi}_2^* \end{bmatrix} = -\left.\begin{bmatrix} \dfrac{\partial H}{\partial x_1} \\ \dfrac{\partial H}{\partial x_2} \end{bmatrix}\right|_* = -\begin{bmatrix} 0 \\ \psi_1^* \end{bmatrix} \quad .$$

Das Hamiltonsche Differentialgleichungssystem ist also mit

$$\begin{bmatrix} \dot{x}_1^* \\ \dot{x}_2^* \\ \dot{\psi}_1^* \\ \dot{\psi}_2^* \end{bmatrix} = \begin{bmatrix} x_2^* \\ \dfrac{1}{2}\psi_2^* \\ 0 \\ -\psi_1^* \end{bmatrix} \tag{O-3.4}$$

gegeben. Die Randbedingungen dieses Gleichungssystems sind zum einen durch

$$x_1(0) < 0$$

$$x_2(0) > 0$$

und zum anderen durch die Transversalitätsbedingung

$$\boldsymbol{\psi}^*(t_e^*) = \left.\left[\frac{\partial \boldsymbol{g}}{\partial \boldsymbol{x}}\right]\right|_{t_e^*}^{\mathrm{T}} \boldsymbol{\upsilon}$$

gegeben. Die letzte Gleichung liefert mit Gl. (O-3.1)

$$\begin{bmatrix} \psi_1^*(t_e^*) \\ \psi_2^*(t_e^*) \end{bmatrix} = \begin{bmatrix} 1 & 0 \\ 0 & 1 \end{bmatrix} \begin{bmatrix} \upsilon_1 \\ \upsilon_2 \end{bmatrix}$$

oder

$$\psi_1^*(t_e^*) = \upsilon_1 \quad ,$$

$$\psi_2{}^*(t_e{}^*) = \upsilon_2 \quad .$$

Die Lösung des Gleichungssystems (O-3.4) erfolgt durch direkte Integration

$$\psi_1{}^* = k_1 \quad ,$$

$$\psi_2{}^* = -k_1\, t + k_2 \quad ,$$

$$x_2{}^* = \frac{1}{2}(-\frac{1}{2}\, k_1\, t^2 + k_2\, t + k_3) \quad , \tag{O-3.5}$$

$$x_1{}^* = \frac{1}{2}(-\frac{1}{6}\, k_1\, t^3 + \frac{1}{2}\, k_2\, t^2 + k_3\, t + k_4) \quad . \tag{O-3.6}$$

Die unbekannten Integrationskonstanten werden durch Ausnutzung der Randbedingungen ermittelt

$$\psi_1{}^*(t_e{}^*) = k_1 = \upsilon_1 \quad , \tag{O-3.7a}$$

$$\psi_2{}^*(t_e{}^*) = -\upsilon_1\, t_e{}^* + k_2 = \upsilon_2 \quad \rightarrow \quad k_2 = \upsilon_2 + \upsilon_1\, t_e{}^* \quad , \tag{O-3.7b}$$

$$x_2{}^*(0) = x_2(0) = \frac{k_3}{2} \quad \rightarrow \quad k_3 = 2x_2(0) \quad , \tag{O-3.8a}$$

$$x_1{}^*(0) = x_1(0) = \frac{k_4}{2} \quad \rightarrow \quad k_4 = 2x_1(0) \quad . \tag{O-3.8b}$$

Das optimale Stellgesetz lautet damit

$$u^* = \frac{1}{2}\,\psi_2{}^* = -\frac{1}{2}\,\upsilon_1\, t + \frac{1}{2}(\upsilon_2 + \upsilon_1\, t_e{}^*) \quad . \tag{O-3.9}$$

In diesem Stellgesetz sind noch die Elemente des Lagrange-Multiplikators υ unbekannt. Diese können mit Hilfe der Beziehung

$$-\upsilon^{\mathrm{T}} \left.\frac{\partial \mathbf{g}}{\partial t}\right|_{t_e{}^*} = H(t_e{}^*) \tag{O-3.10}$$

ermittelt werden. Als Eigenschaft der Hamilton-Funktion H sei erwähnt, daß sie entlang einer optimalen Trajektorie konstant ist, falls die mathematische Beschreibung der Regelstrecke und der Integrand des Gütefunktionals nicht explizit von der Zeit t abhängen. In diesem Fall hier gilt also

$$H(t_e{}^*) = H(0) = \text{konst} \quad . \tag{O-3.11}$$

Für $H(t_e{}^*)$ ergibt sich zunächst aus Gl. (O-3.2) mit Gl. (O-3.3)

$$H(t_e{}^*) = -\frac{1}{4}\,\psi_2{}^{*2}(t_e{}^*) + \psi_1{}^*(t_e{}^*)\, x_2{}^*(t_e{}^*) + \frac{1}{2}\,\psi_2{}^{*2}(t_e{}^*)$$

$$= \frac{1}{4} \psi_2{}^{*2}(t_e{}^*) + \psi_1{}^*(t_e{}^*)\, x_2{}^*(t_e{}^*) \quad ,$$

und werden die Gln. (O-3.7) und (O-3.8) ausgenutzt, so folgt

$$H(t_e{}^*) = \frac{1}{4} \upsilon_2^2 + \upsilon_1\, x_2{}^*(t_e{}^*) \quad . \tag{O-3.12}$$

Entsprechend der Randbedingung gilt

$$x_2{}^*(t_e{}^*) = x_2(t_e) = c \quad . \tag{O-3.13}$$

Damit ist die rechte Seite der Gl. (O-3.10) bekannt. Die linke Seite liefert mit Gl. (O-3.1)

$$-\upsilon^{\mathrm{T}} \left.\frac{\partial \mathbf{g}}{\partial t}\right|_{t_e} = -\begin{bmatrix} \upsilon_1 & \upsilon_2 \end{bmatrix} \begin{bmatrix} -c \\ 0 \end{bmatrix} = \upsilon_1\, c \quad .$$

Die Gl. (O-3.10) ist damit in der Form

$$H(t_e{}^*) = \upsilon_1\, c = \frac{1}{4} \upsilon_2^2 + \upsilon_1\, c$$

darstellbar, woraus direkt

$$\upsilon_2 = 0$$

folgt.

Der Ausdruck $x_2{}^*(t_e{}^*)$ ergibt sich aus den Gln. (O-3.5) bis (O-3.8) zu

$$x_2{}^*(t_e{}^*) = -\frac{1}{4} \upsilon_1\, t_e{}^{*2} + \frac{1}{2} (\upsilon_2 + \upsilon_1\, t_e{}^*)\, t_e{}^* + x_2(0) \quad .$$

Damit gilt mit $\upsilon_2 = 0$ und der Randbedingung Gl. (O-3.13)

$$x_2{}^*(t_e{}^*) = \frac{1}{4} \upsilon_1\, t_e{}^{*2} + x_2(0) = c \quad ,$$

woraus

$$\upsilon_1 = \frac{4\left[c - x_2(0)\right]}{t_e{}^{*2}}$$

folgt.

Die noch unbekannte Endzeit $t_e{}^*$ ist aus Gl. (O-3.6) unter Beachtung der Randbedingung mit den Gln. (O-3.7) und (O-3.8) erhältlich, wobei sofort $\upsilon_2 = 0$ gesetzt wird:

$$x_1(t_e{}^*) = c\, t_e{}^* = -\frac{1}{12}\, \upsilon_1\, t_e{}^{*3} + \frac{1}{4}\, \upsilon_1\, t_e{}^{*3} + x_2(0)\, t_e{}^* + x_1(0) \quad .$$

Hieraus folgt sofort

$$c\, t_e{}^* = \frac{1}{6}\, \upsilon_1\, t_e{}^{*3} + x_2(0)\, t_e{}^* + x_1(0)$$

oder, wenn υ_1 substituiert wird,

$$c\, t_e{}^* = \frac{2}{3}\left[c - x_2(0)\right] t_e{}^* + x_2(0)\, t_e{}^* + x_1(0) \quad .$$

Wird die letzte Gleichung nach $t_e{}^*$ aufgelöst, so folgt

$$t_e{}^* = \frac{3x_1(0)}{3c - 2c + 2x_2(0) - 3x_2(0)} = \frac{3x_1(0)}{c - x_2(0)} \quad .$$

Da $t_e{}^* > 0$ gelten muß, kann nur $x_2(0) > c$ zugelassen werden, da $x_1(0) < c$ ist. Damit ergibt sich zunächst für

$$\upsilon_1 = \frac{4\left[c - x_2(0)\right]^3}{9x_1^2(0)} \quad .$$

Das optimale Stellgsetz ist dann gemäß Gl. (O-3.9) mit

$$u^* = -\frac{1}{2}\frac{4\left[c - x_2(0)\right]^3}{9x_1^2(0)}\, t + \frac{1}{2}\frac{4\left[c - x_2(0)\right]^3}{9x_1^2(0)}\frac{3x_1(0)}{c - x_2(0)}$$

oder

$$u^* = -\frac{2\left[c - x_2(0)\right]^3}{9x_1^2(0)}\, t + \frac{2\left[c - x_2(0)\right]^2}{3x_1(0)} \qquad \text{für } 0 \le t \le t_e{}^* \qquad \text{(O-3.14)}$$

gegeben. Es muß nun noch anhand der zweiten Ableitungen der Hamiltonfunktion geprüft werden, ob ein Minimum des Gütefunktionals erreicht wurde. Hierzu muß

$$-\left.\frac{\partial^2 \boldsymbol{\upsilon}^T \mathbf{g}}{\partial x^2}\right|_{t_e{}^*} \geq \mathbf{0}$$

und

$$-\left|\begin{bmatrix} \dfrac{\partial^2 H}{\partial \mathbf{x}^2} & \dfrac{\partial^2 H}{\partial u \partial \mathbf{x}} \\ \dfrac{\partial^2 H}{\partial \mathbf{x} \partial u} & \dfrac{\partial^2 H}{\partial u^2} \end{bmatrix}\right| \geq \mathbf{0}$$

gelten [RT III, Gl. (6.2.48, 49)].

Mit den Randbedingungen aus Gl. (O-3.1) und $\upsilon_2 = 0$ gilt

$$-\frac{\partial^2 \boldsymbol{\upsilon}^T \boldsymbol{g}}{\partial \boldsymbol{x}^2} = -\frac{\partial^2}{\partial \boldsymbol{x}^2}\left[\upsilon_1(x_1(t_e) - ct_e)\right] = \begin{bmatrix} 0 & 0 \\ 0 & 0 \end{bmatrix} \geq \mathbf{0} \quad .$$

Mit der gegebenen Hamiltonfunktion aus Gl. (O-3.2) folgt somit

$$-\begin{bmatrix} 0 & 0 & 0 \\ 0 & 0 & 0 \\ 0 & 0 & 0 \end{bmatrix} \geq \mathbf{0} \quad .$$

Das optimale Stellgesetz in Gl. (O-3.14) liefert also das Minimum des energieoptimalen Gütekriteriums.

Lösung O-4 (Optimaler Reglerentwurf nach dem Maximumprinzip von Pontrjagin)

Es handelt sich bei dieser Aufgabe um ein Optimierungsproblem mit Rand- und Nebenbedingungen, mit freier Endzeit t_e und festem Endwert $x(t_e)$. Da die Stellgröße u beschränkt ist, wird das Maximumprinzip von Pontrjagin zur Lösung des Problems herangezogen.

Wird die Funktion ψ_0 zu $\psi_0 = -1$ gewählt [vgl. RT III, (6.3.12)], so ist die Hamiltonfunktion für das Optimierungsproblem mit

$$H = -1 + \begin{bmatrix} \psi_1 & \psi_2 \end{bmatrix} \left[\begin{pmatrix} 0 & 1 \\ 0 & 0 \end{pmatrix} \begin{pmatrix} x_1 \\ x_2 \end{pmatrix} + \begin{pmatrix} 0 \\ 1 \end{pmatrix} u \right]$$

oder

$$H = -1 + \psi_1 \, x_2 + \psi_2 \, u$$

gegeben. Eine notwendige Bedingung, die eine optimale Stellgröße erfüllen muß, ist, daß die Hamiltonfunktion H für diese Stellgröße $u^*(t)$ ein absolutes Maximum bezüglich der Variable u annimmt. Damit gilt

$$u^* = \begin{cases} +1 & \text{für} \quad \psi_2 > 0 \\ -1 & \text{für} \quad \psi_2 < 0 \end{cases} \quad ,$$

wie direkt aus der Hamiltonfunktion ersichtlich ist. In diesem Stellgesetz ist noch ψ_2 unbekannt.

Der Lagrange-Multiplikator ψ_2 wird aus den folgenden Beziehungen berechnet:

$$\dot{\psi} = -\frac{\partial H}{\partial \boldsymbol{x}} = -\begin{bmatrix} \dfrac{\partial H}{\partial x_1} \\ \dfrac{\partial H}{\partial x_2} \end{bmatrix} = \begin{bmatrix} 0 \\ -\psi_1 \end{bmatrix}$$

oder

$$\dot{\psi}_1^* = 0$$

$$\dot{\psi}_2^* = -\psi_1^* \quad .$$

Die Integration dieser Gleichungen liefert

$$\psi_1^* = k_1$$

$$\psi_2^* = -k_1 \, t + k_2 \quad .$$

Die Integrationskonstanten sind in diesem Fall nicht aus der Transversalitätsbedingung berechenbar. Da $\boldsymbol{x}(t_e) = \boldsymbol{0}$ fest vorgegeben ist, gilt auch $\boldsymbol{\eta}(t_e) = \boldsymbol{0}$, ebenfalls gilt $\dot{\boldsymbol{x}}(t_e) = \boldsymbol{0}$. Das optimale Stellgesetz kann zunächst also nur in seiner prinzipiellen Form

$$u^* = \begin{cases} +1 & \text{für} \quad k_2 - k_1 t > 0 \\ -1 & \text{für} \quad k_2 - k_1 t < 0 \end{cases}$$

angegeben werden. Aus dieser Form ist ersichtlich, daß das optimale Stellgesetz maximal einmal sein Vorzeichen wechselt. Es findet also höchstens eine Umschaltung zwischen den beiden maximalen Werten der Stellgröße statt. Dieser Vorzeichenwechsel geschieht bei $t = k_2 / k_1$.

Die Bestimmung der Konstanten k_1 und k_2 soll im Rahmen dieser Übungsaufgabe nicht vorgenommen werden. Ein Lösungsweg wäre, die Differentialgleichungen der Regelstrecke zu integrieren und die Randbedingungen auszunutzen, wobei die Stellgröße u die oben angegebene Form hat. Dieser Weg ist bei

Lerner, Roseman: Optimale Steuerungen, VEB Verlag Technik, Berlin, S. 197 ff.,

nachzuvollziehen.

Ein anderer Lösungsweg ist, die für das Problem geltende Trajektorienschar (vgl. RT II, Kap. 3.6) zu betrachten.

Mit

$$\dot{x}_1 = x_2 \quad \text{und} \quad \dot{x}_2 = u$$

gilt

$$\frac{dx_1}{dx_2} = \frac{x_2}{u} \quad .$$

Die Integration nach x_2 liefert

$$u\, x_1 = \frac{1}{2} x_2^2 + \text{const} \quad ,$$

woraus

$$u^* = \begin{cases} +1 : x_1 = \dfrac{1}{2} x_2^2 + \text{const} \\ -1 : x_2 = -\dfrac{1}{2} x_2^2 + \text{const} \end{cases}$$

folgt.

Da nur eine Umschaltung erforderlich ist, um in den Ursprung der Phasenebene zu gelangen, muß die Schaltkurve diejenige sein, welche direkt in den Ursprung der Phasenebene verläuft. Die Schaltkurve ist demnach mit

$$x_1 = -\frac{1}{2}\, x_2 \,|x_2|$$

gegeben. Daraus ergibt sich das optimale Stellgesetz zu

$$u^* = -\mathrm{sign}\left[x_1 + \frac{1}{2}\, x_2 \,|x_2|\right] \quad .$$

Lösung O-5 (Quadratisch optimaler Zustandsregler)

Es handelt sich um eine Optimierungsaufgabe mit einem quadratischen Gütefunktional. Für diesen speziellen Optimierungsaufgabentyp kann zu Lösung das Verfahren zur Bestimmung optimaler linearer Regelgesetze mit Hilfe der Matrix-Riccati-Differentialgleichung herangezogen werden. Die Lösung der Optimierungsaufgabe liefert dabei immer einen optimalen Zustandsregler. Für das optimale Stellgesetz gilt

$$\boldsymbol{u}^*(t) = -\boldsymbol{R}^{-1}\,\boldsymbol{B}^{\mathrm{T}}\,\boldsymbol{K}(t)\,\boldsymbol{x}^*(t) \quad ,$$

wobei $\boldsymbol{K}(t)$ die Matrix-Riccati-Differentialgleichung erfüllt.

a) Da die Integrationszeit $t_e = 1$ endlich ist, muß zur Lösung die Matrix-Riccati-Differentialgleichung herangezogen werden, obwohl es sich um eine zeitinvariante Regelstrecke handelt. Es gilt [RT III, Gl. (6.4.27)]

$$\dot{\boldsymbol{K}}(t) + \boldsymbol{K}(t)\,\boldsymbol{A} + \boldsymbol{A}^{\mathrm{T}}\,\boldsymbol{K}(t) - \boldsymbol{K}(t)\,\boldsymbol{B}\,\boldsymbol{R}^{-1}\,\boldsymbol{B}^{\mathrm{T}}\,\boldsymbol{K}(t) + \boldsymbol{Q} = \boldsymbol{0}$$

mit

$$\boldsymbol{A} = a = 2\,; \quad \boldsymbol{B} = b = 1\,; \quad \boldsymbol{R} = r = \frac{1}{4} \quad \text{und} \quad \boldsymbol{Q} = q = 3 \quad .$$

Die Randbedingung für diese Differentialgleichung ist mit

$$\boldsymbol{K}(t_e) = \boldsymbol{S} \quad \rightarrow \quad K(t_e) = s = 2$$

gegeben. Damit gilt für diese Regelstrecke

$$\dot{K} + K \cdot 2 + 2 \cdot K - K \cdot 1 \cdot 4 \cdot 1 \cdot K + 3 = 0$$

oder

$$\dot{K} + 4K - 4K^2 + 3 = 0 \quad .$$

Damit ergibt sich

$$-\dot{K} = 3 + 4K - 4K^2 \quad .$$

Die zeitliche Ableitung $\dot{K}$ kann auch als

$$\dot{K} = \frac{dK}{dt}$$

geschrieben werden. Somit gilt

$$-\frac{dK}{dt} = 3 + 4K - 4K^2$$

oder

$$dt = -\frac{dK}{3 + 4K - 4K^2} \quad .$$

Wird diese Beziehung integriert, so folgt zunächst

$$\int_{t_e}^{t} dt = \int_{t_e}^{t} \frac{dK}{4(K-3/2)(K+1/2)} \quad ,$$

wobei der Nenner der rechten Seite faktorisiert wurde. Wird weiter eine Partialbruchzerlegung des Integranden auf der rechten Seite vorgenommen, so ergibt dies

$$t - t_e = \int_{t_e}^{t} \frac{dK}{8(K-3/2)} - \int_{t_e}^{t} \frac{dK}{8(K+1/2)} \quad .$$

Die Integration der rechten Seite liefert gemäß der Beziehung $\int \frac{dx}{x} = \ln|x| + c$ die Gleichung

$$t - t_e = \frac{1}{8} \ln\left(K - \frac{3}{2}\right)\Bigg|_{t_e}^{t} - \frac{1}{8} \ln\left(K + \frac{1}{2}\right)\Bigg|_{t_e}^{t} \quad .$$

Wird die Beziehung zwischen natürlichem Logarithmus und Exponentialfunktion ausgenutzt, so folgt:

$$e^{8(t-t_e)} = e^{\ln\left[\frac{K(t)-\frac{3}{2}}{K(t_e)-\frac{3}{2}} \frac{K(t_e)+\frac{1}{2}}{K(t)+\frac{1}{2}}\right]}$$

oder

$$e^{8(t-t_e)} = \frac{K(t)-\frac{3}{2}}{K(t_e)-\frac{3}{2}} \frac{K(t_e)+\frac{1}{2}}{K(t)+\frac{1}{2}} \quad .$$

Wird mit dem Nenner der rechten Seite multipliziert, so folgt

$$\left[\left(K(t_e) - \frac{3}{2}\right)K(t) + \frac{K(t_e)}{2} - \frac{3}{4}\right]e^{8(t-t_e)} = K(t)\left[K(t_e) + \frac{1}{2}\right] - \frac{3}{2}K(t_e) - \frac{3}{4}$$

oder

$$K(t)\left[\left(K(t_e) - \frac{3}{2}\right)e^{8(t-t_e)} - K(t_e) - \frac{1}{2}\right] = -\left(\frac{K(t_e)}{2} - \frac{3}{4}\right)e^{8(t-t_e)} - \frac{3}{2}K(t_e) - \frac{3}{4} \quad .$$

Aufgelöst ergibt sich

$$K(t) = \frac{-\left(K(t_e) - \frac{3}{4}\right)e^{8(t-t_e)} - \frac{3}{2}K(t_e) - \frac{3}{4}}{\left(K(t_e) - \frac{3}{2}\right)e^{8(t-t_e)} - K(t_e) - \frac{1}{2}} \quad . \qquad \text{(O-5.1)}$$

Wird $K(t_e) = 2$ und $t_e = 1$ ausgenutzt, so folgt

$$K(t) = \frac{-\frac{5}{4}\,e^{8(t-1)} - 3 - \frac{3}{4}}{\frac{1}{2}\,e^{8(t-1)} - 2 - \frac{1}{2}}$$

oder

$$K(t) = \frac{-5\,e^{8(t-1)} - 15}{2\,e^{8(t-1)} - 10} \quad .$$

Das optimale Stellgesetz ist demnach durch

$$u^*(t) = -4 \cdot 1 \cdot \frac{-5\,e^{8(t-1)} - 15}{2\,e^{8(t-1)} - 10}\,x^*(t)$$

oder

$$u^*(t) = \frac{10\,e^{8(t-1)} + 30}{-e^{8(t-1)} + 5}\,x^*(t)$$

gegeben. Der Regler ist damit <u>zeitabhängig.</u>

b) Da die Integrationszeit t_e <u>nicht endlich</u> ist, kann zur Lösung die Matrix-Riccati-Gleichung

$$\hat{\boldsymbol{K}}\,\boldsymbol{A} + \boldsymbol{A}^{\mathrm{T}}\,\hat{\boldsymbol{K}} - \hat{\boldsymbol{K}}\,\boldsymbol{B}\,\boldsymbol{R}^{-1}\,\boldsymbol{B}^{\mathrm{T}}\,\hat{\boldsymbol{K}} + \boldsymbol{Q} = \boldsymbol{0}$$

in der Form

$$\hat{K} \cdot 2 + 2 \cdot \hat{K} - \hat{K} \cdot 1 \cdot 4 \cdot 1\,\hat{K} + 3 = 0$$

oder

$$4\,\hat{K} - 4\,\hat{K}^2 + 3 = 0$$

herangezogen werden. Umgeschrieben folgen aus

$$\hat{K}^2 - \hat{K} - \frac{3}{4} = 0$$

die beiden möglichen Lösungen

$$\hat{K}_1 = \frac{1}{2} + \sqrt{1} = +\frac{3}{2}$$

und

$$\hat{K}_2 = \frac{1}{2} - \sqrt{1} = -\frac{1}{2} \quad .$$

Die negative Lösung kann ausgeschlossen werden, da nur eine positive Lösung der Matrix-Riccati-Gleichung zum Minimum des Gütefunktionals führen kann. Das optimale Stellgesetz ist damit als

$$u^*(t) = -4 \cdot 1 \cdot \frac{3}{2} x^*(t)$$

oder

$$u^*(t) = -6\, x^*(t)$$

gegeben. Der Regler $F = 6$ ist damit zeitunabhängig. Selbstverständlich ist dieses Ergebnis auch aus der Matrix-Riccati-Differentialgleichung zu erhalten. Wird die aus dieser Gleichung abgeleitete Beziehung nach Gl. (O-5.1) für $t_e \to \infty$ und $K(t_e) = 0$ betrachtet, so folgt

$$\hat{K} = \lim_{t_e \to \infty} \frac{-e^{8(t-t_e)}(-\frac{3}{4}) - \frac{3}{4}}{e^{8(t-t_e)}(-\frac{3}{2}) - \frac{1}{2}} = \frac{3}{2} \quad .$$

Dies ist auch eine der beiden Lösungen der stationären Matrix-Riccati-Gleichung. Die zweite Lösung ergibt sich, wenn der Grenzübergang $t_e \to -\infty$ betrachtet wird

$$\hat{K} = \lim_{t_e \to -\infty} \frac{\frac{3}{4} - \frac{3}{4} e^{8(t-t_e)}}{\frac{1}{2} + \frac{3}{2} e^{8(t-t_e)}} = -\frac{1}{2} \quad .$$

Lösung O-6 (Quadratisch optimaler Zustandsregler)

Es handelt sich um ein Optimierungsproblem für eine zeitinvariante Regelstrecke mit einem quadratischen Gütefunktional und unendlicher oberer Integrationszeit. Daher kann die Lösung mit Hilfe der stationären Matrix-Riccati-Gleichung angegeben werden. Es gilt

$$\hat{\boldsymbol{K}}\,\boldsymbol{A} + \boldsymbol{A}^{\mathrm{T}}\,\hat{\boldsymbol{K}} - \hat{\boldsymbol{K}}\,\boldsymbol{B}\,\boldsymbol{R}^{-1}\,\boldsymbol{B}^{\mathrm{T}}\,\hat{\boldsymbol{K}} + \boldsymbol{Q} = \boldsymbol{0}$$

mit

$$\boldsymbol{A} = \begin{bmatrix} 0 & 1 \\ 1 & 0 \end{bmatrix}, \boldsymbol{B} = \boldsymbol{b} = \begin{bmatrix} 0 \\ 1 \end{bmatrix}, \boldsymbol{R}^{-1} = r^{-1} = 1\,, \boldsymbol{Q} = \begin{bmatrix} 1 & -1 \\ -1 & 1 \end{bmatrix}$$

und

$$\hat{\boldsymbol{K}} = \begin{bmatrix} k_{11} & k_{12} \\ k_{21} & k_{22} \end{bmatrix} \quad .$$

Werden die Matrizen in die Matrix-Riccati-Gleichung eingesetzt, so folgt

$$\begin{bmatrix} k_{12} & k_{11} \\ k_{22} & k_{21} \end{bmatrix} + \begin{bmatrix} k_{21} & k_{22} \\ k_{11} & k_{12} \end{bmatrix} - \begin{bmatrix} k_{12} \\ k_{22} \end{bmatrix} \cdot 1 \cdot \begin{bmatrix} k_{21} & k_{22} \end{bmatrix} + \begin{bmatrix} 1 & -1 \\ -1 & 1 \end{bmatrix} = \boldsymbol{0}$$

oder

$$\begin{bmatrix} k_{12} + k_{21} - k_{12}\,k_{21} + 1 & k_{11} + k_{22} - k_{12}\,k_{22} - 1 \\ k_{22} + k_{11} - k_{22}\,k_{21} - 1 & k_{21} + k_{12} - k_{22}^2 + 1 \end{bmatrix} = \boldsymbol{0} \quad .$$

Aus der letzten Gleichung folgen vier nichtlineare Gleichungen zur Bestimmung der Elemente von $\hat{\boldsymbol{K}}$. Da auch quadratische Terme auftreten, ist eine zweideutige Lösung zu erwarten. Es ergeben sich als Lösungen für diese Gleichungssysteme die Beziehungen

$$\hat{\boldsymbol{K}}_1 = \begin{bmatrix} \sqrt{2} - 1 & -\sqrt{2} + 1 \\ -\sqrt{2} + 1 & \sqrt{2} - 1 \end{bmatrix}$$

und

$$\hat{\boldsymbol{K}}_2 = \begin{bmatrix} 3 + \sqrt{2} & 1 + \sqrt{2} \\ 1 + \sqrt{2} & 1 + \sqrt{2} \end{bmatrix} \quad ,$$

wie sich durch Einsetzen und Ausrechnen zeigen läßt. Die Matrix $\hat{\boldsymbol{K}}_1$ ist positiv semidefinit, die Matrix $\hat{\boldsymbol{K}}_2$ ist positiv definit. Dies ergibt die Berechnung der Determinanten

$$\det\left(\hat{\boldsymbol{K}}_1\right) = \left(\sqrt{2} - 1\right)^2 - \left(-\sqrt{2} + 1\right)^2 = 0$$

und

$$\det\left(\hat{\boldsymbol{K}}_2\right) = \left(3+\sqrt{2}\right)\left(1+\sqrt{2}\right) - \left(1+\sqrt{2}\right)^2 = 2+2\sqrt{2} \ .$$

Damit ist $\hat{\boldsymbol{K}}_1$ keine Lösung des Optimierungsproblems. Um dies zu verdeutlichen, wird das Stellgesetz zu

$$u = -\boldsymbol{f}^{\mathrm{T}}\,\boldsymbol{x} \quad \text{mit} \quad \boldsymbol{f}^{\mathrm{T}} = r^{-1}\,\boldsymbol{b}^{\mathrm{T}}\,\hat{\boldsymbol{K}}_1$$

berechnet. Es folgt

$$u = -\left[-\sqrt{2}+1 \;\vdots\; \sqrt{2}-1\right]\boldsymbol{x} \ .$$

Für den geschlossenen Regelkreis gilt damit

$$\dot{\boldsymbol{x}} = \boldsymbol{A}\,\boldsymbol{x} - \boldsymbol{b}\,\boldsymbol{f}^{\mathrm{T}}\,\boldsymbol{x}$$

oder

$$\begin{bmatrix}\dot{x}_1\\ \dot{x}_2\end{bmatrix} = \left[\begin{pmatrix}0 & 1\\ 1 & 0\end{pmatrix} - \begin{pmatrix}0 & 0\\ -\sqrt{2}+1 & \sqrt{2}-1\end{pmatrix}\right]\boldsymbol{x} \ ,$$

woraus

$$\begin{bmatrix}\dot{x}_1\\ \dot{x}_2\end{bmatrix} = \begin{bmatrix}0 & 1\\ 1+\sqrt{2}-1 & -\sqrt{2}+1\end{bmatrix}\boldsymbol{x}$$

folgt. Die Systemmatrix des geschlossenen Kreises liegt in Regelungsnormalform vor. Das charakteristische Polynom ist daher sofort als

$$P(s) = s^2 + \left(\sqrt{2}-1\right)s - \sqrt{2}$$

anzugeben. Da das Polynom zweiter Ordnung sowohl positive als auch negative Elemente enthält, ist der geschlossene Kreis instabil. Die Matrix $\hat{\boldsymbol{K}}_1$ ist demnach keine Lösung der Matrix-Riccati-Gleichung, die zu einer Lösung des Optimierungsproblems führt.

Die zweite Lösung $\hat{\boldsymbol{K}}_2$ der Matrix-Riccati-Gleichung führt zu einem Stellgesetz

$$u = -\left[1+\sqrt{2} \;\vdots\; 1+\sqrt{2}\right]\boldsymbol{x}$$

und einem geschlossenen Regelkreis

$$\begin{bmatrix}\dot{x}_1\\ \dot{x}_2\end{bmatrix} = \left[\begin{pmatrix}0 & 1\\ 1 & 0\end{pmatrix} - \begin{pmatrix}0 & 0\\ 1+\sqrt{2} & 1+\sqrt{2}\end{pmatrix}\right]\boldsymbol{x} = \begin{pmatrix}0 & 1\\ -\sqrt{2} & -1-\sqrt{2}\end{pmatrix}\boldsymbol{x} \ .$$

Das charakteristische Polynom

$$P(s) = s^2 + \left(1 + \sqrt{2}\right) s + \sqrt{2}$$

beschreibt stabiles Systemverhalten.

Ein stabiles Verhalten des geschlossenen Regelkreises und eine Minimierung des Gütefunktionals sind nur für positiv definite Lösungsmatrizen der Matrix-Riccati-Gleichung gewährleistet.

Lösung O-7 (Optimaler Zustandsreglerentwurf im Frequenzbereich)

a) Die Systemdarstellung einer Regelstrecke im Zustandsraum lautet

$$\dot{\boldsymbol{x}} = \boldsymbol{A}_S\, \boldsymbol{x} + \boldsymbol{B}_S\, \boldsymbol{u} + \boldsymbol{B}_{zS}\, z$$
$$\boldsymbol{y} = \boldsymbol{C}_S\, \boldsymbol{x} \quad . \tag{O-7.1}$$

Der Index S kennzeichnet im folgenden die physikalische Regelstrecke, der Index M das berechnete Modell.

Die Stellgröße ist gegeben durch

$$\boldsymbol{u} = -\boldsymbol{F}_x\, \boldsymbol{x} + \boldsymbol{F}_w\, \boldsymbol{w} + \boldsymbol{F}_z\, z \quad . \tag{O-7.2}$$

Daraus folgt

$$\dot{\boldsymbol{x}} = \left(\boldsymbol{A}_S - \boldsymbol{B}_S\, \boldsymbol{F}_x\right) \boldsymbol{x} + \boldsymbol{B}_S\, \boldsymbol{F}_w\, \boldsymbol{w} + \left(\boldsymbol{B}_S\, \boldsymbol{F}_z + \boldsymbol{B}_{zS}\right) z \quad .$$

Der Übergang in den Frequenzbereich liefert:

$$\boldsymbol{Y}(s) = \boldsymbol{C}_S\left(s\mathbf{I} - \boldsymbol{A}_S + \boldsymbol{B}_S\, \boldsymbol{F}_x\right)^{-1} \boldsymbol{B}_S\, \boldsymbol{F}_w\, \boldsymbol{W}(s)$$
$$+\boldsymbol{C}_S\left(s\mathbf{I} - \boldsymbol{A}_S + \boldsymbol{B}_S\, \boldsymbol{F}_x\right)^{-1} \left(\boldsymbol{B}_S\, \boldsymbol{F}_z + \boldsymbol{B}_{zS}\right) \boldsymbol{Z}(s)$$
$$= \underline{\boldsymbol{G}}_w(s)\, \boldsymbol{W}(s) + \underline{\boldsymbol{G}}_z(s)\, \boldsymbol{Z}(s) \quad . \tag{O-7.3}$$

Da für den Reglerentwurf nur die Modellmatrizen zur Verfügung stehen, folgt aus

$$\lim_{s\to 0} \underline{\boldsymbol{G}}_w(s) = -\boldsymbol{C}_M\left(\boldsymbol{A}_M - \boldsymbol{B}_M\, \boldsymbol{F}_x\right)^{-1} \boldsymbol{B}_M\, \boldsymbol{F}_w \overset{!}{=} \mathbf{I}$$
$$\rightarrow \boldsymbol{F}_w = -\left(\boldsymbol{C}_M\left(\boldsymbol{A}_M - \boldsymbol{B}_M\, \boldsymbol{F}_x\right)^{-1} \boldsymbol{B}_M\right)^{-1} \tag{O-7.4}$$

und aus

$$\lim_{s\to 0} \underline{\boldsymbol{G}}_z(s) = \mathbf{0} \rightarrow \boldsymbol{F}_z = \boldsymbol{F}_w\, \boldsymbol{C}_M\left(\boldsymbol{A}_M - \boldsymbol{B}_M\, \boldsymbol{F}_x\right)^{-1} \boldsymbol{B}_{zM} \quad . \tag{O-7.5}$$

b) Für den geschlossenen Regelkreis erhält man aus den Gleichungen (O-7.3) bis (O-7.5):

$$\lim_{s\to 0} \boldsymbol{Y}(s) = \boldsymbol{C}_S\left(\boldsymbol{A}_S - \boldsymbol{B}_S\, \boldsymbol{F}_x\right)^{-1} \boldsymbol{B}_S \left[\boldsymbol{C}_M\left(\boldsymbol{A}_M - \boldsymbol{B}_M\, \boldsymbol{F}_x\right)^{-1} \boldsymbol{B}_M\right]^{-1} \boldsymbol{W}(s)$$
$$+\boldsymbol{C}_S\left(\boldsymbol{A}_S - \boldsymbol{B}_S\, \boldsymbol{F}_x\right)^{-1} \boldsymbol{B}_S \left[\boldsymbol{C}_M\left(\boldsymbol{A}_M - \boldsymbol{B}_M\, \boldsymbol{F}_x\right)^{-1} \boldsymbol{B}_M\right]^{-1}$$

$$\cdot \boldsymbol{C}_M\left(\boldsymbol{A}_M - \boldsymbol{B}_M\, \boldsymbol{F}_x\right)^{-1} \boldsymbol{B}_{zM}\, \boldsymbol{Z}(s) - \boldsymbol{C}_S\left(\boldsymbol{A}_S - \boldsymbol{B}_S\, \boldsymbol{F}_x\right)^{-1} \boldsymbol{B}_{zS}\, \boldsymbol{Z}(s) \quad . \tag{O-7.6}$$

Sind die Regelstrecken und Modellparameter gleich, so ist

$$\lim_{s \to 0} \boldsymbol{Y}(s) = \boldsymbol{W}(s) \quad .$$

Bei Parameterabweichungen läßt sich Gl. (7.6) nicht weiter vereinfachen, so daß

$$\lim_{s \to 0} \boldsymbol{Y}(s) = \boldsymbol{D}\, \boldsymbol{W}(s) + \boldsymbol{E}\, \boldsymbol{Z}(s)$$

mit $\boldsymbol{D} \neq \mathbf{I}$ und $\boldsymbol{E} \neq \mathbf{0}$ ist.

c) Bei integraler Rückführung

$$\boldsymbol{u} = \boldsymbol{u}_0 - \boldsymbol{F}_x\, \boldsymbol{x} + \boldsymbol{F}_e \int_0^t \boldsymbol{e}\, dt$$

erhält man aus

$$\dot{\boldsymbol{x}} = \boldsymbol{A}_S\, \boldsymbol{x} + \boldsymbol{B}_S\, \boldsymbol{u} + \boldsymbol{B}_{zS}\, \boldsymbol{z}$$

$$= \left(\boldsymbol{A}_S - \boldsymbol{B}_S\, \boldsymbol{F}_x\right) \boldsymbol{x} + \boldsymbol{B}_S\, \boldsymbol{u}_0 + \boldsymbol{B}_{zS}\, z + \boldsymbol{B}_S\, \boldsymbol{F}_e \int_0^t \boldsymbol{e}\, dt \quad . \tag{O-7.7}$$

Der Übergang in den Frequenzbereich liefert:

$$\boldsymbol{Y}(s) = \boldsymbol{C}_S\left(s\mathbf{I} - \boldsymbol{A}_S + \boldsymbol{B}_S\, \boldsymbol{F}_x\right)^{-1} \boldsymbol{B}_S\, \boldsymbol{F}_e\, \frac{1}{s}\left(\boldsymbol{W}(s) - \boldsymbol{Y}(s)\right)$$

$$+ \boldsymbol{C}_S\left(s\mathbf{I} - \boldsymbol{A}_S + \boldsymbol{B}_S\, \boldsymbol{F}_x\right)^{-1} \left(\boldsymbol{B}_S\, \boldsymbol{U}_0(s) + \boldsymbol{B}_{zS}\, \boldsymbol{Z}(s)\right)$$

$$\boldsymbol{Y}(s) = \left[s\mathbf{I} + \boldsymbol{C}_S\left(s\mathbf{I} - \boldsymbol{A}_S + \boldsymbol{B}_S\, \boldsymbol{F}_x\right)^{-1} \boldsymbol{B}_S\, \boldsymbol{F}_e\right]^{-1} \cdot$$

$$\boldsymbol{C}_S\left(s\mathbf{I} - \boldsymbol{A}_S + \boldsymbol{B}_S\, \boldsymbol{F}_x\right)^{-1} \boldsymbol{B}_S\, \boldsymbol{F}_e\, \boldsymbol{W}(s) +$$

$$s \cdot \boldsymbol{C}_S\left(s\mathbf{I} - \boldsymbol{A}_S + \boldsymbol{B}_S\, \boldsymbol{F}_x\right)^{-1} \left(\boldsymbol{B}_S\, \boldsymbol{U}_0(s) + \boldsymbol{B}_{zS} \boldsymbol{Z}(s)\right) \tag{O-7.8}$$

$$= \underline{\boldsymbol{G}}_w(s)\, \boldsymbol{W}(s) + \boldsymbol{G}_{u_0}(s)\, \boldsymbol{U}_0(s) + \underline{\boldsymbol{G}}_z(s)\, \boldsymbol{Z}(s) \quad ,$$

die stationären Werte

$$\lim_{s \to 0} \underline{\boldsymbol{G}}_w(s) = \mathbf{I}$$

und

$$\lim_{s \to 0} \underline{\boldsymbol{G}}_z(s) = \lim \underline{\boldsymbol{G}}_{u_0}(s) = \mathbf{0} \qquad \text{(O-7.9)}$$

sind unabhängig von der Matrix $\boldsymbol{F}_e$ und damit auch unabhängig von den Modellparametern.

Lösung O-8 (Quadratisch optimaler Zustandsregler)

a) Aus dem Ersatzschaltbild der Gleichstrommaschine folgt

$$U_A = R_A\, I_A + L_A \frac{dI_A}{dt} + e_M \quad ,$$

oder nach Umformen und Einsetzen der Maschinengleichungen

$$\frac{dI_A}{dt} = -\frac{R_A}{L_A} I_A - \frac{e_M}{L_A} + \frac{U_A}{L_A}$$

$$= -\frac{R_A}{L_A} I_A - \frac{c\psi_f}{L_A} w + \frac{U_A}{L_A} \quad .$$

Für die Winkelbeschleunigung der Maschine folgt aus den Maschinengleichungen

$$\frac{d\omega}{dt} = \frac{1}{\theta}\left(c\psi_f\, I_A - c_1\, \omega - M_{LD}\right) \quad .$$

Als Zustandsgrößen bieten sich somit der Ankerstrom I_A und die Winkelgeschwindigkeit ω an. Im Arbeitspunkt sind diese Größen dimensionslos definiert als

$$x_1 = \frac{\Delta I_A}{[A]} = \frac{\left(I_A - I_{AN}\right)}{[A]} \quad ,$$

$$x_2 = \Delta\omega\, s = \left(\omega - \omega_N\right) s \quad .$$

Für die Stellgröße U_A gilt im Arbeitspunkt

$$u_1 = \frac{\Delta U_A}{[V]} = \frac{\left(U_A - U_{AN}\right)}{[V]} ,$$

$$u_2 = 0 \quad .$$

Die Last kann als Störung gemäß

$$z_1 = \frac{\Delta M_{LD}}{[Ws]} = \frac{\left(M_{LD} - M_{LDN}\right)}{[Ws]} ,$$

$$z_2 = 0$$

betrachtet werden.

Damit erhält man die Zustandsraumdarstellung

$$\dot{x}_1 = a_{11}\, x_1 + a_{12}\, x_2 + b_1\, u_1$$

$$\dot{x}_2 = a_{21}\, x_1 + a_{22}\, x_2 + b_{z2}\, z_1$$

mit den Parametern

$$a_{11} = -\frac{R_A}{L_A}\left[s\right] = -20$$

$$a_{12} = -\frac{c\psi_f}{L_A}\,\frac{1}{\left[A\right]} = -1652$$

$$a_{21} = \frac{c\psi_f}{\theta}\left[As^2\right] = 0{,}02$$

$$a_{22} = -\frac{c_1}{\theta}\left[s\right] = -0{,}27$$

$$b_1 = \frac{1}{L_A}\left[\frac{V_s}{A}\right] = 400$$

$$b_2 = 0$$

$$b_{z1} = 0$$

$$b_{z2} = -\frac{1}{\theta}\left[Ws^3\right] = -0{,}005 \quad .$$

In Matrizendarstellung ergibt das:

$$\dot{\boldsymbol{x}} = \begin{bmatrix} -20 & -1652 \\ 0{,}02 & -0{,}27 \end{bmatrix} \boldsymbol{x} + \begin{bmatrix} 400 \\ 0 \end{bmatrix} \boldsymbol{u} + \begin{bmatrix} 0 \\ -0{,}005 \end{bmatrix} z$$

$$y = \begin{bmatrix} 0 & 1 \end{bmatrix} \boldsymbol{x} \quad .$$

b.1) Die Eigenwertgleichung des geschlossenen Kreises lautet:

$$\det\left|s\mathbf{I} - \boldsymbol{A} + \boldsymbol{b}\, \boldsymbol{f}_x\right| = 0 \qquad \text{(O-8.1)}$$

mit $\boldsymbol{F}_x = \boldsymbol{r}^{-1}\, \boldsymbol{b}^{\mathrm{T}}\, \boldsymbol{K}$

1) $$\boldsymbol{f}_x = 1 \cdot \begin{bmatrix} 400 & 0 \end{bmatrix} \begin{bmatrix} 2{,}38 \cdot 10^{-3} & -8{,}2 \cdot 10^{-3} \\ -8{,}2 \cdot 10^{-3} & 32{,}1 \end{bmatrix}$$

$$= \begin{bmatrix} 0{,}95 & -3{,}28 \end{bmatrix}$$

$$A_G = A - b\, f_x = \begin{bmatrix} -400 & -340 \\ 0{,}02 & -0{,}27 \end{bmatrix}$$

$$|s\mathbf{I} - A_G| = \begin{vmatrix} s+400 & 340 \\ -0{,}02 & s+0{,}27 \end{vmatrix} = s^2 + (400 + 0{,}27)\, s + 108 + 6{,}8$$

$$s_{1/2} = -200{,}135 \pm \sqrt{200{,}135^2 - 114{,}8}$$

$$= -200{,}135 \pm 199{,}85$$

$$s_1 \approx -400$$

$$s_2 \approx -0{,}285$$

2) $$f_x = 1 \cdot \begin{bmatrix} 400 & 0 \end{bmatrix} \begin{bmatrix} 2{,}4 \cdot 10^{-3} & 0{,}75 \\ 0{,}75 & 15384{,}6 \end{bmatrix}$$

$$= \begin{bmatrix} 0{,}96 & 300 \end{bmatrix}$$

$$A_G = \begin{bmatrix} -404 & -121652 \\ +0{,}02 & -0{,}27 \end{bmatrix}$$

$$|s\mathbf{I} - A_G| = (s+404)(s+0{,}27) + 0{,}02 \cdot 121652$$

$$= s^2 + 404{,}27\, s + 109{,}08 + 2433{,}04$$

$$s_{1/2} = -202{,}135 \pm \sqrt{202{,}135^2 - 2542{,}12}$$

$$= -202{,}135 \pm 195{,}7$$

$$s_1 \approx -397{,}8$$

$$s_2 \approx -6{,}4 \quad .$$

3) $$f_x = \frac{1}{3000} \begin{bmatrix} 400 & 0 \end{bmatrix} \begin{bmatrix} 0{,}055 & 34{,}3 \\ 34{,}3 & 44370{,}8 \end{bmatrix}$$

$$= \begin{bmatrix} 7{,}33 \cdot 10^{-3} & 4{,}57 \end{bmatrix}$$

$$A_G = \begin{bmatrix} -22{,}9 & -3480 \\ 0{,}02 & -0{,}27 \end{bmatrix}$$

$$|s\mathbf{I} - A_G| = (s+22{,}9)(s+0{,}27) + 69{,}6$$

$$s_{1/2} = -11{,}585 \pm 7{,}64$$

$$s_1 \approx -19{,}2$$

$$s_2 \approx -3{,}9 \quad .$$

Der offene Kreis hat die Eigenwerte:

$$|s\mathbf{I} - \boldsymbol{A}| = (s+20)\,(s+0{,}27) + 33{,}04$$

$$= s^2 + 20{,}27\, s + 5{,}4 + 33{,}04$$

$$s_1 \approx -18{,}15$$

$$s_2 \approx -2{,}12$$

	Eigenwerte	
	s_1	s_2
offener Kreis	-18,15	-2,12
geschl. Kreis 1)	-400	-0,29
geschl. Kreis 2)	-397,9	-6,4
geschl. Kreis 3)	-19,2	-3,9

Bei den Bewertungen 1) und besonders 2) sind aufgrund der sehr schnellen Eigenwerte hohe Stellamplituden zu erwarten. Deshalb ist eine zusätzliche Bewertung der Stellgröße sinnvoll. Durch die Bewertung 3) wird damit eine günstige Eigenwertverteilung erreicht, die bei relativ niedrigem Stellaufwand zu realisieren ist.

b.2) Die Matrix $\boldsymbol{f}_x$ wurde bereits berechnet zu:

$$\boldsymbol{f}_x = \begin{bmatrix} 7{,}33 \cdot 10^{-3} & 4{,}57 \end{bmatrix} \quad .$$

Mit den Gln. (O-7.4) und (O-7.5) aus Aufgabe O-7.1 erhält man:

$$\boldsymbol{f}_w = -\left[\boldsymbol{C}\left(\boldsymbol{A} - \boldsymbol{b}\,\boldsymbol{f}_x\right)^{-1} \boldsymbol{b}\right]^{-1}$$

$$\boldsymbol{f}_w = -\left[\begin{bmatrix} 0 & 1 \end{bmatrix} \begin{bmatrix} -22{,}9 & -3480 \\ 0{,}02 & -0{,}27 \end{bmatrix}^{-1} \begin{bmatrix} 400 \\ 0 \end{bmatrix}\right]^{-1}$$

$$= -\left[\begin{bmatrix} 0 & 1 \end{bmatrix} \frac{1}{75{,}8} \begin{bmatrix} -0{,}27 & -3480 \\ 0{,}02 & -22{,}9 \end{bmatrix} \begin{bmatrix} 400 \\ 0 \end{bmatrix}\right]^{-1}$$

$$\boldsymbol{f}_w = f_w = 9{,}475$$

$$f_z = f_w\left[C(A - b\,f_x)^{-1}\,b_z\right]$$

$$= 9{,}475\left[\begin{bmatrix}0 & 1\end{bmatrix}\frac{1}{75{,}8}\begin{bmatrix}-0{,}27 & -3480\\ 0{,}02 & -22{,}9\end{bmatrix}\begin{bmatrix}0\\ -0{,}005\end{bmatrix}\right]$$

$$f_z = f_z = 0{,}0143 \quad .$$

b.3) Die dynamischen Gleichungen des geschlossenen Kreises lauten:

$$\dot{x} = \left(A - b\,f_x\right)x + b\,f_z\,z + b\,f_w\,w + b_z\,z \quad . \tag{O-8.2}$$

Im stationären Fall für $t \to \infty$ gilt:

$$\lim_{t\to\infty} \dot{x}(t) = 0 \quad ; \quad \lim_{t\to\infty} z(t) = 500 \quad .$$

Aus Gl. (O-8.2) folgt mit den berechneten Reglermatrizen:

$$\dot{x}_{1\infty} = 0 = -22{,}9\,x_{1\infty} - 3480\,x_{2\infty} + 400\cdot(+0{,}0143)\cdot 500$$

$$x_{1\infty} = -151{,}96\,x_{2\infty} + 124{,}89$$

$$\dot{x}_{2\infty} = 0 = 0{,}02\,x_{1\infty} - 0{,}27\,x_{2\infty} - 0{,}005\cdot 500$$

$$0 = -3{,}04\,x_{2\infty} - 2{,}5 - 0{,}27\,x_{2\infty} + 2{,}5$$

$$0 = -3{,}31\,x_{2\infty}$$

$$\to x_{2\infty} = 0 \to y_{2\infty} = 0 \to \text{keine Regelabweichung für } t \to \infty \quad .$$

c) Das charakteristische Polynom des Beobachters ist gegeben durch

$$P_B(s) = \left|s\mathbf{I} - A + F_B\,C\right| \quad .$$

Daraus folgt mit den Systemmatrizen aus Aufgabenteil O-8.1

$$P_B(s) = \left|\begin{pmatrix}s & 0\\ 0 & s\end{pmatrix} - \begin{pmatrix}-20 & -1652\\ 0{,}02 & -0{,}27\end{pmatrix} + \begin{pmatrix}f_{B1}\\ f_{B2}\end{pmatrix}\begin{pmatrix}0 & 1\end{pmatrix}\right|$$

$$= \begin{vmatrix}s+20 & 1652 + f_{B1}\\ -0{,}02 & s + 0{,}27 + f_{B2}\end{vmatrix}$$

$$= s^2 + \left(20{,}27 + f_{B2}\right)s + 0{,}02\,f_{B1} + 20\,f_{B2} + 38{,}44 \quad . \tag{O-8.3}$$

Die Streckenpole sollen zu $s_p = -25$ gewählt werden, so daß

$$P_B(s) = (s+25)^2 = s^2 + 50s + 625$$

gelten muß. Durch Koeffizientenvergleich mit Gl. (O-8.3) folgt daraus

$$f_{B2} = 50 - 20{,}27 = 29{,}73$$

und

$$f_{B1} = \frac{625 - (20 f_{B2} + 38{,}44)}{0{,}02} = -402 \quad .$$

Die Verstärkungsmatrix des Zustandsbeobachters ist somit gegeben durch

$$\boldsymbol{F}_B^{\mathrm{T}} = \boldsymbol{f}_B^{\mathrm{T}} = \begin{bmatrix} -402 & 29{,}73 \end{bmatrix} \quad .$$

Lösung O-9 (Quadratisch optimaler Zustandsregler)

Die Determinante der Rückführdifferenzmatrix ist darstellbar als [RT III, Gl. (7.3.12a)]

$$|\boldsymbol{T}(s)| = \frac{|s\mathbf{I} - \boldsymbol{A} + \boldsymbol{B}\,\boldsymbol{F}_x|}{|s\mathbf{I} - \boldsymbol{A}|} = \frac{P(s)}{P^*(s)} \quad . \tag{O-9.1}$$

Ebenso gilt für die optimale Zustandsrückführung [RT III, Gl. (7.3.25)]

$$\boldsymbol{T}^{\mathrm{T}}(-s)\,\boldsymbol{R}\,\boldsymbol{T}(s) = \boldsymbol{R} + \boldsymbol{B}^{\mathrm{T}}\,\underline{\underline{\phi}}^{\mathrm{T}}(-s)\,\boldsymbol{Q}\,\underline{\underline{\phi}}(s)\,\boldsymbol{B} \tag{O-9.2}$$

mit

$$\underline{\underline{\phi}}(s) = (s\mathbf{I} - \boldsymbol{A})^{-1} \quad .$$

a) Für $\boldsymbol{Q} = \rho\,\boldsymbol{q}\,\boldsymbol{q}^{\mathrm{T}}$ und $\boldsymbol{R} = r = 1$ folgt aus Gl. (O-9.2)

$$\boldsymbol{T}^{\mathrm{T}}(-s)\,\boldsymbol{T}(s) = 1 + \rho\,\boldsymbol{b}^{\mathrm{T}}\,\underline{\underline{\phi}}^{\mathrm{T}}(-s)\,\boldsymbol{q}\,\boldsymbol{q}^{\mathrm{T}}\,\underline{\underline{\phi}}(s)\,\boldsymbol{b} \quad . \tag{O-9.3}$$

Es gilt für

$$\boldsymbol{q}^{\mathrm{T}}\,\underline{\underline{\phi}}(s)\,\boldsymbol{b} = \frac{\boldsymbol{q}^{\mathrm{T}}\mathrm{adj}(s\mathbf{I} - \boldsymbol{A})\,\boldsymbol{b}}{\det(s\mathbf{I} - \boldsymbol{A})} = \frac{Z(s)}{P^*(s)} \quad , \tag{O-9.4}$$

wobei $Z(s)$ und $P^*(s)$ Zähler- bzw. Nennerpolynome mit $\ell = \mathrm{grad}\, Z(s) < \mathrm{grad}\, P^*(s) = n$ für nichtsprungfähige Systeme gilt. Durch Bildung der Determinante in Gl. (O-9.3) und Einsetzen von Gl. (O-9.1) erhält man

$$|\boldsymbol{T}(s)|\,|\boldsymbol{T}(-s)| = \frac{P(s)\,P(-s)}{P^*(s)\,P^*(-s)} = 1 + \rho\,\frac{Z(-s)\,Z(s)}{P^*(-s)\,P^*(s)} \quad .$$

Das Polynom des geschlossenen Kreises ist damit bestimmt durch die Gleichung

$$P(s)\;P(-s) = P^*(s)\;P^*(-s) + \rho\;Z(-s)\;Z(s) \quad . \tag{O-9.5}$$

Für den Grenzübergang folgt

$$\lim_{\rho \to 0} P(s)\;P(-s) = P^*(s)\;P^*(-s) \quad . \tag{O-9.6}$$

Das heißt, für $\rho = 0$ sind die Pole des geschlossenen Kreises mit denen des offenen Kreises identisch. Dividiert man Gl. (O-9.5) durch ρ, so erhält man für die Wurzeln des geschlossenen Kreises

$$\frac{1}{\rho}\,P(s)\;P(-s) = \frac{1}{\rho}\,P^*(s)\;P^*(-s) + Z(-s)\;Z(s) = 0 \quad .$$

Das heißt, daß für

$$\lim_{\rho \to \infty} \frac{1}{\rho} P(s)\, P^*(-s) = Z(-s)\, Z(s) \qquad \text{(O-9.7)}$$

gelten muß. $2\,\ell$ Wurzeln von $P(s)\, P(-s)$ sind also durch die Nullstellen von Gl. (O-9.4) bestimmt. Da Gl. (O-9.5) für alle s gelten muß, läßt sich das Polynom des geschlossenen Kreises für große s und ρ approximieren durch:

$$P(s)\, P(-s) = (-1)^n\, s^{2n} + \rho(-1)^\ell\, z_\ell^2\, s^{2\ell} \quad .$$

Aus dieser Gleichung erhält man durch Nullsetzen die restlichen $2(n-\ell)$ Pole von $P(s)\, P(-s)$ zu

$$(-1)^n\, s^{2n} = -\rho(-1)^\ell\, z_\ell^2\, s^{2\ell}$$

$$s_i = z_\ell \left(\rho \cdot (-1)^{n-\ell+1}\right)^{\frac{1}{2(n-\ell)}} \qquad \text{(O-9.8)}$$

für $i = 2(n-\ell) \cdots 2n$

$n-\ell$ Pole des geschlossenen Kreises nähern sich für wachsendes ρ also einer Butterworth-Konfiguration.

b) Gl. (O-9.7) zeigt, daß ℓ Pole des geschlossenen Kreises durch die Nullstellen von $Z(s)$ aus Gl. (O-9.4) vorgegeben werden können. Die Nullstellen sind bestimmt durch:

$$Z(s) = \boldsymbol{q}^{\mathrm{T}}\, \mathrm{adj}(\underline{\underline{\phi}}(s))\, \boldsymbol{b} \qquad \text{(O-9.9)}$$

mit

$$\underline{\underline{\phi}}(s) = (s\mathbf{I} - \boldsymbol{A})^{-1} \quad .$$

Transformiert man die Matrizen $(\boldsymbol{A},\ \boldsymbol{b},\ \boldsymbol{c})$ in Frobeniusform, so weiß man, daß bei nichtsprungfähigen Systemen der Vektor $\boldsymbol{c}^{\mathrm{T}}$ die Koeffizienten des Zählerpolynoms der Frequenzbereichsdarstellung enthält:

$$\boldsymbol{c}^{\mathrm{T}} = \begin{bmatrix} b_0 & b_1 & \cdots & b_\ell \end{bmatrix} \quad .$$

Gibt man nun ℓ Nullstellen für

$$Z(s) = z_0 + z_1\, s + \cdots z_\ell\, s^\ell$$

vor und wählt in Gl. (O-9.9)

$$\boldsymbol{q}^{\mathrm{T}} = \begin{bmatrix} z_0 & z_1 & \cdots & z_\ell \end{bmatrix} \quad ,$$

so hat der geschlossene Kreis für genügend großes ρ die ℓ gewünschten Pole. Die restlichen $n-\ell$ Pole liegen weit in der linken Halbebene.

c) Aus der Forderung $s_p = -4$ folgt mit dem Ergebnis aus Aufgabenteil b)

$$Z(s) = 4 + s$$

$$\boldsymbol{q}^{\mathrm{T}} = \begin{bmatrix} 4 & 1 \end{bmatrix}$$

$$\boldsymbol{Q} = \begin{bmatrix} 16 & 4 \\ 4 & 1 \end{bmatrix} \quad .$$

Für ρ 1000 ergibt sich die Matrix-Riccati-Gleichung zu

$$\begin{bmatrix} 16000 & 4000 \\ 4000 & 1000 \end{bmatrix} + \boldsymbol{K}\,\boldsymbol{A} + \boldsymbol{A}^{\mathrm{T}}\,\boldsymbol{K} - \boldsymbol{K}\,\boldsymbol{b}\,\boldsymbol{b}^{\mathrm{T}}\,\boldsymbol{K} = \boldsymbol{0} \quad .$$

Durch Einsetzen der gegebenen Werte folgt

$$\begin{bmatrix} 16000 & 4000 \\ 4000 & 1000 \end{bmatrix} + \begin{bmatrix} k_{11} & k_{12} \\ k_{12} & k_{22} \end{bmatrix} \begin{bmatrix} 0 & 1 \\ -2 & -3 \end{bmatrix} + \begin{bmatrix} 0 & -2 \\ 0 & -3 \end{bmatrix} \begin{bmatrix} k_{11} & k_{12} \\ k_{12} & k_{22} \end{bmatrix}$$

$$- \begin{bmatrix} k_{11} & k_{12} \\ k_{12} & k_{22} \end{bmatrix} \begin{bmatrix} 0 & 0 \\ 0 & 1 \end{bmatrix} \begin{bmatrix} k_{11} & k_{12} \\ k_{12} & k_{22} \end{bmatrix} = \boldsymbol{0} \quad ,$$

bzw.

$$\begin{bmatrix} 16000 & 4000 \\ 4000 & 1000 \end{bmatrix} + \begin{bmatrix} -4k_{12} & k_{11} - 3k_{12} - 2k_{22} \\ k_{11} - 3k_{12} - 2k_{22} & 2k_{12} - 6k_{22} \end{bmatrix} - \begin{bmatrix} k_{12}^2 & k_{12}k_{22} \\ k_{12}k_{22} & k_{22}^2 \end{bmatrix} = \boldsymbol{0} \quad .$$

Daraus erhält man die Gleichungen:

$$k_{12}^2 + 4\,k_{12} - 16000 = 0 \rightarrow k_{12} = \begin{cases} +124{,}51 \\ -128{,}51 \end{cases}$$

$$k_{22}^2 + 6\,k_{22} - 1000 - 2\,k_{12} = 0 \quad \text{mit} \quad k_{12} = \quad 124{,}5$$

$$\rightarrow \quad k_{22} = \begin{cases} +32{,}47 \\ -38{,}47 \end{cases}$$

$$k_{11} = 2\,k_{22} + k_{22}\,k_{12} + 3\,k_{12} - 4000 \quad \text{mit} \quad k_{12} = 124{,}5 \quad ,$$

$$k_{22} = 32{,}34 \;\rightarrow\; k_{11} = 481$$

$$\boldsymbol{K} = \begin{bmatrix} 481 & 124{,}5 \\ 124{,}5 & 32{,}34 \end{bmatrix}$$

$$\det(\boldsymbol{K}) = 115{,}7 > 0 \;\rightarrow\; \text{pos. definit.}$$

Die Rückführmatrix ist bestimmt durch

$$\boldsymbol{F}_x = \boldsymbol{R}^{-1}\,\boldsymbol{B}\,\boldsymbol{K} = \begin{bmatrix} +124{,}5 & +32{,}34 \end{bmatrix} \quad .$$

Damit erhält man für das charakteristische Polynom des geschlossenen Kreises

$$P(s) = \left| s\,\mathbf{I} - \boldsymbol{A} + \boldsymbol{b}\,\boldsymbol{F}_x \right|$$

$$= \left| s\,\mathbf{I} - \begin{bmatrix} 0 & 1 \\ -126{,}5 & -35{,}34 \end{bmatrix} \right|$$

$$= s(s + 35{,}34) + 126{,}5 \quad .$$

Als Pole erhält man

$$s_{1/2} = -17{,}67 \pm \sqrt{17{,}67^2 - 126{,}5}$$

$$s_1 = -4{,}04$$

$$s_2 = -31{,}3 \quad .$$

Aus der Approximation nach Gl. (O-9.7) und Gl. (O-9.8) erhält man

$$s_1 = -4$$

$$s_2 = -\sqrt{\rho} = -31{,}6 \quad .$$

d) Die WOK ist gegeben durch:

$$P(s)\;P(-s) = P^*(s)\;P^*(-s) + \rho\;Z(s)\;Z(-s) = 0 \quad .$$

Daraus folgt

$$1 + \rho \cdot \frac{Z(s)\;Z(-s)}{P^*(s)\;P^*(-s)} = 0 \quad . \qquad \text{(O-9.10)}$$

Mit

$$Z(s) = (s+4)$$

$$P^*(s) = (s+1)\,(s+2)$$

erhält man aus Gl. (O-9.10)

$$1 - \rho \frac{(s+4)(s-4)}{(s+1)(s+2)(s-1)(s-2)} = 0 \quad .$$

Für $\rho = 0$ entspringen die Äste der WOK in den Polen und enden für $\rho \to \infty$ in den Nullstellen. Zwei Äste gehen gegen $\pm\infty$.

Als Verzweigungspunkte erhält man aus

$$\sum_{i=1}^{4} \frac{1}{s - s_{Pi}} = \sum_{i=1}^{2} \frac{1}{s - s_{Ni}}$$

$$\frac{1}{s^2 - 1} + \frac{1}{s^2 - 4} = \frac{1}{s^2 - 16}$$

$$s_{1/2} = \pm\, 5{,}4 \qquad s_{3/4} = \pm\, 1{,}6 \quad .$$

Damit ergibt sich die WOK nach Bild O-9.1. Die Wurzeln des Polynoms $P(s)$ sind durch die Wurzeläste der linken Halbebene gegeben, da der geschlossene Kreis stabil sein muß aufgrund des Entwurfsverfahrens.

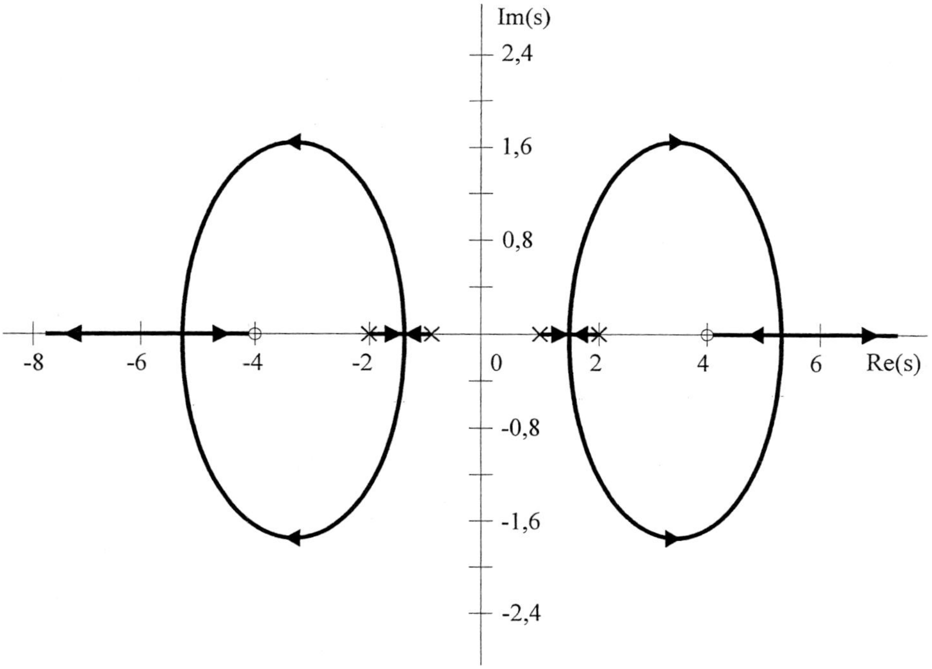

Bild O-9.1. WOK des geschlossenen Kreises in Abhängigkeit von ρ

e) Wenn $\boldsymbol{Q}$ eine positiv definite (Diagonal)-Matrix ist, ist eine Zerlegung der Form

$$\boldsymbol{Q} = \boldsymbol{q}\, \boldsymbol{q}^{\mathrm{T}}$$

nicht mehr möglich. Damit kann das Zählerpolynom nicht mehr über $\boldsymbol{q}^{\mathrm{T}}$ vorgegeben werden. Aus Gl. (O-9.2) erhält man

$$Z(s)\; Z(-s) = \boldsymbol{b}^{\mathrm{T}} \operatorname{adj}\left(\underline{\underline{\phi}}^{\mathrm{T}}(-s)\right) \boldsymbol{Q} \operatorname{adj}\left(\underline{\underline{\phi}}(s)\right) \boldsymbol{b} \quad .$$

Für $\boldsymbol{Q}$ ist aber eine Zerlegung in

$$\boldsymbol{Q} = \boldsymbol{Q}'\, \boldsymbol{Q}'^{\mathrm{T}}$$

mit $\boldsymbol{Q}' = \operatorname{diag}\left[\sqrt{q_{11}}\right]$

möglich. Damit erhält man

$$\boldsymbol{b}^{\mathrm{T}} \operatorname{adj}\left(\underline{\underline{\phi}}^{\mathrm{T}}(-s)\right) \boldsymbol{Q}' = \left[p_1(-s) \quad p_2(-s)\right] \quad ,$$

so daß die Nullstellen von

$$Z(s)\; Z(-s) = p_1(-s)\; p_1(s) + p_2(-s)\; p_2(s)$$

über die Summen von $p_1(s)$ und $p_2(s)$ festgelegt werden müssen. Das führt in den meisten Fällen auf ein nichtlineares Gleichungssystem in q_{ii}, das schwer lösbar ist.

Literatur

[1.1] Kolmogoroff, A.: Interpolation und Extrapolation von stationären zufälligen Folgen (russ.). Akad. Nauk UdSSR. Ser. Math. 5 (1941), S. 3-14.

[1.2] Wiener, N.: The extrapolation, interpolation and smoothing of stationary time series with engineering applications. Verlag J. Wiley, New York 1949 (Nachdruck in: The M.I.T. Press, Massachusetts 1966).

[1.3] Unbehauen, R.: Systemtheorie. Oldenbourg-Verlag, München 1980.

[1.4] Chung, K.: Elementare Wahrscheinlichkeitstheorie und stochastische Prozesse. Springer-Verlag, Berlin 1978.

[1.5] Krickeberg, K. und H. Ziezold: Stochastische Methoden. Springer-Verlag, Berlin 1977.

[1.6] Solodownikow, W.: Einführung in die statistische Dynamik linearer Regelungssysteme. Oldenbourg-Verlag, München 1963.

[1.7] Cramér, H.: Mathematical methods of statistics. Verlag Princeton University Press, Princeton 1974.

[1.8] Föllinger, O.: Laplace- und Fourier-Transformation. Elitera-Verlag, Berlin 1977.

[2.1] Aström, K.: Introduction to stochastic control theory. Verlag Academic Press, New York 1970.

[2.2] Unbehauen, H.: Einsatz eines Prozeßrechners zur "on-line"-Messung des dynamischen Verhaltens von Systemen mit Hilfe der Kreuzkorrelationsmethode. Archiv für Techn. Messen (ATM), J. 086-2 (1975), Nr. 2, S. 29-32.

[3.1] Sachs, L.: Angewandte Statistik. Springer-Verlag, Berlin 1978.

[3.2] Lange, F.: Signale und Systeme, Bd. 3 (Regellose Vorgänge). VEB Verlag Technik, Berlin 1973.

[3.3] Funk, W.: Korrelationsanalyse mittels Pseudorauschsignalen zur Identifikation industrieller Regelstrecken. Diss. Universität Stuttgart 1975.

[3.4] Unbehauen, H. und W. Funk: Ein neuer Korrelator zur Identifikation industrieller Prozesse mit Hilfe binärer und ternärer Pseudo-Rauschsignale. Regelungstechnik 22 (1974), S. 269-276.

[3.5] Gitt, W.: Parameterbestimmung an linearen Regelstrecken mit Kennwertortskurven für Systemantworten deterministischer Testsignale. Diss. TH Aachen 1970.

[3.6] Godfrey, K.: Three-level m-sequences. Electronic Letters 7 (1966), Nr. 2, S. 241-242.

[3.7] Julhes, J.: Dynamic mode optimum control in industrial processing. Proceed. 5. IFAC-Kongreß, Paris 1972, Paper 5.6.

[3.8] Cumming, I.: The effect of arbitrary experiment lengths on the accuracy of P.R.B.S. correlation experiments. Industrial Control Group, Imperial College London, Report No. 2/70, 1970.

[4.1] Unbehauen, H.: Übersicht über Methoden zur Identifikation (Erkennung) dynamischer Systeme. Regelungstechnik und Prozeß-Datenverarbeitung 21 (1973), S. 2-8.

[4.2] Eykhoff, P.: Process parameter and state estimation. Proceed. IFAC-Symposium "Identification in automatic control systems", Prag 1967, paper 0.2.

[4.3] Aström, K.: Lectures on the identification problem - the L.S. method. Rep. 6806, Lund Institute of Technology 1968.

[4.4] Aström, K.: Introduction to stochastic control theory. Verlag Academic Press, New York 1970.

[4.5] Clarke, D.: Generalized LS estimation of the parameters of a dynamic model. Proceed. IFAC-Symposium "Identification in automatic control systems", Prag 1967, paper 3.17.

[4.6] Hastings-James, R. und M. Sage: Recursive GLS procedure for online identification of process parameters. Proceed. IEE 116 (1969), S. 2057-2062.

[4.7] Talmon, J.: Approximated Gauß-Markov estimators and related schemes. Eindhoven University of Techn., Rep. 71-E-17, 1971.

[4.8] Wong, K. und E. Polak: Identification of linear discrete time systems using the IV-method. IEEE Trans. Automatic Control 12 (1967), S. 707-718.

[4.9] Young, P.: An instrumental variable method for real-time identification of a noisy process. Automatica 6 (1970), S. 271-287.

[4.10] Bohlin, T.: The ML method of identification. IBM Schweden, paper 18.191, 1968.

[4.11] Eykhoff, P. (Herausgeb.): Identification and system parameter estimation. Proceed. 3. IFAC-Symposium, Hague 1973.

[4.12] Rajbman, V. (Herausgeb.): Identification and system parameter estimation. Proceed. 4. IFAC-Symposium, Tiflis 1976.

[4.13] Isermann, R. (Herausgeb.): Identification and system parameter estimation. Proceed. 5. IFAC-Symposium Darmstadt, Pergamon Press, Oxford 1979.

[4.14] Bekey, G. und G. Saridis (Herausgeb.): Identification and system parameter estimation. Proceed. 6. IFAC-Symposium, Washington, Verlag Mc Gregor & Werner, Inc. Washington, D.C. 1982.

[4.15] Saridis, G.: Comparison of six on-line identification algorithms. Automatica 10 (1974), S. 69-79.

[4.16] Göhring, B.: Erprobung statistischer Parameterschätzmethoden und Strukturprüfverfahren zur experimentellen Identifikation von Regelsystemen. Diss. Universität Stuttgart 1973.

[4.17] Unbehauen, H. et al.: "On-line"-Identifikationsverfahren. Gesellschaft für Kernforschung mbH Karlsruhe. KFK-PDV 14, 1973.

[4.18] Isermann, R. et al.: Comparison and evaluation of six on-line identification and parameter estimation methods with three simulated processes. Proceed. IFAC-Symposium, Hague 1973, paper E-1.

[4.19] Unbehauen, H.: Some modern developments in system identification using parameter estimation methods. In: Natke, H. (Herausgeb.): Identification of vibrating structures; Springer-Verlag, Berlin 1982, S. 405-443.

[4.20] Unbehauen, H. und B. Göhring: Modellstrukturen und numerische Methoden für statistische Parameterschätzverfahren zur Identifikation von Regelsystemen. Regelungstechnik 21 (1973), S. 345-353.

[4.21] Goodwin, G. und R. Payne: Dynamic system identification. Verlag Academic Press, New York 1977.

[4.22] Unbehauen, H., B. Göhring und B. Bauer: Parameterschätzverfahren zur Systemidentifikation. Oldenbourg-Verlag, München 1974.

[4.23] Zielke, G.: Numerische Berechnung von benachbarten inversen Matrizen und linearen Gleichungssystemen. Vieweg-Verlag, Braunschweig 1970.

[4.24] Young, P., S. Shellswell und C. Neethling: A recursive approach to time-series analysis. Report cued/b-Control/TR 16, Universität Cambridge 1971.

[4.25] v. d. Waerden, B.: Mathematische Statistik. Springer-Verlag, Berlin 1965.

[4.26] Smirnow, N. und I. Dunin-Barkowski: Mathematische Statistik in der Technik. VEB Deutscher Verlag der Wissenschaften, Berlin 1969.

[4.27] Fox, L.: Optimization methods for engineering design. Verlag Addison-Wesley, London 1971.

[4.28] Himmelblau, D.: Process analysis by statistical methods. Verlag J. Wiley & Sons, New York 1970.

[4.29] Bauer, B. und H. Unbehauen: Einsatz der Hilfsvariablenmethode zur Identifikation von Strecken mit veränderlichen Parametern im geschlossenen Regelkreis. VDI-Berichte 276 (1977), S. 109-115.

[4.30] Bauer, B.: Parameterschätzverfahren zur on-line Identifikation dynamischer Systeme im offenen und geschlossenen Regelkreis. Diss. Ruhr-Universität Bochum 1977.

[4.31] Unbehauen, H. und B. Göhring: Tests for determining model order in parameter estimation. Automatica 10 (1974), S. 233-244.

[4.32] Woodside, C.: Estimation of the order of linear systems. Automatica 7 (1971), S. 727-733.

[4.33] Wellstead, P.: An instrumental product moment test for model order estimation. Automatica 14 (1978), S. 89-91.

[4.34] Young, P., A. Jakeman und R. Mc Murtrie: An instrumental variable method for model order identification. Automatica 16 (1980), S. 281-294.

[4.35] Sachs, L.: Angewandte Statistik. Springer-Verlag, Berlin 1978.

[4.36] Litz, L.: Reduktion der Ordnung linearer Zustandsraummodelle mittels modaler Verfahren. Hochschulverlag, Stuttgart 1979.

[4.37] Söderström, T.: Identification - Model structure determination. In Singh, M. (Herausgeb.): "Encyclopedia of system and control". Verlag Pergamon Press, Oxford 1987, Nr. 4, S. 2287-2293.

[4.38] Lee, R.: Optimal estimation, identification and control. Verlag M.I.T. Press, Cambridge (Mass.) 1964.

[4.39] Unbehauen, H. et al.: KEDDC - Ein kombiniertes Prozeßrechnerprogrammsystem zum Entwurf und Einsatz von DDC-Algorithmen. Gesellschaft für Kernforschung mbH Karlsruhe. KFK-PDV 37, 1975.

[4.40] Krebs, V. und H. Thöm: Parameter-Identifizierung nach der Methode der kleinsten Quadrate - ein Überblick. Regelungstechnik und Prozeß-Datenverarbeitung 22 (1974), Nr. 1, S. 1-10.

[4.41] Thöm, H. und V. Krebs: Identifizierung im geschlossenen Regelkreis - Korrelationsanalyse oder Parameterschätzung? Regelungstechnik 23 (1975), Nr. 1, S. 17-19.

[4.42] Wellstead, P. und J. Edmunds: Least-squares identification of closed-loop systems. Int. J. Control 21 (1975), S. 689-699.

[4.43] Diekmann, K.: Die Identifikation von Mehrgrößensystemen mit Hilfe rekursiver Parameterschätzverfahren. Diss. Ruhr-Universität Bochum 1981.

[4.44] Ljung, L., M. Morf und D. Falconer: Fast calculation of gain matrices for recursive estimation schemes. Int. J. Control 27 (1978), S. 1-19.

[4.45] Davies, W.: System identification for self-adaptive control. Verlag Wiley-Interscience, London 1970.

[5.1] Weber, W.: Adaptive Regelsysteme I und II. Oldenbourg-Verlag, München 1971.

[5.2] Unbehauen, H. und Chr. Schmid: Status and industrial application of adaptive control systems. Automatic Control Theory and Application 3 (1975), S. 1-12.

[5.3] Schmid, Chr.: Ein Beitrag zur Realisierung adaptiver Regelungssysteme mit dem Prozeßrechner. Diss. Ruhr-Universität Bochum 1979.

[5.4] Unbehauen, H. (Herausgeb.): Methods and applications in adaptive control. Springer-Verlag, Berlin 1980.

[5.5] Narendra, K. und R. Monopoli (Herausgeb.): Applications of adaptive control. Verlag Academic Press, New York 1980.

[5.6] Harris, C. und S. Billings (Herausgeb.): Self-tuning and adaptive control: Theory and Applications. Verlag P. Peregrinus Ltd., London 1981.

[5.7] Aström, K.: Theory and applications of adaptive control - A survey. Automatica 19 (1983), S. 471-486.

[5.8] Landau, I.: Model reference adaptive systems - A survey (MRAS) - What is possible and why? ASME Journal of Dynamic Systems, Measurement and Control 94 (1972), Ser. G, S. 119-132.

[5.9] Draper, C. und Y. Li: Principles of optimalizing systems and an application to the internal combustion engine. ASME-Publication, New York 1951.

[5.10] Schmidt, G.: Probleme der Extremwertregelung. Automatik - Katalog, S. 18-23. Verlag M. Birkert, Zürich 1965.

[5.11] Kalman, R.: Design of a self-optimizing control system. Trans. ASME 80 (1958), S. 468-478.

[5.12] Aström, K. und B. Wittenmark: On self-tuning regulators. Automatica 9 (1973), S. 185-198.

[5.13] Clarke, D. und P. Gawthrop: Self-tuning controller. Proceed. IEE 122 (1975), S. 929-934.

[5.14] Landau, I.: A survey of model reference adaptive techniques (theory and applications). Proceed. IFAC-Symposium on "Sensitivity, Adaptivity and Optimality", Ischia (1973), S. 15-42 (auch in: Automatica 10 (1974), S. 353-379).

[5.15] Whitaker, H. et al.: Design of a model reference adaptive control system for aircraft. Report R-164 Instrumentation Lab., MIT, Boston 1958.

[5.16] Parks, P.: Ljapunov redesign of model reference adaptive control systems. IEEE Trans. Automatic Control 11 (1966), S. 362-368.

[5.17] Monopoli, R.: Model reference adaptive control with an augmented error signal. IEEE Trans. Automatic Control 19 (1974), S. 474-484.

[5.18] Landau, I.: Adaptive control (The model reference approach). Verlag Marcel Dekker Inc., New York 1979.

[5.19] Narendra, K. und Y. Lin: Stable discrete adaptive control. IEEE Trans. Automatic Control 25 (1980), S. 456-461.

[5.20] Ljung, L. und I. Landau: Model reference adaptive systems and self-tuning regulators - some connections. Proceed. 7. IFAC-Kongreß, Helsinki (1978), Bd. 3, S. 1973-1979.

[5.21] Landau, I.: Model reference adaptive controllers and stochastic self-tuning regulators - a unified approach. Trans. ASME Journ. of Dynamic Systems, Measurement and Control 103 (1981, S. 404-416 (siehe auch [5.45]).

[5.22] Egardt, B.: Unification of some continuous - time adaptive control schemes. IEEE Trans. Automatic Control 24 (1979), S. 588-592.

[5.23] Aström, K.: Introduction to stochastic control theory. Verlag Academic Press, New York 1970.

[5.24] McGregor, J. und P. Tidwell: Discrete stochastic control with input constraints. Proceed. IEE 124 (1977), S. 732-734.

[5.25] Clarke, D. und R. Hastings-James: Design of digital controllers for randomly disturbed systems. Proceed. IEE 118 (1971), S. 1503-1506.

[5.26] Bar-Shalom, Y. und E. Tse: Dual effect, certainty equivalence and separation in stochastic control. IEEE Trans. Automatic Control 19 (1974), S. 494-500.

[5.27] Wellstead, P., J. Edmunds, D. Prager und P. Zanker: Self-tuning pole/zero assignment regulators. Int. J. Control 30 (1979), S. 1-26.

[5.28] Aström, K. und D. Wittenmark: Self-tuning controllers based on pole-zero placement. Proceed. IEE 127 (1980), S. 120-130.

[5.29] Ljung, L.: On positive real transfer functions and the convergence of some recursive schemes. IEEE Trans. Automatic Control 22 (1977), S. 539-551.

[5.30] Ljung, L.: Analysis of recursive stochastic algorithms. IEEE Trans. Automatic Control 22 (1977), S. 551-575.

[5.31] Aström, K.: Design principles for self-tuning regulators. In: Unbehauen, H. (Herausgeb.): Methods and applications in adaptive control. Springer-Verlag, Berlin 1980, S. 1-20.

[5.32] Clarke, D. und P. Gawthrop: Self-tuning control. Proceed. IEE 126 (1979), S. 633-640.

[5.33] Kokotovic, P., J. Medanic, M. Vuskovic und S. Bingulac: Sensitivity method in the experimental design of adaptive control systems. 3. IFAC-Kongreß, London (1966), paper 45 B.

[5.34] Schaufelberger, W.: Modelladaptive Systeme. Diss. ETH Zürich, 1969.

[5.35] Popov, V.: Hyperstability of control systems. Springer-Verlag, Berlin 1973.

[5.36] Popov, V.: The solution of a new stability problem for controlled systems. Automation and Remote Control, übersetzt aus: Automatika i Telemekhanika 24 (1963), S. 7-26.

[5.37] Popov, V.: Absolute stability of nonlinear systems of automatic control. Automation and Remote Control, übersetzt aus: Automatika i Telemekhanika 22 (1961), S. 961-979.

[5.38] Meyer, K.: On the existence of Lyapunov functions for the problem of Lur'e. J. SIAM Control Ser. A. 3, (1965), S. 373-383.

[5.39] Anderson, B.: A simplified viewpoint of hyperstability. IEEE Trans. Automatic Control 13 (1968), S. 292-294.

[5.40] Shackcloth, B. und R. Butchart: Synthesis of model reference adaptive control systems by Lyapunov's second method. IFAC-Symposium, Teddington (1965), S. 145-152.

[5.41] Monopoli, R.: Lyapunov's method for adaptive control-system design. IEEE Trans. Automatic Control 12 (1967), S. 334-335.

[5.42] Winsor, C. und R. Roy: Design of model reference adaptive control systems by Lyapunov's second method. IEEE Trans. Automatic Control 13 (1968), S. 204.

[5.43] Monopoli, R.: The Kalman-Yacubovich lemma in adaptive control system design. IEEE Trans. Automatic Control 18 (1973), S. 527-529.

[5.44] Unbehauen, H.: Systematic design of discrete model reference adaptive systems. In: Harris, C. und S. Billings (Herausgeb.): Self-tuning and adaptive control: Theory and applications. Verlag P. Peregrinus Ltd., London 1981, S. 166-203.

[5.45] Landau, I.: Model reference adaptive controllers and stochastic self-tuning regulators - a unified approach. Proceed. "Workshop on Application of Adaptive Systems Theory", Yale University (1981), S. 149-160 (siehe auch [5.21]).

[6.1] Unbehauen, H.: Stabilität und Regelgüte linearer und nichtlinearer Regler in einschleifigen Regelkreisen bei verschiedenen Streckentypen mit P- und I-Verhalten. Fortschritt-Bericht VDI-Z. Reihe 8, Nr. 13, VDI-Verlag, Düsseldorf 1970.

[6.2] Courant, R. und D. Hilbert: Methoden der Mathematischen Physik. Bd. 1, Springer-Verlag, Berlin 1968.

[6.3] Athans, M. und P. Falb: Optimal control. Verlag McGraw-Hill, New York 1966.

[6.4] Hsu, J. und A. Meyer: Modern control principles and applications. Verlag McGraw-Hill, New York 1968.

[6.5] Pontrjagin, L. et al.: Mathematische Theorie optimaler Prozesse. Oldenbourg-Verlag, München 1967.

[6.6] Kalman, R.: Contributions to the theory of optimal control. Boletin de la Sociendad Mathematika Mexicana, Ser. 2, Nr. 5 (1960), S. 102-119.

[6.7] Dorato, P. und A. Levis: Optimal linear regulators: The discrete-time case. IEEE Trans. Automatic Control 16 (1971), S. 613-620.

[6.8] Caines, P. und D. Mayne: On the discrete time matrix Riccati equation of optimal control. Int. J. Control 12 (1970), S. 785-794.
On the discrete time matrix Riccati equation of optimal control - A correction. Int. J. Control 14 (1971), S. 205-207.

[6.9] Kalman, R. und T. Englar: A users manual for the automatic synthesis program; NASA-Report CR-475, 1966.

[6.10] Vaughan, D.: A negative exponential solution for the matrix Riccati equation. IEEE Trans. Automatic Control 14 (1969), S. 72-75.

[6.11] Blackburn, T.: Solution of the algebraic matrix Riccati equation via Newton-Raphson iteration. Proceed. Joint Automatic Control Conference (1968), Ann Arbor, Michigan (USA), S. 940-945.

[6.12] Kleinman, D.: On an iterative technique for Riccati equation computations. IEEE Trans. Automatic Control 13 (1968), S. 114-115.

[6.13] Hewer, G.: An iterative technique for the computation of the steady state gains for the discrete optimal regulator. IEEE Trans. Automatic Control 16 (1971), S. 382-383.

[6.14] Vaughan, D.: A nonrecursive algebraic solution for the discrete Riccati equation. IEEE Trans. Automatic Control 15 (1970), S. 597-599.

[6.15] Pappas, T., A. Laub und N. Sandell: On the numerical solution of the discrete-time algebraic Riccati-equation. IEEE Trans. Automatic Control 25 (1980), S. 631-641.

[7.1] Ayres, F.: Theory and problems of matrices (Schaum's outline series). Verlag McGraw-Hill, New York 1962.

[7.2] Penrose, R.: A generalized inverse for matrices. Proceed. of the Cambridge philosophical Society, 51 part 3 (1955), S. 406-413.

[7.3] Müller, P. und J. Lückel: Zur Theorie der Störgrößenaufschaltung in linearen Mehrgrößenregelsystemen. Regelungstechnik 25 (1977), S. 54-59.

[7.4] Weihrich, G.: Mehrgrößen-Zustandsregelung unter Einwirkung von Stör- und Führungssignalen. Regelungstechnik 25 (1977), S. 166-172 und S. 204-209.

[7.5] Ackermann, J.: Abtastregelung Bd. I. Springer-Verlag, Berlin 1983.

[7.6] Johnson, C.: Accomodation of disturbances in optimal control problems. Int. J. Control 15 (1972), S. 209-231.

[7.7] Davison, E.: The output control of linear time-invariant multivariable systems with unmeasurable arbitrary disturbances. IEEE Trans. Automatic Control 17 (1972), S. 621-630.

[7.8] Davison, E.: Multivariable tuning regulators: The feedforward and robust control of a general servomechanism problem. IEEE Trans. Automatic Control 21 (1976), S. 35-47 und S. 631.

[7.9] Ferreira, P.: The servomechanism problem and the method of the state-space in the frequency domain. Int. J. Control 23 (1976), S. 245-255.

[7.10] Krebs, V.: Das Gleichgewichtstheorem - eine grundsätzliche Aussage über das Verhalten von Regelkreisen. Regelungstechnik 21 (1973), S. 25-27 und S. 56-59.

[7.11] Horowitz, I.: Synthesis of feedback systems. Verlag Academic Press, New York 1963.

[7.12] Kalman, R.: When is a linear control system optimal? Journal of Basic Engineering, Trans. ASME, Ser. G 86 (1964), S. 51-60.

[7.13] Zurmühl, R. und S. Falk: Matrizen und ihre Anwendungen, Teil 1. Springer-Verlag, Berlin 1984.

[7.14] MacFarlane, A.: Return difference and return ratio matrices and their use in analysis and design of multivariable feedback control systems. Proceed. IEE 117 (1970), S. 2037-2049.

[7.15] Heym, K.: Die Synthese des optimalen Zustandsreglers im Frequenzbereich. Regelungstechnik 20 (1972), S. 388-393.

[7.16] Unbehauen, H. und K. Zeiske: Zur Definition des dynamischen Regelfaktors in mehrschleifigen Regelsystemen. Regelungstechnik 32 (1984), S. 238-245.

[7.17] Yahagi, T.: On the design of optimal output feedback control systems. Int. J. Control 18 (1973), S. 839-848.

Ergänzende Literatur

Neben den im Text zitierten Literaturstellen sind nachfolgend für die einzelnen Kapitel weitere ergänzende Literaturstellen - weitgehend Buchveröffentlichungen und größere Übersichtsarbeiten - aufgeführt. Diese chronologisch angelegte Ergänzung erhebt keinen Anspruch auf Vollständigkeit.

[1.9] Smirnow, N. und I. Dunin-Barkowski: Mathematische Statistik in der Technik. VEB Deutscher Verlag der Wissenschaften, Berlin 1969.

[1.10] Jazwinski, A.: Stochastic processes and filtering theory. Verlag Academic Press, New York 1970.

[1.11] Rosanow, J.: Wahrscheinlichkeitstheorie. Vieweg-Verlag, Braunschweig 1970.

[1.12] Fisz, M.: Wahrscheinlichkeitsrechnung und mathematische Statistik. VEB Deutscher Verlag der Wissenschaften, Berlin 1970.

[1.13] Winkler, G.: Stochastische Systeme. Akademische Verlagsgesellschaft, Wiesbaden 1977.

[2.3] Schlitt, A.: Stochastische Vorgänge in linearen und nichtlinearen Regelkreisen. Vieweg-Verlag, Braunschweig 1968.

[2.4] Bendat, S. und A. Piersol: Random data: Analysis and measurement procedures. Verlag Wiley-Interscience, New York 1971.

[2.5] Papoulis, A.: Signal analysis. Verlag McGraw-Hill, New York 1977.

[2.6] Hänssler, E.: Grundlagen der Theorie statistischer Signale. Springer-Verlag, Berlin 1983.

[3.9] Otto, H. und M. Peschel: Anwendung statistischer Methoden in der Regelungstechnik - Korrelations- und Spektralanalyse. Reihe Automatisierungstechnik Nr. 106, VEB Verlag Technik, Berlin 1970.

[3.10] Ball, G.: Korrelationsmeßgeräte. VEB Verlag Technik, Berlin 1972.

[3.11] Wehrmann, W.: Korrelationstechnik. Lexika-Verlag, Grafenau 1977.

[3.12] Lange, F.: Methoden der Meßstochastik. Akademie-Verlag, Berlin 1978.

[4.46] Nahi, N.: Estimation theory and applications. Verlag J. Wiley & Sons, New York 1969.

[4.47] Box, G. und G. Jenkins: Time series analysis. Verlag Holden-Day, San Francisco 1970.

[4.48] Sage, A. und J. Melsa: Estimation theory with applications to communications and control. Verlag McGraw-Hill, New York 1971.

[4.49] Richalet, J., A. Rault und R. Pouliquen: Identification des processus par la méthode du modèle. Verlag Gordon & Breach, London 1971.

[4.50] Desai, R. und C. Lalwani: Identification techniques. Verlag Tata-McGraw-Hill Publishing Company Ltd., Bombay 1972.

[4.51] Cuenod, M. und J.-L. Fatio: Cours d'introduction aux methodes d'identification. Verlag A. Michel, Paris 1973.

[4.52] Mendel, J.: Discrete techniques of parameter estimation. Verlag Marcel Dekker Inc., New York 1973.

[4.53] Leonhard, W.: Statistische Analyse linearer Regelsysteme. Teubner-Verlag, Stuttgart 1973.

[4.54] Isermann, R.: Prozeßidentifikation. Springer-Verlag, Berlin 1974.

[4.55] Eykhoff, P.: System Identification. Verlag J. Wiley & Sons, London 1974.

[4.56] Strobel, H.: Experimentelle Systemanalyse. Akademie-Verlag, Berlin 1975.

[4.57] Sage, A. und J. Melsa: System identification. Verlag Academic Press, New York 1971.

[4.58] Mehra, R. und D. Lainiotis (Herausgeb.): System identification. Verlag Academic Press, New York 1976.

[4.59] Graupe, D.: Identification of systems. Verlag R. Krieger Publishing Company, Huntington (New York USA) 1976.

[4.60] Hsia, T.: System identification. Verlag D.C. Heath and Company, Lexington (Mass. USA) 1977.

[4.61] Kopacek, P.: Identifikation zeitvarianter Regelsysteme. Vieweg-Verlag, Braunschweig 1977.

[4.62] Sorenson, H.: Parameter estimation. Verlag Marcel Dekker Inc., New York 1980.

[4.63] Rajbman, N. und V. Chadeev: Identification of industrial processes. Verlag North-Holland Publishing Company, Amsterdam 1980.

[4.64] Bubnicki, Z.: Identification of control plants. Verlag Elsevier-Polish Scientific Publishers, Warschau 1980.

[4.65] Eykhoff, P. (Herausgeb.): Trends and progress in system identification. Verlag Pergamon Press, Oxford 1981.

[4.66] Van den Boom, A.: System identification. Diss. Delft University of Technology, 1982.

[4.67] Söderström, T. und P. Stoica: Instrumental variable methods for system identification. Springer-Verlag, Berlin 1983.

[4.68] Ljung, L. und T. Söderström: Theory and practice of recursive identification. Verlag MIT-Press, Cambridge Mass. (USA) 1983.

[5.46] Morossanow, I.: Relais-Extremwertregelungssysteme. VEB Verlag Technik, Berlin 1967.

[5.47] Mendel, J. und K. Fu: Adaptive, learning and pattern recognition systems. Verlag Academic Press, New York 1970.

[5.48] Davies, W.: System identification for self-adaptive control. Verlag Wiley-Interscience, London 1970.

[5.49] Zypkin, J.: Adaption und Lernen in kybernetischen Systemen. Oldenbourg-Verlag, München 1970.

[5.50] Zypkin, J.: Grundlagen der Theorie lernender Systeme. VEB Verlag Technik, Berlin 1972.

[5.51] Kulikowski, R. und G. Wunsch: Optimale und adaptive Prozesse in Regelungssystemen. Bd. 1. VEB Verlag Technik, Berlin 1973.

[5.52] Kulikowski, R.: Optimale und adaptive Prozesse in Regelungssystemen. Bd. 2. VEB Verlag Technik, Berlin 1974.

[5.53] Borisson, U.: Self-tuning regulators - industrial application and multivariable theory. Rep. 7513 Lund Institute of Technology. Dep. of Automatic Control, 1975.

[5.54] Decaulne, P., J. Gille und M. Pelegrin: Introduction aux systêms asservis extrêmaux et adaptatifs. Verlag Dunod, Paris 1976.

[5.55] Saridis, G.: Self-organizing control of stochastic systems. Verlag Marcel Dekker Inc., New York 1977.

[5.56] Egardt, B.: Stability of adaptive controllers. Springer-Verlag, Berlin 1979.

[5.57] Zanker, P.: Application of self-tuning. Ph. D. Diss. University of Manchester (UMIST) 1980.

[5.58] Prager, D.: Self-tuning control and system identification. Ph. D. Diss. University of Manchester (UMIST) 1980.

[5.59] Nöth, G.: Self-tuning-Strategien zur Regelung nichtminimalphasiger Regelstrecken. Diss. Ruhr-Universität Bochum 1982.

[5.60] Van Amerongen, J.: Adaptive steering of ships. Diss. Delft University of Technology 1982.

[5.61] Schumacher, R.: Digitale parameteradaptive Mehrgrößenregelung. Bericht KfK-PDV 217, Kernforsch.-Zentrum, Karlsruhe 1982.

[5.62] Bergmann, S.: Digitale parameteradaptive Regelung mit Mikrorechner. Fortschr.-Bericht VDI-Zeitschr. Reihe 8, Nr. 55, VDI-Verlag, Düsseldorf 1983.

[5.63] Johansson, R.: Multivariable adaptive control. Diss. Lund Institute of Technology (LUFTD 2/1-207) 1983.

[5.64] Egardt, B.: Stability of model reference adaptive and selftuning regulators. Diss. Lund Institute of Technology (LUFTD 2/1-163) 1983.

[5.65] Udink ten Cate, A.: Modeling and (adaptive) control of greenhouse climates. Diss. Delft University of Technology 1983.

[5.66] Hahn, V.: Direkte Regelstrategien für die diskrete Regelung von Mehrgrößensystemen. Diss. Ruhr-Universität Bochum 1983.

[5.67] Goodwin, G. und K. Sin: Adaptive filtering, prediction and control. Verlag Prentice-Hall, Inc. Englewood Cliffs, New Jersey (USA) 1984.

[6.16] Lee, E. und L. Markus: Foundations of optimal control theory. Verlag J. Wiley & Sons , New York 1967.

[6.17] Sage, A.: Optimum systems control. Verlag Prentice-Hall, Englewood Cliffs 1968.

[6.18] Pierre, D.: Optimization theory with applications. Verlag J. Wiley & Sons, New York 1969.

[6.19] Kirk, D.: Optimal control theory. An introduction. Verlag Prentice-Hall, Englewood Cliffs 1970.

[6.20] Hagander, P.: Numerical solution of $A^TS + SA + Q = 0$. Information Sci. 4 (1972), S. 35-50.

[6.21] Kwakernaak, H. und R. Sivan: Linear optimal control systems. Verlag Wiley-Interscience, New York 1972.

[6.22] Weihrich, G.: Optimale Regelung linearer deterministischer Prozesse. Oldenbourg-Verlag, München 1973.

[6.23] Hofer, E. und R. Lunderstädt: Numerische Methoden der Optimierung. Oldenbourg-Verlag, München 1975.

[6.24] Smith, B., J. Boyle, J. Dongarra, B. Garbow, Y. Ikebe, V. Klema und C. Moler: Matrix eigensystem routines: EISPACK Guide. Lecture Notes in Computer Science. Vol 6, Springer-Verlag, Berlin 1976.

[7.18] Wolovich, W.: Linear multivariable systems. Springer-Verlag, Berlin 1974.

[7.19] Rosenbrock, H.: Computer-aided control system design. Verlag Academic Press, London 1974.

[7.20] Kailath, T.: Linear Systems. Verlag Prentice-Hall, Inc., Englewood Cliffs (N. J. USA) 1980.

[7.21] Schwarz, H.: Optimale Regelung und Filterung. Vieweg-Verlag, Braunschweig 1981.

[7.22] Owens, D.: Multivariable and optimal systems. Verlag Academic Press, London 1981.

[7.23] Korn, U. und H.-H. Wilfert: Mehrgrößenregelungen. VEB Verlag Technik, Berlin 1982.

[7.24] Dastych, J.: Ein Beitrag zum Entwurf von Regelungen für Führungs- und Störungsverhalten. Diss. Ruhr-Universität Bochum 1983.

Sachverzeichnis

A

B

C

D

E

F

G

H

I

K

L

M

N

O

P

Q

R

S

T

U

V

W

Z

Informationstechnik

Allmendinger, Georg
Aufgaben und Lösungen zur Elektronik und Kommunikationstechnik
Prüfungsaufgaben für Fachschüler an Technikerschulen
2010. X, 206 S. mit 285 Abb. Br. EUR 29,95
ISBN 978-3-8348-0886-8

Frey, Thomas / Bossert, Martin
Signal- und Systemtheorie
2., korr. Aufl. 2009. XII, 360 S. mit 117 Abb. u. 26 Tab. Br. EUR 34,90
ISBN 978-3-8351-0249-1

Girod, Bernd / Rabenstein, Rudolf / Stenger, Alexander K. E.
Einführung in die Systemtheorie
Signale und Systeme in der Elektrotechnik und Informationstechnik
4., durchges. und akt. Aufl. 2007. XII, 433 S. mit 388 Abb.u. 113 Beisp. Br. EUR 42,90
ISBN 978-3-8351-0176-0

Mertins, Alfred
Signaltheorie
Grundlagen der Signalbeschreibung, Filterbänke, Wavelets, Zeit-Frequenz-Analyse, Parameter- und Signalschätzung
2., überarb. u. erw. Aufl. 2010. XII, 393 S. mit 158 Abb., 5 Tab. und Online-Service. Br. EUR 34,95
ISBN 978-3-8348-0737-3

Obermann, Kristof / Horneffer, Martin
Datennetztechnologien für Next Generation Networks
Ethernet, IP, MPLS und andere
2009. XVI, 276 S. mit 145 Abb. und 22 Tab. und und Online-Service. Br. EUR 29,90
ISBN 978-3-8348-0449-5

Zimmermann, Werner / Schmidgall, Ralf
Bussysteme in der Fahrzeugtechnik
Protokolle und Standards
3., akt. u. erw. Aufl. 2008. XIV, 406 S. mit 224 Abb. und 96 Tab. (ATZ/MTZ-Fachbuch)
Geb. EUR 39,90
ISBN 978-3-8348-0447-1